ALLE ZEIT WACH
SJ
1842

P. Hagedorn · S. Otterbein

Technische Schwingungslehre

Lineare Schwingungen diskreter mechanische Systeme

Mit 184 Abbildungen

Springer-Verlag Berlin Heidelberg NewYork
London Paris Tokyo 1987

Peter Hagedorn

Dr./Univ. de São Paulo, Professor für Mechanik an der
Technischen Hochschule Darmstadt

Dr.-Ing. Stefan Otterbein

Heidestraße 45, 7000 Stuttgart 30

ISBN-13:978-3-540-18096-8 e-ISBN-13:978-3-642-83164-5
DOI: 10.1007/978-3-642-83164-5

CIP-Code-Kurztitelaufnahme der Deutschen Bibliothek
Hagedorn, Peter:
Technische Schwingungslehre: lineare Schwingungen diskreter mechan. Systeme/
P. Hagedorn; S. Otterbein. -
Berlin; Heidelberg; New York; London; Paris; Tokyo: Springer, 1987
ISBN-13:978-3-540-18096-8

NE: Otterbein, Stefan.

2160/3020-543210

Vorwort

Die Entwicklung der Rechenmöglichkeiten in den letzten Jahrzehnten hat die an die Ingenieurausbildung zu stellenden Anforderungen geändert: Es ist heute ohne prinzipielle Schwierigkeiten möglich, selbst an einem Heimcomputer das dynamische Verhalten auch großer mechanischer Systeme zu simulieren, zumindest für lineares Systemverhalten und solange die Modellbildung befriedigend ist. Die Systeme mit "vielen Freiheitsgraden" sind aber in älteren Lehrbüchern der Technischen Schwingungslehre ein Thema, das oft nur am Rande behandelt wird. Auch die FOURIERtransformation, die heute aus Laborpraxis und Berechnungen - besonders in ihrer diskreten Form - nicht mehr wegzudenken ist, kommt in vielen Lehrbüchern zu kurz. Die vorliegende *Technische Schwingungslehre* will hier eine Lücke schließen. Dabei sind wir bemüht, einen Mittelweg einzuschlagen, der zwar mathematische Strenge - soweit möglich und zum vollständigen Verständnis notwendig - fordert, jedoch gleichzeitig Mathematik nicht zum Selbstzweck werden läßt, sondern immer die Beschreibung des dynamischen Verhaltens physikalischer Systeme zum Ziel hat. Wer weiß, welches Unheil die unbedachte Anwendung nichtverstandener Rechenprogramme anrichten kann und auch immer wieder anrichtet, wird die Notwendigkeit vertiefter theoretischer Grundkenntnisse anerkennen.

Diese Anforderungen haben sich in den Studienplänen der Diplom-Ingenieure an allen unseren Technischen Hochschulen und Universitäten niedergeschlagen und das Vorlesungsangebot in den theoretisch orientierten Fächern, zu denen die Technische Schwingungslehre oder Systemdynamik zählt, ist heute an vielen Orten umfassender als vor einigen Jahrzehnten. An der TH Darmstadt z.B. wird die Technische Schwingungslehre dreisemestrig gelesen, und zwar für Studenten der Fachrichtungen Mechanik, Maschinenbau, Bauingenieurwesen, Elektrotechnik, Physik und Mathematik. Dabei umfaßt die Technische Schwingungslehre I die Behandlung der Schwingungen diskreter mechanischer Systeme, d.h. von Systemen mit endlich vielen Freiheitsgraden. In der Technischen Schwingungslehre II werden dagegen kontinuierliche mechanische Systeme behandelt, wobei Aspekte der Wellenausbreitung, des Energieflusses usw. berücksichtigt werden. Auch die verschiedenen Arten der Diskretisierung, d.h. der Abbildung kontinuierlicher auf diskrete Systeme, ist Gegenstand der Schwingungslehre II. Die Vorlesung des dritten Semesters beschäftigt sich mit der Theorie Nichtlinearer Schwingungen.

Das vorliegende Buch entspricht etwa dem Inhalt der an der Technischen Hochschule Darmstadt vom ersten Verfasser seit zehn Jahren gehaltenen Vorlesung Technische Schwingungslehre I. Es werden also die Schwingungen von Systemen mit endlich vielen Freiheitsgraden untersucht, wobei jedoch die Modellbildung und das Aufstellen der Bewegungsgleichungen nicht im Vordergrund steht, sondern gegenüber der Erklärung der Phänomene und der mathematischen Behandlung etwas in den Hintergrund rückt. Das Buch richtet sich sowohl an Studenten der genannten Fachrichtungen, als auch an den Ingenieur in der Praxis. Es gliedert sich in fünf Kapitel.

Im ersten Kapitel wird eine Einführung in die Technische Schwingungslehre gegeben, die "Kinematik" der Schwingungen behandelt, und das mehr oder weniger elementare mathematische Rüstzeug bereitgestellt. Dazu gehört insbesondere der zentrale Begriff der harmonischen Schwingung, die - neben ihrer selbständigen Bedeutung - als Baustein komplizierterer Zeitfunktionen dient: So werden periodische Schwingungen als Überlagerung abzählbar unendlich vieler Harmonischer (FOURIERreihen) dargestellt, die Deutung nichtperiodischer Schwingungen als Überlagerung überabzählbar unendlich vieler Harmonischer (FOURIERintegrale) wird allerdings erst in Kapitel 5 gegeben. Zu diesem Verständnis der FOURIERintegrale bzw. der FOURIERtransformation sind die verschiedenen Darstellungen (reeller und komplexer) harmonischer Schwingungen wichtig, die daher im ersten Kapitel vielleicht eingehender als in anderen Lehrbüchern Beachtung finden.

Das zweite Kapitel behandelt die Schwingungen von Systemen mit nur einem Freiheitsgrad. Dabei werden zunächst Phasenkurven und die Linearisierung nichtlinearer Probleme erklärt, dann die Lösungseigenschaften der linearen Schwingungsgleichung für freie und erzwungene Schwingungen bei harmonischer Erregung besprochen und damit verbundene physikalische Begriffe, wie Leistung und Arbeit, dynamische Nachgiebigkeit und mechanische Impedanz sowie unterschiedliche Dämpfungsarten diskutiert. Erste Anwendungen ergeben sich beim Problem der Schwingungsisolierung. Anschließend stellen wir bei periodischer Erregung die beiden - für die Schwingungslehre typischen - Vorgehensweisen zur Behandlung erzwungener Schwingungen gegenüber: einerseits die Verfahren im Zeitbereich, andererseits die im Frequenzbereich. Den Abschluß bildet die nichtperiodische Erregung, wobei sich die Darstellung in diesem Kapitel auf den Zeitbereich beschränkt. (Die Methoden im Frequenzbereich, die den Begriff der FOURIERintegrale benötigen, werden dann in Kapitel 5 bereitgestellt.) Dazu führen wir die Sprung- und Stoßantwort ein und erklären die Lösungsdarstellungen durch das DUHAMEL- und das Faltungsintegral als Anwendung des Superpositionsprinzips.

Das dritte Kapitel nimmt eine Zwischenstellung ein: Es befaßt sich ausschließlich mit Systemen mit zwei Freiheitsgraden. Dabei werden neue Phänomene, die beim Übergang von nur einem auf mehrere (hier zwei) Freiheitsgrade möglich sind, auf einsichtige Weise erklärt und anschaulich dargestellt. Aus didaktischen Gründen verwenden wir hier noch keine Matrizen- und Vektorschreibweise. Die genannten neuen Phänomene beinhalten z.B. gyroskopische Terme, die ja bei nur einem Freiheitsgrad nicht möglich sind, und die Tatsache, daß bei entsprechenden Dämpfungsgesetzen keine Entkopplung der einzelnen Freiheitsgrade im Reellen mehr möglich ist. Unter den Anwendungsbeispielen finden sich die kritische Drehzahl eines LAVAL-Läufers sowie das Problem der Schwingungstilgung.

Im vierten Kapitel schließlich behandeln wir Systeme mit endlich vielen Freiheitsgraden. Hier benutzen wir erstmals die Matrizenschreibweise, und es werden die meisten der in den vorangehenden Kapiteln schon erarbeiteten Zusammenhänge nochmals zusammengefaßt und verallgemeinert. Besondere Beachtung verdienen dabei die Extremaleigenschaften der Eigenwerte und die einfachen Möglichkeiten, die sie dem konstruierenden Ingenieur oft bieten, um Eigenfrequenzen zumindest grob abzuschätzen. Eine Einführung in die numerischen Verfahren zur Lösung der Eigenwertprobleme wird ebenfalls gegeben. Das Kapitel schließt mit einem Abschnitt über die Theorie der experimentellen Modalanalyse, die ja inzwischen in fast alle Schwingungslabors Eingang gefunden hat; man stellt aber immer wieder fest, daß auch erfahrenen Praktikern die theoretischen Zusammenhänge hier nicht vollständig bekannt sind, was u.U. zu falschen Schlüssen aus den Versuchsergebnissen führen kann.

Im fünften Kapitel wird die FOURIERtransformation und ihre Anwendung auf Probleme der Schwingungslehre behandelt. Seit der Wiederentdeckung des Algorithmus der schnellen FOURIERtransformation (FFT), der ja im Prinzip schon GAUSS bekannt war, wird in den schwingungstechnischen Meß- und Auswertegeräten mit gutem Grunde zunehmend davon Gebrauch gemacht, und zumindest die Grundlagen sollten heute jedem sich mit dynamischen Problemen befassenden Ingenieur geläufig sein. Die wichtigsten Eigenschaften der FOURIERtransformation werden wiedergegeben und anhand von Beispielen erläutert. Als Anwendung besprechen wir dann die Behandlung erzwungener Schwingungen im Frequenzbereich und beleuchten den Zusammenhang mit den - in Kapitel 2 besprochenen - Methoden im Zeitbereich. Anschließend führen wir die Korrelationsfunktion und Leistungsspektren ein. Schließlich wird eine kurze Einführung in die Theorie der Zufallsschwingungen gegeben, wie sie zur Beschreibung winderregter Gebäudeschwingungen oder auch von Fahrzeugschwingungen häufig verwendet wird. Wir beschränken uns dabei auf die Behandlung mechanischer Systeme mit nur einem Freiheitsgrad im Spektralbereich. Die Erweiterung auf größere Systeme ist aber elementar durchführbar.

Am Ende eines jeden Kapitels ist jeweils eine Reihe von Übungsaufgaben angegeben, oft mit Hinweisen zu ihrer Lösung. Viele dieser Aufgaben stammen aus den zu der Darmstädter Vorlesung gehörenden Hausübungen, andere sind neu und gelegentlich nicht ganz elementar. Auch die Literatur ist nach Kapiteln getrennt angegeben.

Dieses Buch wäre ohne die Mitwirkung von jetzigen und früheren Mitarbeitern nicht möglich gewesen. Insbesondere danken wir den Herren Dr.-Ing. K. Kelkel, Dr.-Ing. K. Krapf, Dr.-Ing. K.E. Meier-Dörnberg, Dipl.-Ing. U. Neumann, Dipl.-Ing. J. Schmidt, Dipl.-Ing. S. Sparschuh und Dr.-Ing. J. Wallaschek sowie den Institutssekretärinnen Frau R. Popp und Frau L. Kolb. Die Herren Dipl.-Ing G. Biedenbach und cand.-ing M. Kraus haben das Manuskript neu geschrieben und die technische Überarbeitung durchgeführt; ihre Hilfsbereitschaft, ihre Mitarbeit und ihr stetes Engagament sind nicht hoch genug einzuschätzen. Dem Springer-Verlag danken wir für die gute Zusammenarbeit.

Darmstadt, im Juli 1987

P. Hagedorn
S. Otterbein

Inhaltsverzeichnis

1 Grundbegriffe

1.1 Einführung

Schwingungen können wir in unserer Umwelt in vielfältigen Formen beobachten, sei es in der Natur, wie etwa den Wellengang des Meeres, oder in der Technik, wie beispielsweise die Laufunruhe einer Maschinenwelle. Auch Phänomene so unterschiedlicher Art wie das Schwanken eines hohen Schornsteins oder das rhythmische Schlagen des menschlichen Herzens lassen sich hier einreihen, ebenso das "Tanzen" einer Hochspannungsleitung im Wind oder die Bewegung der Luft in einer Orgelpfeife.

Als Kennzeichen einer Schwingung könnte man das mehr oder weniger regelmäßige Wiederkehren bestimmter Merkmale heranziehen. Dies ist selbstverständlich keine Definition des Begriffs Schwingung; wir begnügen uns jedoch vorläufig mit dieser Umschreibung, da eine präzise Definition kaum möglich scheint. Im allgemeinen herrscht aber Übereinstimmung im Sprachgebrauch: Jedermann wird wohl die Hin- und Herbewegung eines Pendels als Schwingung bezeichnen, niemand dagegen den freien Fall. Ob aber die Bewegung der Erde um die Sonne als Schwingung anzusehen ist, darüber kann man geteilter Meinung sein.

Zur Beschreibung von Schwingungen verwenden wir die *Ersatzsysteme* (Modelle), die uns aus der Technischen Mechanik geläufig sind und die durch Vereinfachen und Idealisieren der Wirklichkeit entstehen. Diese Ersatzsysteme können dann durch *Systemparameter* (Längenabmessungen, Massen, Trägheitsmomente, Materialkennwerte wie Federsteifigkeiten, elektrische Kenngrößen wie Induktivitäten usw.) gekennzeichnet werden, ihr jeweiliger Zustand wird durch *Zustandsgrößen* (Verschiebungen, Geschwindigkeiten, Drücke, Temperaturen, elektrische Spannungen, Stromstärken usw.) dargestellt. Charakteristisch für die Schwingungslehre ist dabei, daß die Zustandsgrößen im Verlaufe der Zeit ihre Werte stark ändern. Die Gesetzmäßigkeit, mit der diese Veränderung vor sich geht, ergibt sich durch Anwendung von grundlegenden physikalischen Gesetzen auf die Ersatzsysteme, in der Mechanik beispielsweise aus den Grundgesetzen der Dynamik. Mit dieser Vorgehensweise erhält man schließlich ein *mathematisches Modell* des realen Geschehens.

In der Schwingungslehre besitzen die mathematischen Modelle meist die Form von Differentialgleichungen, in denen - neben den zeitunabhängigen Systemparametern - die Zustandsgrößen als gesuchte Zeitfunktionen auftreten. Dabei unterscheiden wir zunächst zwischen gewöhnlichen und partiellen Differentialgleichungen: Wir nennen ein Ersatzsystem *diskret*, wenn es sich durch endlich viele Zustandsgrößen (und Systemparameter) beschreiben läßt; diskrete Systeme führen typischerweise auf gewöhnliche Differentialgleichungen. Dagegen heißt ein Ersatzsystem *kontinuierlich*, wenn man kontinuierlich (überabzählbar unendlich) viele Zustandsgrößen (und Systemparameter) benötigt; die mathematischen Modelle kontinuierlicher Systeme sind in der Regel partielle Differentialgleichungen.

Bei rein mechanischen Ersatzsystemen läßt sich diese Unterscheidung auch nach der *Anzahl der Freiheitsgrade* treffen: Diskrete Modelle besitzen endlich viele Freiheitsgrade, kontinuierliche überabzählbar unendlich viele. Dabei verwenden wir den Begriff Freiheitsgrad, wie wir ihn aus der Technischen Mechanik kennen. Als Zustandsgrößen verwendet man in der Mechanik häufig die Koordinaten und ihre Zeitableitungen, so daß die Anzahl der Zustandsgrößen doppelt so groß wie die der Freiheitsgrade ist.

Die Auswahl eines geeigneten Ersatzsystems bereitet oft große Schwierigkeiten und bildet den kritischen Schritt in der beschriebenen Denk- und Vorgehensweise (Zitat nach A. EDDINGTON[1]: "Wenn das Modell stimmt, ist der Rest leicht."). Das hängt unter anderem damit zusammen, daß ein Ersatzsystem nur im Hinblick auf eine wohlumrissene Problemstellung ausgewählt werden kann. Für einen einzelnen realen Gegenstand können also durchaus mehrere Ersatzsysteme herangezogen werden, die sich auch in der Anzahl der Zustandsgrößen, bzw. bei mechanischen Ersatzsystemen in der Anzahl der Freiheitsgrade wesentlich unterscheiden können. Ein klassisches Beispiel hierzu ist die Planetenbewegung: Ist man nur an der Bahnbewegung interessiert, so bietet sich als Ersatzsystem für den Himmelskörper der Massenpunkt an; will man aber beispielsweise erklären, warum der Mond der Erde stets dasselbe Gesicht zeigt, so kann man als Ersatz-

---

[1] Sir Arthur Stanley EDDINGTON, britischer Astronom und Physiker, * 1882 in Kendal, + 1944 in Cambridge.

system den starren Körper heranziehen. Die Anzahl der Freiheitsgrade hat sich also verdoppelt. Ein zweites Beispiel aus der Kraftfahrzeugtechnik soll dies weiter verdeutlichen.

Ein Kraftfahrzeug (Abb. 1.1a) ist ein komplexes Gebilde, das aus sehr vielen einzelnen Teilen besteht und viele Schwingungsmöglichkeiten zeigt. Von besonderer Bedeutung sind dabei die Vertikalschwingungen, die hauptsächlich von der Unebenheit der Fahrbahn herrühren und die für die Sicherheit und den Fahrkomfort mitverantwortlich sind. Zur Untersuchung der vertikalen Translations- und der Nickschwingungen (d.h. der Drehbewegung um die Fahrzeugquerachse) läßt sich ein diskretes Ersatzsystem heranziehen, das gemäß Abb. 1.1b aus relativ wenigen starren Körpern sowie "masselosen" Federn und Dämpfern aufgebaut ist. Dabei wird der gesamte Fahrzeugaufbau durch einen starren Körper abgebildet und der Reifen beispielsweise durch einen weiteren starren Körper und eine ideale, masselose Feder ersetzt; seine dissipativen (energieverzehrenden) Eigenschaften werden gegenüber denen des Stoßdämpfers vernachlässigt. Hier reicht also ein ebenes Ersatzsystem aus; will man zusätzlich auch noch die Rollbewegung (d.h. die Drehbewegung um die Fahrzeuglängsachse) behandeln, so wird man selbstverständlich ein räumliches Modell verwenden.

Andere Ersatzsysteme mit unterschiedlich vielen Freiheitsgraden bildet man etwa zur Berechnung der Torsionsschwingungen im Antrieb (Kurbelwelle, Kupplung, Getriebe, Kardanwelle, Antriebswelle, Räder) oder auch zur Untersuchung des Fahrkomforts, für den die Bewegung des Fahrers auf dem (federnden) Sitz maßgeblich ist. Dazu benutzt man Ersatzsysteme, die durchweg "relativ wenige" Freiheitsgrade (ca. 6 bis 24) haben.

Andererseits sind aber auch Schwingungen der Karosserie (Abb. 1.1c) von Interesse, die auf vielfache Art und Weise angeregt werden. Die Berechnung dieser Schwingungsart verfolgt unter anderem das Ziel, die Karosserie so auszulegen, daß die Verformungen in erträglichen Grenzen bleiben. Hier bietet sich zunächst ein kontinuierliches Modell an, das jedoch wegen der großen mathematischen Schwierigkeiten nicht verwendet wird. Statt dessen baut man ein diskretes Ersatzsystem z.B. nach der Methode der Finiten Elemente auf; dabei denkt man sich die Karosserie aus einzelnen mechanischen Modellkörpern (Stäbe, Balken, Scheiben, Platten, Schalen) zusammengesetzt, deren Masse, Elastizität und Dämpfung in einzelnen Punkten konzentriert ist. Die Bewegung des Kontinuums wird dann durch die Bewegung endlich vieler Punkte gemäß Abb. 1.1d approximiert. Mit diesem Verfahren entsteht wieder ein diskretes Modell, das aber vergleichsweise viele Freiheitsgrade besitzt.

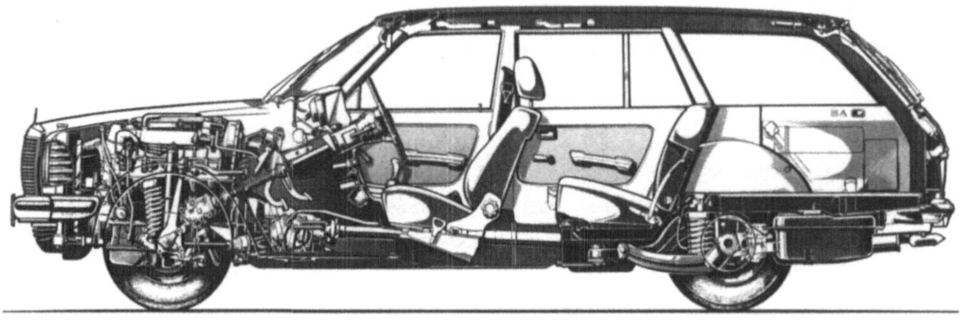

a) Kraftfahrzeug

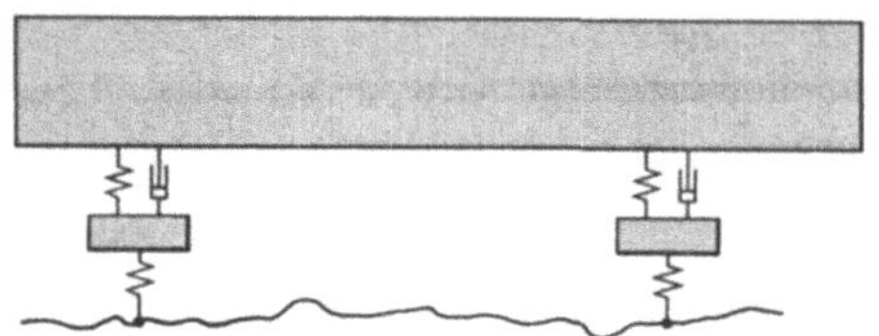

b) Starrkörpermodell zur Behandlung der Translations- und Nickschwingungen.

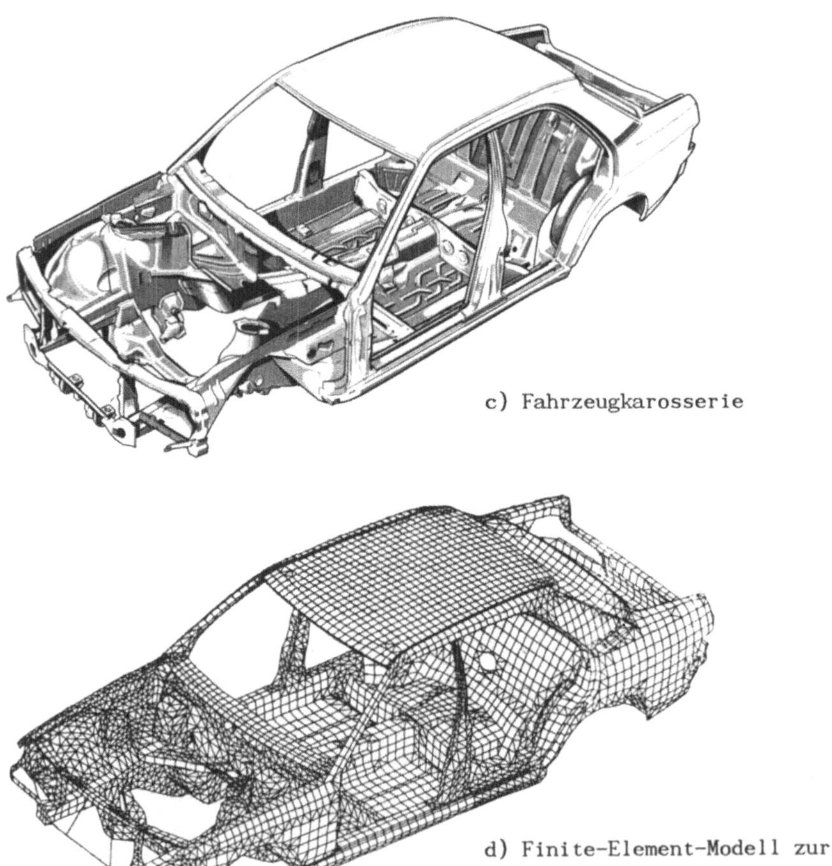

c) Fahrzeugkarosserie

d) Finite-Element-Modell zur Behandlung der Karosserieschwingungen

Abb. 1.1 Ersatzsysteme zur Berechnung von Fahrzeugschwingungen

Es gibt keine starren Regeln dafür, wie weit man ein mechanisches Ersatzsystem so vereinfachen kann, daß alle wesentlichen Eigenschaften noch richtig wiedergegeben werden; hier spielt vielmehr das Geschick und die Erfahrung des Ingenieurs die entscheidende Rolle.

Nach diesen Bemerkungen zum Thema Modellbildung weisen wir noch auf einen grundsätzlichen Unterschied in den möglichen Zeitverläufen von Zufallsgrößen hin. Während z.B. die Schwingungen eines Pendels periodisch sind, beobachten wir auch häufig weniger regelmäßige Schwingungsvorgänge. Abb. 1.2 zeigt Beispiele solcher gemessenen, nicht so regelmäßigen Schwingungen. In Abb. 1.2a ist die Beschleunigung des Erdbodens während eines Erdbebens aufgetragen. (Es handelt sich dabei um das Beben vom 18. Mai 1940 in El Centro/ Kalifornien, das in der Literatur häufig zu Vergleichszwecken angeführt wird.) Solche Messungen der Bodenbewegung sind wichtig im Hinblick auf die Bemessung von Gebäuden, also etwa die Erdbeben-Standsicherheit von Hochhäusern.

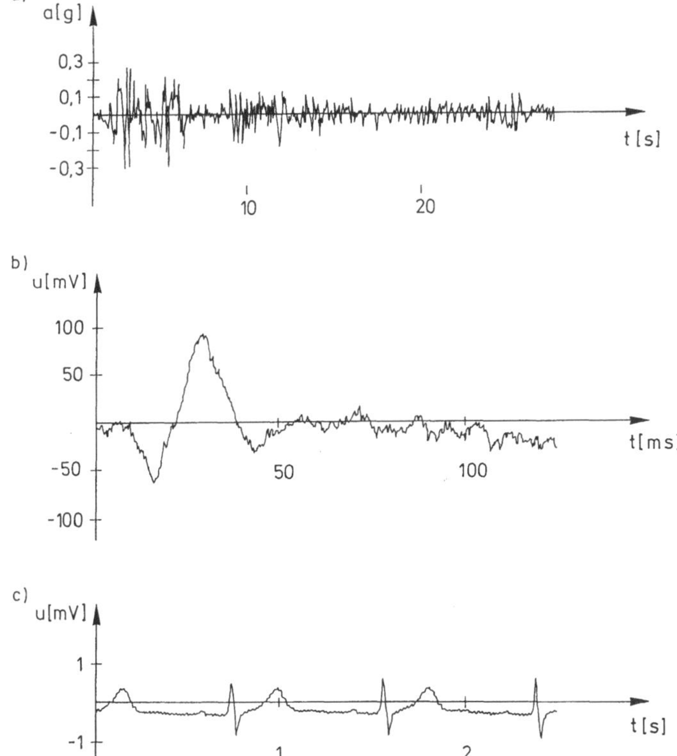

Abb. 1.2 Beispiele unregelmäßiger Schwingungen

Abb. 1.2b zeigt ein sogenanntes "visuell evoziertes Potential", wie es zur Diagnose neurologischer Erkrankungen verwendet wird. Aufgezeichnet ist das Spannungspotential einer Zelle des Sehnerves eines menschlichen Auges; man kann deutlich die Reaktion auf einen optischen Reiz beobachten, der im Zeitnullpunkt stattgefunden hat. Aus diesen Signalen lassen sich gewisse Rückschlüsse auf die Funktion der Nervenzellen und das Reaktionsvermögen ziehen.

Abb 1.2c stellt ein Elektro-Kardiogramm dar, bei dem die elektrische Spannung registriert wird, die an bestimmten Stellen des menschlichen Herzens auftritt. Auch hier ist es möglich, anhand gewisser charakteristischer Merkmale des Zeitverlaufes Erkrankungen des Herzens zu diagnostizieren.

Die Beispiele zeigen einen recht unregelmäßigen Verlauf der Zustandsgrößen. Während wir in den ersten 4 Kapiteln regelmäßige, d.h. reproduzierbare Schwingungen behandeln, wobei die periodischen Schwingungen eine wichtige Sonderstellung einnehmen, befassen wir uns im fünften Kapitel auch mit "Zufallsschwingungen", die häufig bei Messungen anzutreffen sind.

1.2 Periodische Schwingungen

Eine (nicht konstante) Zeitfunktion $x(t)$ heißt *periodisch*, wenn es eine Konstante $T > 0$ gibt mit der Eigenschaft, daß für alle Zeitpunkte t die Beziehung

$$x(t + T) = x(t) \tag{1.1}$$

gilt; dann folgt auch

$$x(t + nT) = x(t)$$

für jeden Zeitpunkt t und jede ganze Zahl n. Der Parameter T einer periodischen Schwingung ist also nicht eindeutig durch (1.1) bestimmt: Hat man etwa einen Wert T gefunden, der (1.1) erfüllt, so tut dies ebenso der doppelte Wert $2T$.

Eindeutig bestimmt ist aber die kleinste (positive) Konstante T gemäß (1.1), die wir als *Schwingungsdauer* bezeichnen. Unter einer *Periode* verstehen wir ein Zeitintervall, dessen Länge gerade mit der Schwingungsdauer übereinstimmt, unabhängig von der Lage dieses Intervalls auf der Zeitachse[2]. Zur Kenntnis einer periodischen Schwingung genügt die Beschreibung innerhalb einer einzigen Periode, z.B. $[0,T]$ oder $[-T/2,T/2]$ (Abb. 1.3).

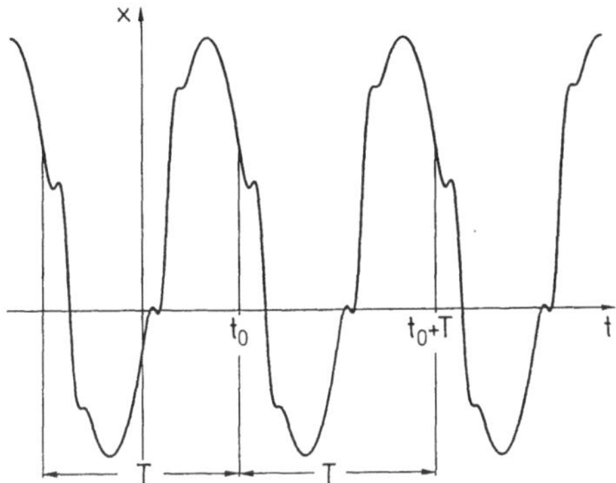

Abb. 1.3 Periodische Schwingung

Der Kehrwert der Schwingungsdauer

$$f := \frac{1}{T} \tag{1.2}$$

heißt *Frequenz* und gibt die Anzahl der Schwingungen pro Zeiteinheit an[3]. Falls die Schwingungsdauer T in Sekunden gemessen wird, erhält man die Frequenz f in Hertz (in s^{-1}). Häufig verwenden wir auch die *Kreisfrequenz*

$$\omega := 2\pi f. \tag{1.3}$$

Für periodische Funktionen x(t) definieren wir weiter die *Amplitude*

$$\hat{x} := \frac{1}{2} [\max x(t) - \min x(t)]; \tag{1.4}$$

sie ist also ihrer Definition nach niemals negativ.

Als Kenngrößen periodischer Schwingungen verwendet man auch zeitliche Mittelwerte, bei denen die Mittelung über eine Periode vorgenommen wird. Dazu gehören der *lineare Mittelwert* oder *Gleichwert*

---

[2] In der mathematischen Literatur wird die Schwingungsdauer häufig als Periode bezeichnet!

[3] Das Zeichen ":=" bedeutet: "definiert als"!

$$\bar{x} := \frac{1}{T} \int_{-T/2}^{T/2} x(t)\, dt, \tag{1.5}$$

der *Effektivwert*[4]

$$x_{eff} := \sqrt{\frac{1}{T} \int_{-T/2}^{T/2} x^2(t)\, dt} \tag{1.6}$$

und der *Gleichrichtwert* oder *rektifizierte Wert*

$$x_{rec} := \frac{1}{T} \int_{-T/2}^{T/2} |x(t)|\, dt, \tag{1.7}$$

der allerdings bei mechanischen Schwingungen nur selten verwendet wird. In (1.5) bis (1.7) kann das Integrationsintervall $[-T/2, T/2]$ natürlich ersetzt werden durch jede andere Periode $[t_0, t_0+T]$ (Aufg. A 1.1, A 1.3).

1.3 Harmonische Schwingungen

1.3.1 Die Parameter harmonischer Schwingungen

Eine Zeitfunktion $x(t)$ nennen wir *harmonisch*, wenn sie sich in der Form

$$x(t) = C_0 + C \cos \omega t + S \sin \omega t \tag{1.8}$$

darstellen läßt. Wir werden später sehen, daß sich weitgehend willkürliche periodische Funktionen, ja sogar nichtperiodische Funktionen aus harmonischen Schwingungen aufbauen lassen. Die Konstanten C_0, C und S bezeichnen wir als

---

[4] Der Effektivwert wird gelegentlich auch als "quadratischer Mittelwert" bezeichnet; dagegen unterscheidet man in der englischsprachigen Literatur zwischen dem "root mean square" (rms) gemäß (1.6) und dem "mean square" (ms), dem Quadrat des Effektivwerts.

FOURIERkoeffizienten [5], insbesondere ist der Koeffizient C_0 identisch mit dem Mittelwert $\bar{x}$ entsprechend (1.5):

$$C_0 = \bar{x} . \tag{1.9}$$

Bei harmonischen Schwingungen ist der Mittelwert $\bar{x}$ übrigens das arithmetische Mittel der beiden Größen max x(t) und min x(t); dies ist bei anderen periodischen Funktionen im allgemeinen nicht so. Weiter beschreibt der (positive) Parameter ω die Kreisfrequenz gemäß (1.3), denn die Schwingungsdauer T ist durch $2\pi/\omega$ gegeben. Die harmonische Schwingung (1.8) können wir ebensogut in der Gestalt

$$x(t) = \bar{x} + \hat{x} \cos(\omega t + \alpha) \tag{1.10}$$

schreiben, in der statt der FOURIERkoeffizienten C und S die beiden Parameter $\hat{x}$ und α auftreten, von denen der erste gemäß (1.4) die Amplitude wiedergibt. Das Argument

$$\Phi := \omega t + \alpha \tag{1.11}$$

der Cosinusfunktion heißt *Phasenwinkel*; er ändert sich linear mit der Zeit und charakterisiert die momentane "Phase" der Schwingung. Der Parameter $\alpha \in (-\pi, \pi]$ wird *Nullphasenwinkel* genannt, da er die Phase der harmonischen Schwingung zum Zeitnullpunkt kennzeichnet. Positive α-Werte bedeuten beispielsweise, daß die Cosinusfunktion nach links verschoben erscheint, und zwar um die Strecke mit der Länge $\frac{\alpha}{\omega}$ (Abb. 1.4). Den Parameter $\frac{\alpha}{\omega} = \frac{\alpha T}{2\pi}$, der im Intervall $(-T/2, T/2]$ liegt, bezeichnet man als *Nullphasenzeit*.

Der Zusammenhang zwischen C, S und $\hat{x}$, α wird durch

$$C = \hat{x} \cos \alpha \qquad S = \hat{x} \sin \alpha , \tag{1.12a}$$

$$\hat{x} = \sqrt{C^2 + S^2} \qquad \tan \alpha = -\frac{S}{C} , \tag{1.12b}$$

beschrieben, wovon man sich leicht durch Anwendung des Additionstheorems auf

---

[5] Nach dem Mathematiker Jean Baptiste Joseph FOURIER, * 1768 in Auxerre, + 1830 in Paris.

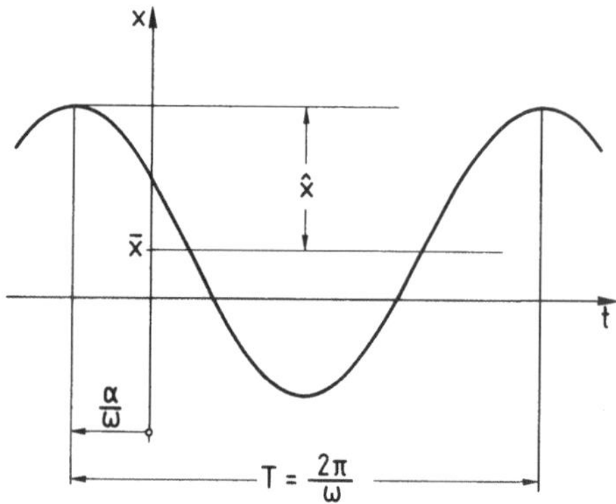

Abb. 1.4 Harmonische Schwingung

die rechte Seite von (1.10) überzeugen kann. Allerdings ist die Beziehung $\tan\alpha = -S/C$ nur eine "Kurzform" der beiden Gleichungen

$$\sin\alpha = \frac{-S}{\sqrt{C^2 + S^2}}, \qquad \cos\alpha = \frac{C}{\sqrt{C^2 + S^2}} \tag{1.13}$$

die - bei vorgegebenen Koeffizienten C und S - unendlich viele Lösungen α_k besitzen. Diese liegen im Abstand 2π voneinander auf der reellen Achse, so daß genau eine im Intervall $(-\pi,\pi]$ enthalten ist; dies ist der gesuchte Nullphasenwinkel. Die Funktion $\tan\alpha$ ist dagegen π-periodisch, so daß durch $\tan\alpha$ i.a. zwei Werte von α im Intervall $(-\pi,\pi]$ festgelegt werden![6]

Die harmonische Funktion (1.10) ließe sich ebensogut durch

$$x(t) = \bar{x} + \hat{x}\sin(\omega t + \beta) \tag{1.14}$$

beschreiben mit denselben Werten von $\bar{x},\hat{x}$ und ω, jedoch einem anderen Winkel β. Wir ziehen im folgenden jedoch die Schreibweise (1.10) mit der Cosinusfunktion vor und bezeichnen sie als "Standard-Form" einer harmonischen Schwingung.

---

[6] Es ist zweckmäßig, die Funktion "Hauptwert eines Winkels" einzuführen. Für beliebige Winkel $\alpha' \in \mathbb{R}$ definieren wir den *Hauptwert* Hw von α' durch $Hw(\alpha') := \alpha' + n2\pi$, wobei die ganze Zahl n so zu wählen ist, daß $Hw(\alpha')$ im Intervall $(-\pi,\pi]$ liegt. Für alle Lösungen α_k von (1.13) führt dann das Bilden des Hauptwertes auf denselben Wert, nämlich den Nullphasenwinkel α.

Bei speziellen Parameterwerten besitzen die harmonischen Schwingungen gewisse Symmetrieeigenschaften, die sich auch allgemein für periodische und nichtperiodische Funktionen definieren lassen: Wir nennen eine beliebige Zeitfunktion f(t) *gerade*, wenn

$$f(-t) = f(t) \quad \text{für alle } t \tag{1.15}$$

gilt, und *ungerade*, wenn die Beziehung

$$f(-t) = -f(t) \text{ für alle } t \tag{1.16}$$

erfüllt ist. Schließlich nennen wir eine T-periodische Zeitfunktion f(t) *wechselsymmetrisch*, wenn die Relation

$$f(t + T/2) = -f(t) \quad \text{für alle } t \tag{1.17}$$

besteht.[7] Da insbesondere der Cosinus eine gerade und der Sinus eine ungerade Funktion darstellt und beide Funktionen wechselsymmetrisch sind, ergibt sich sofort der folgende Sachverhalt:

Eine harmonische Schwingung ist genau dann

a) gerade, wenn der FOURIERkoeffizient S verschwindet:

$$S = 0, \tag{1.18}$$

b) ungerade, wenn die FOURIERkoeffizienten C_0 und C verschwinden:

$$C_0 = C = 0, \tag{1.19}$$

c) wechselsymmetrisch, wenn der FOURIERkoeffizient C_0 verschwindet:

$$C_0 = 0 . \tag{1.20}$$

---

[7] Beispiele einer geraden bzw. ungeraden Funktion sind in Abb. 1.18b bzw. Abb. 1.18a angegeben. Beide dort aufgeführten Funktionen sind auch wechselsymmetrisch.

Die Wechselsymmetrie ist also unabhängig vom Nullphasenwinkel α und gilt daher für alle harmonischen Zeitfunktionen mit verschwindendem Mittelwert. Die Eigenschaften "gerade" und "ungerade" dagegen sind abhängig von der Wahl des Zeitnullpunktes, der ja dem Nullphasenwinkel α entspricht. Denken wir uns eine harmonische Schwingung aus einer Messung entstanden, so können wir den Zeitnullpunkt beliebig wählen (und auch durch "Beziehen auf den Mittelwert" diesen annulieren) und somit stets erreichen, daß die Meßkurve durch eine gerade und wechselsymmetrische Zeitfunktion beschrieben wird. Unter diesem Blickwinkel erscheinen - neben dem Mittelwert $\overline{x}$ - die Amplitude $\hat{x}$ und die Kreisfrequenz ω als die wesentlichen Kenngrößen einer harmonischen Schwingung, während der Nullphasenwinkel α eine eher untergeordnete Rolle spielt.

Als nächstes berechnen wir die in 1.2 definierten Mittelwerte für eine harmonische Schwingung. Den linearen Mittelwert $\overline{x}$ entnehmen wir unmittelbar der Darstellung (1.8) oder (1.10); für den Effektivwert x_{eff} ergibt sich zunächst aus der Definition (1.6)

$$x_{eff}^2 = \frac{1}{T} \int_{-\alpha T/2\pi}^{T-\alpha T/2\pi} [\overline{x} + \hat{x} \cos(2\pi \frac{t}{T} + \alpha)]^2 \, dt \; ; \tag{1.21}$$

mit $\Phi := 2\pi t/T + \alpha$ geht das Integral über in

$$x_{eff}^2 = \frac{1}{2\pi} \int_0^{2\pi} [\overline{x}^2 + 2 \, \overline{x} \, \hat{x} \cos \Phi + \hat{x}^2 \cos^2 \Phi] \, d\Phi \tag{1.22}$$

und berechnet sich zu (Aufg. A 1.4)

$$x_{eff} = \sqrt{\overline{x}^2 + \frac{\hat{x}^2}{2}} \; . \tag{1.23}$$

Der Effektivwert ist also unabhängig von der Kreisfrequenz ω und dem Nullphasenwinkel α und - bei verschwindendem Mittelwert $\overline{x}$ - proportional zur Amplitude $\hat{x}$

$$x_{eff} = \frac{\sqrt{2}}{2} \hat{x} \, , \quad (\overline{x} = 0) \; . \tag{1.24}$$

Gemäß der Definition (1.7) gilt für den rektifizierten Wert x_{rec} zunächst

$$x_{rec} = \frac{1}{T} \int_{-\alpha T/2\pi}^{T-\alpha T/2\pi} |\overline{x} + \hat{x} \cos (2\pi \frac{t}{T} + \alpha)| \, dt \; , \tag{1.25}$$

oder auch

$$x_{rec} = \frac{1}{2\pi} \int_0^{2\pi} |\bar{x} + \hat{x} \cos \Phi| \, d\Phi \ . \tag{1.26}$$

Mit einer Fallunterscheidung ergibt sich schließlich (Aufg. A 1.4)

$$x_{rec} = \begin{cases} \bar{x} & |\bar{x}| \geq \hat{x} \ , \\ \frac{2}{\pi} \left[\sqrt{\hat{x}^2 - \bar{x}^2} + \bar{x} \arcsin(\bar{x}/\hat{x}) \right] \ , & |\bar{x}| \leq \hat{x} \ ; \end{cases} \tag{1.27}$$

insbesondere gilt also für $\bar{x} = 0$

$$x_{rec} = \frac{2}{\pi} \hat{x} \ , \quad (\bar{x} = 0) \ , \tag{1.28}$$

so daß auch hier der rektifizierte Wert proportional zur Amplitude ist.

1.3.2 Komplexe Schreibweise harmonischer Schwingungen

Eine andere - und besonders in der Elektrotechnik gebräuchliche - Darstellung harmonischer Schwingungen ist die in komplexer Schreibweise. Zunächst sei daran erinnert, daß wir jede komplexe Zahl $\underline{x}$ durch einen Punkt in der GAUSSschen Zahlenebene oder auch den zugehörigen Ortsvektor beschreiben können (Abb. 1.5) und daß jede komplexe Zahl durch ein Paar reeller Zahlen charakterisiert ist, beispielsweise durch Real- und Imaginärteil

$$\underline{x} = x_1 + jx_2, \quad x_1 := \mathrm{Re}\,\underline{x}, \quad x_2 := \mathrm{Im}\,\underline{x} \tag{1.29}$$ [8]

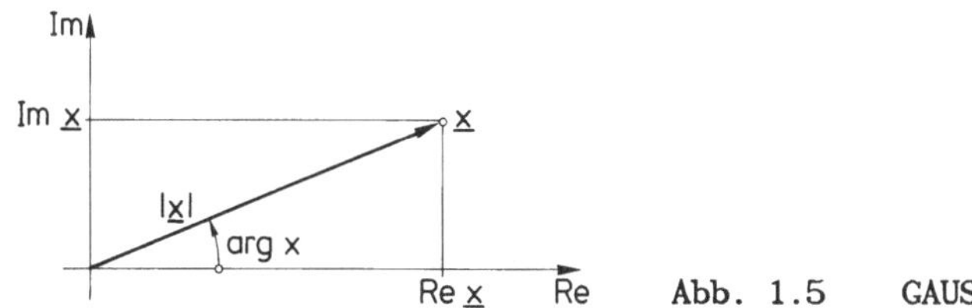

Abb. 1.5 GAUSSsche Zahlenebene

---

[8] Wir kennzeichnen komplexe Zahlen durch Unterstreichen des Formelzeichens, verwenden den Buchstaben j für die imaginäre Einheit und bezeichnen mit $\underline{x}^*$ die zu $\underline{x}$ konjugiert komplexe Größe.

(Darstellung des Punktes in kartesischen Koordinaten) oder auch durch Betrag und Argument

$$\underline{x} = x\, e^{j\gamma}, \qquad x := |\underline{x}|, \qquad \gamma := \arg \underline{x} \in (-\pi, \pi] \tag{1.30}$$

(Darstellung des Punktes in Polarkoordinaten). Die Transformationsgleichungen zwischen dem Real- und Imaginärteil sowie Betrag und Argument besitzen - bis auf ein Vorzeichen - dieselbe Struktur wie die Beziehungen (1.12), (1.13)

$$x_1 = x \cos \gamma, \qquad x_2 = x \sin \gamma, \tag{1.31a}$$

$$x = \sqrt{x_1^2 + x_2^2}, \quad \sin \gamma = \frac{x_2}{\sqrt{x_1^2 + x_2^2}}, \quad \cos \gamma = \frac{x_1}{\sqrt{x_1^2 + x_2^2}} \tag{1.31b}$$

und lassen sich unmittelbar aus der Abbildung 1.5 ablesen. Weiter sei daran erinnert, daß jede komplexwertige Funktion $\underline{x}(t)$ anschaulich als Bewegung eines Punktes gedeutet werden kann: Im Verlaufe der Zeit ändert der Ortsvektor seine Komponenten und der zugehörige Punkt durchläuft dabei in der GAUSSschen Zahlenebene eine Kurve.

Als Verallgemeinerung der (reellen) harmonischen Schwingungen betrachten wir nun komplexwertige Zeitfunktionen der Art

$$\underline{x}(t) = \underline{X}_0 + \underline{X}_+ e^{+j\omega t} + \underline{X}_- e^{-j\omega t}, \tag{1.32}$$

die wir ebenfalls als *harmonisch* bezeichnen. Die Konstanten $\underline{X}_0$, $\underline{X}_+$ und $\underline{X}_-$ heißen wieder *FOURIERkoeffizienten*, und auch hier stimmt der Koeffizient $\underline{X}_0$ mit dem Mittelwert der Funktion $\underline{x}(t)$ überein:

$$\underline{X}_0 = \overline{\underline{x}} \ . \tag{1.33}$$

Der positive Parameter ω ist die Kreisfrequenz: Die harmonische Funktion (1.32) ist nämlich periodisch mit der Schwingungsdauer $T = 2\pi/\omega$. (Dabei haben wir die Definitionen (1.1) und (1.5) der Periodizität und des Mittelwerts in naheliegender Weise auf komplexwertige Funktionen erweitert.) Wegen der Periodizität durchläuft der Punkt in der GAUSSschen Zahlenebene eine geschlossene Kurve, und zwar eine Ellipse (Abb. 1.6), deren Mittelpunkt durch den Mittelwert $\underline{X}_0$ gekennzeichnet ist und deren Hauptachsen im allgemeinen verdreht

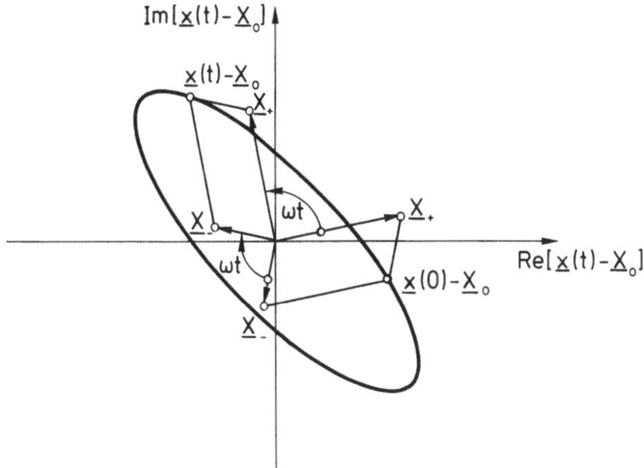

Abb. 1.6 Zeigerdiagramm einer komplexen harmonischen Funktion

gegenüber den Achsen der GAUSSschen Zahlenebene liegen. Die FOURIERkoeffizienten $\underline{X}_+$ und $\underline{X}_-$ bestimmen die Längen der beiden Ellipsenachsen, den Winkel zwischen Hauptachsen- und dem "GAUSS-Achsensystem" und den Umlaufsinn (Aufg. A 1.7). Im folgenden betrachten wir drei Sonderfälle von (1.32).

Zuerst behandeln wir den Spezialfall

$$\underline{x}_+(t) = \overline{x}_+ + \underline{X}_+ e^{+j\omega t}, \tag{1.34}$$

in dem der Mittelwert $\underline{X}_0$ reell ist und $\underline{X}_-$ verschwindet. Die Funktion $\underline{x}_+(t)$ läßt sich mit

$$X_+ := |\underline{X}_+|, \tag{1.35a}$$

$$\gamma_+ := \arg \underline{X}_+ \quad \text{mit} \quad \gamma_+ \in (-\pi,\pi] \tag{1.35b}$$

auch als

$$\underline{x}_+(t) = \overline{x}_+ + X_+ e^{+j(\omega t + \gamma_+)} \tag{1.36}$$

schreiben. Komplexe harmonische Funktionen der speziellen Gestalt (1.34) besitzen ein besonders einfaches *Zeigerdiagramm* (Abb. 1.7). Dabei durchläuft der Punkt $\underline{x}_+(t)$ im Verlauf der Zeit einen Kreis mit Mittelpunkt $(\overline{x}_+, 0)$ und Radius X_+.

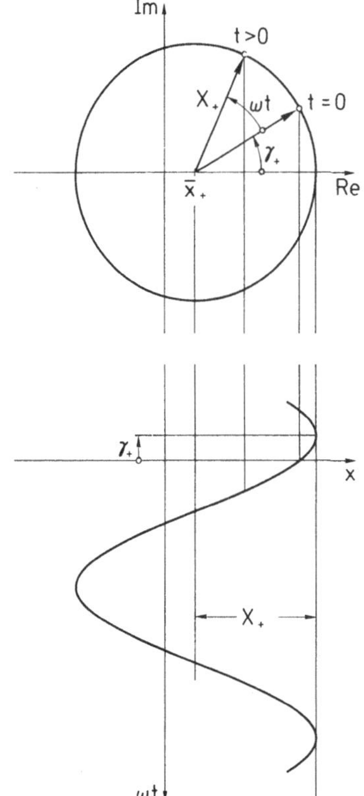

Abb. 1.7 Zeigerdiagramm einer komplexen Erweiterung

Mit der *EULERschen Relation*[9]

$$e^{\pm j\sigma} = \cos\sigma \pm j\sin\sigma\ , \quad \sigma \in \mathbb{R} \tag{1.37}$$

folgt aus (1.36) auch

$$\underline{x}_+(t) = \bar{x}_+ + X_+\cos(\omega t + \gamma_+) + jX_+\sin(\omega t + \gamma_+). \tag{1.38}$$

Die Projektion der komplexen harmonischen Funktion (1.36) auf die reelle Achse ergibt demnach eine reelle harmonische Schwingung in Standardform mit Amplitude X_+ und Nullphasenwinkel γ_+; umgekehrt bezeichnen wir die rechte Seite von (1.34) als die *komplexe Erweiterung* der (reellen) harmonischen Schwingung $\bar{x}_+ + X_+\cos(\omega t + \gamma_+)$ und den Koeffizienten $\underline{X}_+$ als ihre *komplexe Amplitude*. Es ist leicht festzustellen, daß die FOURIERkoeffizienten C und S gemäß (1.8) über

---

[9] Nach dem Mathematiker Leonhard EULER, * 1707 in Basel, + 1783 in Petersburg.

$$C = \mathrm{Re}\,\underline{X}_+\ , \quad S = -\,\mathrm{Im}\,\underline{X}_+ \tag{1.39}$$

mit der komplexen Amplitude $\underline{X}_+$ zusammenhängen.

Ist eine reelle harmonische Schwingung

$$x(t) = \overline{x} + \hat{x}\cos(\omega t + \alpha) \tag{1.40}$$

gegeben, so besitzt sie die komplexe Amplitude

$$\underline{X}_+ = \hat{x}\, e^{j\alpha}. \tag{1.41}$$

Mit x(t) liegt aber auch $\dot{x}(t)$ fest; diese Funktion ist dann ebenfalls eine harmonische Schwingung

$$\begin{aligned} \dot{x}(t) &= -\,\omega\,\hat{x}\sin(\omega t + \alpha) \\ &= \omega\,\hat{x}\cos(\omega t + \alpha + \tfrac{\pi}{2}) \end{aligned} \tag{1.42}$$

und besitzt die komplexe Amplitude $\omega\hat{x}e^{j(\alpha + \frac{\pi}{2})} = j\omega\,\hat{x}e^{j\alpha} = j\omega\,\underline{X}_+$, d.h. die komlexe Amplitude von $\dot{x}(t)$ ergibt sich aus der von x(t) durch Multiplikation mit $j\omega$; der Betrag ist ωX_+, das Argument $\alpha + \frac{\pi}{2}$ (eigentlich: Hauptwert von $\alpha + \frac{\pi}{2}$). Für die Anwendungen ist weiterhin wichtig, daß man die Operation "Diffenzieren einer harmonischen Schwingung" und "Bilden der komplexen Erweiterung" vertauschen kann (s. Aufg. A 1.5).

Wir behandeln jetzt den zweiten Spezialfall

$$\underline{x}\_(t) = \overline{x}\_ + \underline{X}\_ e^{-j\omega t}\ , \tag{1.43}$$

von (1.32), in dem $\underline{X}_+$ verschwindet und der Mittelwert wieder reell ist. Mit

$$X\_ := |\underline{X}\_|, \tag{1.44a}$$

$$\gamma\_ := \arg \underline{X}\_ \quad \text{mit} \quad \gamma\_ \in [-\pi, \pi) \tag{1.44b}$$

können wir dies auch als

$$\underline{x}_-(t) = \bar{x}_- + X_- e^{-j(\omega t - \gamma_-)} \tag{1.45}$$

schreiben.

Das zugehörige Zeigerdiagramm ist wieder besonders einfach: Der Kreis mit Mittelpunkt $(\bar{x}_-,0)$ und Radius X_- wird jetzt allerdings im Uhrzeigersinn durchlaufen. Anstelle von (1.38) ergibt sich jetzt

$$\underline{x}_-(t) = \bar{x}_- + X_-\cos(\omega t - \gamma_-) + jX_-\sin(\omega t - \gamma_-) \ ; \tag{1.46}$$

die Projektion der (speziellen) komplexen harmonischen Zeitfunktion (1.42) auf die reelle Achse ergibt eine reelle harmonische Schwingung in Standardform mit Amplitude X_- und Nullphasenwinkel $-\gamma_-$. Die rechte Seite der Gleichung (1.43) nennen wir die *konjugiert komplexe Erweiterung* der (reellen) harmonischen Schwingung $\bar{x}_- + X_-\cos(\omega t - \gamma_-)$ und den Koeffizienten $\underline{X}_-$ ihre *konjugiert komplexe Amplitude*. Die FOURIERkoeffizienten C und S gemäß (1.8) ergeben sich aus $\underline{X}_-$ als

$$C = \mathrm{Re}\,\underline{X}_- \ , \qquad S = \mathrm{Im}\,\underline{X}_- \ . \tag{1.47}$$

Während die komplexe Erweiterung der reellen harmonischen Schwingung (1.40)

$$\underline{x}_+(t) = \bar{x} + \hat{x}\, e^{j\alpha}\, e^{j\omega t} \tag{1.48}$$

ist, schreibt sich die konjugiert komplexe Erweiterung als

$$\underline{x}_-(t) = \bar{x} + \hat{x}\, e^{-j\alpha}\, e^{-j\omega t} \tag{1.49}$$

und es gilt

$$\underline{x}_-(t) = \underline{x}_+^*(t). \tag{1.50}$$

Wir verzichten daher auch oft auf die Indizierung und schreiben anstelle von $\underline{x}_+(t)$ einfach

$$\underline{x}(t) := \underline{x}_+(t), \tag{1.51}$$

mit

$$\underline{x}(t) = \bar{x} + \hat{\underline{x}}\, e^{j\omega t}, \quad \hat{\underline{x}} := \hat{x}\, e^{j\alpha} \ ; \tag{1.52}$$

$\underline{x}_-(t)$ ist dann durch

$$\underline{x}_-(t) = \underline{x}^*(t) \tag{1.53}$$

gegeben.

Aus (1.48) folgt auch sofort, daß man die reelle harmonische Schwingung auch als

$$x(t) = \bar{x} + \hat{x}\cos(\omega t + \alpha) = \frac{1}{2}\,[\underline{x}(t) + \underline{x}^*(t)] \tag{1.54}$$

schreiben kann. Man bezeichnet die rechte Seite von (1.54) auch als *komplexe Darstellung* der reellen harmonischen Schwingung, dabei kann man sich $\hat{x}\cos(\omega t + \alpha)$ entstanden denken durch Überlagerung der beiden komplexen Zeiger $\frac{1}{2}\,\hat{\underline{x}}\,e^{j\omega t}$ und $\frac{1}{2}\,\hat{\underline{x}}^*e^{-j\omega t}$ (Abb. 1.8).

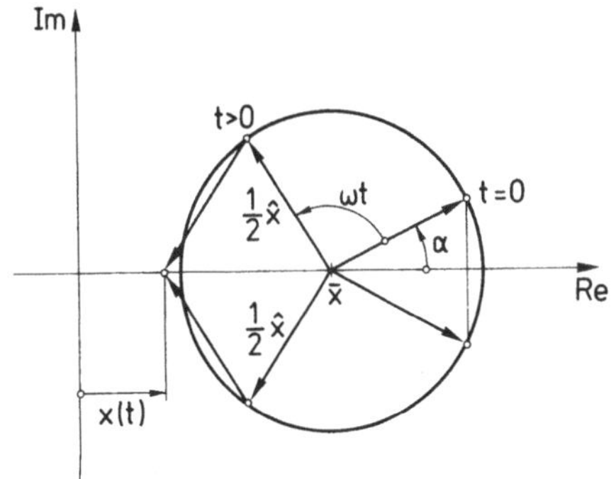

Abb. 1.8 Harmonische Schwingung in komplexer Darstellung

Auch die rechte Seite von (1.54) ist wieder ein Sonderfall der komplexen harmonischen Schwingung (1.32): Ist dort nämlich der Mittelwert reell, $\underline{X}_0 = \bar{x}$ und sind die FOURIERkoeffizienten $\underline{X}_+, \underline{X}_-$ zueinander komplex konjugiert, d.h. $\underline{X}_- = \underline{X}_+^*$, so folgt mit

$$\underline{X}_+ = X\,e^{j\gamma}\,, \qquad \underline{X}_- = X\,e^{-j\gamma} \tag{1.55}$$

aus (1.32) auch

$$\underline{x}(t) = \bar{x} + 2X\cos(\omega t + \gamma)\;. \tag{1.56}$$

In diesem dritten Sonderfall ist also die komplexe harmonische Schwingung reell mit Amplitude $\hat{x} = 2X$ und Nullphasenwinkel γ!

Eine Unterscheidung zwischen den verschiedenen komplexen Schreibweisen der reellen harmonischen Schwingungen ist für das spätere Vorgehen wichtig, insbesondere auch bei den FOURIERreihen. Zum Abschluß dieses Abschnitts verallgemeinern wir die Symmetrieeigenschaften (1.15) und (1.16) auf komplexe Funktionen.

Wir nennen eine beliebige Zeitfunktion $\underline{f}(t)$ *hermitesch*[10], wenn

$$\underline{f}(-t) = \underline{f}^*(t) \quad \text{für alle } t \tag{1.57}$$

gilt, und *schiefhermitesch*, wenn die Relation

$$\underline{f}(-t) = -\underline{f}^*(t) \quad \text{für alle } t \tag{1.58}$$

erfüllt ist; die Definition (1.17) der Wechselsymmetrie übernehmen wir für T-periodische komplexe Zeitfunktionen $\underline{f}(t)$ wortgemäß. Durch Übergang zum komplex konjugierten Wert in (1.57) bzw. (1.58) ergibt sich, daß auch die konjugiert komplexe Funktion $\underline{f}^*(t)$ hermitesch bzw. schiefhermitesch ist; dasselbe gilt auch für die Wechselsymmetrie. Eine hermitesche Funktion (und damit auch ihre konjugiert komplexe) besitzt geraden Real- und Imaginärteil, eine schiefhermitesche dagegen (zusammen mit ihrer konjugiert komplexen) ungeraden Real- und Imaginärteil. Für reelle Funktionen - aufgefaßt als komplexe Funktionen mit verschwindendem Imaginärteil - gehen also die Eigenschaften "hermitesch" in "gerade" und "schiefhermitesch" in "ungerade" über. Schließlich ist der Betrag $|\underline{f}(t)|$ in beiden Fällen eine gerade Funktion, bei hermiteschen Funktionen das Argument $\arg \underline{f}(t)$ und bei schiefhermiteschen das "verdrehte" Argument $\arg \underline{f}(t) - \arg \underline{f}(0)$ ungerade (Aufg. 1.8).

Für den Sonderfall komplexer harmonischer Funktionen ergeben sich leicht die folgenden Bedingungen:

Eine komplexe harmonische Schwingung ist genau dann

---

[10] Nach dem Mathematiker Charles HERMITE, * 1822 in Dieuze, + 1901 in Paris.

a) hermitesch, wenn alle FOURIERkoeffizienten reell sind:

$$\mathrm{Im}\,\underline{X}_0 = \mathrm{Im}\,\underline{X}_+ = \mathrm{Im}\,\underline{X}_- = 0\;, \tag{1.59}$$

b) schiefhermitesch, wenn alle FOURIERkoeffizienten rein imaginär sind:

$$\mathrm{Re}\,\underline{X}_0 = \mathrm{Re}\,\underline{X}_+ = \mathrm{Re}\,\underline{X}_- = 0\;, \tag{1.60}$$

c) wechselsymmetrisch, wenn der FOURIERkoeffizient $\underline{X}_0$ verschwindet:

$$\underline{X}_0 = 0\;. \tag{1.61}$$

1.3.3 Überlagerung harmonischer Schwingungen

Wir betrachten jetzt zwei harmonische Zeitfunktionen gleicher Kreisfrequenz ω in Standardform

$$x_1(t) = \bar{x}_1 + \hat{x}_1 \cos(\omega t + \alpha_1)\;, \tag{1.62a}$$

$$x_2(t) = \bar{x}_2 + \hat{x}_2 \cos(\omega t + \alpha_2) \tag{1.62b}$$

und besprechen zunächst ihre "Phasenbeziehungen". Stimmen die Nullphasenwinkel α_1 und α_2 miteinander überein, so nennen wir die beiden Schwingungen *in Phase*. Nimmt die Differenz $\alpha_2 - \alpha_1$ der Nullphasenwinkel den Wert π an, so nennen wir die beiden Schwingungen *in Gegenphase*; ein Maximum der einen Schwingung tritt genau zu dem Zeitpunkt auf, in dem die andere ihr Minimum erreicht und umgekehrt.

Für den allgemeinen Fall definieren wir den *Phasenverschiebungswinkel*

$$\psi := \mathrm{Hw}(\alpha_2 - \alpha_1) \tag{1.63}$$

der Schwingung $x_2(t)$ gegenüber der Schwingung $x_1(t)$. Die Größe $\frac{\psi}{\omega} \in (-T/2, T/2]$ bezeichnet man als Phasenverschiebungszeit von $x_2(t)$ gegenüber $x_1(t)$. Der Phasenverschiebungswinkel ψ ist gleich Null für Schwingungen in Phase und gleich π für Bewegungen in Gegenphase. Bei positiven (negativen) ψ-Werten sprechen wir auch davon, daß die Schwingung $x_2(t)$ der Schwingung $x_1(t)$ voreilt (nacheilt).

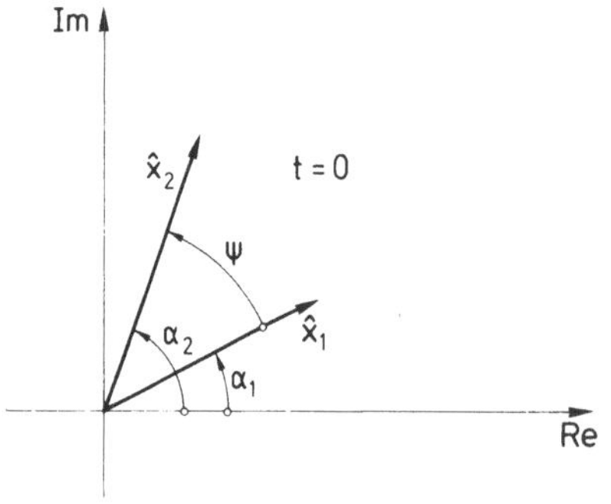

Abb. 1.9 Phasenverschiebungswinkel in der GAUSSschen Zahlenebene

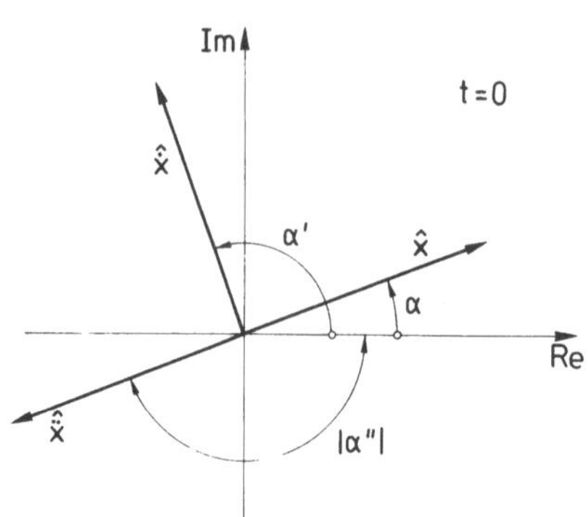

Abb. 1.10 Phasenlage von Verschiebung, Geschwindigkeit und Beschleunigung

Der Winkel ψ läßt sich besonders einfach im Zeigerdiagramm veranschaulichen (Abb. 1.9), in dem er als Winkel zwischen den beiden rotierenden Zeigern $\underline{x}_1(t)$ und $\underline{x}_2(t)$ erscheint, die ja die komplexen Erweiterungen der harmonischen Schwingungen (1.62) repräsentieren. Dabei haben wir uns auf den Spezialfall beschränkt, in dem die beiden Mittelwerte $\underline{x}_1$ und $\underline{x}_2$ verschwinden, und in Abb. 1.9 sind die Verhältnisse zum Zeitnullpunkt dargestellt. Das letztere bedeutet aber keine Einschränkung, da der Winkel zwischen den beiden umlaufenden Zeigern stets denselben Wert besitzt.

Mit Hilfe dieser Begriffe können wir die folgenden Beziehungen zwischen einer harmonischen Zeitfunktion und ihren beiden ersten Ableitungen erkennen: Der Phasenverschiebungswinkel von $\dot{x}(t)$ gegenüber $x(t)$ ist stets gleich $\pi/2$ und $\ddot{x}(t)$ und $x(t)$ schwingen immer in Gegenphase (Abb. 1.10). Dieses Zeigerdiagramm gibt selbstverständlich nur Auskunft über die gegenseitige Phasenlage, nicht dagegen über die Größenverhältnisse der Amplituden, die ja in ihren Dimensionen nicht übereinstimmen.

Als nächstes betrachten wir die Überlagerung

$$x(t) := \bar{x}_1 + \hat{x}_1\cos(\omega t + \alpha_1) + \bar{x}_2 + \hat{x}_2\cos(\omega t + \alpha_2) \tag{1.64}$$

der beiden harmonischen Schwingungen (1.62). Aus (1.61) folgt

$$x(t) := \bar{x}_1 + \bar{x}_2 + (\hat{x}_1\cos\alpha_1 + \hat{x}_2\cos\alpha_2)\cos\omega t - - (\hat{x}_1\sin\alpha_1 + \hat{x}_2\sin\alpha_2)\sin\omega t\ ; \tag{1.65}$$

dies ist eine harmonische Schwingung in der Gestalt (1.8) mit Mittelwert $\bar{x}_1 + \bar{x}_2$ und den FOURIERkoeffizienten $\hat{x}_1\cos\alpha_1 + \hat{x}_2\cos\alpha_2$ und $-\hat{x}_1\sin\alpha_1 - \hat{x}_2\sin\alpha_2$. Sie läßt sich auch in der Standardform

$$x(t) = \bar{x} + \hat{x}\cos(\omega t + \alpha) \tag{1.66}$$

schreiben, wobei $\bar{x} = \bar{x}_1 + \bar{x}_2$ und gemäß (1.12)

$$\hat{x} = \sqrt{\hat{x}_1^2 + 2\,\hat{x}_1\hat{x}_2\cos(\alpha_1 - \alpha_2) + \hat{x}_2^2}\,, \tag{1.67a}$$

$$\tan\alpha = \frac{\hat{x}_1\sin\alpha_1 + \hat{x}_2\sin\alpha_2}{\hat{x}_1\cos\alpha_1 + \hat{x}_2\cos\alpha_2} \tag{1.67b}$$

gilt. Am Ausdruck (1.67a) kann man übrigens leicht zwei Schranken für die resultierende Amplitude $\hat{x}$ erkennen:

$$|\hat{x}_1 - \hat{x}_2| \le \hat{x} \le \hat{x}_1 + \hat{x}_2\ ; \tag{1.68}$$

die linke Seite gilt mit dem Gleichheitszeichen genau dann, wenn die ursprünglichen Harmonischen in Gegenphase schwingen, die rechte Seite beim Schwingen in Phase.

Wir betrachten die Überlagerung zweier harmonischer Schwingungen gleicher Kreisfrequenz ω nun in komplexer Schreibweise. Dabei zeigt sich - ganz ähnlich wie bei der Differentiation nach der Zeit -, daß die Operationen "Addieren zweier harmonischer Schwingungen" und "Bilden der komplexen Erweiterung" miteinander vertauschbar sind. Mit den komplexen Erweiterungen

$$\underline{x}_1(t) = \bar{x}_1 + \hat{\underline{x}}_1 e^{j\omega t}, \quad \hat{\underline{x}}_1 = \hat{x}_1 e^{j\alpha_1}, \tag{1.69a}$$

$$\underline{x}_2(t) = \bar{x}_2 + \hat{\underline{x}}_2 e^{j\omega t}, \quad \hat{\underline{x}}_2 = \hat{x}_2 e^{j\alpha_2}, \tag{1.69b}$$

der beiden harmonischen Schwingungen (1.62) folgt nämlich

$$\underline{x}_1(t) + \underline{x}_2(t) = \bar{x}_1 + \bar{x}_2 + (\hat{\underline{x}}_1 + \hat{\underline{x}}_2)\,e^{j\omega t} \tag{1.70}$$

und dies ist genau die komplexe Erweiterung von (1.66), wie man leicht nachrechnen kann.

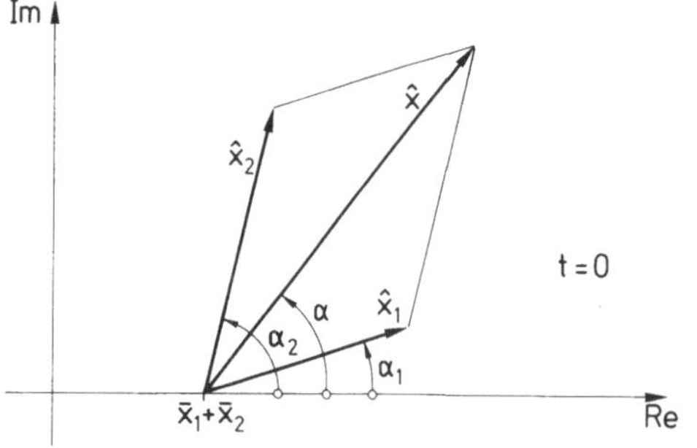

Abb. 1.11 Überlagerung zweier harmonischer Schwingungen gleicher Kreisfrequenz

Die Überlagerung zweier harmonischer Schwingungen gleicher Kreisfrequenz läßt sich auch im Zeigerdiagramm gut veranschaulichen (Abb. 1.11): Der Zeiger $\underline{x}(t)$ setzt sich zusammen aus dem zeitunabhängigen Ortsvektor zum Punkt $\bar{x}_1 + \bar{x}_2$ sowie der vektoriellen Summe der beiden Zeiger $\hat{\underline{x}}_1 e^{j\omega t}$ und $\hat{\underline{x}}_2 e^{j\omega t}$, die sich um die Spitze des zeitunabhängigen Zeigers drehen und zwar mit gleicher Winkelgeschwindigkeit ω. Damit rotiert das abgebildete Parallelogramm im Verlaufe der Zeit wie ein starrer Körper um den Punkt $(\bar{x},0)$.

Wir untersuchen jetzt noch die Summe zweier harmonischer Schwingungen mit unterschiedlichen Kreisfrequenzen ω_1 und ω_2. Als wichtigstes Ergebnis stellt sich dabei heraus, daß eine solche Überlagerung keine harmonische Zeitfunktion, ja im allgemeinen nicht einmal eine periodische Schwingung ergibt. Dies gilt bereits im Sonderfall verschwindender Mittelwerte ($\bar{x}_1 = \bar{x}_2 = 0$), verschwindender Nullphasenwinkel ($\alpha_1 = \alpha_2 = 0$) und gleicher Amplitude $\hat{x}_1 = \hat{x}_2$, so daß wir uns auf diesen Spezialfall beschränken. Mit Hilfe trigonometrischer Umformungen erhalten wir für die Summe

$$x(t) := \hat{x}\cos\omega_1 t + \hat{x}\cos\omega_2 t$$

$$= 2\hat{x}\cos\tfrac{1}{2}(\omega_1 + \omega_2)t\,\cos\tfrac{1}{2}(\omega_1 - \omega_2)t\ ; \qquad (1.71)$$

dieser Ausdruck beschreibt nur dann eine periodische Schwingung, wenn die Kreisfrequenzen ω_1 und ω_2 *kommensurabel* sind, wenn also ihr Verhältnis ω_1/ω_2 (oder ω_2/ω_1) eine rationale Zahl darstellt. Anderenfalls, wenn also die Kreisfrequenzen ω_1 und ω_2 *inkommensurabel* sind, ist (1.71) nicht periodisch.

Die Überlagerung (1.71) können wir noch in einem anderen Sinn interpretieren, wenn die beiden Kreisfrequenzen dicht beieinander liegen. Dazu ist es zweckmäßig, zunächst die Größe

$$\Delta\omega := \frac{1}{2}\,|\omega_1 - \omega_2| \tag{1.72}$$

und das arithmetische Mittel der Frequenzen

$$\bar{\omega} := \frac{1}{2}\,(\omega_1 + \omega_2) \tag{1.73}$$

einzuführen, mit deren Hilfe sich (1.71) als

$$x(t) = 2\hat{x}\cos\Delta\omega t\cos\bar{\omega}t \tag{1.74}$$

schreiben läßt. Liegen nun die beiden Kreisfrequenzen nahe beieinander ($\omega_1 \simeq \omega_2$), so ist

$$\bar{\omega} \simeq \omega_1 \simeq \omega_2\ , \tag{1.75}$$

und

$$\Delta\omega \ll \bar{\omega}\ . \tag{1.76}$$

In diesem Fall verändert sich $\cos\Delta\omega t$ sehr langsam im Vergleich zu $\cos\bar{\omega}t$ und wir können die Bewegung (1.71) als "harmonische Schwingung mit langsam veränderlicher Amplitude" deuten. Bei solchen Vorgängen - aber auch ganz allgemein bei der Überlagerung harmonischer Schwingungen verschiedener Kreisfrequenzen - spricht man von einer *Schwebung*. In Abb. 1.12 erkennt man den langsam veränderlichen Anteil $2\hat{x}\cos\Delta\omega t$ als Einhüllende des schnell veränderlichen Terms $\cos\bar{\omega}t$.

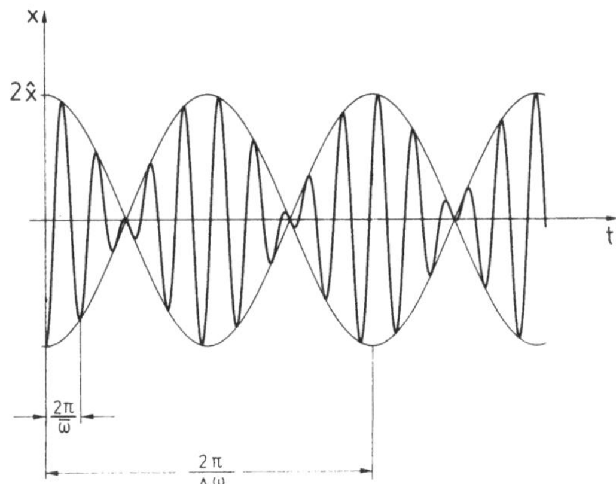

Abb. 1.12 Schwebung

1.4 Darstellung periodischer Funktionen durch FOURIERreihen

1.4.1 FOURIERkoeffizienten, Amplituden- und Phasenspektrum

Oft haben wir es mit periodischen Funktionen zu tun, die nicht harmonisch sind; eine Beschreibung solcher Schwingungen durch ihre FOURIERreihe erweist sich häufig als zweckmäßig. Wir erinnern hier an diese Art der Reihenentwicklung und legen die Bezeichnungsweise fest.

Eine T-periodische Zeitfunktion x(t) besitzt die *FOURIERreihe*

$$x(t) = C_0 + \sum_{k=1}^{\infty} (C_k \cos k\omega t + S_k \sin k\omega t), \qquad \omega = \frac{2\pi}{T} \tag{1.77}$$

mit den *FOURIERkoeffizienten* C_0, C_k und S_k, die sich - bei bekannter Funktion x(t) - aus den Beziehungen

$$C_0 = \frac{1}{T} \int_{-T/2}^{T/2} x(t)\, dt^{11}, \tag{1.78a}$$

$$C_k = \frac{2}{T} \int_{-T/2}^{T/2} x(t) \cos k\omega t\, dt \;, \quad k = 1,2,\ldots \;, \tag{1.78b}$$

$$S_k = \frac{2}{T} \int_{-T/2}^{T/2} x(t) \sin k\omega t\, dt \;, \quad k = 1,2,\ldots \;, \tag{1.78c}$$

berechnen lassen. Die FOURIERreihe (1.77) kann man als eine Überlagerung von abzählbar unendlich vielen harmonischen Schwingungen auffassen, deren Kreisfrequenzen $\omega_k = k\omega$ ganzzahlige Vielfache der "Grundfrequenz" $\omega_1 = \omega$ sind. In der Schwingungslehre spielt diese Interpretation einer periodischen Schwingung eine wichtige Rolle; sie wird in Kapitel 5 auf nichtperiodische Zeitfunktionen verallgemeinert.

Die Ausdrücke (1.78) ergeben sich formal durch Multiplikation von (1.77) mit cos $n\omega t$ bzw. sin $n\omega t$ und Integration über eine Periode, wenn man die

---

[11] Wir bezeichnen den Mittelwert der periodischen Funktion x(t) mit C_0 und nicht, wie insbesondere in der mathematischen Literatur üblich, mit $C_0/2$.

Operationen Integration und Summation vertauscht und die *Orthogonalitätsrelationen* der trigonometrischen Funktionen

$$\int_{-T/2}^{T/2} \cos k\omega t \cos n\omega t = \begin{cases} 0\,, & n \neq k\,, \\ T/2\,, & n = k \neq 0\,, \end{cases} \tag{1.79a}$$

$$\int_{-T/2}^{T/2} \cos k\omega t \sin n\omega t = 0\,, \tag{1.79b}$$

$$\int_{-T/2}^{T/2} \sin k\omega t \sin n\omega t = \begin{cases} 0\,, & n \neq k\,, \\ T/2\,, & n = k \neq 0\,, \end{cases} \tag{1.79c}$$

$$k,\ n = 0,1,2,\ldots$$

ausnützt (Aufg. A 1.9).

Die FOURIERreihe (1.76) kann auch analog zur Standardform einer Schwingung als

$$x(t) = \bar{x} + \sum_{k=1}^{\infty} \hat{x}_k \cos(k\omega t + \alpha_k) \tag{1.80}$$

geschrieben werden. Die Folge $\hat{x}_1, \hat{x}_2, \ldots$ bezeichnen wir als *Amplitudenspektrum* und $\alpha_1, \alpha_2, \ldots$ als Phasenspektrum[12] der periodischen Schwingung $x(t)$. Die FOURIERreihe selbst in ihrer Form (1.77) oder (1.80) nennt man auch die *Spektraldarstellung* der periodischen Funktion $x(t)$. (Der Zusammenhang zwischen den FOURIERkoeffizienten C_k, S_k und den Spektralgrößen $\hat{x}_k, \alpha_k$ entspricht genau den Beziehungen (1.12)).

Als nächstes erinnern wir an zwei wichtige Sätze aus der Theorie der FOURIERreihen, von denen der eine das Konvergenzverhalten der Reihe und der andere eine Abschätzung der Koeffizienten betrifft. Die Konvergenz behandelt der folgende

---

[12] Genauer müßte es eigentlich heißen: Nullphasenwinkelspektrum!

<u>Satz:</u> Die T-periodische Funktion x(t) sei stückweise glatt[13] in irgendeiner Periode. Dann konvergiert ihre FOURIERreihe für alle Zeitpunkte; darüber hinaus konvergiert sie an allen Stetigkeitsstellen von x(t) gegen den Funktionswert

$$\bar{x} + \sum_{k=1}^{\infty} \hat{x}_k \cos(k\omega t + \alpha_k) = x(t) \tag{1.81}$$

und an den Sprungstellen gegen das arithmetische Mittel aus rechts- und linksseitigem Grenzwert

$$\bar{x} + \sum_{k=1}^{\infty} \hat{x}_k \cos(k\omega t_s + \alpha_k) = \frac{1}{2}\,[x(t_s^+) + x(t_s^-)]. \tag{1.82}$$

In jedem abgeschlossenen Stetigkeitsintervall von x(t) liegt sogar absolute und gleichmäßige Konvergenz vor. (s. z.B. MESCHKOWSKI /2/, LAUGWITZ /3/) In der Nähe der Sprungstellen zeigt die FOURIERreihe ein charakteristisches "Überschwingen", das man als *GIBBSsches Phänomen*[14] bezeichnet (s. Abb. 1.14).

Wie die FOURIERkoeffizienten C_k und S_k mit $k \to \infty$ gegen Null streben, sagt der folgende

---

[13] Eine Funktion x(t) heißt *stückweise glatt* im Intervall $[t_0, t_1]$, wenn sie und ihre erste Ableitung x(t) dort bis auf endlich viele Sprungstellen stetig sind. Eine Sprungstelle t_s ist dadurch definiert, daß sowohl der rechts- als auch der linksseitige Grenzwert

$$x(t_s^+) := \lim_{\substack{\Delta t \to 0 \\ \Delta t > 0}} x(t_s + \Delta t)\ , \quad x(t_s^-) := \lim_{\substack{\Delta t \to 0 \\ \Delta t > 0}} x(t_s - \Delta t) \tag{1.83}$$

existieren und voneinander verschieden sind.

[14] Nach dem Physiker und Mathematiker Josiah Willard GIBBS, * 1839 in New Haven (Conn.), + 1903 ebenda.

Satz: Die T-periodische Funktion x(t) sei (n-1)-mal stetig differenzierbar und ihre n-te Ableitung $x^{(n)}(t)$ sei stückweise glatt in irgendeiner Periode. Dann gibt es eine positive Konstante K mit der Eigenschaft, daß die FOURIERkoeffizienten C_k und S_k den Ungleichungen

$$|C_k| \le \frac{K}{k^{n+1}} , \qquad |S_k| \le \frac{K}{k^{n+1}} \tag{1.84}$$

genügen. (s. z.B. LAUGWITZ /3/)

Die natürliche Zahl n+1 wird als *Ordnung* der FOURIERkoeffizienten bezeichnet; das Amplitudenspektrum $\hat{x}_1, \hat{x}_2, \ldots$ besitzt dann auch die Ordnung n+1. Manchmal formuliert man dieses Resultat in prägnanter Form: Sprünge in der n-ten Ableitung bedeuten ein Amplitudenspektrum der Ordnung n+1!

Als erstes Beispiel betrachten wir die *Rechteckschwingung* r(t) der Abb. 1.13a und berechnen zunächst die FOURIERkoeffizienten. Es ergibt sich $C_0 = 0$ und

$$C_k = \frac{2}{T} \int_{-T/2}^{T/2} r(t) \cos(k2\pi \frac{t}{T})\, dt = 0, \quad k = 1,2,\ldots ;$$

$$S_k = \frac{2}{T} \int_{-T/2}^{0} (-\hat{r}) \sin(k2\pi \frac{t}{T})\, dt + \frac{2}{T} \int_{0}^{T/2} \hat{r} \sin(k2\pi \frac{t}{T})\, dt$$

$$= \frac{2\hat{r}}{k\pi} (1 - \cos k\pi) = \begin{cases} 0 & \text{für } k = 2m, \quad m = 1,2,\ldots , \\ \frac{4\hat{r}}{k\pi} , & \text{für } k = 2m - 1, \quad m = 1,2,\ldots . \end{cases}$$

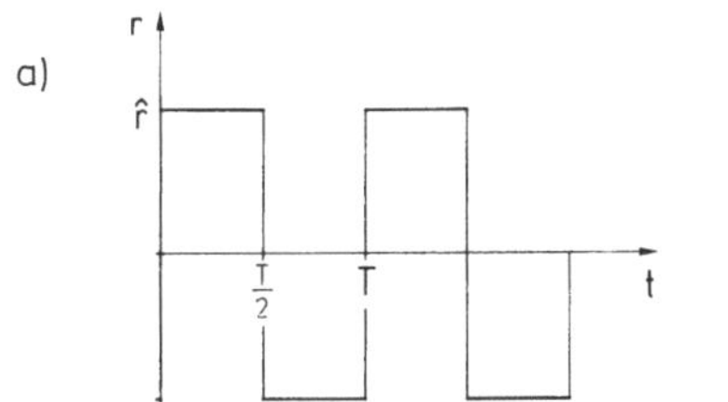

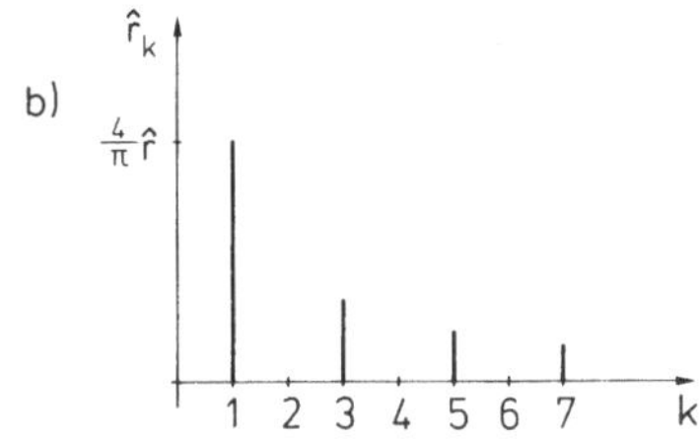

Abb. 1.13 Rechteckschwingung und ihr Amplitudenspektrum

Die FOURIERreihe der Rechteckschwingung r(t) ist also gegeben durch

$$r(t) = \frac{4}{\pi} \hat{r}(\sin \omega t + \frac{\sin 3\omega t}{3} + \ldots + \frac{\sin(2m - 1)\omega t}{2m - 1} + \ldots); \tag{1.85}$$

das Amplitudenspektrum $\hat{r}_1, \hat{r}_2, \ldots$ ist in Abb. 1.13b dargestellt; auf das Phasenspektrum können wir hier - wie bei allen reinen Sinus- oder Cosinusreihen - verzichten.

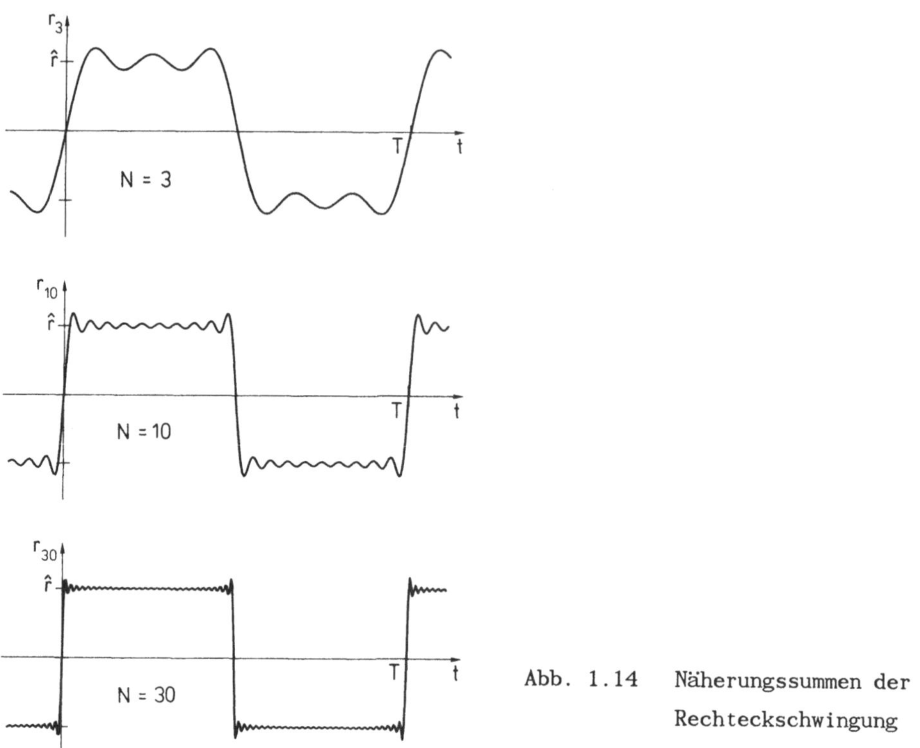

Abb. 1.14 Näherungssummen der Rechteckschwingung

In (1.85) erkennen wir das Ergebnis (1.84) über die Ordnung der Koeffizienten wieder: Die Rechteckfunktion ist unstetig, d.h. bereits die nullte Ableitung besitzt Sprungstellen, und in der Tat hat das Amplitudenspektrum $\hat{r}_1$, $\hat{r}_2, \ldots$ die Ordnung Eins (die Amplituden $\hat{r}_k$ verhalten sich wie $1/k$). Abbildung 1.14 illustriert das GIBBSsche Phänomen, wobei der Parameter N die Anzahl der "mitgenommenen" Reihenglieder in (1.85) kennzeichnet. $(2N-1)\omega$ ist dann die größte auftretende Kreisfrequenz, und $2N-1$ die Anzahl der relativen Maxima (bzw. Minima) innerhalb einer Periode. Man erkennt deutlich, daß die Teilsummen in der Umgebung der Sprungstellen "des Guten zuviel tun". Dies läßt sich auch nicht vermeiden, wenn man die Anzahl der Reihenglieder weiter erhöht; die Funktionswerte der endlichen Reihen schießen auch für beliebig große N um etwa 11 % der Sprunghöhe über den rechts- bzw. linksseitigen Grenzwert hinaus.

In dem Beispiel der Rechteckschwingung war die FOURIERreihe eine reine Sinusreihe, und die geraden Vielfachen der Grundfrequenz waren überhaupt nicht vertreten. Dies hat seine Ursache in Symmetrieeigenschaften, die wir nun für beliebige periodische Funktionen betrachten. In Verallgemeinerung der Bedingungen (1.18) bis (1.20) gilt:

a) Eine T-periodische Funktion ist genau dann gerade, wenn die FOURIERkoeffizienten S_k verschwinden:

$$S_k = 0 , \qquad k = 1,2,\ldots ; \tag{1.86a}$$

es liegt dann eine reine Cosinusreihe vor mit

$$C_0 = \frac{2}{T} \int_0^{T/2} x(t)\, dt , \tag{1.86b}$$

$$C_k = \frac{4}{T} \int_0^{T/2} x(t) \cos k\omega t\, dt . \tag{1.86c}$$

b) Eine T-periodische Funktion ist genau dann ungerade, wenn der Mittelwert C_0 und die FOURIERkoeffizienten C_k verschwinden:

$$C_0 = 0 , \tag{1.87a}$$

$$C_k = 0 , \qquad k = 1,2,\ldots ; \tag{1.87b}$$

es liegt dann eine reine Sinusfunktion vor mit

$$S_k = \frac{4}{T} \int_0^{T/2} x(t) \sin k\omega t\, dt . \tag{1.87c}$$

c) Eine T-periodische Funktion ist genau dann wechselsymmetrisch, wenn der Mittelwert C_0 und die FOURIERkoeffizienten mit geradem Index verschwinden:

$$C_0 = 0 , \tag{1.88a}$$

$$C_{2n} = S_{2n} = 0 , \qquad n = 1,2,\ldots ; \tag{1.88b}$$

in der Reihe treten nur die ungeraden Vielfachen der Grundfrequenz auf mit

$$C_{2n-1} = \frac{4}{T} \int_0^{T/2} x(t) \cos(2n-1)\omega t\, dt , \quad n = 1,2,\ldots , \tag{1.88c}$$

$$s_{2n-1} = \frac{4}{T} \int_0^{T/2} x(t) \sin(2n-1)\omega t \; dt \; , \; n = 1,2,\ldots \; . \qquad (1.88d)$$

Alle diese Vereinfachungen ergeben sich mit den Symmetrieeigenschaften der Integranden unmittelbar aus den allgemeinen Formeln (1.78) für die FOURIERkoeffizienten (Aufg. A 1.10).

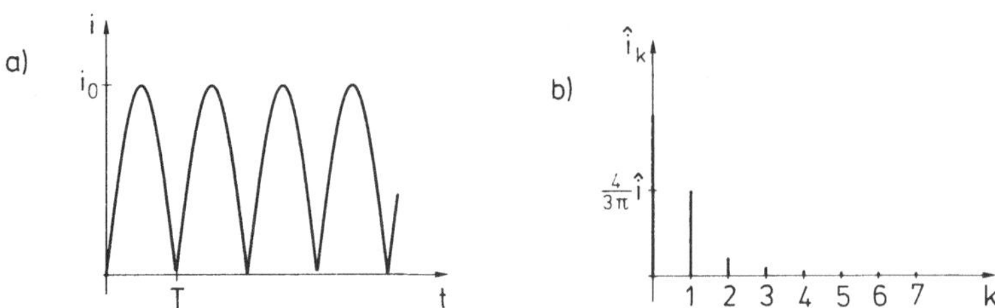

Abb. 1.15 Kommutierter Sinusstrom und sein Amplitudenspektrum

In einem zweiten Beispiel berechnen wir die FOURIERreihe des *kommutierten Sinusstroms* (Abb. 1.15a); ein solcher Stromverlauf tritt beispielsweise in einem Stromkreis auf, wie er in Abb. 1.16 skizziert ist:

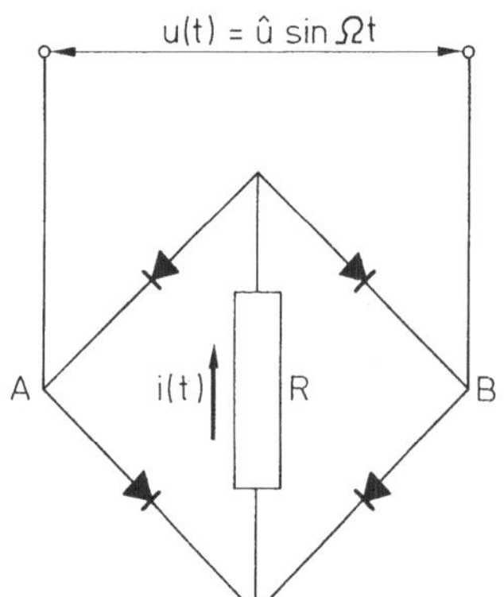

Abb. 1.16 Gleichrichterschaltung zur Erzeugung eines kommutierten Sinusstroms

Legt man zwischen den Punkten A und B eine harmonische Spannung $u(t) = \hat{u} \sin \Omega t$ an, so fließt der kommutierte Sinusstrom $i(t) = i_0|\sin \Omega t|$ (mit der Amplitude $\hat{i} = i_0/2$) durch den OHMschen Widerstand[15]. Die Funktion i(t) ist ge-

[15] Nach dem deutschen Physiker Georg Simon OHM, * 1789 in Erlangen, + 1854 in München.

rade, aber nicht wechselsymmetrisch, so daß wir es mit einer reinen Cosinusreihe zu tun haben und die Formeln (1.86) verwenden können; man beachte jedoch, daß die Schwingungsdauer T des Stroms i(t) mit der Kreisfrequenz Ω der Spannung u(t) über die Beziehung $T = \pi/\Omega$ (und nicht $2\pi/\Omega$) zusammenhängt, die Kreisfrequenz des Stromes i(t) ist $\omega = 2\Omega$. Es ergibt sich:

$$C_0 = \frac{2}{T}\int_0^{T/2} i(t)\,dt = i_0\,\frac{2}{T}\int_0^{T/2} \sin\pi\frac{t}{T}\,dt = \frac{2}{\pi}\,i_0\,,$$

$$C_k = \frac{4}{T}\int_0^{T/2} i(t)\cos k2\pi\frac{t}{T}\,dt = i_0\,\frac{4}{T}\int_0^{T/2} \sin\pi\frac{t}{T}\cos k2\pi\frac{t}{T}\,dt$$

$$= i_0\,\frac{4}{T}\left\{\int_0^{T/2} \frac{1}{2}\sin(1-2k)\pi\frac{t}{T}\,dt + \int_0^{T/2} \frac{1}{2}\sin(1+2k)\pi\frac{t}{T}\,dt\right\}$$

$$= -\frac{4}{\pi}\,i_0\,\frac{1}{(2k-1)(2k+1)}\,,\quad k = 1,\,2,\,\ldots\,.$$

Damit ist die FOURIERreihe des kommutierten Sinusstroms gegeben durch

$$i(t) = \frac{8\hat{i}}{\pi}\left(\frac{1}{2} - \frac{\cos 2\Omega t}{1\cdot 3} - \frac{\cos 4\Omega t}{3\cdot 5} - \ldots - \frac{\cos 2k\Omega t}{(2k-1)(2k+1)} - \ldots\right), \qquad (1.89)$$

wobei wir i_0 durch die Amplitude $\hat{i} = i_0/2$ ersetzt haben; das zugehörige Amplitudenspektrum findet sich in Abb. 1.15b. Auch den Betrag des Mittelwerts tragen wir in das Amplitudendiagramm ein, und zwar an der Stelle $k = 0$; sein Vorzeichen können wir dann im Phasendiagramm an derselben Stelle ablesen, wenn wir vereinbaren, daß $\alpha_0 = 0$ einen positiven und $\alpha_0 = \pi$ einen negativen Mittelwert bedeuten. Außerdem erinnern wir an das allgemeine Ergebnis (1.84): Der kommutierte Sinusstrom ist stetig mit unstetiger erster Ableitung, so daß die FOURIERkoeffizienten bzw. das Amplitudenspektrum von der Ordnung Zwei sind. Im Vergleich zur Rechteckschwingung ist der kommutierte Sinusstrom um genau eine Ordnung glatter, so daß sich ein unterschiedliches Abklingverhalten ergibt. Oft findet man die Spektren in logarithmischem Maßstab aufgetragen: Man kann dann die Ordnung des Amplitudenspektrums unmittelbar aus dem Diagramm ablesen.

1.4.2 Komplexe FOURIERreihen

In 1.3.2 hatten wir uns ausührlich mit der Beschreibung einer harmonischen Schwingung durch komplexe Funktionen beschäftigt. Diese Art der Darstellung läßt sich ohne Schwierigkeiten auf periodische Zeitfunktionen verallgemeinern. Wir erinnern daran, daß eine komplexe T-periodische Funktion x(t) die FOURIERreihe

$$\underline{x}(t) = \sum_{k=-\infty}^{\infty} \underline{X}_k e^{jk\omega t}, \qquad \omega = 2\pi/T \tag{1.90}$$

besitzt, in der Summation also der Summationsindex alle ganzen Zahlen durchläuft und nicht nur - wie bei den reellen FOURIERreihen - die natürlichen Zahlen (einschließlich der Null). Die komplexen Konstanten $\underline{X}_k$ heißen auch hier wieder FOURIERkoeffizienten; sie lassen sich - bei bekannter Funktion $\underline{x}(t)$ - aus der Formel

$$\underline{X}_k = \frac{1}{T} \int_{-T/2}^{T/2} \underline{x}(t) e^{-jk\omega t} dt, \qquad k = 0, \pm 1, \pm 2, \ldots \tag{1.91}$$

berechnen; insbesondere ergibt sich für k = 0 gerade der Mittelwert

$$\underline{X}_0 = \overline{\underline{x}}$$

der Funktion $\underline{x}(t)$. Etwas umgeordnet schreiben wir (1.90) auch in der Gestalt

$$\underline{x}(t) = \underline{X}_0 + \sum_{k=1}^{\infty} (\underline{X}_k e^{jk\omega t} + \underline{X}_{-k} e^{-jk\omega t}), \tag{1.92}$$

die an die Definition (1.32) einer komplexen harmonischen Funktion erinnert und die Interpretation als Überlagerung abzählbar unendlich vieler (komplexer) harmonischer Funktionen nahelegt. Wie im Reellen sind die Kreisfrequenzen $\omega_k = k\omega$ der einzelnen harmonischen Schwingungen ganzzahlige Vielfache der Grundfrequenz $\omega_1 = \omega = 2\pi/T$.

Die Beziehungen (1.91) ergeben sich auch hier formal dadurch, daß man (1.90) mit $e^{-jn\omega t}$ multipliziert, über eine Periode integriert, und - wenn man wieder die Reihenfolge von Integration und Summation vertauscht - die Orthogonalitätsrelationen der komplexen Exponentialfunktion

$$\int_{-T/2}^{T/2} e^{j(k-n)\omega t}\, dt = \begin{cases} 0 & \text{für } n \neq k\,, \\ T & \text{für } n = k\,, \end{cases} \qquad n,k = 0,\pm 1,\pm 2,\ldots \tag{1.93}$$

verwendet.

Auch bei den FOURIERreihen komplexer Zeitfunktionen spricht man von der Spektraldarstellung der entsprechenden periodischen Funktionen und verwendet verschiedene Spektren bei der graphischen Darstellung: Betrag und Argument oder Real- und Imaginärteil der FOURIERkoeffizienten in linearen oder logarithmischen Skalen.

In 1.3.2 hatten wir nach der allgemeinen Definition (1.32) einer komplexen harmonischen Funktion verschiedene Spezialisierungen vorgenommen und waren so auf die beiden komplexen Erweiterungen und die komplexe Darstellung einer reellen harmonischen Funktion gestoßen. Diese Begriffe lassen sich ohne Mühe auf periodische Funktionen ausdehnen. Dazu gehen wir aus von einer reellen, T-periodischen Funktion x(t) mit der FOURIERreihe

$$x(t) = \bar{x} + \sum_{k=1}^{\infty} \hat{x}_k \cos(k\omega t + \alpha_k) \tag{1.94}$$

und ordnen ihr die komplexwertige Funktion

$$\underline{x}(t) = \bar{x} + \sum_{k=1}^{\infty} \hat{\underline{x}}_k e^{jk\omega t} \tag{1.95}$$

zu, indem wir zu jeder einzelnen Harmonischen die komplexe Erweiterung (1.48) bilden und summieren. Dabei sind die komplexen Amplituden $\hat{\underline{x}}_k$ durch

$$\hat{\underline{x}}_k = \hat{x}_k e^{j\alpha_k}\,, \quad k = 1,2,\ldots \tag{1.96}$$

definiert, also durch das Amplitudenspektrum $\hat{x}_1, \hat{x}_2, \ldots$ und das Phasenspektrum $\alpha_1, \alpha_2, \ldots$ von x(t) eindeutig bestimmt. In Analogie zu 1.3.2 nennen wir die rechte Seite der Gleichung (1.95) die *komplexe Erweiterung* der (reellen) periodischen Schwingung x(t) und die Folge $\hat{\underline{x}}_1, \hat{\underline{x}}_2, \ldots$ das *komplexe Amplitudenspektrum*. Analog zu 1.3.2 nennt man die zu (1.95) konjugiert komplexe Funktion auch *konjugiert komplexe Erweiterung* der reellen periodischen Funktion (1.94). Die Schwingung x(t) ergibt sich durch Projektion einer der beiden Erweiterungen auf die reelle Achse oder auch durch Bilden des arithmetischen Mittels:

$$\frac{1}{2}\,[\underline{x}(t) + \underline{x}^*(t)] = \bar{x} + \sum_{k=1}^{\infty} \frac{1}{2}\,\hat{x}_k \left[e^{j(k\omega t + \alpha_k)} + e^{-j(k\omega t + \alpha_k)}\right]$$

$$= \bar{x} + \sum_{k=1}^{\infty} \hat{x}_k \cos(k\omega t + \alpha_k) \; . \tag{1.97}$$

Damit haben wir auch die *komplexe Darstellung* der reellen periodischen Schwingung x(t) gewonnen:

$$x(t) = \bar{x} + \sum_{k=1}^{\infty} \left(\frac{1}{2}\,\hat{\underline{x}}_k e^{jk\omega t} + \frac{1}{2}\,\hat{\underline{x}}_k^* e^{-jk\omega t}\right) . \tag{1.98}$$

Zu der komplexen Darstellung (1.98) einer periodischen Schwingung gelangt man auch auf einem anderen Weg: Ist nämlich in (1.90) die linke Seite eine reelle Funktion, so gilt die Reihenentwicklung unverändert, die Spektraldarstellung jedoch vereinfacht sich; die FOURIERkoeffizienten treten nämlich in konjugiert komplexen Paaren

$$\underline{X}_{-k} = \underline{X}_k^{*\,16} \; , \qquad k = 1,\, 2,\, \ldots \tag{1.99}$$

auf, so daß insbesondere der Mittelwert

$$\bar{x} = \underline{X}_0 = \underline{X}_0^* \tag{1.100}$$

eine reelle Größe ist. Die komplexen FOURIERreihen reeller periodischer Schwingungen besitzen also die Gestalt

$$\sum_{k=-\infty}^{\infty} \underline{X}_k e^{j\omega t} = \bar{x} + \sum_{k=1}^{\infty} \left(\underline{X}_k e^{jk\omega t} + \underline{X}_k^* e^{-jk\omega t}\right) , \tag{1.101}$$

und die FOURIERkoeffizienten sind über die Gleichungen

$$\underline{X}_k = \frac{1}{2}\,\hat{\underline{x}}_k \qquad \underline{X}_k^* = \frac{1}{2}\,\hat{\underline{x}}_k^* \qquad k = 1,\, 2,\, \ldots \tag{1.102}$$

---

[16] Die FOURIERkoeffizienten reeller Funktionen sind also hermitesch; die Eigenschaft (1.99) ist das "diskretisierte" Analogon zur Definition (1.57)!

mit den komplexen bzw. konjugiert komplexen Amplituden aus der komplexen Darstellung (1.98) verknüpft.

Für die schon vorher behandelte Rechteckschwingung ergibt sich z.B. die komplexe Darstellung:

$$r(t) = -j\,\frac{2}{\pi}\,\hat{r}\,\left(\ldots - \frac{1}{3}\,e^{-j3\omega t} - e^{-j\omega t} + e^{j\omega t} + \frac{1}{3}\,e^{j3\omega t} + \ldots\right). \qquad (1.103)$$

Bei der Darstellung einer (reellen) periodischen Schwingung findet man in der Literatur häufig Spektren, die auch links vom Nullpunkt (auf der Frequenzachse) besetzt sind und die wir als zweiseitige Spektren bezeichnen. Insbesondere nennen wir die Folge $\ldots, |\underline{X}_{-1}|, |\underline{X}_0|, |\underline{X}_1|, \ldots$ das *zweiseitige Amplituden-* und die Folge $\ldots, \arg \underline{X}_{-1}, \arg \underline{X}_0, \arg \underline{X}_1, \ldots$ das *zweiseitige Phasenspektrum;* beide sind in Abb. 1.17b für die Rechteckschwingung dargestellt. Beim "Lesen" der zweiseitigen Spektren muß man insbesondere darauf achten, daß sich die Amplitude $\hat{x}_k$ eines einzelnen harmonischen Anteils durch die Summe der beiden Beträge $|\underline{X}_k|$ und $|\underline{X}_{-k}|$ ergibt; der Nullphasenwinkel α_k dagegen kann entweder in der rechten Hälfte als Argument $\arg \underline{X}_k$ oder in der linken Hälfte als negatives Argument $- \arg \underline{X}_k$ abgelesen werden. Zum Vergleich ist in Abb. 1.17a noch einmal das Amplitudenspektrum der Rechteckschwingung dargestellt und ihr Phasenspektrum angefügt, sowie in Abb. 1.17c das komplexe und das konjugiert komplexe Amplitudenspektrum aufgetragen.

Bisweilen findet man auch zweiseitige Spektren, in denen die Real- und Imaginärteile der FOURIERkoeffizienten aufgetragen sind; aus ihnen kann man direkt die FOURIERkoeffizienten C_k und S_k entnehmen:

$$C_k = 2\,\mathrm{Re}\,\underline{X}_k\,, \qquad (1.104a)$$

$$S_k = -\,2\,\mathrm{Im}\,\underline{X}_k\,, \quad k = 1,2,\ldots\,, \qquad (1.104b)$$

und auch hier muß man insbesondere den Faktor 2 beachten.

Die Symmetrieeigenschaften (1.59) bis (1.61) können für komplexe periodische Funktionen wie folgt verallgemeinert werden:

a) Eine komplexe, T-periodische Funktion ist genau dann hermitesch, wenn alle FOURIERkoeffizienten reell sind:

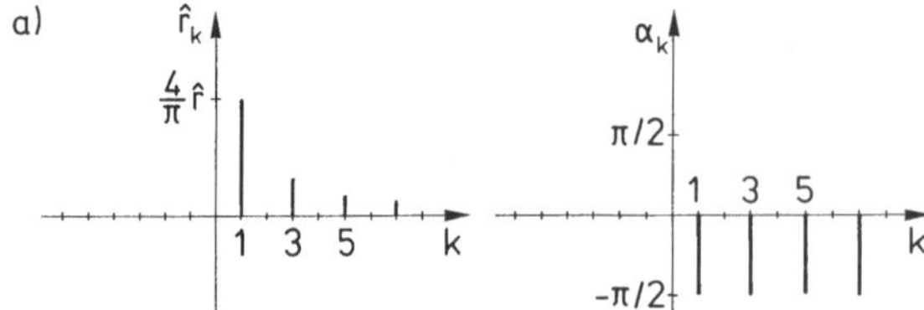

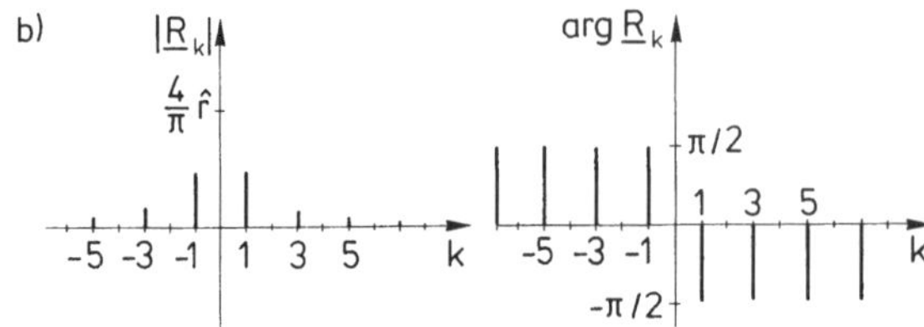

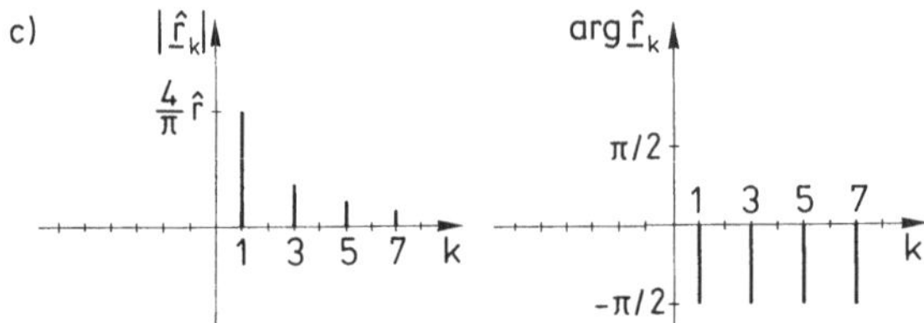

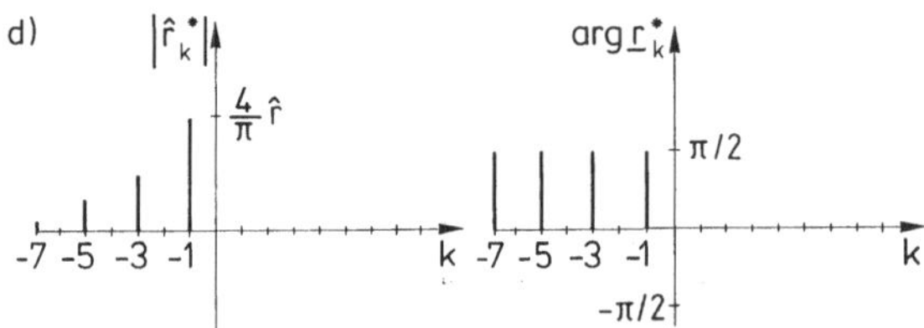

Abb. 1.17 Spektren der Rechteckschwingung
a) Amplituden und Phasenspektrum
b) Zweiseitiges Amplituden und Phasenspektrum
c) Komplexes Amplitudenspektrum (Betrag und Argument)
d) Konjugiert komplexes Amplitudenspektrum (Betrag und Argument)

$$\text{Im}\,\underline{X}_k = 0\,, \quad k = 0, \pm 1, \pm 2, \ldots\,; \tag{1.105a}$$

weiter gilt für hermitesche Funktionen

$$\text{Re}\,\underline{X}_k = \frac{2}{T}\int_0^{T/2} [\text{Re}\,\underline{x}(t)\cos k\omega t + \text{Im}\,\underline{x}(t)\sin k\omega t]\,dt\,, \quad k = 0, \pm 1, \pm 2, \ldots\,. \tag{1.105b}$$

b) Eine komplexe, T-periodische Funktion ist genau dann schiefhermitesch, wenn alle FOURIERkoeffizienten rein imaginär sind:

$$\mathrm{Re}\,\underline{X}_k = 0\ ,\qquad k = 0,\pm 1,\pm 2,\ldots\ ; \tag{1.106a}$$

weiter gilt für schiefhermitesche Funktionen

$$\mathrm{Im}\,\underline{X}_k = \frac{2}{T}\int_0^{T/2} [\mathrm{Im}\,\underline{x}(t)\cos k\omega t - \mathrm{Re}\,\underline{x}(t)\sin k\omega t]\,dt\ ,\qquad k = 0,\pm 1,\pm 2,\ldots\ . \tag{1.106b}$$

c) Eine komplexe, T-periodische Funktion ist genau dann wechselsymmetrisch, wenn alle FOURIERkoeffizienten mit geradem Index verschwinden:

$$\underline{X}_{2n} = 0\ ,\qquad n = 0,\pm 1,\pm 2,\ldots\ ; \tag{1.107a}$$

weiter gilt für wechselsymmetrische Funktionen

$$\underline{X}_{2n-1} = \frac{2}{T}\int_0^{T/2} \underline{x}(t)\, e^{-j(2n-1)\omega t}\,dt\ ,\qquad k = 0,\pm 1,\pm 2,\ldots\ . \tag{1.107b}$$

Die komplexe Erweiterung einer (reellen) periodischen Funktion x(t) ist genau dann hermitesch bzw. schiefhermitesch oder wechselsymmetrisch, wenn x(t) gerade bzw. ungerade oder wechselsymmetrisch ist. Allerdings hängen die Eigenschaften "gerade" oder "ungerade" einer periodischen Funktion von der Wahl des Zeitnullpunktes ab, der ja z.B. bei gemessenen Zeitfunktionen oft frei wählbar ist.

Wir betrachten dazu die Trapezschwingung y(t) der Abb. 1.18a, die offensichtlich ungerade und wechselsymmetrisch ist. Die in Abb. 1.18b dargestellte Funktion

$$y_{T/4}(t) := y(t + T/4) \tag{1.108}$$

mit dem um T/4 verschobenen Zeitnullpunkt ist dagegen gerade und wechselsymmetrisch, während

$$y_{T/8}(t) := y(t + T/8) \tag{1.109}$$

a) 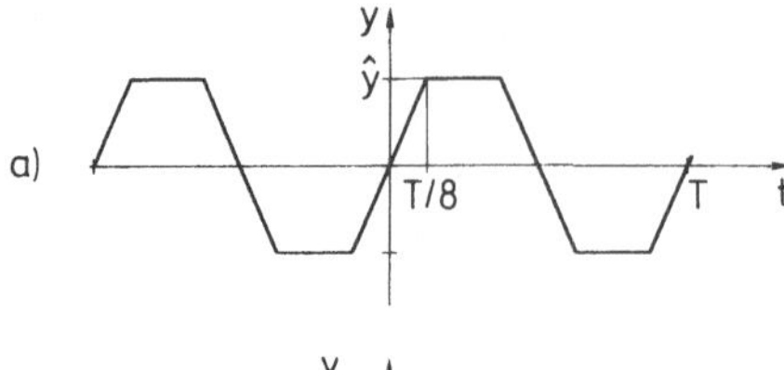

b) 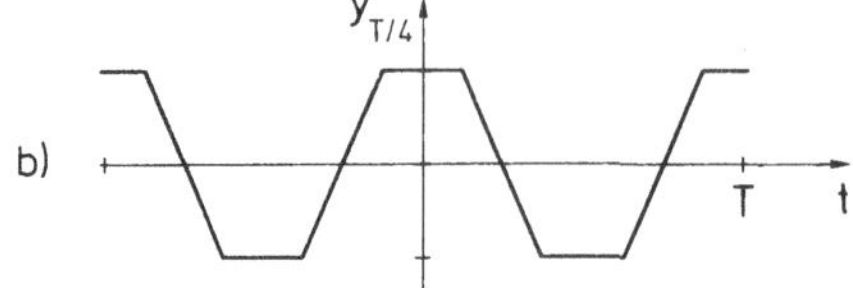

c) 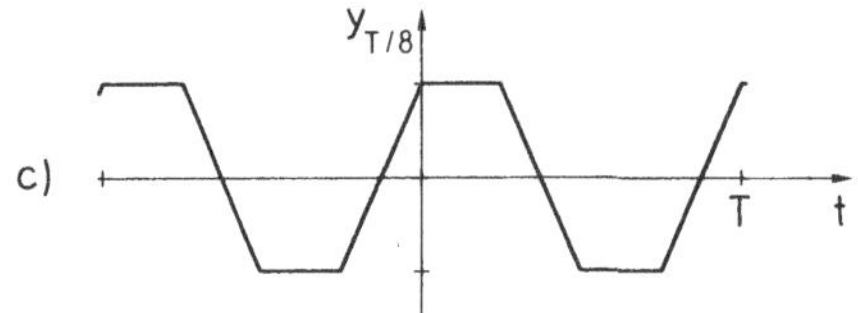

Abb. 1.18 Trapezschwingung

weder gerade noch ungerade, jedoch wieder wechselsymmetrisch ist (Abb. 1.18c). Die Eigenschaft "wechselsymmetrisch" hängt offensichtlich nicht von der Wahl des Zeitnullpunktes ab. Es ergibt sich die Frage, wie die Spektren der Funktionen $y(t), y_{T/4}(t)$ und $y_{T/8}(t)$ zusammenhängen, oder allgemeiner, wie die Spektren einer komplexen periodischen Funktion

$$\underline{x}(t) = \sum_{k=-\infty}^{\infty} \underline{X}_k e^{jk\omega t} \tag{1.110}$$

mit denen von

$$\underline{x}_s(t) := \underline{x}(t + s) \tag{1.111}$$

zusammenhängen. Mit

$$\underline{x}_s(t) = \sum_{k=-\infty}^{\infty} \underline{X}_k' e^{jk\omega t} \tag{1.112}$$

ergibt sich unmittelbar

$$\underline{X}_k' = \underline{X}_k e^{jk\omega s} \quad , \qquad k = 0, \pm 1, \pm 2, \ldots \; , \tag{1.113}$$

d.h. die Amplitudenspektren sind gleich, $|\underline{X}_k'| = |\underline{X}_k|$, und die Phasenspektren hängen gemäß

$$\arg \underline{X}'_k = \arg \underline{X}_k + k\omega s , \quad k = 0,\pm 1,\pm 2,\ldots \tag{1.114}$$

zusammen. Für den Sonderfall einer reellen periodischen Funktion bleibt das reelle Amplitudenspektrum erhalten

$$\hat{x}'_k = \hat{x}_k , \quad k = 1,2,\ldots \tag{1.115}$$

(ebenso der Mittelwert $\overline{x}' = \overline{x}$) und das Phasenspektrum ändert sich gemäß

$$\alpha'_k = \mathrm{Hw}(\alpha_k + k\omega s) , \quad k = 1,2,\ldots . \tag{1.116}$$

Das Amplitudenspektrum ist also invariant gegenüber einer Verschiebung des Zeitnullpunkts, das Phasenspektrum nicht.

1.5 Aufgaben zu Kapitel 1

Aufgaben zu 1.2

A 1.1

Die Funktion $x(t)$ sei T-periodisch und die Funktion $F(x)$ beliebig, dann ist die "geschachtelte" Funktion

$$y(t) := F(x(t))$$

ebenfalls periodisch. Man gebe Beispiele an, bei denen sich die Schwingungsdauer ändert.

A 1.2

Die Funktion $x(t)$ sei T-periodisch, differenzierbar und integrierbar; dann ist die Ableitung $\dot{x}(t)$ ebenfalls T-periodisch. Bzgl. der Integration sind die Verhältnisse nicht ganz so einfach: Man gebe zunächst ein Beispiel an, in dem das unbestimmte Integral nicht periodisch ist. Weiter zeige man folgenden Sachverhalt: Jede Stammfunktion von $x(t)$ ist genau dann T-periodisch, wenn der Mittelwert $\overline{x}$ verschwindet.

A 1.3

Die Funktion x(t) sei T-periodisch. Man zeige, daß der Wert des bestimmten Integrals über eine Periode unabhängig von der Lage des Integrationsintervalls auf der Zeitachse ist

$$\int_0^T x(t)\,dt = \int_{t_1}^{t_1+T} x(t)\,dt, \quad t_1 \in \mathbb{R},$$

und daß der Wert eines bestimmten Integrals über ein Intervall beliebiger Länge t_1 sich nicht ändert, wenn man das Integrationsintervall um ein ganzzahliges Vielfaches der Schwingungsdauer T auf der Zeitachse verschiebt

$$\int_0^{t_1} x(t)\,dt = \int_{nT}^{nT+t_1} x(t)\,dt\,, \quad t_1 \in \mathbb{R}\,, \quad n = 0, \pm 1, \pm 2, \ldots\,.$$

Aufgaben zu 1.3

A 1.4

Man bestimme den Effektivwert und den Gleichrichtwert der harmonischen Schwingung

$$x(t) = \bar{x} + \hat{x}\cos(\omega t + \alpha)\,.$$

A 1.5

Man zeige, daß für eine (reelle) harmonische Schwingung mit verschwindendem Mittelwert die Operationen "Bilden einer Stammfunktion" und "Bilden der komplexen (konjugiert komplexen) Erweiterung" miteinander vertauschbar sind.

A 1.6

Die komplexe harmonische Funktion

$$\underline{x}(t) = \underline{X}_0 + \underline{X}_+ e^{+j\omega t} + \underline{X}_- e^{-j\omega t}$$

beschreibt in der GAUSSschen Zahlenebene eine Ellipse.

a) Man zeige, daß die Projektion von $\underline{x}(t)$ auf die reelle und die imaginäre Achse reelle harmonische Schwingungen darstellen und bestimme ihre Parameter.

b) Man zeige, daß die Winkelgeschwindigkeit Ω des Ortsvektors, der zum Punkt $\underline{x}(t) - \underline{X}_0$ gehört, durch

$$\Omega = \omega \frac{|\underline{X}_+|^2 - |\underline{X}_-|^2}{|\underline{X}_+|^2 + 2\,|\underline{X}_+\cdot\underline{X}_-|\,\cos(2\omega t + \arg \underline{X}_+ - \arg \underline{X}_-) + |\underline{X}_-|^2}$$

gegeben ist. Man diskutiere das Vorzeichen und untersuche die Sonderfälle $|\underline{X}_+ \underline{X}_-| = 0$ bzw. $|\underline{X}_-| = |\underline{X}_+|$.

c) Man zeige, daß die Richtung der "großen Hauptachse" parallel zur Winkelhalbierenden der beiden Ortsvektoren ist, die den Punken $\underline{X}_-$ und $\underline{X}_+$ entsprechen.

d) Man zeige, daß die Längen a_1 und a_2 der beiden Ellipsenachsen gegeben sind durch

$$a_{1,2} = \left|\, |\underline{X}_+| \pm |\underline{X}_-^*| \,\right| .$$

A 1.7

a) Man illustriere die Eigenschaften "hermitesch" und "schiefhermitesch" am Beispiel einer harmonischen Schwingung in der GAUSSschen Zahlenebene.

b) Man zeige, daß eine hermitesche Funktion geraden Betrag und ungerades Argument besitzt, eine schiefhermitesche Funktion ebenfalls geraden Betrag, jedoch ungerades "verdrehtes" Argument.

A 1.8

Man zeige, daß die Operationen "Differenzieren einer harmonischen Schwingung" und "Bilden der komplexen Erweiterung" vertauschbar sind.

Aufgaben zu 1.4

A 1.9

Man beweise die Orthogonalitätsrelationen (1.79) der trigonometrischen Funktionen. Hinweis: Das Produkt zweier trigonometrischer Funktionen läßt sich als Summe (Differenz) zweier anderer trigonometrischer Funktionen schreiben.

A 1.10

Man verifiziere die Symmetriebedingungen (1.88) für die Wechselsymmetrie.

A 1.11

Man zeige, daß die FOURIERreihen der T-periodischen Funktion

$$x(t) = \frac{1}{2}\frac{\omega}{\omega_0}\left\{\frac{\pi\frac{\omega}{\omega_0}}{\sin(\pi\frac{\omega}{\omega_0})}\sin\omega_0(t-\frac{\pi}{\omega}) - \omega_0(t-\frac{\pi}{\omega})\right\},$$

$$0 < t < T = \frac{2\pi}{\omega}\,; \qquad \omega_0 > 0\,, \qquad \omega_0 \neq k\omega\,, \qquad k = 1,2,\ldots$$

gegeben ist durch

$$x(t) = \sum_{k=1}^{\infty} \frac{1}{1-(k\frac{\omega}{\omega_0})^2}\frac{1}{k}\sin k\omega t.$$

A 1.12

Man zeige, daß sich die FOURIERkoeffizienten einer reellen $2\pi/\omega$ - periodischen Funktion bei einer Verschiebung des Zeitnullpunktes (Verschiebungsparameter s) gemäß

$$C_0' = C_0,$$

$$C_k' = C_k\cos k\omega s + S_k\sin k\omega s\,,$$

$$S_k' = -C_k\sin k\omega s + S_k\cos k\omega s\,, \qquad k = 1,2,\ldots$$

transformieren. Wie lautet die Umkehrfunktion?

A 1.13

Man verifiziere die Symmetriebedingung (1.106) für Schiefhermitizität.

A 1.14

Man zeige, daß die komplexe Erweiterung einer (reellen) periodischen Schwingung genau dann hermitesch ist, wenn die reelle Schwingung gerade ist.

Literatur zu Kapitel 1

/1/ KLOTTER, K.: Technische Schwingungslehre, Bd. 1, Teil A. Berlin: Springer 1978

/2/ MESCHKOWSKI, H.: Unendliche Reihen. Mannheim: Bibliographisches Institut 1982

/3/ LAUGWITZ, D.: Ingenieur-Mathematik, Bd. 4. (BI-Hochschultaschenbuch Bd. 62/62a). Mannheim: Bibliographisches Institut 1967

2 Systeme mit einem Freiheitsgrad

2.1 Die Methode der kleinen Schwingungen

Ein mechanisches System mit nur einem Freiheitsgrad besitzt nach den Grundgesetzen der Dynamik im allgemeinen Fall die Bewegungsgleichung

$$m\ddot{x} = f(t,x,\dot{x}) \quad . \tag{2.1}$$

Für einen Massenpunkt beispielsweise, der sich lediglich entlang einer Geraden bewegen kann, gibt (2.1) das NEWTONsche Gesetz wieder[17]; die rechte Seite f beschreibt dabei die resultierende Kraftkomponente in Richtung der Geraden und sei als Funktion der Zeit t, der Lage x und der Geschwindigkeit $\dot{x}$ des Massenpunktes bekannt. Die Größen x und $\dot{x}$ bezeichnet man auch als *Zustandsgrößen* und faßt sie oft zu einem Zustandsvektor zusammen.

Die Bewegungsgleichung (2.1) ist im allgemeinen eine nichtlineare Differentialgleichung, und für nichtlineare Funktionen f ist es in vielen Fällen aussichtslos, nach der allgemeinen Lösung von (2.1) zu suchen. Neben der numerischen Integration verdienen daher Methoden Beachtung, die qualitativ richtige oder näherungsweise gültige Aussagen über die Lösungen liefern. Das wichtigste dieser Verfahren benutzt die Linearisierung der Bewegungsgleichung um eine Gleichgewichtslage und wird als *Methode der kleinen Schwingungen* bezeichnet.

Gleichgewichtslagen sind die einfachsten partikulären Lösungen von (2.1), die Lage x ist dabei konstant, so daß $\dot{x}$ und $\ddot{x}$ identisch verschwinden. Sie ergeben sich aus der *Gleichgewichtsbedingung*

$$f(t,x,0) = 0 \qquad \text{für alle } t, \tag{2.2}$$

---

[17] Nach dem Mathematiker, Physiker und Astronom Sir Isaac NEWTON, * 1643 in Woolsthorpe, + 1727 in Kensington (heute zu London).

mit der wir nach denjenigen Lagen x des Systems fragen, für die die resultierende Kraft f zu allen Zeitpunkten t verschwindet. Die Gleichung (2.2) kann eine, mehrere, ja sogar unendlich viele oder auch gar keine Lösungen besitzen.

Wir setzen nun voraus, daß das System zumindest eine Gleichgewichtslage x_s besitzt, die stabil im Sinne der LJAPUNOVschen Stabilitätsdefinition ist[18]: Danach heißt eine Gleichgewichtslage x_s (oder auch der Gleichgewichtszustand $(x_s,0)$) stabil, wenn die zu einem Anfangszustand $(x_0,\dot{x}_0)$ gehörende Bewegung für alle Zeitpunkte $t \geq t_0$ in einer beliebig kleinen Nachbarschaft des Gleichgewichtszustandes bleibt, sofern nur $(x_0,\dot{x}_0)$ hinreichend nahe an $(x_s,0)$ liegt. Schließlich soll sich die Funktion $f(t,x,\dot{x})$ bzgl. der Variablen x, $\dot{x}$ für alle Zeitpunkte t in eine TAYLORreihe um $(x_s,0)$ entwickeln lassen [19]:

$$f(t,x,\dot{x}) = f(t,x_s,0) + \frac{\partial f}{\partial x}(t,x,0)(x-x_s) + \frac{\partial f}{\partial \dot{x}}(t,x,0)\,\dot{x} + \ldots \quad (2.3)$$

Die Glieder bis zur ersten Ordnung beschreiben dann häufig das Problem hinreichend genau: Im Fall der Stabilität bleiben nämlich die *Abweichung* $\tilde{x} := x - x_s$ von der Gleichgewichtslage und ebedso deren zeitliche Ableitung $\dot{\tilde{x}} = \dot{x}$ für alle Zeitpunkte t dem Betrage nach klein, so daß wir bei vielen Anwendungen quadratische und höhere Anteile in (2.3) vernachlässigen können. Damit - und wegen der Gleichgewichtsbedingung (2.2) - läßt sich (2.1) durch die lineare, homogene Differentialgleichung

$$m\ddot{\tilde{x}} + p(t)\,\dot{\tilde{x}} + q(t)\,\tilde{x} = 0 \quad (2.4)$$

ersetzen, die im allgemeinen nichtkonstante Koeffizienten

$$p(t) := -\frac{\partial f}{\partial \dot{x}}(t,x_s,0)\,, \quad (2.5a)$$

$$q(t) := -\frac{\partial f}{\partial x}(t,x_s,0) \quad (2.5b)$$

besitzt.

---

[18] Nach dem Mathematiker Alexander Michailowitsch LJAPUNOW, * 1857 in Jaroslaw, + 1918 in Odessa.

[19] Nach dem Mathematiker Brook TAYLOR, * 1685 in Edmonton (Middlesex), + 1731 in London.

In der Schwingungslehre haben die Bewegungsgleichungen eines Systems mit einem Freiheitsgrad oft die besondere Bauart

$$f(t,x,\dot{x}) = - f_1(x,\dot{x}) + f_2(t) \text{ ,} \tag{2.6}$$

so daß (2.1) die Form

$$m\ddot{x} + f_1(x,\dot{x}) = f_2(t) \tag{2.7}$$

annimmt. Der Term $f_2(t)$ ist also eine Funktion der Zeit allein und charakterisiert die sogenannte äußere Erregung. Diese Erregung hat zur Folge, daß das System im allgemeinen keine Gleichgewichtslagen mehr besitzt. Ist jedoch die Erregung ausgeschaltet ($f_2(t) = 0$), so können Gleichgewichtslagen vorliegen, die sich als Lösungen von

$$f_1(x,0) = 0 \tag{2.8}$$

berechnen lassen. Existiert eine solche Gleichgewichtslage x_s, so können wir (2.7) für Schwingungen in einer kleinen Nachbarschaft von $(x_s,0)$ ersetzen durch die lineare, inhomogene Differentialgleichung

$$m\ddot{\tilde{x}} + d\dot{\tilde{x}} + c\tilde{x} = f_2(t) \text{ ;} \tag{2.9}$$

dabei ergeben sich die Konstanten d und c durch die TAYLORentwicklung von f_1 um den Gleichgewichtszustand:

$$d := \frac{\partial f_1}{\partial \dot{x}}(x_s,0) \text{ ,} \tag{2.10a}$$

$$c := \frac{\partial f_1}{\partial x}(x_s,0) \text{ .} \tag{2.10b}$$

Aussagen darüber, unter welchen Bedingungen (2.9) eine brauchbare Approximation von (2.7) darstellt, sind allerdings nicht leicht zu formulieren. Das Verhalten von (2.7) hängt nämlich wesentlich von der Art der Erregung ab: Selbst bei einer stabilen Gleichgewichtslage der "homogenen" Gleichung und bei schwacher Erregung kann es vorkommen, daß die Bewegungen, die in der Nähe des Gleichgewichtszustands $(x_s,0)$ beginnen, nicht mehr in einer kleinen Umgebung des Punktes $(x_s,0)$ bleiben (z.B. bei Resonanz, s. 2.5). Umgekehrt kann es vor-

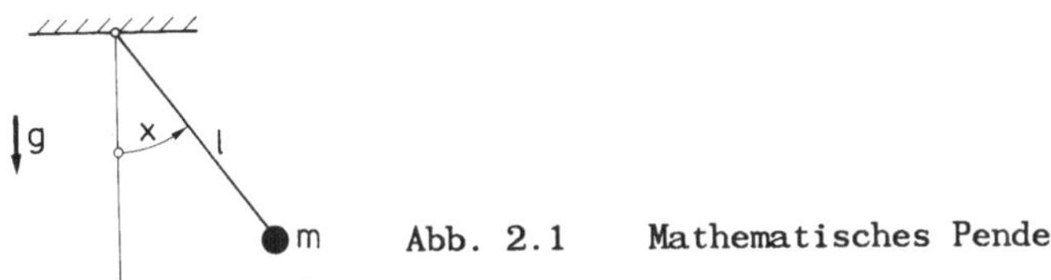

Abb. 2.1 Mathematisches Pendel

kommen, daß eine instabile Gleichgewichtslage durch eine passende Erregung "stabilisiert" wird.

Als Beispiel behandeln wir das *mathematische Pendel* der Abb. 2.1, dessen Bewegungsgleichung

$$ml^2 \ddot{x} + mgl \sin x = 0 \tag{2.11}$$

z.B. aus dem Drallsatz folgt. Die Funktion f_1 aus (2.7) ist also hier gegeben durch

$$f_1(x,\dot{x}) = m \frac{g}{l} \sin x \tag{2.12}$$

und unabhängig von der Winkelgeschwindigkeit $\dot{x}$ des Pendels. Die Funktion f_2 verschwindet identisch. (Eine äußere Erregung ließe sich in diesem Beispiel durch eine äußere Kraft erreichen, die nach einem vorgegebenen Zeitgesetz auf das Pendel einwirkt). Gleichgewichtslagen sind Lösungen der Gleichung

$$\sin x = 0 \ . \tag{2.13}$$

Von den abzählbar unendlich vielen Lösungen sind allerdings nur zwei physikalisch zu unterscheiden, nämlich die Lösung

$$x_{s1} = 0 \ , \tag{2.14}$$

die das "nach unten hängende" Pendel beschreibt, sowie die Lösung

$$x_{s2} = \pi \ , \tag{2.15}$$

die das "auf dem Kopf stehende" Pendel kennzeichnet. Aus der Erfahrung wissen wir, daß die Gleichgewichtslage x_{s1} stabil ist, die andere dagegen instabil; daher können wir erwarten, daß die Linearisierung um x_{s1} für beliebig große Zeiten brauchbare Ergebnisse liefert, solange die Anfangsbedingungen hinreichend nahe am Gleichgewichtszustand liegen. Aus der Reihenentwicklung

$$\sin x = x - \frac{x^3}{3!} + \frac{x^5}{5!} \mp \dots , \tag{2.16}$$

folgt dann die um $x_{s1} = 0$ linearisierte Bewegungsgleichung

$$ml^2 \ddot{x} + mgl\, x = 0 \tag{2.17}$$

oder

$$\ddot{x} + \frac{g}{l} x = 0 . \tag{2.18}$$

(Wir verzichten hier auf die Schlange zur Kennzeichnung der Abweichung von der Gleichgewichtslage, da sie mit der von uns gewählten Koordinate übereinstimmt.)

Formal können wir (2.11) auch um die zweite Gleichgewichtslage $x_{s2} = \pi$ linearisieren; dies führt auf

$$\ddot{\tilde{x}} - \frac{g}{l} \tilde{x} = 0 \tag{2.19}$$

mit $\tilde{x} = x - \pi$. Wegen der Instabilität dieser Gleichgewichtslage gibt jedoch (2.19) die tatsächliche Bewegung des Pendels i.a. höchstens für kurze Zeitintervalle richtig wieder, auch wenn der Anfangszustand $(x_0, \dot{x}_0)$ in einer beliebig kleinen Nachbarschaft des Gleichgewichtszustands $(\pi, 0)$ liegt. - Ein Vergleich von (2.18) und (2.19) zeigt, daß die Linearisierung um unterschiedliche Gleichgewichtslagen im allgemeinen auf unterschiedliche Gleichungen führt!

In diesem Buch behandeln wir - bis auf ganz wenige Ausnahmen - nur Schwingungen von Systemen, die durch lineare Systeme von Differentialgleichungen beschrieben werden: Wir behandeln "Lineare Schwingungen". Die linearen Bewegungsgleichungen können wir uns dabei immer durch Linearisierung aus nichtlinearen Differentialgleichungen hervorgegangen denken. Es zeigt sich, daß für eine Vielzahl technischer Probleme diese lineare Betrachtungsweise ausreichend ist.

2.2 Phasenkurven

Wir betrachten nochmals (2.7) und beschäftigen uns etwas ausführlicher mit dem Spezialfall, in dem der Erregerterm $f_2(t)$ identisch verschwindet ("freie Schwingungen"); dann können wir die Bewegungsgleichung in der Form

$$\ddot{x} = f(x,\dot{x}) \tag{2.20}$$

schreiben. Differentialgleichungen dieses Typs bezeichnet man als *autonom*, weil die rechte Seite f nicht explizit von der unabhängigen Variablen t abhängt. Diese Eigenschaft kann man sich zunutze machen und die Ordnung der Differentialgleichung reduzieren: Fassen wir $\dot{x}$ als Funktion von x auf, so liefert die Kettenregel

$$\ddot{x} = \frac{d\dot{x}}{dt} = \frac{d\dot{x}}{dx}\frac{dx}{dt} = \frac{d\dot{x}}{dx}\,\dot{x} \ . \tag{2.21}$$

Damit führt (2.20) auf die Differentialgleichung erster Ordnung

$$\frac{d\dot{x}}{dx} = \frac{1}{\dot{x}}\, f(x,\dot{x}) \ , \tag{2.22}$$

deren Lösungen man als *Phasenkurven* bezeichnet. Die Gleichung (2.22) legt in der $(x,\dot{x})$-Ebene, der *Phasenebene*, ein Richtungs- oder Vektorfeld fest: Wir können jedem Punkt $(x,\dot{x})$ der Phasenebene den Vektor mit den Komponenten k (in x-Richtung) und $k\, f(x,\dot{x})/\dot{x}$ (in $\dot{x}$-Richtung) mit beliebigem $k > 0$ zuordnen. Gleichung (2.22) besagt dann, daß die so konstruierten Vektoren Tangentenvektoren der Phasenkurven darstellen (Abb. 2.2). Zeichnet man für einen Bereich der Phasenebene das Richtungsfeld, so fällt es dem Auge leicht, die Phasenkur-

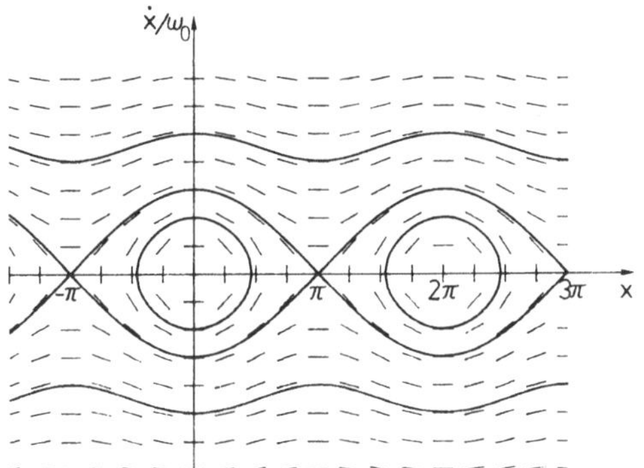

Abb. 2.2 Richtungsfeld und Phasenkurven des mathematischen Pendels

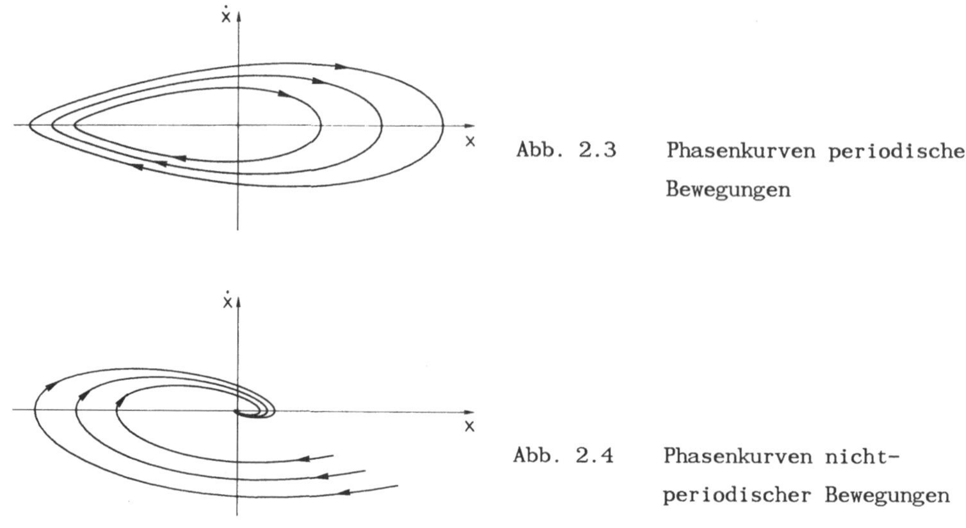

Abb. 2.3 Phasenkurven periodischer Bewegungen

Abb. 2.4 Phasenkurven nicht-periodischer Bewegungen

ven hineinzulegen; auf diese Weise kann man sich einen ersten Überblick über die Bewegungen verschaffen. Die Gesamtheit der Phasenkurven nennt man *Phasenportrait*.

Im folgenden besprechen wir einige allgemeingültige Eigenschaften der Phasenkurven. Zunächst ist unmittelbar klar, daß periodische Vorgänge durch geschlossene, aperiodische Bewegungen durch nichtgeschlossene Phasenkurven charakterisiert werden (Abb. 2.3,2.4). Weiter können wir den Phasenkurven einen Richtungssinn zuordnen, obwohl aus der Phasenkurve selbst der zeitliche Verlauf der Bewegung nicht unmittelbar zu entnehmen ist: In der oberen Halbebene gilt ja $\dot{x} > 0$, so daß die Werte von x mit zunehmender Zeit t wachsen, in der unteren Halbebene dagegen $\dot{x} < 0$, und die Werte von x nehmen ab.

Ist der Schnittpunkt einer Phasenkurve mit der x-Achse kein Gleichgewichtszustand, so besitzt die Phasenkurve dort eine vertikale Tangente; strebt nämlich $\dot{x}$ gegen Null, so wird die Ableitung $d\dot{x}/dx$ - entsprechend (2.22) - dem Betrage nach unendlich groß, sofern im Schnittpunkt $f(x,0) \neq 0$ ist. Durch jeden Punkt der Phasenebene verläuft übrigens nur eine Phasenkurve, falls die rechte Seite von (2.20) die Eindeutigkeit der Lösungen gewährleistet; lediglich in den Gleichgewichtspunkten können sich u.U. Phasenkurven schneiden.

Als Beispiel betrachten wir nochmals das mathematische Pendel, dessen nichtlineare Bewegungsgleichung (2.11) wir auch in der Gestalt

$$\ddot{x} = - \omega_0^2 \sin x \tag{2.23}$$

angeben können, wenn wir die Abkürzung

$$\omega_0 := \sqrt{\frac{g}{l}} \tag{2.24}$$

einführen. Die Gleichung (2.22) nimmt dann die Form

$$\frac{d\dot{x}}{dx} = - \frac{1}{\dot{x}} \omega_0^2 \sin x \tag{2.25}$$

an; zur Lösung multiplizieren wir beide Seiten mit $\dot{x}$, verwenden die Identität

$$\frac{1}{2} \frac{d}{dx} \dot{x}^2 = \dot{x} \frac{d\dot{x}}{dx} \tag{2.26}$$

und erhalten

$$\frac{1}{2} \frac{d}{dx} \dot{x}^2 = - \omega_0^2 \sin x \, . \tag{2.27}$$

Integration bezüglich x liefert dann mit den Anfangsbedingungen x_0 und $\dot{x}_0$

$$\frac{1}{2} (\dot{x}^2 - \dot{x}_0^2) = - \omega_0^2 \int_{x_0}^{x} \sin y \, dy \tag{2.28}$$

oder auch

$$\frac{\dot{x}}{\omega_0} = \pm \sqrt{\left(\frac{\dot{x}_0}{\omega_0}\right)^2 + 2(\cos x - \cos x_0)} \, . \tag{2.29}$$

Dies ist die Gleichung der Phasenkurven zu (2.23) mit dem Scharparameter

$$\left(\frac{\dot{x}_0}{\omega_0}\right)^2 - 2 \cos x_0 .$$

Die Phasenkurven des mathematischen Pendels sind in Abb. 2.5 dargestellt und können anschaulich leicht gedeutet werden, da uns die Bewegungstypen des (ungedämpften) Pendels gut bekannt sind: Entweder schwingt das Pendel perio-

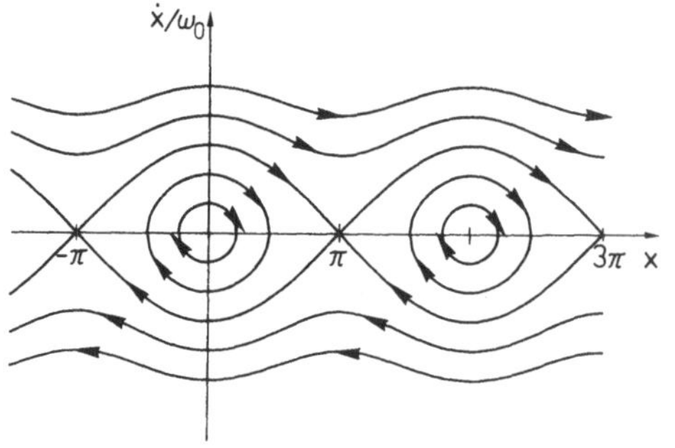

Abb. 2.5 Phasenportrait des mathematischen Pendels

disch hin und her oder es überschlägt sich immer wieder. Beide Arten von Lösungen sind auch im Phasenportrait der Abb. 2.5 wiederzuerkennen. Welcher Typ sich einstellt, hängt von den Anfangsbedingungen ab: Der Radikand in (2.29) ist stets positiv, wenn

$$\left(\frac{\dot{x}_0}{\omega_0}\right)^2 - 2\cos x_0 > 2 \tag{2.30}$$

ist. In diesem Fall besitzt die Winkelgeschwindigkeit $\dot{x}$ immer dasselbe Vorzeichen, und man hat es mit dem sich überschlagenden Pendel zu tun.

Allgemein kann man die Phasenkurven nicht nur für das mathematische Pendel, sondern für jede Bewegungsgleichung der Art

$$m\ddot{x} + f_1(x) = 0\ , \tag{2.31}$$

bestimmen. Multiplikation mit $\dot{x}$ ergibt nämlich

$$m\dot{x}\ddot{x} + f_1(x)\dot{x} = 0\ , \tag{2.32}$$

und dies ist identisch mit

$$\frac{d}{dt}\left[\frac{1}{2}m\dot{x}^2 + \int f_1(x)\,dx\right] = 0\ . \tag{2.33}$$

Die Funktion

$$U := \int f_1(x)\,dx\ , \tag{2.34}$$

die nur bis auf eine additive Konstante bestimmt ist, bezeichnet man als potentielle Energie, und der Ausdruck

$$T := \frac{1}{2} m\dot{x}^2 \tag{2.35}$$

ist die kinetische Energie. Daher folgt aus (2.33) unmittelbar die Energieerhaltung

$$T + U = h = \text{const} \ , \tag{2.36}$$

und Systeme der Art (2.31) werden als *konservativ* bezeichnet. Der Wert der Energiekonstanten h wird durch die Anfangsbedingungen festgelegt:

$$h = \frac{1}{2} m\dot{x}_0^2 + U(x_0) \ . \tag{2.37}$$

Aus der Energieerhaltung

$$\frac{1}{2} m\dot{x}^2 + U(x) = h \tag{2.38}$$

folgt auch die Gleichung der Phasenkurven

$$\dot{x} = \pm \sqrt{\frac{2}{m} [h - U(x)]} \ ; \tag{2.39}$$

dabei spielt die Energiekonstante h die Rolle des Scharparameters. Bei konservativen Systemen reduziert sich also das Lösen der Differentialgleichung (2.22) auf das Aufstellen der Energiebilanz! Die Gleichung (2.29) des behandelten Beispiels ist ein Sonderfall von (2.39), der sich mit den Energieausdrücken für das Pendel

$$T = \frac{1}{2} m \vec{v}^2 = \frac{1}{2} ml^2\dot{x}^2 \tag{2.40}$$

und

$$U = mgl(1 - \cos x) \tag{2.41}$$

ergibt, wobei wir U(0) = 0 gewählt haben. Die unterschiedlichen Faktoren in (2.35) und (2.40) hängen damit zusammen, daß die Variable x beim Pendel ein (dimensionsloser) Winkel ist, in (2.31) dagegen als eine lineare Verschiebung angesehen wurde; entsprechendes gilt für die Funktion U(x).

2.3 Freie ungedämpfte Schwingungen

In diesem Abschnitt behandeln wir konservative Systeme, für die die Bewegungsgleichung (2.31) die Form

$$m\ddot{x} + f_1(x) = 0 \tag{2.42}$$

annimmt. Die Gleichgewichtsbedingung ist also hier von der Gestalt

$$f_1(x) = 0 \ , \tag{2.43}$$

und wir nehmen an, daß das System an der Stelle x = 0 eine stabile Gleichgewichtslage besitzt. Die in 2.1 besprochene Linearisieriung um die Gleichgewichtslage x = 0 führt dann auf die lineare, homogene Differentialgleichung

$$m\ddot{x} + f_1'(0)x = 0 \ . \tag{2.44}$$

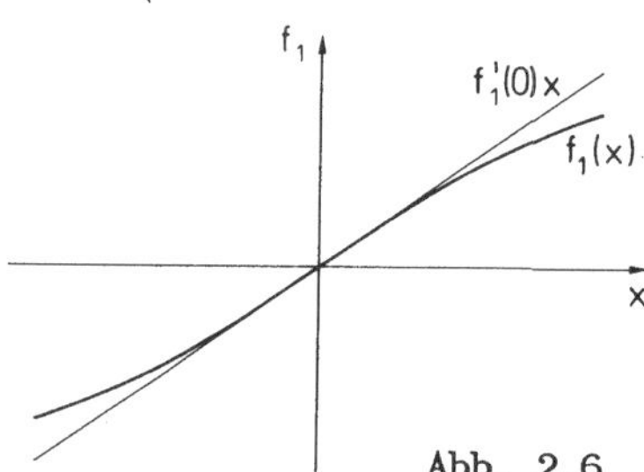

Abb. 2.6 Zur geometrischen Bedeutung der Linearisierung

Neben der Masse m tritt also in der linearisierten Bewegungsgleichung als weiterer Systemparameter $f_1'(0)$ auf. Geometrisch ausgedrückt ersetzen wir hier die Funktion $f_1(x)$ durch eine Gerade durch den Koordinatenursprung mit der Steigung $f_1'(0)$ (Abb. 2.6) Die (nichtlineare) Bewegungsgleichung (2.42) eines konservativen Systems hätten wir auch in der Form

$$m\ddot{x} + U'(x) = 0 \tag{2.45}$$

angeben können; entsprechend (2.34) ist ja die Ableitung der potentiellen Energie U(x) identisch mit $f_1(x)$, also der negativen resultierenden Kraft. Die Gleichgewichtsbedingung (2.43) geht dann über in

$$U'(x) = 0 \, , \tag{2.46}$$

und (2.44) ist äquivalent zu

$$m\ddot{x} + U''(0)x = 0 \, . \tag{2.47}$$

Wie wir aus der Technischen Mechanik wissen, ist eine Gleichgewichtslage sicher dann stabil (instabil), wenn die potentielle Energie dort ein strenges relatives Minimum (Maximum) annimmt. Hinreichend dafür ist aber - neben $U'(0) = 0$ - die Bedingung $U''(0) > 0$ (< 0). Wir setzen daher $f_1'(0) = U''(0)$ stets als positiv voraus; die linearisierte Bewegungsgleichung wird dann eine brauchbare Approximation des nichtlinearen Systems darstellen, zumindest solange die Verschiebungen aus der Gleichgewichtslage nicht zu groß werden.

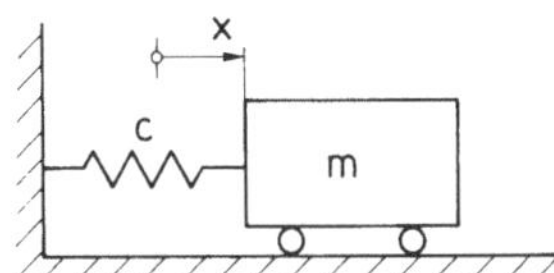

Abb. 2.7 Feder-Masse-System

Selbstverständlich gibt es auch Ersatzsysteme, die unmittelbar auf eine lineare Bewegungsgleichung mit konstanten Koeffizienten führen. Das vielleicht einfachste mechanische Beispiel zeigt Abb. 2.7: Dort kennzeichnet die Koordinate x die Verschiebung des Körpers aus seiner stabilen Gleichgewichtslage, in der die Feder - gekennzeichnet durch die Federsteifigkeit c - ihre natürliche (ungedehnte) Länge besitzt. (Die Massen der Räder seien gegenüber der Masse des Wagenkörpers vernachlässigbar). Das NEWTONsche Grundgesetz liefert dann die lineare Bewegungsgleichung

$$m\ddot{x} + cx = 0 \, . \tag{2.48}$$

Man muß sich aber darüber im Klaren sein, daß sich hinter der Abb. 2.7 auch ein kompliziertes System verstecken kann, das sich auf ein Feder-Masse-Modell abbilden läßt, wenn man sein Augenmerk auf das Wesentliche richtet. Insbesondere könnte bei diesem Beispiel die Federsteifigkeit c durch Linearisierung eines nichtlinearen Kraftgesetzes entstanden sein. In diesem Sinn wollen wir unser hier erstmals eingeführtes "Wägelchen" (später werden wir ganze Züge davon betrachten) als Prototypen eines schwingungsfähigen Systems ansehen.

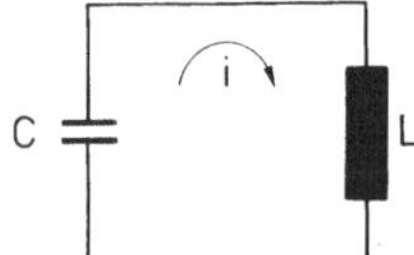

Abb. 2.8 LC-Schwingkreis

Auch bei elektrischen Schwingkreisen tritt eine lineare Differentialgleichung des Typs (2.48) auf, beispielsweise im Stromkreis der Abb. 2.8. Zwischen dem Strom i in der Spule (Induktivität L) und der Ladung q des Kondensators (Kapazität C) bestehen ja die Beziehungen

$$L \frac{di}{dt} + \frac{1}{C} q = 0 \tag{2.49}$$

und

$$i = \frac{dq}{dt}, \tag{2.50}$$

die wir zu

$$L \ddot{q} + \frac{1}{C} q = 0 \tag{2.51}$$

zusammenfassen können.

Wir besprechen nun die Lösung von (2.48). Dazu führen wir zunächst die Abkürzung

$$\omega_0 := \sqrt{\frac{c}{m}} \tag{2.52}$$

ein, mit der wir (2.48) in der Form

$$\ddot{x} + \omega_0^2 x = 0 \tag{2.53}$$

schreiben und erkennen unmittelbar - etwa mit Hilfe des Exponentialansatzes $x(t) = K e^{\underline{s}t}$ -, daß die allgemeine Lösung durch

$$x(t) = C \cos \omega_0 t + S \sin \omega_0 t \tag{2.54}$$

gegeben ist. Dabei sind die FOURIERkoeffizienten C und S Integrationskonstante, die sich aus den Anfangsbedingungen x_0 und $\dot{x}_0$ bestimmen lassen:

$$C = x_0 , \qquad S = \frac{\dot{x}_0}{\omega_0} . \tag{2.55}$$

Jede Lösung der Gleichung (2.53) ist somit eine harmonische Schwingung mit verschwindendem Mittelwert, die wir selbstverständlich auch in der Standard-Darstellung angeben können:

$$x(t) = \hat{x} \cos(\omega_0 t + \alpha) \tag{2.56}$$

mit

$$\hat{x} = \sqrt{x_0^2 + (\frac{\dot{x}_0}{\omega_0})^2} \quad , \quad \tan \alpha = - \frac{\dot{x}_0}{\omega_0 x_0} . \tag{2.57}$$

Die Amplitude $\hat{x}$ und der Nullphasenwinkel α (bzw die FOURIERkoeffizienten C und S) sind also durch die Anfangsbedingungen festgelegt. Im Gegensatz dazu ist die Kreisfrequenz ω_0 allein durch die Systemparameter bestimmt, also selbst ein Systemparameter. Deshalb bezeichnen wir die Größe ω_0 als *Eigenkreisfrequenz* des Systems oder auch salopp als *Eigenfrequenz*[20] und $T_0 := 2\pi/\omega_0$ als *Eigenschwingungsdauer*. Die Abhängigkeit der Schwingungsdauer von den Anfangsbedingungen, die bei physikalischen Systemen häufig zu beobachten ist (Pendel mit großen Ausschlägen), ist immer ein nichtlinearer Effekt.

Für das Feder-Masse-System der Abb. 2.7 ist die Eigenfrequenz ω_0 durch (2.45) gegeben; dies stimmt mit der Erfahrung gut überein: Eine Vergrößerung der Steifigkeit führt zu einer "schnelleren" Bewegung, d.h. zu einer Verkleinerung der Schwingungsdauer oder einem Anwachsen der Frequenz, während eine Vergrößerung der Masse den gegenteiligen Effekt hat. Beim "linearisierten" mathematischen Pendel ist $\omega_0 = \sqrt{g/l}$, wie wir sofort aus (2.18) ablesen können. Die Eigenfrequenz ist also unabhängig von der Pendelmasse und umgekehrt proportional zur Wurzel aus der Pendellänge, so daß beispielsweise eine Vervierfachung der Länge eine Halbierung der Kreisfrequenz zur Folge hat.

Als nächstes Beispiel betrachten wir die Schwingung eines "Massenpunktes", der gemäß Abb. 2.9 am Ende eines eingespannten Balkens befestigt und

---

[20] In der Schwingungslehre ist es üblich, auch die Kreisfrequenz als "Frequenz" zu bezeichnen; auch wir werden diese kurze, etwas unpräzise Bezeichnungsweise verwenden.

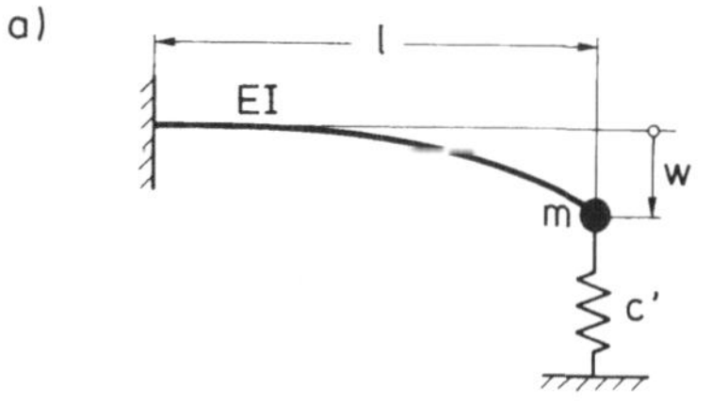

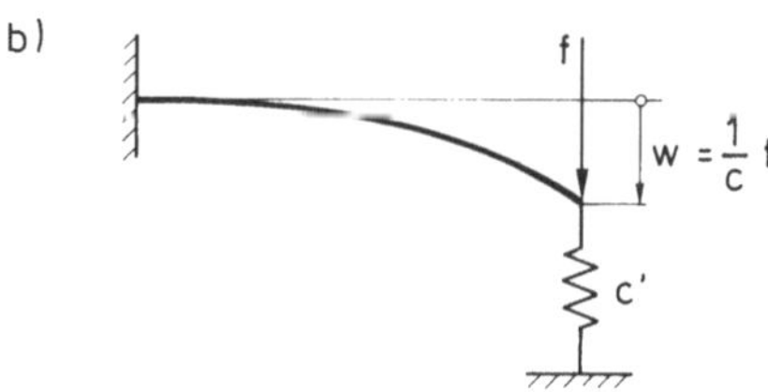

Abb. 2.9 System mit Biegefeder
a) dynamisches System b) zugehöriges statisches System

elastisch abgestützt ist. Dabei nehmen wir an, daß die Masse des Balkens gegenüber der des Massenpunktes vernachlässigbar ist. Die Schraubenfeder nehme ihre natürliche Länge dann an, wenn der Balken unverformt ist. Auch dieses Problem führt auf eine Bewegungsgleichung der Art (2.48), wobei allerdings der Parameter c nicht ohne weiteres aus der Zeichnung abgelesen werden kann. Eine kurze Zwischenrechnung ergibt

$$c = c' + 3 \frac{EI}{l^3} , \tag{2.58}$$

so daß die Eigenfrequenz

$$\omega_0 = \sqrt{\frac{c' + 3EI/l^3}{m}} \tag{2.59}$$

ist.

Bei späteren Untersuchungen werden wir die Ausdrücke für die kinetische und potentielle Energie zu (2.48) benötigen. Da wir die allgemeine Lösung der Bewegungsgleichung kennen, können wir T und U als Funktion der Zeit angegeben:

$$T = \frac{1}{2} m\omega_0^2 \hat{x}^2 \sin^2(\omega_0 t + \alpha) , \tag{2.60a}$$

$$U = \frac{1}{2} c \hat{x}^2 \cos^2(\omega_0 t + \alpha) , \tag{2.60b}$$

oder auch

$$T = \frac{1}{4} m\omega_0^2 \hat{x}^2 [1 + \cos(2\omega_0 t + \alpha_T)] , \tag{2.61a}$$

$$U = \frac{1}{4} c \hat{x}^2 [1 + \cos(2\omega_0 t + \alpha_U)] ; \tag{2.61b}$$

dabei sind die Nullphasenwinkel α_T und α_U durch

$$\alpha_T = \mathrm{Hw}(2\alpha - \pi) \text{ und } \quad \alpha_U = \mathrm{Hw}(2\alpha)$$

bestimmt. Beide Energieanteile schwingen also ebenfalls harmonisch mit der Zeit, allerdings mit der doppelten Frequenz der Verschiebung und besitzen nichtverschwindende Mittelwerte

$$\overline{T} = \frac{1}{4} m\omega_0^2 \hat{x}^2 , \tag{2.62a}$$

$$\overline{U} = \frac{1}{4} c \hat{x}^2 , \tag{2.62b}$$

die jeweils auch gerade gleich den entsprechenden Amplituden $\hat{T}$, $\hat{U}$ sind. Wegen $\omega_0^2 = c/m$ sind sogar alle vier Kenngrößen miteinander identisch

$$\overline{T} = \hat{T} = \overline{U} = \hat{U} = \frac{1}{4} c \hat{x}^2. \tag{2.63}$$

Vergleicht man die beiden Nullphasenwinkel miteinander, so erkennt man, daß die Energieanteile gerade in Gegenphase schwingen.

In Abb. 2.10 sind sowohl die Verschiebung als auch die beiden Energieanteile als Funktion der Zeit dargestellt. Man erkennt aus der Abbildung und auch direkt aus (2.60), daß die Maximalwerte von kinetischer und potentieller Energie miteinander übereinstimmen

$$T_{max} = \frac{1}{2} m\omega_0^2 \hat{x}^2 = \frac{1}{2} c \hat{x}^2 = U_{max} , \tag{2.64}$$

daß aber diese Extremwerte zu unterschiedlichen Zeitpunkten auftreten: Während die kinetische Energie T ihr Maximum annimmt, wenn die Bewegung die Ruhelage durchläuft, erreicht die potentielle Energie U ihr Maximum in den Umkehrpunkten der Bewegung. Diese Identität der beiden Maximalwerte kann man benutzen, um die Eigenfrequenz ω_0 des Systems zu berechnen: Aus (2.64) folgt ja sofort die Beziehung

$$\omega_0^2 = \frac{c}{m} . \tag{2.65}$$

Dieses Bestimmen der Eigenfrequenz aus Energieausdrücken ist bei linearen Systemen mit einem Freiheitsgrad "mit Kanonen auf Spatzen geschossen", da man

a)

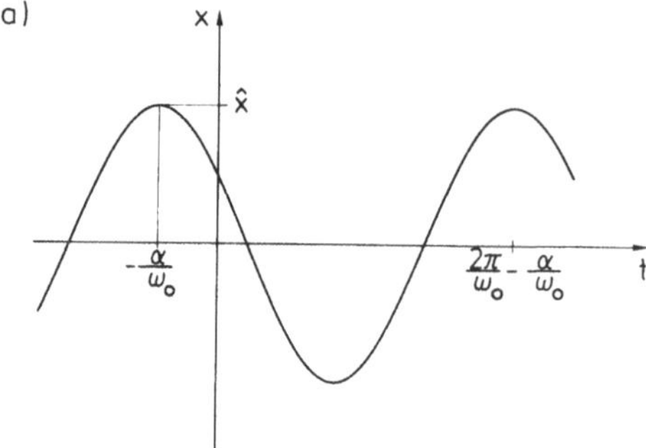

b)

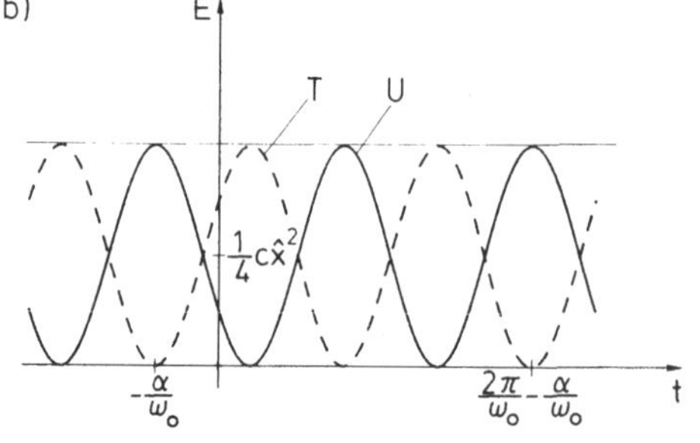

Abb. 2.10 Verschiebung und Energieanteile des Feder-Masse-Systems
a) Verschiebung x(t)
b) Energieanteile T(t) und U(t)

ω_0^2 direkt aus der Bewegungsgleichung (2.48) ablesen kann. Wir werden jedoch später bei Systemen mit mehreren Freiheitsgraden eine Methode zur Abschätzung von Eigenfrequenzen kennenlernen, die auf solchen Energieüberlegungen fußt.

Aus der Energiebilanz

$$T + U = \frac{1}{2} m\dot{x}^2 + \frac{1}{2} cx^2 = h = \text{const} \tag{2.66}$$

für das lineare System (2.48) folgt auch die Gleichung der Phasenkurven

$$\left(\frac{\dot{x}}{\omega_0}\right)^2 + x^2 = \frac{2h}{c} , \tag{2.67}$$

die eine Ellipsenschar mit dem Scharparameter 2h/c beschreibt. Dieser ist übrigens identisch mit dem Quadrat der Amplitude: $2h/c = \hat{x}^2$. Trägt man in der Phasenebene auf der Ordinatenachse die bezogene Geschwindigkeit $\dot{x}/\omega_0$ auf, so besteht das Phasenportrait zu (2.48) aus einer Schar konzentrischer Kreise mit Mittelpunkt im Koordinatenursprung (Abb. 2.11). Alle diese Kreise werden in einer Zeitspanne der Länge $T_0 = 2\pi/\omega_0$ durchlaufen.

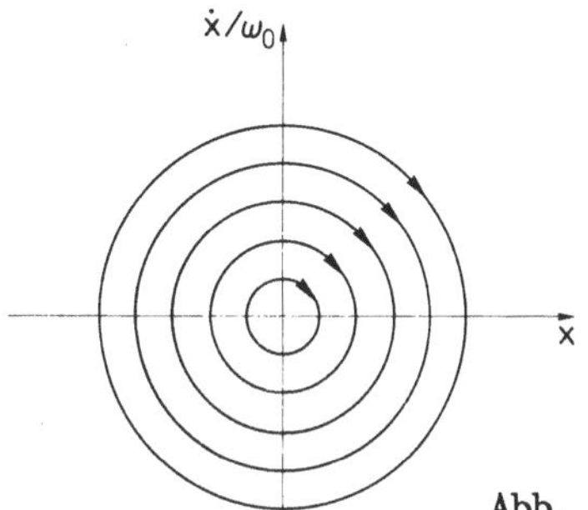

Abb. 2.11 Phasenportrait des Feder-Masse-Systems

2.4 Freie gedämpfte Schwingungen

Die Beobachtung lehrt uns, daß freie Schwingungen im allgemeinen mit der Zeit abklingen. Dieses Verhalten ist dem Einfluß der Dämpfung oder der Reibung zuzuschreiben. Es ist daher notwendig, in den mathematischen Modellen geeignete Größen zu berücksichtigen, die ein solches Abklingen beschreiben können. Die einfachste Möglichkeit hierzu besteht darin, eine geschwindigkeitsproportionale Dämpferkraft einzuführen, die durch die Dämpfungskonstante $d > 0$ gekennzeichnet ist (Abb. 2.12). Damit tritt die Bewegungsgleichung

$$m\ddot{x} + d\dot{x} + cx = 0 \tag{2.68}$$

an die Stelle von (2.48) für die ungedämpften Schwingungen. Diese lineare Bewegungsgleichung könnte auch durch Linearisierung eines komplizierten Systems um eine Gleichgewichtslage entstanden sein. Im Beispiel des elektrischen Schwingkreises der Abb. 2.13 entspricht die lineare Dämpfung einem linearen OHMschen Widerstand; an einem solchen Widerstand sind ja Spannungsabfall und Strom zueinander proportional.

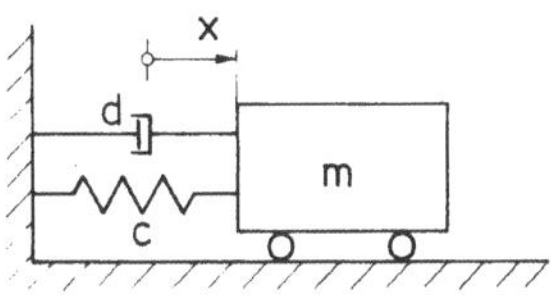

Abb. 2.12 Feder-Masse-Dämpfer-System

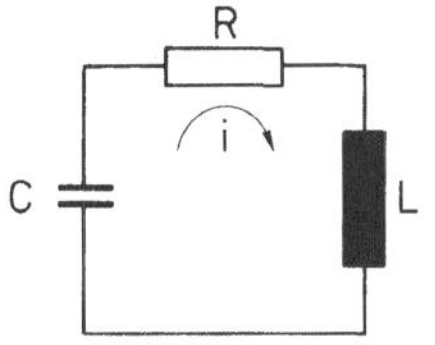

Abb. 2.13 RCL-Schwingkreis

Rein *viskose*, d.h. geschwindigkeitsproportionale Dämpfungskräfte treten in physikalischen Systemen zwar selten auf, das qualitativ richtige Ergebnis sowie die einfache mathematische Behandlung rechtfertigen aber oft die Annahme eines solchen Dämpfungsgesetzes.

Der Exponentialansatz $x(t) = K\,e^{\underline{s}t}$ für die Lösungen von (2.68) führt auf die *charakteristische Gleichung*

$$m\underline{s}^2 + d\underline{s} + c = 0\,, \qquad (2.69)$$

deren Lösungen $\underline{s}_1$ und $\underline{s}_2$ wir als *Eigenwerte* bezeichnen; sie sind nämlich allein durch die Systemparameter m,d und c bestimmt, also "dem System eigen"! Die Diskriminante der quadratischen Gleichung (2.69) ist durch den Ausdruck $d^2 - 4mc$ gegeben, und wir haben - je nach ihrem Vorzeichen - drei Fälle zu unterscheiden:

a) *überkritisch gedämpftes System*, d.h. $d > 2\sqrt{mc}$.

Hier sind die Eigenwerte s_1 und s_2 reell, voneinander verschieden und negativ

$$s_{1,2} = \frac{1}{2m}\left(-\,d \pm \sqrt{d^2 - 4mc}\right); \qquad (2.70)$$

daher ist die allgemeine Lösung

$$x(t) = K_1 e^{s_1 t} + K_2 e^{s_2 t}\,, \qquad (2.71)$$

mit den Integrationskonstanten K_1 und K_2, die gemäß

$$K_1 = \frac{\dot{x}_0 - s_2 x_0}{s_1 - s_2}, \qquad K_2 = \frac{-\,\dot{x}_0 + s_1 x_0}{s_1 - s_2} \qquad (2.72)$$

von den Anfangswerten x_0 und $\dot{x}_0$ abhängen. Man bezeichnet Bewegungen des Typs (2.71) als "aperiodisch abklingend", da sie im Verlaufe der Zeit höchstens einmal (je nach Anfangsbedingungen) die Gleichgewichtslage durchlaufen (Abb. 2.14).

b) *kritisch gedämpftes System*, d.h. $d = d_k := 2\sqrt{mc}$.

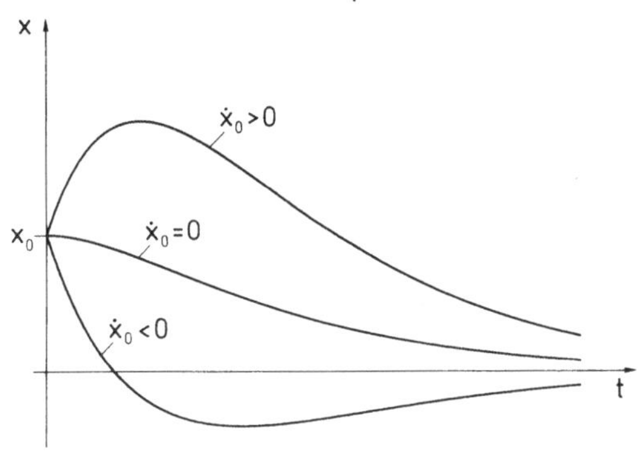

Abb. 2.14 Überkritisch gedämpfte Schwingung

Hier besitzt (2.69) die doppelte Wurzel

$$s := s_1 = s_2 = -\frac{d_k}{2m} = -\sqrt{\frac{c}{m}}\,, \tag{2.73}$$

die reell und negativ ist und dem Betrage nach gerade mit der Eigenfrequenz ω_0 des zugehörigen ungedämpften Systems übereinstimmt. Damit ist die allgemeine Lösung

$$x(t) = K_1 e^{st} + K_2 t\, e^{st}\,, \tag{2.74}$$

und die Integrationskonstanten K_1 und K_2 sind durch

$$K_1 = x_0\,, \qquad K_2 = \dot{x}_0 - s x_0 \tag{2.75}$$

gegeben. Der Verlauf der Lösungskurven unterscheidet sich qualitativ nicht von dem im überkritischen Fall, weil die Exponentialfunktion e^{st} schneller abklingt als $K_2 t$ anwächst.

c) *unterkritisch gedämpftes System*, d.h. $d < 2\sqrt{mc}$.

Hier hat die charakteristische Gleichung (2.69) zwei voneinander verschiedene Wurzeln, die zueinander konjugiert komplex sind

$$\underline{s}_{1,2} = \frac{1}{2m}\left(-d \pm j\sqrt{4mc - d^2}\right)\,. \tag{2.76}$$

Wir schreiben dies auch in der Form

$$\underline{s}_{1,2} = -\delta \pm j\omega_d \tag{2.77}$$

mit

$$\delta := -\operatorname{Re}\underline{s}_{1,2} = \frac{d}{2m}, \tag{2.78a}$$

$$\omega_d := \operatorname{Im}\underline{s}_1 = \sqrt{\frac{c}{m} - \left(\frac{d}{2m}\right)^2} = \omega_0\sqrt{1 - \left(\frac{d}{d_k}\right)^2}. \tag{2.78b}$$

Mit Hilfe dieser neu eingeführten, positiven Systemparameter δ und ω_d läßt sich die allgemeine Lösung in der Gestalt

$$x(t) = \underline{K}_1 e^{-(\delta - j\omega_d)t} + \underline{K}_2 e^{-(\delta + j\omega_d)t} \tag{2.79}$$

darstellen; dabei müssen wir komplexwertige Integrationskonstanten $\underline{K}_1$ und $\underline{K}_2$ zulassen, wenn wir erreichen wollen, daß die Lösung reellwertig ist. Wählen wir $\underline{K}_1$ und $\underline{K}_2$ konjugiert komplex

$$\underline{K}_2 = \underline{K}_1^* \tag{2.80}$$

und zerlegen die Konstanten gemäß

$$\underline{K}_1 = \frac{1}{2} K\, e^{j\gamma}, \qquad \underline{K}_2 = \frac{1}{2} K\, e^{-j\gamma}, \tag{2.81}$$

so erhalten wir die allgemeine Lösung (2.79) in der gesuchten (reellwertigen) Form

$$x(t) = \frac{1}{2} K\, e^{-\delta t}\left[e^{j(\omega_d t + \gamma)} + e^{-j(\omega_d t + \gamma)}\right]$$

$$= K\, e^{-\delta t}\cos(\omega_d t + \gamma). \tag{2.82}$$

Dabei hängen die Integrationskonstanten K und γ gemäß

$$K = \sqrt{x_0^2 + \left(\frac{\dot{x}_0 + \delta x_0}{\omega_d}\right)^2}, \tag{2.83a}$$

$$\tan\gamma = -\frac{\dot{x}_0 + \delta x_0}{\omega_d\, x_0} \tag{2.83b}$$

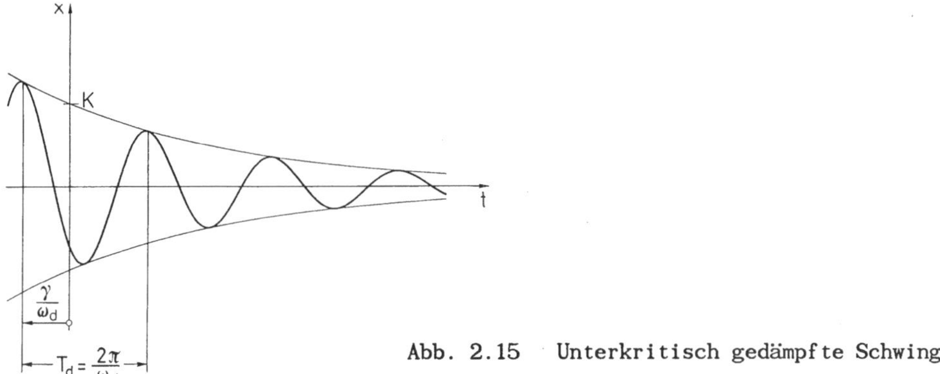

Abb. 2.15 Unterkritisch gedämpfte Schwingung

von den Anfangswerten ab. Bei einer Bewegung des Typs (2.82) spricht man von einer "gedämpften harmonischen Schwingung" (Abb. 2.15), deren "Amplitude" $Ke^{-\delta t}$ exponentiell mit der Zeit abnimmt (die beiden Funktionen $\pm$ K $e^{-\delta t}$ bilden die Einhüllende der Schwingung), die mit der "Frequenz" ω_d erfolgt und den "Nullphasenwinkel" γ besitzt. Die Begriffe Amplitude und Frequenz sind zwar in dem bisher verwendeten Sinn eigentlich nicht angebracht, immerhin ist aber die Dauer zwischen zwei aufeinanderfolgenden Nulldurchgängen konstant und damit auch die "Schwingungsdauer" T_d, die der vertrauten Beziehung

$$T_d = \frac{2\pi}{\omega_d} \tag{2.84}$$

genügt. Mit d → 0 ergibt sich $\omega_d \to \omega_0$ und $\delta \to 0$, so daß (2.82) wieder in die Lösung des ungedämpften Falls übergeht.

Wir betrachten nochmals die Schwingungsgleichung (2.68), jetzt aber in dimensionsloser Darstellung. Eine solche "normierte" Beschreibung verringert die Anzahl der Systemparameter; dies ist insbesondere bei der graphischen Darstellung von Ergebnissen günstig, bei denen der Betrachter nicht durch eine Unzahl von Kurven verwirrt werden sollte, die bei geschickter Normierung in einer einzigen zusammengefaßt werden können. Nachteile sollen nicht verschwiegen werden: So geht beispielsweise der Einfluß eines einzelnen Systemparameters oft verloren, da die dimensionslosen Größen durch Kombination mehrerer Parameter definiert werden. Auch entfällt die Möglichkeit, ein Resultat durch eine Dimensionskontrolle zu überprüfen.

Zunächst führen wir eine neue, dimensionslose "Zeit"

$$\tau := \omega_0 t \tag{2.85}$$

ein und fassen x als Funktion von τ auf. Mit

$$x' := \frac{dx}{d\tau} \tag{2.86}$$

liefert die Kettenregel

$$x' = \frac{dx}{dt}\frac{dt}{d\tau} = \frac{\dot{x}}{\omega_0}\,, \qquad x'' = \frac{\ddot{x}}{\omega_0^2}\,. \tag{2.87}$$

Damit geht (2.68) über in

$$\omega_0^2\, x'' + \frac{d}{m}\,\omega_0\, x' + \omega_0^2\, x = 0\,, \tag{2.88}$$

und mit dem dimensionslosen *Dämpfungsgrad*

$$D := \frac{d}{2\sqrt{cm}} = \frac{d}{d_k} \tag{2.89}$$

(früher LEHRsches Dämpfungsmaß[21]) in

$$x'' + 2Dx' + x = 0\,. \tag{2.90}$$

Diese Gleichung enthält nur noch den einen Systemparameter D, im Gegensatz zu (2.68), die drei Parameter enthält.

Der Exponentialansatz $x(\tau) = K\, e^{\underline{æ}\tau}$ führt mit der dimensionslosen Bewegungsgleichung[22] jetzt auf die charakteristische Gleichung

$$\underline{æ}^2 + 2D\underline{æ} + 1 = 0\,. \tag{2.91}$$

---

[21] Nach dem Ingenieur Ernst LEHR. * 1896 in Groß-Eichen (Hessen), + 1944 in Berlin.

[22] Um zu einer rein dimensionslosen Beschreibung zu gelangen, müßte man die Verschiebung x noch auf eine charakteristische Länge des Systems beziehen; dies bringt jedoch hier keine weiteren Vorteile.

Mit der vorher vorgenommenen Fallunterscheidung ergibt sich hier:

a) $\varkappa_{1,2} = - D \pm \sqrt{D^2 - 1}\ ,\qquad (1 < D < \infty)$ (2.92)

b) $\varkappa_1 = \varkappa_2 = -1\ ,\qquad (D = 1)$ (2.93)

c) $\underline{\varkappa}_{1,2} = - D \pm j\sqrt{1 - D^2}\ ,\qquad (0 \leq D < 1)\ ;$ (2.94)

dabei hängen die ursprünglichen Eigenwerte $\underline{s}_1$ und $\underline{s}_2$ mit den neuen über

$$\underline{s}_{1,2} = \omega_0\, \underline{\varkappa}_{1,2} \tag{2.95}$$

zusammen. Die dimensionslosen Eigenwerte sind damit ebenfalls Funktionen von D allein und liefern in der komplexen Zahlenebene die *Wurzelortskurven* der Abb. 2.16. Man erkennt dort für den Grenzfall D = 0, der ja die ungedämpften Schwingungen charakterisiert, daß beide Eigenwerte rein imaginär sind. Erhöht man D, so wandern sie auf Kreisbögen in die linke Halbebene, bis sie bei dem ausgezeichneten Parameterwert D = 1 im Punkt (-1,0) zusammentreffen. Zu den Kreisbögen gehören also die Bewegungen vom unterkritsch gedämpften Typ, der Punkt (-1,0) dagegen beschreibt gerade die kritisch gedämpfte Schwingung. Läßt man D weiter anwachsen, so verzweigen sich die Eigenwerte wieder, bleiben jedoch auf der reellen Achse; der eine läuft mit $D \to \infty$ nach rechts auf den Koordinatenursprung zu, der andere strebt nach links ins Unendliche. Eigenwerte auf der reellen Achse (und zwar in der linken Halbebene) kennzeichnen damit den überkritisch gedämpften Fall, und das Punktepaar $(\infty,0)$,(0,0) beschreibt den Grenzfall, in dem - wegen der "unendlich großen" Dämpfung - überhaupt keine Bewegung mehr möglich ist.

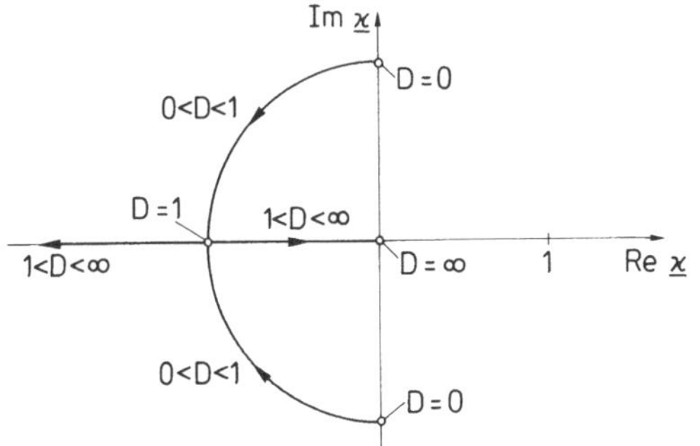

Abb. 2.16 Wurzelortskurven des Feder-Masse-Dämpfer-Systems

In den meisten Anwendungen im Maschinenbau und Bauingenieurwesen sind die Systeme unterkritisch gedämpft ($D < 1$), so daß die Lösung vom Typ

$$x(t) = K\, e^{-\delta t} \cos(\omega_d t + \gamma) \tag{2.96}$$

ist und die *Abklingkonstante* δ und die *Kreisfrequenz* ω_d (der gedämpften harmonischen Schwingung) enthält. Anstelle der Kenngrößen ω_d und δ benutzt man häufig die beiden Parameter ω_0 und D, die (2.96) in der Form

$$x(t) = K\, e^{-D\omega_0 t} \cos(\sqrt{1 - D^2}\, \omega_0 t + \gamma) \tag{2.97}$$

wiedergeben; zwischen den zwei Parameterpaaren bestehen die Beziehungen

$$\delta = \omega_0 D\,, \tag{2.98}$$

$$\omega_d = \omega_0 \sqrt{1 - D^2} \tag{2.99}$$

und

$$D = \frac{\delta}{\sqrt{\omega_d^2 + \delta^2}}\,, \tag{2.100}$$

$$\omega_0 = \sqrt{\omega_d^2 + \delta^2}\,. \tag{2.101}$$

Daraus lesen wir insbesondere sofort ab, daß die Dämpfung zu einer Verkleinerung der Frequenz bzw. zu einer Vergrößerung der Schwingungsdauer führt. Für stark unterkritische Dämpfung ($D \ll 1$), wie sie in den Anwendungen häufig vorliegt, gilt $\omega_d \approx \omega_0$.

Zur Kennzeichnung des Abklingverhaltens verwendet man neben der Abklingkonstanten δ auch ihren Kehrwert, die *Abklingzeit*

$$T_z := \frac{1}{\delta} \tag{2.102}$$

bzw. ihre dimensionlose Form

$$\tau_z := \omega_0 T_z = \frac{1}{D}\,. \tag{2.103}$$

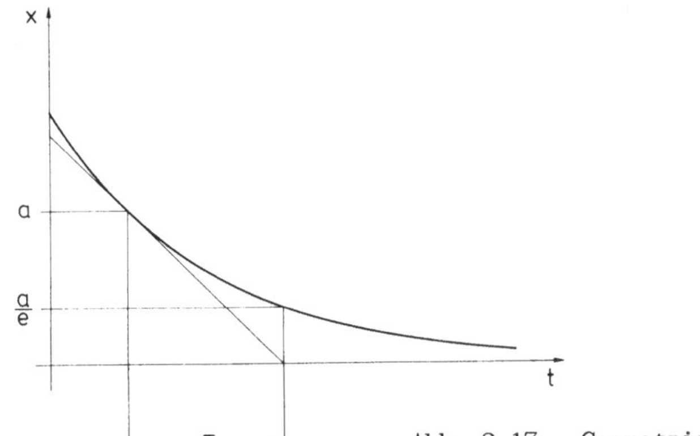

Abb. 2.17 Geometrische Bedeutung der Abklingzeit

Die geometrische Bedeutung von T_z folgt aus Abb. 2.17: Legt man - zu einem beliebigen Zeitpunkt - an die Hüllkurve $Ke^{-\delta t}$ eine Tangente, so schneidet diese die Zeitachse zu einem zweiten Zeitpunkt, der gerade den Abstand T_z vom ersten besitzt. Die Amplitude nimmt in einem beliebigen Zeitintervall der Länge T_z um den Faktor $1 - e^{-1} \approx 63\%$ ab, d.h. der Funktionswert der Hüllkurve $K\,e^{-\delta t}$ fällt in dieser Zeitspanne von a auf a/e ab.

Bei realen Systemen ist die Dämpfungskonstante d - bzw. der Dämpfungsgrad D - a priori oft nicht bekannt und wird aus den gemessenen Schwingungen bestimmt. Man könnte versucht sein, den zeitlichen Abstand $T_d/2$ zweier aufeinanderfolgender Nulldurchgänge zu messen und dann den Dämpfungsgrad D über die Beziehung

$$D = \sqrt{1 - \left(\frac{2\pi}{T_d \omega_0}\right)^2} \qquad (2.104)$$

zu berechnen, die sich aus (2.99b) und (2.84) ergibt. Dies ist aber ungenau und unzweckmäßig, da bei geringer Dämpfung unter der Wurzel die Differenz zweier fast gleich großer Zahlen steht. Abgesehen davon sind die Zeitpunkte der Nulldurchgänge schwer genau zu messen; schließlich müßte zusätzlich die Eigenfrequenz ω_0 des ungedämpften Systems ermittelt werden, beispielsweise durch Messung der Masse m und - etwa durch einen statischen Versuch - der Federsteifigkeit c.

Der Parameter T_d gibt aber nicht nur die Schwingungsdauer wieder, sondern beschreibt auch die zeitlichen Abstände zweier aufeinanderfolgender Maxima bzw Minima[23]. Um dies einzusehen, setzen wir $\dot{x}$ gleich Null:

$$- Ke^{-\delta t}[\delta \cos(\omega_d t + \gamma) + \omega_d \sin(\omega_d t + \gamma)] = 0 . \tag{2.105}$$

Diejenigen Zeitpunkte, in denen Extremwerte vorliegen, genügen demnach der Gleichung

$$\tan(\omega_d t + \gamma) = - \frac{\delta}{\omega_d} = - \frac{D}{\sqrt{1 - D^2}} , \tag{2.106}$$

deren Lösungen aber gerade wieder im Abstand $T_d/2$ voneinander auftreten. Da sich Maxima und Minima abwechseln, ist insbesondere der Abstand zweier benachbarter Maxima ebenfalls durch die Schwingungsdauer T_d gegeben. Bezeichnen wir zwei solche aufeinanderfolgende Maxima mit x_k und x_{k+1}, so gilt

$$\frac{x_k}{x_{k+1}} = \frac{1}{e^{-\delta T_d}} = e^{\delta T_d} , \tag{2.107}$$

und

$$\ln(\frac{x_k}{x_{k+1}}) = \delta T_d = 2\pi \frac{D}{\sqrt{1 - D^2}} . \tag{2.108}$$

Die rechte Seite nennt man das *logarithmische Dekrement*

$$\Lambda := 2\pi \frac{D}{\sqrt{1 - D^2}} \tag{2.109}$$

und diese Kenngröße läßt sich bei der experimentellen Bestimmung der Dämpfung in einfacher Weise geometrisch veranschaulichen: Mißt man nämlich die Werte aufeinanderfolgender Maxima $x_1, x_2, \ldots, x_n$ (eine Messung von Zeitpunkten ist also nicht notwendig), und trägt diese in einem Diagramm mit linear-logarithmischem Maßstab auf, so ergibt sich (theorethisch) eine Gerade (Abb. 2.19), deren Steigung proportional zu Λ ist. Dies folgt unmittelbar aus

---

[23] Übrigens charakterisiert die Kenngröße T_d ebenfalls die Länge der Zeitintervalle, die zwischen zwei aufeinanderfolgenden Berührpunkten mit der Einhüllenden liegen (Abb. 2.18); diese sind jedoch nicht mit den Extremwerten identisch!

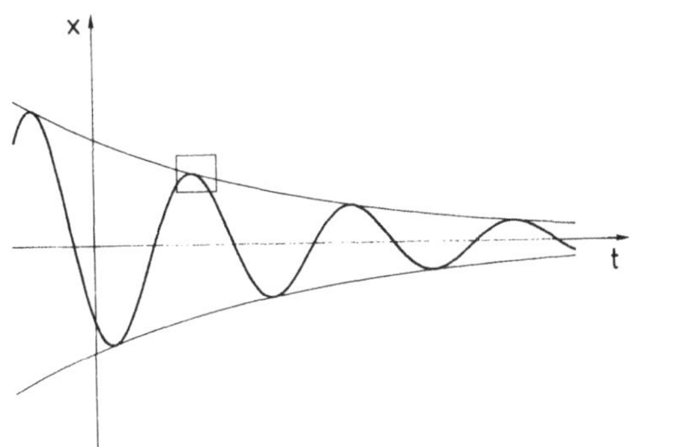

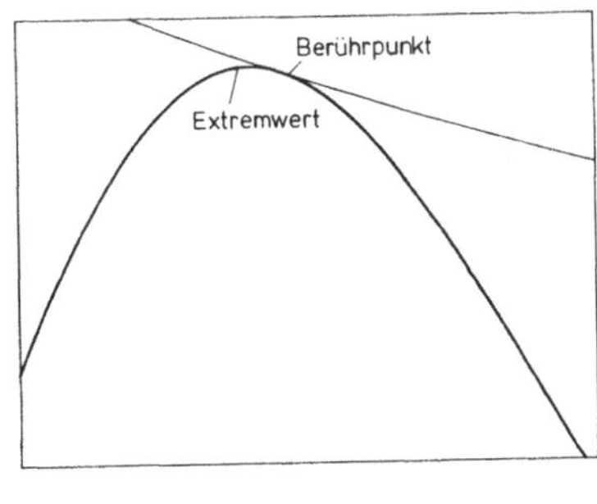

Abb. 2.18 Zur Lage von Extremwert und Berührpunkt bei der gedämpften harmonischen Schwingung

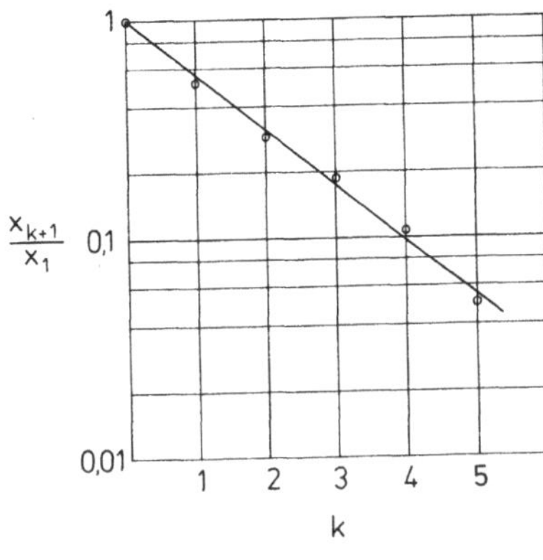

Abb. 2.19 Zur graphischen Bestimmung des logarithmischen Dekrements

$$x_{k+1} = x_1 e^{-k\delta T_d} \quad , \qquad k = 0,1,\dots,n-1, \tag{2.110}$$

was wir auch als

$$\ln \frac{x_{k+1}}{x_1} = -\, k\delta T_d = -\, k\Lambda \; , \qquad k = 0,1,\dots,n-1 \tag{2.111}$$

schreiben können. Demnach ist die Beziehung zwischen $\ln(x_{k+1}/x_1)$ bzw. $\log(x_{k+1}/x_1)$ und k linear. Hat man das logarithmische Dekrement Λ ermittelt, folgt der Dämpfungsgrad aus

$$D = \frac{\Lambda}{\sqrt{4\pi^2 + \Lambda^2}} \quad . \tag{2.112}$$

Führt man eine solche Messung mit Sorgfalt durch und ergeben sich für die Meßpunkte trotzdem erhebliche Abweichungen von der Geraden, so ist dies ein Hinweis dafür, daß das zugrunde gelegte geschwindigkeitsproportionale Dämpfungsgesetz das Verhalten des realen Systems nicht gut wiedergibt.

Zum Abschluß beschäftigen wir uns noch mit dem Energiehaushalt des Feder-Masse-Dämpfer-Systems. Aus (2.68) folgt

$$m\dot{x}\ddot{x} + cx\dot{x} = -d\dot{x}^2 \; ; \tag{2.113}$$

auf der linken Seite steht gerade wieder die Zeitableitung der gesamten mechanischen Energie T + U, auf der rechten Seite die Leistung der Dämpferkraft $f_d = -d\dot{x}$:

$$P_d = -d\dot{x}^2 \; . \tag{2.114}$$

Wir schreiben (2.113) daher auch als

$$\frac{d}{dt}(T + U) = P_d \; . \tag{2.115}$$

Die Zeitableitung der gesamten mechanischen Energie ist also gegeben durch die Leistung der Dämpfungskraft! Da diese Leistung negativ ist (mit Ausnahme derjenigen Zeitpunkte, in denen die Geschwindigkeit verschwindet), nimmt die Gesamtenergie des Systems monoton mit der Zeit ab. Übrigens haben wir zur Formulierung dieses Ergebnisses die Lösung der Bewegungsgleichung nicht verwendet.

Selbstverständlich können wir die Gesamtenergie auch als Funktion der Zeit berechnen, da wir die allgemeine Lösung kennen. Wir beschränken uns dabei auf unterkritische Dämpfung und spezielle Anfangswerte der Form $x_0 > 0$ und $\dot{x}_0 = -\delta x_0$. In diesem Fall ist die Verschiebung

$$x(t) = x_0 e^{-D\omega_0 t} \cos(\omega_0 t\sqrt{1 - D^2}) \quad , \tag{2.116}$$

und die Geschwindigkeit

$$\dot{x}(t) = x_0 e^{-D\omega_0 t}\Big[-\omega_0 D \cos(\omega_0 t\sqrt{1 - D^2}) -$$

$$- \omega_0\sqrt{1 - D^2}\ \sin(\omega_0 t\sqrt{1 - D^2})\Big] , \tag{2.117}$$

oder

$$\dot{x}(t) = x_0 e^{-D\omega_0 t}\omega_0 \cos(\omega_0 t\sqrt{1 - D^2} + \psi) . \tag{2.118}$$

Dabei genügt der Phasenverschiebungswinkel ψ von $x(t)$ gegenüber $\dot{x}(t)$ der Beziehung

$$\tan \psi = - \frac{\sqrt{1 - D^2}}{D} , \tag{2.119}$$

hängt also allein von D und nicht von ω_0 ab. Der Winkel ψ liegt übrigens stets im Intervall $(\pi/2,\pi)$, wächst dort monoton mit D und strebt für $D \rightarrow 0$ gegen $\pi/2$. Für $D \rightarrow 1$ gilt $\psi \rightarrow \pi$ (Gegenphase).

Die potentielle Energie ergibt sich damit zu

$$U = \frac{1}{2} c x_0^2\ e^{-2D\omega_0 t}\ \cos^2(\omega_0 t\sqrt{1 - D^2})$$

$$= \frac{1}{4} c x_0^2\ e^{-2D\omega_0 t}[1 + \cos 2\omega_0 t\sqrt{1 - D^2}\ ] \tag{2.120}$$

und die kinetische zu

$$T = \frac{1}{2} m\omega_0^2\ x_0^2\ e^{-2D\omega_0 t}\ \cos^2(\omega_0 t\sqrt{1 - D^2} + \Psi)$$

$$= \frac{1}{4} c x_0^2\ e^{-2D\omega_0 t}[1 + \cos 2(\omega_0 t\sqrt{1 - D^2} + \psi - \pi)] . \tag{2.121}$$

Beide Energieanteile schwingen mit der doppelten Frequenz der Verschiebung (Abb. 2.20) wie beim ungedämpften System (vgl. Abb. 2.10), bei von Null verschiedener Dämpfung erfolgen die Schwingungen jedoch um den "exponentiell mit der Zeit abklingenden Mittelwert" $\frac{1}{4} c x_0^2 \exp(-2D\omega_0 t)$. Außerdem ist die Abklingkonstante der Energieen gerade doppelt so groß wie die von $x(t)$. Der Phasenverschiebungswinkel $\psi' = 2\Psi - 2\pi$ der kinetischen gegenüber der potentiellen Energie liegt stets im Intervall $(-\pi,0)$ und hängt nur von D ab

$$\tan \psi' = - \frac{2D\sqrt{1 - D^2}}{2D^2 - 1} . \tag{2.122}$$

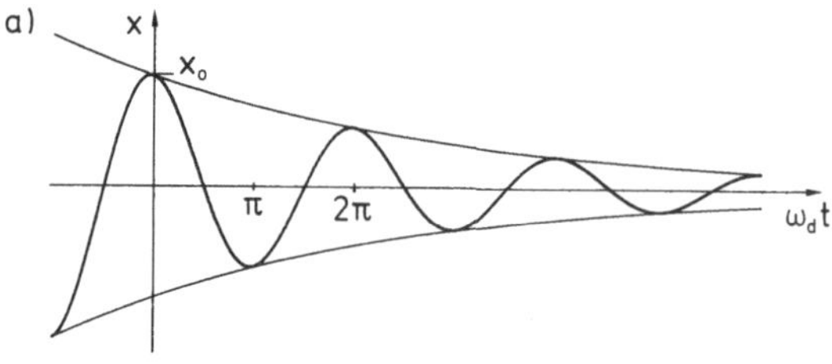

a) Verschiebung x(t)

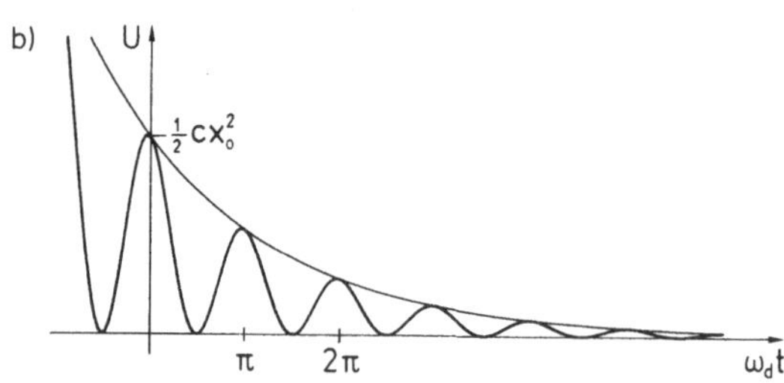

b) potentielle Energie U(t)

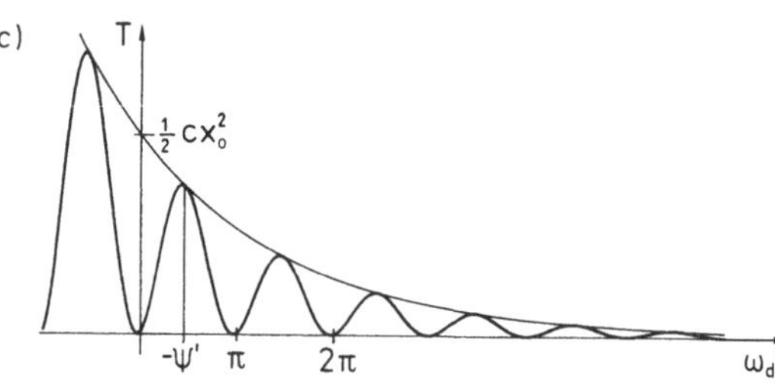

c) kinetische Energie T(t)

Abb. 2.20 Verschiebung und Energieanteile einer unterkritisch gedämpften Systems

Die Summe von kinetischer und potentieller Energie liefert die Gesamtenergie

$$E = \frac{1}{2}\, cx_0^2\, e^{-2D\omega_0 t}\, [1 + D\cos(2\sqrt{1 - D^2}\,\omega_0 t + \psi'')] , \tag{2.123}$$

die in Abb. 2.21 dargestellt ist, mit

$$\tan\psi'' = -\frac{\sqrt{1 - D^2}}{D} . \tag{2.124}$$

Obwohl gemäß (2.119) und (2.124) $\tan\psi = \tan\psi''$ ist, sind die Winkel ψ und ψ'' nicht identisch; ein Blick auf die ausführlichen Gleichungen

$$\sin\psi = \sqrt{1 - D^2} , \qquad \cos\psi = -D \tag{2.125}$$

und

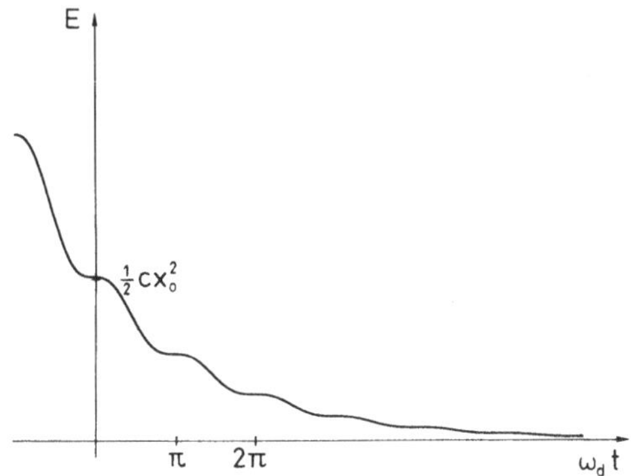

Abb. 2.21 Gesamtenergie eines unterkritisch gedämpften Systems

$$\sin \psi'' = -\sqrt{1 - D^2}\,, \qquad \cos \psi'' = D \tag{2.126}$$

zeigt, daß sie sich gerade um den Betrag π unterscheiden. (Die Gesamtenergie E und die Geschwindigkeit $\dot{x}$ schwingen aber nicht in Gegenphase, da ihre Frequenzen verschieden sind!)

Die Leistung P_d der Dämpferkraft ist proportional zu $\dot{x}^2$; man erhält P_d daher aus (2.121) durch Multiplikation mit $-2d/m$.

2.5 Erzwungene Schwingungen bei harmonischer Erregung

2.5.1 Harmonische Kraftanregung

Wirkt auf das Feder-Masse-System der Abb. 2.22 die harmonische Erregerkraft

$$f(t) = \hat{f} \cos \Omega t \tag{2.127}$$

mit der Amplitude $\hat{f}$ und der Kreisfrequenz Ω, so ist die zugehörige Bewegungsgleichung

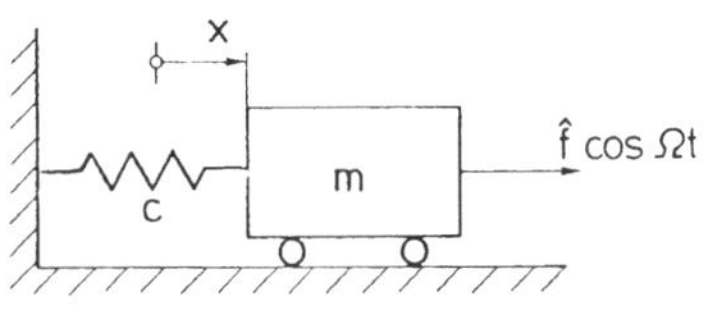

Abb. 2.22 Feder-Masse-System bei harmonischer Kraftanregung

$$m\ddot{x} + cx = \hat{f} \cos \Omega t \tag{2.128}$$

linear und inhomogen. Dabei kennzeichnet die Koordinate x die Verschiebung des Körpers aus der Lage, in der die Feder ihre natürliche Länge annimmt. Wir können uns (2.128) auch durch Linearisierung einer nichtlinearen Bewegungsgleichung entstanden denken. Offenbar besitzt (2.128) keine konstanten Lösungen für $\Omega \neq 0$; lediglich im Grenzfall $\Omega = 0$ tritt die Gleichgewichtslage

$$x_s = \frac{\hat{f}}{c} \tag{2.129}$$

auf, die wir als *statische Verschiebung* bezeichnen.

Die allgemeine Lösung x(t) von (2.128) setzt sich aus der allgemeinen Lösung $x_H(t)$ der homogenen Gleichung sowie einer partikulären Lösung $x_P(t)$ der inhomogenen Gleichung zusammen:

$$x(t) = x_H(t) + x_P(t) \ . \tag{2.130}$$

Davon hatten wir den Lösungsanteil

$$x_H(t) = \hat{x} \cos(\omega_0 t + \alpha) = C \cos \omega_0 t + S \sin \omega_0 t \tag{2.131}$$

bereits in 2.3 bestimmt. Eine partikuläre Lösung $x_P(t)$ können wir hier mit einem "Ansatz vom Typ der rechten Seite"

$$x_P(t) = C_p \cos \Omega t \tag{2.132}$$

ermitteln. Dieser Ansatz stellt eine harmonische Schwingung dar, deren Frequenz mit der Erregerfrequenz übereinstimmt und deren FOURIERkoeffizient C_p bzw. deren Amplitude $\hat{x}_P = |C_P|$ noch unbekannt ist. Außerdem schwingt $x_P(t)$ in Phase oder in Gegenphase zu f(t), je nach dem Vorzeichen von C_P. Setzen wir (2.132) in (2.128) ein, so ergibt sich zunächst

$$(-m\Omega^2 + c)\, C_P = \hat{f} \tag{2.133}$$

oder auch

$$C_P = \frac{1}{1 - (\frac{\Omega}{\omega_0})^2} \frac{\hat{f}}{c} \qquad \text{für } \Omega \neq \omega_0 \ . \tag{2.134}$$

Mit der dimensionslosen "Erregerfrequenz"

$$\eta := \frac{\Omega}{\omega_0} \tag{2.135}$$

und der Abkürzung x_s können wir (2.134) auch als

$$C_P = \frac{1}{1-\eta^2}\, x_s \qquad \text{für } \eta \neq 1 \tag{2.136}$$

schreiben. Damit ist die allgemeine Lösung von (2.128)

$$x(t) = C \cos \omega_0 t + S \sin \omega_0 t + \frac{1}{1-\eta^2}\, x_s \cos \Omega t \ ; \tag{2.137}$$

die Anfangsbedingungen $x(0) = x_0$ und $\dot{x}(0) = \dot{x}_0$ lassen sich ohne Schwierigkeiten einarbeiten, und es folgt

$$x(t) = (x_0 - \frac{1}{1-\eta^2}\, x_s)\cos \omega_0 t + \frac{\dot{x}_0}{\omega_0} \sin \omega_0 t +$$

$$+ \frac{1}{1-\eta^2}\, x_s \cos \Omega t \ . \tag{2.138}$$

Jede Lösung läßt sich also darstellen als Überlagerung zweier harmonischer Schwingungen, von denen die eine mit der Eigenfrequenz ω_0, die andere mit der Erregerfrequenz Ω abläuft, i.a. sind die Lösungen also nicht periodisch.

Mit dem Lösungsansatz (2.132) haben wir eine besondere partikuläre Lösung – nämlich eine in Form einer harmonischen Schwingung – ermittelt. Eine andere partikuläre Lösung ist z.B.

$$x_P' := \frac{1}{1-\eta^2}\, x_s(\cos \Omega t - \cos \omega_0 t) \ , \tag{2.139}$$

und auch sie besitzt eine bemerkenswerte Eigenschaft: Sie erfüllt die homogenen Anfangsbedingungen

$$x_P'(0) = 0 \ , \quad \dot{x}_P'(0) = 0 \ . \tag{2.140}$$

Dies hat zur Folge, daß man in der allgemeinen Lösung der Form

$$x(t) = C \cos \omega_0 t + S \sin \omega_0 t + x_P'(t) \tag{2.141}$$

lediglich die Lösung der homogenen Gleichung den Anfangsbedingungen anpassen muß!

Bei mechanischen Schwingungen interessiert oft nur die harmonische partikuläre Lösung $x_p(t)$, da die freien Schwingungen wegen der stets vorhandenen Dämpfung mit der Zeit abklingen. (Die Dämpfung haben wir zwar hier noch vernachlässigt, wir werden sie jedoch bald in unsere Überlegungen miteinbeziehen). Die Lösung $x_p(t)$, die man auch als *stationäre* oder *eingeschwungene Bewegung* bezeichnet, besitzt die Amplitude $\hat{x}_p$, die man mit dem *Vergrößerungsfaktor* V bzw der *Vergrößerungsfunktion*

$$V(\eta) := \frac{1}{|1 - \eta^2|} \tag{2.142}$$

als

$$\hat{x}_p = V\, x_s \tag{2.143}$$

schreiben kann[24]. Diese Bezeichnungsweise leuchtet unmittelbar ein, wenn man bedenkt, daß (2.143) ausdrückt, um welchen Faktor sich die Amplitude $\hat{x}_p$ – im Vergleich zur statischen Verschiebung x_s – vergrößert (oder verkleinert).

Die Vergrößerungsfunktion $V(\eta)$ besitzt gemäß Abb. 2.23 für $\eta = 1$ eine Unendlichkeitsstelle, die den *Resonanzfall* $\Omega = \omega_0$ kennzeichnet, den wir bei der Berechnung der allgemeinen Lösung bisher ausgeschlossen haben. Der Resonanzfall trennt auch den Bereich, in dem Verschiebung und Kraft in Phase schwingen ($\eta < 1$, "unterkritische Anregung") von dem Bereich, in dem beide

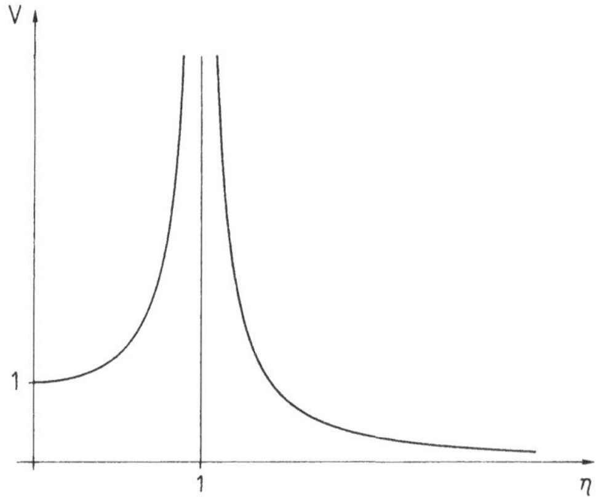

Abb. 2.23 Vergrößerungsfunktion $V(\eta) = \frac{1}{|1-\eta^2|}$

[24] Entsprechend (2.129) ist die statische Verschiebung x_s niemals negativ.

Größen in Gegenphase sind ($\eta > 1$, "überkritische Anregung"). Weiter besitzt die Vergrößerungsfunktion im Grenzfall $\Omega = 0$ den Wert Eins und geht für $\Omega \to \infty$ gegen Null. In der Nähe der Resonanzstelle $\eta = 1$ nehmen die Amplituden im Vergleich zur statischen Verschiebung große Werte an; bei dynamischer Beanspruchung können daher weitaus größere elastische Verformungen und damit auch größere Kräfte oder Spannungen auftreten als bei entsprechender statischer Belastung.

Im Resonanzfall $\Omega = \omega_0$ führt der Ansatz

$$x_P(t) = a\omega_0 t \sin \omega_0 t \tag{2.144}$$

zum Ziel, und es ist

$$a = \frac{x_s}{2} . \tag{2.145}$$

Die allgemeine Lösung von (2.128) können wir daher für $\Omega = \omega_0$ in der Form

$$x(t) = C \cos \omega_0 t + S \sin \omega_0 t + \frac{1}{2} x_s \omega_0 t \sin \omega_0 t \tag{2.146}$$

schreiben; mit den Anfangsbedingungen ergibt sich auch

$$x(t) = x_0 \cos \omega_0 t + \frac{\dot{x}_0}{\omega_0} \sin \omega_0 t + \frac{1}{2} x_s \omega_0 t \sin \omega_0 t . \tag{2.147}$$

Es existiert also im Resonanzfall keine stationäre Bewegung, vielmehr wächst $x_P(t)$ im Verlaufe der Zeit auch für beliebig kleine Kraftamplituden $\hat{f}$ über alle Grenzen (Abb. 2.24). Erregerfrequenzen in der Nähe der Eigenfrequenz sind

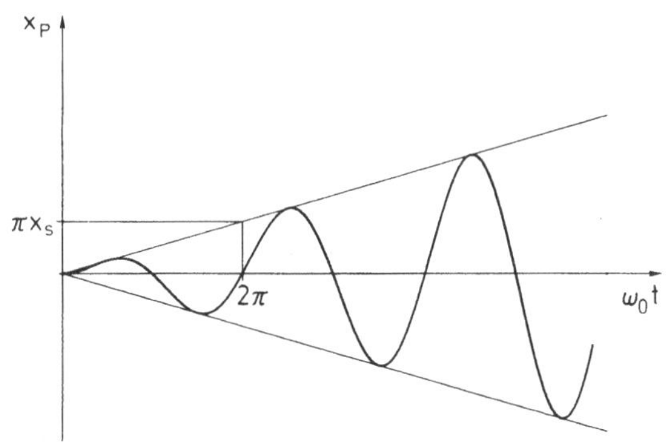

Abb. 2.24 Partikuläre Lösung des ungedämpften Systems im Resonanzfall

daher in der Praxis äußerst gefährlich und können zur Zerstörung von Maschinen und Bauwerken führen. Der Gültigkeitsbereich der linearisierten Bewegungsgleichungen wird allerdings im allgemeinen schon viel früher überschritten.

Diese Ergebnisse können wir ohne weiteres auf den Fall

$$f(t) = \bar{f} + \hat{f}\cos(\Omega t + \alpha) \tag{2.148}$$

mit $\bar{f} \neq 0$ und $\alpha \neq 0$ ausdehnen, wobei sich

$$x_p(t) = \frac{\bar{f}}{c} + \frac{1}{1-\eta^2} x_s \cos(\Omega t + \alpha) \qquad \text{für } \eta \neq 1 \tag{2.149}$$

ergibt.

Wir untersuchen nun den Einfluß der Dämpfung und betrachten dazu das lineare gedämpfte System der Abb. 2.25 mit der Bewegungsgleichung

$$m\ddot{x} + d\dot{x} + cx = \hat{f}\cos\Omega t\ . \tag{2.150}$$

Abb. 2.25 Feder-Masse-Dämpfer-System bei harmonischer Kraftanregung

Auch hier setzt sich die allgemeine Lösung zusammen aus der allgemeinen Lösung $x_H(t)$ der homogenen Gleichung, die wir bereits in 2.4 ausführlich diskutiert hatten, und einer partikulären Lösung $x_P(t)$ der inhomogenen Gleichung. Diese spezielle Lösung $x_P(t)$ läßt sich aber nicht mehr mit einem Ansatz der Form (2.132) ermitteln, weil der Dämpfungsterm beim Einsetzen in die Differentialgleichung (2.150) eine Sinusfunktion produziert. Wir erweitern daher den Ansatz gemäß

$$x_P(t) = C_P\cos\Omega t + S_P\sin\Omega t\ . \tag{2.151}$$

Zur Ermittlung von C_P und S_P schreiben wir zunächst (2.150) in der dimensionslosen Form

$$x'' + 2Dx' + x = x_s\cos\eta\tau \tag{2.152}$$

mit den schon früher eingeführten Größen τ,η und D. Der Lösungsansatz nimmt jetzt die Form

$$x_p(\tau) = C_p\cos\eta\tau + S_p\sin\eta\tau \tag{2.153}$$

an und führt auf

$$[(1-\eta^2)C_p + 2D\eta S_p - x_s]\cos\eta\tau +$$

$$+ [(1-\eta^2)S_p - 2D\eta C_p]\sin\eta\tau = 0\ . \tag{2.154}$$

Diese Gleichung kann für alle "Zeitpunkte" τ nur dann erfüllt sein, wenn die beiden Ausdrücke in den eckigen Klammern verschwinden. Dies führt auf das lineare, inhomogene Gleichungssystem

$$(1-\eta^2)C_p + 2D\eta S_p = x_s \tag{2.155a}$$

$$-2D\eta C_p + (1-\eta^2)S_p = 0 \tag{2.155b}$$

in C_p und S_p mit der Lösung

$$C_p = \frac{1-\eta^2}{(1-\eta^2)^2 + (2D\eta)^2}\,x_s\ , \tag{2.156a}$$

$$S_p = \frac{2D\eta}{(1-\eta^2)^2 + (2D\eta)^2}\,x_s\ . \tag{2.156b}$$

Damit ist eine harmonische partikuläre Lösung von (2.150) gefunden, die wir wieder als stationäre oder eingeschwungene Bewegung bezeichnen. In Standard-Form schreiben wir sie als

$$x_p(\tau) = \hat{x}_p\cos(\eta\tau + \psi) \tag{2.157}$$

mit der Amplitude

$$\hat{x}_p = \frac{1}{\sqrt{(1-\eta^2)^2 + (2D\eta)^2}}\,x_s\ , \tag{2.158}$$

und dem Phasenverschiebungswinkel ψ der stationären Bewegung gegenüber der Erregerkraft, der der Beziehung

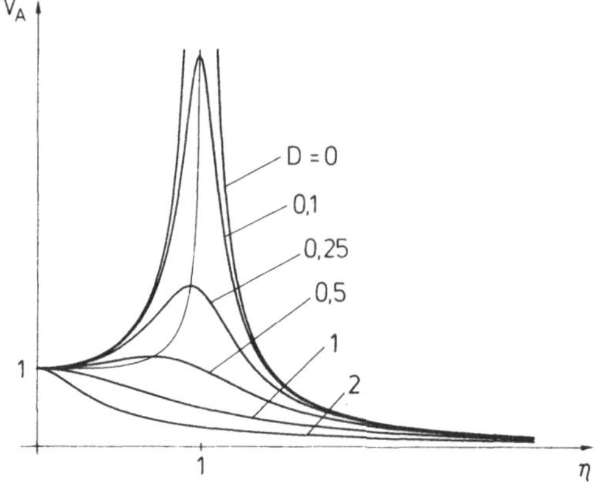

Abb. 2.26 Die Vergrößerungsfunktion $V_A(\eta)$ gemäß (2.160)

$$\tan\psi = -\frac{2D\eta}{1-\eta^2} \tag{2.159}$$

genügt.

Wie im ungedämpften Fall führen wir eine Vergrößerungsfunktion ein, die wir hier mit V_A bezeichnen (Abb. 2.26):

$$V_A(\eta) := \frac{1}{\sqrt{(1-\eta^2)^2 + (2D\eta)^2}} ; \tag{2.160}$$

damit können wir die Amplitude $\hat{x}_P$ der stationären Bewegung durch

$$\hat{x}_P = V_A x_s \tag{2.161}$$

beschreiben. Die Vergrößerungsfunktion V_A reduziert sich für $D = 0$ auf die Vergrößerungsfunktion V des ungedämpften Systems. Für $D > 0$ bleiben die Amplituden jetzt auch im Resonanzbereich endlich, und man könnte vermuten, daß die Maxima der Amplituden gerade dann auftreten, wenn Ω mit ω_d übereinstimmt ($\eta = \sqrt{1-D^2}$); dies ist jedoch nicht der Fall. Vielmehr ergeben sich die Maxima an der Stelle

$$\eta_{A\,max} = \sqrt{1-2D^2} , \tag{2.162}$$

und der zugehörige Wert von $V_A(\eta)$ ist durch

$$V_{A\,max} := V_A(\eta_{A\,max}) = \frac{1}{2D\sqrt{1-D^2}} \tag{2.163}$$

gegeben. Eliminiert man D aus (2.162), (2,163), so ergibt sich

$$V_{A\ max} = \frac{1}{\sqrt{1 - \eta_{A\ max}^4}} ; \qquad (2.164)$$

der geometrische Ort der maximalen Amplituden ist in Abb. 2.26 als dünne Linie eingetragen. Man erkennt, daß diejenigen "Erregerfrequenzen" η, die zu einem Maximum der Vergrößerungsfunktion führen, mit wachsendem Dämpfungsgrad D stets nach links verschoben werden. Maxima existieren jedoch nur dann, wenn der Radikand in (2.162) nicht negativ ist, also nur für $D < 1/\sqrt{2} \approx 0,7$; für größere Dämpfungsgrade dagegen verläuft die Vergrößerungsfunktion streng monoton fallend.

Auch der Phasenverschiebungswinkel ψ der stationären Bewegung gegenüber der Erregerkraft hängt gemäß (2.159) von D und η ab. Schreiben wir diese Gleichung nochmals in ausführlicher Form

$$\cos\psi = \frac{1 - \eta^2}{\sqrt{(1 - \eta^2)^2 + (2D\eta)^2}} , \qquad (2.165a)$$

$$\sin\psi = - \frac{2D\eta}{\sqrt{(1 - \eta^2)^2 + (2D\eta)^2}} , \qquad (2.165b)$$

so erkennen wir, daß ψ stets im Intervall $(-\pi, 0]$ liegt und dieses von rechts nach links durchläuft, wenn η von 0 nach Unendlich strebt. Insbesondere gilt $\psi = -\pi/2$ für $\eta = 1$, unabhängig von D. Die *Phasenfunktion* $\psi(\eta)$ ist in Abb. 2.27 dargestellt. Dort erkennen wir auch den *Phasensprung* des ungedämpften Systems (D = 0) an der Resonanzstelle wieder; für stark unterkritische Däm-

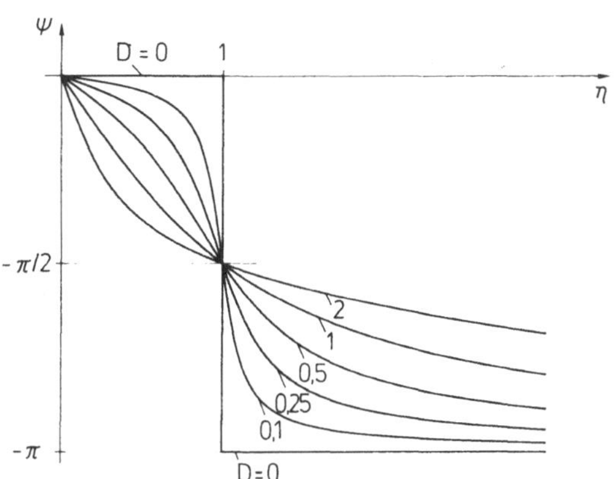

Abb. 2.27 Die Phasenfunktion $\psi(\eta)$ gemäß (2.165)

pfung ($D \ll 1$) ändert sich der Phasenverschiebungswinkel ψ lediglich im Resonanzbereich ($\eta \approx 1$) stark. Diese Eigenschaft kann man sich bei der experimentellen Ermittlung von Eigenfrequenzen zunutze machen: Das "Umschlagen" des Phasenverschiebungswinkels ψ beim "Durchfahren" der Resonanzstelle läßt sich oft schon mit bloßem Auge gut beobachten.

Wir hatten bereits in 2.4 erwähnt, daß bei realen Systemen die Dämpfungskennwerte meist nicht bekannt sind und aus Messungen z.B. mittels des logarithmischen Dekrements ermittelt werden können. Dazu lassen sich auch gemessene Vergrößerungs- und Phasenfunktionen heranziehen: Beispielsweise kann man (2.163) nach D auflösen

$$D = \sqrt{\frac{1}{2}\left(1 - \sqrt{1 - \frac{1}{V_{A\,max}^2}}\right)} . \tag{2.166}$$

Die Berechnung von D aus dieser Gleichung ist aber bei schwacher Dämpfung ($D \ll 1$) ungenau, da der Radikand eine Differenz zweier fast gleicher Zahlen darstellt. Diese numerische Schwierigkeit läßt sich vermeiden, wenn man zusätzlich die Phasenfunktion mißt. Dann hat man nämlich Kenntnis über die Lage der Stelle $\eta = 1$ im Diagramm, und wegen der Beziehung

$$V_A(1) = \frac{1}{2D} \tag{2.167}$$

läßt sich der Dämpfungsgrad durch Ablesen des Werts $V_A(1)$ ermitteln:

$$D = \frac{1}{2\,V_A(1)} . \tag{2.168}$$

In der Literatur findet man häufig die Vergrößerungsfunktion in doppelt-logarithmischem Maßstab aufgetragen (Abb. 2.28). Eine solche Darstellung ist zweckmäßig, da sich $V_A(\eta)$ bereichsweise ungefähr wie η^m verhält. Aus (2.160) können wir beispielsweise die Beziehung

$$V_A(\eta) \approx 1 \qquad \text{für } \eta \ll 1 \tag{2.169}$$

ablesen, und noch einfacher läßt sich erkennen, daß man im Resonanzbereich die Vergrößerungsfunktion durch

$$V_A(\eta) \approx \frac{1}{2D}\frac{1}{\eta} \qquad \text{für } \eta \approx 1 \tag{2.170}$$

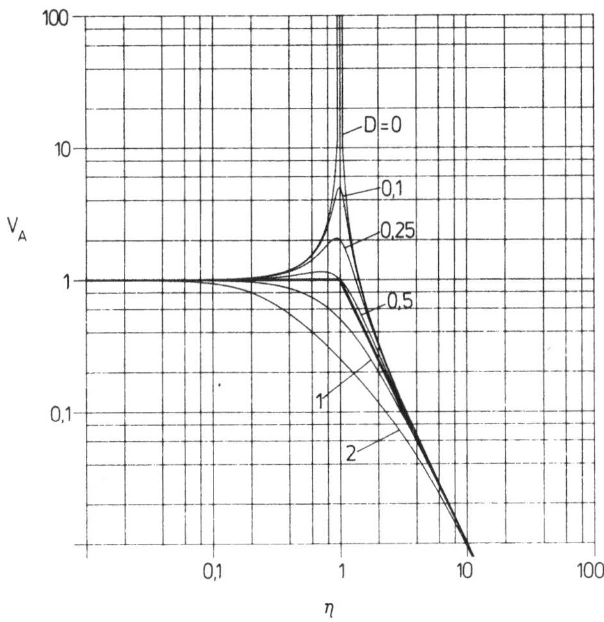

Abb. 2.28 Die Vergrößerungsfunktion $V_A(\eta)$ in doppeltlogarithmischer Darstellung

annähern kann, während im stark überkritischen Bereich

$$V_A(\eta) \approx \frac{1}{\eta^2} \qquad \text{für } \eta \gg 1 \tag{2.171}$$

gilt.

Funktionen der Art η^m erscheinen im doppeltlogarithmischen Diagramm als Geraden, deren Steigung durch die auftretende Potenz bestimmt ist: So bedeutet die Steigung - 2 im rechten Teil der Abb. 2.28 beispielsweise, daß die Vergrößerungsfunktion dort gemäß η^{-2} abnimmt. Die beiden in Abb. 2.28 stark durchgezogenen Geraden $V_A = 1$ und $V_A = \eta^{-2}$ schneiden sich im Punkt (1,1) und bilden dort eine Ecke; daher bezeichnet man die "Frequenz" $\eta = 1$ auch als *Eckfrequenz*. Über weite Bereiche der "Erregerfrequenz" η stellt dieser Geradenzug die Vergrößerungsfunktion mit ausreichender Genauigkeit dar, lediglich in der Nähe der Eckfrequenz, etwa innerhalb der Dekade

$$\frac{1}{\sqrt{10}} < \eta < \sqrt{10} \, , \tag{2.172}$$

ergeben sich merkliche Abweichungen, die von D abhängen.

Wir besprechen nun die erzwungenen Schwingungen in komplexer Schreibweise und berücksichtigen in

$$m\ddot{x} + d\dot{x} + cx = \hat{f}\cos(\Omega t + \alpha) \qquad (2.173)$$

jetzt auch den Nullphasenwinkel α. Ersetzen wir die (reellwertige) harmonische Erregung durch ihre komplexe Erweiterung $\underline{\hat{f}}\, e^{j\Omega t}$ und betrachten die Bewegungsgleichung (2.173) im Komplexen, so ergibt sich

$$m\ddot{\underline{x}} + d\dot{\underline{x}} + c\underline{x} = \underline{\hat{f}}\, e^{j\Omega t} \qquad (2.174)$$

mit

$$\underline{\hat{f}} = \hat{f}\, e^{j\alpha} . \qquad (2.175)$$

Für die partikuläre Lösung $\underline{x}_p(t)$ der inhomogenen Gleichung wählen wir - wie im Reellen - einen Ansatz vom Typ der rechten Seite

$$\underline{x}_p(t) = \hat{\underline{x}}_p e^{j\Omega t} , \qquad (2.176)$$

erhalten durch Einsetzen in (2.174) zunächst

$$(-\Omega^2 m + j\Omega d + c)\, \hat{\underline{x}}_p = \underline{\hat{f}} \qquad (2.177)$$

und damit auch

$$\hat{\underline{x}}_p = \frac{1}{c - \Omega^2 m + j\Omega d}\, \underline{\hat{f}} . \qquad (2.178)$$

Der (komplexe) Proportionalitätsfaktor zwischen $\hat{\underline{x}}_p$ und $\underline{\hat{f}}$ hängt von der Erregerfrequenz Ω und von den Systemparametern ab:

$$\underline{G}(\Omega) := \frac{1}{c}\,\frac{1}{1 - (\frac{\Omega}{\omega_0})^2 + j\frac{2D\Omega}{\omega_0}} = \frac{1}{c}\,\frac{1}{1 - \eta^2 + j2D\eta} \; ; \qquad (2.179)$$

wir bezeichnen ihn als *Frequenzgang*[25] (oder als *dynamische Nachgiebigkeit*). Den Kehrwert $1/\underline{G}(\Omega)$ der dynamischen Nachgiebigkeit nennt man auch *dynamische Steifigkeit* $\underline{\mathbf{C}}(\Omega)$. Oft ist es zweckmäßig, den Frequenzgang nach Real- und Imaginärteil

$$\mathrm{Re}\,\underline{G}(\eta) = \frac{1}{c}\,\frac{1-\eta^2}{(1-\eta^2)^2 + (2D\eta)^2} \tag{2.180a}$$

$$\mathrm{Im}\,\underline{G}(\eta) = -\frac{1}{c}\,\frac{2D\eta}{(1-\eta^2)^2 + (2D\eta)^2} \tag{2.180b}$$

oder nach Betrag und Argument

$$|\underline{G}(\eta)| = \frac{1}{c}\,\frac{1}{\sqrt{(1-\eta^2)^2 + (2D\eta)^2}} \tag{2.181a}$$

$$\tan[\arg\underline{G}(\eta)] = -\frac{2D\eta}{1-\eta^2} \tag{2.181b}$$

zu zerlegen. Ein Vergleich mit (2.160) und (2.159) zeigt, daß der Betrag des Frequenzganges bis auf den Faktor 1/c mit der Vergrößerungsfunktion übereinstimmt:

$$|\underline{G}(\Omega)| = \frac{1}{c}\,V_A(\Omega/\omega_0)\ , \tag{2.182}$$

während sein Argument

$$\arg\underline{G}(\Omega) = \psi(\Omega/\omega_0) \tag{2.183}$$

mit der Phasenfunktion identisch ist. Mit Hilfe des Frequenzgangs können wir also Vergrößerungsfaktor und Phasenverschiebungswinkel in einer komplexen Kenngröße zusammenfassen.

---

[25] In Kapitel 5 definieren wir den Frequenzgang als "FOURIERtransformierte der Stoßantwort". Dabei wird sich zeigen, daß wir die hier gegebene Definition für den Sonderfall eines ungedämpften Systems (d = 0) um einen additiven Term erweitern müssen, der sich jedoch nur an der Resonanzstelle $\Omega = \omega_0$ auswirkt. Im ungedämpften Fall ist die Funktion $\underline{G}(\Omega)$ gemäß (2.179) an der Stelle $\Omega = \omega_0$ aber nicht definiert, so daß beide Definitionen durchaus miteinander in Einklang zu bringen sind.

Die Bezeichnungsweisen "dynamische Nachgiebigkeit" für den Frequenzgang $\underline{G}(\Omega)$ und "dynamische Steifigkeit" für seinen Kehrwert $\underline{C}(\Omega)$ stammen aus einer Analogie zu statischen Problemen: Dort ist - im linearen Fall - die Verschiebung x proportional zur Belastung f mit der Federnachgiebigkeitsgröße $g = 1/c$ als Proportionalitätskonstanten (vgl. Beispiel der Abb. 2.9 aus 2.3); derselbe Zusammenhang gilt bei harmonischer Krafterregung zwischen den komplexen Amplituden $\hat{\underline{x}}_P$ und $\hat{\underline{f}}$:

$$\hat{\underline{x}}_P = \underline{G}(\Omega)\, \hat{\underline{f}} \,, \tag{2.184}$$

mit der dynamischen Nachgiebigkeit $\underline{G}(\Omega)$ als Proportionalitätsfaktor. Umgekehrt gilt

$$\hat{\underline{f}} = \underline{C}(\Omega)\, \hat{\underline{x}}_P \tag{2.185}$$

mit der dynamischen Steifigkeit $\underline{C}(\Omega) = 1/\underline{G}(\Omega)$ als Proportionalitätskonstante.

Abschließend befassen wir uns noch kurz mit der Überlagerung

$$x(t) = x_H(t) + x_P(t) \tag{2.186}$$

der beiden Lösungsanteile, die ja die allgemeine Lösung der Bewegungsgleichung (2.150) darstellen; dabei hatten wir die allgemeine Lösung $x_H(t)$ der homogenen Differentialgleichung in 2.4 ausführlich besprochen und insbesondere zwischen über- und unterkritischer Dämpfung unterschieden. So ist etwa im unterkritisch gedämpften Fall die allgemeine Lösung der inhomogenen Gleichung gegeben durch

$$x(t) = K\, e^{-\delta t} \cos(\omega_d t + \gamma) + \hat{x}_P \cos(\Omega t + \psi) \,, \tag{2.187}$$

wo neben den Systemparametern $\delta, \omega_d, \hat{x}_P$ und ψ noch die Integrationskonstanten K und γ auftreten. In Abb. 2.29 ist für willkürlich gewählte Anfangsbedingungen die Lösung (2.187) dargestellt. Man erkennt deutlich den *Einschwingvorgang*, das Abklingen von $x_H(t)$. Damit wird klar, daß in der Tat häufig nur die stationäre Bewegung interessiert. Allerdings können während des Einschwingens durchaus größere Schwingungsausschläge auftreten als bei der eingeschwungenen Bewegung, eine Tatsache, die bei der Bemessung von schwingenden Systemen gelegentlich von Bedeutung ist.

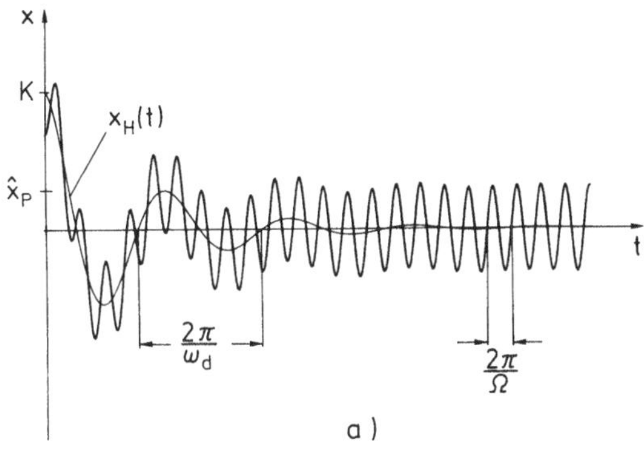

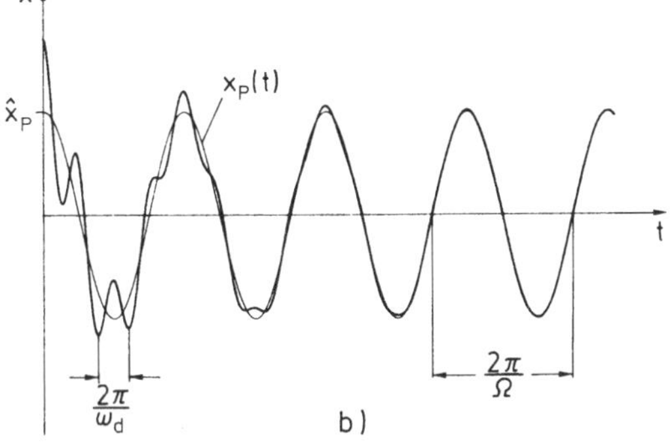

Abb. 2.29 Einschwingvorgänge des unterkritische gedämpften Systems
a) für $\Omega > \omega_d$
b) für $\Omega < \omega_d$

2.5.2 Leistung und Arbeit bei harmonischer Kraftanregung

In diesem Abschnitt befassen wir uns mit der Leistung und der Arbeit der verschiedenen Kräfte bei der Bewegung des Systems aus Abb. 2.20. Beschränken wir uns auf die stationäre Bewegung (2.157), so läßt sich die Leistung der Erregerkraft $\hat{f}\cos\Omega t$ zunächst als

$$P(t) = -\hat{f}\,\hat{\dot{x}}_P \cos\Omega t \sin(\Omega t + \psi) \tag{2.188}$$

darstellen, wobei wir die Geschwindigkeitsamplitude $\hat{\dot{x}}_P = \Omega\,\hat{x}_P$ eingeführt haben. Zusätzlich gehen wir vom Phasenverschiebungswinkel ψ zwischen der Verschiebung und der Kraft zum Phasenverschiebungswinkel φ zwischen der Geschwindigkeit und der Kraft über; diese Winkel hängen gemäß der Beziehung

$$\varphi = \frac{\pi}{2} + \psi \tag{2.189}$$

zusammen, so daß φ stets im Intervall $(-\pi/2, \pi/2)$ liegt. Damit geht (2.188) über in

$$P(t) = \hat{f}\,\hat{\dot{x}}_P \cos \Omega t \sin(\Omega t + \varphi) \,, \tag{2.190}$$

und eine trigonometrische Umformung ergibt

$$P(t) = \frac{1}{2}\,\hat{f}\,\hat{\dot{x}}_P\,[\cos \varphi + \cos(2\Omega t + \varphi)] \,. \tag{2.191}$$

Die Leistung der Erregerkraft ist also harmonisch mit dem Mittelwert

$$\bar{P} = \frac{1}{2}\,\hat{f}\,\hat{\dot{x}}_P \cos \varphi \,, \tag{2.192}$$

der wegen $\varphi \in (-\pi/2, \pi/2)$ nie negativ ist, und mit der Amplitude

$$\hat{P} = \frac{1}{2}\,\hat{f}\,\hat{\dot{x}}_P \geq \bar{P} \,. \tag{2.193}$$

Die Frequenz der Leistung $P(t)$ ist doppelt so groß wie die der Erregerkraft $f(t)$ (Abb. 2.30). Mit $\cos \varphi = -\sin \psi$ und (2.165b) ergeben sich $\bar{P}$ und $\hat{P}$ auch als

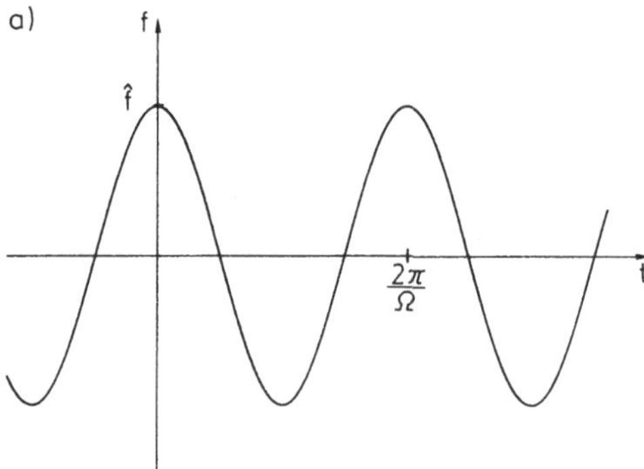

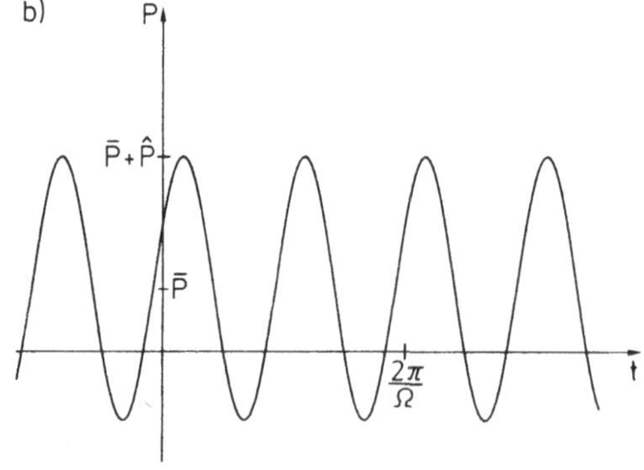

Abb. 2.30 Erregerkraft und ihre Leistung beim Feder-Masse-Dämpfer-System
a) Erregerkraft
b) Leistung in der stationären Bewegung

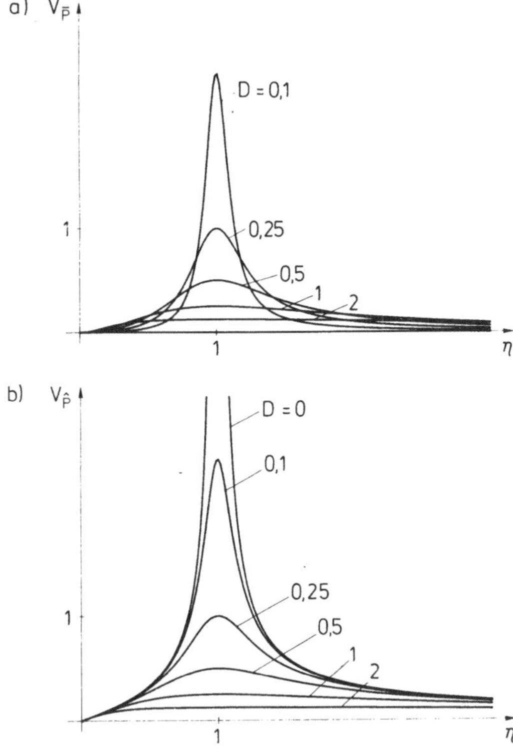

Abb. 2.31 a) Vergrößerungsfunktionen für die Leistung $V_{\bar{P}}(\eta)$ gemäß (2.196)
b) Vergrößerungsfunktionen für die Leistung $V_{\hat{P}}(\eta)$ gemäß (2.197)

$$\bar{P} = \hat{f}\ x_s \omega_0 D\ \eta^2\ V_A^2(\eta)\ , \tag{2.194}$$

$$\hat{P} = \frac{1}{2}\ \hat{f}\ x_s \omega_0 \eta\ V_A(\eta)\ . \tag{2.195}$$

In beiden Ausdrücken tritt der Faktor $\hat{f}\ x_s \omega_0$ auf, der unabhängig von den Parametern η und D ist und die Dimension einer Leistung besitzt. Man kann daher die Faktoren

$$V_{\bar{P}}(\eta) := D\ \eta^2\ V_A^2(\eta) = \frac{D\eta^2}{(1-\eta^2)^2 + (2D\eta)^2} \tag{2.196}$$

und

$$V_{\hat{P}}(\eta) := \frac{1}{2}\ \eta\ V_A(\eta) = \frac{1}{2}\ \frac{\eta}{\sqrt{(1-\eta^2)^2 + (2D\eta)^2}} \tag{2.197}$$

in (2.194) und (2.195) als Vergrößerungsfunktionen für $\bar{P}$ und $\hat{P}$ auffassen (Abb. 2.31). Beide Funktionen verschwinden für $\eta = 0$ und $\eta \to \infty$ und besitzen –

unabhängig vom Wert des Dämpfungsgrades D – an der Resonanzstelle $\eta = 1$ ihre größtmöglichen Werte; diese Maximalwerte stimmen überein und sind gegeben durch

$$V_{\bar{P}max} = V_{\hat{P}max} = \frac{1}{4D} . \tag{2.198}$$

Der Sonderfall $\varphi = 0$, in dem $\hat{P} = \bar{P}$ ist, tritt also genau für $\eta = 1$ ein; andernfalls ist $\bar{P}/\hat{P} < 1$, wie man aus

$$\frac{\bar{P}(\eta)}{\hat{P}(\eta)} = \frac{2D\eta}{\sqrt{(1 - \eta^2)^2 + (2D\eta)^2}} \tag{2.199}$$

erkennt. Diesen Ausdruck werden wir im nächsten Abschnitt nochmals antreffen und als Vergrößerungsfunktion $V_B(\eta)$ interpretieren (Abb. 2.35).

Bisher haben wir $\bar{P}$ und $\hat{P}$ als Mittelwert und Amplitude einer harmonischen Schwingung betrachtet. Ihre physikalische Bedeutung spiegelt sich in den Bezeichnungen *Wirkleistung*

$$P_W := \bar{P} = \frac{1}{2} \hat{f} \, \hat{\dot{x}}_P \cos \varphi \tag{2.200}$$

und *Scheinleistung*

$$P_S := \hat{P} = \frac{1}{2} \hat{f} \, \hat{\dot{x}}_P \tag{2.201}$$

besser wider. Beide Größen werden oft auch in Abhängigkeit der Effektivwerte angegeben, die wir in Kapitel 1 definiert (Gleichung (1.6)) und für harmonische Zeitfunktionen ausgerechnet hatten (Gleichung (1.24)):

$$P_W = f_{eff} \, \dot{x}_{P,eff} \cos \varphi , \tag{2.202}$$

$$P_S = f_{eff} \, \dot{x}_{P,eff} . \tag{2.203}$$

Die Bezeichnungen sind analog zu denen der Elektrotechnik; dort definiert man ja die Wirkleistung durch

$$P_W := U_{eff} \, i_{eff} \cos \varphi , \tag{2.204}$$

in Abhängigkeit der Effektivwerte von Wechselspannung U(t) und -strom i(t) sowie des Phasenverschiebungswinkels φ des Stroms gegenüber der Spannung. Der Zusammenhang zwischen (2.202) und (2.204) wird sofort ersichtlich, wenn man die elektromechanische Analogie Spannung/Kraft, Strom/Geschwindigkeit zugrunde legt.

In der Elektrotechnik ist es eine bekannte Tatsache, daß man bei der Energieübertragung um einen möglichst großen Wert des "Cosinus φ" bemüht ist, da dies - bei gleicher Spannungs- und gleicher Stromamplitude - eine größere Wirkleistung ergibt, und umgekehrt bei gleicher Wirkleistung die OHMschen Verluste kleiner werden. Entsprechend unseren Überlegungen im Zusammenhang mit (2.199) müßte also "der Schwingkreis in Resonanz betrieben werden". Die Größe

$$P_B := \frac{1}{2} \hat{f} \, \hat{\dot{x}}_P \sin \varphi = f_{eff} \, \dot{x}_{P,eff} \sin \varphi \qquad (2.205)$$

wird auch *Blindleistung* genannt[26]; sie sollte bei der Energieübertragung möglichst klein sein.

Wir wenden uns nun dem Energiehaushalt des Systems zu und berechnen die Arbeit der Erreger- und der Dämpferkraft in einer Periode. Die Arbeit der Erregerkraft innerhalb der Periode [0,T] ist durch das Zeitintegral der Leistung (2.191) gegeben:

$$W_{e,T} := \int_0^T P_e(t) \, dt \;{}^{27}$$

$$= \frac{1}{2} \hat{f} \, \hat{\dot{x}} \, T \cos \varphi > 0 \; ; \qquad (2.206)$$

die Arbeit der Dämpferkraft $d \, \dot{x}_P(t)$ im gleichen Zeitintervall ist

$$W_{d,T} := - \int_0^T d \, \dot{x}_P(t) \, \dot{x}_P(t) \, dt$$

---

[26] Die Bezeichnung für die verschiedenen Leistungsgrößen sind in der Literatur nicht einheitlich.

[27] Der Deutlichkeit halber kennzeichnen wir hier die Leistung der Erregerkraft mit dem "Index" e.

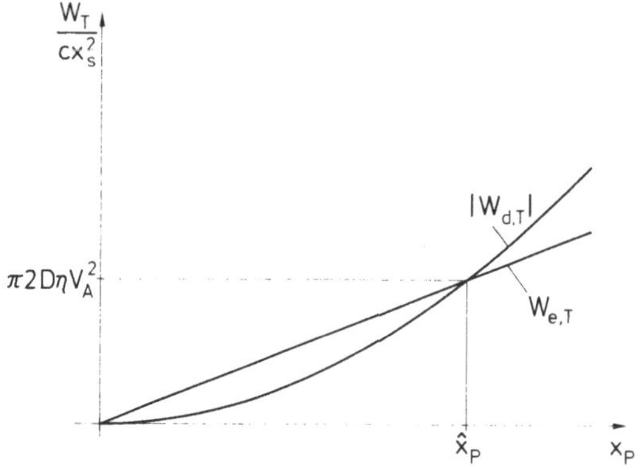

Abb. 2.32 Energiediagramm des gedämpften Feder-Masse-Dämpfer-Systems bei harmonischer Kraftanregung

$$= - d \int_0^T \hat{x}_P^2 \sin^2(\Omega t + \varphi)\, dt = - \frac{T}{2} d\, \hat{x}_P^2 < 0 . \tag{2.207}$$

Aus $\hat{f} = cx_s$, $d\Omega = c2D\eta$ und

$$\hat{x}_P = V_A(\eta)\, x_s = - \frac{\sin \psi}{2D\eta} x_s = \frac{\cos \varphi}{2D\eta} x_s \tag{2.208}$$

folgt

$$W_{e,T}(\hat{x}_P) = - W_{d,T}(\hat{x}_P) . \tag{2.209}$$

d.h. die während einer Periode durch die Erregerkraft geleistete Arbeit wird am Dämpfer verzehrt. Die dort geleistete Arbeit der Federkraft $cx(t)$ und der Trägheitskraft $- m\ddot{x}(t)$ ist natürlich gleich Null. Trägt man die Funktionen $W_{e,T}(x_p)$ und $- W_{d,T}(x_p)$ in einem Diagramm auf, so liefert der Schnittpunkt gemäß (2.209) gerade die Amplitude $\hat{x}_p$ der stationären Schwingungen (Abb. 2.32).

Für $x_P < \hat{x}_P$ würde die Erregerkraft während einer Periode mehr Arbeit leisten, als mechanische Energie durch die Dämpferkraft vernichtet wird; dieser Zustand bedingt jedoch ein Anwachsen der Schwingung. Im umgekehrten Fall $(x_P > \hat{x}_P)$ verbraucht die Dämpferkraft mehr Energie als die Erregung liefert, und die Schwingung wird abklingen. Auf diese Weise gewinnt man - von einem energetischen Standpunkt aus - einen guten Einblick in den Entstehungsmechanismus der erzwungenen Schwingungen.

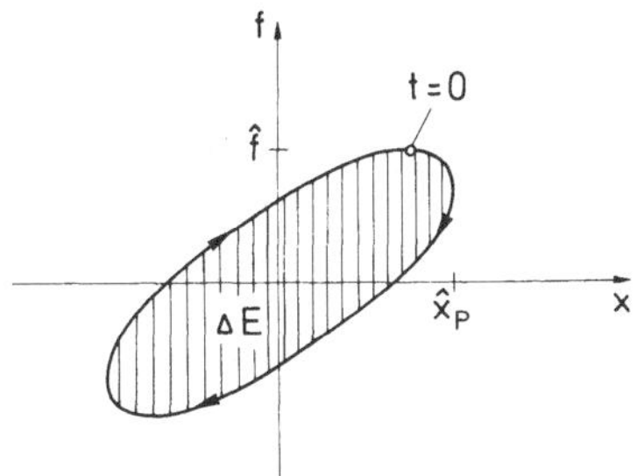

Abb. 2.33 Kraft-Verschiebungs-Diagramm und Energieverlust

Bei der stationären Bewegung stimmen also die Arbeit der Erregerkraft und die der Dämpferkraft (betragsmäßig) überein; beides ist aber auch identisch mit dem Verlust an mechanischer Energie

$$\Delta E := W_{e,T} = |W_{d,T}| = \pi d\Omega\, \hat{x}_P^2 , \tag{2.210}$$

der im Feder-Masse-Dämpfer-System infolge der viskosen Dämpfung während einer Periode auftritt. In diesen Größen ist der Energieverlust also proportional zur Dämpfungskonstanten d, zur Erregerfrequenz Ω und zum Quadrat der Verschiebungsamplitude $\hat{x}_p$. (Man mache sich aber klar, daß ΔE in komplizierter Weise von d und Ω abhängt, wenn man $\hat{x}_p$ über V_A durch die Erregeramplitude $\hat{f}$ ausdrückt.) Der Energieverlust läßt sich gemäß Abb. 2.33 auch graphisch darstellen: Trägt man die harmonische Erregerkraft $\hat{f}\cos\Omega t$ über der Verschiebung $\hat{x}_P\cos(\Omega t + \psi)$ - mit der Zeit als Kurvenparameter - auf, so entsteht eine Ellipse, deren Flächeninhalt mit dem Energieverlust übereinstimmt (Aufgabe A 2.23).

2.5.3 Andere Arten harmonischer Erregung

In den letzten beiden Abschnitten haben wir vorausgesetzt, daß das System durch eine gegebene harmonische Kraft zu Schwingungen angeregt wird. Dies beschreibt natürlich nur ganz spezielle reale Probleme und ist für andere wenig geeignet. So kann beispielsweise die erregende Kraft nicht direkt, sondern über elastische oder viskoelastische Teile auf den Körper einwirken. In anderen Fällen sind die erregenden Kräfte nicht bekannt, dafür aber kinematische Größen wie Verschiebungen oder Geschwindigkeiten gegeben. Man denke etwa an das Schwanken eines Turms infolge eines Erdbebens: Hier wird man zweckmäßigerweise gemessene Bodenbewegungen den weiteren Untersuchungen zugrunde

a) 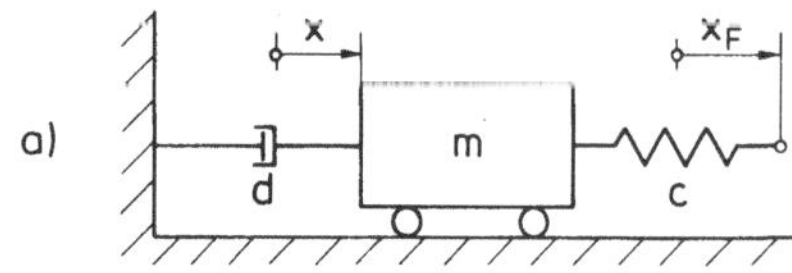

b) 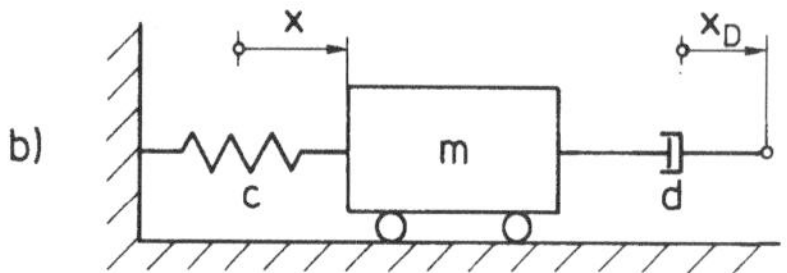

c) 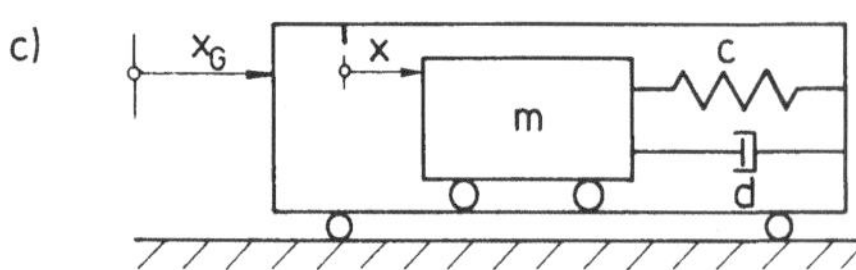

Abb. 2.34 Verschieden Arten der Schingungserregung:
a) durch bewegten Federfußpunkt
b) durch bewegten Dämpferendpunkt
c) durch bewegtes Gehäuse

legen. Der Aufbau des Feder-Masse-Dämpfer-Systems und die Art der Erregung lassen verschiedene Fälle zu, von denen wir hier einige untersuchen.

1. Erregung durch harmonisch bewegten Federendpunkt (Harmonische Krafterregung

Wir betrachten hier das System der Abb. 2.34a und setzen voraus, daß sich der Federendpunkt F gemäß

$$x_F(t) = \hat{x}_F \cos \Omega t \tag{2.211}$$

bewegt. Unter diesen Bedingungen besitzt die Bewegungsgleichung des Systems die Form

$$m\ddot{x} + d\dot{x} + cx = cx_F(t) = c\hat{x}_F \cos \Omega t \; . \tag{2.212}$$

2. Erregung durch harmonisch bewegten Dämpferendpunkt

Als zweites untersuchen wir das System der Abb. 2.34b und nehmen an, daß sich nun der Dämpferendpunkt D entsprechend

$$x_D(t) = \hat{x}_D \cos(\Omega t - \pi/2) \tag{2.213}$$

bewegt. Damit erhalten wir die Bewegungsgleichung in der Gestalt

$$m\ddot{x} + d\dot{x} + cx = d\,\dot{x}_D(t) = d\Omega\,\hat{x}_D\cos\Omega t\ . \tag{2.214}$$

3. Erregung durch harmonisch bewegtes Gehäuse (Erregung durch rotierende Unwuchten)

Schließlich behandeln wir das System der Abb. 2.34c und setzen voraus, daß das Gehäuse G harmonisch schwingt:

$$x_G(t) = \hat{x}_G\cos\Omega t\ . \tag{2.215}$$

Dann hat die Bewegungsgleichung den Aufbau

$$m\ddot{x} + d\dot{x} + cx = -\,m\ddot{x}_G(t) = m\Omega^2\,\hat{x}_G\cos\Omega t\ , \tag{2.216}$$

in der die Koordinate x die Lage des Wagens relativ zum Gehäuse kennzeichnet.

Vergleichen wir die drei Bewegungsgleichungen, so erkennen wir einen Unterschied in den Erregeramplituden: Im ersten Fall ist die Amplitude - wie bei der Kraftanregung - unabhängig von der Erregerfrequenz Ω, im zweiten Fall liegt eine lineare Beziehung vor und im dritten Fall eine quadratische Abhängigkeit. Dieser letzte Fall tritt übrigens auch bei rotierenden Maschinenwellen auf: Dort sind ja die "Fliehkräfte" proportional zum Quadrat der Drehzahl.

Wir bestimmen nun partikuläre Lösungen der drei inhomogenen Differentialgleichungen, gehen dazu zweckmäßigerweise zur dimensionslosen Darstellung über und kennzeichnen die drei verschiedenen Fälle durch Indizierung:

$$x'' + 2Dx' + x = \hat{x}_i\cos\eta\tau\ ,\qquad i = 1,2,3\ , \tag{2.217}$$

mit

$$\hat{x}_1 = \hat{x}_F\ ,\qquad \hat{x}_2 = 2D\eta\,\hat{x}_D\ ,\qquad \hat{x}_3 = \eta^2\,\hat{x}_G\ . \tag{2.218}$$

Die partikulären Lösungen schreiben wir als

$$x_{Pi}(\tau) = \hat{x}_{Pi}\cos(\eta\tau + \psi)\ , \tag{2.219}$$

mit

$$\hat{x}_{Pi} = V_A(\eta)\,\hat{x}_i = \frac{1}{\sqrt{(1-\eta^2)^2 + (2D\eta)^2}}\,\hat{x}_i,\ i = 1,2,3. \tag{2.220}$$

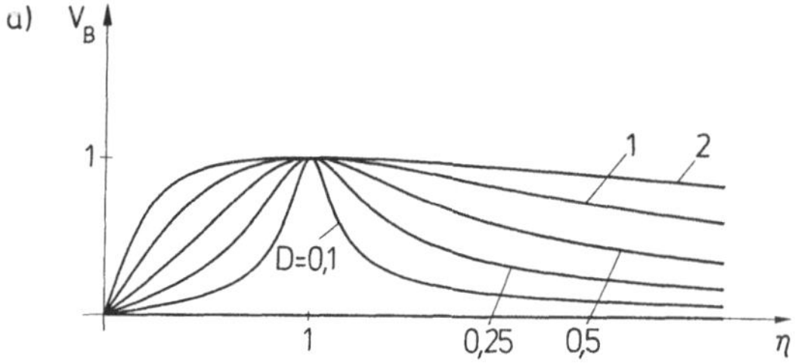

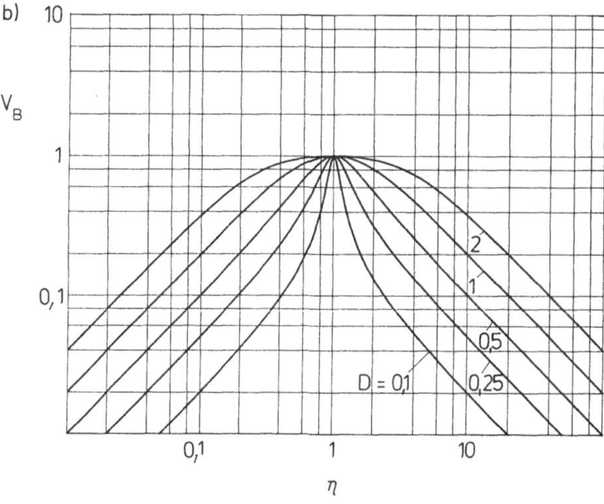

Abb. 2.35 Die Vergrößerungsfunktion $V_B(\eta)$ gemäß (2.221)
a) lineare Skalierung
b) doppeltlogarithmische Darstellung

Der Phasenverschiebungswinkel ψ ist in allen drei Fällen gleich und wird durch die schon früher eingeführte Phasenfunktion $\psi(\eta)$ (2.165) beschrieben. Man beachte jedoch, daß er in den drei Fällen jeweils eine unterschiedliche physikalische Bedeutung hat. So kennzeichnet ψ etwa im Fall 2 - entsprechend der Bewegungsgleichung (2.214) - den Phasenverschiebungswinkel der Verschiebung des starren Körpers gegenüber der Geschwindigkeit (und nicht gegenüber der Verschiebung) des Dämpferendpunktes.

Zur Kennzeichnung der Amplituden $\hat{x}_{Pi}$ führen wir zwei weitere Vergrößerungsfunktionen ein:

$$V_B(\eta) := 2D\eta \, V_A(\eta) := \frac{2D\eta}{\sqrt{(1-\eta^2)^2 + (2D\eta)^2}} , \qquad (2.221)$$

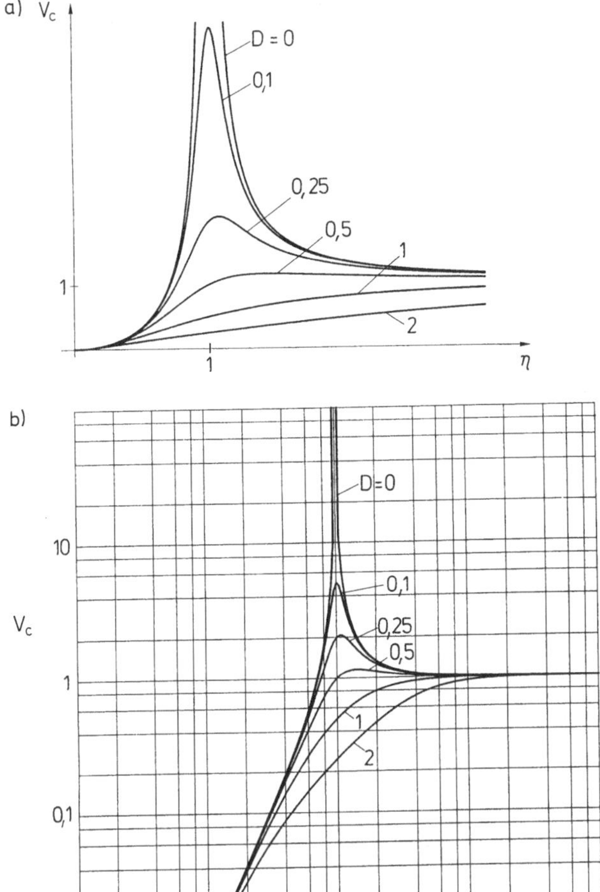

Abb. 2.36 Die Vergrößerungsfunktion $V_C(\eta)$ gemäß (2.222)

a) lineare Skalierung

b) doppeltlogarithmische Darstellung

$$V_C(\eta) := \eta^2 \, V_A(\eta) := \frac{\eta^2}{\sqrt{(1-\eta^2)^2 + (2D\eta)^2}} \tag{2.222}$$

(Abb. 2.35 und 2.36), mit denen sich die Amplituden $\hat{x}_{Pi}$ der eingeschwungenen Bewegung als

$$\hat{x}_{P1} = V_A \, \hat{x}_F \, , \quad \hat{x}_{P2} = V_B \, \hat{x}_D \, , \quad \hat{x}_{P3} = V_C \, \hat{x}_G \tag{2.223}$$

ergeben[28]. Vergleicht man die graphische Darstellung von $V_A(\eta)$ und $V_C(\eta)$ miteinander, so erkennt man die Symmetriebeziehung

$$V_C(\eta) = V_A(\frac{1}{\eta}) \quad \text{bzw.} \quad V_A(\eta) = V_C(\frac{1}{\eta}) \; ; \tag{2.224}$$

trägt man den Vergrößerungsfaktor V_C über der *Abstimmung*

$$\zeta := \frac{1}{\eta} \tag{2.225}$$

auf, so ergibt sich V_A – und umgekehrt. Mit Hilfe dieses einfachen Zusammenhangs ergeben sich beispielsweise sofort die Beziehungen

$$\eta_{Cmax} = \frac{1}{\eta_{Amax}} = \frac{1}{\sqrt{1 - 2D^2}} \, , \tag{2.226}$$

$$V_{Cmax} = V_{Amax} = \frac{1}{2D\sqrt{1 - 2D^2}} \, , \tag{2.227}$$

$$V_{Cmax} = \frac{\eta^2_{Cmax}}{\sqrt{\eta^4_{Cmax} - 1}} \tag{2.228}$$

aus (2.162 bis 2.164).

Bisher haben wir stets die Amplitude der Verschiebung bestimmt, häufig interessiert man sich aber auch für die Amplituden der Schwinggeschwindigkeit oder -beschleunigung, die man natürlich leicht durch Differenzieren der stationären Bewegung bestimmen kann. Jede dieser Differentiationen bedeutet aber eine Multiplikation der Vergrößerungsfunktion mit der entsprechenden Potenz der "Erregerfrequenz" η, so daß die Vergrößerungsfunktion für die Geschwindigkeits- oder Beschleunigungsamplituden unterschiedlich ausfallen.

Außerdem haben wir hier lediglich drei Grundtypen von Erregungen untersucht, häufig treten aber auch andere Erregertypen auf. Wählen wir beispielsweise im Fall drei die Absolutverschiebung des Körpers als Koordinate (anstatt

---

[28] Die Funktion $V_B(\eta)$ ist uns schon im letzten Abschnitt begegnet; Gleichung (2.199).

der Relativverschiebung), so tritt als Erregung eine Linearkombination der hier betrachteten Typen auf. In solchen Fällen entstehen komplizierte Abhängigkeiten der Amplituden von der Frequenz, sie führen zu weiteren Vergrößerungsfunktionen, die teilweise einen völlig anderen Verlauf als die hier vorgestellten zeigen.

In Tabelle 2.1 sind noch einmal die wichtigsten Kennwerte der Vergrößerungsfaktoren V_A, V_B und V_C aufgeführt.

Tabelle 2.1: Kennwerte der Vergrößerungsfaktoren V_A, V_B und V_C

η	V_A	V_B	V_C
0	1	0	0
1	$\frac{1}{2D}$	1	$\frac{1}{2D}$
∞	0	0	1
$\eta_{Amax} = \sqrt{1-2D^2}$	$\frac{1}{2D\sqrt{1-2D^2}}$	-	-
$\eta_{Bmax} = 1$	-	1	-
$\eta_{Cmax} = \frac{1}{\sqrt{1-2D^2}}$	-	-	$\frac{1}{2D\sqrt{1-2D^2}}$
$\eta \ll 1$	≈ 1	$\approx 2D\eta$	$\approx \eta^2$
$\eta \approx 1$	$\approx \frac{1}{2D}\frac{1}{\eta}$	≈ 1	$\approx \frac{1}{2D}\eta$
$\eta \gg 1$	$\approx \frac{1}{\eta^2}$	$\approx 2D\frac{1}{\eta}$	≈ 1

Diese Überlegungen kann man z.B. auf die Schwingungsisolierung von Maschinen und Geräten anwenden. Dabei unterscheiden wir zwischen zwei verschiedenen Aufgaben: die *aktive Entstörung* soll verhindern, daß eine unwuchtige Maschine zu große Kräfte auf den Untergrund überträgt; die *passive Ent-*

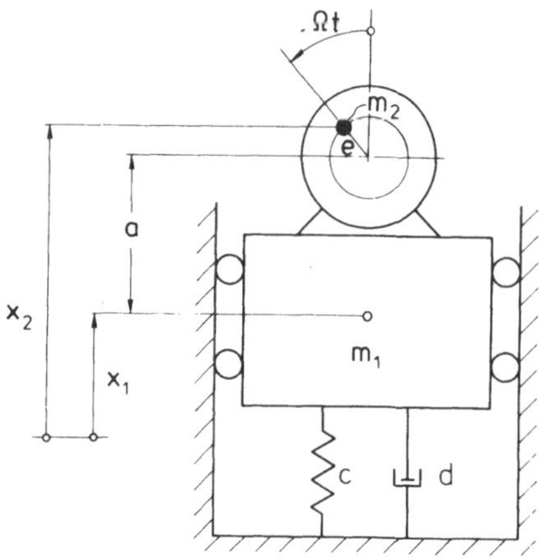

Abb. 2.37 Beispiel eines unwucht-erregten Systems

störung dagegen wird verwendet, um ein Gerät, etwa ein empfindliches Meßinstrument, vor möglichen Schwingungen der Umgebung abzuschirmen. Beide Problemstellungen sollen hier durch geeignete Lagerung der Maschine bzw. des Gerätes gelöst werden (Die Begriffe "aktiv" und "passiv" haben hier eine andere Bedeutung als in der Regelungstechnik).

Wir betrachten zunächst den Fall der aktiven Entstörung einer Maschine mit unwuchtigem Rotor gemäß Abb. 2.37. Bezeichnen wir mit x_1 die Schwerpunktskoordinate der Maschine (ohne Unwucht), gemessen von der Gleichgewichtslage (bei nicht umlaufendem Rotor), und mit x_2 die Koordinate der Unwucht, so liefert der Schwerpunktsatz

$$m_1\ddot{x}_1 + m_2\ddot{x}_2 = - cx_1 - d\dot{x}_1 \ , \tag{2.229}$$

mit m_1 als Masse der Maschine (ohne Unwucht) und m_2 als Unwuchtmasse. Gemäß Abb. 2.37 ist

$$x_2 = a + x_1 + e \cos \Omega t \ ; \tag{2.230}$$

dabei kennzeichnet die (unwesentliche) Konstante a den Abstand zwischen dem Schwerpunkt der Maschine und der Drehachse des Rotors und e die Exzentrizität der Unwucht. Damit ergibt sich aus (2.229) bei konstanter Winkelgeschwindigkeit Ω

$$(m_1 + m_2)\ddot{x}_1 + d\dot{x}_1 + cx_1 = m_2 e\Omega^2 \cos \Omega t \ , \tag{2.231}$$

und in dimensionsloser Form

$$x_1'' + 2Dx_1' + x_1 = \mu e\eta^2 \cos \eta\tau \tag{2.232}$$

mit

$$\omega_0^2 := \frac{c}{m_1 + m_2} \tag{2.233}$$

und

$$\mu := \frac{m_2}{m_1 + m_2} \tag{2.234}$$

(häufig ist $\mu \ll 1$). Das Produkt m_2e wird auch als (*statische*) *Unwucht* bezeichnet. In (2.232) ist die Erregeramplitude $\mu e\eta^2$ proportional zum Quadrat der "Erregerfrequenz" η, und die Amplitude der stationären Bewegung ist somit

$$\hat{x}_1 = V_C\, \mu e\,^{29}. \tag{2.235}$$

Von besonderem Interesse sind oft die Kräfte f_Z, die von der Maschine auf den Untergrund ausgeübt werden und die durch

$$f_Z(\tau) = cx_1(\tau) + d\omega_0 x_1'(\tau) = c[x_1(\tau) + 2Dx_1'(\tau)] \tag{2.236}$$

gegeben sind. Mit Hilfe von (2.235) und (2.219) folgt

$$f_Z(\tau) = c[V_C\, \mu e \cos(\eta\tau + \psi) - 2D\eta V_C\, \mu e \sin(\eta\tau + \psi)]\ , \tag{2.237}$$

mit der Amplitude

$$\hat{f}_Z = V_C(\eta)\sqrt{1 + (2D\eta)^2}\; c\mu e\ . \tag{2.238}$$

Ziel der aktiven Entstörung ist es, einen möglichst geringen Anteil der "Unwuchtkräfte"

$$f_U(\tau) := m_2 e\Omega^2 \cos \eta\tau = ce\mu\eta^2 \cos \eta\tau \tag{2.239}$$

an den Untergrund weiterzugeben; daher kann man

---

[29] Wir verzichten hier - und im restlichen Teil dieses Abschnitts - auf den "Index" P zur Kennzeichnung der stationären Bewegung.

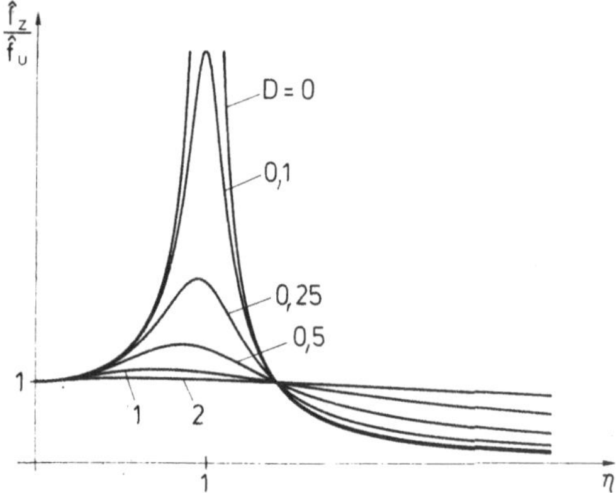

Abb. 2.38 Verhältnis der Kraftamplituden $\hat{f}_Z(\eta)$ und $\hat{f}_U(\eta)$ bei Unwuchterregung

$$\frac{\hat{f}_Z}{\hat{f}_U} = \frac{V_C(\eta)}{\eta^2}\sqrt{1 + (2D\eta)^2} = \sqrt{\frac{1 + (2D\eta)^2}{(1 - \eta^2)^2 + (2D\eta)^2}} \tag{2.240}$$

als Maß für die Güte der Isolierung einführen. Es ist als Funktion der "Erregerfrequenz" η (mit dem Dämpfungsgrad D als Scharparameter) in Abb. 2.38 aufgetragen. Um möglichst kleine Werte zu erreichen, muß man demnach tief abstimmen, also einen möglichst großen Wert von η anstreben - dies läßt sich beispielsweise durch eine "weiche" Feder erreichen - und einen kleinen Wert des Dämpfungsgrades D. Wählt man die Dämpfung jedoch stark unterkritsch ($D \ll 1$), so kann es beim Anlaufen des Rotors zu gefährlich großen Ausschlägen kommen, wenn der Resonanzbereich $\eta \approx 1$ durchfahren wird. Man muß daher nach einer Kompromißlösung suchen oder eine "einstellbare" Dämpfung anbringen, die nach dem Hochlaufen des Rotors abgestellt werden kann. Diese einfachen Überlegungen sind bei technischen Anwendungen durch zusätzliche Untersuchungen zu ergänzen (s. HARRIS & CREDE).

Wir gehen nun zur passiven Entstörung über, bei der es darum geht, ein Gerät gegenüber den Schwingungen der Umgebung zu isolieren. Als Modell ziehen wir das System der Abb. 2.34c heran, dessen Bewegungsgleichung

$$m\ddot{x} + d\dot{x} + cx = - m\ddot{x}_G(t) \tag{2.241}$$

schon in (2.216) auftrat; dabei beschreibt die Koordinate x die Verschiebung des Körpers relativ zum Gehäuse und x_G die (Absolut-)Verschiebung des Gehäuses. Bei der passiven Entstörung will man oft erreichen, daß die Absolutbewegung - insbesondere die Absolutbeschleunigung - des Gerätes möglichst klein bleibt; daher führen wir zusätzlich die (Absolut-)Koordinate

$$y := x + x_G \tag{2.242}$$

ein und schreiben (2.241) als

$$m\ddot{y} + d\dot{y} + cy = cx_G(t) + d\dot{x}_G(t) \tag{2.243}$$

bzw. in dimensionsloser Form

$$y'' + 2Dy' + y = x_G(\tau) + 2Dx_G'(\tau) \ . \tag{2.244}$$

Bei harmonischen Bewegungen

$$x_G(\tau) = \hat{x}_G \cos \eta\tau \tag{2.245}$$

des Gehäuses ist auch die rechte Seite von (2.244), die Erregung

$$e(\tau) = \hat{x}_G(\cos \eta\tau - 2D\eta \sin \eta\tau) \ , \tag{2.246}$$

harmonisch mit der Amplitude

$$\hat{e} = \hat{x}_G \sqrt{1 + (2D\eta)^2} \ . \tag{2.247}$$

Die Amplitude $\hat{y}$ der Bewegung des Gerätes ist

$$\hat{y} = V_A\hat{e} = \sqrt{\frac{1 + (2D\eta)^2}{(1 - \eta^2)^2 + (2D\eta)^2}}\,\hat{x}_G \ . \tag{2.248}$$

Bilden wir das Verhältnis $\hat{y}/\hat{x}_G$, das wir als Maß für die Güte der Isolierung ansehen können, so ergibt sich der gleiche Ausdruck

$$\frac{\hat{y}}{\hat{x}_G} = \sqrt{\frac{1 + (2D\eta)^2}{(1 - \eta^2)^2 + (2D\eta)^2}} = \frac{\hat{f}_Z}{\hat{f}_U} \tag{2.249}$$

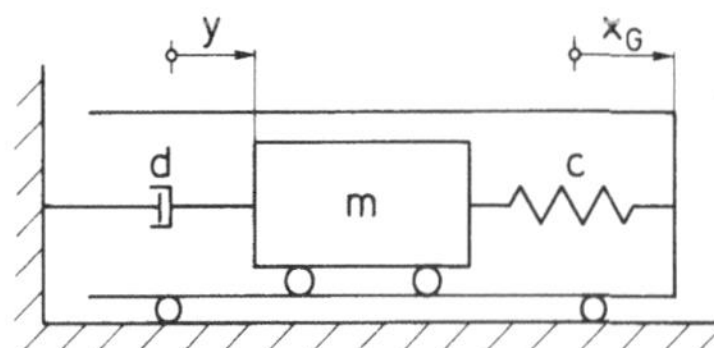

Abb. 2.39 **Modell zur passiven Entstörung**

wie bei den Kraftamplituden im vorher behandelten Fall der aktiven Entstörung (Abb. 2.38). Die Forderung nach einem möglichst kleinen Wert führt zu denselben Abstimmungs-Bedingungen wie vorher, also $\omega_0 \ll \Omega$ und $D \ll 1$.

Wirkt die Dämpfung nicht "relativ", also nicht gegen das Gehäuse, sondern "absolut", also gegen die Umgebung (Abb. 2.39), so ist die Bewegungsgleichung

$$m\ddot{y} + d\dot{y} + cy = cx_G(t) \tag{2.250}$$

oder in dimensionsloser Gestalt bei harmonischer Führungsbewegung

$$y'' + 2Dy' + y = \hat{x}_G \cos \eta\tau \ . \tag{2.251}$$

Damit liegt der eingangs besprochene Typ "Erregung durch einen harmonisch bewegten Federendpunkt" vor, bei dem sich die Amplitude $\hat{y}$ der eingeschwungenen Bewegung gemäß

$$\hat{y} = V_A \, \hat{x}_G \tag{2.252}$$

ergibt. Das Amplitudenverhältnis $\hat{y}/\hat{x}_G$ stimmt hier also mit der Vergrößerungsfunktion $V_A(\eta)$ überein:

$$\frac{\hat{y}}{\hat{x}_G} = V_A(\eta) = \frac{1}{\sqrt{(1 - \eta^2)^2 + (2D\eta)^2}} \ ; \tag{2.253}$$

diese hatten wir bereits in 2.5.1 besprochen und in den Abb. 2.36 und 2.38 dargestellt. Um kleine Werte zu erhalten, muß wieder tief abgestimmt werden ($\eta \gg 1$); im Unterschied zur "relativen" Dämpfung ist hier jedoch ein möglichst großer Wert des Dämpfungsgrades D anzustreben.

2.5.4 Mechanische Impedanz

In Abschnitt 2.5.1 hatten wir den Frequenzgang $\underline{G}(\Omega)$ des Feder-Masse-Dämpfer-Systems als Proportionalitätsfaktor zwischen der komplexen Amplitude der stationären Bewegung und der Erregerkraft eingeführt:

$$\hat{\underline{x}}_P = \underline{G}(\Omega)\, \hat{\underline{f}} \; . \tag{2.254}$$

Wegen

$$\hat{\dot{\underline{x}}}_P = j\Omega\, \hat{\underline{x}}_P \tag{2.255}$$

gilt natürlich auch

$$\hat{\dot{\underline{x}}}_P = j\Omega\, \underline{G}(\Omega)\, \hat{\underline{f}} \tag{2.256}$$

und

$$\hat{\underline{f}} = \underline{Z}(\Omega)\, \hat{\dot{\underline{x}}}_P \tag{2.257}$$

mit

$$\underline{Z}(\Omega) := \frac{1}{j\Omega\, \underline{G}(\Omega)} \; . \tag{2.258}$$

Der frequenzabhängige Proportionalitätsfaktor $\underline{Z}(\Omega)$ zwischen der komplexen Erregerkraftamplitude $\hat{\underline{f}}$ und der komplexen Geschwindigkeitsamplitude $\hat{\dot{\underline{x}}}_P$ wird *mechanische Impedanz* genannt, ihr Kehrwert $1/\underline{Z}(\Omega)$ heißt *Admittanz* $\underline{A}(\Omega)$. Der Betrag $|\underline{Z}(\Omega)|$ der Impedanz ist das Verhältnis der Amplituden $\hat{f}$ und $\hat{x}$, das Argument arg $\underline{Z}(\Omega)$ beschreibt den Phasenverschiebungswinkel der Erregerkraft gegenüber der Geschwindigkeit.

Der Impedanzbegriff ist aus der Elektrotechnik entlehnt, wo die Impedanz als das Verhältnis zwischen den komplexen Amplituden $\hat{\underline{U}}$ von Wechselspannung und $\hat{\underline{i}}$ von Wechselstrom definiert ist:

$$\hat{\underline{U}} = \underline{Z}(\Omega)\, \hat{\underline{i}} \; ; \tag{2.259}$$

in einem RLC-Schwingkreis (Abb. 2.13) wird bekanntlich der Realteil der Impedanz durch den OHMschen Widerstand R und der Imaginärteil durch die Induktivität L und die Kapazität C bestimmt. Legt man die elektromechanische Analogie Spannung/Kraft, Ladung/Verschiebung, Strom/Geschwindigkeit, Induktivität/Masse, OHMscher Widerstand/Dämpfer und Kehrwert der Kapazität/Feder zugrunde, so erkennt man unmittelbar den Zusammenhang zwischen dem Feder-

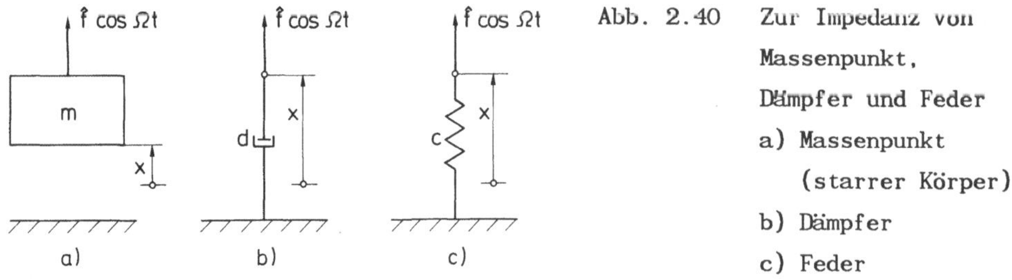

Abb. 2.40 Zur Impedanz von Massenpunkt, Dämpfer und Feder
a) Massenpunkt (starrer Körper)
b) Dämpfer
c) Feder

Masse-Dämpfer-System unter einer harmonischen Kraftanregung und dem RLC-Schwingkreis mit einer (Wechsel-)Spannungsquelle; ebenso offensichtlich ist dann auch die Analogie des Impedanz-Begriffs.

Bei der mechanischen Impedanz spricht man genauer von einer *Eingangsimpedanz*, wenn sich Kraft und Geschwindigkeit auf denselben Punkt beziehen; betrachtet man dagegen Geschwindigkeit und Kraft an verschiedenen Punkten, spricht man von einer *Übertragungsimpedanz*.

Wir bestimmen nun nacheinander die Impedanzen der drei "Grundsysteme" aus Abb. 2.40; dabei handelt es sich um Eingangsimpedanzen (für die drei "Bausteine" starrer Körper (Massenpunkt), Dämpfer und Feder können keine Übertragungsimpedanzen definiert werden.) Um die Impedanz des Massenpunktes zu berechnen, verwenden wir die Bewegungsgleichung (Abb. 2.40a)

$$m\ddot{x} = f \ , \tag{2.260}$$

aus der wir - für die stationäre Bewegung - die Beziehung

$$\hat{\underline{f}} = m\hat{\ddot{\underline{x}}} \tag{2.261}$$

ablesen können[30]. Mit

$$\hat{\ddot{\underline{x}}} = j\Omega\,\hat{\dot{\underline{x}}} \tag{2.262}$$

erhalten wir die gesuchte Beziehung

---

[30] Wir verzichten in diesem Abschnitt wieder auf den "Index" P zur Kennzeichnung der stationären Bewegung.

$$\hat{\underline{f}} = jm\Omega \, \hat{\underline{\dot{x}}} \, . \tag{2.263}$$

Die Impedanz

$$\underline{Z}_m(\Omega) = jm\Omega \tag{2.264}$$

eines Massenpunktes ist also rein imaginär mit positivem Imaginärteil; damit sind Erregerkraft und Geschwindigkeit um 90° phasenverschoben und die Geschwindigkeit eilt der Kraft nach. Die Impedanz ist proportional zur Erregerfrequenz und die Proportionalitätskonstante stimmt gerade mit der Masse des starren Körpers überein.

Bei der Berechnung der Dämpfer-Impedanz (Abb. 2.40b) tritt an die Stelle der Bewegungsgleichung (2.260) die Bedingung

$$f = d\dot{x} \; ; \tag{2.265}$$

daraus ergibt sich die Beziehung

$$\hat{\underline{f}} = d\hat{\underline{\dot{x}}} \; ; \tag{2.266}$$

die Impedanz

$$\underline{Z}_d(\Omega) = d \tag{2.267}$$

des Dämpfers ist also konstant, reell und positiv, und die Konstante stimmt gerade mit der Dämpfungskonstanten überein. Erregerkraft und Geschwindigkeit schwingen in Phase.

Als drittes berechnen wir die Impedanz einer Feder (Abb. 2.40c); aus

$$f = cx \tag{2.268}$$

folgt

$$\hat{\underline{f}} = c \, \hat{\underline{x}} \tag{2.269}$$

und mit

$$\hat{\underline{x}} = \frac{1}{j\Omega} \hat{\dot{x}} \tag{2.270}$$

ergibt sich

$$\hat{\underline{f}} = \frac{c}{j\Omega}\hat{\underline{\dot{x}}} . \tag{2.271}$$

Die Impedanz

$$\underline{Z}_c(\Omega) = -j\frac{c}{\Omega} \tag{2.272}$$

einer Feder ist also rein imaginär mit negativem Imaginärteil; damit sind - wie beim Massenpunkt - Erregerkraft und Geschwindigkeit um 90° phasenverschoben, hier eilt jeoch die Geschwindigkeit der Kraft voraus. Die Impedanz ist umgekehrt proportional zur Erregerfrequenz und die Proportionalitätskonstante stimmt gerade mit der Federsteifigkeit überein.

Als nächstes Beispiel bestimmen wir die Eingangsimpedanz des Feder-Masse-Dämpfer-Systems der Abb. 2.25. Dabei können wir auf die Beziehung (2.258) zwischen Impedanz und Frequenzgang zurückgreifen und erhalten

$$\underline{Z}(\Omega) = \frac{c}{j\Omega}[1 - (\frac{\Omega}{\omega_0})^2 + j\frac{d\Omega}{c}] \tag{2.273}$$

und nach einigen Umformungen auch

$$\underline{Z}(\Omega) = d + j(m\Omega - \frac{c}{\Omega}) . \tag{2.274}$$

Die Impedanz des Feder-Masse-Dämpfer-Systems unter (harmonischer) Kraftanregung ist also gegeben durch die Summe

$$\underline{Z} = \underline{Z}_m + \underline{Z}_d + \underline{Z}_c \tag{2.275}$$

der Impedanzen von Massenpunkt, Dämpfer und Feder! Für sehr kleine Erregerfrequenzen ($\Omega \ll \omega_0$) können wir in (2.274) die Terme d und $m\Omega$ gegenüber dem Ausdruck c/Ω vernachlässigen und die Impedanz $\underline{Z}(\Omega)$ stimmt näherungsweise überein mit der Impedanz $\underline{Z}_c(\Omega)$ einer Feder:

$$\underline{Z}(\Omega) \approx -j\frac{c}{\Omega}, \quad \Omega \ll \omega_0 . \tag{2.276}$$

Das Feder-Masse-Dämpfer-System verhält sich also für "kleine" Erregerfrequenzen wie eine Feder: man kann die Trägheits- und Dämpfungskräfte gegenüber den elastischen Kräften vernachlässigen. (Für $\eta \ll 1$ sind die Amplituden $\hat{x}$ von der Größenordnung der statischen Verschiebung, d.h. $V_A(\eta) \approx 1$.) In ähnlicher Weise verhält sich das Feder-Masse-Dämpfer-System für $\Omega \gg \omega_0$ wie ein Massenpunkt.

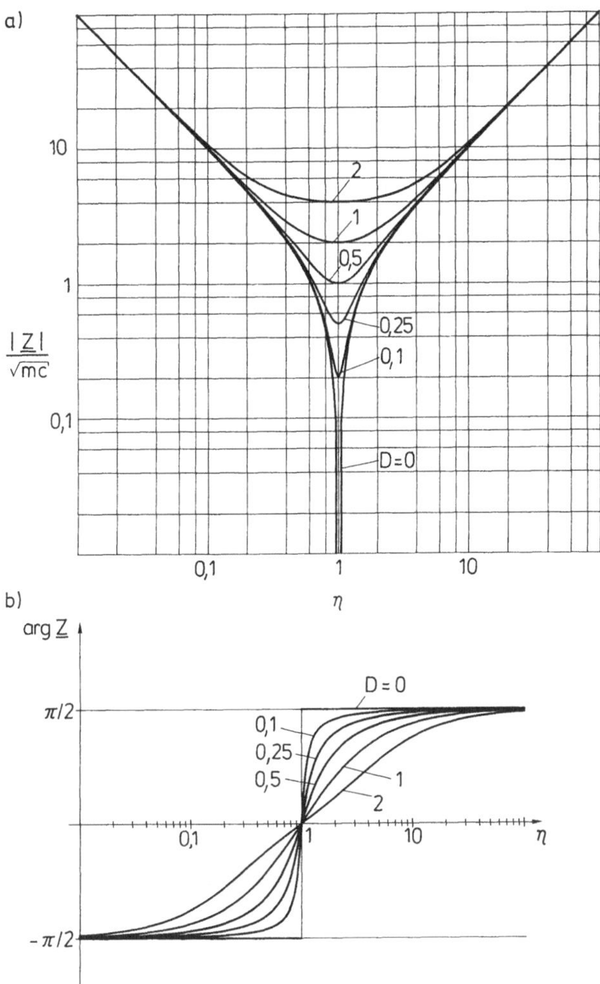

Abb. 2.41 Eingangsimpedanz des Systems der Abb. 2.25
a) Betrag (doppeltlogarithmisch)
b) Argument (linear-logarithmisch)

Impedanzen stellt man ähnlich wie die Vergrößerungsfunktionen oder den Frequenzgang in Diagrammen dar, sowohl nach Betrag und Argument als auch durch Real- und Imaginärteil, aufgetragen über η oder Ω, in linearen oder logarithmischen Maßstäben. Die Vorteile der doppeltlogarithmischen Darstellung treten auch hier deutlich zu Tage: so liest man beispielsweise aus der Darstellung des Betrages (Abb. 2.41a) für $\eta \gg 1$ die Steigung "Eins" ab; der Betrag ist also proportional zu Ω. Ein Blick auf Abb. 2.41b zeigt weiter, daß in diesem Frequenzbereich der Phasenverschiebungswinkel der Erregerkraft gegenüber der Geschwindigkeit fast den Wert $\pi/2$ besitzt. Diese beiden Kennzeichen charakte-

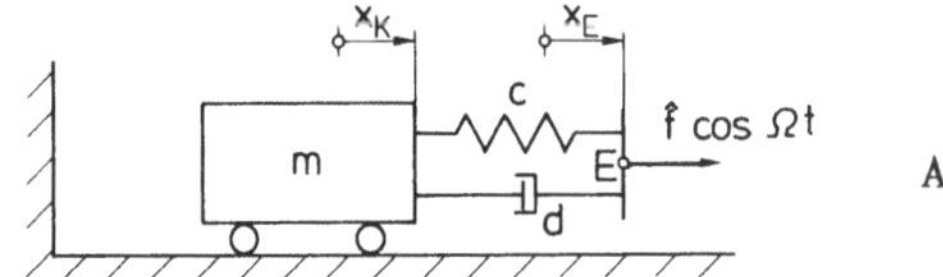

Abb. 2.42 Harmonische Kraftanregung über einen Feder-Dämpfer-Endpunkt

risieren aber ein System, das sich "im wesentlichen" wie ein Massenpunkt verhält. - In derselben Weise läßt sich auch die Steigung "Minus Eins" im linken Teil der Abb. 2.41a interpretieren, zusammen mit der Tatsache, daß im selben Bereich der Abb. 2.41b das Argument näherungsweise den Wert $\pi/2$ annimmt.

Als weiteres Beispiel behandeln wir das System der Abb. 2.42 und bestimmen sowohl die Übertragungsimpedanz $\underline{Z}_{EK}$, die durch

$$\hat{\underline{f}}_E = \underline{Z}_{EK}(\Omega)\, \hat{\dot{\underline{x}}}_K \tag{2.277}$$

definiert ist, als auch die Eingangsimpedanz $\underline{Z}_{EE}$, die sich aus

$$\hat{\underline{f}}_E = \underline{Z}_{EE}(\Omega)\, \hat{\dot{\underline{x}}}_E \tag{2.278}$$

ergibt. Dazu benötigen wir zum einen die Bewegungsgleichung

$$m\ddot{x}_K + d(\dot{x}_K - \dot{x}_E) + c(x_K - x_E) = 0\ , \tag{2.279}$$

und zum anderen die Gleichgewichtsbedingung

$$f_E + d(\dot{x}_K - \dot{x}_E) + c(x_K - x_E) = 0 \tag{2.280}$$

am Angriffspunkt der Erregerkraft. Daraus folgt unmittelbar

$$f_E = m\ddot{x}_K \tag{2.281}$$

und damit

$$\hat{\underline{f}}_E = m\hat{\ddot{\underline{x}}}_K = jm\Omega\, \hat{\dot{\underline{x}}}_K\ . \tag{2.282}$$

Die Übertragungsimpedanz ist also

$$\underline{Z}_{EK}(\Omega) = jm\Omega = \underline{Z}_m(\Omega) \tag{2.283}$$

und stimmt überein mit der Impedanz des Massenpunktes.

Zur Berechnung der Eingangsimpedanz $Z_{EE}(\Omega)$ brauchen wir nun noch eine Beziehung zwischen den Geschwindigkeitsamplituden $\underline{\hat{\dot{x}}}_K$ und $\underline{\hat{\dot{x}}}_E$. Dazu schreiben wir (2.279) in der Form

$$m\ddot{x}_K + d\dot{x}_K + cx_K = d\dot{x}_E + cx_E \tag{2.284}$$

und erhalten für die stationäre Bewegung

$$(jm\Omega + d + \frac{c}{j\Omega})\,\underline{\hat{\dot{x}}}_K = (d + \frac{c}{j\Omega})\,\underline{\hat{\dot{x}}}_E\ , \tag{2.285}$$

oder auch

$$\underline{\hat{\dot{x}}}_K = \frac{d - j\,\frac{c}{\Omega}}{d + j(m\Omega - \frac{c}{\Omega})}\,\underline{\hat{\dot{x}}}_E\ . \tag{2.286}$$

Mit Hilfe von (2.282) ergibt sich daraus

$$\underline{\hat{f}} = jm\Omega\,\frac{d - j\,\frac{c}{\Omega}}{d + j(m\Omega - \frac{c}{\Omega})}\,\underline{\hat{\dot{x}}}_E\ , \tag{2.287}$$

und

$$\underline{Z}_{EE}(\Omega) = jm\Omega\,\frac{d - j\,\frac{c}{\Omega}}{d + j(m\Omega - \frac{c}{\Omega})}\ . \tag{2.288}$$

In (2.288) kann man unmittelbar erkennen, wie sich die Impedanz auch hier aus den "Elementarimpedanzen" von Massenpunkt, Dämpfer und Feder zusammensetzt:

$$\underline{Z}_{EE} = \frac{\underline{Z}_m(\underline{Z}_d + \underline{Z}_c)}{\underline{Z}_m + \underline{Z}_d + \underline{Z}_c}\ . \tag{2.289}$$

Für die numerische Auswertung und die graphische Darstellung ist allerdings die Form

$$\underline{Z}_{EE}(\eta) = \sqrt{mc}\;\eta\,\frac{2D\eta^3 + j\,[1 - \eta^2 + (2D\eta)^2]}{(1 - \eta^2)^2 + (2D\eta)^2} \tag{2.290}$$

zweckmäßiger, da daraus Real- und Imaginärteil sofort entnommen werden können.

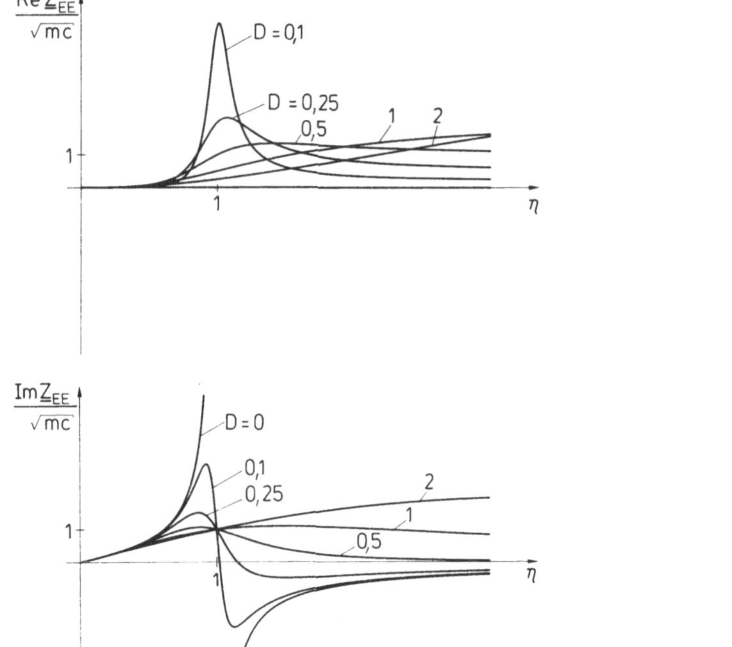

Abb. 2.43 Eingangsimpedanz des Systems der Abb. 2.42

Außerdem überblickt man leicht die Abhängigkeit von den beiden Parametern D und η, wie sie in Abb. 2.43 dargestellt ist. Hier können wir den Bereich $\eta \ll 1$ ebenso deuten wie im vorhergehenden Beispiel: Die beiden Eigenschaften Re $\underline{Z}(\Omega) \approx 0$ und Im $\underline{Z}(\Omega) \approx m\Omega$ kennzeichnen nämlich ein System, das sich "im wesentlichen" wie ein Massenpunkt verhält. Aus (2.290) folgt auch

$$\lim_{\eta \to \infty} \underline{Z}_{EE}(\eta) = d \,, \tag{2.291}$$

was man auch direkt an (2.289) erkennt: Für sehr große Erregerfrequenzen kann man im Nenner $\underline{Z}_d$ und $\underline{Z}_c$ gegenüber $\underline{Z}_m$ vernachlässigen und im Zähler $\underline{Z}_c$ gegenüber $\underline{Z}_d$. Damit ist die Behandlung des Beispiels abgeschlossen.

Die Verwendung mechanischer Impedanzen ist besonders nützlich bei der Behandlung von Systemen, die aus mehreren Subsystemen zusammengesetzt sind. Sind etwa die dynamischen Eigenschaften eines "Grundsystems" und die eines "Zusatzsystems" bekannt und soll das dynamische Verhalten des "Gesamtsystems", das durch Koppeln von Grund- und Zusatzsystem entsteht, untersucht werden, so kann diese Aufgabe mit Hilfe der mechanischen Impedanzen erledigt werden. Die

Wirkung des Zusatzsystems auf das Grundsystem kann nämlich vollständig durch die - für die Koppelstelle definierte - Eingangsimpedanz des Zusatzsystems beschrieben werden. Dies wird in 3.7.2 und 4.3.1 noch genauer dargestellt.

Häufig tritt in der Praxis der Fall auf, daß die Impedanzen von Subsystemen zwar nicht ohne weiteres berechnet werden können, jedoch mit Hilfe moderner Meßgeräte leicht zu messen sind, wobei man Kräfte und Geschwindigkeiten gleichzeitig erfassen muß. In der Praxis geschieht dies allerdings nur selten mit einem harmonischen Erregersignal ("gleitender - d.h. die Frequenz kontinuierlich ändernder - Sinus"), sondern mit Erregersignalen, in denen möglichst alle interessierenden Frequenzen "vertreten" sind; insbesondere kommen bei mechanischen Systemen auch stoßartige Erregungen zur Anwendung. Aus der Systemantwort auf ein solches Erregersignal kann man mit Hilfe der FOURIER-transformation die Impedanz für den entsprechenden Frequenzbereich berechnen (s. Kapitel 5). Entsprechendes gilt natürlich nicht nur für die Messung von Impedanzen, sondern genauso für Admittanzen und für dynamische Steifigkeiten und Nachgiebigkeiten.

2.5.5 Strukturdämpfung und andere Dämpfungsarten

Dämpfungskräfte hatten wir bisher stets als linear in den Geschwindigkeiten vorausgesetzt und dies durch das bekannte Symbol eines hydraulischen Dämpfers mit Kolben und Zylinder angedeutet. In ähnlicher Weise hatten wir die Rückstellkräfte linear in den Verschiebungen angenommen und dies durch eine Feder symbolisiert. Solche idealen Feder und Dämpfer sind selbstverständlich das Ergebnis einer Modellbildung, bei der man bemüht ist, ein Ersatzsystem zu erstellen, in dem nur starre Körper, ideale Federn und ideale Dämpfer auftreten. In Wirklichkeit lassen sich aber besonders die elastischen von den dämpfenden Kräften oft physikalisch kaum trennen, d.h. beide Elemente, Feder und Dämpfer, sind in ein und demselben Bauteil vereint. Dies ist etwa bei Gummifedern der Fall, wo das Materialgesetz eine ausgeprägte Dämpfung bewirken kann, oder auch bei Tellerfedern, bei denen mechanische Energie durch Reibung zwischen den einzelnen Scheiben vernichtet wird. Selbstverständlich sind physikalische Federn und Dämpfer immer auch massebehaftet, jedoch ist dieser Effekt häufig vernachlässigbar. Abb. 2.44 zeigt symbolhaft drei Beispiele masseloser Verbindungselemente, die sich bei der Modellbildung häufig ergeben.

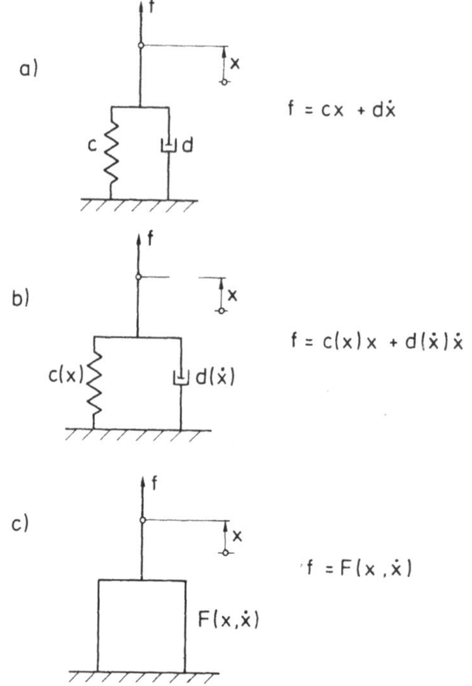

Abb. 2.44 Modelle masseloser Verbindungselemente
a) linear-viskoelastisches Element
b) Element aus nichtlinearer Feder und Dämpfer

Dabei zeigt Abb. 2.44a die linear-viskoelastiche Verbindung, mit der wir uns bisher beschäftigt haben, Abb. 2.44b ein Element, bei dem noch eine Trennung in einen verschiebungsabhängigen Federanteil und einen geschwindigkeitsabhängigen Dämpferanteil möglich ist, und Abb. 2.44c zeigt schließlich eine allgemeine Verbindung, in dem die rückstellenden und dämpfenden Kräfte physikalisch nicht vollständig voneinander zu trennen sind.

Besonders die Dämpfungseigenschaften realer Systeme sind häufig nicht ohne weiteres berechenbar und müssen gegebenenfalls experimentell bestimmt werden. Dazu wird der Werkstoff oder das Bauteil, das man bei der Modellbildung durch eine masselose Verbindung abgebildet hat, einer harmonisch pulsierenden Verschiebung ausgesetzt und die Kraft gemessen. In der (f,x)-Ebene ergibt sich damit i.a. eine geschlossene Kurve, die *Hysteresekurve*. Verhält sich der Werkstoff oder das Bauteil linear-viskoelastisch, so ist die Hystereseschleife eine Ellipse, deren Flächeninhalt mit dem Energieverlust

$$\Delta E = \pi d\Omega \, \hat{x}_P^2 \tag{2.292}$$

übereinstimmt (Abb. 2.45a).

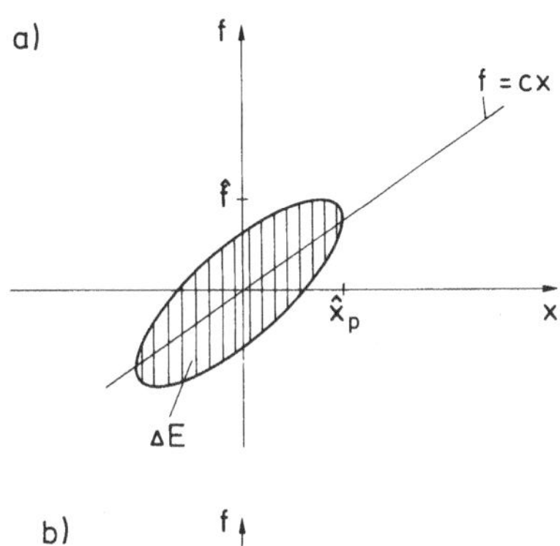

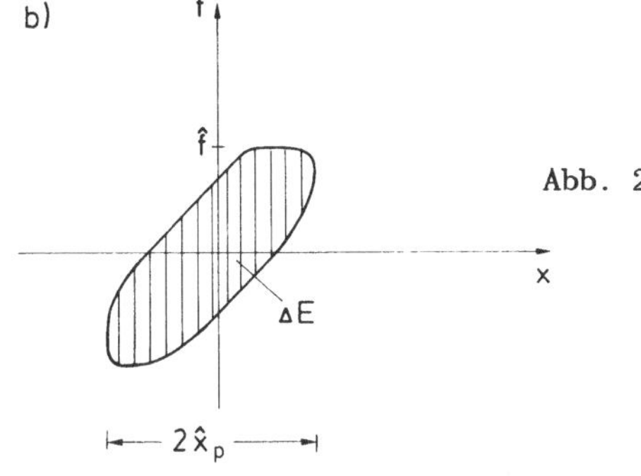

Abb. 2.45 Hysteresekurven
a) Hysteresekurve eines linear-viskoelastischen Elements gemäß der Abb. 2.44a)
b) Hysteresekurve eines Elements gemäß der Abb. 2.44b oder 2.244c

Der Ausdruck (2.292) stimmt übrigens mit (2.210) überein und ebenso gleichen sich Abb. 2.33 und Abb. 2.45a. Dabei wurde ΔE durch Ω und $\hat{x}$ ausgedrückt. Für gleiche Kraftamplituden $\hat{f}$ ergeben sich jedoch bei gleicher Frequenz in beiden Fällen unterschiedliche Werte von $\hat{x}$, da das linear-viskoelastische Element der Abb. 2.44a masselos ist, im Abschnitt 2.5.2 jedoch ein Feder-Masse-Dämpfer-System untersucht wurde; deswegen sind bei gleichem Maßstab auf den Koordinatenachsen auch die Ellipsen unterschiedlich. Die Richtung der großen Hauptachse stimmt übrigens in Abb. 2.45a recht gut mit der Federkennlinie überein.

Häufig verhalten sich reale Werkstoffe oder Bauteile jedoch nicht linear-viskoelastisch und es entstehen Hystereseschleifen anderer Gestalt; in Abb. 2.45b ist eine Schleife dargestellt, wie sie sich typischerweise aus einer Messung ergibt. Jede dieser Hysteresekurven, deren Flächeninhalt auch hier identisch mit dem Energieverlust ΔE ist, kann zwar in erster Näherung oft recht gut durch eine Ellipse approximiert werden, dies sogar für weite Erregerfrequenz- und - amplitudenbereiche, allerdings entspricht die Änderung dieser Ellipse nicht mehr dem linear-viskoelastischen Gesetz, wenn man Erregerfrequenz und -amplitude variiert. Die Erfahrung zeigt, daß der Energieverlust bei vielen Strukturen zwar oft noch quadratisch in der Amplitude $\hat{x}_p$ ist, aber kaum noch von der Frequenz Ω abhängt. Man kann daher in diesen Fällen in guter Näherung

$$\Delta E = k \hat{x}_p^2 \tag{2.293}$$

schreiben mit der (frequenzunabhängigen) Proportionalitätskonstanten $k > 0$. Die Vernichtung mechanischer Energie ist dabei dem Zusammenwirken mehrerer Phänomene zuzuschreiben, wobei nichtelastische Materialgesetze meistens nur eine untergeordnete Rolle spielen. Ein Großteil der mechanischen Energie wird beispielsweise oft an Verbindungs- oder Fügestellen durch Reibung vernichtet oder fließt über die "Ränder" des Systems ab. So ist z.B. im Maschinenbau bekannt, daß verschraubte oder vernietete Strukturen wesentlich stärker gedämpft sind als geschweißte; ähnliche Zusammenhänge gelten im Bauwesen.

Der beschriebene Dämpfungstyp, bei dem der Energieverlust (2.293) genügt, wird als *Strukturdämpfung* bezeichnet. Ein Vergleich zwischen (2.292) und (2.293) legt es nahe, ein System mit Strukturdämpfung unter harmonischer Erregung durch ein äquivalentes System mit viskoser Dämpfung zu beschreiben, äquivalent in dem Sinn, daß innerhalb einer Periode derselbe Energieverlust entsteht. Diese Forderung führt auf die Dämpfungskonstante

$$d = \frac{k}{\pi\Omega} , \tag{2.294}$$

die umgekehrt proportional zur Erregerfrequenz ist. Die zugehörige Bewegungsgleichung besitzt dann die Form

$$m\ddot{x} + \frac{k}{\pi\Omega}\dot{x} + cx = \hat{f}\cos\Omega t , \tag{2.295}$$

in komplexer Schreibweise

$$m\ddot{\underline{x}} + \frac{k}{\pi\Omega}\dot{\underline{x}} + c\underline{x} = \hat{\underline{f}}\, e^{j\Omega t} . \tag{2.296}$$

Mit der stationären Bewegung $\underline{x}_p(t) = \hat{\underline{x}}_p(t)\, e^{j\Omega t}$ ergibt sich der Frequenzgang

$$\underline{G}_{St}(\Omega) = \frac{1}{c}\,\frac{1}{1 - (\frac{\Omega}{\omega_0})^2 + j\,\frac{k}{\pi c}} . \tag{2.297}$$

Der Nenner enthält jetzt - im Unterschied zum viskos gedämpften System - keinen in Ω linearen Term. Die dimensionslose Größe $k/\pi c$ wird als *Verlustfaktor* bezeichnet und der durch

$$\tan \upsilon := \frac{k}{\pi c} \tag{2.298}$$

definierte Winkel $\upsilon \in (0,\pi/2)$ wird *Verlustwinkel* genannt. Der Betrag des Frequenzgangs ist

$$|\underline{G}_{St}(\Omega)| = \frac{1}{c} \frac{1}{\sqrt{[1 - (\frac{\Omega}{\omega_0})^2]^2 + (\frac{k}{\pi c})^2}} \tag{2.299}$$

und stimmt - bis auf den Faktor 1/c - mit der Vergrößerungsfunktion

$$V_{St}(\eta) := \frac{1}{\sqrt{(1 - \eta^2)^2 + (\frac{k}{\pi c})^2}} = c \, |\underline{G}_{St}(\eta\omega_0)| \tag{2.300}$$

überein; das Argument $\psi_{St} = \arg \underline{G}_{St}$ genügt der Beziehung

$$\tan[\arg \underline{G}_{St}(\Omega)] = - \frac{\frac{k}{\pi c}}{1 - (\frac{\Omega}{\omega_0})^2} \tag{2.301}$$

und kennzeichnet den Phasenverschiebungswinkel von $\hat{\underline{x}}$ gegenüber $\hat{\underline{f}}$. Vergrößerungs- und Phasenfunktion sind in den Abb. 2.46 und 2.47 mit dem Verlustfaktor $k/\pi c$ als Scharparameter dargestellt. Im Vergleich mit den entsprechenden Abbildungen 2.26 und 2.27 für viskose Dämpfung zeigt sich zunächst, daß für sehr große Erregerfrequenzen ($\eta \gg 1$) keine qualitativen Unterschiede festzustellen sind. $V_{St}(\eta)$ besitzt jedoch - im Gegensatz zu $V_A(\eta)$ - an der Stelle $\eta = 1$ ihr Maximum und zwar für alle Werte von $k/\pi c$, während $\psi_{St}(\eta)$ - ebenso wie $\psi(\eta)$ - dort den Wert $-\pi/2$ annimmt. Schließlich zeigt sich auch ein unterschiedliches Verhalten für sehr kleine Erregerfrequenzen ($\eta \ll 1$): Sowohl V_{St} als auch ψ_{St} besitzen im Grenzfall $\psi \to 0$ Grenzwerte, die von der Größe des Parameters $k/\pi c$ abhängen, während V_A bzw. ψ gegen Eins bzw gegen Null streben, unabhängig vom Dämpfungsgrad D.

Man bemerke, daß die beschriebene Vorgehensweise zur Behandlung "strukturell gedämpfter" Systeme nur bei erzwungenen Schwingungen sinnvoll ist. So hat es beispielsweise keinen Sinn, in (2.295) die Inhomogenität wegzulassen, weil dann der Parameter Ω im Koeffizienten $k/\pi\Omega$ nicht mehr erklärt ist. Nähere Angaben über Werte der Verlustfaktoren sind z.B. bei HARRIS & CREDE zu finden.

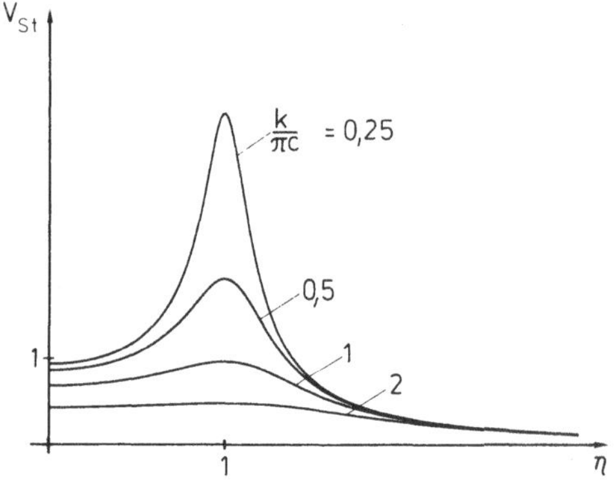

Abb. 2.46 Vergrößerungsfunktion $V_{St}(\eta)$ gemäß (2.300) (Strukturdämpfung)

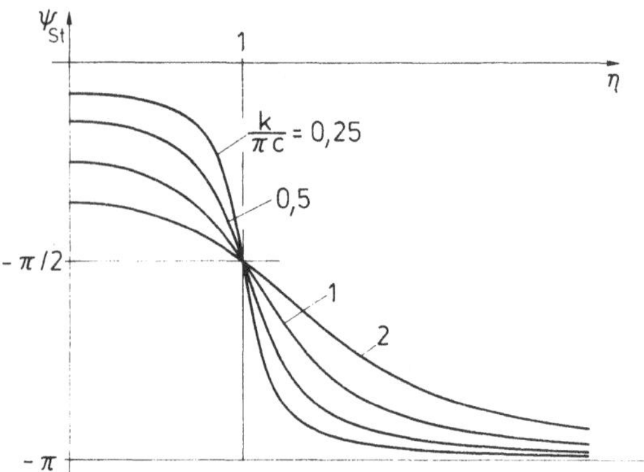

Abb. 2.47 Die Phasenfunktion $\psi_{St}(\eta)$ gemäß (2.301) (Strukturdämpfung)

2.6. Erzwungene Schwingungen bei periodischer Erregung

2.6.1 Behandlung im Zeitbereich

In Abschnitt 2.5.1 hatten wir die harmonische Krafterregung besprochen und eine harmonische Systemantwort berechnet. Bei periodischer Erregung wird man erwarten, daß eine partikuläre Lösung der inhomogenen Bewegungsgleichung existiert, die ebenfalls periodisch ist. In der Tat: Ist $x_p(t)$ irgendeine partikuläre Lösung von

$$m\ddot{x} + d\dot{x} + cx = f(t) \ , \quad f(t + T) = f(t) \tag{2.302}$$

so ist

$$x_p'(t) := e^{-\delta t}(C \cos \omega_d t + S \sin \omega_d t) + x_p(t) \tag{2.303}$$

für jedes Wertepaar (C,S) ebenfalls eine partikuläre Lösung[31]. Bestimmt man nun C und S so, daß

$$x_p'(0) = x_p'(T), \quad \dot{x}_p'(0) = \dot{x}_p'(T) \tag{2.304}$$

gilt, so ist $x_p'(t)$ offensichtlich periodisch. Bei gegebenem $x_p(t)$ führten (2.304) und (2.303) auf ein lineares Gleichungssystem in C und S mit der Lösung

$$C = \frac{1 - ce^{-\delta T} + (\delta/\omega_d)se^{-\delta T}}{\Delta}[x_p(T) - x_p(0)] + $$

$$+ \frac{se^{-\delta T}}{\Delta}\frac{1}{\omega_d}[\dot{x}_p(T) - \dot{x}_p(0)] , \tag{2.305a}$$

$$S = \frac{(1 - ce^{-\delta T})(\delta/\omega_d) - se^{-\delta T}}{\Delta}[x_p(T) - x_p(0)] + $$

$$+ \frac{1 - ce^{-\delta T}}{\Delta}\frac{1}{\omega_d}[\dot{x}_p(T) - \dot{x}_p(0)] \tag{2.305b}$$

mit

$$\Delta := 1 - 2 \cos \omega_d T\, e^{-\delta T} + e^{-2\delta T}, \tag{2.306a}$$

$$c := \cos \omega_d T , \quad s := \sin \omega_d T . \tag{2.306b}$$

Damit haben wir aus der beliebigen partikulären Lösung $x_p(t)$ die periodische Lösung $x_p'(t)$ bestimmt.

Spezialisieren wir (2.305) auf den Fall eines ungedämpften Systems ($\delta \to 0$, $\omega_d \to \omega_0$), so folgt

[31] Wir beschränken uns auf unterkritisch gedämpfte Systeme.

$$C = \frac{1 - \cos \omega_0 T}{\Delta_0} [x_p(T) - x_p(0)] + \frac{\sin \omega_0 T}{\Delta_0} \frac{\dot{x}_p(T) - \dot{x}_p(0)}{\omega_0} , \quad (2.307a)$$

$$S = - \frac{\sin \omega_0 T}{\Delta_0} [x_p(T) - x_p(0)] + \frac{1 - \cos \omega_0 T}{\Delta_0} \frac{\dot{x}_p(T) - \dot{x}_p(0)}{\omega_0} \quad (2.307b)$$

mit

$$\Delta_0 := 2(1 - \cos \omega_0 T) . \quad (2.308)$$

Die Lösung (2.305) bzw. (2.307) hat nur dann einen Sinn, wenn Δ bzw Δ_0 von Null verschieden ist. Dies ist im gedämpften Fall ($\delta > 0$) stets gewährleistet, bei einem ungedämpften System dagegen verschwindet Δ_0 für

$$\omega_0 T = k2\pi, \quad k = 1,2,\ldots , \quad (2.309)$$

also dann, wenn die Schwingungsdauer T der Erregung ein ganzzahliges Vielfaches der Eigenschwingungsdauer $T_0 = 2\pi/\omega_0$ ist:

$$T = k\, T_0 , \quad k = 1,2,\ldots . \quad (2.310)$$

In diesem Fall ist es u.U nicht möglich, die Periodizitätsbedingung (2.304) zu erfüllen (Resonanz!); wir werden dies im nächsten Abschnitt näher untersuchen.

Ist also bei gedämpften Systemen irgendeine partikuläre Lösung $x_p(t)$ gefunden, so kennen wir auch die stationäre Lösung $x_p'(t)$. Allerdings ist es nur für sehr einfache rechte Seiten f(t) in (2.302) möglich, auf analytischem Wege eine geschlossene Lösung $x_p(t)$ anzugeben, ohne Reihenentwicklungen zu verwenden. Im nächsten Abschnitt werden wir uns daher mit der Bestimmung von $x_p(t)$ mittels FOURIERreihen beschäftigen. Einer der wenigen Fälle, in denen es gelingt, $x_p(t)$ geschlossen anzugeben, ist der, in dem f(t) stückweise durch sehr einfache, z.B. durch lineare Funktionen gegeben ist. Man kann dann die Lösung durch "Anstückeln" erhalten.

Als Beispiel betrachten wir eine Erregung in Form der *Sägezahnschwingung* $\hat{f}\, z(t)$; die T-periodische Funktion z(t) ist dabei definiert durch

$$z(t) := 1 - 2\frac{t}{T} , \quad 0 < t < T \quad (2.311)$$

und in Abb. 2.48 dargestellt. Wir beschränken uns hier auf den ungedämpften

a)

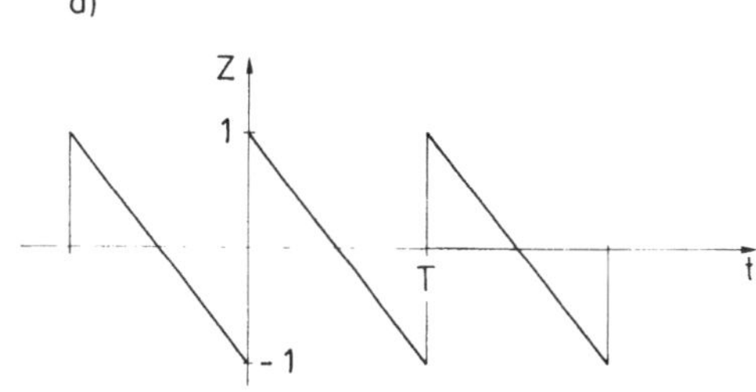

b)

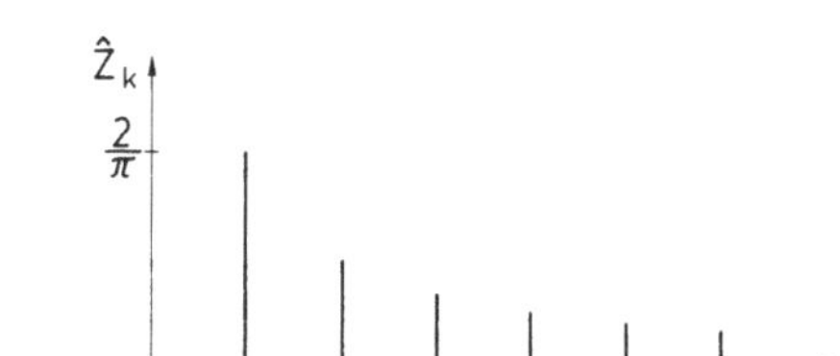

Abb. 2.48 Sägezahnschwingung und ihr Amplitudenspektrum

Fall und haben zunächst eine partikuläre Lösung $x_p(t)$ der Bewegungsgleichung

$$m\ddot{x} + cx = \hat{f}(1 - 2\,\frac{t}{T}) , \quad 0 < t < T \tag{2.312}$$

zu bestimmen. Mit einem Ansatz vom Typ der rechten Seite ergibt sich ohne Schwierigkeiten

$$x_p(t) = x_s(1 - 2\,\frac{t}{T}) , \quad 0 < t < T \tag{2.313}$$

mit der vertrauten Abkürzung $x_s = \hat{f}/c$. Diese partikuläre Lösung erfüllt nicht die Periodizitätsbedingung $x_p(0) = x_p(T)$. Wir addieren deshalb die allgemeine Lösung $C \cos \omega_0 t + S \sin \omega_0 t$ der homogenen Gleichung und bestimmen die Koeffizienten C und S gemäß (2.307):

$$C = - x_s , \tag{2.314a}$$

$$S = \frac{\sin \omega_0 T}{1 - \cos \omega_0 T}\, x_s , \quad \cos \omega_0 T \neq 1 . \tag{2.314b}$$

Mit $\Omega := 2\pi/T$ erhalten wir schließlich die periodische Lösung $x_p'(t)$, die durch

$$x_p'(t) = x_s[- \cos \omega_0 t + \cot(\pi\omega_0/\Omega) \sin \omega_0 t + 1 - \frac{\Omega}{\pi}t], \quad t \in (0,T) \tag{2.315}$$

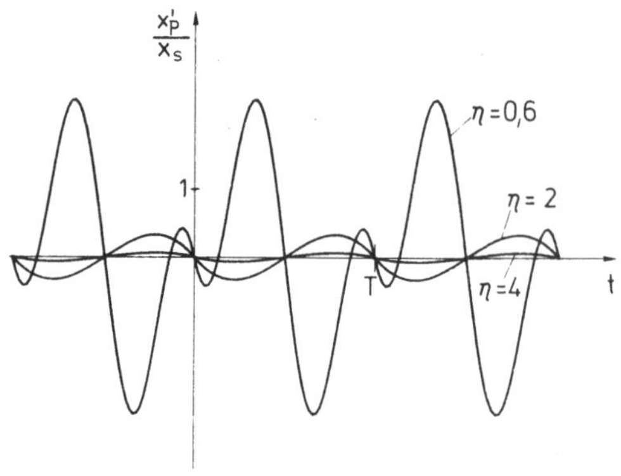

Abb. 2.49 Stationäre Bewegung des ungedämpften Systems bei Sägezahnerregung

beschrieben wird und in Abb. 2.49 für verschiedene Werte des Frequenzverhältnisses $\eta = \Omega/\omega_0$ dargestellt ist. Sie verschwindet an den Intervallenden und ihre Ableitung $\dot{x}_p'(t)$ ist stetig. Die Beschleunigung

$$\ddot{x}_p'(t) = x_s\omega_0^2[\cos\omega_0 t - \cot(\pi\omega_0/\Omega)\sin\omega_0 t],\quad t \in (0,T) \tag{2.316}$$

ist jedoch an den Intervallenden unstetig und es gilt

$$\ddot{x}_p'(0^+) - \ddot{x}_p'(T^-) = 2\,x_s\omega_0^2\,, \tag{2.317}$$

unabhängig von T. Aus der Stetigkeit von $x_p'(t)$ und $\dot{x}_p'(t)$ folgt

$$m[\ddot{x}_p'(0^+) - \ddot{x}_p'(T^-)] = f(0^+) - f(T^-) \tag{2.318}$$

auch direkt durch Integration aus (2.302). Die Beschleunigungen sind natürlich genau dort unstetig, wo die Kräfte es sind!

2.6.2 Behandlung im Frequenzbereich

In Abschnitt 1.4 hatten wir gesehen, daß sich periodische Funktionen in FOURIERreihen entwickeln lassen; man kann damit eine periodische Erregung als Überlagerung von abzählbar unendlich vielen harmonischen Schwingungen auffassen, deren Frequenzen ganzzahlige Vielfache der Grundfrequenz sind. Mit dem Superpositionsprinzip liefert dies den Schlüssel zur Berechnung von erzwungenen Schwingungen bei periodischer Erregung. Wir erinnern zunächst an das Superpositionsprinzip: Sei $x_{p_i}(t)$ irgendeine partikuläre Lösung der linearen inhomogenen Differentialgleichung

$$m\ddot{x} + d\dot{x} + cx = f_i(t) \ , \ i = 1,2 \tag{2.319}$$

mit $f_i(t)$, $i = 1,2$, nicht notwendigerweise periodisch, dann ist

$$x_P(t) := c_1 x_{P1}(t) + c_2 x_{P2}(t) \tag{2.320}$$

eine partikuläre Lösung der Differentialgleichung

$$m\ddot{x} + d\dot{x} + cx = c_1 f_1(t) + c_2 f_2(t). \tag{2.321}$$

Dies gilt selbstverständlich nicht nur für zwei Summanden, sondern auch für endlich viele. In diesem Abschnitt werden wir sogar abzählbar unendlich viele Terme überlagern und in 2.7.2 sowie in 5.3 wird das Prinzip auf überabzählbar unendlich (kontinuierlich) viele Terme erweitert.

Nach diesen allgemeinen Bemerkungen betrachten wir die Bewegungsgleichung (2.302) mit einer T-periodischen Krafterregung, hier in normierter Schreibweise

$$x'' + 2Dx' + x = e(\tau) \ , \quad e(\tau + 2\pi/\eta) = e(\tau) \tag{2.322}$$

mit

$$e(\tau) := \frac{1}{c} \, f\left(\frac{T}{2\pi} \eta\tau\right) . \tag{2.323}$$

Wir entwickeln jetzt $e(\tau)$ in eine FOURIERreihe

$$e(\tau) = C_0 + \sum_{k=1}^{\infty} (C_k \cos k\eta\tau + S_k \sin k\eta\tau) \ , \tag{2.324}$$

deren FOURIERkoeffizienten sich aus (1.77) ergeben:

$$C_0 = \frac{\eta}{2\pi} \int_{-\pi/\eta}^{\pi/\eta} e(\tau)\, d\tau \ , \tag{2.325a}$$

$$C_k = \frac{\eta}{\pi} \int_{-\pi/\eta}^{\pi/\eta} e(\tau) \cos k\eta\tau \, d\tau \ , \tag{2.325b}$$

$$S_k = \frac{\eta}{\pi} \int_{-\pi/\eta}^{\pi/\eta} e(\tau) \sin k\eta\tau \, d\tau \ ; \tag{2.325c}$$

dabei haben wir lediglich die "Schwingungsdauer" $2\pi/\eta$ durch die "Grundfrequenz" η ausgedrückt. Beschreiben wir die FOURIERreihe - gemäß (1.80) - durch ihr Amplituden- und Phasenspektrum, so geht (2.322) über in

$$x'' + 2Dx' + x = \bar{e} + \sum_{k=1}^{\infty} \hat{e}_k \cos(k\eta\tau + \alpha_k) , \tag{2.326}$$

in der jeder Summand der rechten Seite eine harmonische "Zeit"-Funktion darstellt. Für jeden dieser Terme können wir aber leicht eine partikuläre Lösung angeben, und das Superpositionsprinzip besagt, daß deren Überlagerung eine partikuläre Lösung $x_p(\tau)$ der Bewegungsgleichung (2.326) liefert:

$$x_p(\tau) = \bar{e} + \sum_{k=1}^{\infty} V_A(k\eta)\, \hat{e}_k \cos[k\eta\tau + \alpha_k + \psi(k\eta)] . \tag{2.327}$$

Diese hat die Form einer FOURIERreihe mit dem Amplitudenspektrum

$$V_A(k\eta)\, \hat{e}_k = \frac{1}{\sqrt{(1 - k^2\eta^2)^2 + (2Dk\eta)^2}}\, \hat{e}_k \tag{2.328}$$

und dem Phasenspektrum $\mathrm{Hw}(\alpha_k + \psi_k)$; dabei gilt selbstverständlich

$$\psi_k := \psi(k\eta) \quad \text{mit} \quad \tan\psi_k = -\frac{2Dk\eta}{1 - k^2\eta^2} . \tag{2.329}$$

Die so gewonnene partikuläre Lösung ist periodisch und besitzt dieselbe Schwingungsdauer wie die Erregung; wir sprechen deshalb auch hier von der eingeschwungenen Bewegung.

Bisher haben wir stillschweigend vorausgesetzt, daß der Nenner in (2.328) für alle k ungleich Null ist; lediglich für $D = 0$ und gleichzeitig $\eta = 1/k$ ist jedoch (2.328) nicht erklärt. Sieht man von diesem Fall zunächst ab, so existieren alle $V_A(k\eta)$ und es gilt

$$\lim_{k\to\infty} k^2\, V_A(k\eta) = \frac{1}{\eta^2} . \tag{2.330}$$

Damit ist die Folge auch beschränkt und es existiert eine Konstante K_0, so daß

$$V_A(k\eta) \le \frac{1}{k^2} K_0 , \quad k = 1,2,\ldots \tag{2.331}$$

ist. Daraus folgt, daß die FOURIERreihe (2.327) von $x_p(\tau)$ eine um zwei höhere Ordnung als die von $e(\tau)$ hat, und (2.327) konvergiert sicher; die Funktion $x_p(\tau)$ ist demnach auch glatter als $e(\tau)$. Dies erkennt man natürlich auch unmittelbar aus der Differentialgleichung der Bewegung mit der Kraftanregung ("Integration glättet").

Wir untersuchen jetzt noch das ungedämpfte System und betrachten zunächst den Resonanzfall, der ja dadurch gekennzeichnet ist, daß die Schwingungsdauer $T = 2\pi/\Omega$ der Erregung mit einem ganzzahligen Vielfachen der Eigenschwingungsdauer $T_0 = 2\pi/\omega_0$ übereinstimmt ($\eta = 1/n$ für irgendeine natürliche Zahl n). Mit der Interpretation der FOURIERreihe als Überlagerung von harmonischen Schwingungen läßt sich auch die Resonanzbedingung (2.310) besser verstehen: Resonanz liegt dann vor, wenn die Erregung eine Harmonische enthält, deren Frequenz mit der Eigenfrequenz des ungedämpften Systems übereinstimmt und wenn die zugehörige Amplitude aus dem Erreger-Spektrum nicht verschwindet.

In diesem Fall ist die Bewegungsgleichung

$$m\ddot{x} + cx = \bar{e} + \sum_{k=1}^{\infty} \hat{e}_k \cos(\frac{k}{n}\tau + \alpha_k) , \qquad (2.332)$$

und eine partikuläre Lösung ergibt sich leicht - in Analogie zu 2.5.1 - in der Form

$$x_p(\tau) = \bar{e} + \sum_{\substack{k=1 \\ k\neq n}}^{\infty} \frac{1}{1-(\frac{k}{n})^2} \hat{e}_k \cos(\frac{k}{n}\tau + \alpha_k) + \frac{1}{2}\tau\,\hat{e}_n \sin(\tau + \alpha_n) . \qquad (2.333)$$

Liegt im ungedämpften Fall keine Resonanz vor, so bleibt die Lösungsdarstellung (2.327) gültig, die wir zu

$$x_p(\tau) = \bar{e} + \sum_{k=1}^{\infty} \frac{1}{1-k^2\eta^2} \hat{e}_k \cos(k\eta\tau + \alpha_k) \qquad (2.334)$$

spezialisieren, wobei jetzt die Phasenverschiebungswinkel ψ_k im Vorzeichen der Faktoren $1/(1 - k^2\eta^2)$ stecken.

Als Beispiel betrachten wir noch einmal die Sägezahnschwingung aus 2.6.1; die Funktion z(t) besitzt die FOURIERentwicklung

$$z(t) = \frac{2}{\pi} \sum_{k=1}^{\infty} \frac{1}{k} \sin k\Omega t \tag{2.335}$$

und ist - zusammen mit ihrem Amplitudenspektrum $\hat{z}_k = S_k = 2/\pi k$ - in Abb. 2.48 dargestellt. In normierter Schreibweise ergibt sich damit die Bewegungsgleichung

$$x'' + 2Dx' + x = x_s \frac{2}{\pi} \sum_{k=1}^{\infty} \frac{1}{k} \sin k\eta\tau \tag{2.336}$$

mit der partikulären Lösung

$$x_P(\tau) = x_s \frac{2}{\pi} \sum_{k=1}^{\infty} V_A(k\eta) \frac{1}{k} \sin[k\eta\tau + \psi(k\eta)] \ . \tag{2.337}$$

Im Sonderfall D = 0, den wir - mit einer anderen Methode - schon in 2.6.1 behandelt hatten, spezialisiert sich die Reihe zu

$$x_P(\tau) = x_s \frac{2}{\pi} \sum_{k=1}^{\infty} \frac{1}{1 - k^2\eta^2} \frac{1}{k} \sin k\eta\tau \tag{2.338}$$

und läßt sich summieren (vgl. Aufg. A 1.11). Damit gilt

$$x_P(\tau) = x_s \left[\frac{\sin(\tau - \frac{\pi}{\eta})}{\sin \frac{\pi}{\eta}} - (\frac{\eta}{\pi} \tau - 1) \right], \quad 0 < \tau < \frac{2\pi}{\eta} , \tag{2.339}$$

oder auch

$$x_P(\tau) = x_s \left[\frac{\sin(\omega_0 t - \frac{\pi\omega_0}{\Omega})}{\sin \frac{\pi\omega_0}{\Omega}} + 1 - \frac{\Omega}{\pi} t \right], \quad 0 < t < T, \tag{2.340}$$

was mit (2.315) übereinstimmt.

Nach diesem Beispiel beschäftigen wir uns noch mit den periodisch erregten Systemen in komplexer Schreibweise. Dazu gehen wir wieder aus von der Bewegungsgleichung

$$m\ddot{\underline{x}} + d\dot{\underline{x}} + c\underline{x} = \underline{f}(t) \ , \quad \underline{f}(t + T) = \underline{f}(t) \ , \tag{2.341}$$

wobei $\underline{f}(t)$ nun komplexwertig sein kann. Wir entwickeln $\underline{f}(t)$ in eine FOURIER-reihe

$$\underline{f}(t) = \sum_{k=-\infty}^{\infty} \underline{F}_k e^{jk\Omega t} \quad , \quad \Omega = 2\pi/T \; , \tag{2.342}$$

deren FOURIERkoeffizienten $\underline{F}_k$ (1.91) genügen. Für jeden einzelnen Summanden geben wir nun mit Hilfe des Frequenzganges $\underline{G}(\Omega)$ eine partikuläre Lösung an und erhalten durch Überlagerung

$$\underline{x}_P(t) = \sum_{k=-\infty}^{\infty} \underline{G}(k\Omega)\; \underline{F}_k e^{jk\Omega t} \; . \tag{2.343}$$

Damit haben wir eine partikuläre Lösung von (2.341) in Form einer komplexen FOURIERreihe mit den FOURIERkoeffizienten

$$\underline{X}_{P,k} = \underline{G}(k\Omega)\; \underline{F}_k \; , \; k = 0,1,2,\ldots \tag{2.344}$$

gefunden. Die Koeffizienten $\underline{X}_{P,k}$ der partikulären Lösung ergeben sich demnach in einfacher Weise durch Multiplikation der Koeffizienten $\underline{F}_k$ mit dem Frequenzgang, ausgewertet an der Stelle $k\Omega$.

Wir betrachten noch den Spezialfall, in dem die Erregung aus (2.341) eine reellwertige Funktion ist, und in dem es sich bei der FOURIERreihe (2.342) um die - in 1.4.2 definierte - komplexe Darstellung der reellwertigen periodischen Schwingung f(t) handelt. Die FOURIERkoeffizienten sind dann hermitesch und genügen der Beziehung

$$\underline{F}_{-k} = \underline{F}_k^* \; , \; k = 0,1,2,\ldots \; . \tag{2.345}$$

In diesem Sonderfall erhalten wir für die FOURIERkoeffizienten $\underline{X}_{P,-k}$ der stationären Bewegung - entsprechend (2.344) und (2.345) - zunächst

$$\underline{X}_{P,-k} = \underline{G}(-k\Omega)\; \underline{F}_k^* \; , \; k = 0,1,2,\ldots \; , \tag{2.346}$$

oder auch

$$\underline{x}_{P,-k} = \underline{G}^*(k\Omega)\; \underline{F}_k^* \; , \quad k = 0,1,2,\ldots \; , \tag{2.347}$$

da $\underline{G}(\Omega)$ ebenfalls eine hermitesche Funktion ist[32]. Die letzte Gleichung können wir auch in der Gestalt

---

[32] Daß die Funktion $\underline{G}(\Omega)$ tatsächlich hermitesch ist, folgt aus den Gleichungen (2.180); sie besagen ja insbesondere, daß der Realteil gerade und der Imaginärteil ungerade in Ω ist.

$$\underline{X}_{P,-k} = [\underline{G}(k\Omega)\ \underline{F}_k]^* = \underline{X}^*_{P,k}\ , \qquad k = 0, \pm 1, \pm 2, \ldots \tag{2.348}$$

schreiben, so daß auch die FOURIERkoeffizienten $\underline{X}_{P,k}$ der eingeschwungenen Bewegung hermitesch sind. Dies war zu erwarten, da diese Koeffizienten die komplexe Darstellung der reellen stationären Bewegung $x_P(t)$ liefern.

2.7 Erzwungene Schwingungen bei beliebiger Erregung

2.7.1 Sprung- und Stoßantwort

Bevor wir eine Erregung allgemeiner Form behandeln, beschäftigen wir uns mit zwei Sonderfällen, und zwar mit der Antwort des Feder-Masse-Dämpfer-Systems auf eine sprung- und eine stoßartige Erregerkraft. Wie wir nämlich im nächsten Abschnitt sehen werden, lassen sich beliebige Erregerfunktionen sowohl aus Sprung- als auch aus Stoßfunktionen aufbauen; mit dem Superpositionsprinzip können wir dann aus der Sprung- bzw. Stoßantwort auch eine Lösung für eine beliebige Erregung konstruieren.

Unter der *Sprungantwort* $h(t)$ des Feder-Masse-Dämpfer-Systems verstehen wir die Lösung der Anfangswertaufgabe

$$m\ddot{x} + d\dot{x} + cx = s(t)\ , \tag{2.349a}$$

$$x(0^-) = 0\ , \quad \dot{x}(0^-) = 0\ , \tag{2.349b}$$

wobei $s(t)$ die in Abb. 2.50a dargestellte Sprungfunktion ist. Die Lösung ergibt sich leicht als

$$h(t) = \frac{1}{c}\,[1 - e^{-\delta t}(\cos\omega_d t + \frac{\delta}{\omega_d}\sin\omega_d t)]\ , \quad t > 0\ , \tag{2.350}$$

wenn wir uns auf ein unterkritisch gedämpftes System beschränken. Für $t < 0$ ist $x \equiv 0$, daher ergibt sich für die Sprungantwort in endgültiger Form

$$h(t) = s(t)\,\frac{1}{c}\,[1 - e^{-\delta t}(\cos\omega_d t + \frac{\delta}{\omega_d}\sin\omega_d t)]\ , \tag{2.351}$$

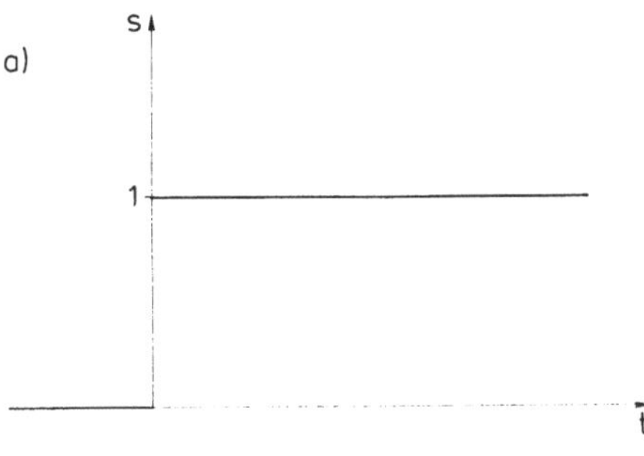

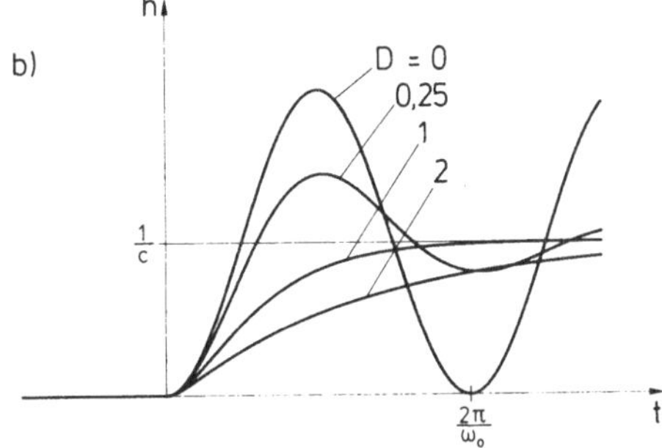

Abb. 2.50 Sprungfunktion und Sprungantwort des Feder-Masse-Dämpfer-Systems

ein Ausdruck, der für alle Zeitpunkte gilt. Die Funktion h(t) ist in Abb. 2.50b mit dem Dämpfungsgrad D als Scharparameter dargestellt. Dabei sind auch das ungedämpfte (D = 0) und das kritisch gedämpfte System (D = 1) sowie überkritisch gedämpfte Fälle (D > 0) mit einbezogen; selbstverständlich bereitet es keine Schwierigkeiten, die Sprungantwort auch für diese Fälle zu bestimmen (Aufg. 2.31). Bei vorhandener Dämpfung nähern sich alle Kurven asymptotisch der Geraden x = 1/c, lediglich im ungedämpften System ergibt sich für t > 0 eine harmonische Schwingung um diesen Mittelwert. Die Sprungantwort h(t) ist übrigens mit ihrer ersten Ableitung auf der gesamten Zeitachse stetig; die zweite Ableitung dagegen besitzt an der Stelle t = 0 (und nur dort) einen Sprung mit der Sprunghöhe 1/m.

Da die Funktion s(t) dimensionslos angenommen wurde, hat die Sprungantwort h(t) die Dimension 1/c. Schreibt man

$$f(t) = f_0 \, s(t) \tag{2.352}$$

anstelle von s(t) in (2.349a) mit der *Sprunghöhe* f_0 (mit der Dimension einer Kraft), so ergibt sich die Lösung

$$x(t) = f_0 \, h(t), \tag{2.353}$$

wobei jetzt x(t) die Dimension einer Länge hat.

Neben der Linearität besitzt das Feder-Masse-Dämpfer-System eine weitere wichtige Eigenschaft: Es hat zeitunabhängige Koeffizienten. Wir sprechen daher auch von einem *zeitinvarianten System*. Dies hat zur Folge, daß die Systemantwort auf die "verschobene" Sprungfunktion

$$s_{\bar{t}}(t) := s(t + \bar{t}) \ , \quad \bar{t} \in \mathbb{R} \tag{2.354}$$

einfach die "verschobene" Sprungantwort

$$h_{\bar{t}}(t) := h(t + \bar{t}) \tag{2.355}$$

ist, wie man leicht nachrechnen kann.

Als Beispiel dazu behandeln wir eine Anregung in Form des *Rechteckfensters* $p_T(t)$ mit der *Fensterbreite* 2T, T > 0, gemäß Abb. 2.51a. Die Funktion $p_T(t)$ läßt sich nämlich durch Sprungfunktionen darstellen:

$$p_T(t) := s(t + T) - s(t - T) \ . \tag{2.356}$$

Wegen der Zeitinvarianz und der Linearität des Systems ist dann eine partikuläre Lösung von

$$m\ddot{x} + d\dot{x} + cx = f_0 p_T(t) \tag{2.357}$$

durch

$$x_p(t) = f_0[h(t + T) - h(t - T)] \tag{2.358}$$

gegeben. Die Funktion $x_p(t)$ ist für ein unterkritisch gedämpftes System mit Dämpfungsgrad D = 0,1 in Abb. 2.51 b,c,d dargestellt und zwar für verschiedene Werte des Scharparameters T_0/T ($T_0 := 2\pi/\omega_0$). Man erkennt deutlich das Aufklingen der Bewegung im Intervall (-T,T), d.h. das Einschwingen in die neue Gleichgewichtslage f_0/c, das wir ja schon von der Sprungantwort her kennen. Auf dieses Intervall folgt dann eine gedämpfte harmonische Schwingung mit dem Grenzwert Null für $t \to \infty$. Bemerkenswert ist die Tatsache, daß im ungedämpften Fall das (betragsmäßige) Maximum von $x_p(t)$ innerhalb des Zeitintervalls (-T,T) auftreten kann oder aber später, je nach dem Wert des Parameters T_0/T (Aufg. 2.32).

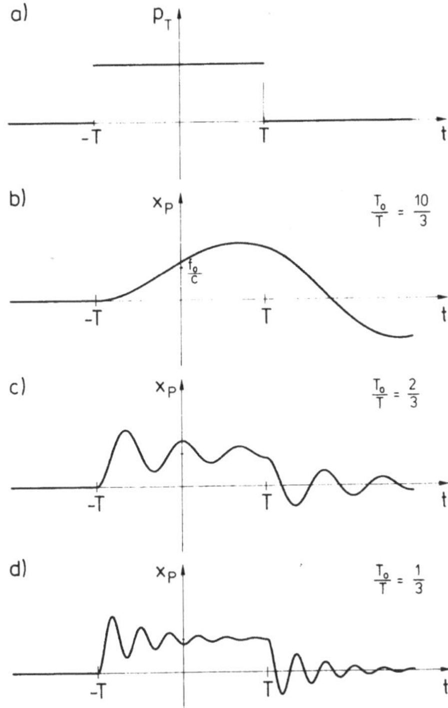

Abb. 2.51 Rechteckfenster und zugehörige Systemantwort des Feder-Masse-Dämpfer-Systems

Unter der *Stoßantwort* g(t) des Feder-Masse-Dämpfer-Systems verstehen wir die Lösung der Anfangswertaufgabe

$$m\ddot{x} + d\dot{x} + cx = \delta(t) \ , \tag{2.359a}$$

$$x(0^-) = 0 \ , \quad \dot{x}(0^-) = 0 \tag{2.359b}$$

wobei $\delta(t)$ die DIRACsche Delta-Funktion (*Stoßfunktion*) ist[33]. Dies ist eine "verallgemeinerte Funktion" (Distribution), die z.B. durch die *Ausblendeigenschaft* definiert werden kann: Ist f(t) eine an der Stelle t = 0 stetige Funktion, so gilt

$$\int_{t_1}^{t_2} f(t)\,\delta(t)\,dt = f(0) \quad \text{für alle } t_1, t_2 \text{ mit } t_1 < 0 < t_2. \tag{2.360}$$

---

33 Nach dem Physiker Paul Adrien Maurice DIRAC, * 1902 in Bristol, + 1984 in Florida, USA.

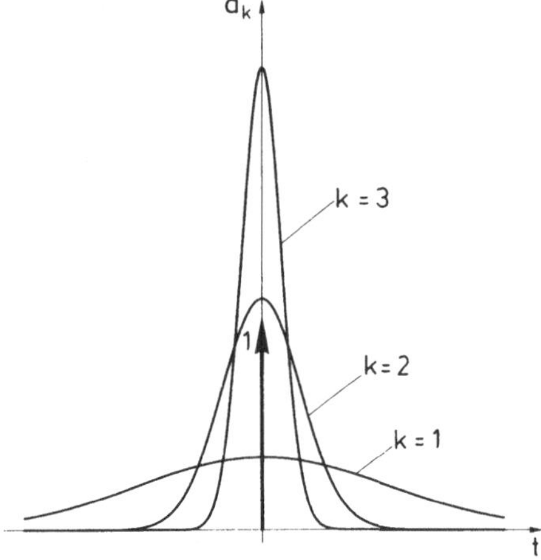

Abb. 2.52 Zur Approximation der Delta-Funktion

Man kann leicht erkennen, daß $\delta(t)$ keine Funktion im üblichen Sinne ist; es lassen sich jedoch leicht Funktionenfolgen $d_k(t)$ finden mit

$$\int_{-\infty}^{\infty} d_k(t)\, dt = 1 \ , \tag{2.361}$$

so daß

$$\lim_{k\to\infty} \int_{t_1}^{t_2} f(t)\, d_k(t)\, dt = f(0) \ , \quad t_1 < 0 < t_2 \tag{2.362}$$

gilt. In diesem Sinne kann man sich die Delta-Funktion als durch die d_k, $k = 1,2,\ldots$ approximiert denken, wobei $\delta(t)$ für $t \neq 0$ den Wert Null hat und für $t = 0$ nicht definiert ist (s. Abb. 2.52). Aus (2.360) folgt auch

$$\int_{t_1}^{t_2} \delta(t)\, dt = 1 \ , \ t_1 < 0 < t_2 \tag{2.363}$$

und

$$\int_{-\infty}^{t} \delta(\bar{t})\, d\bar{t} = s(t) \ , \tag{2.364}$$

so daß $\delta(t)$ die verallgemeinerte Ableitung der Sprungfunktion ist. (Eine Einführung in die Theorie der Distributionen findet man beispielsweise bei LAUGWITZ /3/ in Kapitel II und IX, LIGHTHILL /4/, STAKGOLD /5/ oder PAPOULIS /6/ im Anhang.)

Zur Lösung von (2.359) integrieren wir über die Zeit im Intervall $(-t_0, t_0)$ und verwenden (2.363). Dies ergibt

$$m[\dot{x}(t_0) - \dot{x}(-t_0)] + d[x(t_0) - x(-t_0)] + c\int_{-t_0}^{t_0} x(t)\,dt = 1\ , \tag{2.365}$$

und der Grenzübergang $t_0 \to 0$ liefert bei stetigem $x(t)$

$$m[\dot{x}(0^+) - \dot{x}(0^-)] = 1\ ; \tag{2.366}$$

wegen der Anfangsbedingungen (2.359b) führt dies schließlich auf

$$\dot{x}(0^+) = 1/m\ . \tag{2.367}$$

Für $t > 0$ ist die Erregung Null, so daß das System freie Schwingungen ausführt. Die Wirkung eines Stoßes - in Form der Stoßfunktion - äußert sich also in einer sprunghaften Änderung der Geschwindigkeit mit der Sprunghöhe $1/m$, während die Verschiebung stetig bleibt. (Ein solches Verhalten ist uns von der elementaren Stoßtheorie "starrer" Körper aus der Technischen Mechanik vertraut.) Die Anfangswertaufgabe (2.359) kann also durch

$$m\ddot{x} + d\dot{x} + cx = 0\ , \quad t > 0 \tag{2.368a}$$

$$x(0) = 0\ , \quad \dot{x}(0^+) = \frac{1}{m}\ , \tag{2.368b}$$

ersetzt werden; diese besitzt im unterkritisch gedämpften Fall die Lösung

$$g(t) = \frac{1}{m\omega_d}\, e^{-\delta t} \sin \omega_d t\ , \quad t > 0\ , \tag{2.369}$$

und damit ist die Stoßantwort gefunden. Auch in den anderen Fällen bereitet die Lösung keinerlei Schwierigkeiten (Aufg. 2.31). Für $t < 0$ ist $x \equiv 0$, so daß wir für die Stoßantwort in endgültiger Form den Ausdruck

$$g(t) = s(t)\, \frac{1}{m\omega_d}\, e^{-\delta t} \sin \omega_d t \tag{2.370}$$

erhalten. Die Funktion $g(t)$ ist in Abb. 2.53 mit dem Scharparameter D dargestellt. Man erkennt dort für $t > 0$ sofort die freien Schwingungen des Systems

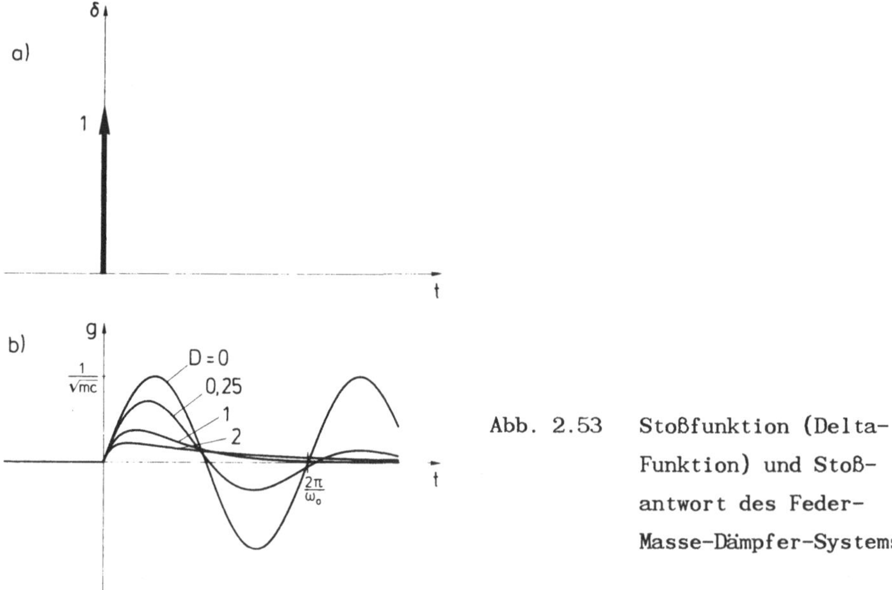

Abb. 2.53 Stoßfunktion (Delta-Funktion) und Stoßantwort des Feder-Masse-Dämpfer-Systems

für die unterschiedlichen Dämpfungstypen ($0 \leq D < \infty$) wieder. Im Vergleich zur Sprungantwort (2.351) ist die Stoßantwort (2.370) um genau eine Ordnung "rauher": Nur $g(t)$ selbst ist auf der gesamten Zeitachse stetig, bereits $\dot{g}(t)$ springt an der Stelle $t = 0$ um den Wert $1/m$, und $\ddot{g}(t)$ schließlich enthält bei $t = 0$ nicht nur einen Sprung mit der Sprunghöhe $- 2\delta/m = - d/m^2$, sondern auch noch eine Delta-Funktion. Wir müssen also den Lösungsbegriff von (2.359) noch allgemeiner fassen als den von (2.349).

Die Delta-Funktion $\delta(t)$ hat wegen (2.363) die Dimension t^{-1} und $g(t)$ hat nicht die Dimension einer Länge. Schreibt man

$$f(t) = \check{f}\ \delta(t) \tag{2.371}$$

anstelle von $\delta(t)$ in (2.359a) mit der *Intensität* $\check{f}$ des Kraftstoßes (Dimension Kraft*Zeit), so ergibt sich die Lösung

$$x(t) = \check{f}\ g(t)\ , \tag{2.372}$$

wobei $x(t)$ jetzt die Dimension einer Länge hat.

Wegen der Zeitinvarianz des Systems ist die Systemantwort auf die "verschobene" Stoßfunktion

$$\delta_{\bar{t}}(t) := \delta(t + \bar{t}) , \quad \bar{t} \in \mathbb{R} \tag{2.373}$$

- wie bei der Sprungantwort - durch die "verschobene" Stoßantwort

$$g_{\bar{t}}(t) := g(t + \bar{t}) \tag{2.374}$$

gegeben. Die Differentiation der Sprungantwort h(t) nach der Zeit liefert übrigens für t > 0:

$$\dot{h}(t) = \frac{1}{c\omega_d} e^{-\delta t}(\delta^2 + \omega_d^2) \sin \omega_d t , \quad t > 0 . \tag{2.375}$$

Mit (2.101) und (2.369) folgt daraus aber

$$\dot{h}(t) = \frac{1}{m\omega_d} e^{-\delta t} \sin \omega_d t = g(t), \quad t > 0 ; \tag{2.376}$$

für $t \leq 0$ ist $\dot{h}(t) \equiv 0$, so daß die Zeitableitung der Sprungantwort identisch mit der Sprungantwort ist! Dieses Ergebnis überrascht nicht, wenn man bedenkt, daß dieselbe Beziehung - allerdings im distributionellen Sinn (2.364) - zwischen den zugehörigen Erregerfunktionen s(t) und δ(t) besteht. In Kapitel 5 besprechen wir dies im Rahmen der FOURIERtransformation noch ausführlicher.

2.7.2 DUHAMEL- und Faltungsintegral

In diesem Abschnitt betrachten wir unter anderem Funktionen f(t), die für t < 0 verschwinden; diese Funktionen bezeichnen wir im folgenden als *kausale Funktionen*. Insbesondere sind offensichtlich die Sprungantwort h(t) und auch die Stoßantwort g(t) des Feder-Masse-Dämpfer-Systems kausal. Für t > 0 sollen die betrachteten Funktionen f(t) stetig differenzierbar sein oder aber die Ableitung $\dot{f}(t)$ soll höchstens endlich viele Sprünge für t > 0 aufweisen. Offensichtlich gilt

$$f(t) = f(0^+) + \int_{0^+}^{t} \dot{f}(\bar{t})\, d\bar{t} \quad \text{für } t \geq 0 \tag{2.377}$$

und auch

$$f(t) = f(0^+)\, s(t) + \int_{0^+}^{t} \dot{f}(\bar{t})\, s(t - \bar{t})\, d\bar{t} , \tag{2.378}$$

wobei (2.378) bei kausalen Funktionen nicht nur für positive, sondern für alle Werte von t gilt. Übrigens kann man die obere Grenze t des Integrationsintervalls in (2.378) durch irgendein $t_1 > t$ ersetzen, da $s(t - \bar{t})$ für $\bar{t} > t$ verschwindet.

Da das Feder-Masse-Dämpfer-System linear und zeitinvariant ist, können wir (2.354) und (2.355) benutzen und eine partikuläre Lösung von

$$m\ddot{x} + d\dot{x} + cx = f(0^+)s(t) + \int_{0^+}^{t} \dot{f}(\bar{t})\, s(t - \bar{t})\, d\bar{t}\,, \tag{2.379}$$

als

$$x_p(t) = f(0^+)h(t) + \int_{0^+}^{t} \dot{f}(\bar{t})\, h(t - \bar{t})\, d\bar{t} \tag{2.380}$$

schreiben mit $x_p(0) = 0$, $\dot{x}_p(0) = 0$. Mit Hilfe dieses Ausdrucks, den man als *DUHAMEL-Integral* bezeichnet[34], kann also die Antwort eines linearen Systems auf eine beliebige kausale Erregerfunktion berechnet werden; dabei ist für das Feder-Masse-Dämpfer-System h(t) im unterkritisch gedämpften Fall durch (2.351) gegeben.

Von der Richtigkeit der Lösungsformel (2.380) kann man sich durch Differentiation von $x_p(t)$ und Einsetzen in (2.379) überzeugen. Dabei ist allerdings zu beachten, daß die Variable t in (2.380) sowohl im Integranden also auch in den Grenzen des Integrationsintervalls auftritt, so daß die LEIBNITZsche Differentiationsregel[35]

$$\frac{d}{dt}\int_{a(t)}^{b(t)} K(\bar{t},t)\, d\bar{t} = \int_{a(t)}^{b(t)} \frac{\partial K}{\partial t}(\bar{t},t)\, d\bar{t} + K(b(t),t)\,\dot{b}(t) - K(a(t),t)\,\dot{a}(t) \tag{2.381}$$

---

[34] Nach dem Mathematiker Jean Marie Constant DUHAMEL (auch du HAMEL), * 1797 in St. Malo, + 1872 in Paris.

[35] Nach dem Philosophen, Mathematiker und Physiker Gottfried Wilhelm Freiherr von LEIBNITZ, * 1646 in Leipzig, + 1716 in Hannover.

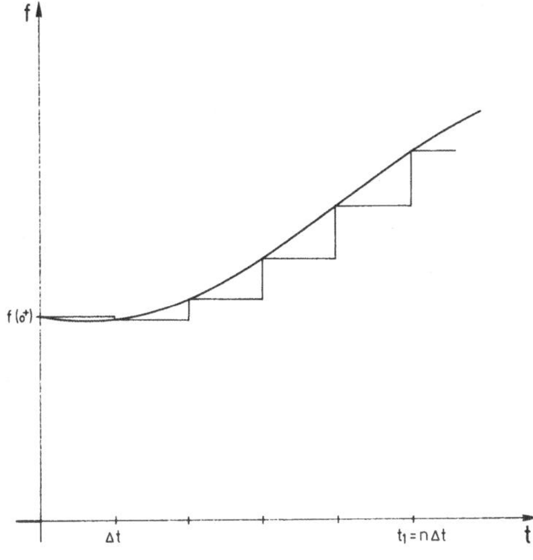

Abb. 2.54 Zur Approximation einer kausalen Funktion durch Sprungfunktionen

zu verwenden ist. Auch die anschauliche Bedeutung von (2.378) und (2.380) kann man sich leicht klar machen. In dem Intervall $[0, t_1]$ kann man nämlich $f(t)$ gemäß Abb. 2.54 als eine Summe von Sprungfunktionen mit unterschiedlichen Sprunghöhen approximieren

$$f(t) \approx f(0^+)s(t) + [\, f(\Delta t) - f(0^+)]s(t - \Delta t) + \ldots +$$

$$+ [f(n\Delta t) - f((n-1)\Delta t)]s(t-n\Delta t) \;, \quad 0 < t < n\Delta t = t_1 \;, \tag{2.382}$$

und mit $n \to \infty$ ergibt sich aus der endlichen Summe in (2.382) das Integral in (2.378). Mit dieser Formel wird also $f(t)$ dargestellt durch einen Sprung der Höhe $f(0^+)$ an der Stelle $t = 0$ sowie durch überabzählbar unendlich viele Sprünge in dem Intervall $[0, t_1]$ mit der "Sprunghöhen-Dichte" $\dot{f}(t)$. Mit dem Superpositionsprinzip folgt dann aus (2.379) unmittelbar (2.380).

Für Funktionen $f(t)$, die für $t < t_0$ verschwinden, kann man die Darstellung (2.378) durch

$$f(t) = f(t_0^+)\; s(t-t_0) + \int_{t_0^+}^{t} \dot{f}(\bar{t})\; s(t-\bar{t})\; d\bar{t} \tag{2.383}$$

ersetzen, und anstelle von (2.380) ergibt sich dann

$$x_p(t) = f(t_0^+)\; h(t-t_0) + \int_{t_0^+}^{t} \dot{f}(\bar{t})\; h(t-\bar{t})\; d\bar{t} \tag{2.384}$$

mit $x_p(t_0) = 0$, $\dot{x}_p(t_0) = 0$. Der Grenzübergang $t_0 \to -\infty$ liefert

$$x_p(t) = \lim_{t_0 \to -\infty} [f(t_0^+)\, h(t-t_0) + \int_{t_0^+}^{t} \dot{f}(\bar{t})\, h(t-\bar{t})\, d\bar{t}], \tag{2.385}$$

sofern der Grenzwert existiert; das Verhalten von $x_p(t)$ und $\dot{x}_p(t)$ für $t \to -\infty$ ist allerdings dann i.a. nicht ohne weiteres erkennbar.

Als erstes Beispiel betrachten wir die Erregerkraft

$$f(t) = s(t)\, f_0 \cos \Omega t\ , \tag{2.386}$$

die harmonisch im Intervall $(0,\infty)$ ist und im Bereich $(-\infty,0)$ verschwindet. Dabei beschränken wir uns auf ein ungedämpftes System und den Resonanzfall $\Omega = \omega_0$, so daß wir die Bewegungsgleichung

$$m\ddot{x} + cx = s(t)\, f_0 \cos \omega_0 t\ , \tag{2.387}$$

zu behandeln haben. Das DUHAMEL-Integral (2.380) liefert zunächst

$$x_p(t) = f_0 s(t)\, \frac{1}{c}(1 - \cos \omega_0 t)\ +$$

$$+ \int_{t_0^+}^{t} s(\bar{t})(-\,\omega_0 f_0 \sin \omega_0 \bar{t})\ \frac{1}{c}\ s(t - \bar{t})[1 - \cos \omega_0(t - \bar{t})]\ d\bar{t} \tag{2.388}$$

und eine Zwischenrechnung ergibt schließlich

$$x_p(t) = s(t)\ \frac{1}{2}\,\frac{f_0}{c}\ \omega_0 t \sin \omega_0 t\ . \tag{2.389}$$

Dieses Ergebnis stimmt im Intervall $0 \leq t < \infty$ mit (2.147) überein (vgl. Abb. 2.24), wenn man dort die Bedingung $x_0 = 0$ und $\dot{x} = 0$ einarbeitet und f_0 mit $\hat{f}$ identifiziert. Allerdings ist hier die Auswertung des DUHAMEL-Integrals mühsamer als das Lösen von (2.387) auf elementarem Weg.

Als zweites Beispiel betrachten wir die Erregung

$$f(t) = f_0\, e^{-|t|/T}\ , \qquad T > 0\ , \tag{2.390}$$

die in Abb. 2.55a dargestellt ist. Sie entspricht bis auf einen konstanten Faktor der *LAPLACE-Dichte*[36], mit der wir uns in Kapitel 5 nochmals beschäftigen. Diese Funktion ist gerade und besitzt die Grenzwerte

$$\lim_{t \to \pm\infty} f(t) = 0 \,. \tag{2.391}$$

Gemäß (2.385) berechnen wir eine partikuläre Lösung für das ungedämpfte System, zunächst für $t < 0$, und eine kurze Zwischenrechnung liefert

$$x_p(t) = \int_{-\infty}^{t} f_0 \frac{1}{T} e^{\bar{t}/T} s(t - \bar{t}) \frac{1}{c} [1 - \cos \omega_0 (t - \bar{t})] \, d\bar{t}$$

$$= \frac{f_0}{c} \frac{(\omega_0 T)^2}{1 + (\omega_0 T)^2} e^{t/T} \,, \quad t < 0 \,. \tag{2.392}$$

Dieses Ergebnis in Form einer aufklingenden Exponentialfunktion hätten wir selbstverständlich auch durch einen "Ansatz vom Typ der rechten Seite" erhalten. Die Berechnung von $x_p(t)$ im Zeitintervall $t > 0$ gelingt mit Hilfe der Darstellung

$$x_p(t) = \int_{-\infty}^{0^-} \dot{f}(\bar{t}) \, h(t - \bar{t}) \, d\bar{t} + \int_{0^+}^{t} \dot{f}(\bar{t}) \, h(t - \bar{t}) \, d\bar{t}$$

$$= \frac{f_0}{c} \frac{(\omega_0 T)^2}{1 + (\omega_0 T)^2} \left(e^{-t/T} + \frac{2}{\omega_0 T} \sin \omega_0 t\right), \quad t > 0 \,, \tag{2.393}$$

wie man leicht nachrechnen kann. Die Funktion $x_p(t)$ ist in Abb. 2.55b,c mit dem Scharparameter $T_0/T = 2\pi/\omega_0 T$ dargestellt. Man erkennt dort insbesondere, daß das betragsmäßige Maximum von $x_p(t)$ im Bereich $t > 0$ angenommen wird.

Nach diesen beiden Beispielen zum DUHAMEL-Integral, in dem die Systemantwort auf eine beliebige Erregung durch Integration mittels der Sprungantwort h(t) berechnet wurde, kommen wir zu einer zweiten Lösungsdarstellung, die

---

[36] Nach dem Physiker, Mathematiker und Astronom Pierre Simon Marquis de LAPLACE, * 1749 in Beaumont-en-Auge, + 1827 in Paris.

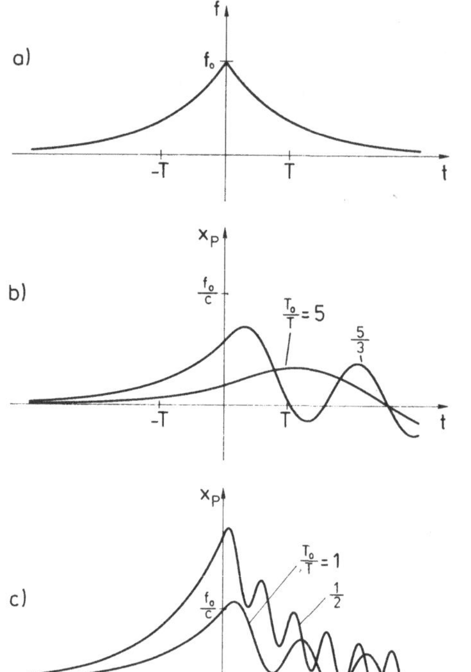

Abb. 2.55 Die Erregung $f_0 \exp(-|t|/T)$ mit zugehöriger Systemantwort im ungedämpten Fall

die Stoßantwort g(t) verwendet. Aus (2.360) folgt, daß für jede Funktion f(t) an allen Stetigkeitsstellen

$$f(t) = \int_{-\infty}^{\infty} f(\bar{t})\, \delta(t - \bar{t})\, d\bar{t} \tag{2.394}$$

gilt. Genauso wie man jede Funktion durch eine Summe von Sprungfunktionen gemäß Abb. 2.54 approximieren kann, ist es auch möglich, die Funktion f(t) durch eine Summe von "stoßartigen" Funktionen der Art $d_k(t)$ (Abb. 2.52) anzunähern (Abb. 2.56). Mit $k \to \infty$ ergibt sich daraus die Darstellungsformel (2.394) mit der "Stoßintensitäts-Dichte" $f(\bar{t})$.

Eine partikuläre Lösung von

$$m\ddot{x} + d\dot{x} + cx = \int_{-\infty}^{\infty} f(\bar{t})\, \delta(t - \bar{t})\, d\bar{t} \tag{2.395}$$

kann man mit Hilfe des Superpositionsprinzips und unter Verwendung von (2.373), (2.374) gewinnen:

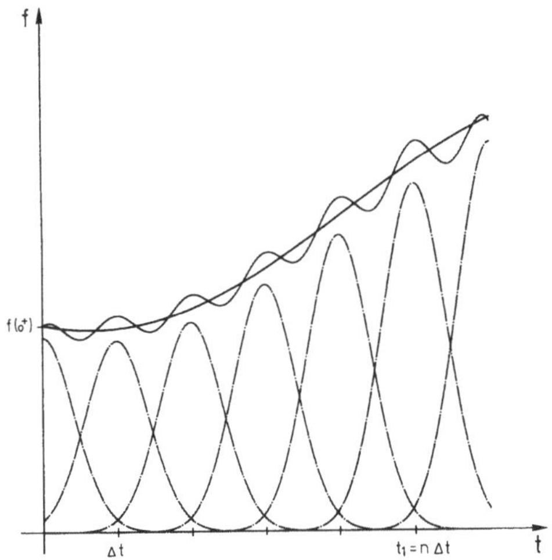

Abb. 2.56 Zur Approximation einer kausalen Funktion durch Delta-Funktionen

$$x_p(t) = \int_{-\infty}^{\infty} f(\bar{t})\, g(t - \bar{t})\, d\bar{t} \,, \tag{2.396}$$

und da g(t) kausal ist, kann man in dem Integral die obere Grenze durch t ersetzen und erhält

$$x_p(t) = \int_{-\infty}^{t} f(\bar{t})\, g(t - \bar{t})\, d\bar{t} \tag{2.397}$$

mit $x_p(0) = 0$, $\dot{x}_p(0) = 0$. Die Richtigkeit von (2.396) läßt sich auch einfach durch Differenzieren und Einsetzen in die Bewegungsgleichung überprüfen. Auch aus der partiellen Integration des DUHAMEL-Integrals in der Form (2.384) mit $t_0 \to -\infty$ und $\dot{h}(t) = g(t)$ kann (2.396) hergeleitet werden.

Allgemein bezeichnet man für beliebige Funktionen $f_1(t)$ und $f_2(t)$ den Ausdruck

$$(f_1 * f_2)(t) := \int_{-\infty}^{\infty} f_1(t - \bar{t})\, f_2(\bar{t})\, d\bar{t} \tag{2.398}$$

als *Faltung* (*Faltungsintegral*) der beiden Funktionen $f_1(t)$ und $f_2(t)$. Dabei braucht man auf die Reihenfolge keine Rücksicht zu nehmen, denn die Faltung ist kommutativ:

$$f_1 * f_2 = f_2 * f_1 \,, \tag{2.399}$$

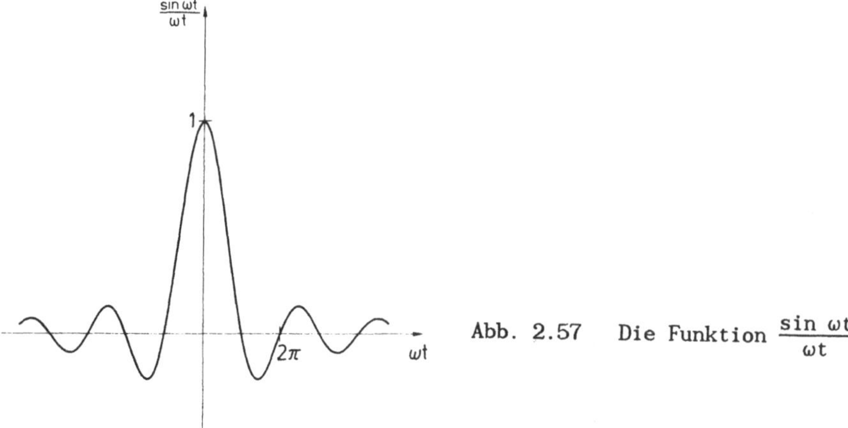

Abb. 2.57 Die Funktion $\frac{\sin \omega t}{\omega t}$

wovon man sich leicht mit der Substitution $t^* := t - \bar{t}$ überzeugen kann.

Mit (2.396) haben wir also eine Darstellung der partikulären Lösung $x_p(t)$ durch ein Faltungsintegral: $x_p(t)$ ergibt sich durch Faltung der Erregung $f(t)$ mit der Stoßantwort $g(t)$.

Als Beispiel bestimmen wir nun eine partikuläre Lösung zu

$$m\ddot{x} + cx = f_0 \frac{\sin \omega t}{\omega t} . \tag{2.400}$$

Dabei stimmt die rechte Seite $f(t) = f_0 \frac{\sin \omega t}{\omega t}$ bis auf einen konstanten Faktor mit dem *FOURIERkern* überein, auf den wir im Kapitel 5 zurückkommen. Die Funktion $f(t)$ (Abb. 2.57) ist gerade und es gilt

$$\lim_{t \to \pm\infty} \frac{\sin \omega t}{\omega t} = 0 . \tag{2.401}$$

Das Faltungsintegral (2.396) liefert

$$x_p(t) = \frac{f_0}{m\omega_0} \int_{-\infty}^{t} \frac{\sin \omega s}{\omega s} \sin \omega_0(t - s)\, ds =$$

$$\frac{f_0}{c} \frac{\omega_0}{\omega} \left[\sin \omega_0 t \int_{-\infty}^{t} \frac{1}{2} \frac{\sin(\omega - \omega_0)s + \sin(\omega + \omega_0)s}{s}\, ds - \right.$$

$$\left. - \cos \omega_0 t \int_{-\infty}^{t} \frac{1}{2} \frac{\cos(\omega - \omega_0)s - \cos(\omega + \omega_0)s}{s}\, ds \right] . \tag{2.402}$$

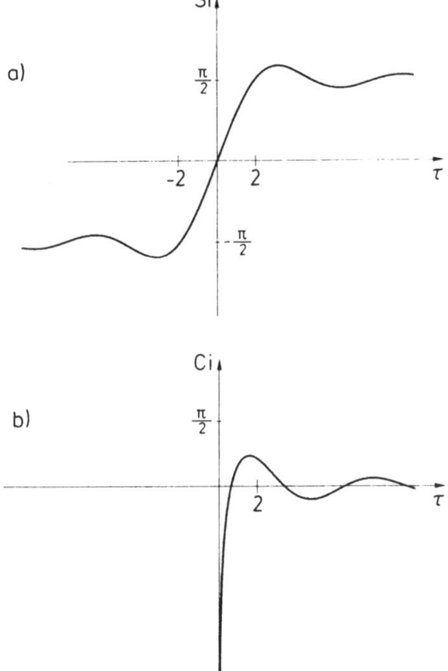

Abb. 2.58 Integralsinus $Si(\tau)$ und Integralcosinus $Ci(\tau)$

Beide Integrale sind nicht ganz elementar, können jedoch durch zwei tabellierte Funktionen /7/ ausgedrückt werden, nämlich durch den *Integralsinus* $Si(\tau) := \int_0^\tau \frac{\sin \sigma}{\sigma} d\sigma$ und den *Integralcosinus* $Ci(\tau) := -\int_\tau^\infty \frac{\cos \sigma}{\sigma} d\sigma$, $\tau > 0$, (Abb. 2.58). Die Funktion $Si(\tau)$ ist ungerade und besitzt die Grenzwerte $Si(\tau) \to \pm \pi/2$ für $\tau \to \pm \infty$, während $Ci(\tau)$ nur für $\tau > 0$ definiert ist und bei $\tau = 0$ eine Singularität der Form $Ci(\tau) \to -\infty$ für $\tau \to 0$, $\tau > 0$ hat. Wir gehen jedoch hier nicht näher auf diese Darstellung ein, sondern untersuchen lediglich das Verhalten von $x_p(t)$ zum Zeitpunkt $t = 0$. Der erste Summand in (2.402) verschwindet dort, da das uneigentliche Integral einen endlichen Wert besitzt; für den zweiten Summanden verwenden wir die Beziehung

$$\int_{-\infty}^{0} \frac{\cos(\omega - \omega_0)s - \cos(\omega + \omega_0)s}{s} ds = -\ln \frac{\omega + \omega_0}{|\omega - \omega_0|} , \qquad (2.403)$$

vgl./7/, S. 122, und erkennen, daß $x_p(t)$ genau dann endlich bleibt, wenn die "Frequenz" ω aus der Erregung (2.400) nicht mit der Eigenfrequenz ω_0 übereinstimmt. Für $\omega = \omega_0$ dagegen haben wir es wieder mit einem resonanzartigen Phänomen zu tun.

Bei den hier behandelten relativ einfachen Beispielen zum DUHAMELschen Integral und zum Faltungsintegral hat sich gezeigt, daß die analytische Berechnung der Integrale sehr schnell recht aufwendig wird. Häufig werden in der Praxis jedoch z.B. Faltungsintegrale numerisch berechnet, wenn die Erregung f(t) aus einer Messung bekannt ist (z.B. Erdbeben) und die Stoßantwort berechnet oder ebenfalls gemessen wurde. Es liegt nahe, im Anschluß an diese Betrachtungen im Zeitbereich nun wieder auf den Frequenzbereich überzugehen, wie es schon im Fall periodischer Erregung in 2.6.2 getan wurde. Für den Fall nichtperiodischer Erregung geschieht dies im Kapitel 5 im Zusammenhang mit der FOURIERtransformation.

2.8 Aufgaben zu Kapitel 2

Aufgaben zu 2.1

A 2.1 (Abb. 2.59)

Das mathematische Pendel der Abb. 2.59 ist zusätzlich mit einer linearen Feder elastisch gefesselt. In der Gleichgewichtslage $\theta = 0$ ist die Feder vorgespannt (ungespannte Federlänge l, Vorspannparameter a). Man bestimme die (nichtlineare) Bewegungsgleichung, untersuche die Stabilität der Gleichgewichtslagen, linearisiere die Bewegungsgleichung um die Ruhelage $\theta = 0$ und ermittle - im Falle der Stabilität - die Eigenfrequenz ω_0.

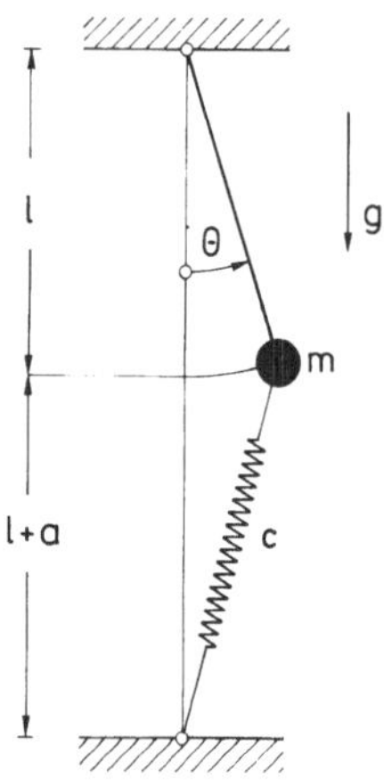

Abb. 2.59 zu Aufg. 2.1

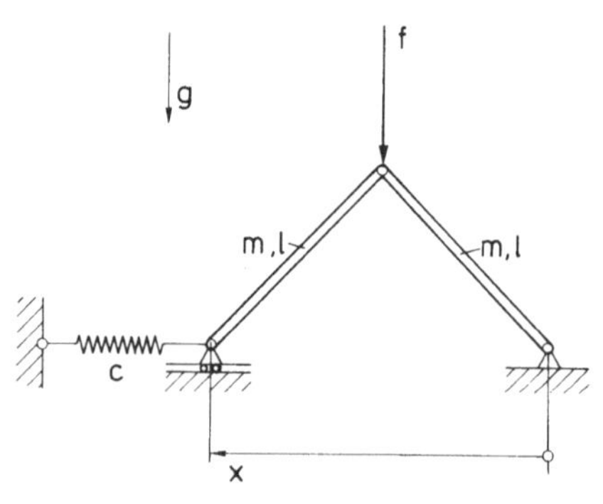

Abb. 2.60 zu Aufg. 2.2

A 2.2 (Abb. 2.60)

Der Dreigelenkträger aus zwei starren Stäben ist gemäß Abb. 2.60 gelagert und durch eine Einzelkraft f belastet. Die lineare Feder besitzt für $x = l$ ihre natürliche Länge. Man bestimme die (nichtlineare) Bewegungsgleichung, das Stabilitätsverhalten der Gleichgewichtslagen und berechne die Eigenfrequenz ω_0 für kleine Schwingungen um die stabile(n) Gleichgewichtslage(n).

A 2.3 (Abb. 2.61)

Auf einem glatten Tisch bewegt sich das skizzierte Gelenkviereck aus vier gleichen Stäben. Für $\theta = 60^0$ ist die Feder entspannt. Für den Bewegungstyp, bei dem Schwerpunktgeschwindigkeit und Gesamtdrall bezüglich des Schwerpunktes gleich Null sind, bestimme man die Bewegungsgleichung für große Verschiebungen und ermittle durch Linearisieren um die stabile Gleichgewichtslage die Eigenfrequenz ω_0 für kleine Schwingungen.

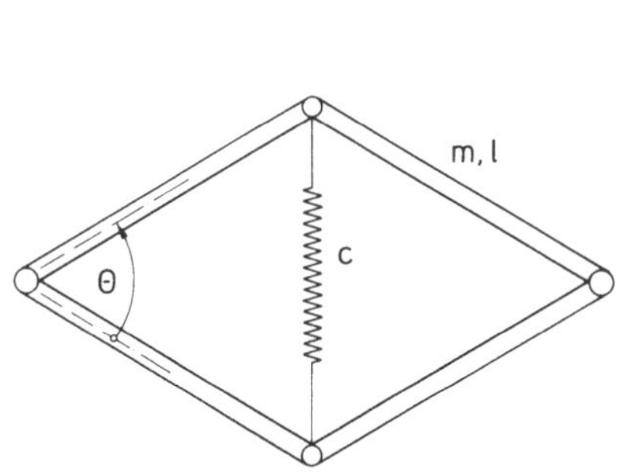

Abb. 2.61 zu Aufg. 2.3

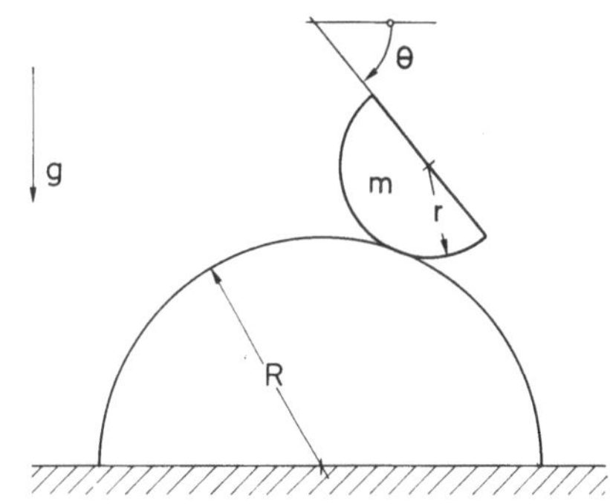

Abb. 2.62 zu Aufg. 2.4

A 2.4 (Abb. 2.62)

Auf einem feststehenden Halbzylinder rollt ein zweiter Halbzylinder in der skizzierten Weise ab. Man ermittle die (nichtlineare) Bewegungsgleichung, linearisiere um die Gleichgewichtslage $\theta = 0$ und berechne - im Falle der Stabilität - die Eigenfrequenz ω_0 für kleine Verdrehungen.

Aufgaben zu 2.2

A 2.5 (Abb. 2.63)

Eine in Abb. 2.63 schematisch dargestellte Pendeltür schwingt je nach Ausschlagsrichtung um den Punkt A oder B. Die Feder ist mit der Vorspannkraft f_0 vorgespannt.

1. Man bestimme die Bewegungsgleichung in der Form

$$\ddot{\theta} + \chi^2 f(\theta) = 0$$

und skizziere die Funktion $f(\theta)$.

2. Man zeichne in der $(\theta, \dot{\theta}/\chi)$-Ebene die Schar der Phasenkurven mit dem Scharparameter h (Energiekonstante).

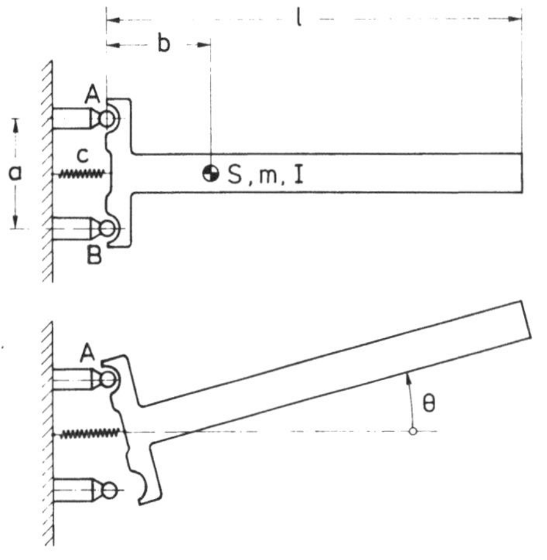

Abb. 2.63 zu Aufg. 2.5

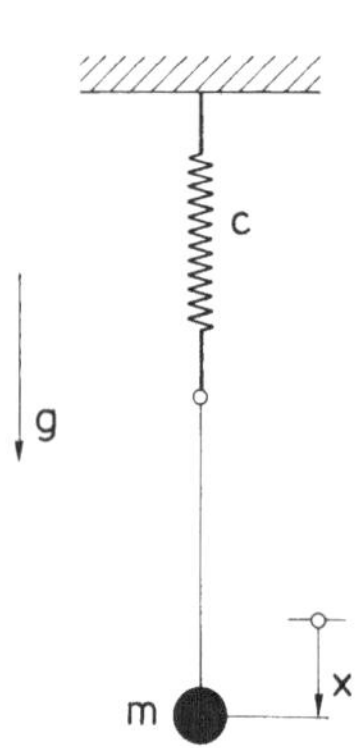

Abb. 2.64 zu Aufg. 2.6

A 2.6 (Abb. 2.64)

Eine Punktmasse hängt an einem masselosen Faden, der keine Druckkräfte aufnehmen kann und seinerseits an einer linearen Feder befestigt ist. Man zeichne die Phasenkurven und bestimme die Schwingungsdauer der periodischen Bewegungen in Abhängigkeit von den Anfangswerten x_0 und $\dot{x}_0$.

Aufgaben zu 2.3

A 2.7 (Abb. 2.65)

a) Für die "parallelgeschalteten" Federn gemäß Abb. 2.65a bestimme man die "resultierende Federsteifigkeit" c (in Abhängigkeit der Federsteifigkeiten c_1 und c_2), die in der Bewegungsgleichung in der Form

$$m\ddot{x} + cx = 0$$

auftritt. Weiter zeige man, daß die "resultierende Federnachgiebigkeit" $g := 1/c$ der Beziehung

$$g = \frac{g_1\, g_2}{g_1 + g_2}, \quad g_i := \frac{1}{c_i}, \quad i = 1, 2$$

genügt.

b) Bei dem System gemäß Abb. 2.65b sind die Federn in der Gleichgewichtslage vorgespannt (ungespannte Federlängen b_1, b_2, Vorspannparameter a_1, a_2). Man bestimme die Bewegungsgleichung in der Form

$$m\ddot{x} + cx = 0$$

und untersuche, ob die Eigenfrequenz ω_0 von der Vorspannung abhängt.

c) Für die "hintereinandergeschalteten" ("in Reihe geschalteten") Federn

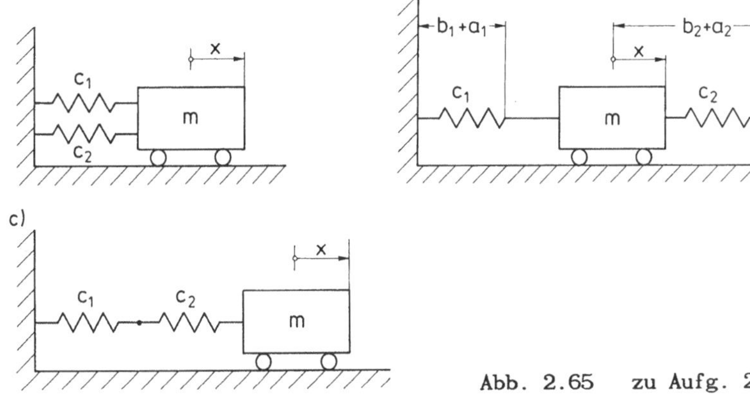

Abb. 2.65 zu Aufg. 2.7

gemäß Abb. 2.65c bestimme man die "resultierende Federsteifigkeit" c in Abhängigkeit der Federsteifigkeiten c_1 und c_2.

A.2.8 (Abb. 2.66)

Für das System der Abb. 2.66 mit einem homogenen rollenden Zylinder bestimme man die "reduzierte Masse" m_{red}, die in der Bewegungsgleichung in der Form

$$m_{red}\ddot{x} + cx = 0$$

auftritt.

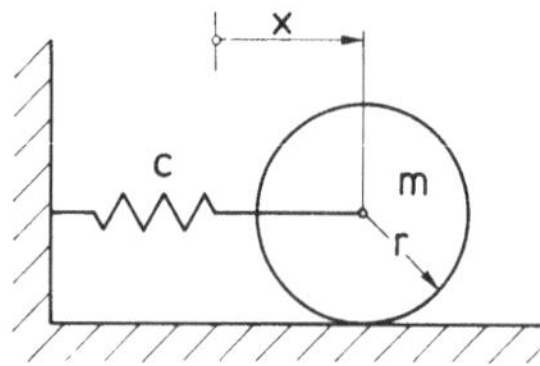

Abb. 2.66 zu Aufg. 2.8

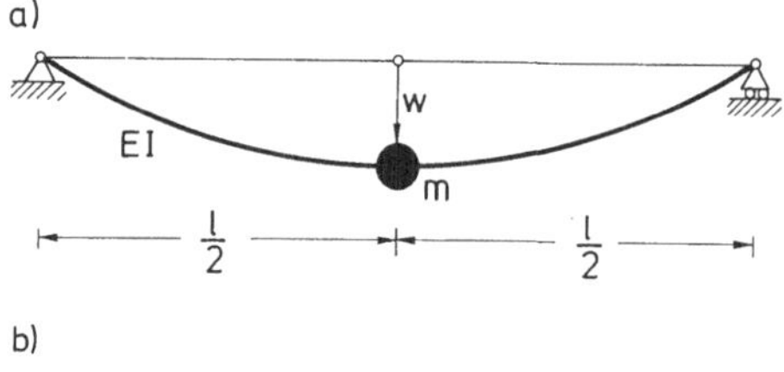

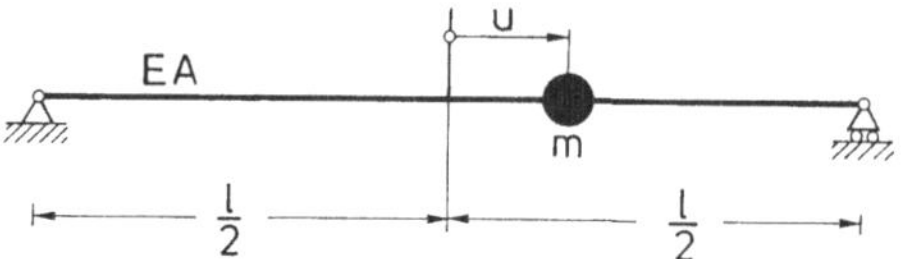

Abb. 2.67 zu Aufg. 2.9

A 2.9 (Abb. 2.67)

Der (masselose) Balken bzw. Stab wirkt gemäß Abb. 2.67a als Biegefeder, gemäß Abb. 2.67b als Dehnfeder, im Gleichgewicht bifindet sich die Punktmasse in der Balkenmitte (bzw. Stabmitte). Man bestimme für beide Fälle die Eigenfrequenz und drücke ihr Verhältnis durch den Quotienten zweier charakteristischer Systemabmessungen aus. Für den Rechteckquerschnitt mit dem Höhen-Breitenverhältnis h/b = 1/10 und den Balkenabmessungen h/l = 1/100 mache man sich die unterschiedliche Größenordnung der beiden Eigenfrequenzen klar.

Aufgaben zu 2.4

A 2.10 (Abb. 2.68)

Man bestimme die Bewegungsgleichung des stabförmigen Pendels, das in einer Flüssigkeit eingetaucht ist, für kleine Schwingungen um die stabile Gleichgewichtslage. Dabei nehme man an, daß die Flüssigkeit auf jedes Stabelement eine Kraft ausübt, deren Betrag proportional zur Geschwindigkeit des Stabelements ist (Proportionalitätskonstante d').

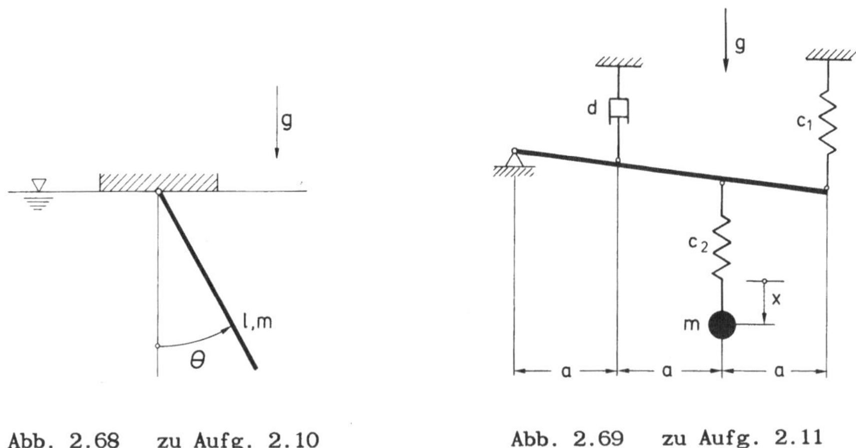

Abb. 2.68 zu Aufg. 2.10

Abb. 2.69 zu Aufg. 2.11

A 2.11 (Abb. 2.69)

Man bestimme die Bewegungsgleichung des Systems gemäß Abb. 2.69 für kleine Verschiebungen aus der Gleichgewichtslage, in der der Verdrehwinkel der starren, masselosen Stange sehr klein gegen Eins ist. Die Feder mit der Federsteifigkeit c_1 besitzt dann ihre natürliche Länge, wenn die Stange ihre horizontale Lage einnimmt.

A 2.12 (Abb. 2.70)

Man bestimme die Bewegungsgleichung des Systems gemäß Abb. 2.70, bei dem eine Torsionswelle mit vernachlässigbarer Masse eine starre, kreisförmige Scheibe trägt, die sich in einer zähen Flüssigkeit bewegt. Dabei nehme man an, daß die Flüssigkeit Schubspannungen an der Scheibe hervorruft, die in jedem Punkt der

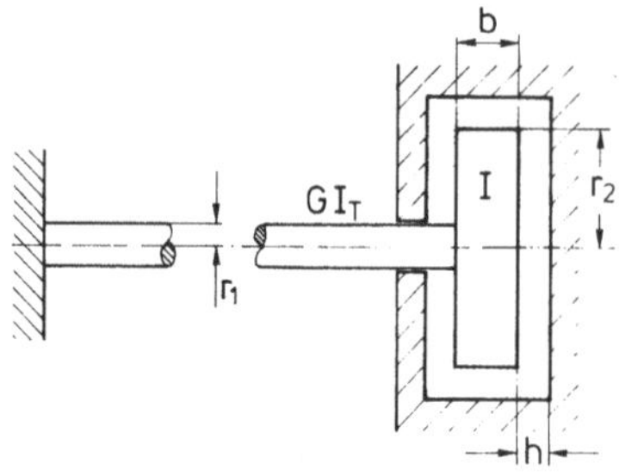

Abb. 2.70 zu Aufg. 2.12

Scheibenoberfläche proportional zur Geschwindigkeit und umgekehrt proportional zur Spaltbreite sind: $\tau = \eta \frac{v}{h}$ (η : "dynamische Zähigkeit").

A 2.13

Man zeige, daß die Lösung x(t) der Bewegungsgleichung

$$m\ddot{x} + d\dot{x} + cx = 0$$

bei überkritischer und unterkritischer Dämpfung höchstens einmal die Gleichgewichtslage durchläuft und bestimme diejenigen Anfangsbedingungen, für die x(t) stets dasselbe Vorzeichen besitzt.

A 2.14

Man zeige, daß die Lösung der Anfangswertaufgabe

$$m\ddot{x} + d\dot{x} + cx = 0$$

$$x(0) = x_0 , \quad \dot{x}(0) = \dot{x}_0$$

im kritisch gedämpften Fall durch Grenzübergang $d \to 2\sqrt{mc}$ aus der entsprechenden Lösung bei über- und unterkritischer Dämpfung bestimmt werden kann.

A 2.15

Für die Bewegungsgleichung

$$x'' + 2Dx' + x = 0 , \quad 0 < D < 1$$

bestimme man die "Übergangsmatrix" $T(\tau,\sigma)$, die den Zustand (x,x') zu den beiden "Zeit"-Punkten τ und σ gemäß

$$\begin{bmatrix} x(\tau) \\ x'(\tau) \end{bmatrix} = T(\tau,\sigma) \begin{bmatrix} x(\sigma) \\ x'(\sigma) \end{bmatrix}$$

miteinander verknüpft. Man zeige weiter, daß $T(\tau,\sigma)$ nur von der Differenz $\tau - \sigma$ abhängt und folgende Eigenschaften besitzt:

a) $T(\tau,\tau) = E$, (Einheitsmatrix)

b) $T(\tau,\sigma) = T(\tau,\rho)\, T(\rho,\sigma)$,

c) $T^{-1}(\tau,\sigma) = T(\sigma,\tau)$.

Schließlich ermittle man durch Grenzübergang die Übergangsmatrix des ungedämpften und des kritisch gedämpften Systems.

A 2.16 (vgl. Abb. 2.11 aus Abschnitt 2.4)

Die Phasenkurven zur Bewegungsgleichung

$$x'' + 2Dx' + x = 0 , \quad D \geq 0$$

können unmittelbar durch Elimination der "Zeit" aus $x(\tau)$ und $x'(\tau)$ gewonnen werden. Eine andere Möglichkeit, sich einen Überblick über das Phasenportrait zu beschaffen, bildet das Isoklinen-Verfahren: Eine *Isokline* ist der geometrische Ort der Punkte der (x,x')-Ebene, in denen die Phasenkurven gleiche Steigung $\frac{dx'}{dx} = \tan\sigma$ besitzen. (σ ist der Steigungswinkel der *Richtungselemente* auf einer Isoklinen.)

1. Man zeige, daß die Isoklinen im vorliegenden Fall Geraden durch den Koordinatenursprung sind, die durch

$$x' = -\frac{1}{2D + \tan\sigma}\, x$$

beschrieben werden. Für $D = 0$ sind die Isoklinen in Abb. 2.71a dargestellt und man erkennt auch die kreisförmigen Phasenkurven wieder. Für $D > 0$ sind die Richtungselemente auf den Isoklinen im Uhrzeigersinn ver-

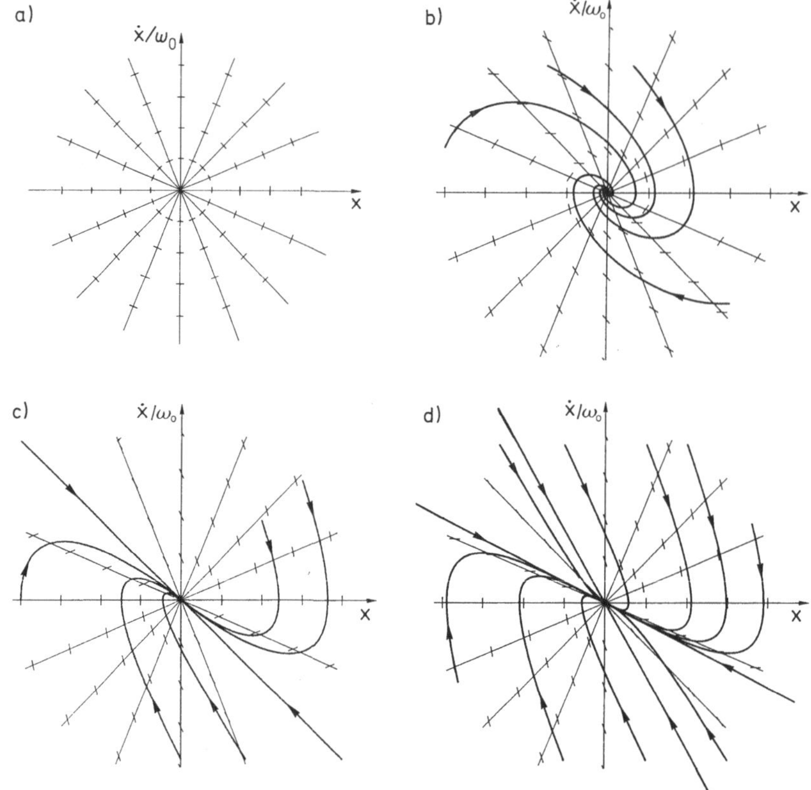

Abb. 2.71a Isoklinen und ihre Richtungselemente im ungedämpften Fall

Abb. 2.71b Isoklinen, Richtungselemente und Phasenkurven bei unterkritischer Dämpfung

Abb. 2.71c Isoklinen, Richtungselemente und Phasenkurven bei kritischer Dämpfung

Abb. 2.71d Isoklinen, Richtungselemente und Phasenkurven bei überkritischer Dämpfung

dreht (Abb. 2.71b). Bei hinreichend großem Wert von D stimmen schließlich die Steigungen von Richtungselement und Isokline miteinander überein, eine solche Isokline nennt man *Asymptoten-Isokline*.

2. Man zeige, daß Asymptoten-Isoklinen nur für $D \geq 1$ existieren und durch $\tan \sigma_{1,2} = - D \pm \sqrt{D^2 - 1}$ gegeben sind (s. Abb. 2.71c). Jede Asymptoten-Isokline ist auch selbst eine Phasenkurve.

A 2.17

Man zeige, daß im überkritisch gedämpften Fall "fast alle" Phasenkurven mit der Steigung

$$\tan \sigma_1 = - D + \sqrt{D^2 - 1}$$

in den Koordinatenursprung einlaufen.

A 2.18 (vgl. Abb. 2.17 aus Abschnitt 2.4)

Man zeige, daß die Intervall-Länge T_z gemäß Abb. 2.17 unabhängig von der Wahl desjenigen Punktes ist, in dem man die Tangente an die Exponentialfunktion legt. Weiter zeige man, daß der Funktionswert der Exponentialfunktion in jeder Zeitspanne mit der Länge T_z um den Faktor $1 - e^{-1} \approx 63\%$ abnimmt.

A 2.19

Man zeige, daß für jede Lösung x(t) der Schwingungsgleichung

$$m\ddot{x} + d\dot{x} + cx = 0, \qquad d < 2\sqrt{mc}$$

und für jeden Zeitpunkt $t \in \mathbb{R}$ gilt:

$$\ln \frac{x(t)}{x(t + T_d)} = \ln \frac{\dot{x}(t)}{\dot{x}(t + T_d)} = \Lambda .$$

A 2.20 (Abb. 2.72)

Für das in Abb. 2.72a skizzierte System ergibt ein Ausschwingversuch das Verschiebungs-Zeitdiagramm gemäß Abb. 2.72c. Außerdem wird die Absenkung x_{sz}= 2 cm (vgl. Abb. 2.72b) infolge eines Zusatzkörpers der Masse m_z = 20 kg in einem statischen Versuch ermittelt. Man bestimme das logarithmische Dekrement Λ, den Dämpfungsgrad D, die Eigenfrequenz ω_0 des ungedämpften Systems, die Federsteifigkeit c, die Masse M und die Dämpfungskonstante d.

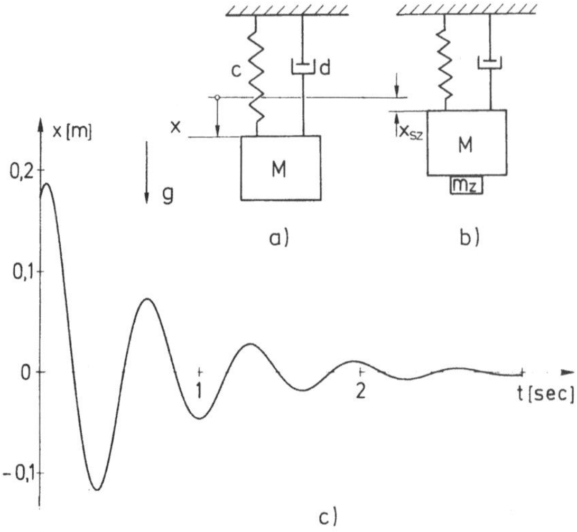

Abb. 2.72 zu Aufg. 2.20

A 2.21

Man berechne die Gesamtenergie E des Systems

$$x'' + 2Dx' + x = 0 \, , \quad 0 < D < 1$$

für beliebige Anfangswerte x_0 und x_0' als Funktion der "Zeit" τ und überprüfe das Ergebnis durch Grenzübergang $D \to 0$.

Aufgaben zu 2.5

A 2.22 (Abb. 2.73)

Ein federnd gelagerter Stößel gleitet auf einer Kreisnockenscheibe, die sich mit konstanter Winkelgeschwindigkeit Ω dreht. Die Feder ist auf die Kraft F_0 vorgespannt, d.h. in derjenigen Position, in der die Feder ihre größtmögliche Länge besitzt, beträgt die Federkraft F_0.

a) Bei welcher Winkelgeschwindigkeit verliert der Stößel den Kontakt mit der Nockenscheibe?

b) In welcher Stellung hebt der Stößel - bei zu großer Winkelgeschwindigkeit - ab?

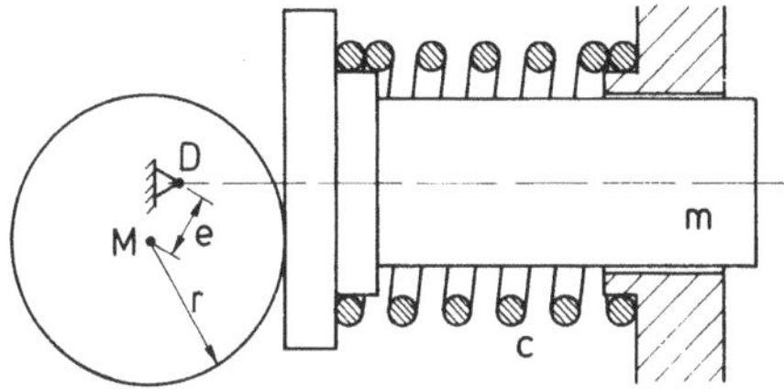

Abb. 2.73 zu Aufg. 2.22

A 2.23 (vgl. Abb. 2.33 aus Abschnitt 2.5.2)

Für die stationäre Bewegung der Gleichung

$$m\ddot{x} + d\dot{x} + cx = \hat{f} \cos \Omega t$$

zeige man, daß das Kraft-Verschiebungsdiagramm gemäß Abb. 2.33 eine Ellipse ergibt, und daß ihr Flächeninhalt mit dem Energieverlust pro Periode

$$\Delta E = \pi d\Omega \, \hat{x}_P^2$$

übereinstimmt. Welches Bild ergibt sich im Grenzfall $d \to 0$?
Hinweis: Man zeige durch Elimination der Zeit, daß die Ellipsengleichung durch

$$x^2 - 2 \, V_A \cos \psi \, x \, \frac{f}{c} + V_A^2 \left(\frac{f}{c}\right)^2 = V_A^2 \, x_s^2 \sin^2\psi$$

gegeben ist, trage f/c über x auf und überzeuge sich davon, daß die Längen $a_{1,2}$ der beiden Ellipsenhalbachsen durch

$$a_{1,2} = x_s \frac{\sqrt{2}}{2} \sqrt{1 + V_A^2 \pm \sqrt{1 + 2 \, V_A^2 \cos 2\psi + V_A^4}}$$

beschrieben sind.

A 2.24 (Abb. 2.74)

Zur Untersuchung der Vertikalschwingungen eines Kraftfahrzeugs kann man ein Modell gemäß der Abb. 2.74 verwenden. Es sei vorausgesetzt, daß sich das Fahr-

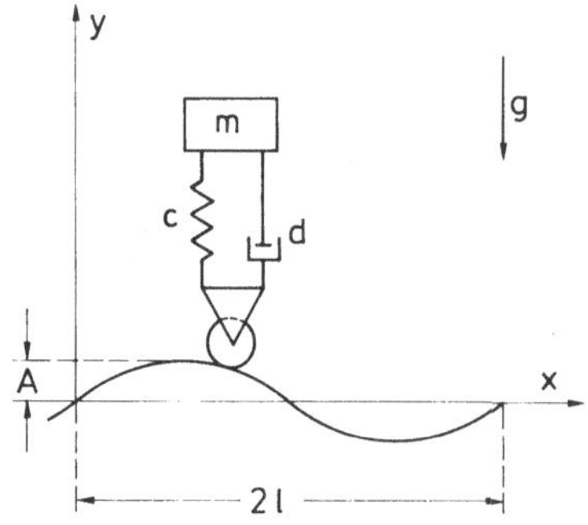

Abb. 2.74 zu Aufg. 2.24

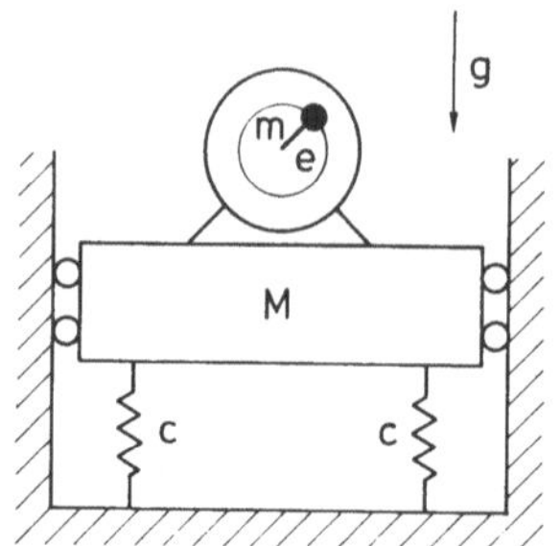

Abb. 2.75 zu Aufg. 2.25

zeug mit konstanter Horizontalgeschwindigkeit v_0 nach rechts bewegt und der Kontakt mit der harmonisch gewellten Fahrbahn stets gewahrt bleibt.

a) Man bestimme die Bewegungsgleichung und verwende dabei als Koordinate die Verschiebung aus der Gleichgewichtslage des - bei $x = 0$ - stillstehenden Fahrzeugs.

b) Für die eingeschwungene Bewegung berechne man die Amplitude und den Phasenverschiebungswinkel der Verschiebung gegenüber der Federkraft.

c) Für die stationäre Bewegung ermittle man das (betragsmäßige) Maximum der Kraft, die auf das Fahrzeug wirkt.

A 2.25 (Abb. 2.75)

Eine Maschine besitzt einen unwuchtigen Rotor, der mit konstanter Drehzahl n umläuft. Die Unwuchtkräfte, die von der Maschine auf den Untergrund übertragen werden, sollen durch den Einbau einer elastischen Lagerung (modelliert durch vier parallel wirkende Federn) auf ein Fünftel ihres ursprünglichen Wertes reduziert werden.

a) Man bestimme die dazu erforderlichen Federsteifigkeiten.

b) Man ermittle die Amplitude der Maschine für die eingeschwungene Bewegung.

A 2.26

Man bestimme aus der Impedanz der "Grundsysteme" Massenpunkt, Dämpfer und Feder ihre Admittanz, ihre dynamische Steifigkeit und dynamische Nachgiebigkeit.

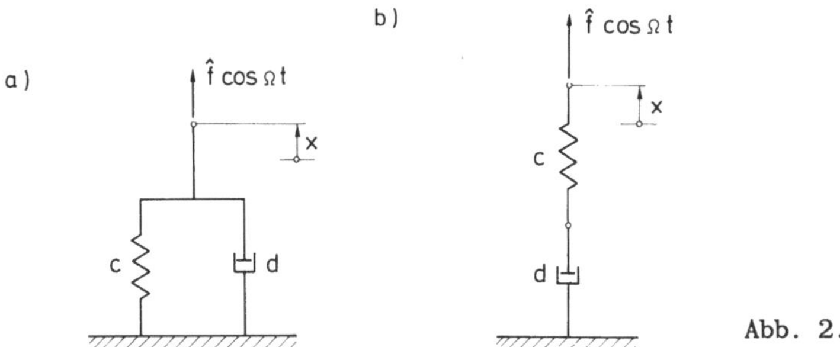

Abb. 2.76 zu Aufg. 2.27

A 2.27 (Abb. 2.76)

a) Für das System gemäß Abb. 2.76a, das sich als "Parallelschaltung" von Feder und Dämpfer interpretieren läßt, berechne man die Impedanz $\underline{Z}(\Omega)$ sowie die dynamische Steifigkeit $\underline{C}(\Omega)$ und zeige, daß die einfachen Beziehungen

$$\underline{Z} = \underline{Z}_d + \underline{Z}_c, \qquad \underline{C} = \underline{C}_d + \underline{C}_c$$

gelten. (Vgl. Aufg A 2.26). Weiter berechne man die Admittanz $\underline{A}(\Omega)$ und stelle sie - mit der Erregerfrequenz Ω, $0 < \Omega < \infty$, als Kurvenparameter - in der komplexen Ebene dar.
Hinweis: Es ergibt sich ein Halbkreis (Radius 1/2d).

b) Für das System gemäß Abb. 2.76b , das sich als "Hintereinanderschaltung" ("Schaltung in Reihe") von Feder und Dämpfer deuten läßt, bestimme man die Admittanz $\underline{A}(\Omega)$ sowie die dynamische Nachgiebigkeit $\underline{G}(\Omega)$ und zeige, daß die einfachen Beziehungen

$$\underline{A} = \underline{A}_d + \underline{A}_c, \qquad \underline{G} = \underline{G}_d + \underline{G}_c$$

gelten. (Vgl. Aufg. A 2.26) Weiter berechne man die Impedanz $\underline{Z}(\Omega)$ und stelle sie - wie in Teil a) - in der komplexen Ebene dar.
Hinweis: Auch hier ergibt sich ein Halbkreis (Radius d/2).

A 2.28 (vgl. Abb. 2.42 aus Abschnitt 2.5.4)

Nach Gleichung (2.289) gilt für die Eingangsimpedanz $\underline{Z}_{EE}(\Omega)$ des Systems gemäß Abb. 2.42

$$\underline{Z}_{EE} = \frac{\underline{Z}_m(\underline{Z}_d + \underline{Z}_c)}{\underline{Z}_m + \underline{Z}_d + \underline{Z}_c} .$$

Man interpretiere diese Formel im Hinblick auf die Begriffe "Hintereinander-" und "Parallelschaltung" (Vgl. Aufg. A 2.26 und A 2.27).

Aufgaben zu 2.6

A 2.29

Für das ungedämpfte System mit einer Krafterregung $f_0 d(t)$ in Form der T-periodischen "Dreieckschwingung"

$$d(t) := \begin{cases} 2\,\frac{t}{T}, & 0 \leq t \leq \frac{T}{2}, \\ 2(1 - \frac{t}{T}), & \frac{T}{2} \leq t \leq T \end{cases}$$

ermittle man die periodische partikuläre Lösung mit Hilfe des - in 2.6.1 beschriebenen - Anstückelverfahrens und gebe ihre FOURIERreihe an. Anschliessend entwickle man die Erregung in eine FOURIERreihe, bestimme die periodische partikuläre Lösung mit dem - in 2.6.2 beschriebenen - Superpositionsprinzip und vergleiche die beiden Ergebnisse miteinander.

A 2.30

Man bestimme eine partikuläre Lösung in Form einer FOURIERreihe für die Bewegungsgleichung

$$m\ddot{x} + d\dot{x} + cx = \check{f} \sum_{k=-\infty}^{\infty} \delta(t - kT) ,$$

bei der die Erregung eine T-periodische Folge von Stößen gleicher Intensität beschreibt.

Hinweis: Man orientiere sich bei LAUGWITZ /3/, S. 55.

a) Man spezialisiere das Ergebnis auf den ungedämpften Fall, summiere die FOURIERreihe und berechne die Sprunghöhe in der Geschwindigkeit zu den Zeitpunkten kT, $k = 0, \pm 1, \pm 2, \dots$.

b) Für die (spezielle) Resonanzbedingung $T = 2T_0$ ermittle man durch elementare Überlegungen die Lösung der Anfangswertaufgabe

$$m\ddot{x} + cx = \check{f} \sum_{k=-\infty}^{\infty} \delta(t - kT) ,$$

$$x(0) = 0, \quad \dot{x}(0^-) = 0$$

im Zeitintervall $t < |4T_0|$.

Aufgaben zu 2.7

A 2.31

Man bestimme die Sprung- und die Stoßantwort für das ungedämpfte, kritisch und überkritisch gedämpfte Feder-Masse-Dämpfer-System.
Hinweis: Als Kontrolle verwende man den Grenzübergang $D \to 0$ bzw. $D \to 1$ in der Sprung- und Stoßantwort des unterkritisch gedämpften Systems.

A 2.32

Man bestimme die Systemantwort $x_p(t)$ des ungedämpften Systems auf das Rechteckfenster $f_0 p_T(t)$. Weiter berechne man den Zeitpunkt, in dem die Antwort ihr (betragsmäßiges) Maximum erreicht sowie den zugehörigen Maximalwert.

A 2.33

Man beweise die LEIBNITZsche Differentiationsregel

$$\frac{d}{dt} \int_{a(t)}^{b(t)} K(s,t)ds = \int_{a(t)}^{b(t)} \frac{\partial K}{\partial t}(s,t)ds + K(b(t),t)\,\dot{b}(t) - K(a(t),t)\,\dot{a}(t)$$

auf zwei Wegen:

a) Man suche eine Substitution, die auf ein Integral mit zeitunabhängigen Integrationsgrenzen führt.

b) Man definiere die Funktion

$$k(p,q,t) := \int_p^q K(s,t)\, ds$$

und differenziere die "geschachtelte" Funktion $k(a(t),b(t),t)$ nach der Kettenregel.
Hinweis: Man orientiere sich bei ERWE /9/, S. 59.

A 2.34

Man zeige mit Hilfe der LEIBNITZ-Regel, daß das DUAHMEL-Integral

$$x_p(t) = f(0^+)\, h(t) + \int_{0^+}^{t} \dot{f}(t')\, h(t - t')\, dt'$$

mit

$$h(t) = s(t)\, \frac{1}{c}\, [1 - e^{-\delta t}(\cos \omega_d t + \frac{\delta}{\omega_d} \sin \omega_d t)]$$

die partikuläre Lösung der Bewegungsgleichung

$$m\ddot{x} + d\dot{x} + cx = f(t), \qquad f(t) = 0 \text{ für } t < 0, \qquad d < 2\sqrt{mc}$$

liefert, die den Bedingungen

$$x_p(0) = 0\,, \qquad \dot{x}_p(0) = 0$$

genügt.

A 2.35

Für das gedämpfte System werte man das Faltungsintegral bei einer Erregerkraft der Form $f_0\, e^{-|t|/T}$ aus.

A 2.36

Man zeige, daß das Faltungsintegral bei harmonischer Erregerkraft $\hat{f}$ cos Ωt im gedämpften Fall auf die harmonische partikuläre Lösung führt, im ungedämpften Fall dagegen nicht existiert.

A 2.37

Mit Hilfe des Faltungsintegrals bestimme man eine partikuläre Lösung der Anfangswertaufgabe

$$m\ddot{x} + cx = f_0 \, p_T(t - T) \cos \omega_0 t, \qquad T > 0$$

$$x(0) = 0 \, , \qquad \dot{x}(0) = 0$$

und diskutiere den Grenzfall $T \to \infty$.

A 2.38

Man zeige, daß sich für die Schwingungsgleichung

$$m\ddot{x} + d\dot{x} + cx = f(t)$$

eine partikuläre Lösung $x_p'(t)$ der inhomogenen Gleichung in der Form

$$x_p'(t) = \int_{t_0}^{t} g'(t - s) \, f(s) \, ds \; , \qquad t_0 \in \mathbb{R}$$

finden läßt, die den Bedingungen $x_p'(t_0) = 0$, $\dot{x}_p'(t_0) = 0$ genügt. Man bestimme die Funktion $g'(t)$, die eine spezielle Lösung der homogenen Gleichung ist und untersuche den Zusammenhang mit der Stoßantwort $g(t)$.

Hinweis: Man orientiere sich bei LAUGWITZ /10/, S. 87.

A 2.39

Man zeige, daß die partikuläre Lösung aus Aufg. A 2.38 für die Schwingungsgleichung

$$m\ddot{x} + cx = \hat{f} \cos \Omega t \ , \qquad \Omega \neq \omega_0$$

nicht die harmonische partikuläre Lösung (2.132) liefert, sondern die Lösung (2.139).

A 2.40

Mit Hilfe der Integraldarstellung aus Aufg. A 2.38 bestimme man eine Lösung der Bewegungsgleichung

$$m\ddot{x} + cx = f_0 \frac{1}{\cos \Omega t}$$

im Zeitintervall $(-\pi/2\Omega, \pi/2\Omega)$.

Literatur zu Kapitel 2

/1/ MAGNUS, K.: Schwingungen. Stuttgart: Teubner 1961

/2/ HARRIS, C.M.; CREDE, C.E.: Shock and Vibration Handbook. New York: McGraw-Hill 1976

/3/ LAUGWITZ, D.: Ingenieurmathematik, Bd. 4. (BI-Hochschultaschenbuch Bd. 62/62a). Mannheim: Bibliographisches Institut 1967

/4/ LIGHTHILL, M.J.: Einführung in die Theorie der Fourieranalysis und der verallgemeinerten Funktionen. (BI-Hochschultaschenbuch Bd. 139). Mannheim: Bibliographisches Institut 1966

/5/ STAKGOLD, I.: Boundary Value Problems of Mathematical Physics, Vol. 1. London: Macmillan 1970

/6/ PAPOULIS, A.: The Fourier Integral and its Applications. New York: McGraw-Hill 1962

/7/ JAHNKE-EMDE-LÖSCH: Tafeln höherer Funktionen. Stuttgart: Teubner 1960

/8/ GRÖBNER, W.; HOFREITER, N.: Integraltafel, 2. Teil. Wien: Springer 1961

/9/ ERWE, F.: Differential- und Integralrechnung II. (BI-Hochschultaschenbuch Bd. 31/31a). Mannheim: Bibliographisches Institut 1962

/10/ LAUGWITZ, D.: Ingenieur-Mathematik, Bd. 3. (BI-Hochschultaschenbuch Bd. 62/62a). Mannheim: Bibliographisches Institut 1964

3 Systeme mit zwei Freiheitsgraden

Im vierten Kapitel behandeln wir Systeme mit n Freiheitsgraden und verwenden dazu die Matrizenschreibweise. Viele der Eigenschaften linearer mechanischer Systeme mit mehreren Freiheitsgraden können aber schon an Systemen mit nur zwei Freiheitsgraden erklärt werden. Im vorliegenden Kapitel werden daher zunächst Systeme mit zwei Freiheitsgraden behandelt, wobei die wichtigsten Zusammenhänge im wesentlichen anhand von Beispielen besprochen werden. Die Darstellung ist knapp, da alles im vierten Kapitel für den allgemeineren Fall nochmals behandelt wird.

3.1 Freie ungedämpfte Schwingungen

Wir beginnen mit der Untersuchung des einfachen Systems mit zwei Freiheitsgraden, das in Abb. 3.1 dargestellt ist. Zur Beschreibung der Bewegung wählen wir als Koordinaten die Verschiebungen x_1 und x_2 der beiden Körper aus ihrer Gleichgewichtslage, in der alle drei Federn entspannt sein sollen, und erhalten - mit Hilfe des NEWTONschen Grundgesetzes - die Bewegungsgleichungen in der Form

$$\left.\begin{aligned} m_1\ddot{x}_1 + (c_1 + c_2)x_1 - c_2x_2 &= 0\,, \\ m_2\ddot{x}_2 - c_2x_1 + (c_2 + c_3)x_2 &= 0\,. \end{aligned}\right\} \qquad (3.1)$$

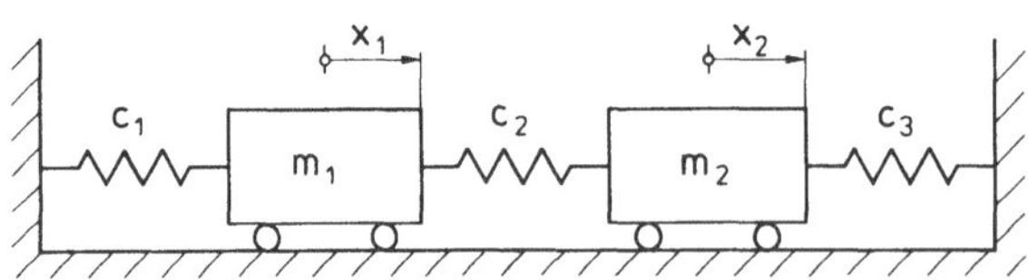

Abb. 3.1 Feder-Masse-System mit zwei Freiheitsgraden

Es ergibt sich also (in den von uns willkürlich gewählten Koordinaten) ein System von zwei gewöhnlichen Differentialgleichungen zweiter Ordnung, das in den Koordinaten (und nicht in den Beschleunigungen) gekoppelt ist; man spricht hier auch von einer Kopplung in den Rückstelltermen. Die Bewegungsgleichungen (3.1) besitzen konstante Koeffizienten, und daher führt der Exponentialansatz - der uns von der mathematischen Behandlung solcher Gleichungen vertraut ist - zum Ziel. Da wir jedoch harmonische Schwingungen erwarten, wählen wir hier stattdessen einen Ansatz der Form

$$\left.\begin{aligned} x_1(t) &= l_1 \cos \omega t \;, \\ x_2(t) &= l_2 \cos \omega t \;, \end{aligned}\right\} \tag{3.2}$$

der die beiden Koeffizienten l_1 und l_2 sowie den Parameter ω als zu bestimmende Größen enthält; dieser Ansatz (für eine partikuläre Lösung) bedeutet anschaulich, daß beide Körper eine harmonische Schwingung mit derselben - allerdings noch unbekannten - Frequenz ω und im allgemeinen verschiedenen Amplituden $|l_1|$ und $|l_2|$ ausführen. Das Einsetzen in die Bewegungsgleichungen führt auf das lineare, homogene Gleichungssystem

$$\left.\begin{aligned} (-m_1\omega^2 + c_1 + c_2)l_1 - c_2 l_2 &= 0 \;, \\ -c_2 l_1 + (-m_2\omega^2 + c_2 + c_3)l_2 &= 0 \end{aligned}\right\} \tag{3.3}$$

in den Variablen l_1 und l_2, dessen Koeffizienten - neben den Systemparametern m_1, m_2, c_1, c_2, c_3 - noch von dem (unbekannten) Frequenzparameter ω abhängen. Dieses Gleichungssystem besitzt natürlich für jeden Wert der Frequenz ω die triviale Lösung $l_1 = 0$, $l_2 = 0$; die entsprechende Lösung $x_1(t) \equiv 0$, $x_2(t) \equiv 0$ beschreibt gerade die Gleichgewichtslage des Systems, die uns schon bekannt war und hier nicht weiter interessiert. Nichttriviale Lösungen in den Variablen l_1 und l_2 existieren - wie wir aus der Theorie der linearen, algebraischen Gleichungssysteme wissen - genau dann, wenn die Koeffizientendeterminante verschwindet:

$$\det \begin{bmatrix} -m_1\omega^2 + c_1 + c_2 & -c_2 \\ -c_2 & -m_2\omega^2 + c_2 + c_3 \end{bmatrix} = 0 \;. \tag{3.4}$$

Diese Bedingung bezeichnet man als *charakteristische Gleichung*; sie läßt sich hier auch in der Gestalt

$$m_1m_2\omega^4 - [m_1(c_2 + c_3) + m_2(c_1 + c_2)]\omega^2$$
$$+ (c_1 + c_2)(c_2 + c_3) - c_2^2 = 0 \qquad (3.5)$$

schreiben, in der die linke Seite ein Polynom zweiten Grades in ω^2 ist, das man als *charakteristisches Polynom* bezeichnet. Die beiden Wurzeln der charakteristischen Gleichung (3.5) sind

$$\omega^2_{1,2} = \frac{1}{2m_1m_2}\Big[m_1(c_2+ c_3) + m_2(c_1+ c_2) \pm$$
$$\pm\sqrt{[m_1(c_2+c_3)+m_2(c_1+c_2)]^2 - 4m_1m_2[(c_1+c_2)(c_2+c_3)-c_2^2]}\ \Big] . \qquad (3.6)$$

Beide Lösungen sind reell und positiv, falls die Systemparameter m_1, m_2, c_1, c_3 positiv und c_2 nicht negativ sind; der Beweis wird in Kapitel 4 für Systeme mit n Freiheitsgraden gegeben.

Damit haben wir gezeigt, daß partikuläre Lösungen der Bewegungsgleichung (3.1) in der Form (3.2) nur für ganz bestimmte durch die Systemparameter festgelegte Werte von ω existieren, nämlich für $\omega = \pm\sqrt{\omega_1^2}$ und $\omega = \pm\sqrt{\omega_2^2}$; es ist üblich, sich auf das positive Vorzeichen zu beschränken, weil dies auch reicht, um die allgemeine Lösung von (3.1) aufzubauen. Diese (positiven) Werte ω_1 und ω_2 bezeichnen wir als *Eigenkreisfrequenzen* oder auch einfach als *Eigenfrequenzen* und indizieren sie gemäß $0 < \omega_1 \leq \omega_2$.

Das Feder-Masse-System der Abb. 3.1 kann also in der Tat harmonische Schwingungen ausführen, bei denen beide Massen mit derselben Frequenz, nämlich mit einer der beiden Eigenfrequenzen ω_1 oder ω_2 schwingen. Die Koeffizienten l_1 und l_2 in dem Ansatz (3.2) sind dabei nicht beliebig: sie genügen dem linearen homogenen Gleichungssystem (3.3) mit $\omega = \omega_{1,2}$. Für diese Werte von ω verschwindet aber die Koeffizientendeterminante und die beiden Gleichungen sind linear abhängig; wir können daher das Verhältnis der Koeffizienten l_1 und l_2 beispielsweise aus der ersten Gleichung (3.3a) berechnen:

$$\left(\frac{l_2}{l_1}\right)_{1,2} = \frac{-\, m_1\omega^2_{1,2} + c_1 + c_2}{c_2}\ , \qquad (3.7)$$

wenn die Federsteifigkeit c_2 von Null verschieden ist, oder auch aus (3.3b). In (3.7) sind die Wurzeln (3.6) einzusetzen, so daß l_2/l_1 allein durch die Systemparameter bestimmt ist. Die zweite Gleichung 3.3b ergibt

$$\left(\frac{l_2}{l_1}\right)_{1,2} = \frac{c_2}{-m_2\omega_{1,2}^2 + c_2 + c_3} , \tag{3.8}$$

sofern der Nenner nicht verschwindet. Den berechneten Quotienten

$$\rho_{1,2} := \left(\frac{l_2}{l_1}\right)_{1,2} \tag{3.9}$$

bezeichnet man als *Amplitudenverhältnis*[37], und es gilt

$$\rho_{1,2} = \frac{-m_1\omega_{1,2}^2 + c_1 + c_2}{c_2} = \frac{c_2}{-m_2\omega_{1,2}^2 + c_2 + c_3} . \tag{3.10}$$

Bisher haben wir die beiden partikulären Lösungen von (3.1)

$$\left.\begin{aligned} x_1(t) &= l_1 \cos \omega_1 t, \\ x_2(t) &= \rho_1\, l_1 \cos \omega_1 t \end{aligned}\right\} \tag{3.11}$$

und

$$\left.\begin{aligned} x_1(t) &= l_1 \cos \omega_2 t , \\ x_2(t) &= \rho_1\, l_2 \cos \omega_2 t \end{aligned}\right\} \tag{3.12}$$

ermittelt, wobei l_1 noch unbestimmt ist. Es ist leicht zu erkennen, daß auch die beiden Paare

$$\left.\begin{aligned} x_1(t) &= a_1 \cos (\omega_1 t + \alpha_1) , \\ x_2(t) &= \rho_1\, a_1 \cos(\omega_1 t + \alpha_1) \end{aligned}\right\} \tag{3.13}$$

und

$$\left.\begin{aligned} x_1(t) &= a_2 \cos (\omega_2 t + \alpha_2) , \\ x_2(t) &= \rho_2\, a_2 \cos(\omega_2 t + \alpha_2) \end{aligned}\right\} \tag{3.14}$$

---

[37] Die Bezeichnung "Amplitudenverhältnis" ist eigentlich nicht präzise, $|l_1|$ und $|l_2|$ sind die Amplituden!

Lösungen von (3.1) sind; hierbei wurden - im Vergleich zu (3.11) und (3.12) - (beliebige) Nullphasenwinkel α_1 bzw. α_2 hinzugefügt und l_1 durch andere Formelzeichen (a_1 bzw. a_2) ersetzt.

Bewegungen des Typs (3.13) und (3.14), von denen hier genau zwei existieren, heißen *Hauptschwingungen*. Bei jeder der beiden Hauptschwingungen bewegen sich beide Massenpunkte harmonisch mit derselben Frequenz, nämlich der zugehörigen Eigenfrequenz und demselben Nullphasenwinkel (s. Abb. 3.2). Insbesondere durchlaufen also beide Körper zum selben Zeitpunkt die Gleichgewichtslage (beide Koordinaten besitzen zum selben Zeitpunkt den Wert Null) und erreichen auch gleichzeitig ihre (Bewegungs-)Umkehrpunkte (bei positivem Amplitudenverhältnis besitzen beide Koordinaten sogar gleichzeitig Maxima bzw. Minima, bei negativem Amplitudenverhältnis dagegen treten zum selben Zeitpunkt Maximum der einen und Minimum der anderen Koordinate auf). Ein weiteres Merkmal jeder Hauptschwingung ist die Tatsache, daß - während der gesamten Bewegung - die Verschiebungen der beiden Körper in einem wohlbestimmten Verhältnis zueinander stehen, nämlich dem zugehörigen Amplitudenverhältnis (das Verhältnis der beiden Koordinaten ist zeitunabhängig). Man sagt daher auch, daß Amplitudenverhältnisse die *Eigenschwingungsformen* kennzeichnen.

Infolge der Linearität von (3.1) ist auch

$$\left.\begin{aligned} x_1(t) &= a_1 \cos(\omega_1 t + \alpha_1) + a_2 \cos(\omega_2 t + \alpha_2) \ , \\ x_2(t) &= \rho_1 a_1 \cos(\omega_1 t + \alpha_1) + \rho_2 a_2 \cos(\omega_2 t + \alpha_2) \end{aligned}\right\} \qquad (3.15)$$

eine Lösung. Es ist sogar die allgemeine Lösung von (3.1), da sich die vier Integrationskonstanten a_1, a_2, α_1 und α_2 beliebigen Anfangsbedingungen anpassen lassen. Die Anfangsbedingungen $x_{10} := x_1(0)$, $x_{20} := x_2(0)$, $\dot{x}_{10} := \dot{x}_1(0)$ und $\dot{x}_{20} := \dot{x}_2(0)$ bestimmen die Integrationskonstanten in eindeutiger Weise, wir geben die expliziten Formeln jedoch nicht an. Man beachte, daß die allgemeine Lösung (3.15), die man (mit "neuen" Integrationskonstanten C_1, S_1, C_2 und S_2) auch als

$$\left.\begin{aligned} x_1(t) &= C_1\cos\omega_1 t + S_1\sin\omega_1 t + C_2\cos\omega_2 t + S_2\sin\omega_2 t \\ x_2(t) &= \rho_1 C_1\cos\omega_1 t + \rho_1 S_1\sin\omega_1 t + \rho_2 C_2\cos\omega_2 t + \rho_2 S_2\sin\omega_2 t \end{aligned}\right\} \quad (3.16)$$

schreiben kann, im allgemeinen nicht periodisch, geschweige denn harmonisch ist.

Das Beispiel der Abb. 3.1 vereinfacht sich in dem Sonderfall gleicher Massen ($m_1 = m_2 = m$) und gleicher Federsteifigkeiten ($c_1 = c_2 = c_3 = c$). Die charakteristische Gleichung (3.5) geht damit über in

$$m^2\omega^4 - 4mc\omega^2 + 3c^2 = 0 \tag{3.17}$$

mit den Wurzeln

$$\omega_1^2 = \frac{c}{m} , \quad \omega_2^2 = 3\,\frac{c}{m} , \tag{3.18}$$

und die Amplitudenverhältnisse (3.10) ergeben sich zu

$$\rho_{1,2} = -\frac{m}{c}\,\omega_{1,2}^2 + 2 = \pm\, 1. \tag{3.19}$$

Das bedeutet anschaulich, daß die beiden Körper bei der kleineren Eigenfrequenz in Phase ($\rho_1 > 0$) und mit gleichen Amplituden schwingen ($\rho_1 = 1$), bei der größeren Eigenfrequenz jedoch in Gegenphase ($\rho_2 < 0$), aber auch mit gleichen Amplituden ($|\rho_2|=1$, s. Abb. 3.2). Natürlich hätte man in diesem einfachen

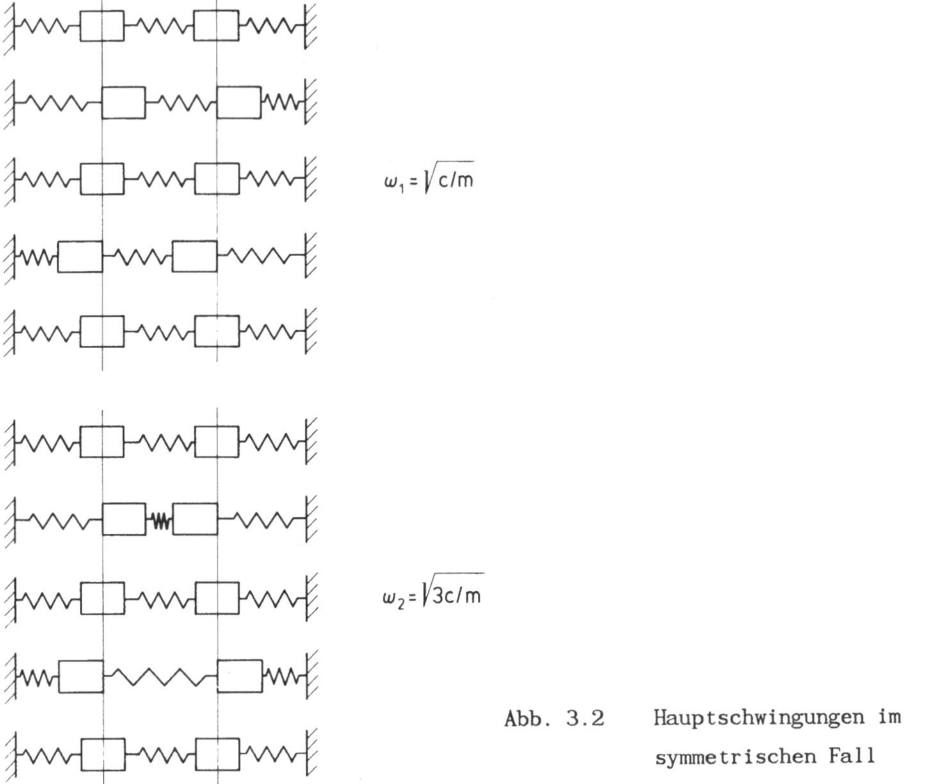

Abb. 3.2 Hauptschwingungen im symmetrischen Fall

Fall - allein aufgrund der Symmetrie des Systems - die beiden Hauptschwingungen (also sowohl die Amplitudenverhältnisse als auch die Eigenfrequenzen) direkt ohne irgendwelche Berechnungen erkennen können. Das gelingt nicht mehr, wenn die Symmetrie - etwa durch voneinander verschiedene Massen - zerstört wird; allerdings gehört auch dann zur kleineren Eigenfrequenz das Schwingen in Phase, zur größeren die Bewegung in Gegenphase.

Für das symmetrische System mit den Bewegungsgleichungen

$$\left.\begin{aligned} m\ddot{x}_1 + 2cx_1 - cx_2 &= 0 ,\\ m\ddot{x}_2 - cx_1 + 2cx_2 &= 0 \end{aligned}\right\} \tag{3.20}$$

führen wir nun eine Koordinatentransformation durch, die wir gemäß

$$\left.\begin{aligned} y_1 &:= \frac{1}{2}(x_1 + x_2) ,\\ y_2 &:= \frac{1}{2}(x_1 - x_2) \end{aligned}\right\} \tag{3.21}$$

definieren mit der Rücktransformation

$$\left.\begin{aligned} x_1 &= y_1 + y_2 ,\\ x_2 &= y_1 - y_2 . \end{aligned}\right\} \tag{3.22}$$

Addition bzw. Substraktion der Bewegungsgleichungen ergibt

$$\left.\begin{aligned} m(\ddot{x}_1 + \ddot{x}_2) + cx_1 + cx_2 &= 0 ,\\ m(\ddot{x}_1 - \ddot{x}_2) + 3\,cx_1 - 3\,cx_2 &= 0 \end{aligned}\right\} \tag{3.23}$$

und führt mit (3.21) auf

$$\left.\begin{aligned} m\,\ddot{y}_1 + c\,y_1 &= 0 ,\\ m\,\ddot{y}_2 + 3\,c\,y_2 &= 0 . \end{aligned}\right\} \tag{3.24}$$

Damit sind die Bewegungsgleichungen entkoppelt: Sie zerfallen in zwei voneinander unabhängige, einzelne Differentialgleichungen zweiter Ordnung. Koordinaten mit der Eigenschaft, eine solche Entkopplung herbeizuführen, heißen *Hauptkoordinaten*. In solchen Koordinaten nehmen die Hauptschwingungen des Systems die besonders einfache Form

$$y_1(t) = a_1 \cos(\omega_1 t + \alpha_1) , \quad y_2(t) \equiv 0 \tag{3.25a}$$

und

$$y_1(t) \equiv 0 , \quad y_2(t) = a_2 \cos(\omega_2 t + \alpha_2) \tag{3.25b}$$

an. In den Hauptkoordinaten sind also die Hauptschwingungen dadurch gekennzeichnet, daß jeweils nur eine Koordinate harmonisch schwingt - mit der zugehörigen Eigenfrequenz[38] -, während die andere Koordinate identisch gleich Null ist.

Auch für den unsymmetrischen Fall des Beispiels existieren Hauptkoordinaten, die durch die allgemeineren linearen Beziehungen

$$\left.\begin{aligned} y_1 &= \frac{1}{\rho_2 - \rho_1} (\rho_2 x_1 - x_2) , \\ y_2 &= -\frac{1}{\rho_2 - \rho_1} (\rho_1 x_1 - x_2) \end{aligned}\right\} \tag{3.26}$$

und

$$\left.\begin{aligned} x_1 &= y_1 + y_2 , \\ x_2 &= \rho_1 y_1 + \rho_2 y_2 \end{aligned}\right\} \tag{3.27}$$

gegeben sind. Setzt man eine der beiden Bewegungen (3.25a) oder (3.25b) in (3.27) ein, so erhält man gerade die Hauptschwingungen (3.13), (3.14) in den ursprünglichen Koordinaten; damit ist gezeigt, daß die durch (3.26) definierten Koordinaten in der Tat Hauptkoordinaten sind. In Kapitel 4 werden wir dies bei Systemen mit n Freiheitsgraden systematisch besprechen.

Das Beispiel der Abb. 3.1 hat uns auf Bewegungsgleichungen geführt, die eine Kopplung in den Koordinaten zeigten (Kopplung in den Rückstelltermen). Offenbar hängt aber die Art der Kopplung von der Wahl der Koordinate ab: In den Hauptkoordinaten beispielsweise sind die Bewegungsgleichungen ja überhaupt nicht gekoppelt!

---

[38] Die Eigenfrequenzen sind "Systemeigenschaften" und unabhängig von der Wahl der Koordinaten, die Amplitudenverhältnisse dagegen nicht.

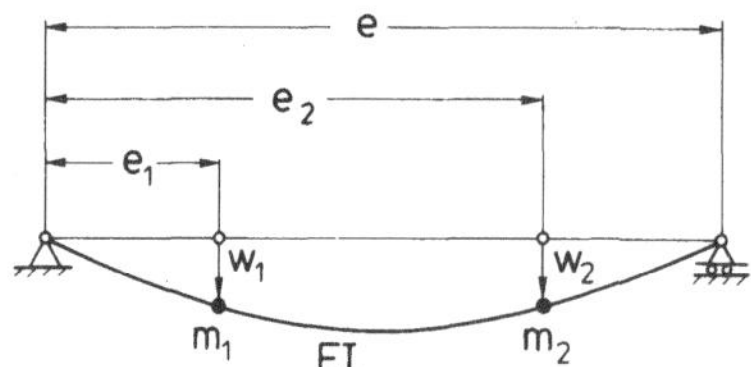

Abb. 3.3 Balken mit zwei Punktmassen

Als zweites Beispiel betrachten wir den "masselosen" Balken der Abb. 3.3, der im Abstand e_1 bzw. e_2 vom festen Lager jeweils eine Punktmasse der Masse m_1 bzw. m_2 trägt; dies ist ein erstes einfaches Modell zur Berechnung der (beiden kleinsten) Eigenfrequenzen eines einfach gelagerten Balkens mit kontinuierlich verteilter Masse. Zum Aufstellen der Bewegungsgleichungen kann man die aus der Technischen Mechanik bekannten Krafteinflußgrößen verwenden: Für den Fall einer statischen Belastung durch Einzelkräfte f_1 (an der Stelle $x = e_1$) und f_2 (an der Stelle $x = e_2$) ergeben sich durch Superposition die Absenkungen

$$w_1 = g_{11}f_1 + g_{12}f_2 , \tag{3.28a}$$

$$w_2 = g_{21}f_1 + g_{22}f_2 \tag{3.28b}$$

(die Einflußzahlen g_{ij}, $i,j = 1,2$ sind z.B. in Handbüchern zu finden); für den dynamischen Fall kann man die Kräfte durch die D'ALEMBERTschen Scheinkräfte

$$f_1 = - m_1 \ddot{w}_1 , \tag{3.29a}$$

$$f_2 = - m_2 \ddot{w}_2 \tag{3.29b}$$

ersetzen und erhält die Bewegungsgleichungen in der Form

$$\left.\begin{aligned} m_1 g_{11}\ddot{w}_1 + m_2 g_{12}\ddot{w}_2 + w_1 = 0 , \\ m_1 g_{12}\ddot{w}_1 + m_2 g_{22}\ddot{w}_2 + w_2 = 0 . \end{aligned}\right\} \tag{3.30}$$

Sie sind in den Beschleunigungen und nicht in den Verschiebungen gekoppelt; man spricht hier auch von einer Kopplung in den Trägheitstermen. Diese etwas andere Struktur der Bewegungsgleichungen bringt jedoch - im Hinblick auf das Lösungsverfahren - keine neuen Aspekte mit sich: Der "alte" Ansatz (3.2) führt wieder über ein lineares, homogenes Gleichungsystem auf die charakteristische

Gleichung, deren Lösungen die Eigenfrequenzen des Systems festlegen, und mit deren Kenntnis wir die Amplitudenverhältnisse bestimmen und schließlich die allgemeine Lösung angeben können.

Wir beschäftigen uns nun mit dem allgemeinen Fall eines linearen, konservativen Systems mit zwei Freiheitsgraden, für das wir lineare Bewegungsgleichungen etwa durch Linearisierung (um eine stabile Gleichgewichtslage) der *LAGRANGEschen Gleichungen*[39] (s. GOLDSTEIN /1/)

$$\frac{d}{dt}\frac{\partial L}{\partial \dot{q}_i} - \frac{\partial L}{\partial q_i} = 0 , \quad i = 1, 2 \tag{3.31}$$

erhalten. Die *LAGRANGE-Funktion* L ist dabei

$$L := T - U \tag{3.32}$$

(Differenz von kinetischer Energie T und potentieller Energie U); sie besitzt eine spezielle Struktur: Die kinetische Energie T ist nämlich eine positiv definite quadratische Form[40]

$$T = \frac{1}{2}\,(a_{11}\dot{q}_1^2 + 2\,a_{12}\dot{q}_1\dot{q}_2 + a_{22}\dot{q}_2^2) \tag{3.33}$$

in den *verallgemeinerten Geschwindigkeiten* $\dot{q}_1$ und $\dot{q}_2$, deren Koeffizienten a_{11}, a_{12} und a_{22} allerdings noch von den *verallgemeinerten Koordinaten* q_1 und q_2 abhängen können, und U ist eine Funktion von q_1 und q_2 allein, hängt also nicht von $\dot{q}_1$ und $\dot{q}_2$ ab.

---

[39] Nach dem Mathematiker Joseph Louis de LAGRANGE, * 1736 in Turin, + 1813 in Paris.

[40] Eine quadratische Form Q in den Variablen x_1 und x_2

$$Q = b_{11}x_1^2 + 2\,b_{12}x_1x_2 + b_{22}x_2^2$$

heißt *positiv definit*, wenn $Q(x_1,x_2) > 0$ und *positiv semidefinit*, wenn $Q(x_1,x_2) \geq 0$ für alle $(x_1,x_2) \neq (0,0)$ gilt.

Hat man für ein mechanisches System die LAGRANGE-Funktion ermittelt, so ergeben sich die Bewegungsgleichungen aus (3.31). In vielen Fällen sind diese Gleichungen hochgradig nichtlinear, und es ist dann ein hoffnungsloses Unterfangen, etwa nach der allgemeinen Lösung zu suchen; deshalb wird man die Gleichungen mit Näherungsverfahren behandeln und sie beispielsweise um eine stabile Gleichgewichtslage linearisieren. Um das oft mühsame Differenzieren und die anschließende Linearisierung zu vermeiden, kann man aber auch direkt die LAGRANGE-Funktion so vereinfachen, daß sich aus (3.31) sofort die linearisierten Bewegungsgleichungen ergeben. Dazu ersetzt man zunächst die kinetische Energie T durch

$$\tilde{T} = \frac{1}{2}\,(m_{11}\dot{q}_1^2 + 2\,m_{12}\dot{q}_1\dot{q}_2 + m_{22}\dot{q}_2^2) \tag{3.34}$$

mit konstanten Koeffizienten m_{11}, m_{12} und m_{22}; diese neuen Koeffizienten sind dabei durch die Werte der alten Koeffizienten in der betrachteten Gleichgewichtslage $q_1 = 0$, $q_2 = 0$[41] gegeben:

$$m_{ij} := a_{ij}(0,0)\ , \qquad i,j = 1,2\ . \tag{3.35}$$

Weiter ersetzt man die potentielle Energie U durch die quadratische Form

$$\tilde{U} = \frac{1}{2}\,(c_{11}q_1^2 + 2\,c_{12}q_1q_2 + c_{22}q_2^2) \tag{3.36}$$

in den verallgemeinerten Koordinaten, wobei die Koeffizienten

$$c_{ij} := \frac{\partial^2 U}{\partial q_i \partial q_j}(0,0)\ , \qquad i,j = 1,2 \tag{3.37}$$

konstant sind. Besitzt die potentielle Energie U in der Gleichgewichtslage ein strenges (relatives) Minimum, so ist die Gleichgewichtslage stabil, und die quadratische Form (3.36) ist zumindest positiv semidefinit; im folgenden setzen wir jedoch stets (3.36) positiv definit voraus, sofern nicht ausdrücklich anderes vermerkt ist.

Wir ersetzen die ursprüngliche LAGRANGE-Funktion L durch

---

[41] Ohne Einschränkung der Allgemeinheit nehmen wir an, daß die Gleichgewichtslage gerade im "Koordinatenursprung" $(q_1,q_2) = (0,0)$ liegt. Dies kann durch eine einfache Koordinatentransformation immer erreicht werden.

$$\tilde{L} = \tilde{T} - \tilde{U} \tag{3.38}$$

und berechnen die Bewegungsgleichungen aus

$$\frac{d}{dt}\frac{\partial\tilde{L}}{\partial\dot{q}_i} - \frac{\partial\tilde{L}}{\partial q_i} = 0\ , \qquad i = 1,\ 2\ . \tag{3.39}$$

Damit ergeben sich die linearen Differentialgleichungen

$$\left.\begin{aligned} m_{11}\ddot{q}_1 + m_{12}\ddot{q}_2 + c_{11}q_1 + c_{12}q_2 = 0\ , \\ m_{21}\ddot{q}_1 + m_{22}\ddot{q}_2 + c_{21}q_1 + c_{22}q_2 = 0\ , \end{aligned}\right\} \tag{3.40}$$

wobei wir aus formalen Gründen die neuen Koeffizienten $m_{21} := m_{12}$, $c_{21} := c_{12}$ eingeführt haben. Die Bewegungsgleichungen sind jetzt sowohl in den Trägheits- als auch in den Rückstelltermen gekoppelt.

Auch diese etwas allgemeinere Struktur der Bewegungsgleichungen ändert nichts an der bisherigen Lösungsmethode: Der Ansatz

$$\left.\begin{aligned} q_1(t) = l_1 \cos \omega t\ , \\ q_2(t) = l_2 \cos \omega t \end{aligned}\right\} \tag{3.41}$$

führt wieder auf ein lineares, homogenes Gleichungssystem in l_1 und l_2:

$$\left.\begin{aligned} (- m_{11}\omega^2 + c_{11})l_1 + (- m_{12}\omega^2 + c_{12})l_2 = 0\ , \\ (- m_{21}\omega^2 + c_{21})l_1 + (- m_{22}\omega^2 + c_{22})l_2 = 0\ , \end{aligned}\right\} \tag{3.42}$$

und die Forderung nach nichttrivialen Lösungen ergibt die charakteristische Gleichung

$$(m_{11}m_{22} - m_{12}^2)\omega^4 - (m_{11}c_{22} + m_{22}c_{11} - 2\ m_{12}c_{12})\omega^2 + (c_{11}c_{22} - c_{12}^2) = 0, \tag{3.43}$$

die - wie vorher - biquadratisch in der Frequenz ω ist und deren Lösungen wir ohne Schwierigkeit angeben können. Damit sind die beiden Eigenfrequenzen des

Systems bestimmt; wir können damit aus (3.42) die Amplitudenverhältnisse gemäß

$$\rho_{1,2} = \left(\frac{l_2}{l_1}\right)_{1,2} = -\frac{-m_{11}\omega_{1,2}^2 + c_{11}}{-m_{12}\omega_{1,2}^2 + c_{12}} = -\frac{-m_{12}\omega_{1,2}^2 + c_{12}}{-m_{22}\omega_{1,2}^2 + c_{22}} \tag{3.44}$$

bestimmen, sofern die Nenner von Null verschieden sind. Daß der Koeffizient l_1 auch verschwinden kann, hatten wir bereits bei der Diskussion der Hauptkoordinaten erkannt (die entsprechende Hauptschwingung läßt sich dann nicht in der Form (3.11) schreiben). Andererseits kann man aber l_1 und l_2 stets so wählen, daß $l_1^2 + l_2^2 = 1$ gilt. Bezeichnen wir die so normierten Größen mit r_{1i} und r_{2i} (der Index i charakterisiert dabei die zugehörige Eigenfrequenz ω_i), so können wir die allgemeine Lösung immer in der Gestalt

$$\left.\begin{aligned} q_1(t) &= r_{11}a_1 \cos(\omega_1 t + \alpha_1) + r_{12}a_2 \cos(\omega_2 t + \alpha_2), \\ q_2(t) &= r_{21}a_1 \cos(\omega_1 t + \alpha_1) + r_{22}a_2 \cos(\omega_2 t + \alpha_2) \end{aligned}\right\} \tag{3.45}$$

schreiben.

Als Beispiel zu den LAGRANGEschen Gleichungen besprechen wir das Doppelpendel der Abb. 3.4, wobei wir die beiden Winkel θ_1 und θ_2 als verallgemeinerte Koordinaten wählen. Die kinetische Energie ist

$$T = \frac{1}{2} m_1 \vec{v}_1^2 + \frac{1}{2} m_2 \vec{v}_2^2 , \tag{3.46}$$

wobei die Geschwindigkeiten durch die gewählten Koordinaten und deren Zeitableitungen auszudrücken sind:

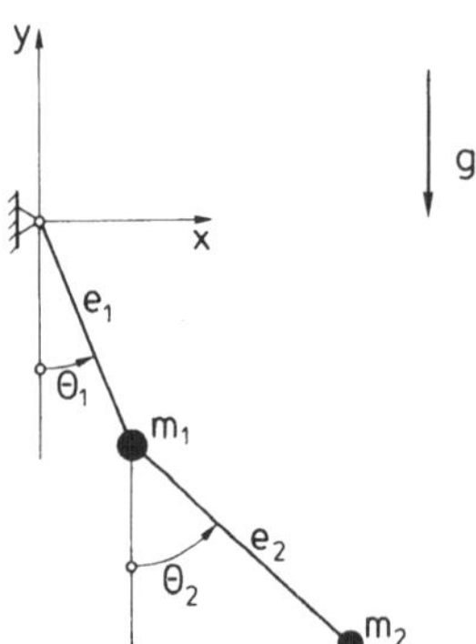

Abb. 3.4 Doppelpendel

$$\vec{v}_1 = e_1\dot{\theta}_1(\cos\theta_1\vec{e}_x + \sin\theta_1\vec{e}_y) \ , \tag{3.47}$$

$$\vec{v}_2 = \vec{v}_1 + e_2\dot{\theta}_2(\cos\theta_2\vec{e}_x + \sin\theta_2\vec{e}_y) \ . \tag{3.48}$$

Damit erhält man die kinetische Energie in der Gestalt

$$T = \frac{1}{2}(m_1+m_2)e_1^2\dot{\theta}_1^2 + m_2e_1e_2\cos(\theta_1-\theta_2)\dot{\theta}_1\dot{\theta}_2 + \frac{1}{2}m_2e_2^2\dot{\theta}_2^2 \ , \tag{3.49}$$

die eine quadratische Form in den verallgemeinerten Geschwindigkeiten $\dot{\theta}_1$ und $\dot{\theta}_2$ ist mit den konstanten Koeffizienten

$$a_{11} = (m_1 + m_2)e_1^2 \ , \quad a_{22} = m_2e_2^2 \tag{3.50}$$

und dem nicht konstanten Koeffizienten

$$a_{12} = m_2e_1e_2\cos(\theta_1-\theta_2) \ . \tag{3.51}$$

Schließlich bestimmen wir noch die potentielle Energie:

$$\begin{aligned} U &= m_1ge_1(1-\cos\theta_1) + m_2g[e_1(1-\cos\theta_1) + e_2(1-\cos\theta_2)] \\ &= (m_1 + m_2)ge_1(1-\cos\theta_1) + m_2ge_2(1-\cos\theta_2) \ . \end{aligned} \tag{3.52}$$

Sind wir nur an den um die Gleichgewichtslage $\theta_1 = \theta_2 = 0$ linearisierten Bewegungsgleichungen interessiert, so können wir die Koeffizienten der kinetischen Energie entsprechend (3.35) vereinfachen:

$$m_{11} = (m_1 + m_2)e_1^2 \ , \tag{3.53}$$

$$m_{12} = m_{21} = m_2e_1e_2 \ , \tag{3.54}$$

$$m_{22} = m_2e_2^2 \ . \tag{3.55}$$

Die potentielle Energie haben wir zunächst zu differenzieren

$$\frac{\partial U}{\partial\theta_1} = (m_1 + m_2)ge_1\sin\theta_1 \ , \tag{3.56}$$

$$\frac{\partial U}{\partial \theta_2} = m_2 g e_2 \sin \theta_2 \ , \tag{3.57}$$

$$\frac{\partial^2 U}{\partial \theta_1^2} = (m_1 + m_2) g e_1 \cos \theta_1 \ , \tag{3.58}$$

$$\frac{\partial^2 U}{\partial \theta_1 \partial \theta_2} = \frac{\partial^2 U}{\partial \theta_2 \partial \theta_1} = 0 \ , \tag{3.59}$$

$$\frac{\partial^2 U}{\partial \theta_2^2} = m_2 g e_2 \cos \theta_2 \ , \tag{3.60}$$

um anschließend nach (3.37) die Koeffizienten

$$c_{11} = (m_1 + m_2) g e_1 \ , \tag{3.61}$$

$$c_{12} = c_{21} = 0 \ , \tag{3.62}$$

$$c_{22} = m_2 g e_2 \tag{3.63}$$

festzulegen. Daraus erhalten wir die linearisierten Bewegungsgleichungen des Doppelpendels in der Form

$$\left.\begin{aligned} (m_1+m_2)e_1^2\ddot{\theta}_1 + m_2 e_1 e_2 \ddot{\theta}_2 + (m_1+m_2) g e_1 \theta_1 &= 0 \ , \\ m_2 e_1 e_2 \ddot{\theta}_1 + m_2 e_2^2 \ddot{\theta}_2 + m_2 g e_2 \theta_2 &= 0 \ , \end{aligned}\right\} \tag{3.64}$$

und damit wollen wir dieses Beispiel vorläufig abschließen.

Eigenfrequenzen können auch mit Hilfe von Energiebilanzen berechnet oder zumindest abgeschätzt werden. Dazu verwenden wir die Energieausdrücke (3.34) und (3.36) und nehmen an, daß das System in einer Eigenschwingungsform gemäß

$$\left.\begin{aligned} q_1(t) &= a_i \cos(\omega_i t + \alpha_i) \ , \\ q_2(t) &= \rho_i a_i \cos(\omega_i t + \alpha_i) \end{aligned}\right\} \tag{3.65}$$

mit i = 1 oder i = 2 schwingt. Dann sind in dieser Schwingung kinetische und potentielle Energie des linearisierten Systems durch

$$\left.\begin{aligned} T &= \frac{1}{2}\, a_i^2 \omega_i^2 \sin^2(\omega_i t + \alpha_i)\cdot(m_{11} + 2m_{12}\rho_i + m_{22}\rho_i^2) \, , \\ U &= \frac{1}{2}\, a_i^2 \cos^2(\omega_i t + \alpha_i)\cdot(c_{11} + 2c_{12}\rho_i + c_{22}\rho_i^2) \end{aligned}\right\} \tag{3.66}$$

gegeben. Die Größen T und U sind also für feste Integrationkonstanten (d.h. für feste Anfangsbedingungen) Funktionen der Zeit t. Für jede Bewegung gilt aber hier wegen der Erhaltung der mechanischen Energie

$$T + U = \text{const.} \, . \tag{3.67}$$

Betrachten wir nun in (3.66) die Werte von T und U zu zwei Zeitpunkten t_1 und t_2, die so gewählt werden, daß $\omega_i t_1 + \alpha_i = \pi/2$, $\omega_i t_2 + \alpha_i = \pi$ ist, dann gilt

$$T(t_1) = T_{max} \, , \qquad U(t_1) = 0 \, , \tag{3.68}$$

$$T(t_2) = 0 \, , \qquad U(t_2) = U_{max} \tag{3.69}$$

und

$$T(t_1) + U(t_1) = T(t_2) + U(t_2) \tag{3.70}$$

führt auf

$$T_{max} = U_{max} \, , \tag{3.71}$$

bzw.

$$\omega_i^2(m_{11} + 2m_{12}\rho_i + m_{22}\rho_i^2) = c_{11} + 2c_{12}\rho_i + c_{22}\rho_i^2 \, . \tag{3.72}$$

Sind also die ρ_i bekannt, so kann man (3.72) nach den ω_i^2 auflösen:

$$\omega_i^2 = \frac{c_{11} + 2c_{12}\rho_i + c_{22}\rho_i^2}{m_{11} + 2m_{12}\rho_i + m_{22}\rho_i^2} \, , \qquad i = 1,\ 2, \tag{3.73}$$

und daraus die Eigenfrequenzen bestimmen.

Die Funktion

$$R(\rho) := \frac{c_{11} + 2c_{12}\rho + c_{22}\rho^2}{m_{11} + 2m_{12}\rho + m_{22}\rho^2} \, , \tag{3.74}$$

die für beliebige Werte von ρ definert ist, bezeichnet man als *RAYLEIGHschen Quotienten*[42]. Sie ist immer positiv und nach oben und unten beschränkt. Gelingt es, Schranken für $R(\rho)$ zu finden, so hat man damit auch automatisch Schranken für ω_1^2 und ω_2^2!

Das *RAYLEIGHsche Prinzip*, das wir in Kapitel 4 *beweisen* werden (es ist daher kein "Prinzip" im Sinne der Physik), besagt, daß die Quadrate der Eigenkreisfrequenzen ω_1, ω_2 gerade den Extremwerten der Funktion $R(\rho)$ entsprechen. Es gilt also

$$\omega_1^2 = \operatorname*{Min}_{\rho} R(\rho) \tag{3.75}$$

und außerdem auch $\omega_2^2 = \operatorname*{Max}_{\rho} R(\rho)$. Man kann daher in (3.74) auf der rechten Seite einen beliebigen Wert von ρ einsetzen und erhält auf jeden Fall immer eine *obere Schranke für* ω_1^2! Oft erkennt man anschaulich zumindest annähernd die erste Eigenschwingungsform bzw. das Amplitudenverhältnis ρ_1 und kommt dann mit $R(\rho_1)$ zu einer recht guten Abschätzung von ω_1^2. Da die charakteristische Gleichung für Systeme mit zwei Freiheitsgraden immer quadratisch in ω^2 ist und ohne weiteres exakt gelöst werden kann, ist der Nutzen der Formel (3.75) hier natürlich kaum einzusehen. In Kapitel 4 wird sich allerdings zeigen, daß das RAYLEIGHsche Prinzip und verschiedene Verallgemeinerungen ein wichtiges Hilfsmittel bei der Behandlung von Schwingungsproblemen bilden.

Bei diesen Betrachtungen wurde stillschweigend angenommen, daß die Amplitudenverhältnisse in der angegebenen Art auf $(1,\rho_i)$ normiert werden können, was aber nicht immer möglich ist. Später werden wir den RAYLEIGHschen Quotienten nochmals neu definieren und dann diese Schwierigkeiten umgehen.

Als Beispiel betrachten wir nochmals das Doppelpendel der Abbildung 3.4, dessen Bewegungsgleichungen wir schon bestimmt hatten (vgl. (3.64)). Wir beschränken uns jetzt auf den Sonderfall $m_1 = m_2 = m$, $e_2 = 2e_1 = 2e$ und erhalten damit aus den entsprechenden Energieausdrücken

$$R(\rho) = \frac{2 + 2\rho^2}{2 + 4\rho + 4\rho^2}\,\frac{g}{e}\,. \tag{3.76}$$

---

[42] Nach dem Physiker John William Strutt, 3. Baron RAYLEIGH, * 1842 in Langford (Essex), + 1919 in Witham (Essex).

Anschaulich ist klar, daß in der ersten Eigenschwingungsform (Hauptschwingung) beide Massenpunkte in Phase schwingen, so daß ρ_1 auf jeden Fall positiv ist. Des weiteren wird man erwarten, daß die Winkelamplitude, die der Variablen θ_2 entspricht, dabei größer als die Amplitude von θ_1 ist, so daß ρ_1 wohl größer als Eins ist. Wählt man etwa $\rho = 2$, so ergibt sich

$$R(2) = 0{,}385\,\frac{g}{e}\,. \tag{3.77}$$

Die exakte Lösung des sich aus (3.64) ergebenden Eigenwertproblems läßt sich leicht angeben; sie liefert

$$\left.\begin{aligned} \omega_1^2 &= 0{,}382\,\frac{g}{e}\,, \quad \rho_1 = 1{,}618\,, \\ \omega_2^2 &= 2{,}618\,\frac{g}{e}\,, \quad \rho_2 = -\,0{,}618\,, \end{aligned}\right\} \tag{3.78}$$

und man erkennt, daß R(2) in der Tat nicht nur eine obere Schranke von ω_1^2, sondern sogar eine sehr gute Näherung für den exakten Wert ist (Aufg. 3.1). Auch für andere Werte von ρ erhält man mit $R(\rho)$ immer eine obere Schranke für ω_1^2; so ist etwa $R(0) = \frac{g}{e}$, $R(1) = 0{,}400\,\frac{g}{e}$ und auch $R(3) = 0{,}400\,\frac{g}{e}$.

3.2 Erzwungene ungedämpfte Schwingungen bei harmonischer Erregung

In dem Beispiel der Abb. 3.1 wurden freie Schwingungen behandelt; wir nehmen jetzt an, daß auf die Massenpunkte m_1 und m_2 Erregerkräfte der in Abb. 3.5 angegebenen Art wirken. Die Bewegungsgleichungen (3.1) sind dann durch

$$\left.\begin{aligned} m_1\ddot{x}_1 + (c_1 + c_2)x_1 - c_2x_2 &= \hat{f}_1 \cos \Omega t\,, \\ m_2\ddot{x}_2 - c_2x_1 + (c_2 + c_3)x_2 &= \hat{f}_2 \cos \Omega t \end{aligned}\right\} \tag{3.79}$$

zu ersetzen.

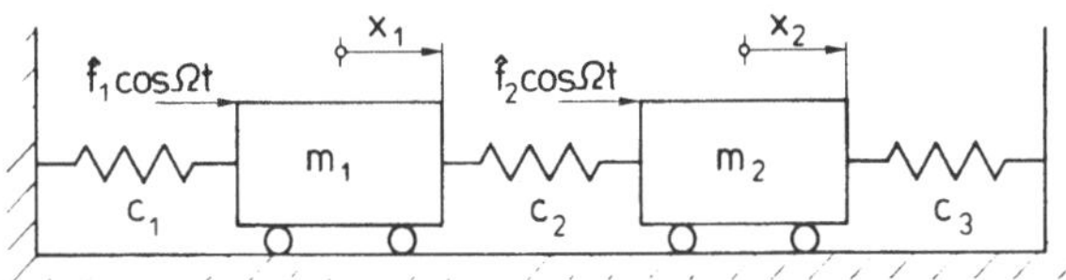

Abb. 3.5 Krafterregtes Feder-Masse-System mit zwei Freiheitsgraden

Im allgemeinen Fall wird man die Bewegungsgleichungen auch aus den LAGRANGEschen Gleichungen

$$\frac{d}{dt}\frac{\partial L}{\partial \dot{q}_i} - \frac{\partial L}{\partial q_i} = f_i(t) , \qquad i = 1, 2 \tag{3.80}$$

gewinnen können, wobei jetzt im Vergleich mit (3.31) die zeitabhängigen vorgegebenen verallgemeinerten Kräfte $f_i(t)$ auf der rechten Seite noch zusätzlich zu berücksichtigen sind. Mit $f_i(t) = \hat{f}_i \cos \Omega t$ folgt dann anstelle von (3.40)

$$\left.\begin{aligned} m_{11}\ddot{q}_1 + m_{12}\ddot{q}_2 + c_{11}q_1 + c_{12}q_2 &= \hat{f}_1 \cos \Omega t , \\ m_{21}\ddot{q}_1 + m_{22}\ddot{q}_2 + c_{21}q_1 + c_{22}q_2 &= \hat{f}_2 \cos \Omega t . \end{aligned}\right\} \tag{3.81}$$

Die allgemeine Lösung von (3.81) ist von der Art

$$\left.\begin{aligned} q_1(t) &= q_{H1}(t) + q_{P1}(t) , \\ q_2(t) &= q_{H2}(t) + q_{P2}(t) , \end{aligned}\right\} \tag{3.82}$$

wobei $q_{H1}(t)$, $q_{H2}(t)$ die aus 3.1 schon bekannte allgemeine Lösung des homogenen Differentialgleichungssystems (3.40) ist ("freie Schwingungen"), während $q_{P1}(t)$, $q_{P2}(t)$ irgendeine partikuläre Lösung von (3.81) bilden. Der Ansatz

$$\left.\begin{aligned} q_{P1}(t) &= C_{P1} \cos \Omega t , \\ q_{P2}(t) &= C_{P2} \cos \Omega t \end{aligned}\right\} \tag{3.83}$$

in (3.81) führt auf

$$\left.\begin{aligned} (c_{11} - m_{11}\Omega^2)\, C_{P1} + (c_{12} - m_{12}\Omega^2)\, C_{P2} &= \hat{f}_1 , \\ (c_{21} - m_{21}\Omega^2)\, C_{P1} + (c_{22} - m_{22}\Omega^2)\, C_{P2} &= \hat{f}_2 , \end{aligned}\right\} \tag{3.84}$$

d.h. auf ein lineares, inhomogenes Gleichungssystem in C_{P1}, C_{P2}. Die Lösung von (3.84) kann in der Form

$$C_{P1} = \frac{Z_1}{N} , \qquad C_{P2} = \frac{Z_2}{N} \tag{3.85}$$

mit

$$N := N(\Omega) := \begin{vmatrix} (c_{11} - m_{11}\Omega^2) & (c_{12} - m_{12}\Omega^2) \\ (c_{21} - m_{21}\Omega^2) & (c_{22} - m_{22}\Omega^2) \end{vmatrix}, \tag{3.86}$$

$$Z_1 := Z_1(\Omega) := \begin{vmatrix} \hat{f}_1 & (c_{12} - m_{12}\Omega^2) \\ \hat{f}_2 & (c_{22} - m_{22}\Omega^2) \end{vmatrix}, \tag{3.87}$$

$$Z_2 := Z_2(\Omega) := \begin{vmatrix} (c_{11} - m_{11}\Omega^2) & \hat{f}_1 \\ (c_{21} - m_{21}\Omega^2) & \hat{f}_2 \end{vmatrix} \tag{3.88}$$

geschrieben werden, sofern $N(\Omega) \neq 0$ ist. Dies bedeutet aber, daß der Lösungsansatz (3.83) auf jeden Fall zum Ziel führt, sofern $\Omega^2 \neq \omega_1^2$ und $\Omega^2 \neq \omega_2^2$ ist (vgl. (3.42), (3.43)). Es gibt also jetzt hier im Unterschied zu Systemen mit einem Freiheitsgrad, wie sie in Kapitel 2 behandelt wurden, zwei Resonanzfälle, d.h. zwei Erregerfrequenzen, die zu instationären Schwingungen führen können. In diesen Resonanzfällen führt ein Ansatz, wie er in 2.3.1 gemacht wurde ("harmonische Schwingung mit linear in der Zeit anwachsender Amplitude"), auf die gesuchte partikuläre Lösung.

Wir betrachten noch kurz einige *Resonanzdiagramme* für das durch (3.79) beschriebene System mit $m_1 = m_2 = m$, $c_1 = c_2 = c_3 = c$. Es gelten die Formeln (3.85) bis (3.88) mit $c_{11} = c_{22} = 2c$, $c_{12} = c_{21} = -c$ und $m_{11} = m_{22} = m$, $m_{12} = m_{21} = 0$, so daß man für C_{P1} und C_{P2} leicht

$$C_{P1} = \frac{1}{c} \frac{(2 - \eta^2)\hat{f}_1 + \hat{f}_2}{(\eta^2 - 1)(\eta^2 - 3)}, \tag{3.89}$$

$$C_{P2} = \frac{1}{c} \frac{\hat{f}_1 + (2 - \eta^2)\hat{f}_2}{(\eta^2 - 1)(\eta^2 - 3)} \tag{3.90}$$

mit $\eta := \Omega \sqrt{m/c}$ berechnet.

Betrachten wir zunächst Erregerkräfte der Art $\hat{f}_1 = \hat{f}$, $\hat{f}_2 = 0$. Man erkennt ohne weiteres, daß die Resonanzdiagramme von der Art der Abb. 3.6 sind. Die Größen C_{P1} und C_{P2} besitzen Unendlichkeitsstellen für die beiden Resonanzfrequenzen $\eta = 1$ und $\eta = \sqrt{3}$ und bleiben ansonsten überall endlich. Die Größe

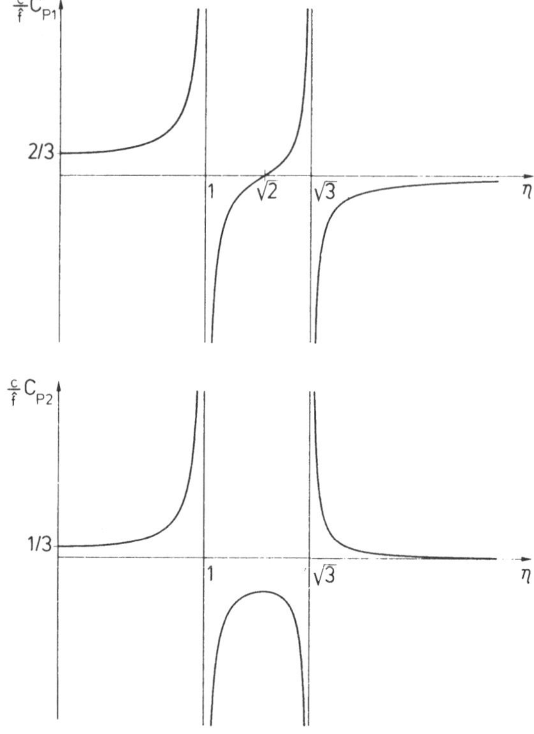

Abb. 3.6 Resonanzdiagramme zu (3.79) mit $m_1 = m_2 = m$, $c_1 = c_2 = c_3 = c$, $\hat{f}_1 = \hat{f}$, $\hat{f}_2 = 0$

C_{P1} verschwindet darüberhinaus am *Tilgerpunkt* $\eta = \sqrt{2}$, da dort die Determinante Z_1 gleich Null wird. Die Kurve für C_{P2} besitzt dagegen keinerlei Nullstellen.

Im Sonderfall $\hat{f}_1 = \hat{f}_2 = \hat{f}$ nehmen die Resonanzkurven die Gestalt der Abb. 3.7 an. Die Kurven besitzen jetzt zwar noch eine Unendlichkeitsstelle für $\eta = 1$, nicht jedoch für $\eta = \sqrt{3}$. An dieser Stelle verschwinden sowohl Zähler als auch Nenner von (3.89), (3.90), und man kann aus den ursprünglichen Gleichungen sowie auch durch Grenzbetrachtungen erkennen, daß eine Lösung nach (3.83) mit *endlichen* Amplituden auch für $\eta = \sqrt{3}$ existiert. Obwohl für $\Omega = \sqrt{3c/m}$ die Erregerfrequenz mit einer der Eigenfrequenzen des Systems übereinstimmt, bleiben die Amplituden endlich, da die entsprechende Eigenschwingungsform nicht angeregt wird. Man spricht hier von einer *Scheinresonanz* an der Stelle $\Omega = \omega_2$. (Die Amplituden sind an dieser Stelle eigentlich nicht eindeutig bestimmt; man muß für (3.79) eine Anfangswertaufgabe formulieren, um eine eindeutige Lösung zu erhalten.).

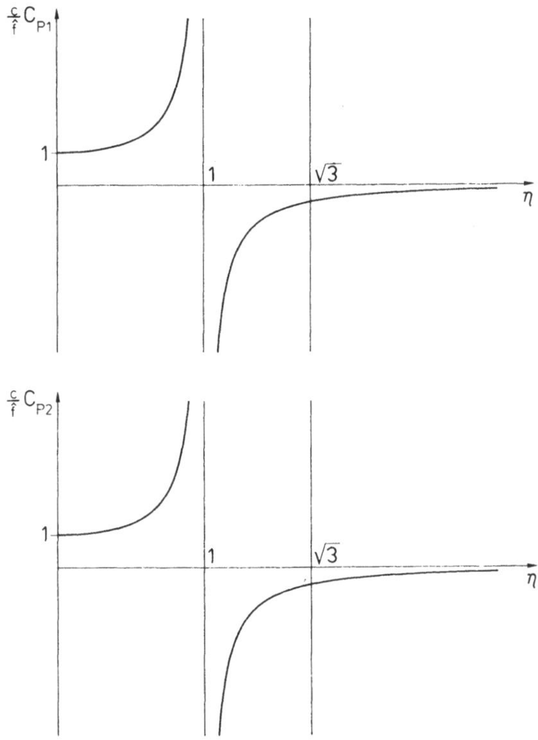

Abb. 3.7 Resonanzdiagramme zu (3.79) mit $m_1 = m_2 = m$, $c_1 = c_2 = c_3 = c$, $\hat{f}_1 = \hat{f}_2 = \hat{f}$

Zuletzt werden noch die Kurven für $\hat{f}_1 = \hat{f}$, $\hat{f}_2 = 2\hat{f}$ betrachtet. Aus (3.89), (3.90) erkennt man, daß sie den Verlauf der Abb. 3.8 haben. Man sieht, daß in diesem Fall keine Scheinresonanz auftritt und jede der Resonanzkurven zwei Unendlichkeitsstellen und je einen Tilgerpunkt aufweist. Die Resonanzkurve für C_{P1} besitzt einen Tilgerpunkt an der Stelle $\eta = 2$, die Kurve für C_{P2} an der Stelle $\eta = \sqrt{5/2}$. Es ist klar, daß jede der beiden Kurven i. a. höchstens einen Tilgerpunkt aufweisen kann, da im Zähler von (3.89), (3.90) ja ein in η^2 linearer Ausdruck steht.

Da bei technischen Anwendungen die Systemparameter nie ganz genau bekannt sind, sollte man sich aber nicht ohne weiteres darauf verlassen, daß eine rechnerisch bestimmte Scheinresonanz in der Praxis nicht doch zu Resonanz, d.h. zu sehr großen Amplituden führt.

Die für das Beispiel der Abb. 3.5 angegebenen Resonanzdiagramme zeigen alle Phänomene, die für erzwungene Schwingungen an Systemen mit zwei Frei-

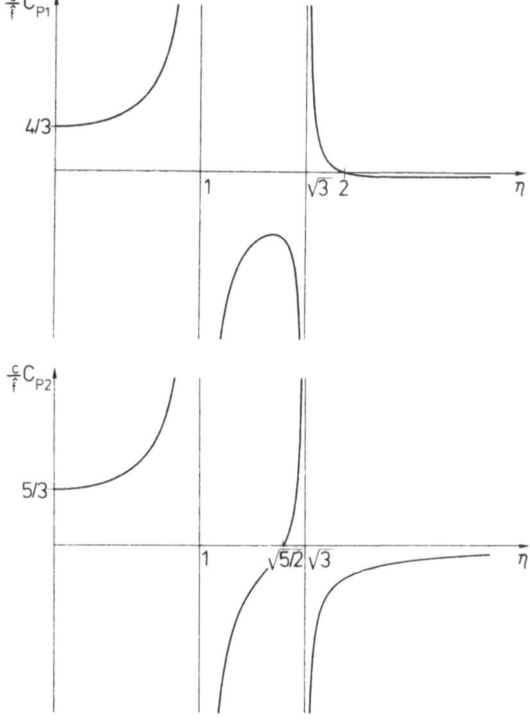

Abb. 3.8 Resonanzdiagramme zu (3.79) mit $m_1 = m_2 = m$, $c_1 = c_2 = c_3 = c$, $\hat{f}_1 = \hat{f}$, $\hat{f}_2 = 2\hat{f}$

heitsgraden typisch sind; in der Praxis spielen natürlich immer auch noch Dämpfungskräfte eine Rolle, deren Einfluß noch zu untersuchen ist.

3.3 Freie gedämpfte Schwingung

Bei den freien Schwingungen wird jetzt lineare Dämpfung berücksichtigt; für das Beispiel der Abb. 3.1 bedeutet dies, daß zu den linearen Federn auch noch, wie in Abb. 3.9 dargestellt, Dämpfer parallel geschaltet werden. Die Bewegungsgleichungen (3.1) sind dann durch

$$\left.\begin{aligned} m_1\ddot{x}_1 + (d_1 + d_2)\dot{x}_1 - d_2\dot{x}_2 + (c_1 + c_2)x_1 - c_2x_2 = 0, \\ m_2\ddot{x}_2 - d_2\dot{x}_1 + (d_2 + d_3)\dot{x}_2 - c_2x_1 + (c_2 + c_3)x_2 = 0 \end{aligned}\right\} \tag{3.91}$$

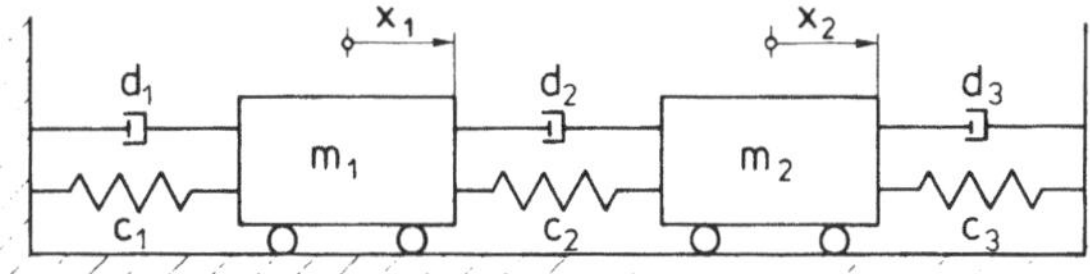

Abb. 3.9 Feder-Masse-Dämpfer-System mit zwei Freiheitsgraden

zu ersetzen, wie man leicht aus dem NEWTONschen Grundgesetz erkennt.

Im allgemeinen Fall erhält man die Bewegungsgleichungen eines linearen gedämpften Systems auch aus den LAGRANGEschen Gleichungen (3.80), wo jetzt die f_i, $i = 1, 2$, den Dämpfungskräften entsprechen. Führt man die *Dissipationsfunktion*

$$\mathcal{F}(\dot{q}_1,\dot{q}_2) := \frac{1}{2}\,(d_{11}\dot{q}_1^2 + 2d_{12}\dot{q}_1\dot{q}_2 + d_{22}\dot{q}_2^2) \tag{3.92}$$

ein, die die halbe momentane Leistung der Dämpfungskräfte, d.h. die halbe Dissipationsleistung darstellt, so können die LAGRANGEschen Bewegungsgleichungen des gedämpften Systems mit

$$f_i = -\frac{\partial\mathcal{F}}{\partial\dot{q}_i}\,,\quad i = 1, 2 \tag{3.93}$$

auch als

$$\frac{d}{dt}\frac{\partial L}{\partial\dot{q}_i} - \frac{\partial L}{\partial q_i} = -\frac{\partial\mathcal{F}}{\partial\dot{q}_i}\,,\qquad i = 1, 2 \tag{3.94}$$

geschrieben werden. Wir nehmen an, daß die physikalische Bedeutung der Zusatzkräfte tatsächlich die einer Dämpfung ist, so daß $\mathcal{F}(\dot{q}_1,\dot{q}_2)$ zumindest positiv semidefinit ist. Mit (3.34), (3.36) folgen dann aus (3.94) die Differentialgleichungen

$$\left.\begin{aligned} m_{11}\ddot{q}_1 + m_{12}\ddot{q}_2 + d_{11}\dot{q}_1 + d_{12}\dot{q}_2 + c_{11}q_1 + c_{12}q_2 &= 0\,, \\ m_{21}\ddot{q}_1 + m_{22}\ddot{q}_2 + d_{21}\dot{q}_1 + d_{22}\dot{q}_2 + c_{21}q_1 + c_{22}q_2 &= 0 \end{aligned}\right\} \tag{3.95}$$

mit $d_{21} := d_{12}$.

Es empfiehlt sich hier zunächst Lösungen im Komplexen (komplexe Erweiterung) zu suchen. Der Lösungsansatz

$$\left.\begin{aligned} \underline{q}_1(t) &= \underline{l}_1 e^{\underline{s}t} , \\ \underline{q}_2(t) &= \underline{l}_2 e^{\underline{s}t} \end{aligned}\right\} \qquad (3.96)$$

führt auf

$$\left.\begin{aligned} (m_{11}\underline{s}^2 + d_{11}\underline{s} + c_{11})\underline{l}_1 + (m_{12}\underline{s}^2 + d_{12}\underline{s} + c_{12})\underline{l}_2 &= 0, \\ (m_{21}\underline{s}^2 + d_{21}\underline{s} + c_{21})\underline{l}_1 + (m_{22}\underline{s}^2 + d_{22}\underline{s} + c_{22})\underline{l}_2 &= 0 \end{aligned}\right\} \qquad (3.97)$$

mit der charakteristischen Gleichung

$$\begin{vmatrix} (m_{11}\underline{s}^2 + d_{11}\underline{s} + c_{11}) & (m_{12}\underline{s}^2 + d_{12}\underline{s} + c_{12}) \\ (m_{21}\underline{s}^2 + d_{21}\underline{s} + c_{21}) & (m_{22}\underline{s}^2 + d_{22}\underline{s} + c_{22}) \end{vmatrix} = 0. \qquad (3.98)$$

Dies ist eine Gleichung 4. Grades in $\underline{s}$, sie ist jedoch nicht biquadratisch, wie es im ungedämpften System der Fall war. Ihre Wurzeln $\underline{s}_1, \underline{s}_2, \underline{s}_3, \underline{s}_4$ sind im allgemeinen komplex (d.h. sowohl der Real- als auch der Imaginärteil sind ungleich Null). Bezeichnet man das einer Wurzel $\underline{s}_k$, $k = 1,2,3,4$, entsprechende Amplitudenverhältnis mit

$$\begin{aligned} \rho_k = \left(\frac{\underline{l}_2}{\underline{l}_1}\right)\Bigg|_{\underline{s}=\underline{s}_k} &= -\frac{m_{11}\underline{s}_k^2 + d_{11}\underline{s}_k + c_{11}}{m_{12}\underline{s}_k^2 + d_{12}\underline{s}_k + c_{12}} \\ &= -\frac{m_{12}\underline{s}_k^2 + d_{12}\underline{s}_k + c_{12}}{m_{22}\underline{s}_k^2 + d_{22}\underline{s}_k + c_{22}}, \qquad k = 1,2,3,4, \end{aligned} \qquad (3.99)$$

so ist die allgemeine Lösung von (3.95) im Komplexen

$$\left.\begin{aligned} \underline{q}_1(t) &= \underline{K}_1\, e^{\underline{s}_1 t} + \underline{K}_2\, e^{\underline{s}_2 t} + \underline{K}_3\, e^{\underline{s}_3 t} + \underline{K}_4\, e^{\underline{s}_4 t}, \\ \underline{q}_2(t) &= \rho_1\underline{K}_1 e^{\underline{s}_1 t} + \rho_2\underline{K}_2 e^{\underline{s}_2 t} + \rho_3\underline{K}_3 e^{\underline{s}_3 t} + \rho_4\underline{K}_4 e^{\underline{s}_4 t}, \end{aligned}\right\} \qquad (3.100)$$

wobei auch die Integrationskonstanten $\underline{K}_1, \underline{K}_2, \underline{K}_3, \underline{K}_4$ komplex sind.

In dem Sonderfall, in dem alle $\underline{s}_k$, $k = 1,2,3,4$ reell sind, werden auch die Amplitudenverhältnisse (3.99) reell sein. Wählt man dann noch reelle Integrationskonstanten, so hat man in (3.100) eine Darstellung der allgemeinen

Lösung von (3.95). Anschaulich ist klar, daß die Wurzeln dann alle *negativ* sind, so daß (3.100) in diesem Fall eine Überlagerung von abklingenden Exponentialfunktionen darstellt: Man kann sagen, daß dann das System in beiden Freiheitsgraden überkritisch gedämpft ist. Daß die Realteile der $\underline{s}_k$, k = 1, 2,3,4 immer nichtpositiv sind, folgt aus der positiven Semidefinitheit der Dissipationsfunktion $\mathcal{F}$, wie wir für Systeme mit n Freiheitsgraden im nächsten Kapitel noch zeigen werden.

Da die Koeffizienten der charakteristischen Gleichung reell sind, treten die Wurzeln $\underline{s}_1, \underline{s}_2, \underline{s}_3, \underline{s}_4$, falls sie komplex sind, paarweise komplex konjugiert auf:

$$\underline{s}_2 = \underline{s}_1^*, \quad \underline{s}_4 = \underline{s}_3^*, \tag{3.101}$$

woraus auch

$$\underline{\rho}_2 = \underline{\rho}_1^*, \quad \underline{\rho}_4 = \underline{\rho}_3^* \tag{3.102}$$

folgt. Wir betrachten die den partikulären Lösungen zu $\underline{s}_1$ und $\underline{s}_2$ entsprechenden Linearkombinationen:

$$\left.\begin{aligned} \underline{q}_1(t) &= \underline{K}_1 e^{\underline{s}_1 t} + \underline{K}_2 e^{\underline{s}_1^* t}, \\ \underline{q}_2(t) &= \underline{\rho}_1 \underline{K}_1 e^{\underline{s}_1 t} + \underline{\rho}_1^* \underline{K}_2 e^{\underline{s}_1^* t}. \end{aligned}\right\} \tag{3.103}$$

Will man eine reelle Lösung erhalten, so wählt man auch die Integrationskonstanten komplex konjugiert:

$$\underline{K}_1 = \frac{K}{2} e^{j\gamma}, \quad \underline{K}_2 = \underline{K}_1^* = \frac{K}{2} e^{-j\gamma}, \tag{3.104}$$

so daß sich mit

$$\underline{\rho}_1 = \rho_1 e^{j\theta}, \quad \underline{\rho}_2 = \underline{\rho}_1^* = \rho_1 e^{-j\theta_1} \tag{3.105}$$

aus (3.103)

$$\left.\begin{aligned} q_1(t) &= \frac{K}{2}\left\{ e^{\underline{s}_1 t + j\gamma} + e^{\underline{s}_1^* t - j\gamma} \right\}, \\ q_2(t) &= \rho_1 \frac{K}{2}\left\{ e^{\underline{s}_1 t + j(\gamma+\theta_1)} + e^{\underline{s}_1^* t - j(\gamma+\theta_1)} \right\} \end{aligned}\right\} \tag{3.106}$$

ergibt. Schreibt man noch

$$\underline{s}_1 = -\delta_1 + j\omega_{d1}, \qquad \delta_1, \omega_{d1} > 0, \tag{3.107}$$

so gilt

$$\left.\begin{aligned} q_1(t) &= K\,e^{-\delta_1 t}\cos(\omega_{d1}t + \gamma), \\ q_2(t) &= \rho_1 K\,e^{-\delta_1 t}\cos(\omega_{d1}t + \gamma + \theta_1) \end{aligned}\right\} \tag{3.108}$$

mit K und γ als reellen Integrationskonstanten. Für eine reelle Lösung, die den Wurzeln $\underline{s}_3$ und $\underline{s}_4$ entspricht, läßt sich natürlich eine ähnliche Lösungsform angeben. Im Gegensatz zu den freien ungedämpften Schwingungen gibt es hier aber i.a. keine *reelle* lineare Koordinatentransformation, die das System (3.95) in zwei reelle unabhängige Differentialgleichungen 2. Ordnung entkoppelt. Man erkennt dies schon an der Form von (3.108): Da im allgemeinen der Phasenverschiebungswinkel θ_1 zwischen $q_2(t)$ und $q_1(t)$ ungleich Null ist, können solche Hauptkoordinaten nicht existieren.

In Sonderfällen allerdings kann eine Entkopplung durchaus möglich sein. Betrachtet man etwa das Beispiel der Abb. 3.9 in der symmetrischen Form $m_1 = m_2 = m$, $c_1 = c_2 = c_3 = c$, $d_1 = d_2 = d_3 = d$, so erkennt man anschaulich sofort, daß es auch im gedämpften Fall symmetrische und asymmetrische Schwingungen gibt, so daß die Hauptkoordinaten des ungedämpften Systems hier auch das gedämpfte System im Reellen entkoppeln.

Für $m_1 = m_2 = m$, $c_1 = c_2 = c_3 = c$, $d_1 = d$, $d_2 = d_3 = 0$ dagegen ist die Lage anders. In diesem Fall ist $m_{11} = m_{22} = m$, $m_{12} = 0$, $c_{11} = c_{22} = 2c$, $c_{12} = c_{21} = -c$, $d_{11} = d$, $d_{12} = d_{22} = 0$, so daß die charakteristische Gleichung die Form

$$\begin{vmatrix} (m\underline{s}^2 + d\underline{s} + 2c) & -c \\ -c & (m\underline{s}^2 + 2c) \end{vmatrix} = 0 \tag{3.109}$$

bzw. mit $\underline{\nu} := \frac{1}{\omega}\underline{s}$, $\omega := \sqrt{c/m}$ und $D := \dfrac{d}{2\sqrt{cm}}$ die Form

$$\underline{\nu}^4 + 2D\underline{\nu}^3 + 4\underline{\nu}^2 + 4D\underline{\nu} + 3 = 0 \tag{3.110}$$

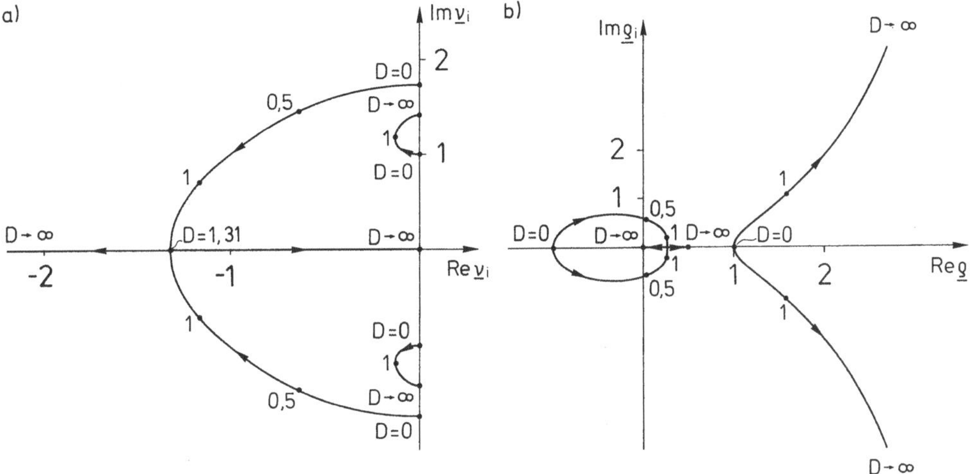

Abb. 3.10 a) Wurzelortskurven gemäß (3.110)
b) Amplitudenverhältnisse gemäß (3.111)

annimmt. In Abb. 3.10 sind die Wurzelortskurven zu (3.110) und auch die Amplitudenverhältnisse

$$\underline{\varrho}_i = \frac{1}{\underline{r}_i^2 + 2}, \quad i = 1,2,3,4 \tag{3.111}$$

in Abhängigkeit des Parameters D dargestellt (Aufg. 3.2).

Man erkennt aus diesen Abbildungen zweierlei:

1. Obwohl die Dissipationsfunktion $\mathcal{F} = \frac{1}{2}\, d\dot{x}_1^2$ nur semidefinit ist, haben alle Wurzeln der charakteristischen Gleichung negative Realteile, d.h. alle Bewegungen sind gedämpt. Obwohl die *Dämpfung* nicht *vollständig* ist (das bedeutet: $\mathcal{F}(\dot{x}_1, \dot{x}_2)$ ist nicht definit), ist sie doch *durchdringend* (d.h. alle Bewegungen sind gedämpft). Eine durchdringende Dämpfung braucht also keineswegs vollständig zu sein;

2. Für $0 < D < 1{,}31$ sind alle Wurzeln und die entsprechenden Amplitudenverhältnisse komplex mit von Null verschiedenem Imaginärteil. Lediglich für $D > 1{,}31$ existieren auch reelle Amplitudenverhältnisse. Mit $D \to \infty$ geht das Paar $\underline{\nu}_3$, $\underline{\nu}_4$ gegen $\pm\sqrt{2}j$, wie man sich auch anschaulich an Hand des mechanischen Systems klar machen kann.

3.4 Erzwungene gedämpfte Schwingungen

Für das einfache Beispiel der Abb. 3.11 ergeben sich die Bewegungsgleichungen

$$\left.\begin{aligned} m_1\ddot{x}_1 + (d_1+d_2)\dot{x}_1 - d_2\dot{x}_2 + (c_1+c_2)x_1 - c_2x_2 &= \hat{f}_1\cos\Omega t\ , \\ m_2\ddot{x}_2 - d_2\dot{x}_1 + (d_2+d_3)\dot{x}_2 - c_2x_1 + (c_2+c_3)x_2 &= \hat{f}_2\cos\Omega t \end{aligned}\right\} \qquad (3.112)$$

direkt aus der NEWTONschen Grundgleichung.

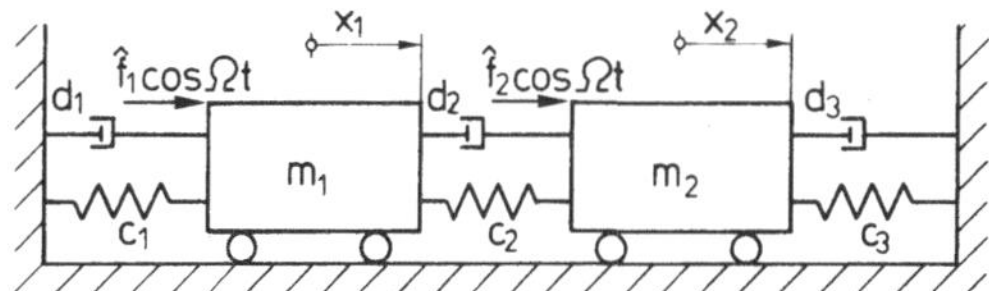

Abb. 3.11 Krafterregtes Feder-Masse-Dämpfer-System mit zwei Freiheitsgraden

Will man für ein beliebiges System mit zwei Freiheitsgraden die entsprechenden Bewegungsgleichungen finden, so kann man die LAGRANGEschen Gleichungen in der Form

$$\frac{d}{dt}\frac{\partial L}{\partial \dot{q}_i} - \frac{\partial L}{\partial q_i} = -\frac{\partial \mathcal{F}}{\partial \dot{q}_i} + f_i(t)\ , \quad i = 1,\ 2 \qquad (3.113)$$

verwenden, wobei die $f_i(t)$, $i = 1,\ 2$, die verallgemeinerten Erregerkräfte sind. Daraus folgt dann

$$\left.\begin{aligned} m_{11}\ddot{q}_1 + d_{11}\dot{q}_1 + c_{11}q_1 + m_{12}\ddot{q}_2 + d_{12}\dot{q}_2 + c_{12}q_2 &= f_1(t)\ , \\ m_{21}\ddot{q}_1 + d_{21}\dot{q}_1 + c_{21}q_1 + m_{22}\ddot{q}_2 + d_{22}\dot{q}_2 + c_{22}q_2 &= f_2(t)\ . \end{aligned}\right\} \qquad (3.114)$$

Von den verallgemeinerten Kräften $f_1(t)$, $f_2(t)$ nehmen wir hier an, daß sie von der Art

$$f_1(t) = \hat{f}_1 \cos \Omega t, \quad f_2(t) = \hat{f}_2 \cos \Omega t \qquad (3.115)$$

sind. Die Lösung von (3.114) ist dann

$$\left.\begin{aligned} q_1(t) &= q_{H1}(t) + q_{P1}(t) \, , \\ q_2(t) &= q_{H2}(t) + q_{P2}(t) \, , \end{aligned}\right\} \tag{3.116}$$

von der uns hier nur die Anteile $q_{P1}(t), q_{P2}(t)$ interessieren, da wir uns mit der allgemeinen Lösung der homogenen Differentialgleichungen schon in 3.3 befaßt haben. Die Funktionen $q_{P1}(t), q_{P2}(t)$, die zusammen eine partikuläre Lösung von (3.114) bilden, wird man wieder in der Form harmonischer Schwingungen mit Kreisfrequenz Ω suchen. Allerdings darf man infolge der Dämpfung nicht erwarten, daß $x_{P1}(t), x_{P2}(t)$ jetzt in Phase (oder Gegenphase) zur Erregung oder zueinander sind. Die Phasenbeziehungen kann man auf sehr bequeme Art und Weise berücksichtigen, indem man auf die komplexe Erweiterung übergeht und mit

$$\underline{f}_1(t) = \hat{\underline{f}}_1 e^{j\Omega t} \, , \quad \underline{f}_2(t) = \hat{\underline{f}}_2 e^{j\Omega t} \tag{3.117}$$

Lösungen der Art

$$\underline{q}_1 = \hat{\underline{q}}_1 e^{j\Omega t} \, , \quad \underline{q}_1 = \hat{\underline{q}}_1 e^{j\Omega t} \tag{3.118}$$

sucht. Da wir in (3.117) auch die Amplituden $\hat{\underline{f}}_1, \hat{\underline{f}}_2$ komplex gewählt haben, brauchen $f_1(t)$ und $f_2(t)$ nicht mehr phasengleich zu sein. Dieser Ansatz führt auf

$$\left.\begin{aligned} (-\Omega^2 m_{11}+c_{11}+j\Omega d_{11})\hat{\underline{q}}_1 + (-\Omega^2 m_{12}+c_{12}+j\Omega d_{12})\hat{\underline{q}}_2 &= \hat{\underline{f}}_1 \, , \\ (-\Omega^2 m_{21}+c_{21}+j\Omega d_{21})\hat{\underline{q}}_1 + (-\Omega^2 m_{22}+c_{22}+j\Omega d_{22})\hat{\underline{q}}_2 &= \hat{\underline{f}}_2 \, , \end{aligned}\right\} \tag{3.119}$$

also auf ein lineares, inhomogenes Gleichungssystem in $\hat{\underline{q}}_1, \hat{\underline{q}}_2$, dessen Lösung durch

$$\hat{\underline{q}}_1 = \frac{\underline{Z}_1}{\underline{N}} \, , \quad \hat{\underline{q}}_2 = \frac{\underline{Z}_2}{\underline{N}} \tag{3.120}$$

mit

$$\underline{Z}_1 := \begin{vmatrix} \hat{\underline{f}}_1 & (-\Omega^2 m_{12} + c_{12} + j\Omega d_{12}) \\ \hat{\underline{f}}_2 & (-\Omega^2 m_{22} + c_{22} + j\Omega d_{22}) \end{vmatrix} \, , \tag{3.121}$$

$$\underline{Z}_2 := \begin{vmatrix} (-\Omega^2 m_{11} + c_{11} + j\Omega d_{11}) & \hat{\underline{f}}_1 \\ (-\Omega^2 m_{21} + c_{21} + j\Omega d_{21}) & \hat{\underline{f}}_2 \end{vmatrix} \tag{3.122}$$

und $\underline{N}(\Omega)$ als der Koeffizientendeterminante von (3.119) gegeben ist. Dies gilt natürlich nur, sofern $\underline{N}(\Omega) \neq 0$ ist. Vergleicht man die charakteristische Gleichung (3.98) mit der Koeffizientendeterminante $\underline{N}(\Omega)$ von (3.119), so erkennt man, daß $\underline{N}(\Omega)$ genau dann verschwindet, wenn $\underline{s} = j\Omega$ eine Wurzel von (3.98) ist. Das würde aber bedeuten, daß in dem Problem der freien Schwingungen eine ungedämpfte harmonische Schwingung existiert. Schließt man diesen Fall aus, was man ja auf jeden Fall kann, wenn die Dämpfung durchdringend oder gar vollständig ist, so führt der Lösungsansatz (3.118) immer zum Ziel. Allerdings wird man erwarten, daß bei schwacher Dämpfung für $\Omega = \omega_1$ und $\Omega = \omega_2$, wobei ω_1, ω_2 die Eigenkreisfrequenzen des ungedämpften Systems sind, der Nenner $\underline{N}$ in (3.120) sehr klein und damit die Amplituden $\hat{\underline{q}}_1, \hat{\underline{q}}_2$ i.a. groß werden (Resonanz!).

Wir überprüfen an unserem einfachen Beispiel der Abb. 3.11 mit $m_1 = m_2 = m$, $c_1 = c_2 = c_3 = c$, $d_1 = d$, $d_2 = d_3 = 0$, daß dem so ist. In diesem Fall sind die Bewegungsgleichungen

$$\left.\begin{aligned} m\ddot{x}_1 + d\dot{x}_1 + 2cx_1 - cx_2 &= \hat{f}_1 \cos \Omega t \,, \\ m\ddot{x}_2 \qquad - cx_1 - 2\,cx_2 &= \hat{f}_2 \cos \Omega t \,, \end{aligned}\right\} \tag{3.123}$$

und man erhält mit den Abkürzungen $\eta := \Omega/\omega$, $\omega := \sqrt{c/m}$, $D := d/(2/\sqrt{cm})$ nach kurzer Zwischenrechnung die komplexen Amplituden $\hat{\underline{x}}_1, \hat{\underline{x}}_2$ in der Form

$$\hat{\underline{x}}_1 = \frac{1}{c}\,\frac{(2-\eta^2)\hat{f}_1 + \hat{\underline{f}}_2}{\eta^4 - j2D\eta^3 - 4\eta^2 + j4D\eta + 3}\,, \tag{3.124}$$

$$\hat{\underline{x}}_2 = \frac{1}{c}\,\frac{\hat{\underline{f}}_1 + (2-\eta^2 + j2D\eta)\hat{\underline{f}}_2}{\eta^4 - j2D\eta^3 - 4\eta^2 + j4D\eta + 3}\,. \tag{3.125}$$

In den Abbildungen 3.12a bis c werden die Beträge $\hat{\underline{x}}_1$ und $\hat{\underline{x}}_2$ der komplexen Amplituden für die schon in 3.2 betrachteten Sonderfälle $\hat{\underline{f}}_1 = \hat{\underline{f}}$, $\hat{\underline{f}} = 0$; $\hat{\underline{f}}_1 = \hat{\underline{f}}_2 = \hat{\underline{f}}$ und $\hat{\underline{f}}_1 = \hat{\underline{f}}$, $\hat{\underline{f}}_2 = 2\hat{\underline{f}}$ für verschiedene Werte von D angegeben. Für den ersten Lastfall erkennt man, daß der Tilgerpunkt für die erste Koordinate nicht von der Dämpfung abhängt. Mit zunehmender Dämpfung werden die Resonanz-

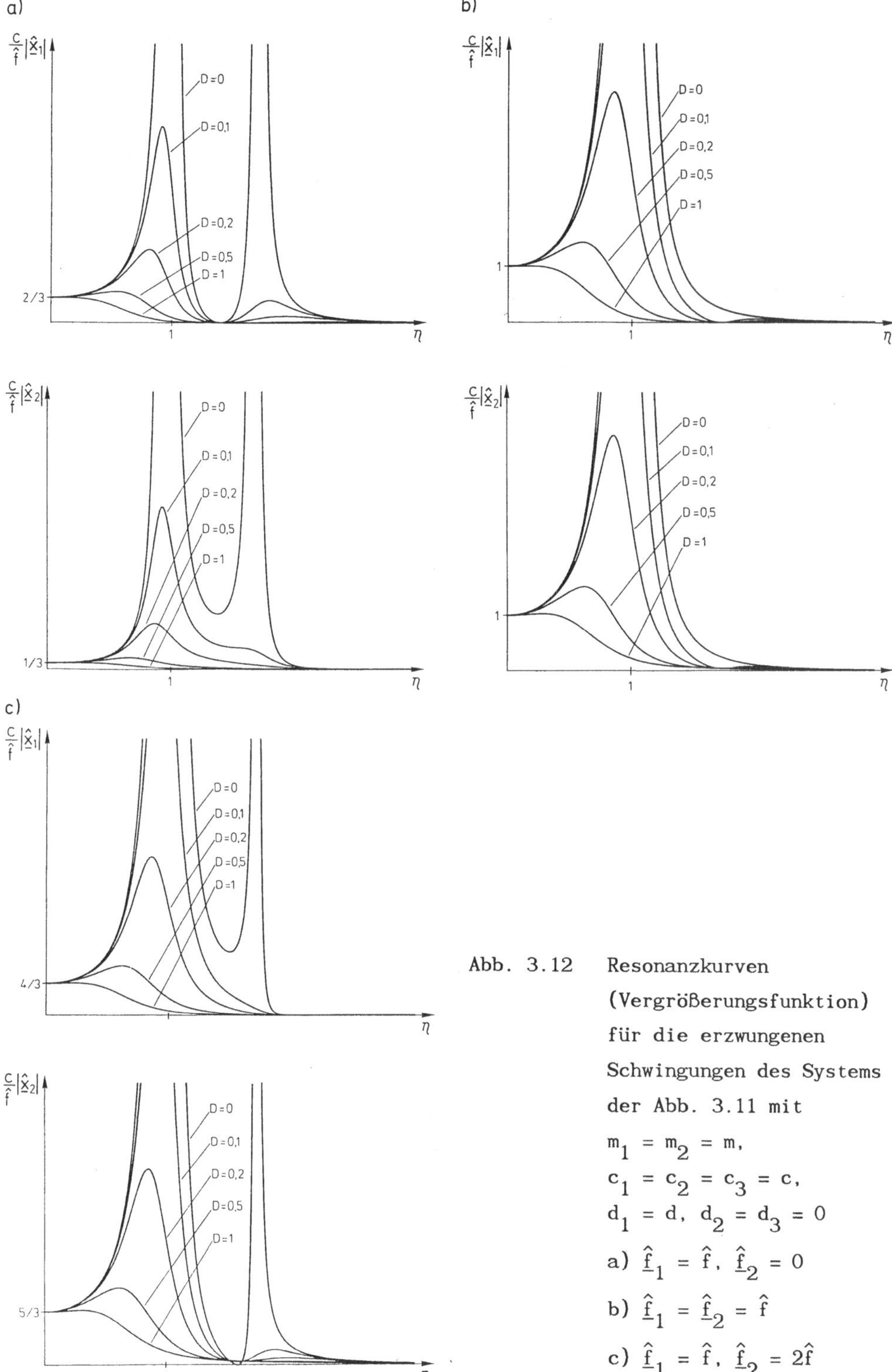

Abb. 3.12 Resonanzkurven (Vergrößerungsfunktion) für die erzwungenen Schwingungen des Systems der Abb. 3.11 mit
$m_1 = m_2 = m$,
$c_1 = c_2 = c_3 = c$,
$d_1 = d$, $d_2 = d_3 = 0$

a) $\hat{\underline{f}}_1 = \hat{f}$, $\hat{\underline{f}}_2 = 0$

b) $\hat{\underline{f}}_1 = \hat{\underline{f}}_2 = \hat{f}$

c) $\hat{\underline{f}}_1 = \hat{f}$, $\hat{\underline{f}}_2 = 2\hat{f}$

kurven flacher und die Maxima für die zweite Koordinate verschieben sich derart, daß schließlich nur noch ein Maximum übrig bleibt. In den Diagrammen für den zweiten Erregungsfall, der im ungedämpften System zu Scheinresonanz führte, gibt es ebenfalls Schnittpunkte, die allen Resonanzkurven gemeinsam sind: So schneiden sich die Resonanzkurven für die zweite Koordinate unabhängig von D alle in einem Punkt. Das Verhalten im dritten Lastfall ist entsprechend. Man beachte, daß der in der Abb. 3.12c in der zweiten Koordinate für D = 0 vorhandene Tilgerpunkt im Falle D > 0 verschwindet. Dies ist ein anderes Verhalten als das der ersten Koordinate und auch anders als in Abb. 3.12a, wo der Tilgerpunkt auch für D > 0 unverändert bleibt.

In Abb. 3.13 sind die Resonanzkurven für beide Koordinaten nochmals gemeinsam mit den entsprechenden Phasenverschiebungswinkeln für den ersten Fall angegeben. Man beachte, daß hierbei der Phasenverschiebungswinkel mit dem vorher schon definierten Hauptwert verwendet wird. In Abb. 3.13 b ist der Phasenverschiebungswinkel für den Fall ohne Tilgerpunkt und ohne Scheinresonanz,

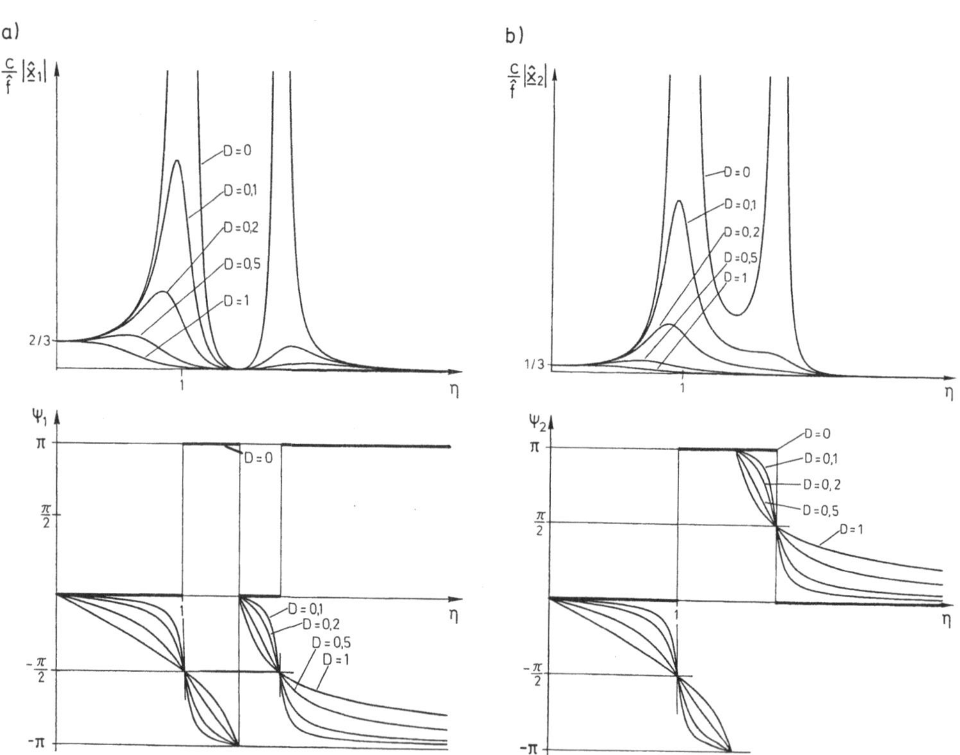

Abb. 3.13 Vergrößerungsfunktionen und Phasenverschiebungswinkel zu Abb. 3.12a

also für den "Normalfall" dargestellt. Dabei weist die Phase für $D = 0$ jeweils einen Sprung an den beiden Resonanzstellen auf. Mit $D < 0$ werden diese Übergänge zwar stetig, bei kleiner Dämpfung ändert sich jedoch die Phase so stark mit der Frequenz, daß man auch hier von einem "Phasensprung" spricht.

Wie schon früher erwähnt, werden diese Phasensprünge auch zur experimentellen Bestimmung der Eigenfrequenzen herangezogen. In Abb. 3.13a dagegen springt die Phase für $D = 0$ nicht nur an den Resonanzstellen, sondern auch am Tilgerpunkt. Für $D > 0$ werden diese Sprünge an den Resonanzstellen durch stetige Übergänge ersetzt, der Sprung an der Stelle des Tilgerpunktes bleibt jedoch erhalten. Er ist allerdings im Experiment nicht direkt zu erkennen, da ja an der entsprechenden Stelle die Amplitude verschwindet (und die Phase somit nicht erklärt ist).

Allgemein kann man sagen, daß Phasensprünge an den Resonanzstellen auftreten, in Sonderfällen aber auch an den Tilgerpunkten und an den Stellen der Scheinresonanzen vorhanden sein können. Je nach Art des Systems können die Sprünge in diesen Sonderfällen auch in den gedämpften Problemen auftreten oder nicht.

Für den Fall periodischer, nichtharmonischer Erregung kann wieder mittels FOURIERreihen das Problem analog zu der Vorgehensweise des vorigen Kapitels gelöst werden; wir werden dieses Problem nochmals im Kapitel 4 aufgreifen. Auch die Berechnung der Systemantwort auf nichtperiodische Erregung, wie sie in Kapitel 2 für Systeme mit einem Freiheitsgrad kurz umrissen wurde, kann auf den vorliegenden Fall sinngemäß erweitert werden. In Kapitel 4 wird dieses Vorgehen für n Freiheitsgrade erläutert.

3.5 Entartete Fälle

3.5.1 Der Fall verschwindender Eigenwerte: semidefinite potentielle Energie

Bisher haben wir schwingungsfähige Systeme behandelt, die eine "isolierte" Gleichgewichtslage aufweisen. Physikalisch war dies dadurch bedingt, daß die schwingenden Körper durch elastische Teile oder Führungen so mit einem feststehenden Bezugssystem verbunden waren, daß es nur eine einzige Gleichgewichtslage geben konnte. Es gibt aber ganz einfache Beispiele von Systemen, für die dies nicht der Fall ist, etwa das System der Abb. 3.14 oder die Welle

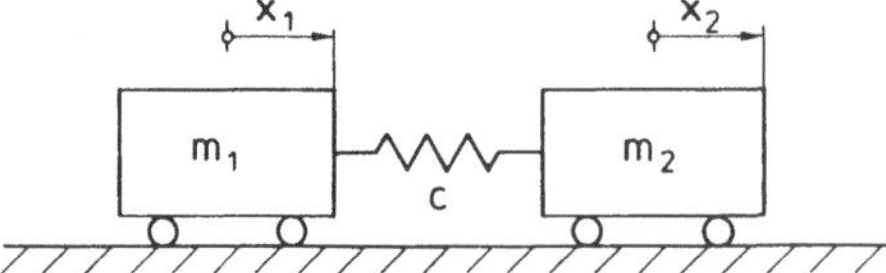

Abb. 3.14 Beispiel eines Systems mit semidefiniter potentieller Energie

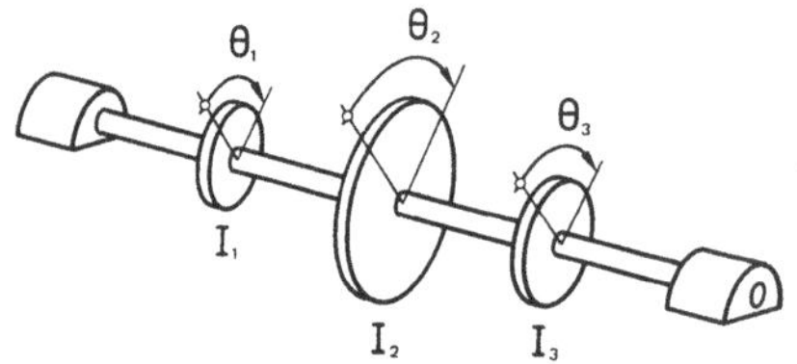

Abb. 3.15 Frei drehbar gelagerte elastische Welle mit drei Scheiben (semidefinite potentielle Energie)

der Abb. 3.15. Im ersten Fall vereinbaren wir, daß die Koordinaten x_1, x_2 so festgelegt sind, daß für $x_1 = x_2 = 0$ die Feder entspannt ist und eine Gleichgewichtslage vorliegt. Dann erkennt man sofort, daß auch alle Wertepaare von x_1, x_2, für die $x_2 - x_1 = 0$ gilt, ebenfalls Gleichgewichtslagen entsprechen.

Die potentielle Energie

$$U = \frac{c}{2}(x_2 - x_1)^2 \tag{3.126}$$

ist positiv semidefinit und der Gradient von U verschwindet für $x_2 - x_1 = 0$. Man erkennt daran, daß die Gleichgewichtslagen für $x_1 = x_2 = x_0$, $\dot{x}_1 = \dot{x}_2 = 0$ mit x_0 beliebig, möglich sind. Die Bewegungsgleichungen

$$\left.\begin{aligned} m_1\ddot{x}_1 + c(x_1 - x_2) &= 0\,, \\ m_2\ddot{x}_2 + c(x_2 - x_1) &= 0 \end{aligned}\right\} \tag{3.127}$$

besitzen die allgemeine Lösung

$$\left.\begin{aligned} x_1(t) &= K_1 + K_2t + A\cos(\omega t + \alpha)\,, \\ x_2(t) &= K_1 + K_2t - \frac{m_1}{m_2} A\cos(\omega t + \alpha) \end{aligned}\right\} \tag{3.128}$$

mit $\omega^2 := c(m_1+m_2)/m_1m_2$ und den Integrationskonstanten K_1, K_2, A und α, die sich ohne Schwierigkeiten auf dem üblichen Wege über die charakteristische Gleichung ergibt. Die ersten beiden Summanden auf den rechten Seiten von (3.128) entsprechen dabei der doppelten Nullwurzel der charakteristischen Gleichung.

Etwas übersichtlicher wird die Lösung durch Einführung neuer Koordinaten. Wählt man die Schwerpunktkoordinate

$$x_{1s} := \frac{m_1x_1 + m_2(l + x_2)}{m_1 + m_2} \tag{3.129}$$

und die Federverlängerung

$$e := x_2 - x_1 \tag{3.130}$$

als neue Variablen mit l als der natürlichen Länge der Feder, so nehmen die Bewegungsgleichungen die Form

$$\left.\begin{aligned} &(m_1 + m_2)\,\ddot{x}_{1s} = 0 \;, \\ &\ddot{e} + \frac{c(m_1 + m_2)}{m_1m_2}\, e = 0 \end{aligned}\right\} \tag{3.131}$$

an, und man erkennt die Lösung (3.128) wieder. Die erste Gleichung (3.131) entspricht dem Schwerpunktsatz und führt auf das "erste Integral"

$$(m_1 + m_2)\,\dot{x}_{1s} = m_1\dot{x}_1 + m_2\dot{x}_2 = \text{const.} \tag{3.132}$$

(Impulserhaltung).

Gelegentlich werden erste Integrale der Art (3.132) zur Elimination von Variablen verwendet; wir besprechen dies anhand des Beispieles der Abb. 3.15. Die Bewegungsgleichungen dieses Systems sind

$$\left.\begin{aligned} &I_1\ddot{\theta}_1 + c_{12}(\theta_1 - \theta_2) = 0 \;, \\ &I_2\ddot{\theta}_2 + c_{12}(\theta_2 - \theta_1) + c_{23}(\theta_2 - \theta_3) = 0 \;, \\ &I_3\ddot{\theta}_3 + c_{23}(\theta_3 - \theta_2) = 0 \;, \end{aligned}\right\} \tag{3.133}$$

wobei c_{12}, c_{23} die Torsionssteifigkeiten der Wellenabschnitte und I_1, I_2, I_3 die Massenträgheitsmomente der Rotoren darstellen. Der Gesamtdrall ist

$$L := I_1\dot{\theta}_1 + I_2\dot{\theta}_2 + I_3\dot{\theta}_3 , \tag{3.134}$$

und man kann leicht überprüfen, daß (3.134) ein erstes Integral der Bewegungsgleichung (3.133) ist, denn die Addition der drei Gleichungen (3.133) führt direkt auf

$$I_1\ddot{\theta}_1 + I_2\ddot{\theta}_2 + I_3\ddot{\theta}_3 = 0 , \tag{3.135}$$

d.h. der Gesamtdrehimpuls L bleibt erhalten. (Wir verwenden hier wie üblich den Buchstaben L für den Drall, eine Verwechslung mit der ebenfalls durch diesen Buchstaben gekennzeichneten LAGRANGE-Funktion scheint ausgeschlossen.) Aus (3.134) folgt

$$\dot{\theta}_2 = \frac{L}{I_2} - \frac{I_1\dot{\theta}_1 + I_3\dot{\theta}_3}{I_2} \tag{3.136}$$

und auch

$$\theta_2 = \frac{L}{I_2}\, t - \frac{I_1\theta_1 + I_3\theta_3}{I_2} + \beta \tag{3.137}$$

mit der Integrationskonstanten β. Damit kann das System (3.133) auf

$$\left.\begin{aligned} I_1\ddot{\theta}_1 + c_{12}\left[\theta_1 + \frac{I_1\theta_1 + I_3\theta_3}{I_2}\right] &= c_{12}\,(\beta + \frac{L}{I_2}\, t) , \\ I_3\ddot{\theta}_3 + c_{23}\left[\theta_3 + \frac{I_1\theta_1 + I_3\theta_3}{I_2}\right] &= c_{23}\,(\beta + \frac{L}{I_2}\, t) \end{aligned}\right\} \tag{3.138}$$

reduziert werden. Dieses Differentialgleichungssystem ist jetzt nur noch von vierter Ordnung, die zusätzlich aufgetretene Inhomogenität hängt jedoch von den Konstanten L und β und somit gemäß (3.134), (3.137) von den Anfangsbedingungen ab. Die beiden nichttrivialen Eigenfrequenzen des Systems folgen ohne Schwierigkeiten aus dem homogenen System ($L = 0$, $\beta = 0$).

Wie wir sehen, ist hier das *reduzierte System* von etwas komplizierterer Bauart als das ursprüngliche. Man verzichtet deswegen auch oft darauf, die

Starrkörperbewegung zu eliminieren, erhält dann allerdings eine charakteristische Gleichung mit zwei verschwindenden Wurzeln. Sowohl in (3.128) als auch in der hier nicht explizit angegebenen Lösung von (3.138) bestehen die Lösungen aus zwei Anteilen: einem linear mit der Zeit wachsenden Teil, dem eine harmonische Schwingung überlagert ist. Es werden also nicht mehr Schwingungen um eine isolierte Gleichgewichslage, sondern um eine *stationäre Bewegung* untersucht (vergleiche hierzu auch 3.6 und 4.4 sowie Aufg. 3.3). (Der Begriff der stationären Bewegung ist hier aus der Analytischen Mechanik entlehnt und nicht zu verwechseln mit der stationären oder eingeschwungenen Bewegung bei harmonischer bzw. periodischer Erregung.)

3.5.2 Systeme mit "halben Freiheitsgraden"

Bei den bisher behandelten mechanischen Systemen war die Ordnung des die Bewegung beschreibenden Differentialgleichungssystems stets gerade. Es gibt aber Fälle, in denen die "Trägheitskräfte" eines Massenpunktes oder eines Teilsystems vernachlässigbar klein gegenüber den anderen in dem Problem auftretenden Kräften sind (zumindest, wenn man nur an einem gewissen Fequenzbereich interessiert ist). Betrachten wir hierzu das System der Abb. 3.16a mit den Bewegungsgleichungen

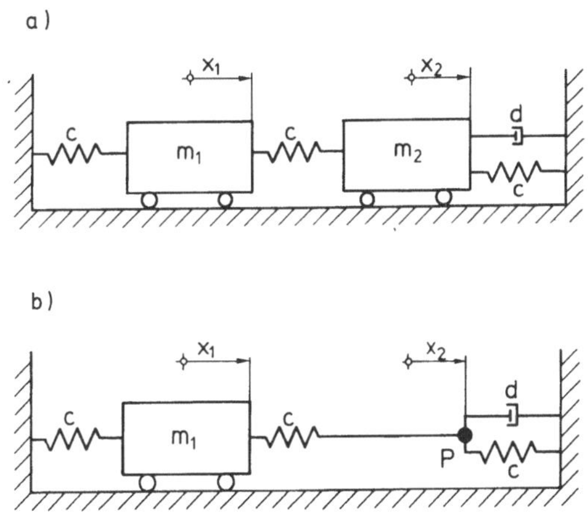

Abb. 3.16 Beispiel zur Entartung

a) System mit zwei Freiheitsgraden

b) $m_2 \to 0$, System mit $1\frac{1}{2}$ Freiheitsgraden

$$\left.\begin{aligned} m_1\ddot{x}_1 + 2cx_1 - cx_2 &= 0 , \\ m_2\ddot{x}_2 + d\dot{x}_2 - cx_1 + 2cx_2 &= 0 . \end{aligned}\right\} \qquad (3.139)$$

Der komplexe Exponentialansatz

$$\underline{x}_1(t) = \underline{l}_1 e^{\underline{s}t} , \qquad \underline{x}_2(t) = \underline{l}_2 e^{\underline{s}t} \qquad (3.140)$$

führt auf die charakteristische Gleichung

$$m_1 m_2 \underline{s}^4 + dm_1 \underline{s}^3 + 2c(m_1+m_2)\underline{s}^2 + 2cd\underline{s} + 3c^2 = 0 \qquad (3.141)$$

oder in normierter Schreibweise mit

$$\underline{p} := \sqrt{\frac{m_1}{c}}\, \underline{s} , \quad D := \frac{d}{2\sqrt{cm_1}} , \quad r := \frac{m_2}{m_1} \qquad (3.142)$$

auf

$$r\underline{p}^4 + 2D\underline{p}^3 + 2(1+r)\underline{p}^2 + 4D\underline{p} + 3 = 0 . \qquad (3.143)$$

Die vier komplexen (paarweise konjugierten) dimensionslosen Eigenwerte $\underline{p}$ hängen natürlich nicht nur von D, sondern auch von dem Massenverhältnis r ab. In Abb. 3.17 sind die entsprechenden Wurzelortskurven wiedergegeben.

Mit $m_2 = 0$ (d.h. $r = 0$) ergibt sich das System der Abb. 3.16b; das Differentialgleichungssystem (3.139) besitzt dann die Ordnung drei, so daß man auch von "anderthalb Freiheitsgraden" spricht. Der "masselose" Punkt P der Abb. 3.16b entspricht dabei einem halben Freiheitsgrad. Offensichtlich ist dann auch die charakteristische Gleichung (3.143) vom dritten Grade und besitzt eine reell negative Wurzel sowie ein Paar komplex konjugierter Lösungen (Aufg. 3.4).

Der Vollständigkeit halber halten wir in dem System der Abb. 3.16a noch die Masse m_2 konstant und lassen m_1 gegen Null gehen. Betrachten wir zunächst den Grenzfall $m_1 = 0$, so erkennen wir, daß die Ordnung des Systems (3.139) sich von vier auf zwei erniedrigt, d.h. das ursprüngliche System mit zwei Freiheitsgraden wird durch eines mit nur einem Freiheitsgrad ersetzt; der Zusammenhang zwischen x_1 und x_2 folgt jetzt unmittelbar aus der (algebraischen) ersten Gleichung (3.139).

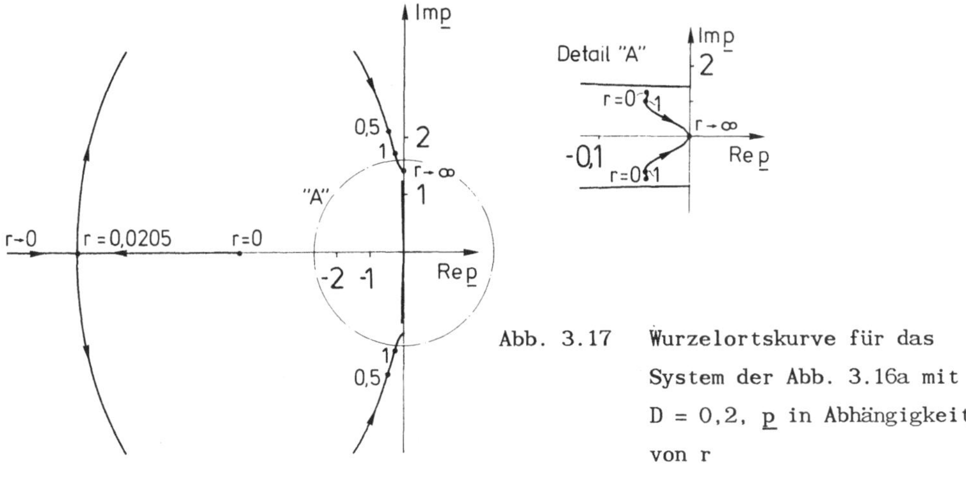

Abb. 3.17 Wurzelortskurve für das System der Abb. 3.16a mit $D = 0{,}2$, $\underline{p}$ in Abhängigkeit von r

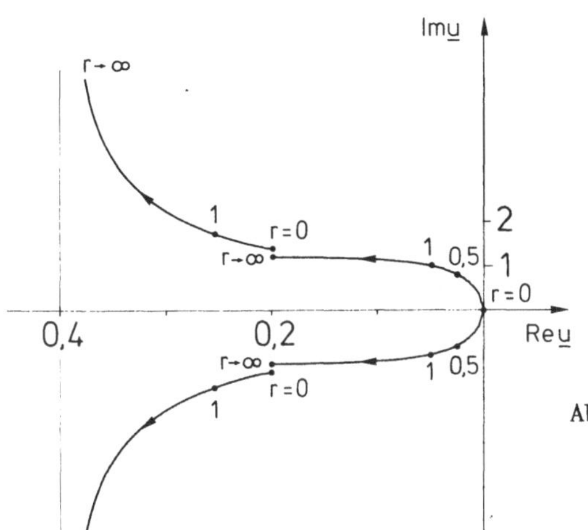

Abb. 3.18 Wurzelortskurve für das System der Abb. 3.16a mit $D_2 = 0{,}2$, $\underline{u}$ in Abhängigkeit von r

Um den Übergang von einem System zu dem anderen besser zu verstehen, betrachten wir wieder Wurzelortskurven. Dazu ist es allerdings zweckmäßig, die Normierung (3.142) durch

$$\underline{u} := \sqrt{\frac{m_2}{c}}\,\underline{s}\ ,\quad D_2 := \frac{d}{2\sqrt{cm_2}} \tag{3.144}$$

zu ersetzen, so daß sich (3.143) jetzt als

$$\frac{1}{r}\underline{u}^4 + 2D_2\frac{1}{r}\underline{u}^3 + 2(\frac{1}{r}+1)\underline{u}^2 + 4D_2\underline{u} + 3 = 0 \tag{3.145}$$

schreibt. Die Wurzelortskurve für (3.145) ist in Abb. 3.18 angegeben: man erkennt, daß ein Eigenwertpaar asymptotisch längs der imaginären Achse ins Unendliche abwandert, so daß lediglich ein Paar im Endlichen bleibt. Das Verhalten für $m_1 \to 0$ (d.h. $r \to \infty$) unterscheidet sich also ganz wesentlich von dem für $m_2 \to 0$ (d.h. $r \to 0$), und es treten jetzt keine "halben Freiheitsgrade" auf!

3.6 Gyroskopische Terme

In diesem Abschnitt werden lineare Schwingungen konservativer mechanischer Systeme betrachtet, bei denen die Bewegungsgleichungen zusätzlich zu den bisher behandelten noch andere Anteile enthalten, die man als *gyroskopische Terme* bezeichnet; die entsprechenden Kräfte werden ebenfalls gyroskopisch genannt. Die Bezeichnung deutet auf die Bewegung eines Kreisels hin, bei der solche Terme eine wichtige Rolle spielen; auch in der Rotordynamik im Maschinenbau kommt ihnen eine erhebliche Bedeutung zu.

Gyroskopische Terme können z.B. dann auftreten, wenn die gewählten Koordinaten die Bewegung nicht relativ zu einem Inertialsystem, sondern zu einem gegenüber diesem "geführten" Bezugssystem ("Relativsystem") beschreiben. Dies kann zur Folge haben, daß die kinetische Energie (immer bezüglich eines Inertialsystems definiert) nicht nur in den verallgemeinerten Geschwindigkeiten quadratische Anteile, sondern auch lineare und von den Geschwindigkeiten unabhängige Terme enthält. Wir schreiben

$$T = T_2 + T_1 + T_0 \, , \tag{3.146}$$

wobei T_2 eine positiv definite quadratische Form und T_1 eine Linearform in den verallgemeinerten Geschwindigkeiten ist, während T_0 nicht von den verallgemeinerten Geschwindigkeiten, sondern nur von den Koordinaten abhängt. Die LAGRANGE-Funktion kann dann auch als

$$L = T_2 + T_1 - W \tag{3.147}$$

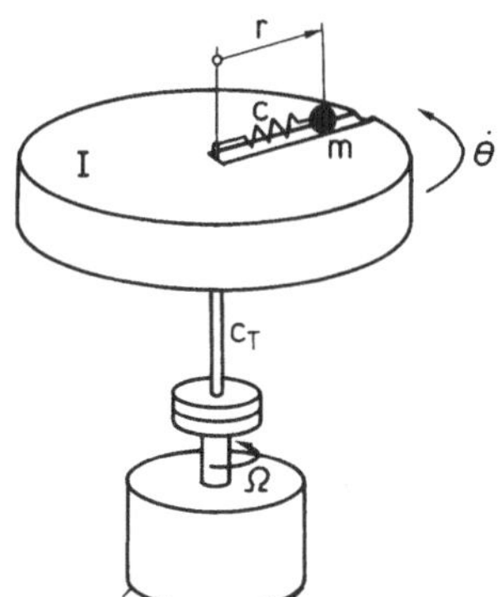

Abb. 3.19 Beispiel eines Systems mit gyroskopischen Kräften: Massenpunkt auf Drehtisch

geschrieben werden, wobei man in dem *dynamischen Potential*

$$W := U - T_0 \tag{3.148}$$

diejenigen Terme zusammenfaßt, die nur von den verallgemeinerten Koordinaten abhängen.

Als Beispiel betrachten wir das System der Abb. 3.19, das aus einem waagerechten Drehtisch besteht, der reibungsfrei um eine lotrechte Achse drehbar gelagert ist, und auf dem sich in einer radialen Nut ein Massenpunkt reibungsfrei bewegt. Der Drehtisch wird von einem idealen Motor mit konstanter Drehzahl angetrieben, wobei der Antrieb über eine elastische Kupplung mit Torsionssteifigkeit c_T erfolgt. Die konstante Winkelgeschwindigkeit der Motorwelle sei Ω, der Winkel θ kennzeichne die Verdrehung der beiden Teile der elastischen Kupplung zueinander. Zwischen Massenpunkt und Welle ist eine lineare Feder mit Steifigkeit c und natürlicher Länge r_0 angebracht.

Die kinetische Energie dieses Systems ist

$$T = \frac{1}{2} I (\Omega + \dot{\theta})^2 + \frac{1}{2} m [\dot{r}^2 + r^2(\Omega + \dot{\theta})^2] , \tag{3.149}$$

wobei I das Massenträgheitsmoment des Drehtisches (ohne Massenpunkt) bezüglich der Drehachse und m die Masse des Massenpunktes ist. Eine Aufspaltung von T gemäß (3.146) ergibt

$$\left.\begin{aligned} T_2 &= \frac{1}{2} I \dot{\theta}^2 + \frac{1}{2} m \dot{r}^2 + \frac{1}{2} mr^2 \dot{\theta}^2 , \\ T_1 &= I \Omega \dot{\theta} + mr^2 \Omega \dot{\theta} , \\ T_0 &= \frac{1}{2} I\Omega^2 + \frac{1}{2} mr^2\Omega^2 . \end{aligned}\right\} \tag{3.150}$$

Die potentielle Energie ist

$$U = \frac{1}{2} c_T\theta^2 + \frac{1}{2} c(r - r_0)^2 .$$

Aus den LAGRANGEschen Gleichungen erhält man auf dem üblichen Wege die Bewegungsgleichungen des Systems in der Form

$$\left.\begin{aligned} (I + mr^2)\ddot{\theta} + (\Omega + \dot{\theta})\, 2mr\dot{r} + c_T\theta = 0 , \\ m\ddot{r} - rm\,(\Omega + \dot{\theta})^2 + c(r - r_0) = 0 . \end{aligned}\right\} \quad (3.151)$$

Dabei erkennt man nicht nur, daß der konstante Anteil $\frac{1}{2}\, I\Omega^2$ in dem Ausdruck für T_0 keinerlei Einfluß auf die Bewegungsgleichungen hat, sondern kann ebenso leicht nachprüfen, daß auch der Term $I\,\Omega\,\dot{\theta}$ in T_1 keinen Beitrag liefert.

Auch aus dem Drallsatz (für das Teilsystem Welle/Drehtisch/Massenpunkt)

$$\dot{L}^{(A)} = M^{(A)} \quad (3.152)$$

mit

$$\left.\begin{aligned} L^{(A)} &= (I + mr^2)(\Omega + \dot{\theta}) , \\ M^{(A)} &= - c_T\theta \end{aligned}\right\} \quad (3.153)$$

und aus dem NEWTONschen Grundgesetz für den Massenpunkt (radiale Komponente)

$$m[\ddot{r} - r(\Omega + \dot{\theta})^2] = - c(r - r_0) \quad (3.154)$$

(s. Abb. 3.20) kann man natürlich (3.151) unmittelbar ableiten.

Die Bewegungsgleichungen (3.151) sind nichtlinear und auch nicht elementar lösbar. Eine *stationäre Lösung* $\theta(t) = \theta_s = 0$, $r(t) = r_s = cr_0/(c-m\Omega^2)$ ist allerdings ohne weiteres erkennbar $(\Omega^2 \neq c/m)$. Führt man gemäß

$$\left.\begin{aligned} \theta(t) &= \theta_s + \bar{\theta}(t) , \\ r(t) &= r_s + \bar{r}(t) \end{aligned}\right\} \quad (3.155)$$

kleine Störungen $\bar{\theta}(t), \bar{r}(t)$ um diese stationäre Lösung ein und linearisiert (3.151) bzgl. $\bar{\theta}, \dot{\bar{\theta}}, \bar{r}, \dot{\bar{r}}$, so erhält man das lineare Differentialgleichungssystem

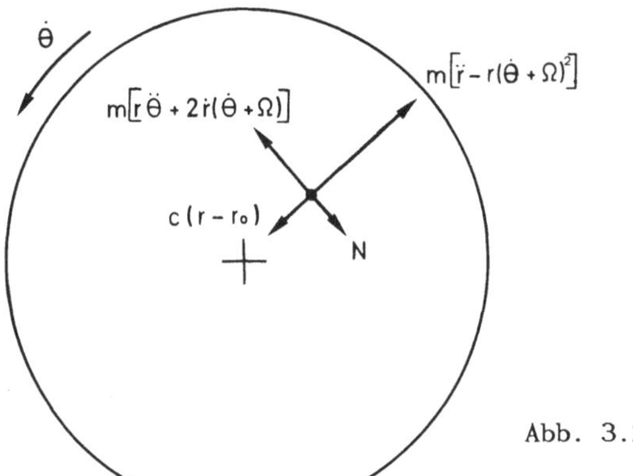

Abb. 3.20 Zu den Bewegungsgleichungen des Beispiels der Abb. 3.19

$$\left.\begin{aligned} &(I + mr_s^2)\,\ddot{\bar\theta} + 2mr_s\Omega\,\dot{\bar r} + c_T\,\bar\theta = 0\,, \\ &m\,\ddot{\bar r} - 2mr_s\Omega\,\dot{\bar\theta} + (c - m\Omega^2)\,\bar r = 0\,. \end{aligned}\right\} \qquad (3.156)$$

Man beachte, daß (3.156) nicht die linearen Schwingungen um eine Gleichgewichtslage, sondern bezüglich derjenigen stationären Bewegung beschreibt, bei der sich der Drehtisch mit konstanter Winkelgeschwindigkeit Ω dreht und der Massenpunkt mit $r \equiv r_s$ auf dem Tisch (in der Nut) liegt.

Das Gleichungssystem (3.156) enthält - ähnlich wie ein gedämpftes System - geschwindigkeitsproportionale Terme. Allerdings besteht ein wesentlicher Unterschied zu Dämpfungstermen: die *gyroskopischen Terme* $2mr_s\Omega\,\dot{\bar r}$ und $-2mr_s\Omega\,\dot{\bar\theta}$ spielen in der Energiebilanz keine Rolle! In der Tat folgt aus (3.156) durch Multiplikation der ersten Gleichung mit $\dot{\bar\theta}$ und der zweiten mit $\dot{\bar r}$ sowie durch anschließende Addition:

$$\frac{d}{dt}\left[\frac{1}{2}(I + mr_s^2)\dot{\bar\theta}^2 + \frac{1}{2}\,m\dot{\bar r}^2 + \frac{1}{2}\,c_T\bar\theta^2 + \frac{1}{2}(c - m\Omega^2)\bar r^2\right] = 0\,. \qquad (3.157)$$

Gleichung (3.157) entspricht einem ersten Integral, das nicht die Erhaltung der gesamten mechanischen Energie, sondern einer damit verwandten Größe bedeutet; die mechanische Energie T + U des Systems bleibt natürlich infolge des Antriebs i.a. hier nicht erhalten. Ganz allgemein kann man zeigen, daß bei (nichtlinearen) Systemen mit kinetischer Energie gemäß (3.146) nicht T + U, sondern $T_2 - T_0 + U$ erhalten bleibt, sofern T und U nicht die Zeit explizit enthalten.

Durch Linearisierung der Bewegungsgleichungen um eine stationäre Lösung erhält man im allgemeinen Fall eines linearen ungedämpften Systems mit zwei Freiheitsgraden:

$$\left.\begin{aligned} m_{11}\ddot{q}_1 + m_{12}\ddot{q}_2 + g\,\dot{q}_2 + c_{11}q_1 + c_{12}q_2 &= 0 , \\ m_{21}\ddot{q}_1 + m_{22}\ddot{q}_2 - g\,\dot{q}_1 + c_{21}q_1 + c_{22}q_2 &= 0 \end{aligned}\right\} \qquad (3.158)$$

aus den quadratischen Ausdrücken

$$\left.\begin{aligned} T_2 &= \frac{1}{2}\,(m_{11}\dot{q}_1^2 + 2m_{12}\dot{q}_1\dot{q}_2 + m_{22}\dot{q}_2^2) , \\ T_1 &= \frac{1}{2}\,g(q_2\dot{q}_1 - q_1\dot{q}_2) , \\ W &= \frac{1}{2}\,(c_{11}q_1^2 + 2c_{12}q_1q_2 + c_{22}q_2^2) . \end{aligned}\right\} \qquad (3.159)$$

Terme der Art $q_1\dot{q}_1, q_2\dot{q}_2$ und $(q_2\dot{q}_1 + q_1\dot{q}_2)$ können natürlich auch noch in T_1 enthalten sein; wir haben sie aber in (3.159) weggelassen, da sie keinen Einfluß auf die Bewegungsgleichungen haben. Das gleiche gilt - wie wir in diesem Beispiel gesehen haben - für eine Linearform in $\dot{q}_1, \dot{q}_2$ mit konstanten Koeffizienten (Aufg. 3.5).

Wir besprechen nun kurz die Lösung der Bewegungsgleichungen, wobei wir uns aber auf den Sonderfall

$$\left.\begin{aligned} m_1\ddot{q}_1 + g\,\dot{q}_2 + c_1q_1 &= 0 , \\ m_2\ddot{q}_2 - g\,\dot{q}_1 + c_2q_2 &= 0 \end{aligned}\right\} \qquad (3.160)$$

anstelle von (3.158) beschränken. Dies stellt keine Einschränkung der Allgemeinheit dar, da man zumindest bei positiv definitem $W(q_1, q_2)$ immer die Koeffizienten $m_{12}, m_{21}, c_{12}, c_{21}$ durch eine geeignete Koordinatentransformation zum Verschwinden bringen kann. Die Gleichungen (3.160) entsprechen auch wieder genau dem Beispiel (3.156).

Der Lösungsansatz

$$\underline{q}_1(t) = \underline{l}_1 e^{\underline{s}t} , \quad \underline{q}_2(t) = \underline{l}_2 e^{\underline{s}t} \qquad (3.161)$$

führt auf das lineare System

$$\left.\begin{aligned} (m_1\underline{s}^2 + c_1)\,\underline{l}_1 + g\,\underline{s}\,\underline{l}_2 = 0\ , \\ -\,g\,\underline{s}\,\underline{l}_1 + (m_2\underline{s}^2 + c_2)\,\underline{l}_2 = 0 \end{aligned}\right\} \tag{3.162}$$

mit der charakteristischen Gleichung

$$\underline{s}^4 + \left(\frac{c_1}{m_1} + \frac{c_2}{m_2} + \frac{g^2}{m_1 m_2}\right)\underline{s}^2 + \frac{c_1}{m_1}\frac{c_2}{m_2} = 0\ , \tag{3.163}$$

die

$$\underline{s}^2 = \frac{1}{2}\left[-\left(\frac{c_1}{m_1} + \frac{c_2}{m_2} + \frac{g^2}{m_1 m_2}\right) \pm \sqrt{\left(\frac{c_1}{m_1} + \frac{c_2}{m_2} + \frac{g^2}{m_1 m_2}\right)^2 - 4\,\frac{c_1}{m_1}\frac{c_2}{m_2}}\;\right] \tag{3.164}$$

liefert. Die Diskriminante in (3.164) ist aber i.a. positiv, so daß die Wurzeln s^2 reell sind; man erkennt leicht, daß für $c_1 > 0$, $c_2 > 0$ beide reell negativ sind, so daß sich für die Eigenwerte $\underline{s}$

$$\underline{s}_1 = \underline{s}_2^* = j\,\omega_1\ , \qquad \underline{s}_3 = \underline{s}_4^* = j\,\omega_2 \tag{3.165}$$

ergibt mit

$$\omega_{1,2} = \sqrt{\frac{1}{2}\left[\left(\frac{c_1}{m_1} + \frac{c_2}{m_2} + \frac{g^2}{m_1 m_2}\right) \pm \sqrt{\left(\frac{c_1}{m_1} + \frac{c_2}{m_2} + \frac{g^2}{m_1 m_2}\right)^2 - 4\,\frac{c_1}{m_1}\frac{c_2}{m_2}}\;\right]}\ . \tag{3.166}$$

Wir betrachten nun den Einfluß der durch g bedingten gyroskopischen Terme; dazu empfiehlt es sich, die dimensionslosen Parameter

$$\left.\begin{aligned} &\eta_0^2 := \frac{c_2/m_2}{c_1/m_1}\ , \qquad \eta_i^2 := \frac{\omega_i^2}{c_1/m_1}\ , \qquad i = 1,\ 2\ , \\ &p^2 := \frac{g^2}{m_1 m_2}\,\frac{m_1}{c_1} \end{aligned}\right\} \tag{3.167}$$

einzuführen. Dabei nehmen wir $c_1/m_1 \leq c_2/m_2$ an, so daß $\eta_0^2 \geq 1$ ist. Die dimensionslosen "Eigenfrequenzen"

$$\eta_{1,2} = \sqrt{\frac{1}{2}\left[1 + \eta_0^2 + p^2 \pm \sqrt{(1 + \eta_0^2 + p^2)^2 - 4\,\eta_0^2}\;\right]} \tag{3.168}$$

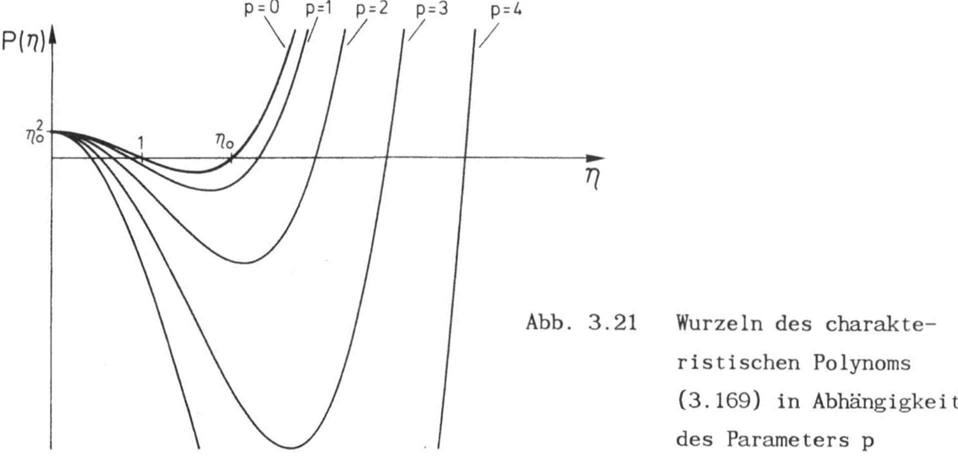

Abb. 3.21 Wurzeln des charakteristischen Polynoms (3.169) in Abhängigkeit des Parameters p

sind dabei Wurzeln des charakteristischen Polynoms

$$P(\eta) := (\eta^2 - 1)(\eta^2 - \eta_0^2) - p^2\eta^2 , \tag{3.169}$$

wie man auch direkt aus (3.162) und den Abkürzungen (3.167) erkennt. Für $p = 0$, d.h. ohne gyroskopische Terme, sind die Wurzeln gleich 1 und η_0. Für größere Werte von p verändert sich $P(\eta)$ gemäß Abb. 3.21, d.h. die Wurzeln wandern mit wachsendem p auseinander. Mit $p \to \infty$ gilt $\eta_1 \to 0$ und $\eta_2 \to \infty$.

Falls $\eta_0 = 1$ ist, hat das System mit $p = 0$ eine doppelte Eigenfrequenz. Durch die gyroskopischen Terme spaltet sich diese doppelte Frequenz in zwei voneinander verschiedene auf. Dieses Aufspalten in eine hohe und eine niedere Frequenz ist typisch für symmetrische Kreisel und Kreiselsysteme, wo man bei den entsprechenden Schwingungen von Nutationen (schnell) und Präzessionen (langsam) spricht. Man beachte allerdings, daß die Veränderung des Parameters p in unserem Beispiel (3.156) nicht nur einer Veränderung von Ω entspricht, da dort auch c_2 von Ω abhängt.

Zur Untersuchung der Schwingungsform bilden wir aus (3.162) die Amplitudenverhältnisse

$$\varrho_i = \left(\frac{l_2}{l_1}\right)\Big|_{\underline{s}=\underline{s}_i} = -\frac{m_1\underline{s}_i^2 + c_1}{g\,\underline{s}_i} = \frac{g\,\underline{s}_i}{m_2\underline{s}_i^2 + c_2}$$

$$= \sqrt{-\frac{m_1\underline{s}_i^2 + c_1}{m_2\underline{s}_i^2 + c_2}} , \quad i = 1,2,3,4 . \tag{3.170}$$

Für $\underline{s}_{1,2} = \pm j\,\omega_1$ erhält man

$$\underline{\rho}_{1,2} = \pm j \sqrt{\frac{m_1}{m_2}} \sqrt{\frac{1-\eta_1^2}{\eta_0^2-\eta_1^2}}\,, \tag{3.171}$$

d.h. $\underline{\rho}_1$ und $\underline{\rho}_2$ sind rein imaginär, und mit $\underline{\rho}_{1,2} = \pm j\rho_1$ ist die entsprechende Lösung der Bewegungsgleichungen

$$\left.\begin{aligned} \underline{q}_1(t) &= \underline{K}_1 e^{j\omega_1 t} + \underline{K}_2 e^{-j\omega_1 t}\,, \\ \underline{q}_2(t) &= j\rho_1\,(\underline{K}_1 e^{j\omega_1 t} - \underline{K}_2 e^{-j\omega_1 t}) \end{aligned}\right\} \tag{3.172}$$

mit den komplexen Integrationskonstanten $\underline{K}_1$ und $\underline{K}_2$. Wählt man

$$\underline{K}_1 = \frac{1}{2} A_1 e^{j\alpha_1}\,,\quad \underline{K}_2 = \underline{K}_1^* = \frac{1}{2} A_1 e^{-j\alpha_1}\,, \tag{3.173}$$

so erhält man die der Frequenz ω_1 zugehörige Lösung in reeller Form:

$$\left.\begin{aligned} q_1(t) &= A_1 \cos\,(\omega_1 t + \alpha_1)\,, \\ q_2(t) &= \rho_1 A_1 \cos\,(\omega_1 t + \alpha_1 + \frac{\pi}{2})\,; \end{aligned}\right\} \tag{3.174}$$

eine entsprechende Lösung ergibt sich für die Kreisfrequenz ω_2. Es ist hierbei bemerkenswert, daß das gyroskopische System zwar harmonische Schwingungen mit der Kreisfrequenz ω_1 ausführt, dabei aber die beiden Koordinaten q_1 und q_2 mit einer Phasenverschiebung von $\pi/2$ schwingen. Anders als bei den Hauptschwingungen der ungedämpften Systeme ohne gyroskopische Kräfte gibt es also hier keinen gemeinsamen "Nulldurchgang" aller Koordinaten. In der Tat kennt jedes Kind aus persönlicher Erfahrung die Tatsache, daß ein symmetrischer Spielkreisel um seine stationäre Lage "kreiselt" und es bei diesen Schwingungen keinen "Durchgang" durch die stationäre Lage - d.h. die Drehung um eine lotrechte Achse - gibt. Eine ausführliche Beschreibung der Schwingungen linearer gyroskopischer Systeme ist in dem klassischen Lehrbuch von KRALL /2/ zu finden. Im nächsten Kapitel werden wir Schwingungen gyroskopischer Systeme mit endlich vielen Freiheitsgraden ausführlicher besprechen.

3.7 Beispiele und Anwendungen

3.7.1 Kritische Drehzahl eines LAVAL-Läufers: Beispiel eines Systems mit einer doppelten Eigenfrequenz

Gelegentlich begegnen uns mechanische Systeme, bei denen mehrfache Eigenfrequenzen auftreten. Ein einfaches Beispiel ist der Massenpunkt der Abb. 3.22 mit den um die Gleichgewichtslage linearisierten Bewegungsgleichungen

$$\left.\begin{aligned} m\ddot{x} + cx &= 0 \, , \\ m\ddot{y} + cy &= 0 \, . \end{aligned}\right\} \qquad (3.175)$$

In diesem Fall sind nicht nur x und y Hauptkoordinaten, sondern jede beliebige Linearkombination dieser Größen ergibt ebenfalls eine Haupt-koordinate. Die Lösung von (3.175) weist keinerlei Besonderheiten auf, spe-ziell sind die Verhältnisse keineswegs so wie bei einzelnen skalaren Differentialgleichungen, wo vielfache Eigenwerte zu Säkulargliedern - d.h. zu mit Potenzen von t wachsenden Termen - führen (vgl. die kritische Dämpfung in Kapitel 2.4).

Eines der einfachsten technischen Beispiele eines Systems mit doppelter Eigenfrequenz ist das der Biegeschwingungen einer Welle gemäß Abb. 3.23, dem sogenannten LAVAL-Läufer[43]. Dabei wird die Welle selbst als masselos angenom-

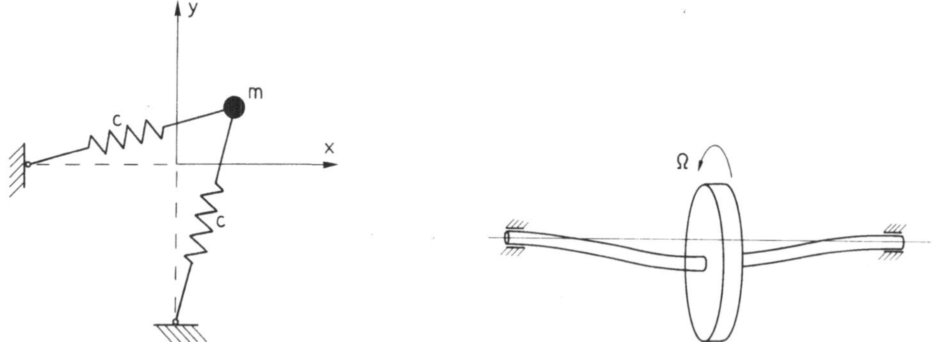

Abb. 3.22 Beispiel eines Systems mit einer doppelten

Abb. 3.23 LAVAL-Läufer

---

[43] Nach dem Ingenieur Carl Gustav Patrick de LAVAL, * 1845 in Stockholm, + 1913 ebenda.

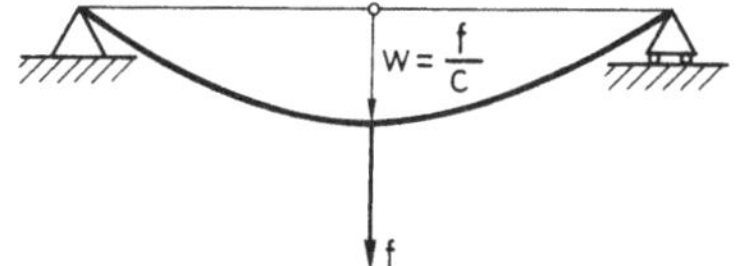

Abb. 3.24 Zur Steifigkeit der Welle

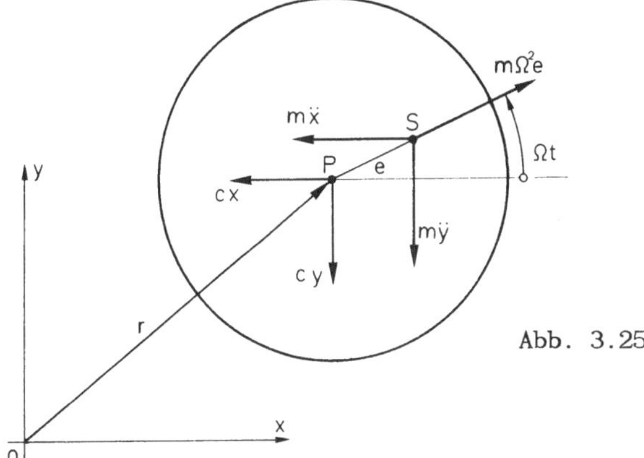

Abb. 3.25 Scheibe des LAVAL-Läufers mit Kräften und Scheinkräften (Trägheitskräfte)

men und trägt in ihrer Mitte eine Scheibe der Masse m. Die symmetrische Welle wird durch ihre Steifigkeit c beschrieben, die in Abb. 3.24 erklärt ist. Es werden nur solche Schwingungen betrachtet, bei denen die Scheibe senkrecht auf der geometrischen Achse der geraden Welle steht.

Ist die Scheibe vollkommen symmetrisch, so daß auch ihr Schwerpunkt auf der Wellenachse liegt, kann sie als Massenpunkt behandelt werden und es gelten die Bewegungsgleichungen (3.175). Läßt man zu, daß der Schwerpunkt der Scheibe gemäß Abb. 3.25 um den Abstand e gegenüber dem Wellenmittelpunkt verschoben ist ("statische Unwucht" = me), so ergibt sich ein Problem der erzwungenen Schwingungen. Bezeichnet man die Koordinate von P - des Schnittpunktes der Wellenachse mit der Scheibe - mit (x,y), so ergeben sich die in Abb. 3.25 dargestellten Trägheitskräfte und man erhält die Bewegungsgleichungen

$$\left.\begin{aligned} m\ddot{x} + cx &= m\Omega^2 e \cos \Omega t \ , \\ m\ddot{y} + cy &= m\Omega^2 e \sin \Omega t \end{aligned}\right\} \qquad (3.176)$$

mit der stationären Lösung

$$\left.\begin{aligned} x &= \frac{1}{1-(\Omega/\omega)^2}\,\frac{m\Omega^2}{c}\,e\cos\Omega t\ ,\\ y &= \frac{1}{1-(\Omega/\omega)^2}\,\frac{m\Omega^2}{c}\,e\sin\Omega t\ , \end{aligned}\right\} \qquad (3.177)$$

wobei $\omega^2 := c/m$ ist. In der stationären Lösung liegen also die Punkte 0, P und S auf einer Geraden, die mit der Winkelgeschwindigkeit Ω umläuft! Der Punkt P beschreibt dabei eine Kreisbahn mit dem Radius

$$r = \frac{\Omega^2}{\omega^2 - \Omega^2}\,e\ ; \qquad (3.178)$$

für $\Omega^2 \ll \omega^2$ gilt $r \approx 0$, so daß dann der Schwerpunkt eine Kreisbahn mit Radius e um den Koordinatenursprung, d.h. um die geometrische Achse der Welle, beschreibt. Für $0 < \Omega^2 < \omega^2$ liegt P zwischen 0 und S und für $\Omega^2 \to \omega^2$ geht r gegen Unendlich.

Die Winkelgeschwindigkeit $\Omega = \omega$ wird auch als *kritische Winkelgeschwindigkeit* ("erste biegekritische Winkelgeschwindigkeit") bezeichnet, man spricht auch oft von der *kritischen Drehzahl*. Sie ist in der Praxis unbedingt zu vermeiden, da auch für beliebig kleine statische Unwuchten nach der linearen Theorie keine stationären Lösungen existieren: In der Praxis kann dies zum Bruch der Welle führen. Für $\Omega > \omega$ ist r nach (3.178) negativ, d.h. 0 liegt zwischen P und S und für $\Omega \to \infty$ gilt $r \to -e$, d.h. der Schwerpunkt S geht gegen 0 und der Punkt P "wirbelt" um den Schwerpunkt herum. Für große, überkritische Drehzahlen zentriert die Welle sich also gewissermaßen selbst.

Bei technischen Anwendungen arbeitet man gelegentlich im überkritischen Bereich, d.h. die Betriebsdrehzahl ist so groß, daß $\Omega > \omega$ gilt. Beim Anlaufen der Maschine muß dann aber auf jeden Fall die kritische Drehzahl durchfahren werden und das möglichst schnell, damit sich keine Schwingungen mit großer Amplitude aufbauen können. Wir wissen, daß im Resonanzfall $\Omega = \omega$ die Amplitude linear mit der Zeit anwächst und daß die Erregerkraft der Auslenkung gemäß Abb. 3.26 um den Phasenwinkel $\pi/2$ vorauseilt: Damit kann man das Antriebsmoment (Torsionsmoment) als Funktion von r(t) berechnen. Der Drall bezüglich 0 ist nämlich nach Abb. 3.26

$$L = m\Omega(r^2 + e^2)\ , \qquad (3.179)$$

so daß der Drallsatz das Antriebsmoment

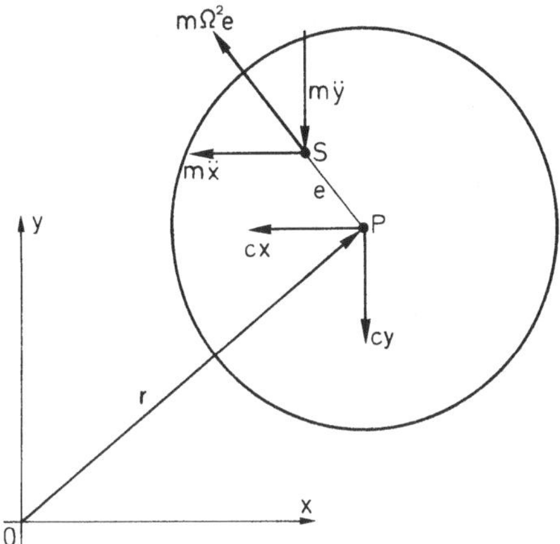

Abb. 3.26 Scheibe des LAVAL-Läufers beim "Hochlaufen" in der "kritischen Drehzahl"

$$M_A = \frac{dL}{dt} = 2m\Omega r\dot{r} \tag{3.180}$$

ergibt. Aus Abschnitt 2.4.1 wissen wir aber, daß r(t) linear mit der Zeit gemäß

$$\dot{r} = \frac{r_s}{2}\,\omega = \frac{m\omega^2 e}{2c}\,\omega = \frac{\omega\, e}{2} \tag{3.181}$$

wächst, so daß mit $\Omega = \omega$ auch

$$M_A = cer \tag{3.182}$$

gilt. Die in (3.182) enthaltene Information ist allerdings dürftig, da man im allgemeinen e nicht kennt und r von der Zeit abhängt. Bei gegebenen Schranken für e und r kann man aber damit zumindest das zum Durchfahren der Resonanz notwendige Antriebsmoment grob abschätzen.

Will man das Durchfahren der Resonanz genauer berechnen, so ist dazu die Kenntnis der Funktion $M_A(\Omega)$ (Kennlinie des Antriebs) notwendig. Berücksichtigt man die Tatsache, daß Ω von der Zeit abhängt, so treten die Bewegungsgleichungen

$$\left.\begin{aligned} m\ddot{x} + cx &= me(\Omega^2\cos\Omega t - \dot{\Omega}\sin\Omega t)\ , \\ m\ddot{y} + cy &= me(\Omega^2\sin\Omega t - \dot{\Omega}\cos\Omega t) \end{aligned}\right\} \tag{3.183}$$

an die Stelle von (3.176), wobei $\Omega(t)$ eine noch unbekannte Zeitfunktion ist. Der Drall ist durch

$$L = m(x_s \dot{y}_s - y_s \dot{x}_s) \tag{3.184}$$

gegeben mit

$$\left.\begin{aligned} x_s &= x + e \cos \Omega t \,, \\ y_s &= y + e \sin \Omega t \end{aligned}\right\} \tag{3.185}$$

und der Drallsatz $M_A(\Omega) = \frac{dL}{dt}$ liefert eine zusätzliche Differentialgleichung zweiter Ordnung in $\Omega(t)$, die gemeinsam mit (3.183) zu lösen ist (auch das Massenträgheitsmoment der Scheibe kann in (3.184) ohne weiteres noch berücksichtigt werden). Das Problem ist jetzt allerdings nichtlinear und kann nicht mehr analytisch gelöst werden. Eine zweckmäßige Vereinfachung besteht in der Annahme einer langsam veränderlichen Winkelgeschwindigkeit ($\Omega^2 \gg \dot{\Omega}$), die eine analytische Näherungslösung ermöglicht. Allerdings treten in technischen Problemen oft noch zusätzliche Schwierigkeiten auf, da die bekannten, durch $M_A(\Omega)$ gegebenen Kennlinien des Antriebs eigentlich nur für stationäre Bewegungen gelten. Das Antriebsaggregat ist aber streng genommen meistens auch durch Differentialgleichungen zu beschreiben, da seine Eigendynamik durchaus eine wesentliche Rolle spielen kann. Auf diese zwar wichtigen, aber recht speziellen Fragestellungen des Maschinenbaus wollen wir hier nicht weiter eingehen und verweisen auf die Spezialliteratur (s. z.B. GASCH /3/, BIEZENO & GRAMMEL /4/, TONDL /5/).

Trägt eine Welle nicht nur eine, sondern mehrere Scheiben, so treten mehrere kritische Drehzahlen auf, die mit den Methoden des Kapitels 4 bestimmt werden können. Berücksichtigt man darüberhinaus die Masse der elastischen Welle, so wird das Problem durch partielle Differentialgleichungen beschrieben, eine Diskretisierung führt allerdings auch wieder auf die in Kapitel 4 besprochenen Systeme. Weitere wichtige Effekte können durch die Lagerung der Welle sowie durch Kreiselwirkungen der Rotoren hervorgerufen werden.

3.7.2 Schwingungstilgung

In Kapitel 2 hatten wir die Frage der aktiven und passiven Schwingungsisolierung angeschnitten. Wir sind jetzt in der Lage, eine weitere Möglichkeit zur

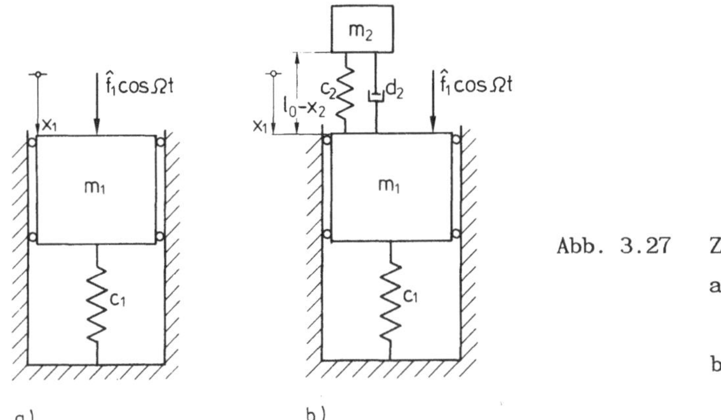

Abb. 3.27 Zur Schwingungstilgung
a) Zwangserregtes Grundsystem
b) System mit Tilger

Unterdrückung unerwünschter Schwingungen zu besprechen, die besonders bei konstanter Erregerfrequenz ausgezeichnet funktioniert und häufig angewendet wird. Dazu betrachten wir das System aus Abb. 3.27a, das aus einem elastisch mit der Steifigkeit c_1 gelagerten Block der Masse m_1 besteht, der durch eine harmonisch pulsierende Kraft zu Schwingungen erregt wird. Es kann sich dabei etwa um eine Maschine auf einem Kastenfundament handeln, die sich nur translatorisch in einer Richtung bewegen kann. Die Erregung kann z.B. auch durch rotierende Unwuchten hervorgerufen werden (s. Abschnitt 2.5.3).

Die Amplitude der erzwungenen Schwingung ist in der eingeschwungenen Bewegung

$$\hat{x}_1 = \left| \frac{1}{(1 - \Omega^2/\omega_1^2)} \frac{\hat{f}}{c} \right| , \tag{3.186}$$

mit $\omega_1^2 = c_1/m_1$. Häufig sind solche Schwingungen unerwünscht, entweder z.B. weil die Maschine in ihrer Funktion beeinträchtigt wird, oder weil die auf den Untergrund übertragenen Kräfte mit der Amplitude $\hat{f}_1/|1 - \Omega^2/\omega_1^2|$ zu groß sind; dabei ist es aber oft nicht möglich, die Krafterregung abzustellen. Es ist dann denkbar, die Schwingungen des Blocks durch Anbringen eines Zusatzsystems gemäß Abb. 3.27b zu beeinflussen (l_0 ist dabei die Länge der Feder in der Ruhelage). Bei fest vorgegebener Erregerkraft und Erregerfrequenz sind dann die Werte der Parameter m_2, c_2, d_2 so zu bestimmen, daß in der stationären Bewegung der Block möglichst still steht. Die Lösung ist anschaulich ohne weiteres zu erkennen: Wenn der Körper stillstehen soll, muß an ihm die pulsierende Erregerkraft mit einer anderen Kraft im Gleichgewicht stehen, und es kann sich dabei nur um die Kräfte von Feder und Dämpfer handeln, die zwischen

Block und Zusatzkörper angebracht sind. Der Tilger muß also bei stillstehendem Block freie ungedämpfte Schwingungen mit der Kreisfrequenz Ω ausführen, so daß $d_2 = 0$ und $c_2/m_2 = \Omega^2$ zu wählen ist. Damit führt dann der Tilger Schwingungen mit der Amplitude

$$\hat{x}_2 = \hat{f}_1/c_2 = \hat{f}_1/(m_2\Omega^2) \tag{3.187}$$

aus, die noch vom Wert der Tilgermasse m_2 bzw. der -steifigkeit c_2 abhängt.

Es gibt allerdings in der Technik auch Fälle, in denen die Erregerfrequenz nicht absolut konstant, sondern innerhalb eines Bereiches veränderlich ist. Man wird dann den Tilger nicht auf eine bestimmte Frequenz abstimmen, sondern verlangen, daß die Schwingungen des Grundsystems in dem gesamten interessierenden Frequenzbereich hinreichend klein bleiben. Dazu gehört z.B. oft auch der Vorgang des Anfahrens einer Maschine, bei dem Ω von Null auf den Betriebswert anwächst, und in diesen Fällen wird man eine von Null verschiedene Dämpfung zwischen Grundkörper und Tilger vorsehen. Um das Verhalten des Systems der Abb. 3.27b bei harmonischer Erregung im einzelnen zu beschreiben, müssen wir die Bewegungsgleichungen

$$\left.\begin{aligned} (m_1 + m_2)\ddot{x}_1 + m_2\ddot{x}_2 + c_1x_1 &= \hat{f}_1\cos\Omega t\,,\\ m_2\ddot{x}_1 + m_2\ddot{x}_2 + d_2\dot{x}_2 + c_2x_2 &= 0 \end{aligned}\right\} \tag{3.188}$$

untersuchen, wobei x_2 die von der Gleichgewichtslage aus gemessene Relativverschiebung der beiden Körper ist. Wir gehen mit

$$\left.\begin{aligned} (m_1 + m_2)\ddot{\underline{x}}_1 + m_2\ddot{\underline{x}}_2 + c_1\underline{x}_1 &= \hat{f}_1 e^{j\Omega t}\,,\\ m_2\ddot{\underline{x}}_1 + m_2\ddot{\underline{x}}_2 + d_2\dot{\underline{x}}_2 + c_2\underline{x}_2 &= 0 \end{aligned}\right\} \tag{3.189}$$

auf die komplexe Schreibweise über, und der Ansatz $\underline{x}_1(t) = \hat{\underline{x}}_1 e^{j\Omega t}$, $\underline{x}_2(t) = \hat{\underline{x}}_2 e^{j\Omega t}$ liefert für das Grundsystem die komplexe Amplitude

$$\hat{\underline{x}}_1 = \frac{1 - (\frac{\Omega}{\nu})^2 + j2D\frac{\Omega}{\nu}}{\left[1 - (\frac{\Omega}{\omega})^2\right]\left[1 - (\frac{\Omega}{\nu})^2 + j2D\frac{\Omega}{\nu}\right] - \frac{m_2}{m_1}(\frac{\Omega}{\omega})^2(1 + j2D\frac{\Omega}{\nu})}\,\frac{\hat{f}_1}{c_1} \tag{3.190}$$

mit den Abkürzungen

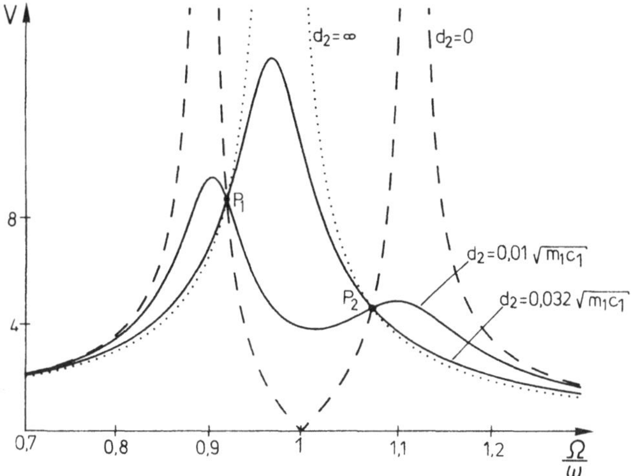

Abb. 3.28 Vergrößerungsfunktion $V = |c_1\hat{\underline{x}}_1/\hat{f}_1|$ für das System mit Tilger der Abb. 3.27b

$$\upsilon^2 := c_2/m_2 \,, \quad \omega^2 := c_1/m_1 \,, \quad D := \frac{d_2}{2\sqrt{m_2c_2}} \,. \tag{3.191}$$

Die Parameter des Tilgers sind nun so zu wählen, daß die Vergrößerungsfunktion $V := |c_1\hat{\underline{x}}_1/\hat{f}_1|$ über alle Werte der Erregung Ω einen möglichst flachen Verlauf hat. In Abb. 3.28 sind für einige Parameterwerte die Funktionen $V(\Omega/\omega)$ aufgetragen. Es zeigt sich, daß die Kurven zwar von der Dämpfungskonstanten d_2 abhängen, bei gleichen Werten der anderen Parameter aber immer durch dieselben Punkte P_1 und P_2 der Abb. 3.28 gehen; diese Punkte liegen außerdem sehr nahe an den jeweiligen Maxima. Eine Möglichkeit, den Verlauf der Funktion $V(\Omega/\omega)$ flach zu gestalten, besteht darin, dafür zu sorgen, daß an diesen beiden Punkten die Funktion V zumindest näherungsweise den gleichen Wert annimmt. Mit dem Massenverhältnis

$$\mu := m_2/m_1 \tag{3.192}$$

(Tilgermasse zu Masse des Grundsystems) erreicht man dies für

$$\frac{\omega}{\upsilon} = 1 + \mu \,, \tag{3.193}$$

$$d_2^2 = d_{2opt}^2 = \frac{3\mu c_2^2}{2\omega\upsilon} \,. \tag{3.194}$$

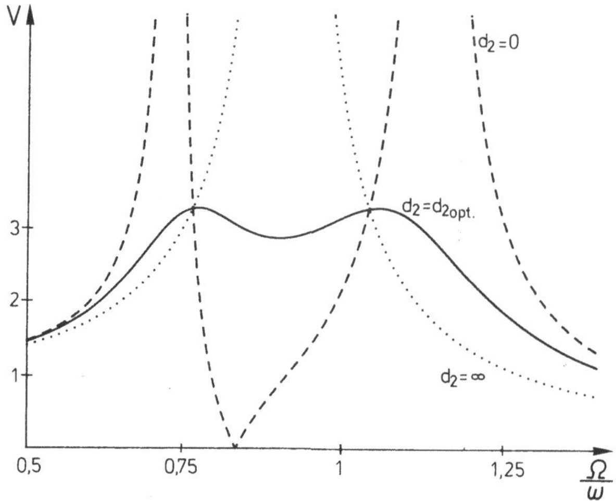

Abb. 3.29 Vergrößerungsfunktion für einen "optimal" abgestimmten, breitbandig wirkenden Tilger

Die Maximalwerte von V sind dann näherungsweise durch

$$V_1 \approx V_2 \approx \sqrt{1 + \frac{2}{\mu}} \tag{3.195}$$

gegeben (s. Aufg. 3.6). In Abb. 3.29 sind für μ = 0,2 nochmals die Vergrößerungsfunktionen V für $d_2 = 0$, für $d_2 \to \infty$ und für d_2 gemäß (3.194) dargestellt. Die Einzelheiten der Berechnung der durch (3.193), (3.194) gegebenen "optimalen Abstimmung" für einen breitbandig wirkenden Tilger sind z.B. bei DEN HARTOG /6/ und bei TONG /7/ zu finden (vergleiche auch KLOTTER /8/ und HARRIS & CREDE /9/). Zum Einsatz kommen Tilger z.B. bei Rüttelsieben, Rasierapparaten, Brücken. Gelegentlich werden zur Schwingungstilgung und Schwingungsunterdrükkung auch Zusatzsysteme verwendet, die komplizierter sind als das einfache Zusatzsystem aus Feder, starrem Körper und Dämpfer aus Abb. 3.27. Zur Berechnung der stationären Schwingungen des Grundsystems genügt dann die Kenntnis der Impedanz des Zusatzsystems, die mit $\underline{Z}(\Omega)$ bezeichnet werden soll. Die Schwingungen des Grundsystems werden durch

$$m_1\ddot{x}_1 + d_1\dot{x}_1 + c_1x_1 = \hat{f}_1\cos \Omega t + p(t) \tag{3.196}$$

beschrieben, wobei p(t) die Kraft ist, die das Zusatzsystem auf das Grundsystem ausübt (s. Abb. 3.30). Für die stationäre Bewegung gilt mit den komplexen Erweiterungen $\underline{x}_1(t) = \hat{x}_1 e^{j\Omega t}$, $\underline{f}_1(t) = \hat{f}_1 e^{j\Omega t}$ und $p(t) = -\, j\Omega\, \underline{Z}(\Omega)\, \hat{x}_1 e^{j\Omega t}$

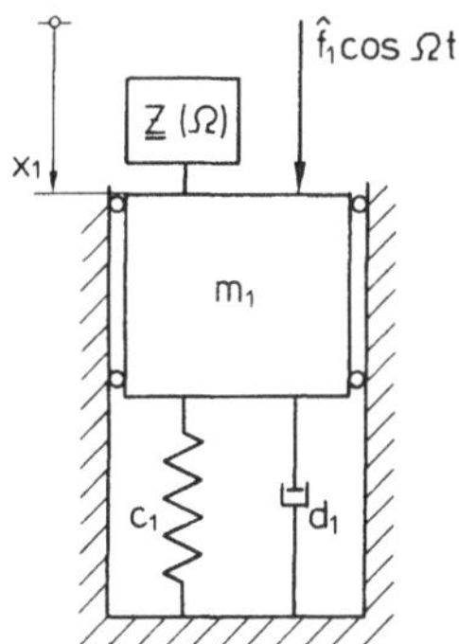

Abb. 3.30 Grundsystem mit Tilger der Impedanz $\underline{Z}(\Omega)$

$$[-m_1\Omega^2 + (d_1 + \underline{Z}(\Omega))j\Omega + c_1]\, \hat{\underline{x}}_1 = \hat{f}_1 \,, \tag{3.197}$$

woraus die komplexe Amplitude $\hat{\underline{x}}_1$ in Abhängigkeit von Ω für eine gegebene Impedanz $\underline{Z}(\Omega)$ berechnet werden kann.

Will man also zur Schwingungsunterdrückung ein geeignetes Zusatzsystem (einen "gedämpften Tilger") etwa aus einem Herstellerkatalog auswählen, so ist die Impedanz geeignet festzulegen, um die richtige Abstimmung zu gewährleisten. Natürlich wird eine betragsmäßig sehr große Impedanz hier auch immer eine kleine Amplitude $|\hat{\underline{x}}_1|$ zur Folge haben, man kann ja z.B. auch einfach durch einen sehr großen Zusatzkörper (mit der Impedanz $\underline{Z} = j\Omega m$, $m \gg m_1$) das Grundsystem beruhigen. Das ist aber oft schon aus Kostengründen nicht die zweckmäßige Lösung.

Betrachten wir den Fall einer betragsmäßig vorgegebenen Impedanz

$$\underline{Z} = R + jI \tag{3.198}$$

und fragen nach der günstigsten Wahl von Realteil $R(\Omega)$ und Imaginärteil $I(\Omega)$ für möglichst kleine $\hat{x}_1$, so müssen wir für gegebenes $Z^2 = R^2 + I^2$ den Ausdruck

$$\hat{x}_1 = \frac{1}{\sqrt{\left[(1-\eta^2) - I \frac{\eta}{\sqrt{m_1 c_1}} \right]^2 + \left[2D\eta + R \frac{\eta}{\sqrt{m_1 c_1}} \right]^2}} \frac{\hat{f}_1}{c_1} \tag{3.199}$$

bezüglich R, I minimieren bzw.

$$\left[(1-\eta^2) - I \frac{\eta}{\sqrt{m_1 c_1}} \right]^2 + \left[2D\eta + R \frac{\eta}{\sqrt{m_1 c_1}} \right]^2 \tag{3.200}$$

maximieren mit

$$\eta := \frac{\Omega}{\sqrt{m_1/c_1}} , \quad D := \frac{d_1}{2\sqrt{m_1 c_1}} . \tag{3.201}$$

Dies führt auf die Maximierung von

$$4\,D\,R \frac{\eta^2}{\sqrt{m_1 c_1}} - 2(1 - \eta^2)\, I \frac{\eta}{\sqrt{m_1 c_1}} , \tag{3.202}$$

die für

$$\frac{R}{I} = \frac{2D\eta}{-(1 - \eta^2)} , \quad R > 0 \tag{3.203}$$

erreicht wird (man erkennt dies leicht, wenn man (3.202) als Skalarprodukt des Vektors (R, I) mit dem Vektor $(4D\eta^2/\sqrt{m_1 c_1}, \ - 2\eta(1-\eta^2)/\sqrt{m_1 c_1})$ auffaßt und sich überlegt, daß dieses Produkt gerade dann maximal wird, wenn die Vektoren parallel sind). Durch (3.203) und $Z^2 = R^2 + I^2$ ist die "optimale Impedanz" des Tilgers bestimmt.

Hat man die Impedanz des Zusatzsystems festgelegt, ist allerdings noch ein anderer Gesichtspunkt zu beachten. Zwar ist jedes lineare System vollständig durch seine Impedanz beschreibbar, jedoch ist auch jedes technische System immer nur innerhalb gewisser Grenzen linear. Das bedeutet in der Praxis, daß für das Zusatzsystem vom Hersteller nicht nur die Impedanz, sondern etwa auch die maximale Leistungsaufnahme i.a. in Abhängigkeit von der Frequenz anzugeben ist. Die mittlere Leistung

$$\bar{P} = \frac{1}{2} R\, \hat{x}_1^2 \tag{3.204}$$

des Zusatzsystems beim Einsatz als Tilger kann ohne weiteres berechnet werden, sie ist bei der Auswahl des Tilgers mit der bekannten zulässigen Leistungsaufnahme zu vergleichen.

3.8 Aufgaben zu Kapitel 3

Aufgaben zu 3.1

A 3.1

Man zeige, daß mit $m_1 = m_2 = m$, $e_2 = 2e_1 = 2e$ die Bewegungsgleichungen (3.64) des Doppelpendels auf die in (3.78) angegebenen Ergebnisse führen.

A 3.2 (Abb. 3.31)

Eine starre Stange wird gemäß Abb. 3.31 mittels einer zweiten (masselosen) Stange aufgehängt. Man bestimme die nichtlinearen Bewegungsgleichungen und gebe die Eigenfrequenzen und Eigenschwingungsformen des linearisierten Systems an.

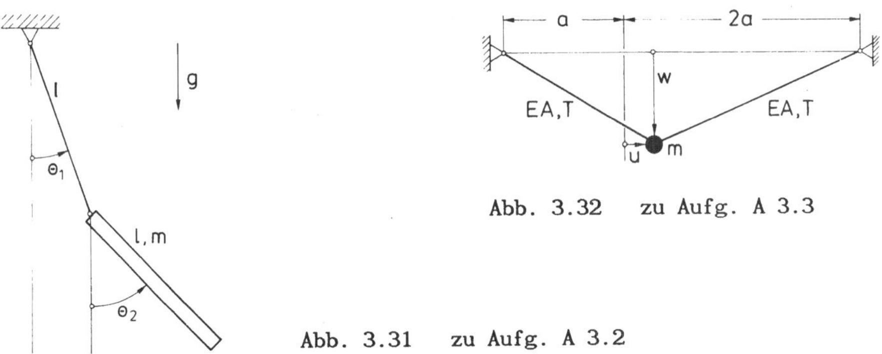

Abb. 3.32 zu Aufg. A 3.3

Abb. 3.31 zu Aufg. A 3.2

A 3.3 (Abb. 3.32)

Eine vorgespannte Saite vernachlässigbar kleiner Masse (Dehnsteifigkeit EA, Vorspannkraft T) trägt gemäß Abb. 3.32 eine Punktmasse. Dabei werden die Verschiebungen u und w des Massenpunktes von der Gleichgewichtslage aus gemessen; die Gesamtlänge der vorgespannten Saite ist in der Gleichgewichtslage 3a. Man bestimme die potentielle Energie U(u,w) und entwickle sie nach Potenzen in u und w bis zu den Gliedern zweiter Ordnung; dabei erkennt man, daß in linearisierter Darstellung Längs- und Querschwingungen entkoppelt sind. Man gebe für $\epsilon = T/EA = 10^{-3}$ beide Eigenfrequenzen an und vergleiche sie miteinander.

A 3.4 (Abb. 3.33)

An einem einfach gelagerten Balken (Biegesteifigkeit EI, Länge l, Masse vernachlässigbar) ist an der Stelle $x = l/3$ eine starre Scheibe (Masse m, Trägheitsmoment θ) befestigt. Man bestimme die Bewegungsgleichungen in y und φ und gebe die zugehörigen Eigenfrequenzen und Eigenformen an.

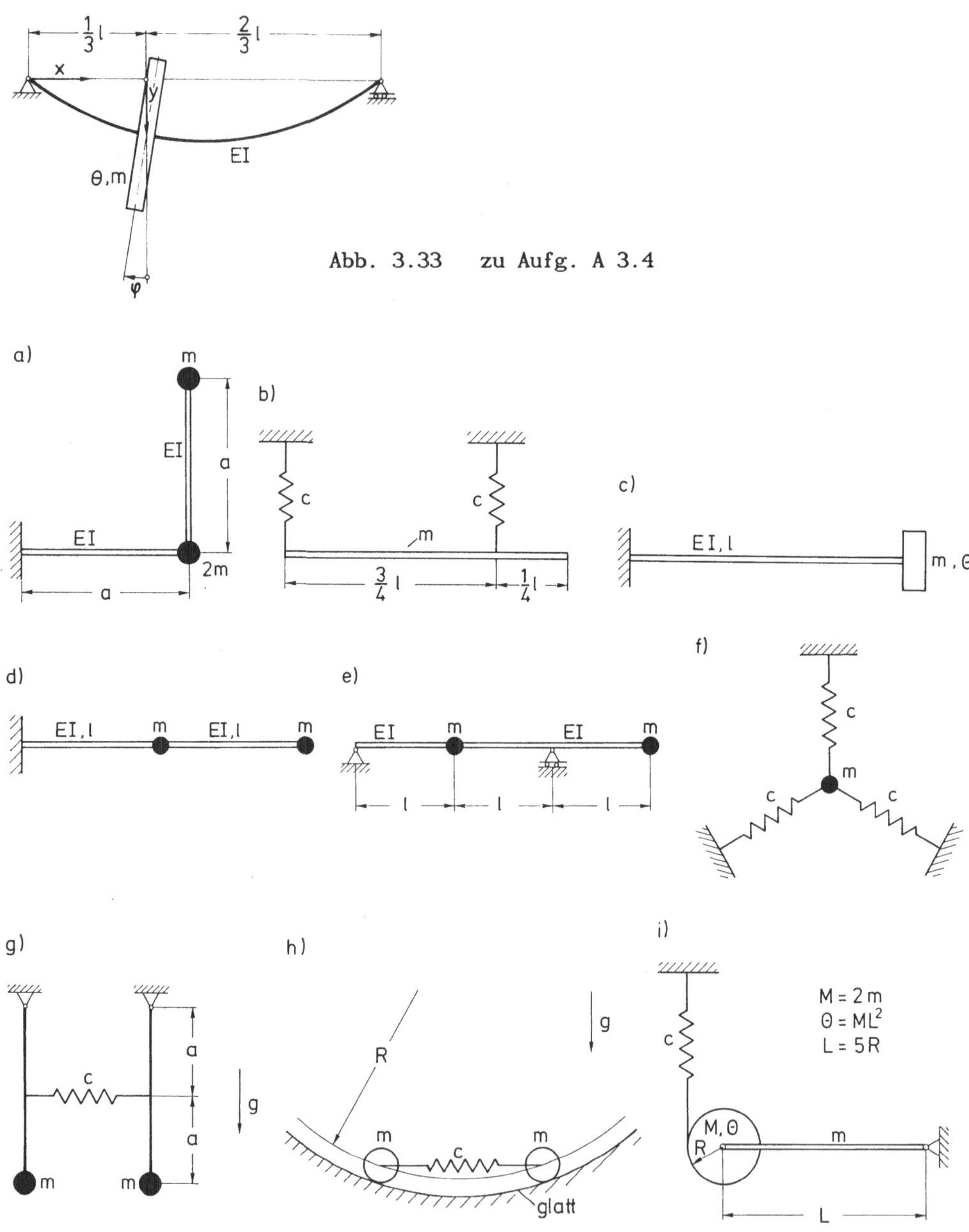

Abb. 3.33 zu Aufg. A 3.4

Abb. 3.34 zu Aufg. A 3.5

A 3.5 (Abb. 3.34)

Man bestimme die Eigenfrequenzen und Eigenschwingungsformen der abgebildeteten Systeme.

Aufgaben zu 3.2

A 3.6 (Abb. 3.35)

Man bestimme die Torsionsschwingungen für die eingeschwungene Bewegung des Systems gemäß Abb. 3.35.

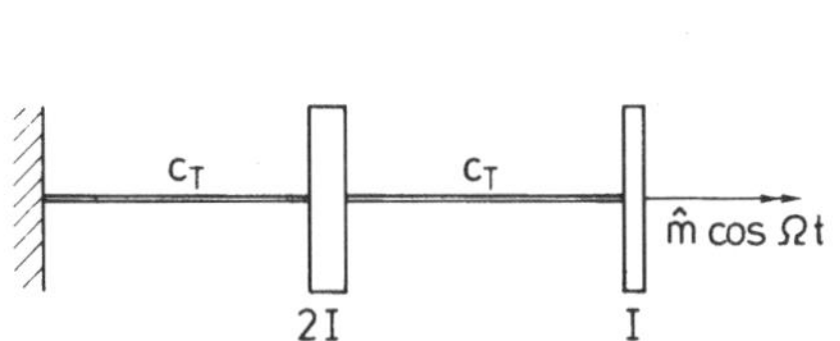

Abb. 3.35 zu Aufg. A 3.6

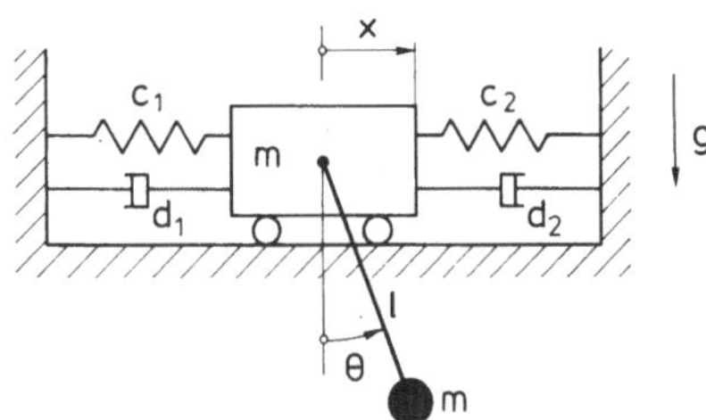

Abb. 3.36 zu Aufg. A 3.8

Aufgaben zu 3.3

A 3.7 (vgl. Abb. 3.9 aus Abschnitt 3.3)

Man zeige, daß das System der Abb. 3.9 mit $d_2 = d_3 = 0$ durchdringend gedämpft ist, ohne die charakteristische Gleichung (3.110) zu lösen.

Aufgaben zu 3.4

A 3.8 (Abb. 3.36)

Man bestimme die vollständigen, nichtlinearen Bewegungsgleichungen des Systems der Abb. 3.36 und linearisiere um die Gleichgewichtslage. Ist das System vollständig gedämpft, ist es durchdringend gedämpft? Für $d_1 = d_2 = 0$ gebe man die Eigenfrequenzen und Eigenschwingungsformen an.

A 3.9

Für $d_1 = d$, $d_2 = 2d$, $d = 0{,}1\sqrt{mc}$ wird das System aus Abb.3.36 mit den Anfangsbedingungen $x(0) = x_0$, $\dot{x}(0) = 0$, $\theta(0) = 0$, $\dot{\theta}(0) = 0$ losgelassen. Man berechne die sich einstellenden Schwingungen.
Hinweis: Man verwende die Hauptkoordinaten des ungedämpften Falles.

A 3.10

Auf den "Wagen" des Systems der Abb. 3.36 wirkt nun zusätzlich noch eine äußere Kraft $f(t)$ in horizontaler Richtung. Man berechne die erzwungenen Schwingungen des Systems (stationäre Bewegung) für $f(t) = \hat{f} \cos \Omega t$ und zeichne für $d_1 = d_2 = 0$ die Resonanzkurve in x und θ.

A 3.11

Der Wagen des Systems aus Abb. 3.36 wird nun durch eine zusätzliche Zwangskraft so geführt, daß $x(t) = \hat{x} \cos \Omega t$ ist. Man stelle für diesen Fall die vollständigen, nichtlinearen Bewegungsgleichungen des Systems auf, linearisiere um $\theta = 0$, $\dot{\theta} = 0$, berechne $\theta(t)$ für die eingeschwungenen Bewegung und skizziere das Resonanzdiagramm.

A 3.12 (Abb. 3.37)

Ein starrer Balken mit der Masse m trägt gemäß der Abb. 3.37 eine zusätzliche Punktmasse (ebenfalls m) an seinem rechten Ende. Für $f(t) = 0$, $d_1 = d_2 = 0$ bestimme man die Eigenfrequenzen und Eigenschwingungsformen (x_1 und x_2 sind die Federverlängerungen).

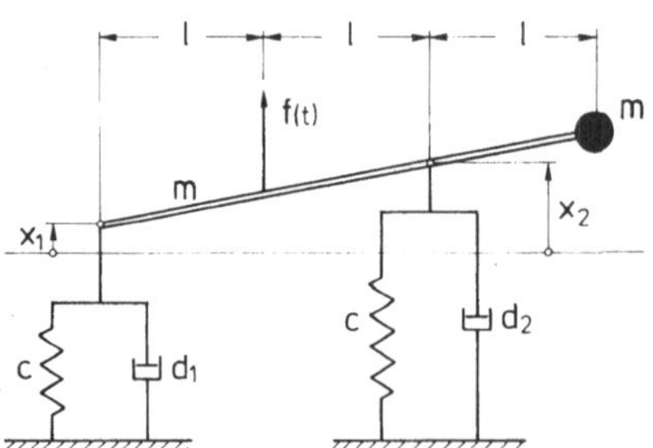

Abb. 3.37 zu Aufg. A 3.12

A 3.13

Das System aus Abb. 3.37 wird aus dem Anfangszustand $x_1(0) = x_2(0) = x_0$, $\dot{x}_1(0) = \dot{x}_2(0) = 0$ losgelassen. Man berechne die sich einstellenden Schwingugen

a) für $f(t) = 0$, $d_1 = d_2 = d = 0{,}1\sqrt{mc}$,

b) für $f(t) = 0$, $d_1 = d$, $d_2 = 2d$, $d = 0{,}1\sqrt{mc}$.

Hinweis für a) Man verwende die Hauptkoordinaten des ungedämpften Systems.

A 3.14

Man berechne für das System aus Abb.3.37 die erzwungenen Schwingungen (eingeschwungene Bewegung) infolge einer Erregerkraft $f(t) = \hat{f} \cos \Omega t$ und trage die Resonanzdiagramme für x_1 und x_2 auf.

A 3.15 (Abb. 3.38)

Man berechne die Schwingungen des Systems aus Abb. 3.37, die durch eine Kraft $f(t)$ gemäß Abb. 3.38 hervorgerufen werden (für $t < 0$ befindet sich das System in der Ruhelage)

a) $d_1 = d_2 = d = 0{,}1\sqrt{mc}$,

b) $d_1 = d$, $d_2 = 2d$, $d = 0{,}1\sqrt{mc}$.

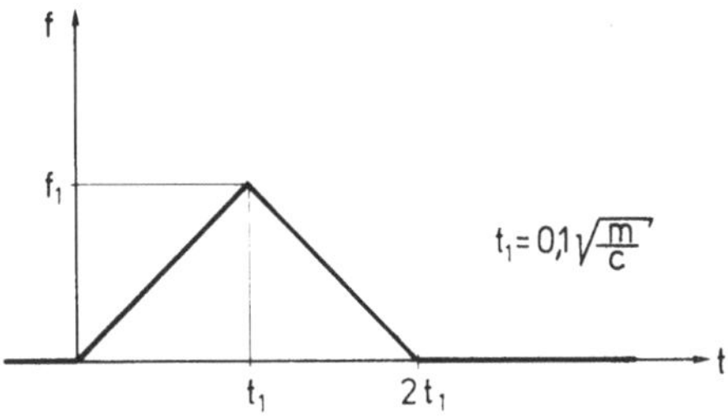

Abb. 3.38 zu Aufg. A 3.15

Aufgaben zu 3.5

A 3.16

Man bestimme die allgemeinen Lösungen von (3.133) und (3.138) und untersuche die Beziehungen zwischen den auftretenden Integrationskonstanten und dem Gesamtdrall L.

A 3.17 (vgl Abb. 3.16b aus Abschnitt 3.5.2)

Man bestimme die allgemeine Lösung der Bewegungsgleichungen für das entartete System der Abb. 3.16b.
Hinweis: Die Wurzeln der charakteristischen Gleichung sollen näherungsweise bestimmt werden; für die erste - noch zu verbessernde - Näherung kann $d = 0$ gesetzt werden.

Aufgaben zu 3.6

A 3.18

Man zeige daß Terme der Art

$$e_1 q_1 \dot{q}_1 + e_2 q_2 \dot{q}_2 + e_3(q_2 \dot{q}_1 + q_1 \dot{q}_2) + e_4 \dot{q}_1 + e_5 \dot{q}_2$$

mit beliebigen Konstanten e_1, e_2, e_3, e_4, e_5 in T_1 (s. (3.159)) keinen Einfluß auf die Bewegungsgleichungen haben. Man beweise außerdem, daß dies auch für $g(q_1)\,\dot{q}_1$ gilt, mit beliebigen Funktionen $g(q_1)$.

Aufgaben zu 3.7

A 3.19 (Abb. 3.39)

Die Maschine auf dem Kastenfundament trägt - wie in Abb. 3.39 dargestellt - einen unwuchtigen Rotor, der sich mit konstanter Winkelgeschwindigkeit Ω dreht. Man stelle die Bewegungsgleichungen für die ebenen Schwingungen des Systems (Annahme: kleine Verschiebungen und kleine Verdrehungen) auf und bestimme die maximalen Federkräfte für die eingeschwungene Bewegung ($me \ll Ma$).

A 3.20

Für die Maschine mit Unwuchterregung auf einem Kastenfundament gemäß Abb. 3.39 ist ein Tilger zu entwerfen. Gegeben sind die Parameterwerte $M = 1000$ kg, $c = 10^5$ N/m, $n = 1400$ UPM, $me = 3{,}5 \cdot 10^{-3}$ kgm. Die Tilgermasse soll maximal 100 kg betragen und die Tilgerfeder ist aus Federstahl (zulässige Schubspan-

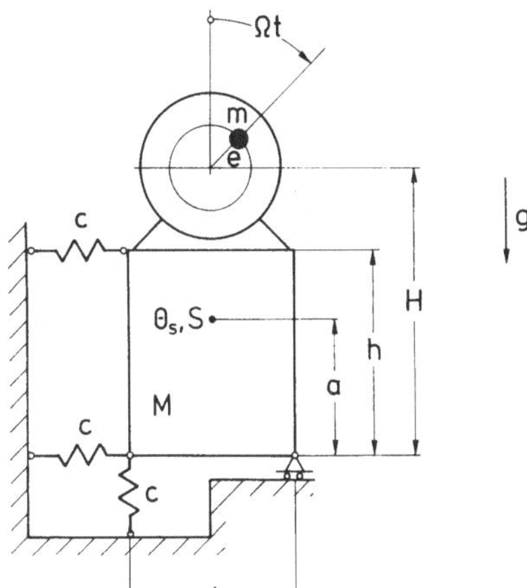

Abb. 3.39 zu Aufg. A 3.19

nung τ_{zul} = 1000 N/mm^2) zu fertigen. Der Durchmesser der Schraubenfeder soll nicht größer als 10 cm sein. Man bestimme die fehlenden Parameter für den Tilger.

A 3.21

Man zeige, daß die Bedingungen (3.193),(3.194) in der Tat eine günstige Abstimmung für einen breitbandigen Tilger mit gegebenem Massenverhältnis gewährleistet.

Literatur zu Kapitel 3

/1/ GOLDSTEIN, H.: Classical Mechanics. Reading, Mass.: Addison-Wesley 1981

/2/ KRALL, G.: Meccanica Tecnica delle Vibrazioni, Parte Prima: Sistemi Discreti, Nicola Zanichelli, Ed., Bologna 1940

/3/ GASCH, R.: Rotordynamik. Berlin: Springer 1975

/4/ BIEZENO, C.B.; GRAMMEL, R.: Technische Dynamik. Bd. 1 und 2. Berlin: Springer 1953

/5/ TONDL, A.: Some Problems of Rotors Dynamics. London: Chapman & Hall 1965

/6/ DEN HARTOG, J.P.: Mechanical Vibrations. New York: McGraw-Hill 1956

/7/ TONG, K.N.: Theory of Mechanical Vibration. London: Wiley 1960

/8/ KLOTTER, K.: Technische Schwingungslehre. Bd. 1, Teil A: Lineare Schwingungen. Berlin: Springer 1978

/9/ HARRIS, C.M.; CREDE, C.E.: Shock and Vibration Handbook. New York: McGraw-Hill 1976

4 Systeme mit endlich vielen Freiheitsgraden

4.1 Freie ungedämpfte Schwingungen

4.1.1 Das Eigenwertproblem

In diesem Kapitel behandeln wir konservative skleronome (d.h. zeitunabhängige) holonome mechanische Systeme mit n Freiheitsgraden. Der im vorigen Kapitel behandelte Fall n = 2 ist hierin wieder enthalten; wir verwenden jetzt jedoch die Matrizenschreibweise, erweitern die bisher erhaltenen Ergebnisse und berücksichtigen neue Gesichtspunkte. Zur Beschreibung der Bewegung verwenden wir verallgemeinerte Koordinaten $q_1, q_2, \ldots, q_n$, in Matrizenschreibweise

$$\mathbf{q} = (q_1, q_2, \ldots, q_n)^T \tag{4.1}$$

(wir kennzeichnen Matrizen durch Fettdruck und Transposition durch "T").

Die Bewegungsgleichungen solcher Systeme kann man z.B. - wie schon mehrfach erwähnt - aus den LAGRANGEschen Gleichungen der analytischen Mechanik gewinnen, und dazu benötigt man die kinetische Energie $T(\mathbf{q}, \dot{\mathbf{q}})$ sowie die potentielle Energie $U(\mathbf{q})$. Die kinetische Energie ist für die hier betrachtete Klasse von Systemen eine quadratische Form in den verallgemeinerten Geschwindigkeiten

$$T(\mathbf{q}, \dot{\mathbf{q}}) = \frac{1}{2} \dot{\mathbf{q}}^T \mathbf{A}(\mathbf{q}) \dot{\mathbf{q}} = \frac{1}{2} \sum_{i,j=1}^{n} a_{ij}(\mathbf{q}) \dot{q}_i \dot{q}_j , \tag{4.2}$$

deren Koeffizienten im allgemeinen noch von den Koordinaten abhängen. Die potentielle Energie ist eine im Prinzip weitgehend beliebige Funktion der verallgemeinerten Koordinaten. Da die Matrix $\mathbf{A}(\mathbf{q})$ nicht nur symmetrisch, sondern auch positiv definit ist, kann man die Differentialgleichungen

$$\frac{d}{dt} \frac{\partial L}{\partial \dot{q}_i} - \frac{\partial L}{\partial q_i} = 0 , \quad i = 1, 2, \ldots, n \tag{4.3}$$

mit $L(\mathbf{q},\dot{\mathbf{q}}) = T - U$ immer nach den zweiten Ableitungen der verallgemeinerten Koordinaten auflösen und in der Form

$$\ddot{\mathbf{q}} = \mathbf{f}(\mathbf{q},\dot{\mathbf{q}}) \tag{4.4}$$

schreiben.

Hier interessieren wir uns allerdings nicht für die Lösungen der i.a. nichtlinearen Differentialgleichungen (4.4), sondern betrachten nur "lineare Schwingungen", d.h. Schwingungen, wie sie zum Beispiel durch die um eine stabile Gleichgewichtslage linearisierten Differentialgleichungen beschrieben werden. Das mechanische System besitzt genau dann eine Gleichgewichtslage für $\mathbf{q} = \mathbf{q}_s$, wenn

$$\left.\frac{\partial U}{\partial q_i}\right|_{\mathbf{q}=\mathbf{q}_s} = 0 , \quad 1 = 1,2,\dots,n \tag{4.5}$$

gilt, d.h. wenn der Gradient der potentiellen Energie verschwindet (insbesondere natürlich, wenn $U(\mathbf{q})$ ein Maximum oder ein Minimum besitzt). Falls $U(\mathbf{q})$ an der Stelle $\mathbf{q}_s$ ein Minimum besitzt, so ist die entsprechende Gleichgewichtslage stabil (Satz von LAGRANGE und DIRICHLET)[44] . Wir nehmen an, daß dies der Fall ist und betrachten die Terme niedrigster Ordnung der TAYLORentwicklung von $U(\mathbf{q})$ um diese Stelle:

$$U(\mathbf{q}) = U(\mathbf{q}_s) + \frac{1}{2}\sum_{i,j=1}^{n} c_{ij}(q_i-q_{si})(q_j-q_{sj}) + \mathfrak{R} , \tag{4.6}$$

mit $c_{ij} := \left.\frac{\partial^2 U}{\partial q_i \partial q_j}\right|_{q=q_s}$, wobei die Glieder erster Ordnung in (q_i-q_{si}), $i = 1, 2,\dots,n$ nicht auftreten, da ja (4.5) gilt, und wo $\mathfrak{R}$ für die Glieder dritter und höherer Ordnung in den Abweichungen von der Gleichgewichtslage steht. Die potentielle Energie ist nur bis auf eine additive Konstante eindeutig definiert - in den LAGRANGEschen Gleichungen treten ja nur Ableitungen von $U(\mathbf{q})$ auf -, so daß man $U(\mathbf{q}_s)$ gleich Null setzen kann. Außerdem kann man durch eine Koordinatentransformation immer erreichen, daß die Gleichgewichtslage im Koordinatenursprung liegt, d.h. daß $\mathbf{q}_s = 0$ gilt. Für Schwingungen hinreichend

---

[44] Nach dem deutschen Mathematiker Johann Peter Gustav Lejeune-DIRICHLET, * 1805 in Düren, + 1859 in Göttingen.

kleiner Amplitude um eine stabile Gleichgewichtslage kann man auch oft in (4.6) die Glieder höherer Ordnung gegenüber denen zweiter Ordnung vernachlässigen. Wir werden daher im folgenden Systeme betrachten, deren potentielle Energie durch

$$U(\mathbf{q}) = \frac{1}{2}\,\mathbf{q}^T\,\mathbf{C}\,\mathbf{q} \tag{4.7}$$

gegeben ist, mit der konstanten Matrix $\mathbf{C}^T = \mathbf{C} > 0$ (d.h. $\mathbf{C}$ symmetrisch, positiv definit). Dies bedeutet, daß das System im Koordinatenursprung $\mathbf{q} = \mathbf{0}$ eine stabile Gleichgewichtslage besitzt.

Auch die Koeffizienten $a_{ij}(\mathbf{q})$, $i,j = 1,2,\ldots,n$, im Ausdruck der kinetischen Energie können in TAYLORreihen um die Gleichgewichtslage $\mathbf{q} = \mathbf{0}$ entwickelt werden, und diese Entwicklung beginnt mit den Gliedern nullter Ordnung ($a_{ij}(\mathbf{0})$, $i,j = 1,2,\ldots,n$). Nur diese Terme werden im folgenden berücksichtigt, so daß die kinetische Energie $T(\mathbf{q},\dot{\mathbf{q}})$ in der vereinfachten Form gar nicht mehr von $\mathbf{q}$, sondern nur noch von $\dot{\mathbf{q}}$ abhängt; sie schreibt sich dann als

$$T = \frac{1}{2}\,\dot{\mathbf{q}}^T\,\mathbf{M}\,\dot{\mathbf{q}} \tag{4.8}$$

mit der konstanten Matrix $\mathbf{M} = \mathbf{M}^T > 0$, $\mathbf{M} := \mathbf{A}(\mathbf{0})$. Aus (4.7), (4.8) ergeben sich mit (4.3) die Bewegungsgleichungen als

$$\mathbf{M}\,\ddot{\mathbf{q}} + \mathbf{C}\,\mathbf{q} = \mathbf{0}\ . \tag{4.9}$$

Es sind dies auch genau die Differentialgleichungen, die man durch Linearisierung von (4.4) um die Gleichgewichtslage erhalten würde. Bewegungsgleichungen des Typs (4.9) erhält man auch durch Diskretisierung der Schwingungsgleichungen kontinuierlicher Systeme wie z.B. Balken, Platten, usw., etwa mittels des Verfahrens der Finiten Elemente.

Wir machen den Lösungsansatz

$$\mathbf{q}(t) = \mathbf{l}\cos\omega t\ , \tag{4.10}$$

der als noch zu bestimmende Parameter den konstanten Vektor $\mathbf{l}$ und die Kreisfrequenz ω enthält. Mit (4.10) führt (4.9) dann auf

$$(\mathbf{C} - \omega^2\mathbf{M})\ \mathbf{l} = \mathbf{0}\ , \tag{4.11}$$

d.h. auf ein homogenes System linearer algebraischer Gleichungen in $\mathbf{l}$. Nichttriviale Lösungen existieren genau dann, wenn die Koeffizientendeterminante verschwindet, d.h. wenn

$$|\mathbf{C} - \omega^2\mathbf{M}| = 0\ . \tag{4.12}$$

Dies ist eine algebraische Gleichung n-ten Grades in der Unbekannten ω^2, die n Lösungen $\omega_1^2 \leq \omega_2^2 \leq \ldots \leq \omega_n^2$ besitzt, die aber nicht unbedingt alle einfach zu sein brauchen. Sind die ω_i^2, $i = 1,2,\ldots,n$ einfach, so existiert zu jedem ω_i^2 genau eine nichttriviale Lösung $\mathbf{l}_i$, $i = 1,2,\ldots,n$, die bis auf eine multiplikative Konstante bestimmt ist, d.h. zu jedem Eigenwert ω_i^2, $i=1,2,\ldots,n$ des Eigenwertproblems (4.11) existiert auch ein *Eigenvektor* $\mathbf{l}_i$.

Aus der Symmetrie von $\mathbf{M}$ und $\mathbf{C}$ und aus $\mathbf{M} > 0$ folgt, daß alle ω_i^2 reell sind. Ist nämlich $\underline{\omega}_i^2$ ein möglicherweise komplexer Eigenwert und $\underline{\mathbf{l}}_i$ der zugehörige komplexe Eigenvektor, so gilt

$$- \underline{\omega}_i^2\ \mathbf{M}\ \underline{\mathbf{l}}_i + \mathbf{C}\ \underline{\mathbf{l}}_i = \mathbf{0} \tag{4.13}$$

und auch

$$- \underline{\omega}_i^2\ \underline{\mathbf{l}}_i^*\ \mathbf{M}\ \underline{\mathbf{l}}_i + \underline{\mathbf{l}}_i^*\ \mathbf{C}\ \underline{\mathbf{l}}_i = 0\ , \tag{4.14}$$

wobei $\underline{\mathbf{l}}_i^*$ der zu $\underline{\mathbf{l}}_i$ komplex konjugierte und transponierte Vektor sein soll. Wir müssen nun die Gleichung (4.14) näher untersuchen.

Ganz allgemein bezeichnen wir im folgenden die zu einer komplexen Matrix $\underline{\mathbf{H}}$ transponierte komplex konjugierte Matrix mit $\underline{\mathbf{H}}^*$. Quadratische komplexe Matrizen, die die Bedingung $\underline{\mathbf{H}} = \underline{\mathbf{H}}^*$ erfüllen, heißen hermitesch. Sonderfälle hermitescher Matrizen sind offensichlich die reell symmetrischen und die rein imaginär schiefsymmetrischen Matrizen. Eine wichtige Eigenschaft hermitescher Matrizen ist, daß die mit ihnen gebildete quadratische Form $\underline{\mathbf{u}}^*\underline{\mathbf{H}}\,\underline{\mathbf{u}}$ nur reelle Werte annimmt. Zu dem Term $\underline{u}_j^*\ \underline{h}_{jk}\ \underline{u}_k$ gibt es nämlich auch einen Term $\underline{u}_k^*\ \underline{h}_{kj}\ \underline{u}_j$ und aus $\underline{h}_{kj} = \underline{h}_{jk}^*$ folgt $\underline{u}_j^*\ \underline{h}_{jk}\ \underline{u}_k = (\underline{u}_k^*\ \underline{h}_{kj}\ \underline{u}_j)^*$, so daß die Summe der beiden Terme reell ist.

Diese Überlegung können wir nun auf (4.14) anwenden; die Matrizen $\mathbf{M}$ und

$\mathbf{C}$ sind nämlich hermitesch (sie sind sogar reell symmetrisch), so daß Zähler und Nenner in

$$\omega_i^2 = \frac{\underline{\mathbf{l}}_i^* \, \mathbf{C} \, \underline{\mathbf{l}}_i}{\underline{\mathbf{l}}_i^* \, \mathbf{M} \, \underline{\mathbf{l}}_i} \tag{4.15}$$

und somit auch die Eigenwerte alle reell sind. Damit folgt aber aus (4.13), daß auch die Eigenvektoren alle reell gewählt werden können! Ist außer $\mathbf{M}$ auch noch die Matrix $\mathbf{C}$ positiv definit gewählt, so folgt aus (4.15), daß alle Eigenwerte sogar positiv sind. Sofern im folgenden nicht explizit etwas anderes festgestellt wird, ist stets $\mathbf{M} > 0$, $\mathbf{C} > 0$ vorausgesetzt.

Die Eigenvektoren $\mathbf{l}_1, \mathbf{l}_2, \ldots, \mathbf{l}_n$ können noch auf verschiedene Arten normiert werden. So können zum Beispiel die ersten Komponenten gleich "Eins" gesetzt werden, sofern sie nicht verschwinden, oder man kann die Eigenvektoren z.B. so normieren, daß $\mathbf{l}_i^T \, \mathbf{C} \, \mathbf{l}_i = 1$ oder $\mathbf{l}_i^T \, \mathbf{M} \, \mathbf{l}_i = 1$ gilt. Wir bezeichnen im folgenden die gemäß $\mathbf{l}_i^T \, \mathbf{M} \, \mathbf{l}_i = 1$ normierten Eigenvektoren mit $\mathbf{r}_i$.

Wegen der Linearität der Bewegungsgleichungen kann man mit den bekannten Eigenwerten und Eigenvektoren die allgemeine Lösung von (4.9) als

$$\mathbf{q}(t) = A_1 \mathbf{r}_1 \cos(\omega_1 t + \alpha_1) + A_2 \mathbf{r}_2 \cos(\omega_2 t + \alpha_2) + \ldots + A_n \mathbf{r}_n \cos(\omega_n t + \alpha_n) \tag{4.16}$$

oder auch als

$$\begin{aligned} \mathbf{q}(t) = {} & \mathbf{r}_1 (C_1 \cos \omega_1 t + S_1 \sin \omega_1 t) \\ & + \mathbf{r}_2 (C_2 \cos \omega_2 t + S_2 \sin \omega_2 t) + \ldots + \\ & + \mathbf{r}_n (C_n \cos \omega_n t + S_n \sin \omega_n t) \end{aligned} \tag{4.17}$$

schreiben, mit $A_1, A_2, \ldots, A_n$, $\alpha_1, \alpha_2, \ldots, \alpha_n$, bzw. $C_1, C_2, \ldots, C_n$, $S_1, S_2, \ldots, S_n$ als Integrationskonstanten, die aus den Anfangsbedingungen $\mathbf{q}(0), \dot{\mathbf{q}}(0)$ zu bestimmen sind. Bei der Ermittlung der Integrationskonstanten sind die sogenannten Orthogonalitätsbeziehungen der Eigenvektoren nützlich, die wir im folgenden untersuchen.

Sind $(\omega_i^2, \mathbf{r}_i)$ und $(\omega_j^2, \mathbf{r}_j)$ zwei *Eigenpaare*, dann gilt

$$\omega_i^2 \mathbf{M} \mathbf{r}_i = \mathbf{C} \mathbf{r}_i \ , \tag{4.18}$$

$$\omega_j^2 \mathbf{M} \mathbf{r}_j = \mathbf{C} \mathbf{r}_j \ ; \tag{4.19}$$

wir multiplizieren nun (4.18) von links mit $\mathbf{r}_j^T$, (4.19) ebenfalls von links mit $\mathbf{r}_i^T$ und erhalten

$$\omega_i^2 \mathbf{r}_j^T \mathbf{M} \mathbf{r}_i = \mathbf{r}_j^T \mathbf{C} \mathbf{r}_i \ , \tag{4.20}$$

$$\omega_j^2 \mathbf{r}_i^T \mathbf{M} \mathbf{r}_j = \mathbf{r}_i^T \mathbf{C} \mathbf{r}_j \ . \tag{4.21}$$

Infolge der Symmetrie von $\mathbf{M}$ und $\mathbf{C}$ gilt $\mathbf{r}_j^T\mathbf{M}\ \mathbf{r}_i = \mathbf{r}_i^T\mathbf{M}\ \mathbf{r}_j$ und $\mathbf{r}_j^T\mathbf{C}\ \mathbf{r}_i = \mathbf{r}_i^T\mathbf{C}\ \mathbf{r}_j$, so daß die Differenz von (4.20) und (4.21)

$$(\omega_i^2 - \omega_j^2)\ \mathbf{r}_i^T \mathbf{M} \mathbf{r}_j = 0 \tag{4.22}$$

ergibt. Aus (4.22) folgt aber

$$\mathbf{r}_i^T \mathbf{M} \mathbf{r}_j = 0 \quad \text{für } \omega_i^2 \neq \omega_j^2 \ ; \tag{4.23}$$

man sagt, daß die Eigenvektoren, die zu verschiedenen Eigenfrequenzen gehören, orthogonal bezüglich der Massen- oder Trägheitsmatrix sind. Ebenso gilt damit natürlich gemäß (4.20) auch

$$\mathbf{r}_i^T \mathbf{C} \mathbf{r}_j = 0 \quad \text{für } \omega_i^2 \neq \omega_j^2 \ ; \tag{4.24}$$

d.h. die Eigenvektoren sind auch orthogonal bezüglich der Steifigkeitsmatrix. Dabei werden aber im allgemeinen die Eigenvektoren nicht orthogonal im üblichen Sinne, d.h. bezüglich der Einheitsmatrix sein!

Für mehrfache Eigenwerte, d.h. für $\omega_i^2 = \omega_j^2$, folgt aus (4.22) nicht mehr die Orthogonalität der entsprechenden Eigenvektoren. Ist zum Beispiel ω_i^2 eine k-fache Wurzel der charakteristischen Gleichung, so existieren infolge $\mathbf{M} = \mathbf{M}^T$,

---

[45] Nach den Mathematikern Jorgen Pedersen GRAM, * 1850 in (?), + 1916 in (?) und Erhard Oswald Johann SCHMIDT, * 1876 in Dorpat, + 1959 in Berlin.

$\mathbf{C} = \mathbf{C}^T$ zu diesem Eigenwert k voneinander linear unabhängige Eigenvektoren, die alle orthogonal zu den restlichen n-k Eigenvektoren sind. (Die algebraische Multiplizität eines Eigenwertes ist hier stets auch gleich der geometrischen Multiplizität). Jede Linearkombination dieser k Eigenvektoren ist aber selbst wieder ein Eigenvektor, der zu dem gleichen Eigenwert ω_i^2 gehört. Es ist nun ohne weiteres möglich - etwa durch das GRAM-SCHMIDTsche[45] Orthogonalisierungsverfahren - eine (bezüglich $\mathbf{M}$) orthogonale Basis des durch die k Eigenvektoren aufgespannten Unterraums des $\mathbb{R}^n$ zu bilden. Führt man dies durch für alle Eigenvektoren, die zu vielfachen Eigenwerten gehören, so sind die n Eigenvektoren wieder alle orthogonal bezüglich $\mathbf{M}$.

Die Orthogonalität der Eigenschwingungsformen, die ja durch die Eigenvektoren beschrieben werden, ist uns schon aus Kapitel 3 bekannt, obwohl wir sie dort nicht so explizit formuliert hatten. Sie hat natürlich zur Folge, daß die Eigenvektoren $\mathbf{r}_1, \mathbf{r}_2, \ldots, \mathbf{r}_n$ eine Basis des $\mathbb{R}^n$ bilden. In der Tat, sei

$$e_1\mathbf{r}_1 + e_2\mathbf{r}_2 + \ldots + e_n\mathbf{r}_n = \mathbf{0} \tag{4.25}$$

eine Linearkombination der Eigenvektoren, die gerade den Nullvektor ergibt, so folgt durch Multiplikation mit $\mathbf{r}_j^T \mathbf{M}$ von links

$$e_j\, \mathbf{r}_j^T \mathbf{M}\, \mathbf{r}_j = 0\,, \tag{4.26}$$

d.h.

$$e_j = 0\,, \quad j = 1,2,\ldots,n, \tag{4.27}$$

und dies ist die Bedingung für lineare Unabhängigkeit. Da die Eigenvektoren eine Basis bilden, gilt der *Entwicklungssatz*, der besagt, daß jeder Vektor $\mathbf{a} \in \mathbb{R}^n$ eine eindeutige Darstellung der Art

$$\mathbf{a} = a_1\mathbf{r}_1 + a_2\mathbf{r}_2 + \ldots + a_n\mathbf{r}_n \tag{4.28}$$

besitzt, wobei die Koeffizienten offensichtlich hier durch

$$a_i = \frac{\mathbf{r}_i^T \mathbf{M}\, \mathbf{a}}{\mathbf{r}_i^T \mathbf{M}\, \mathbf{r}_i} = \frac{\mathbf{r}_i^T \mathbf{C}\, \mathbf{a}}{\mathbf{r}_i^T \mathbf{C}\, \mathbf{r}_i}\,, \quad i = 1,2,\ldots,n \tag{4.29}$$

gegeben sind.

Es ist auch oft üblich, die Eigenvektoren in der sogenannten n x n *Modalmatrix*

$$\mathbf{R} := (\mathbf{r}_1, \mathbf{r}_2, \ldots, \mathbf{r}_n) = (r_{ij}) \tag{4.30}$$

anzuordnen, wobei sich in $\mathbf{R} = (r_{ij})$ der zweite Index auf die Eigenschwingungsform bezieht.

Mit der Modalmatrix $\mathbf{R}$ definieren wir die Koordinatentransformation

$$\mathbf{q} = \mathbf{R}\,\mathbf{p}\ , \tag{4.31}$$

die (4.9) auf

$$\mathbf{M}\,\mathbf{R}\,\ddot{\mathbf{p}} + \mathbf{C}\,\mathbf{R}\,\mathbf{p} = \mathbf{0} \tag{4.32}$$

transformiert, woraus man auch

$$\mathbf{R}^T\mathbf{M}\,\mathbf{R}\,\ddot{\mathbf{p}} + \mathbf{R}^T\mathbf{C}\,\mathbf{R}\,\mathbf{p} = \mathbf{0} \tag{4.33}$$

erhält. Infolge der Definition der Modalmatrix (4.30) und der Orthogonalitätseigenschaften der Eigenvektoren zerfällt aber (4.33) in n einzelne Differentialgleichungen zweiter Ordnung. Bei der angenommenen Normierung der Eigenvektoren gilt

$$\mathbf{R}^T\mathbf{M}\,\mathbf{R} = \mathbf{E}\ , \tag{4.34}$$

$$\mathbf{R}^T\mathbf{C}\,\mathbf{R} = \mathbf{W}^2 := \mathrm{diag}\,(\omega_1^2, \omega_2^2, \ldots, \omega_n^2)\ , \tag{4.35}$$

so daß (4.33) die Form

$$\ddot{p}_i + \omega_i^2\,p_i = 0\ , \qquad i = 1,2,\ldots,n \tag{4.36}$$

annimmt.

Die Koordinaten $p_1, p_2, \ldots, p_n$, in denen das System (4.9) der Bewegungsgleichungen in einzelne Schwingungsgleichungen zerfällt, werden - wie schon in Kapitel 3 - wieder als *Hauptkoordinaten* ("normal coordinates") bezeichnet. Das Auffinden der Hauptkoordinaten, bzw. die Bestimmung einer Transformationsmatrix $\mathbf{R}$, die gemäß (4.34) gleichzeitig $\mathbf{M}$ und $\mathbf{C}$ diagonalisiert, wobei $\mathbf{M}$ auch noch bei geeigneter Normierung in die Einheitsmatrix übergeht, ist also äquivalent zur Lösung des Eigenwertproblems.

Die Lösung von (4.36) ist

$$p_i(t) = C_i \cos \omega_i t + S_i \sin \omega_i t \ , \ i = 1,2,\dots,n \tag{4.37}$$

wobei die Integrationskonstanten C_i, S_i, $i = 1,2,\dots,n$ die gleichen wie in (4.17) sind. Sie können mit Hilfe der Modalmatrix und (4.31) leicht durch $\mathbf{q}(0), \dot{\mathbf{q}}(0)$ ausgedrückt werden, und es gilt

$$(C_1, C_2, \dots, C_n)^T = \mathbf{R}^{-1}\mathbf{q}(0) \ , \tag{4.38}$$

$$(\omega_1 S_1, \omega_2 S_2, \dots, \omega_n S_n)^T = \mathbf{R}^{-1}\dot{\mathbf{q}}(0) \ . \tag{4.39}$$

Natürlich kann man (4.36) auch in Matrizenform schreiben:

$$\ddot{\mathbf{p}} + \mathbf{W}^2\mathbf{p} = \mathbf{0} \ . \tag{4.40}$$

Man beachte, daß die Eigenvektoren orthogonal im üblichen Sinne, d.h. bezüglich der Einheitsmatrix **E** sind, wenn entweder **M** oder **C** proportional zu **E** ist. Ist die Massenmatrix **M** selbst gleich der Einheitsmatrix E, so folgt aus (4.34) $\mathbf{R}^T\mathbf{R} = \mathbf{E}$, so daß auch $\mathbf{R}^{-1} = \mathbf{R}^T$ gilt; Matrizen, die diese Eigenschaft besitzen, werden als orthogonal bezeichnet.

Es ist noch zu erwähnen, daß man bei der Normierung der Eigenvektoren gemäß (4.34) annehmen muß, daß die Elemente der Einheitsmatrix geeignete Dimensionen besitzen, wenn man erreichen will, daß die Eigenvektoren die gleichen Dimensionen wie die entsprechenden verallgemeinerten Koordinaten besitzen.

4.1.2 Extremaleigenschaften der Eigenwerte, Einschließungssatz

Die schon in Kapitel 3 eingeführte Definition des RAYLEIGHschen Quotienten wird hier zunächst für n Freiheitsgrade erweitert. Ist **u** ein beliebiger Vektor des $\mathbb{R}^n$, so definieren wir den RAYLEIGHschen Quotienten als

$$R(\mathbf{u}) := \frac{\mathbf{u}^T\mathbf{C}\,\mathbf{u}}{\mathbf{u}^T\mathbf{M}\,\mathbf{u}} \ . \tag{4.41}$$

Die rechte Seite von (4.41) ist homogen nullten Grades in $\mathbf{u}$, so daß es genügt, z.B. die Vektoren $\mathbf{u}$ auf der "Kugel" $\mathbf{u}^T\mathbf{u} = 1$ oder auf $\mathbf{u}^T\mathbf{M}\,\mathbf{u} = 1$ zu betrachten.

Für den niedrigsten Eigenwert ω_1^2 gilt

$$\omega_1^2 = \min_{\mathbf{u}^T\mathbf{u}=1} R(\mathbf{u}) = \min_{\mathbf{u}^T\mathbf{M}\,\mathbf{u}=1} R(\mathbf{u}) \; ; \tag{4.42}$$

dieser Sachverhalt wird als *RAYLEIGHsches Prinzip* bezeichnet und ist leicht zu beweisen. Da die Eigenvektoren eine Basis bilden, kann man nämlich jeden beliebigen Vektor $\mathbf{u}$ als

$$\mathbf{u} = u_1\mathbf{r}_1 + u_2\mathbf{r}_2 + \ldots + u_n\mathbf{r}_n \tag{4.43}$$

schreiben, und Einsetzen in (4.41) ergibt nach (4.34) und (4.35)

$$R(\mathbf{u}) = \frac{u_1^2\mathbf{r}_1^T\mathbf{C}\,\mathbf{r}_1 + u_2^2\mathbf{r}_2^T\mathbf{C}\,\mathbf{r}_2 + \ldots + u_n^2\mathbf{r}_n^T\mathbf{C}\,\mathbf{r}_n}{u_1^2\mathbf{r}_1^T\mathbf{M}\,\mathbf{r}_1 + u_2^2\mathbf{r}_2^T\mathbf{M}\,\mathbf{r}_2 + \ldots + u_n^2\mathbf{r}_n^T\mathbf{M}\,\mathbf{r}_n}$$

$$= \frac{u_1^2\omega_1^2 + u_2^2\omega_2^2 + \ldots + u_n^2\omega_n^2}{u_1^2 + u_2^2 + \ldots + u_n^2}$$

$$= \omega_1^2\,\frac{u_1^2 + u_2^2(\omega_2^2/\omega_1^2) + \ldots + u_n^2(\omega_n^2/\omega_1^2)}{u_1^2 + u_2^2 + \ldots + u_n^2} \; . \tag{4.44}$$

Da aber definitionsgemäß $\omega_i^2/\omega_1^2 \geq 1$, $i = 2,3,\ldots,n$ gilt, ist der Zähler in (4.44) stets größer oder gleich dem Nenner; für $u_1 = 1$, $u_2 = u_3 = \ldots = u_n = 0$ nehmen Zähler und Nenner den gleichen Wert an, der RAYLEIGHsche Quotient erreicht sein Minimum, und (4.42) ist damit bewiesen.

Das Einsetzen eines beliebigen Vektors in die rechte Seite von (4.41) liefert also auf jeden Fall immer eine obere Schranke für das Quadrat der ersten Eigenfrequenz des Systems. Oft kann man die erste Eigenschwingungsform anschaulich recht gut abschätzen und erhält damit aus (4.41) dann eine obere Schranke für ω_1^2, die sehr nahe an dem exakten Wert liegt.

Das Auffinden des ersten Eigenvektors von (4.11) wurde mit (4.42) auf ein Minimierungsproblem zurückgeführt;[46] gelegentlich bezeichnet man (4.42) auch als Variationsproblem. Auch der zweite Eigenwert ω_2^2 kann durch eine entsprechende Minimaleigenschaft charakterisiert werden: es gilt offensichtlich

$$\omega_2^2 = \min_{\mathbf{u}^T \mathbf{M}\, \mathbf{r}_1 = 0} R(\mathbf{u}), \qquad (4.45)$$

d.h. ω_2^2 ist das Minimum von R(u) über alle Vektoren, die (bezüglich **M**) orthogonal zu $\mathbf{r}_1$ sind, bzw. die Darstellung

$$\mathbf{u} = u_2\mathbf{r}_2 + u_3\mathbf{r}_3 + \ldots + u_n\mathbf{r}_n \qquad (4.46)$$

besitzen. Verallgemeinert gelangt man so zu der *rekursiven Charakterisierung der Eigenwerte und Eigenvektoren:* Der k-te Eigenwert und der k-te Eigenvektor des Eigenwertproblems (4.11) sind durch das Minimum und durch einen minimierenden Vektor der Funktion $R(\mathbf{u}) = \mathbf{u}^T\mathbf{C}\,\mathbf{u}/(\mathbf{u}^T\mathbf{M}\,\mathbf{u})$ gegeben, wobei über alle Vektoren **u** minimiert wird, die zu den k-1 ersten Eigenvektoren orthogonal bezüglich **M** sind:

$$\omega_k^2 = \min_{\substack{\mathbf{u}^T \mathbf{M}\, \mathbf{r}_1 = 0 \\ \mathbf{u}^T \mathbf{M}\, \mathbf{r}_2 = 0 \\ \vdots \\ \mathbf{u}^T \mathbf{M}\, \mathbf{r}_{k-1} = 0}} R(\mathbf{u}) \qquad (4.47)$$

Die Richtigkeit der rekursiven Charakterisierung der Eigenwerte und Eigenvektoren, wie sie hier angegeben wurde, ist ohne weiteres aus (4.44) ersichtlich, wo jetzt die $u_1, u_2, \ldots, u_{k-1}$ gleich Null sind und als Vorfaktor in der letzten Zeile nicht mehr ω_1^2, sondern ω_k^2 zu schreiben ist.

---

[46] Die Existenz des Minimums von R(**u**) und mindestens eines Vektors **u**, der dieses Minimum liefert, wird durch den WEIERSTRASZschen Satz über die Extrema stetiger Funktionen in einem beschränkten, abgeschlossenen Bereich gewährleistet. (Nach dem Mathematiker Karl Theodor Wilhelm WEIERSTRASZ, * 1815 in Ostenfelde (heute zu Ennigerloh), + 1897 in Berlin.)

Besonders nützlich sind die Extremaleigenschaften der Eigenwerte bei der Untersuchung der Schwingungen von Systemen mit zusätzlichen Zwangsbedingungen. Führen wir für das betrachtete mechanische System eine zusätzliche (holonome) Bindung der Art

$$b_1q_1 + b_2q_2 + \dots b_nq_n = 0 \tag{4.48}$$

mit konstanten $b_1, b_2, \dots, b_n$ ein, die die triviale Gleichgewichtslage $\mathbf{q} = \mathbf{0}$ nicht verändert, so wird dadurch die Anzahl der Freiheitsgrade von n auf n-1 reduziert. Es ist möglich, mittels (4.48) eine der n verallgemeinerten Koordinaten durch die restlichen n-1 Koordinaten darzustellen und in den Ausdrücken für die kinetische und die potentielle Energie zu ersetzen. Diese wären dann nur noch Funktionen der n-1 verbleibenden verallgemeinerten Koordinaten bzw. deren Zeitableitungen. An die Stelle von (4.9) würde dann ein System der Ordnung 2(n-1) treten, dessen Eigenwerte $\bar{\omega}_1^2, \bar{\omega}_2^2, \dots, \bar{\omega}_{n-1}^2$ und dessen orthonormierte Eigenvektoren wir mit $\bar{\mathbf{r}}_1, \bar{\mathbf{r}}_2, \dots, \bar{\mathbf{r}}_{n-1}$ bezeichnen. So käme man zu einem RAYLEIGHschen Quotienten, der nur noch von n-1 skalaren Variablen abhängt. Man kann aber auch den ursprünglichen Quotienten (4.41) beibehalten und lediglich den Definitionsbereich von $\mathbf{u} \in \mathbb{R}^n$ einschränken. Wir schreiben dazu zunächst (4.48) als

$$\mathbf{b}^T\mathbf{q} = 0 \ . \tag{4.49}$$

Wegen der Definitheit von $\mathbf{M}$ existiert immer ein Vektor $\mathbf{g}$ mit $\mathbf{b} = \mathbf{M}\,\mathbf{g}$, so daß (4.49) zu

$$\mathbf{g}^T\mathbf{M}\,\mathbf{q} = 0 \tag{4.50}$$

äquivalent ist.

Aus der ursprünglichen Definition der Eigenwerte durch (4.12) ist nicht unmittelbar ersichtlich, wie die zusätzliche Zwangsbedingung (4.48) sich auf die Eigenwerte auswirkt, d.h. welcher Zusammenhang zwischen ω_k^2, $k = 1,2,\dots,n$ und $\bar{\omega}_k^2$, $k = 1,2,\dots,n-1$, besteht. Mit Hilfe der Extremaleigenschaft der Eigenwerte kann aber der folgende *Satz von RAYLEIGH* bewiesen werden:

Der niedrigste Eigenwert $\bar{\omega}_1^2$ des der zusätzlichen Zwangsbedingung (4.48) unterworfenen Systems liegt zwischen dem ersten und dem zweiten Eigenwert des ursprünglichen Systems, d.h. es gilt

$$\omega_1^2 \leq \bar{\omega}_1^2 \leq \omega_2^2 \,. \tag{4.51}$$

Die erste Ungleichung in (4.51), die uns eine untere Schranke für $\bar{\omega}_1^2$ liefert, ist ohne weiteres ersichtlich, denn es gilt ja

$$\omega_1^2 = \text{Min } R(\mathbf{u}) \leq \underset{\mathbf{g}^T\mathbf{M}\,\mathbf{u}=0}{\text{Min}} R(\mathbf{u}) = \bar{\omega}_1^2 \tag{4.52}$$

(auf der rechten Seite ist nur eine Untermenge der auf der linken Seite zum Vergleich zugelassenen Vektoren $\mathbf{u}$ erlaubt). Es ist noch zu zeigen, daß auch $\bar{\omega}_1^2 \leq \omega_2^2$ gilt. Der Eigenwert

$$\bar{\omega}_1^2 = \underset{\mathbf{g}^T\mathbf{M}\,\mathbf{u}=0}{\text{Min}} R(\mathbf{u}) \tag{4.53}$$

kann als Funktion von $\mathbf{g}$ betrachtet werden: $\bar{\omega}_1^2(\mathbf{g})$. Wir untersuchen nun folgende Fragen: Welches ist der Maximalwert von $\bar{\omega}_1^2(\mathbf{g})$ als Funktion von $\mathbf{g}$? Wir erkennen sofort, daß für $\mathbf{g} = \mathbf{r}_1$ der Wert $\bar{\omega}_1^2 = \omega_2^2$ erreicht wird, d.h. es existiert eine Zwangsbedingung (4.48) derart, daß der erste Eigenwert bis zum zweiten Eigenwert des uneingeschränkten Problems angehoben wird! Es bleibt zu beweisen, daß $\bar{\omega}_1^2$ nicht *über* ω_2^2 angehoben werden kann.

Wir betrachten dazu einen Vektor $\mathbf{e}$ aus der Schnittmenge des (n-1)-dimensionalen Unterraumes $M_{n-1} := M^{\perp}(\mathbf{g}) := \left\{\mathbf{u} \mid \mathbf{g}^T\mathbf{M}\,\mathbf{u} = 0\right\}$ mit der durch $\mathbf{r}_1$ und $\mathbf{r}_2$ aufgespannten Ebene $M(\mathbf{r}_1, \mathbf{r}_2)$. Diese Schnittmenge eines (n-1)-dimensionalen Unterraums mit einem 2-dimensionalen im $\mathbb{R}^n$ ist mindestens eindimensional; sei

$$\mathbf{e} = e_1\mathbf{r}_1 + e_2\mathbf{r}_2 \tag{4.54}$$

irgendein gemäß $\mathbf{e}^T\mathbf{M}\mathbf{e} = e_1^2 + e_2^2 = 1$ normierter Vektor aus dieser Schnittmenge. Da $\mathbf{e} \in M_{n-1}$ gilt, ist auf jeden Fall

$$R(\mathbf{e}) \geq \underset{\mathbf{u} \in M_{n-1}}{\text{Min}} R(\mathbf{u}) = \bar{\omega}_1^2 \,, \tag{4.55}$$

für jedes beliebige $\mathbf{g}$.

Andererseits ist aber wegen der vorgenommenen Normierung auch

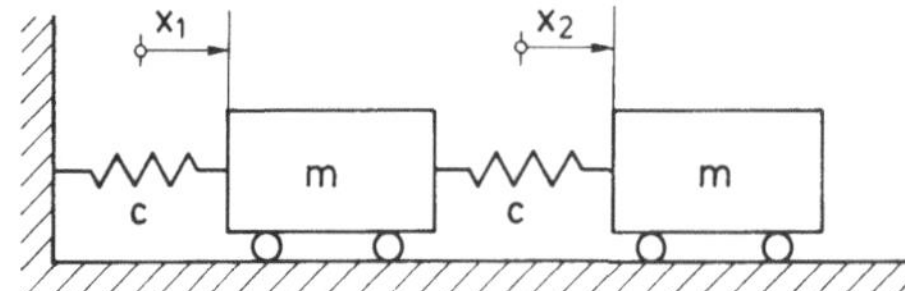

Abb. 4.1 Zum Satz von RAYLEIGH

$$R(\mathbf{e}) = \mathbf{e}^T\mathbf{C}\,\mathbf{e} = e_1^2(\mathbf{r}_1^T\mathbf{C}\,\mathbf{r}_1) + 2\,e_1e_2(\mathbf{r}_1^T\mathbf{C}\,\mathbf{r}_2) + e_2^2(\mathbf{r}_2^T\mathbf{C}\,\mathbf{r}_2)$$

$$= e_1^2\omega_1^2 + e_2^2\omega_2^2 \le (e_1^2 + e_2^2)\omega_2^2 = \omega_2^2\,, \tag{4.56}$$

so daß mit (4.55) in der Tat $\omega_2^2 \ge R(\mathbf{e}) \ge \bar{\omega}_1^2$ bzw.

$$\omega_2^2 \ge \bar{\omega}_1^2 \tag{4.57}$$

gilt, und zwar unabhängig von **g**. Der zweite Eigenwert ω_2^2 bildet also eine obere Schranke für $\bar{\omega}_1^2$, und damit ist der Satz von RAYLEIGH bewiesen.

Als Beispiel betrachten wir das System der Abb. 4.1, dessen kinetische und potentielle Energie durch

$$\left.\begin{aligned} T &= \frac{1}{2}\,m\dot{x}_1^2 + \frac{1}{2}\,m\dot{x}_2^2\,, \\ U &= \frac{1}{2}\,cx_1^2 + \frac{1}{2}\,c(x_2 - x_1)^2 \end{aligned}\right\} \tag{4.58}$$

gegeben ist, so daß die Matrizen **M** und **C** die Form

$$\mathbf{M} = \begin{bmatrix} m & 0 \\ 0 & m \end{bmatrix}\,, \qquad \mathbf{C} = \begin{bmatrix} 2c & -c \\ -c & c \end{bmatrix} \tag{4.59}$$

annehmen und die Bewegungsgleichungen von der Gestalt

$$\left.\begin{aligned} m\ddot{x}_1 + 2cx_1 - cx_2 &= 0, \\ m\ddot{x}_2 - cx_1 + cx_2 &= 0 \end{aligned}\right\} \tag{4.60}$$

sind. Selbstverständlich können wir ohne weiteres die Eigenfrequenzen und Eigenvektoren zu (4.60) bestimmen; bevor wir das tun, wollen wir aber die erste Eigenfrequenz mit Hilfe des RAYLEIGHschen Satzes abschätzen. In der ersten Eigenschwingungsform schwingen beide Körper in Phase, wobei anschaulich klar ist, daß der rechte Klotz eine Bewegung mit größerer Amplitude ausführt. Nehmen wir an, daß die Amplitude des zweiten Körpers doppelt so groß ist wie die des ersten, so entspricht dies der Zwangsbedingung $x_2 = 2x_1$ (dazu gehört ein Vektor $\mathbf{g}^T = (-2,+1)$, wie man leicht nachprüfen kann).

Damit können nun die kinetische Energie und die potentielle Energie als Funktionen von nur einer Koordinate, bzw. deren Zeitableitungen angegeben werden, nämlich als

$$\left.\begin{aligned} T &= \frac{1}{2} m_1 \dot{x}_1^2 + \frac{1}{2} m(2\dot{x}_1)^2 = \frac{5}{2} m\dot{x}_1^2 \,, \\ U &= \frac{1}{2} cx_1^2 + \frac{1}{2} c(2x_1 - x_1)^2 = cx_1^2 \,, \end{aligned}\right\} \tag{4.61}$$

so daß man aus der Bewegungsgleichung des eingeschränkten Systems

$$5m\ddot{x}_1 + 2cx_1 = 0 \tag{4.62}$$

den Wert

$$\bar{\omega}_1^2 = \frac{2}{5}\frac{c}{m} = 0{,}4\,\frac{c}{m} \tag{4.63}$$

erhält.

Die Zwangsbedingung $x_1 = x_2$ würde dagegen auf $\bar{\omega}_1^2 = 0{,}5\ c/m$ führen, während $x_1 = 0$ die Abschätzung $\bar{\omega}_1^2 = c/m$ und $x_2 = 0$ den Wert $\bar{\omega}_1^2 = 2\ c/m$ liefert, wie man unmittelbar ohne Zwischenrechnung erkennen kann.

Die exakte Lösung erhält man aus (4.60), wo der übliche Ansatz für harmonische Schwingungen zunächst auf

$$\left.\begin{aligned} (-\omega^2 m + 2c)\, l_1 - c\, l_2 &= 0 \,, \\ -c\, l_1 + (-\omega^2 m + c)\, l_2 &= 0 \end{aligned}\right\} \tag{4.64}$$

und dann auf die charakteristische Gleichung

$$\omega^4 - 3\,\frac{c}{m}\,\omega^2 + \left(\frac{c}{m}\right)^2 = 0 \tag{4.65}$$

führt mit

$$\omega_1^2 = \frac{3-\sqrt{5}}{2}\,\frac{c}{m} \approx 0{,}382\,\frac{c}{m}\,, \tag{4.66}$$

$$\omega_2^2 = \frac{3+\sqrt{5}}{2}\,\frac{c}{m} \approx 2{,}618\,\frac{c}{m}\,. \tag{4.67}$$

Die entsprechenden Eigenvektoren sind

$$\mathbf{r}_1^T \approx \frac{1}{m}\,(0{,}526;0{,}851), \quad \mathbf{r}_2^T \approx \frac{1}{m}\,(-0{,}851;0{,}526) \tag{4.68}$$

(normiert gemäß $\mathbf{r}_k^T\mathbf{M}\,\mathbf{r}_s = m\,\delta_{ks}$).

Man erkennt, daß in diesem Beispiel für alle vorher betrachteten eingeschränkten Systeme $\bar{\omega}_1^2$ in der Tat zwischen ω_1^2 und ω_2^2 liegt. Dabei ist die Abweichung zwischen $\bar{\omega}_1^2$ und ω_1^2 im ersten Fall ($x_2 = 2x_1$) sehr klein, was dadurch bedingt ist, daß $x_2 = 2x_1$ schon eine relativ gute Näherung an den ersten Eigenvektor darstellt. Aus der Minimaleigenschaft des ersten Eigenwertes folgt ja, daß ω_1^2 nur "wenig sensitiv" bezüglich eines Fehlers im entsprechenden Eigenvektor ist. Betrachtet man den RAYLEIGHschen Quotienten im vorliegenden Fall n = 2 des Beispiels als Funktion des Amplitudenverhältnisses ρ, so folgt aus der Minimaleigenschaft, daß $R'(\rho_1) = 0$ ist; dies bedeutet, daß die TAYLOR-entwicklung von $R(\rho)$ um die Stelle $\rho = \rho_1$ mit dem Term zweiter Ordnung $(\rho-\rho_1)^2$ beginnt. Ein Fehler $\Delta\rho$ im Amplitudenverhältnis liefert also einen Fehler von der Größenordnung $(\Delta\rho)^2$ in ω^2! Entsprechendes gilt bei n Freiheitsgraden. Damit beenden wir die Behandlung dieses Beispiels.

Aus dem Beweis des weiter oben angegebenen RAYLEIGHschen Satzes folgt auch, daß der zweite Eigenwert des ursprünglichen (uneingeschränkten) Systems durch

$$\omega_2^2 = \underset{\mathbf{f}}{\mathrm{Max}} \left\{ \underset{\substack{\mathbf{u} \\ \mathbf{f}^T\mathbf{M}\,\mathbf{u}=0}}{\mathrm{Min}} \quad R(\mathbf{u}) \right\} \tag{4.69}$$

definiert werden kann, d.h. ω_2^2 ist das Maximum über $\mathbf{f}$ des Minimums von $R(\mathbf{u})$ bzgl. aller $\mathbf{u}$, die der Bedingung $\mathbf{f}^T\mathbf{M}\,\mathbf{u} = 0$ genügen. Mit (4.69) haben wir eine Definition von ω_2^2 durch Extremaleigenschaften, die nicht rekursiv ist, d.h. die im Gegenteil zu (4.45) nicht die Kenntnis von $\mathbf{r}_1$ voraussetzt. Eine solche Eigenwertdefinition wird oft als *Maximum-Minimum-Charakterisierung der Eigen-*

werte bezeichnet und ist für grundsätzliche Betrachtungen zum Eigenwertproblem sehr nützlich. Dies gilt insbesondere auch für Kontinua, d.h. für Systeme mit unendlich vielen Freiheitsgraden, wo die Maximum-Minimum-Charakterisierung von Eigenwerten von grundlegender Bedeutung für das sogenannte WEINSTEINsche Verfahren[47] ist. Auch zu einem vollständigen Verständnis des in 4.1.3 beschriebenen RITZ-Verfahrens[48] ist diese Darstellung zweckmäßig.

Für den k-ten Eigenwert können wir die zu (4.69) analoge Maximum-Minimum-Bedingung

$$\omega_k^2 = \underset{\mathbf{f}_1,\mathbf{f}_2,\ldots,\mathbf{f}_{k-1}}{\mathrm{Max}} \left\{ \underset{\substack{\mathbf{u} \\ \mathbf{f}_1^T\mathbf{M}\,\mathbf{u}=0 \\ \mathbf{f}_2^T\mathbf{M}\,\mathbf{u}=0 \\ \vdots \\ \mathbf{f}_{k-1}^T\mathbf{M}\,\mathbf{u}=0}}{\mathrm{Min}} R(\mathbf{u}) \right\} \tag{4.70}$$

angeben, die wir im folgenden beweisen. Zunächst erkennt man, daß für $\mathbf{f}_1 = \mathbf{r}_1$, $\mathbf{f}_2 = \mathbf{r}_2,\ldots,\mathbf{f}_{k-1} = \mathbf{r}_{k-1}$ der k-te Eigenwert ω_k^2 in der Tat aus der Minimierung über $\mathbf{u}$ folgt. Führen wir für beliebige $\mathbf{f}_1,\mathbf{f}_2,\ldots,\mathbf{f}_{k-1}$ die Bezeichnung

$$\bar{\omega}_k^2\,(\mathbf{f}_1,\mathbf{f}_2,\ldots,\mathbf{f}_{k-1}) := \underset{\substack{\mathbf{u} \\ \mathbf{f}_1^T\mathbf{M}\,\mathbf{u}=0 \\ \mathbf{f}_2^T\mathbf{M}\,\mathbf{u}=0 \\ \vdots \\ \mathbf{f}_{k-1}^T\mathbf{M}\,\mathbf{u}=0}}{\mathrm{Min}} R(\mathbf{u}) \tag{4.71}$$

ein, so bleibt noch zu zeigen, daß immer $\bar{\omega}_k^2\,(\mathbf{f}_1,\mathbf{f}_2,\ldots,\mathbf{f}_{k-1}) \leq \omega_k^2$ gilt.

Seien $M(\mathbf{r}_1,\mathbf{r}_2,\ldots,\mathbf{r}_k)$ und $M(\mathbf{f}_1,\mathbf{f}_2,\ldots,\mathbf{f}_{k-1})$ die durch die angegebenen Vektoren aufgespannten Unterräume, und sei

$$M_{n-k+1} := M^{\perp}(\mathbf{f}_1,\mathbf{f}_2,\ldots,\mathbf{f}_{k-1}) \tag{4.72}$$

---

[47] Nach den Mathematiker Alexander WEINSTEIN, * 1897 in Saratoff, Russland.

[48] Nach dem Physiker Walter RITZ, * 1878 in Sitten, + 1909 in Göttingen.

das orthogonale Komplement von $M(\mathbf{f}_1,\mathbf{f}_2,\dots,\mathbf{f}_{k-1})$ in $\mathbb{R}^n$, das n-k+1-dimensional ist. Sei $\mathbf{e}$ ein gemäß $\mathbf{e}^T\mathbf{M}\,\mathbf{e} = 1$ normierter Vektor aus der Schnittmenge von M_{n-k+1} mit $M(\mathbf{r}_1,\mathbf{r}_2,\dots,\mathbf{r}_k)$; ein solcher Vektor kann wegen

$$\dim[M(\mathbf{r}_1,\mathbf{r}_2,\dots,\mathbf{r}_k) \cap M_{n-k+1}] \geq 1 \tag{4.73}$$

immer gefunden werden. Den Vektor $\mathbf{e}$ kann man als

$$\mathbf{e} = e_1\mathbf{r}_1 + e_2\mathbf{r}_2 + \dots + e_k\mathbf{r}_k \tag{4.74}$$

schreiben, und es gilt

$$\begin{aligned}
\bar{\omega}_k^2(\mathbf{f}_1,\mathbf{f}_2,\dots,\mathbf{f}_{k-1}) &= \min_{\mathbf{u}\in M_{n-k+1}} R(\mathbf{u}) \\
&\leq \underset{\mathbf{e}\in M(\mathbf{r}_1,\mathbf{r}_2,\dots,\mathbf{r}_k)\cap M_{n-k+1}}{R(\mathbf{e})} \\
&= \omega_1^2e_1^2 + \omega_2^2e_2^2 + \dots + \omega_k^2e_k^2 \\
&\leq \omega_k^2\,(e_1^2 + e_2^2 + \dots + e_k^2) \\
&= \omega_k^2\,,
\end{aligned} \tag{4.75}$$

da infolge der gewählten Normierung für $\mathbf{e}$ und für $\mathbf{r}_i(\mathbf{r}_i^T\,\mathbf{M}\,\mathbf{r}_s = \delta_{is})$ auch $e_1^2 + e_2^2 + \dots + e_k^2 = 1$ ist. Es gilt also immer

$$\bar{\omega}_k^2(\mathbf{f}_1,\mathbf{f}_2,\dots,\mathbf{f}_{k-1}) \leq \omega_k^2 \quad , \tag{4.76}$$

wobei aber das Gleichheitszeichen für $\mathbf{f}_1 = \mathbf{r}_1$, $\mathbf{f}_2 = \mathbf{r}_2,\dots,\mathbf{f}_{k-1} = \mathbf{r}_{k-1}$ eintritt, und damit ist gezeigt, daß (4.70) richtig ist.

Der *Satz von RAYLEIGH* kann damit nun auch für eine beliebige Anzahl von zusätzlichen Bindungen formuliert werden:

Wird ein lineares mechanisches System der Art (4.9) zusätzlich h linear homogenen Bindungen

$$\mathbf{b}_i^T\,\mathbf{q} = 0\ , \quad i = 1,2,\dots,h \tag{4.77}$$

unterworfen, so gilt für die n-h Eigenwerte $\bar{\omega}_1^2 \le \bar{\omega}_2^2 \le \ldots \le \bar{\omega}_{n-h}^2$, daß sie die Ungleichungen

$$\omega_k^2 \le \bar{\omega}_k^2 \le \omega_{k+h}^2 \;, \quad k = 1,2,\ldots,n-h \tag{4.78}$$

erfüllen.

Zum Beweis bemerken wir zunächst, daß die h Zwangsbedingungen (4.77) analog zu (4.49), (4.50) als

$$\mathbf{g}_i^T \mathbf{M}\, \mathbf{q} = 0 \;, \qquad i = 1,2,\ldots,h \tag{4.79}$$

geschrieben werden können. Außerdem gilt nach der Maximum-Minimum-Eigenschaft der Eigenwerte auch

$$\omega_k^2 = \underset{\mathbf{f}_1,\ldots,\mathbf{f}_{k-1}}{\mathrm{Max}} \quad \underline{\omega}_k^2\,(\mathbf{f}_1,\ldots,\mathbf{f}_{k-1}) \;, \quad k-1 < n \;, \tag{4.80}$$

mit

$$\underline{\omega}_k^2\,(\mathbf{f}_1,\ldots,\mathbf{f}_{k-1}) := \underset{\substack{\mathbf{u} \\ \mathbf{f}_1^T\mathbf{M}\,\mathbf{u} = 0 \\ \vdots \\ \mathbf{f}_{k-1}^T\mathbf{M}\,\mathbf{u} = 0}}{\mathrm{Min}} \quad R(\mathbf{u}) \tag{4.81}$$

sowie

$$\bar{\omega}_k^2 = \underset{\mathbf{f}_1,\ldots,\mathbf{f}_{k-1}}{\mathrm{Max}} \quad \underline{\bar{\omega}}_k^2\,(\mathbf{f}_1,\ldots,\mathbf{f}_{k-1},\mathbf{g}_1,\ldots,\mathbf{g}_h), \quad k+h-1 < n \tag{4.82}$$

mit

$$\underline{\bar{\omega}}_k^2(\mathbf{f}_1,\ldots,\mathbf{f}_{k-1},\mathbf{g}_1,\ldots,\mathbf{g}_h) := \underset{\substack{\mathbf{u} \\ \mathbf{f}_1^T M\,\mathbf{u} = 0 \\ \vdots \\ \mathbf{f}_{k-1}^T\mathbf{M}\,\mathbf{u} = 0 \\ \mathbf{g}_1^T\,\mathbf{M}\,\mathbf{u} = 0 \\ \vdots \\ \mathbf{g}_h^T\,\mathbf{M}\,\mathbf{u} = 0}}{\mathrm{Min}} \quad \mathbf{R}(\mathbf{u}) \tag{4.83}$$

und

$$\omega^2_{k+h} = \underset{\mathbf{f}_1,\ldots,\mathbf{f}_{k-1},\mathbf{f}_k,\ldots,\mathbf{f}_{k+h-1}}{\mathrm{Max}} \quad \underline{\omega}^2_{k+h}(\mathbf{f}_1,\ldots,\mathbf{f}_{k-1},\mathbf{f}_k,\ldots,\mathbf{f}_{k+h-1}), \quad k+h < n \tag{4.84}$$

mit

$$\underline{\omega}^2_{k+h}(\mathbf{f}_1,\ldots,\mathbf{f}_{k-1},\mathbf{f}_k,\ldots,\mathbf{f}_{k+n-1}) := \underset{\substack{\mathbf{u} \\ \mathbf{f}_1^T M\,\mathbf{u} = 0 \\ \vdots \\ \mathbf{f}_{k-1}^T \mathbf{M}\,\mathbf{u} = 0 \\ \mathbf{f}_k^T \mathbf{M}\,\mathbf{u} = 0 \\ \vdots \\ \mathbf{f}_{k+h-1}^T \mathbf{M}\,\mathbf{u} = 0}}{\mathrm{Min}} R(\mathbf{u}) \tag{4.85}$$

Daraus folgt aber direkt

$$\underline{\omega}^2_k\,(\mathbf{f}_1,\ldots,\mathbf{f}_{k-1}) \leq \bar{\underline{\omega}}^2_k\,(\mathbf{f}_1,\ldots,\mathbf{f}_{k-1},\mathbf{g}_1,\ldots,\mathbf{g}_h) \tag{4.86}$$

für alle $\mathbf{f}_1,\ldots,\mathbf{f}_{k-1}$, $\mathbf{g}_1,\ldots,\mathbf{g}_h$, so daß auch

$$\omega^2_k \leq \bar{\omega}^2_k \tag{4.87}$$

gilt. Ebenso gilt

$$\omega^2_{k+h} = \underset{\mathbf{f}_1,\ldots,\mathbf{f}_{k+h-1}}{\mathrm{Max}} \underline{\omega}^2_{k+h} \geq \underset{\mathbf{f}_1,\ldots,\mathbf{f}_{k-1}}{\mathrm{Max}} \underline{\omega}^2_k = \omega^2_k, \tag{4.88}$$

bzw.

$$\bar{\omega}^2_k \leq \omega^2_{k+h}\,, \tag{4.89}$$

und damit ist der RAYLEIGHsche Satz in der allgemeineren Form bewiesen. (siehe auch z.B. GOULD /1/, RAYLEIGH /2/).

Aus den beschriebenen Extremaleigenschaften der Eigenwerte ergeben sich verschiedene Möglichkeiten zur Abschätzung der Eigenwerte, von denen die wichtigsten im RAYLEIGHschen Satz enthalten sind.

Zwei zusätzliche Abschätzungen des untersten Eigenwertes ω^2_1 sind mit Hilfe der DUNKERLEYschen und der SOUTHWELLschen Formeln möglich (s. /3/). Aus

$$\omega_1^2 = \underset{\mathbf{u}}{\mathrm{Min}} \frac{\mathbf{u}^T \mathbf{C}\, \mathbf{u}}{\mathbf{u}^T \mathbf{M}\, \mathbf{u}} \tag{4.90}$$

erhält man mit der beliebigen Zerlegung

$$\mathbf{C} = \mathbf{C}_1 + \mathbf{C}_2 + \ldots + \mathbf{C}_k \tag{4.91}$$

sofort

$$\omega_1^2 = \underset{\mathbf{u}}{\mathrm{Min}} \frac{\mathbf{u}^T \mathbf{C}_1 \mathbf{u} + \ldots + \mathbf{u}^T \mathbf{C}_k \mathbf{u}}{\mathbf{u}^T \mathbf{M}\, \mathbf{u}}$$

$$\geq \sum_{s=1}^{k} \underset{\mathbf{u}}{\mathrm{Min}} \frac{\mathbf{u}^T \mathbf{C}_s \mathbf{u}}{\mathbf{u}^T \mathbf{M}\, \mathbf{u}}$$

$$= \sum_{s=1}^{k} \omega_{1,s}^2 , \tag{4.92}$$

wobei $\omega_{1,s}^2$ der kleinste Eigenwert des Problems mit "Trägheitsmatrix" $\mathbf{M}$ und "Steifigkeitsmatrix" $\mathbf{C}_s$ ist. Die Formel

$$\omega_1^2 \geq \sum_{s=1}^{k} \omega_{1,s}^2 \tag{4.93}$$

wird nach DUNKERLEY benannt, der sie ohne Beweis auf experimentellem Wege in der Form

$$\omega_1^2 \approx \sum_{s=1}^{k} \omega_{1,s}^2 \tag{4.94}$$

gefunden hatte. Bei Anwendungen der DUNKERLEYschen Formel wird man die durch $\mathbf{M}$, $\mathbf{C}_s$, $s = 1,2,\ldots,k$, beschriebenen Teilsysteme so wählen, daß die $\omega_{1,s}^2$ möglichst einfach zu bestimmen sind.

Analog dazu kann man aus

$$\frac{1}{\omega_1^2} = \underset{\mathbf{u}}{\mathrm{Max}} \frac{\mathbf{u}^T \mathbf{M}\, \mathbf{u}}{\mathbf{u}^T \mathbf{C}\, \mathbf{u}} \tag{4.95}$$

für positiv definite $\mathbf{C}$ mit

$$\mathbf{M} = \mathbf{M}_1 + \mathbf{M}_2 + \ldots + \mathbf{M}_k \tag{4.96}$$

eine Abschätzung erhalten:

$$\frac{1}{\omega_1^2} = \underset{\mathbf{u}}{\text{Max}} \frac{\mathbf{u}^T\mathbf{M}_1\mathbf{u} + \ldots + \mathbf{u}^T\mathbf{M}_k\mathbf{u}}{\mathbf{u}^T\mathbf{C}\,\mathbf{u}}$$

$$\leq \sum_{s=1}^{k} \underset{\mathbf{u}}{\text{Max}} \frac{\mathbf{u}^T\mathbf{M}_s\mathbf{u}}{\mathbf{u}^T\mathbf{C}\,\mathbf{u}}$$

$$= \sum_{s=1}^{k} \frac{1}{\omega_{1,s}^2} , \tag{4.97}$$

wobei jetzt $\omega_{1,s}^2$ der kleinste Eigenwert des Problems mit "Trägheitsmatrix" $\mathbf{M}_s$ und "Steifigkeitsmatrix" $\mathbf{C}$ ist. Der Ausdruck

$$\frac{1}{\omega_1^2} \leq \sum_{s=1}^{k} \frac{1}{\omega_{1,s}^2} \tag{4.98}$$

wird als SOUTHWELLsche Formel bezeichnet.

Als Beispiel zur Anwendung der Formeln (4.93) und (4.98) betrachten wir das System der Abb. 4.2. Infolge der Symmetrie können die exakten Werte der Eigenfrequenzen leicht bestimmt werden, so daß die Formeln (4.94), (4.98) überprüft werden können. Die Trägheits- und Steifigkeitsmatrix sind jeweils durch

$$\mathbf{M} = \begin{bmatrix} m_1 & 0 & 0 \\ 0 & m_2 & 0 \\ 0 & 0 & m_1 \end{bmatrix}, \quad \mathbf{C} = \begin{bmatrix} c_1+c_2 & -c_1 & 0 \\ -c_1 & 2c_1 & -c_1 \\ 0 & -c_1 & c_1+c_2 \end{bmatrix} \tag{4.99}$$

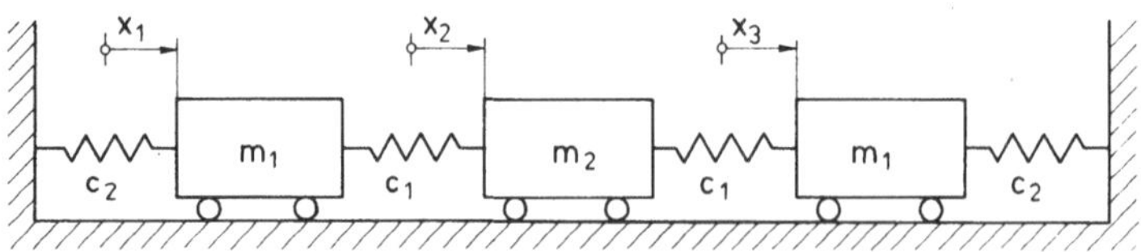

Abb. 4.2 Beispiel für die Anwendung der Formeln von DUNKERLEY und SOUTHWELL

gegeben. Um die Rechnungen zu vereinfachen, wählen wir $c_2 = c_1 = c$, $m_1 = m_2 = m$; damit ergeben sich die Quadrate der Eigenkreisfrequenzen

$$\left.\begin{aligned} \omega_1^2 &= (2 - \sqrt{2})\,\frac{c}{m} \approx 0{,}59\,\frac{c}{m}\,, \\ \omega_2^2 &= 2\,\frac{c}{m}\,, \\ \omega_3^2 &= (2 + \sqrt{2})\,\frac{c}{m} \approx 3{,}41\,\frac{c}{m} \end{aligned}\right\} \qquad (4.100)$$

Gemäß (4.91) schreiben wir nun

$$\mathbf{C} = \mathbf{C}_1 + \mathbf{C}_2 = c\begin{bmatrix} 1 & 0 & 0 \\ 0 & 1 & -1 \\ 0 & -1 & 2 \end{bmatrix} + c\begin{bmatrix} 1 & -1 & 0 \\ -1 & 1 & 0 \\ 0 & 0 & 0 \end{bmatrix}; \qquad (4.101)$$

Die Systeme, die den Matrizen $\mathbf{C}_1$, $\mathbf{M}$ und $\mathbf{C}_2$, $\mathbf{M}$ entsprechen, sind in Abb. 4.3 dargestellt. Das erste dieser Probleme besitzt offensichtlich einen Eigenwert $\omega^2 = c/m$. Die anderen beiden Eigenwerte können leicht durch Lösen einer quadratischen charakteristischen Gleichung zu $\omega^2 = ((3\pm\sqrt{5})/2)c/m$ berechnet werden. Damit erhält man $\omega_{1,1}^2 = ((3-\sqrt{5})/2)c/m = 0{,}38\ c/m$.

Das zweite der Unterprobleme ist offensichtlich semidefinit und es gilt $\omega_{1,2}^2 = 0$, so daß die DUNKERLEYsche Formel hier

a)

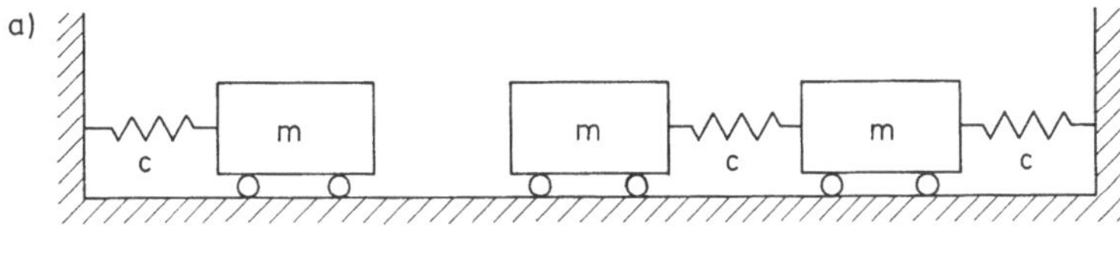

b)

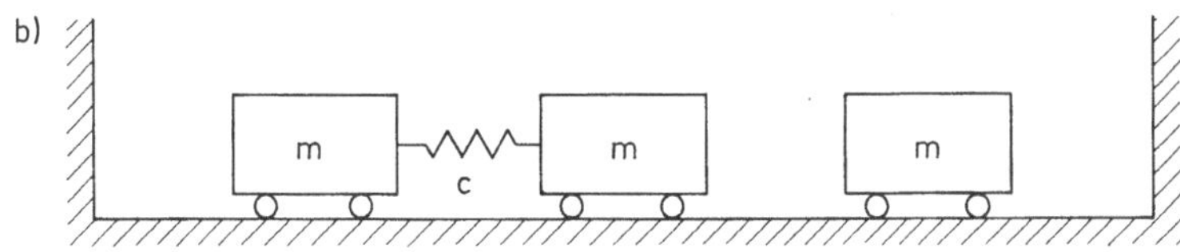

Abb. 4.3 Untersysteme bei der Anwendung der DUNKERLEYschen Formel
a) Problem $\mathbf{C}_1$, $\mathbf{M}$
b) Problem $\mathbf{C}_2$, $\mathbf{M}$

a)

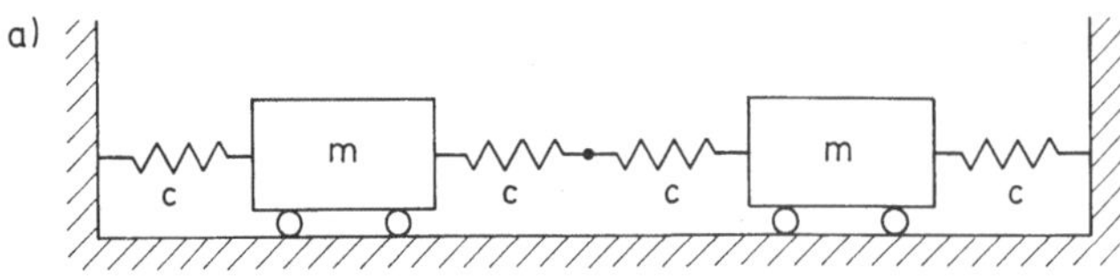

b)

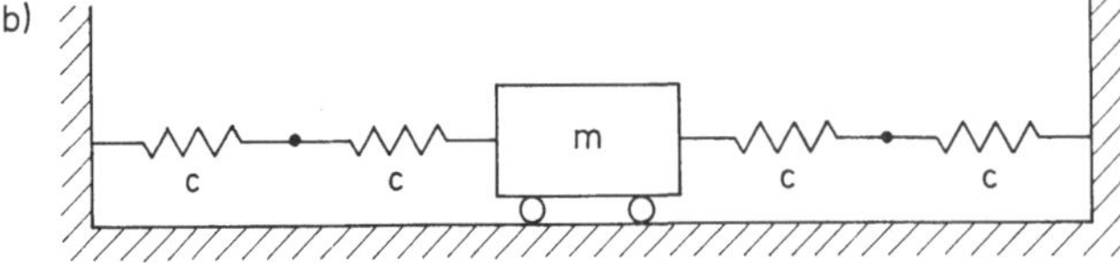

Abb. 4.4 Untersysteme bei der Anwendung der SOUTHWELLschen Formel
a) Problem $\mathbf{C}, \mathbf{M}_1$
b) Problem $\mathbf{C}, \mathbf{M}_2$

$$\omega_1^2 \geq 0{,}38 \frac{c}{m} \tag{4.102}$$

liefert, was klar erfüllt ist.

Als nächstes wenden wir noch die SOUTHWELLsche Formel auf das vorliegende Beispiel an. Gemäß (4.96) schreiben wir jetzt

$$\mathbf{M} = \mathbf{M}_1 + \mathbf{M}_2 = m \begin{bmatrix} 1 & 0 & 0 \\ 0 & 0 & 0 \\ 0 & 0 & 1 \end{bmatrix} + m \begin{bmatrix} 0 & 0 & 0 \\ 0 & 1 & 0 \\ 0 & 0 & 0 \end{bmatrix}, \tag{4.103}$$

und die den Matrizen $\mathbf{C}, \mathbf{M}_1$ und $\mathbf{C}, \mathbf{M}_2$ entsprechenden Systeme sind in Abb. 4.4 dargestellt. Das erste Untersystem besitzt die Eigenwerte $\omega^2 = \frac{c}{m}$ und $\omega^2 = 2\frac{c}{m}$, so daß $\omega_{1,1}^2 = \frac{c}{m}$ ist, das zweite Untersystem besitzt nur eine endliche Eigenfrequenz, und es ist $\omega_{1,1}^2 = \frac{c}{m}$. Die SOUTHWELLsche Formel (4.98) führt damit auf

$$\frac{1}{\omega_1^2} \leq \frac{m}{c} + \frac{m}{c}, \tag{4.104}$$

bzw.

$$\omega_1^2 \geq 0{,}5\ c/m, \tag{4.105}$$

und damit verlassen wir dieses Beispiel.

Eine weitere Abschätzung, die den Vorteil hat, eine obere und eine untere Schranke zu liefern, wird durch den folgenden *Einschließungssatz* gegeben (dabei wird die i-te Komponente des Vektors $\mathbf{K}\,\mathbf{q}$ mit $(\mathbf{K}\,\mathbf{q})_i$ bezeichnet):

Sei $\mathbf{M}$ eine positiv definite Diagonalmatrix und $\mathbf{C}$ symmetrisch, sei ferner $\mathbf{u}$ ein beliebiger Vektor derart, daß alle Komponenten von $\mathbf{M}\,\mathbf{u}$ ungleich Null sind, so liegt in dem Intervall

$$\left[\operatorname*{Min}_{i} \frac{(\mathbf{C}\,\mathbf{u})_i}{(\mathbf{M}\,\mathbf{u})_i} \,,\; \operatorname*{Max}_{i} \frac{(\mathbf{C}\,\mathbf{u})_i}{(\mathbf{M}\,\mathbf{u})_i} \right] \tag{4.106}$$

mindestens ein Eigenwert.

Die wesentliche Voraussetzung der Symmetrie von $\mathbf{C}$ ist bei den hier vorliegenden Schwingungsproblemen immer erfüllt. Der Beweis des Satzes ist bei COLLATZ /4/ angegeben; einen entsprechenden Satz kann man natürlich auch für den Fall formulieren, in dem $\mathbf{C}$ eine positiv definite Diagonalmatrix und $\mathbf{M} \geq 0$ ist!

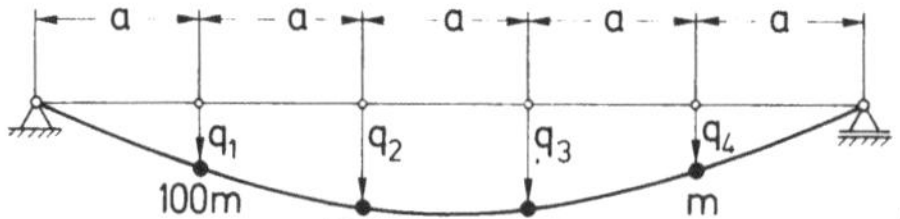

Abb. 4.5 Beispiel zum Einschließungssatz

Als Beispiel zur Anwendung des Einschließungssatzes betrachten wir das aus vier Punktmassen und einem Balken vernachlässigbar kleiner Masse bestehende System der Abb. 4.5. Die Massen der einzelnen Massenpunkte wurden sehr unterschiedlich gewählt, damit die beschriebenen Effekte der numerischen Verfahren möglichst klar zutage treten. Der Balken besitze konstanten Querschnitt, so daß die Bewegungsgleichungen mit Hilfe der in Handbücher angegebenen Einflußzahlen wie in 2.3 aufgestellt werden können, es ist

$$\mathbf{q} = -\,\mathbf{G}\,\mathbf{M}\,\ddot{\mathbf{q}} \,, \tag{4.107}$$

bzw.

$$\mathbf{M}\,\ddot{\mathbf{q}} + \mathbf{C}\,\mathbf{q} = \mathbf{0} \,, \tag{4.108}$$

mit

$$\mathbf{M} = m \begin{bmatrix} 100 & 0 & 0 & 0 \\ 0 & 100 & 0 & 0 \\ 0 & 0 & 1 & 0 \\ 0 & 0 & 0 & 1 \end{bmatrix} , \tag{4.109}$$

$$\mathbf{G} = \frac{a^3}{30\ EI} \begin{bmatrix} 32 & 45 & 40 & 23 \\ 45 & 72 & 68 & 40 \\ 40 & 68 & 72 & 45 \\ 23 & 40 & 45 & 32 \end{bmatrix} , \tag{4.110}$$

$$\mathbf{C} = \mathbf{G}^{-1} = \frac{6}{1045} \frac{EI}{a^3} \begin{bmatrix} 1720 & -1655 & 720 & -180 \\ -1655 & 2440 & -1835 & 720 \\ 720 & -1835 & 2440 & -1655 \\ -180 & 720 & -1655 & 1720 \end{bmatrix} . \tag{4.111}$$

Man beachte, daß hier die Matrix $\mathbf{G}\,\mathbf{M}$ in (4.107) nicht symmetrisch, geschweige denn diagonal ist, so daß die weiter oben angegebenen Voraussetzungen des Einschließungssatzes für das System mit Massenmatrix $\mathbf{G}\,\mathbf{M}$ und Steifigkeitsmatrix $\mathbf{E}$ nicht unmittelbar erfüllt sind. Die fehlende Symmetrie ist hier dadurch bedingt, daß die Bewegungsgleichungen nicht über den LAGRANGEschen Formalismus aus den Energieausdrücken abgeleitet wurden. Dieser "Mangel" kann durch Multiplizieren der Gleichung (4.107) von links mit der Matrix $\mathbf{G}^{-1}$ behoben werden, woraus sich dann die Gleichung in Standardform (4.108) ergibt. Dies bedeutet allerdings, daß es notwendig ist, $\mathbf{G}$ zu invertieren.

Es gibt aber auch eine viel einfachere Möglichkeit, (4.107) in Standardform zu bringen; dazu ist es zweckmäßig, die neuen verallgemeinerten Koordinaten

$$\mathbf{z} = \mathbf{M}\,\mathbf{q} \tag{4.112}$$

einzuführen (die Zeitableitungen der Komponenten von $\mathbf{z}$ haben die Bedeutung von "verallgemeinerten Impulsen"), womit dann (4.107) in

$$\mathbf{G}\,\ddot{\mathbf{z}} + \mathbf{M}^{-1}\mathbf{z} = \mathbf{0} \tag{4.113}$$

übergeht, mit der "Massenmatrix" $\mathbf{G}$ und der "Steifigkeitsmatrix" $\mathbf{M}^{-1}$. Da $\mathbf{M}$ eine Diagonalmatrix ist, bereitet die Berechnung von $\mathbf{M}^{-1}$ keinerlei Schwierigkeiten. Allerdings ist die "Trägheitsmatrix" $\mathbf{G}$ in (4.113) nicht diagonal, so daß der Einschließungssatz nicht in der angegebenen Form anwendbar ist, vielmehr wäre der erwähnte analoge Satz mit diagonaler Steifigkeitsmatrix zu verwenden. Wir wollen deswegen und aus didaktischen Gründen im folgenden mit (4.108) arbeiten, so daß die Koordinaten und die Elemente der Matrizen auch die üblichen Dimensionen besitzen. Wir weisen aber nochmals darauf hin, daß alle folgenden Rechnungen auch an dem System (4.113) durchgeführt werden könnten, und daß sich damit die Inversion von $\mathbf{G}$ erübrigen würde.

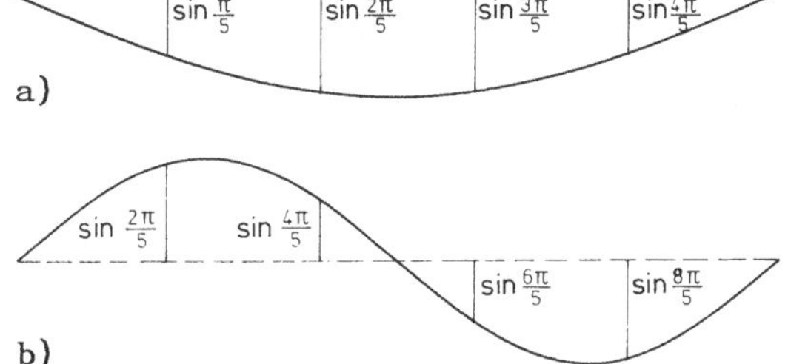

Abb. 4.6 Geschätzte erste und zweite Eigenschwingungsform des Systems aus Abb. 4.5

Zur Anwendung des Einschließungssatzes benötigen wir einen Vektor **u**, der eine möglichst gute Abschätzung eines Eigenvektors darstellen soll. Die Massenverteilung ist zwar im System der Abb. 4.5 stark asymmetrisch, trotzdem wird man erwarten, daß die erste Eigenschwingungsform in etwa der Abb. 4.6a entspricht, so daß eine vernünftige Schätzung des Eigenvektors durch

$$\mathbf{u} = \begin{bmatrix} \sin \pi/5 \\ \sin 2\pi/5 \\ \sin 3\pi/5 \\ \sin 4\pi/5 \end{bmatrix} = \begin{bmatrix} 0,5878 \\ 0,9511 \\ 0,9511 \\ 0,5878 \end{bmatrix} \tag{4.114}$$

gegeben ist. Eine einfache Rechnung ergibt damit

$$\mathbf{C\,u} = \frac{6}{1045}\frac{EI}{a^3}\begin{bmatrix} 15,93 \\ 25,82 \\ 25,82 \\ 15,93 \end{bmatrix}, \quad \mathbf{M\,u} = m\begin{bmatrix} 58,78 \\ 95,11 \\ 0,9511 \\ 0,5878 \end{bmatrix}, \tag{4.115}$$

und die Quotienten $\frac{(\mathbf{C\,u})_i}{(\mathbf{M\,u})_i}$, i = 1, 2, 3, 4 sind durch

$$\left.\begin{aligned} \frac{(\mathbf{C\,u})_1}{(\mathbf{M\,u})_1} &= \frac{15,93}{58,78}\,k\,, \\ \frac{(\mathbf{C\,u})_2}{(\mathbf{M\,u})_2} &= \frac{25,82}{95,11}\,k\,, \\ \frac{(\mathbf{C\,u})_3}{(\mathbf{M\,u})_3} &= \frac{25,82}{0,9511}\,k\,, \\ \frac{(\mathbf{C\,u})_4}{(\mathbf{M\,u})_4} &= \frac{15,93}{0,5878}\,k \end{aligned}\right\} \tag{4.116}$$

mit $k := (6EI)/(1045\ ma^3)$ gegeben. Man erkennt, daß in (4.116) der Quotient für $i = 1$ am kleinsten und für $i = 4$ am größten ist, so daß die entsprechenden Werte ein Intervall aufspannen, in dem ein Eigenwert liegt (der voraussichtlich der ersten Eigenfrequenz entspricht):

$$0{,}2710\ k \leq \omega_1^2 \leq 27{,}15\ k\ . \tag{4.117}$$

Dieses Intervall ist allerdings so groß, daß es nur eine sehr unbefriedigende Aussage über die erste Eigenfrequenz liefert.

Verwenden wir den gleichen Vektor (4.114) für den RAYLEIGHschen Quotienten, so ergibt sich

$$R(\mathbf{u}) = \frac{\mathbf{u}^T\mathbf{C}\ \mathbf{u}}{\mathbf{u}^T\mathbf{M}\ \mathbf{u}} = \frac{67{,}84\ km}{126{,}3\ \ m} = 0{,}5373\ k\ . \tag{4.118}$$

Da wir wissen, daß (4.118) eine obere Schranke für den ersten Eigenwert darstellt, können wir (4.117) verschärfen, wenn wir davon ausgehen, daß der in dem Intervall (4.117) liegende Eigenwert wirklich der erste ist:

$$0{,}2710\ k \leq \omega_1^2 \leq 0{,}5373\ k\ . \tag{4.119}$$

Der (in 4.1.4 berechnete) "exakte" numerische Wert für ω_1^2 ist $\omega_1^2 = 0{,}5121\ k$, so daß der RAYLEIGHsche Quotient mit dem Ansatzvektor (4.114) hier einen Fehler von nur 5 % ergibt, während das Ergebnis des Einschließungssatzes immer noch unbefriedigend ist. Wir versuchen es zu verbessern, indem wir statt des Ansatzvektors (4.114) einen Vektor verwenden, dessen Komponenten den statischen Absenkungen unter Wirkung des Eigengewichtes an den Stellen der Massenpunkte entsprechen. Diese Absenkungen können leicht mit Hilfe der Einflußmatrix $\mathbf{G}$ und des Kraftvektors

$$\mathbf{f}^T = mg\ (100,\ 100,\ 1,\ 1,) \tag{4.120}$$

gemäß

$$\mathbf{u}_{stat} = \mathbf{G}\ \mathbf{f} \tag{4.121}$$

berechnet werden, wobei sich

$$\mathbf{u}_{stat}^T = \frac{mg\ a^3}{30\ EI}\ (7.763,\ 11.808,\ 10.917,\ 6.377) \tag{4.122}$$

ergibt. Da bei Verwendung des Einschließungssatzes und des RAYLEIGHschen Quotienten Betrag und Dimension von **u** keine Rolle spielen, ersetzen wir (4.122) durch

$$\bar{\mathbf{u}}_{stat}^{T} = (1{,}035;\ 1{,}574;\ 1{,}456;\ 0{,}8503), \tag{4.123}$$

indem wir den Vorfaktor in (4.122) weglassen und die einzelnen Komponenten noch durch 7.500 teilen. Mit (4.123) liefert der Einschließungssatz nach kurzer Zwischenrechnung

$$-\ 0{,}2164\ k \leq \omega_1^2 \leq 1{,}582\ k\ , \tag{4.124}$$

wobei natürlich die untere (negative) Schranke auch durch Null ersetzt werden kann. Der RAYLEIGHsche Quotient dagegen ergibt mit (4.123)

$$R(\bar{\mathbf{u}}_{stat}) = 0{,}5125\ k\ , \tag{4.125}$$

also einen Wert, der praktisch exakt mit dem richtigen Eigenwert übereinstimmt. Ganz allgemein kann man feststellen, daß die "statische Biegelinie" von Balken (auch bei verteilter Masse) i. a. eine sehr gute Näherung an die erste Eigenschwingungsform darstellt, die mit dem RAYLEIGHschen Quotienten ausgezeichnete Näherungen für den ersten Eigenwert liefert. Der Einschließungssatz führte dagegen auch jetzt wieder zu relativ unbefriedigenden Aussagen. Daraus sollte man aber keineswegs schließen, daß er unbrauchbar ist, er kann nämlich z.B. zum Aufstellen eines Abbruchkriteriums bei Iterationsverfahren sehr nützlich sein.

Als nächstes versuchen wir noch in diesem Beispiel die zweite Eigenfrequenz mit dem RAYLEIGHschen Quotienten abzuschätzen. Dazu verwenden wir den Vektor

$$\mathbf{u} = \begin{bmatrix} \sin 2\pi/5 \\ \sin 4\pi/5 \\ \sin 6\pi/5 \\ \sin 8\pi/5 \end{bmatrix} = \begin{bmatrix} 0{,}9511 \\ 0{,}5878 \\ -0{,}5878 \\ -0{,}9511 \end{bmatrix} \tag{4.126}$$

gemäß Abb. 4.6b, der auf

$$R(\mathbf{u}) = 8{,}558\ k \tag{4.127}$$

führt; dieser Wert unterscheidet sich um ca. 50 % von dem in 4.1.4 berechneten zweiten Eigenwert! Ohne zusätzliche Informationen wissen wir auch nicht, ob (4.127) über oder unter ω_2^2 liegt; bei der Abschätzung höherer Eigenwerte mit Hilfe des RAYLEIGHschen Quotienten ist daher größte Vorsicht geboten!

4.1.3 Das RITZ-Verfahren

Mit Hilfe des RITZ-Verfahrens kann man näherungsweise ein System von n Freiheitsgraden durch ein anderes mit s < n Freiheitsgraden ersetzen. Ähnliches wurde in Abschnitt 4.1.2 schon durch die Einführung von n-s zusätzlichen Bindungen erreicht. Häufig ist es aber bequemer, nicht die Bindungsgleichungen, sondern direkt s linear unabhängige Vekoren $\mathbf{v}_1, \mathbf{v}_2, \ldots, \mathbf{v}_s$ anzugeben, die den s-dimensionalen Unterraum aufspannen, dessen Vektoren die Bindungsgleichungen erfüllen. Dazu schreibt man

$$\mathbf{q}(t) = \sum_{i=1}^{s} z_i(t)\, \mathbf{v}_i \tag{4.128}$$

mit den s unbekannten Funktionen $z_1(t), z_2(t), \ldots, z_s(t)$. In Matritzenschreibweise gilt auch

$$\mathbf{q}(t) = \mathbf{V}\, \mathbf{z}(t) \tag{4.129}$$

mit dem s-Vektor $\mathbf{z}(t) = (z_1, z_2, \ldots, z_s)^T$ und der n x s-Matrix $\mathbf{V} = (\mathbf{v}_1, \mathbf{v}_2, \ldots, \mathbf{v}_s)$. Die Beziehung (4.129) wird nun verwendet, um die kinetische und potentielle Energie durch die neuen s Variablen $z_1, z_2, \ldots, z_s$ bzw. deren Zeitableitungen auszudrücken:

$$T = \frac{1}{2}\, \dot{\mathbf{q}}^T \mathbf{M}\, \dot{\mathbf{q}} = \frac{1}{2}\, \dot{\mathbf{z}}^T \bar{\mathbf{M}}\, \dot{\mathbf{z}}\ , \tag{4.130}$$

$$U = \frac{1}{2}\, \mathbf{q}^T \mathbf{C}\, \mathbf{q} = \frac{1}{2}\, \mathbf{z}^T \bar{\mathbf{C}}\, \mathbf{z} \tag{4.131}$$

mit

$$\bar{\mathbf{M}} := \mathbf{V}^T \mathbf{M}\, \mathbf{V}\ , \qquad \bar{\mathbf{C}} := \mathbf{V}^T \mathbf{C}\, \mathbf{V}\ . \tag{4.132}$$

Die Bewegungsgleichungen dieses gemäß (4.129) eingeschränkten Systems sind

$$\bar{\mathbf{M}}\, \ddot{\mathbf{z}} + \bar{\mathbf{C}}\, \mathbf{z} = \mathbf{0}\ , \tag{4.133}$$

und aus den in 4.1.2 behandelten Extremaleigenschaften der Eigenwerte wissen wir, daß die s Eigenwerte $\bar{\omega}_1^2, \bar{\omega}_2^2, \ldots, \bar{\omega}_s^2$ von (4.133) die Bedingung $\omega_i^2 \leq \bar{\omega}_i^2 \leq \omega_{i+n-s}^2$ erfüllen. Sind $\mathbf{u}_1, \mathbf{u}_2, \ldots, \mathbf{u}_n$ die Eigenvektoren von (4.133), so sind

$$\mathbf{r}_i = \mathbf{V}\,\mathbf{u}_i\,, \quad i = 1,2,\ldots,s \tag{4.134}$$

zumindest bei geschickter Wahl der "Ansatzvektoren" $\mathbf{v}_1, \mathbf{v}_2, \ldots, \mathbf{v}_s$ Näherungen an die Eigenvektoren des ursprünglichen Systems.

Diese Art, ein gegebenes System auf ein anderes System mit weniger Freiheitsgraden zu "projezieren", ist besonders bei Kontinua außerordentlich nützlich, da dort Systeme mit unendlich vielen Freiheitsgraden durch diskrete Systeme ersetzt werden. Oft weiß man ja bei technischen Anwendungen, daß nur Eigenfrequenzen aus einem vorgegebenen Bereich eine Rolle spielen oder daß nur bestimmte Eigenschwingungsformen, die man u. U. - zumindest näherungsweise - unmittelbar erkennt, wichtig sind.

Aus 4.1.2 folgt auch, daß sich bei Hinzufügen zusätzlicher Ansatzvektoren in (4.128) die Abweichungen $|\omega_i^2 - \bar{\omega}_i^2|$, $i = 1,2,\ldots,s$ ständig verkleinern; in diesem Sinne ist also das RITZ-Verfahren konvergent. Auch das in der Strukturmechanik so viel verwendete Finite-Elemente-Verfahren kann als ein Sonderfall des RITZ-Verfahrens interpretiert werden.

An einem einfachen Beispiel verdeutlichen wir die Vorgehensweise. Dazu greifen wir nochmals auf das schon behandelte System der Abbildung 4.5 zurück. Normalerweise wird man das RITZ-Verfahren lediglich einmal für eine feste Anzahl s von Ansatzvektoren $\mathbf{v}_1, \mathbf{v}_2, \ldots, \mathbf{v}_s$ anwenden. Wir wollen aber hier beobachten, wie sich die Eigenwerte mit der Zahl der Ansatzvektoren verändert und verwenden daher das Verfahren mit einem, zwei oder mit drei Ansatzvektoren; dabei verwenden wir als Ansatzvektoren $\mathbf{v}_1$ gemäß (4.114) und $\mathbf{v}_2$ gemäß (4.126), während ganz analog $\mathbf{v}_3$ zu

$$\mathbf{v}_3^T = (\sin\frac{3\pi}{5},\ \sin\frac{6\pi}{5},\ \sin\frac{9\pi}{5},\ \sin\frac{12\pi}{5}) \tag{4.135}$$

angenommen wird. Wählt man s = n = 4 Ansatzfunktionen, so entspricht (4.128) lediglich einer Koordinatentransformation, die Anzahl der Freiheitsgrade wird nicht reduziert, und (4.133) führt auf die gleichen Eigenwerte wie die ursprünglichen Differentialgleichungen.

Wird nun der eine Ansatzvektor $\mathbf{v}_1$ gewählt, ergibt sich die Matrix $\mathbf{V}_1$ als $\mathbf{V}_1 = \mathbf{v}_1$, mit den zwei Ansatzvektoren $\mathbf{v}_1$, $\mathbf{v}_2$ folgt

$$\mathbf{V}_2 = (\mathbf{v}_1, \mathbf{v}_2) = \begin{bmatrix} \sin\frac{1}{5}\pi & \sin\frac{2}{5}\pi \\ \sin\frac{2}{5}\pi & \sin\frac{4}{5}\pi \\ \sin\frac{3}{5}\pi & \sin\frac{6}{5}\pi \\ \sin\frac{4}{5}\pi & \sin\frac{8}{5}\pi \end{bmatrix} , \tag{4.136}$$

und mit den drei Ansatzvektoren $\mathbf{v}_1$, $\mathbf{v}_2$, $\mathbf{v}_3$ ergibt sich

$$\mathbf{V}_3 = (\mathbf{v}_1, \mathbf{v}_2, \mathbf{v}_3) \; . \tag{4.137}$$

Mit $\mathbf{V}_1$ ist gemäß (4.132)

$$\bar{\mathbf{M}}_1 = 126{,}3 \text{ m} , \qquad \bar{\mathbf{C}}_1 = 67{,}84 \text{ km} , \tag{4.138}$$

und ebenso erhält man für den Fall von zwei bzw. drei Ansatzvektoren jeweils

$$\bar{\mathbf{M}}_2 = \text{m} \begin{bmatrix} 126{,}30 & 110{,}70 \\ 110{,}70 & 126{,}30 \end{bmatrix} , \tag{4.139}$$

$$\bar{\mathbf{C}}_2 = \text{km} \begin{bmatrix} 67{,}84 & 0{,}000 \\ 0{,}000 & 1080 \end{bmatrix} , \quad \text{usw.} \tag{4.140}$$

Die skalare Bewegungsgleichung, die sich mit nur einem Ansatzvektor ergibt, führt natürlich wieder auf den schon in (4.118) mit dem RAYLEIGHschen Quotienten bestimmten Näherungswert für den ersten Eigenwert. Das Eigenwertproblem mit s = 2 kann leicht gelöst werden, da die charakteristische Gleichung quadratisch ist, das Problem für s = 3 ist numerisch zu lösen. Die Ergebnisse sind in der Tabelle 4.1 zusammengestellt und werden dort auch mit den numerisch exakten Werten verglichen, die nach dem in 4.1.4 beschriebenen Verfahren berechnet wurden. Ein weiterer Vergleich zeigt, daß das RITZ-Verfahren mit s = 2 bessere Näherungen auch für den zweiten Eigenwert liefert als der RAYLEIGHsche Quotient, wenn dieser nur für jeweils einen der Ansatzvektoren berechnet wird. Aus den Extremaleigenschaften der Eigenwerte folgt direkt, daß dies so sein muß.

Wir weisen nochmals darauf hin, daß das RITZ-Verfahren besonders für kontinuierliche Systeme wichtig ist, und der vorliegende Abschnitt ist auch als Vorbereitung zur Behandlung der Schwingungen von Kontinua zu verstehen. Allerdings gibt es auch bei diskreten Systemen gelegentlich Fälle, in denen eine Reduktion der Ordnung mit Hilfe des RITZ-Verfahrens zweckmäßig ist.

Tabelle 4.1: Näherungen an die Eigenwerte aus dem RITZ-Verfahren in Abhängigkeit von der Anzahl s der Ansatzfunktionen

s = 1	s = 2	s = 3	s = 4 (exakt)
$\bar{\omega}_1^2 = 0{,}5373\ k$	$\bar{\omega}_1^2 = 0{,}5121\ k$ $\bar{\omega}_2^2 = 38{,}70\ k$	$\bar{\omega}_1^2 = 0{,}5121\ k$ $\bar{\omega}_2^2 = 21{,}07\ k$ $\bar{\omega}_3^2 = 449{,}4\ k$	$\omega_1^2 = 0{,}5119\ k$ $\omega_2^2 = 18{,}49\ k$ $\omega_3^2 = 398{,}3\ k$ $\omega_4^2 = 3784\ k$

4.1.4 Numerische Verfahren zur Lösung des Eigenwertproblems

In diesem Abschnitt befassen wir uns mit der numerischen Lösung des Eigenwertproblems

$$(\mathbf{C} - \omega^2 \mathbf{M})\ \mathbf{l} = \mathbf{0} \tag{4.141}$$

mit $\mathbf{C}^T = \mathbf{C} > 0$, $\mathbf{M}^T = \mathbf{M} > 0$. Die numerische Bestimmung der Wurzeln des durch die Determinante (4.12) definierten charakteristischen Polynoms ist für größere Werte von n im allgemeinen ungünstig, da das Berechnen einer Determinante eine sehr große Anzahl elementarer Rechenoperationen bedingt. Aus dem gleichen Grunde verwendet man ja auch zum Beispiel die CRAMERsche Regel[49] nicht zur numerischen Lösung großer linearer Gleichungssysteme, obwohl sie für eine Reihe theoretischer Betrachtungen sehr nützlich ist. Zur numerischen Behandlung

---

[49] Nach dem Mathematiker Gabriel CRAMER, *1704 in Genf, + 1752 in Bagnols-sur-Cèze.

des Matrizeneigenwertproblems (4.141) zieht man vielmehr Verfahren heran, die eine gleichzeitige Bestimmung von Eigenwerten und Eigenvektoren ermöglichen.

Wir betrachten zunächst ein einfaches Iterationsverfahren, das unter der Bezeichnung *Vektoriteration* oder *Matrizeniteration* bekannt ist. Es ist sehr einfach und übersichtlich und läßt sich deshalb auch sehr bequem programmieren. Dazu bringen wir das Eigenwertproblem (4.141) zunächst auf die Form

$$\mathbf{L}\ \mathbf{l} = \lambda\ \mathbf{l}\ , \tag{4.142}$$

mit $\mathbf{L} := \mathbf{C}^{-1}\mathbf{M}$ oder $\mathbf{L} := \mathbf{M}^{-1}\mathbf{C}$. Welche dieser beiden Darstellungen man wählt, ist prinzipiell egal und hängt lediglich davon ab, welche der beiden Matrizen $\mathbf{M}$ oder $\mathbf{C}$ sich leichter invertieren läßt; oft ist ja eine dieser Matrizen diagonal, so daß die Inverse sofort angegeben werden kann. Wir nehmen für das folgende bis auf weiteres an, daß $\mathbf{L} := \mathbf{M}^{-1}\mathbf{C}$ und $\lambda = \omega^2$ ist; im anderen Fall gilt $\lambda = 1/\omega^2$. Man beachte, daß die Matrix $\mathbf{L}$ im allgemeinen nicht symmetrisch ist (das Produkt symmetrischer Matritzen braucht keineswegs symmetrisch zu sein!).

Wir legen die Iterationsvorschrift

$$\mathbf{e}_{k+1} := \mathbf{L}\ \mathbf{e}_k \tag{4.143}$$

fest, d.h. zu einem beliebig vorgegebenen Vektor $\mathbf{e}_k$ wird ein Vektor $\mathbf{e}_{k+1}$ durch die in (4.143) angegebene Multiplikation mit der Matrix $\mathbf{L}$ bestimmt. Man kann nun zu einem vorgegebenen Vektor $\mathbf{e}_1$ die Formel (1.143) sukzessiv anwenden und die unendliche Folge $\mathbf{e}_1, \mathbf{e}_2, \mathbf{e}_3, \ldots$ konstruieren. Diese hat die Eigenschaft $\mathbf{e}_i \to \mathbf{r}_n$ (bis auf Normierung) und $R(\mathbf{e}_i) \to \lambda_n$ mit $i \to \infty$ (wie wir im folgenden zeigen). Das bedeutet, daß man eine beliebig gute Näherung für $\mathbf{r}_n$ und λ_n erhält, wenn man irgendeinen Vektor $\mathbf{e}_1$ gemäß der oben angegebenen Iterationsvorschrift nur hinreichend oft iteriert.

Zum Beweis stellen wir $\mathbf{e}_k$ in der Basis der (unbekannten) Eigenvektoren dar:

$$\mathbf{e}_k = e_{k,1}\mathbf{r}_1 + e_{k,2}\mathbf{r}_2 + \ldots + e_{k,n}\mathbf{r}_n\ . \tag{4.144}$$

Die Iterationsvorschrift (4.143) ergibt damit

$$\begin{aligned} \mathbf{e}_{k+1} &= \mathbf{L}\ \mathbf{e}_k = e_{k,1}\ \mathbf{L}\ \mathbf{r}_1 + e_{k,2}\ \mathbf{L}\ \mathbf{r}_2 + \ldots + e_{k,n}\ \mathbf{L}\ \mathbf{r}_n \\ &= e_{k,1}\ \lambda_1\ \mathbf{r}_1 + e_{k,2}\ \lambda_2\ \mathbf{r}_2 + \ldots + e_{k,n}\ \lambda_n\ \mathbf{r}_n\ . \end{aligned} \tag{4.145}$$

Eine weitere Multiplikation mit $\mathbf{L}$ liefert

$$\mathbf{e}_{k+2} = e_{k,1}\,\lambda_1^2\,\mathbf{r}_1 + e_{k,2}\,\lambda_2^2\,\mathbf{r}_2 + \ldots + e_{k,n}\,\lambda_n^2\,\mathbf{r}_n \tag{4.146}$$

und man erkennt auch leicht, daß

$$\begin{aligned}\mathbf{e}_{k+s} &= e_{k,1}\,\lambda_1^s\,\mathbf{r}_1 + e_{k,2}\,\lambda_2^s\,\mathbf{r}_2 + \ldots + e_{k,n}\,\lambda_n^s\,\mathbf{r}_n \\ &= \lambda_n^s\Big[e_{k,n}\mathbf{r}_n + \Big(\frac{\lambda_{n-1}}{\lambda_n}\Big)^s e_{k,n-1}\mathbf{r}_{k-1} + \ldots + \Big(\frac{\lambda_1}{\lambda_n}\Big)^s e_{k,1}\mathbf{r}_1\Big]\end{aligned} \tag{4.147}$$

ist. Beginnt man also mit einem beliebigen Vektor $\mathbf{e}_1$, so konvergiert die Folge $\mathbf{e}_1, \mathbf{e}_2, \mathbf{e}_3, \ldots$ in der Tat gegen einen Vektor, der parallel zu $\mathbf{r}_n$ ist, sofern $\mathbf{e}_{1,n} \neq 0$ gewählt wurde, da ja die Komponenten in Richtung $\mathbf{r}_{n-1}, \mathbf{r}_{n-2}, \ldots, \mathbf{r}_1$ ständig abnehmen. In der Praxis ist die Einschränkung $\mathbf{e}_{1,n} \neq 0$ nicht sehr gravierend, da sich bei der numerischen Rechnung i. a. schon durch Rundungsfehler bei der Iteration eine kleine Komponente in Richtung $\mathbf{r}_n$ einschleichen wird. Wie schnell die Folge gegen $\mathbf{r}_n$ konvergiert, hängt allerdings stark von der Wahl des Anfangsvektors $\mathbf{e}_1$ und von den in (4.147) auftretenden Quotienten der Eigenwerte ab. Der Fall $\lambda_n = \lambda_{n-1}$ ist getrennt zu betrachten, bereitet aber keine prinzipiellen Schwierigkeiten.

Aus (4.147) folgt allerdings auch, daß der Betrag des iterierten Vektors gegen Null oder gegen Unendlich geht, je nachdem ob $\lambda_n < 1$ oder $\lambda_n > 1$ ist. Dies ist natürlich für die numerische Rechnung ungünstig; es wäre vielmehr günstig, wenn man eine Folge von Vektoren mit Beträgen gleicher Größenordnung erhielte. Ohne Schwierigkeiten läßt sich eine Folge von Vektoren gleicher Beträge konstruieren, wenn man in jedem Iterationsschritt den neuen Vektor in geeigneter Weise normiert, dazu genügt es z.B., die Iterationsvorschrift (4.143) durch

$$\mathbf{e}_{k+1} := \frac{1}{|\mathbf{L}\,\mathbf{e}_k|}\,\mathbf{L}\,\mathbf{e}_k \tag{4.148}$$

zu ersetzen. Es ist aber nicht unbedingt notwendig, die Normierung in jedem Iterationsschritt durchzuführen, oft reicht es, nach vielleicht jedem dritten oder vierten Schritt den Vektor zu skalieren.

Des weiteren ist ein Kriterium zum Abbruch der Iteration wünschenswert. Hierzu kann man beispielsweise den Einschließungssatz aus 4.1.2 verwenden. Zu einem jeden $\mathbf{e}_k$ kann man das Intervall $[a_k, b_k]$ berechnen, das auf jeden Fall einen Eigenwert enthält und mit $k \to \infty$ gilt auch $a_k \to b_k$. Ist die Länge des Intervalls kleiner als ein vorgegebenes ϵ, wird die Iteration abgebrochen. Im übrigen liefert ja die Iteration nicht nur den Eigenvektor $\mathbf{r}_n$, sondern auch den entsprechenden Eigenwert λ_n, so gilt etwa bei Verwendung der Iterationsvorschrift (4.143)

$$\lambda_n = \lim_{k\to\infty} \frac{|\mathbf{e}_{k+1}|}{|\mathbf{e}_k|} = \lim_{k\to\infty} R(\mathbf{e}_k) \ . \tag{4.149}$$

In leicht abgeänderter Form kann das Iterationsverfahren auch zur Bestimmung der Eigenwerte niedrigerer Ordnung und der entsprechenden Eigenvektoren verwendet werden. Will man etwa r_{n-1} und λ_{n-1} bestimmen, so ist für die Iteration ein Ausgangsvektor zu wählen, der keine Komponente in Richtung des schon bestimmten Eigenvektors $\mathbf{r}_n$, jedoch eine von Null verschiedene Komponente in Richtung von $\mathbf{r}_{n-1}$ besitzt. Man erreicht dies dadurch, daß man zu einem beliebigen $\mathbf{e}$ den Vektor

$$\mathbf{u}_1 := \mathbf{e} - (\mathbf{e}^T\mathbf{M}\ \mathbf{r}_n)\ \mathbf{r}_n \tag{4.150}$$

bildet (die Eigenvektoren seien bezüglich $\mathbf{M}$ normiert!). Da $\mathbf{r}_n$ jetzt schon bestimmt ist, kann man $\mathbf{u}_1$ gemäß (4.150) ausrechnen. Mit diesem Startvektor ist nun wie vorher gemäß (4.143) zu iterieren, wobei die Vektorenfolge gegen den Eigenvektor höchster Ordnung in dem zu $\mathbf{r}_n$ (bezüglich $\mathbf{M}$) orthogonalen Unterraum - d.h. also gegen $\mathbf{r}_{n-1}$ - konvergieren sollte. Allerdings wird sich bei der Iteration infolge der Rundungsfehler i.a. eine Komponente in Richtung $\mathbf{r}_n$ einschleichen, so daß die Folge doch wieder gegen $\mathbf{r}_n$ konvergieren kann. Um dem vorzubeugen, ist es notwendig, die sich einschleichende Komponente immer wieder herauszufiltern, so daß die vollständige Iterationsvorschrift etwa so aussehen könnte:

$$\mathbf{e}_{k+1} = L\left[\mathbf{e}_k - (\mathbf{e}_k^T\mathbf{M}\ \mathbf{r}_n)\ \mathbf{r}_n\right] \ . \tag{4.151}$$

Nicht immer braucht diese "Filterung" in jedem Iterationsschritt durchgeführt zu werden, es kann auch hinreichend sein, sie z.B. wie auch schon die weiter oben erwähnte Normierung etwa nur in jedem zweiten oder dritten Iterationsschritt auszuführen.

Die in (4.150) ausgeführte "Filterung" - es handelt sich dabei ja eigentlich um eine Projektion von $\mathbf{e}$ in den durch $r_1, r_2, \ldots, r_{n-1}$ aufgespannten

Unterraum - kann auch auf elegantere Art vorgenommen werden. Dazu bestimmen wir eine Matrix $\mathbf{B}_n$, mit der Eigenschaft, daß für alle $\mathbf{e}$

$$(\mathbf{e}^T\mathbf{M}\,\mathbf{r}_n)\,\mathbf{r}_n = \mathbf{B}_n\mathbf{e} \tag{4.152}$$

gilt. Multipliziert man (4.152) von links mit $\mathbf{v}^T$ und fordert, daß beide Seiten für beliebige $\mathbf{v}$ und $\mathbf{e}$ identisch sind, so ergibt sich sofort die n x n Matrix

$$\mathbf{B}_n = \mathbf{r}_n\,\mathbf{r}_n^T\,\mathbf{M}\,, \tag{4.153}$$

und damit kann (4.150) auch als

$$\mathbf{u}_1 := \mathbf{P}_n\,\mathbf{e} \tag{4.150'}$$

geschrieben werden mit der Projektionsmatrix

$$\mathbf{P}_n := \mathbf{E} - \mathbf{r}_n\,\mathbf{r}_n^T\,\mathbf{M}\,. \tag{4.154}$$

Die Iterationsvorschrift (4.151) kann damit ersetzt werden durch

$$\mathbf{e}_{k+1} := \mathbf{L}\,\mathbf{P}_n\,\mathbf{e}_k\;; \tag{4.151'}$$

es ist also wieder eine Matrizeniteration durchzuführen wie schon bei der Bestimmung von $\mathbf{r}_n$ in (4.143) mit dem Unterschied, daß jetzt die Matrix $\mathbf{L}\,\mathbf{P}_n$ an die Stelle der Matrix $\mathbf{L}$ tritt (hinzu kommt natürlich noch die Normierung der Vektoren, die gegebenenfalls regelmäßig durchzuführen ist). Hat man $\mathbf{r}_n$ und $\mathbf{r}_{n-1}$ bestimmt (und bezüglich $\mathbf{M}$ orthonormiert), so kann man einen zu $\mathbf{r}_{n-2}$ parallelen Vektor mit Hilfe der Iterationsformel

$$\mathbf{e}_{k+1} := \mathbf{L}\,\mathbf{P}_n\,\mathbf{P}_{n-1}\,\mathbf{e}_k \tag{4.155}$$

bestimmen, und auf entsprechende Art können alle Eigenvektoren iterativ berechnet werden.

Eine Fehlerquelle bei der Bestimmung der Eigenvektoren auf diesem Wege besteht offensichtlich darin, daß die zur Berechnung von $\mathbf{r}_s$ verwendeten Eigenvektoren $\mathbf{r}_n, \mathbf{r}_{n-1}, \ldots, \mathbf{r}_{s+1}$ nicht exakt bekannt sind, sondern auch nur näherungsweise bestimmt wurden. Die Konvergenz des Matrizeniterationsverfahrens ist im allgemeinen sehr gut, sofern die Eigenwerte nicht zu nah beieinander liegen. Der Fall vielfacher Eigenwerte ist auch hier wieder getrennt zu behandeln, bereitet aber keine Schwierigkeiten.

Es sei noch bemerkt, daß die iterative Bestimmung der Eigenvektoren zu den Eigenfrequenzen niediger Ordnung auf unterschiedliche Art durchgeführt werden kann. So gibt MEIROVITCH /5, 6, S. 91 ff./ eine andere Konstruktion für die "Projektionsmatrix" an, und TONG /7, S. 203 ff./ verwendet ein elegantes Reduktionsverfahren, bei dem die Orthogonalitätseigenschaft der Eigenvektoren ausgenutzt wird.

Für das Beispiel der Abb. 4.5 sollen nun alle Eigenvektoren und Eigenwerte mit dem angegebenen Iterationsverfahren berechnet werden. Aus (4.109) und (4.111) folgt

$$\mathbf{L} = \mathbf{M}^{-1}\,\mathbf{C} = k\begin{bmatrix} 17,20 & -16,55 & 7,200 & -1,800 \\ -16,55 & 24,40 & -18,35 & 7,200 \\ 720 & -1835 & 2440 & -1655 \\ -180 & 720 & -1655 & 1720 \end{bmatrix}. \tag{4.156}$$

Wir beginnen die Iteration mit dem Vektor $\mathbf{e} = (1,1,1,1)^T$ und geben die Ergebnisse bis zur dritten Iteration in

$\mathbf{e}$	$\mathbf{L\,e}$	$\frac{(\mathbf{L\,e})_i}{(\mathbf{e})_i}$	$\mathbf{L}^2\mathbf{e}$	$\frac{(\mathbf{L}^2\mathbf{e})_i}{(\mathbf{L\,e})_i}$
1	6,05 E + 00	6,05 E + 00	-3,31 E + 03	-5,47 E + 02
1	-3,30 E + 00	-3,30 E + 00	1,02 E + 04	-3,10 E + 03
1	-3,30 E + 02	-3,30 E + 02	-1,80 E + 06	5,44 E + 03
1	6,05 E + 02	6,05 E + 02	1,58 E + 06	2,62 E + 03

$\mathbf{L}^3\mathbf{e}$	$\frac{(\mathbf{L}^3\mathbf{e})_i}{(\mathbf{L}^2\mathbf{e})_i}$	$\mathbf{r}_4$
-1,60 E + 07	4,84 E + 03	-1,7668 E - 03
4,47 E + 07	4,37 E + 03	4,9293 E - 03
-7,02 E + 09	3,91 E + 03	-7,7522 E - 01
5,70 E + 09	3,60 E + 03	6,2951 E - 01

(4.157)

an. Nach $\mathbf{L}\,\mathbf{e}$ wurde in der dritten Spalte der Quotient der i-ten Komponenten von $\mathbf{L}\,\mathbf{e}$ und $\mathbf{e}$ gebildet, für i = 1,2,3,4. Für einen Eigenvektor ist natürlich der Quotient zwischen dem mit $\mathbf{L}$ multiplizierten Vektor und dem Vektor selbst in allen Komponenten gleich dem entsprechenden Eigenwert (sofern alle Komponenten des Eigenvektors ungleich Null sind); in der dritten Spalte dagegen ergeben sich ganz unterschiedliche Werte, so daß der iterierte Vektor noch weit vom Eigenvektor entfernt ist. Nach der zweiten Iteration streuen die Quotienten in der fünften Spalte immer noch sehr, nach der dritten Iteration dagegen sind die Abweichungen nur noch gering (Spalte sieben).

Wir beenden daher die Iteration an dieser Stelle und verwenden als Näherungswert für ω_4^2 den Quotienten der Beträge der Vektoren $\mathbf{L}^3\mathbf{e}$ und $\mathbf{L}^2\mathbf{e}$. Damit folgt

$$\omega_4^2 = 3779\ k\ , \tag{4.158}$$

während sich der bezüglich $\mathbf{M}$ normierte Eigenvektor, der in der letzten Spalte in (4.157) angegeben ist, zu

$$\mathbf{r}_4 = \frac{\mathbf{L}^3\mathbf{e}}{\sqrt{(\mathbf{L}^3\mathbf{e})^T\mathbf{M}\,\mathbf{L}^3\mathbf{e}}} = \frac{1}{\sqrt{m}}\begin{bmatrix} -1{,}7668\ E-03 \\ 4{,}9293\ E-03 \\ -7{,}7522\ E-01 \\ 6{,}2951\ E-01 \end{bmatrix} \tag{4.159}$$

ergibt (der Bequemlichkeit halber haben wir die Faktoren k und $1/\sqrt{m}$ in (4.157) unterschlagen, außerdem wurden in (4.157) die Zwischenergebnisse nur mit wenigen Dezimalstellen angegeben, um die Lesbarkeit zu verbessern). Eine genauere Untersuchung zeigt, daß der mit (4.158) begangene Fehler in ω_4^2 kleiner als 0,5% ist, so daß wir dieses Ergebnis als "exakt" bezeichnen. Auf die Zwischennormierung wurde in (4.157) bei der Iteration verzichtet, da die auftretenden Größenordnungen den üblichen Taschen- und Tischrechnern keine Schwierigkeiten bereiten.

Mit (4.159) kann man nun gemäß (4.154) die Projektionsmatrix $\mathbf{P}_4$ berechnen:

$$\mathbf{P}_4 = \begin{bmatrix} 9{,}997\ E{-}01 & 8{,}709\ E{-}04 & -1{,}370\ E{-}03 & 1{,}112\ E{-}03 \\ 8{,}709\ E{-}04 & 9{,}976\ E{-}01 & 3{,}821\ E{-}03 & -3{,}103\ E{-}03 \\ -1{,}370\ E{-}01 & 3{,}821\ E{-}01 & 3{,}990\ E{-}01 & 4{,}880\ E{-}01 \\ 1{,}112\ E{-}01 & -3{,}103\ E{-}01 & 4{,}880\ E{-}01 & 6{,}037\ E{-}01 \end{bmatrix}. \tag{4.160}$$

Dreimalige Iteration des gleichen Ansatzvektors **e** wie in (4.157) mit der Matrix $\mathbf{L}\,\mathbf{P}_4$ und anschließende Normierung liefert

$$\mathbf{r}_3 = \frac{1}{\sqrt{m}}\begin{bmatrix} 8,6459 \text{ E} - 03 \\ -1,5650 \text{ E} - 02 \\ 6,4469 \text{ E} - 01 \\ 7,4324 \text{ E} - 01 \end{bmatrix} \tag{4.161}$$

und

$$\omega_3^2 = 398,9 \text{ k} \tag{4.162}$$

mit einem Fehler kleiner als 0,1% in ω_3^2. Damit wird jetzt gemäß (4.154) die Matrix $\mathbf{P}_3$ gebildet, und dreimalige Iteration von **e** mit $\mathbf{L}\,\mathbf{P}_4\mathbf{P}_3$ ergibt nach Normierung

$$\mathbf{r}_2 = \frac{1}{\sqrt{m}}\begin{bmatrix} 8,3482 \text{ E} - 02 \\ -5,2382 \text{ E} - 02 \\ -1,3519 \text{ E} - 01 \\ -1,0207 \text{ E} - 01 \end{bmatrix} \tag{4.163}$$

sowie

$$\omega_2^2 = 18,52 \text{ k} . \tag{4.164}$$

Mit $\mathbf{r}_2$ berechnet man $\mathbf{P}_2$, und die Multiplikation von **e** mit $\mathbf{L}\,\mathbf{P}_4\mathbf{P}_3\mathbf{P}_2$ führt ohne weitere Iteration auf den Eigenvektor

$$\mathbf{r}_1 = \frac{1}{\sqrt{m}}\begin{bmatrix} 5,4273 \text{ E} - 02 \\ 8,3502 \text{ E} - 02 \\ 7,7969 \text{ E} - 02 \\ 4,5863 \text{ E} - 02 \end{bmatrix} \tag{4.165}$$

sowie

$$\omega_1^2 = 0,5121 \text{ k} , \tag{4.166}$$

und damit ist dieses Beispiel beendet.

Die meisten in der Praxis verwendeten Verfahren zur numerischen Lösung der hier betrachteten Klasse von Eigenwertproblemen gehen von dem beschriebenen Iterationsverfahren aus; eine ausführliche Übersicht dazu ist bei PARLETT /8/ zu finden. Oft ist es bei der Lösung von Eigenwertproblemen auch zweckmäßig, die besondere Struktur der Matrizen **M** und **C** auszunützen.

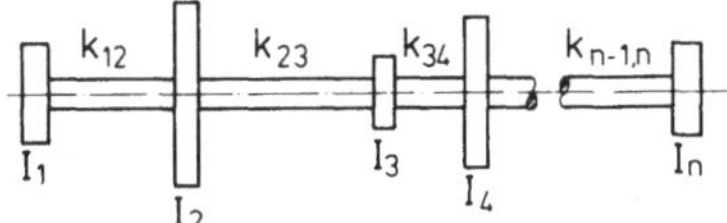

Abb. 4.7 Torsionswelle mit n Scheiben

Man betrachte dazu die mit n Scheiben besetzte Welle der Abb. 4.7; solche und ähnliche Systeme spielen z.B. bei Torsionsschwingungen in Getrieben eine wichtige Rolle. Bezeichnet man die Torsionssteifigkeit des Wellenstückes zwischen der i-ten und der (i+1)-ten Scheibe mit $k_{i,i+1}$ und das Massenträgheitsmoment der i-ten Scheibe mit I_i, $i = 1,2,\dots,n$, so werden die Torsionsschwingungen der frei drehbar gelagerten Welle durch

$$\left.\begin{aligned}
&I_1\ddot{\theta}_1 + k_{12}(\theta_1 - \theta_2) = 0\ ,\\
&I_2\ddot{\theta}_2 + k_{23}(\theta_2 - \theta_3) + k_{12}(\theta_2 - \theta_1) = 0\ ,\\
&I_3\ddot{\theta}_3 + k_{34}(\theta_3 - \theta_4) + k_{23}(\theta_3 - \theta_2) = 0\ ,\\
&\vdots\\
&I_n\ddot{\theta}_n + k_{n-1,n}(\theta_n - \theta_{n-1}) = 0\ ,
\end{aligned}\right\} \tag{4.167}$$

beschrieben, wobei θ_i, $i = 1,2,\dots,n$, der Drehwinkel der i-ten Scheibe ist. Die Trägheits- und Steifigkeitsmatrix besitzen hier die Form

$$\mathbf{M} = \begin{bmatrix} I_1 & 0 & 0 & \dots & 0 \\ 0 & I_2 & 0 & \dots & 0 \\ 0 & 0 & I_3 & \dots & 0 \\ \vdots & & & & \vdots \\ 0 & 0 & 0 & \dots & I_n \end{bmatrix}, \tag{4.168}$$

$$\mathbf{C} = \begin{bmatrix} k_{11} & -k_{12} & 0 & 0 & \dots & 0 \\ -k_{12} & k_{12}+k_{23} & -k_{23} & 0 & \dots & 0 \\ 0 & -k_{23} & k_{23}+k_{34} & & \dots & 0 \\ 0 & 0 & & & \dots & 0 \\ \vdots & \vdots & \vdots & \vdots & & \vdots \\ 0 & 0 & 0 & \dots & -k_{n-1,n} & k_{n,n} \end{bmatrix}. \tag{4.169}$$

Aus der Tatsache, daß das System der Abb. 4.7 keine isolierte Gleichgewichtslage besitzt, folgt, daß **C** semidefinit ist. Man erkennt, daß in (4.169) nur ein sich längs der Hauptdiagonale erstreckendes Band mit Elementen besetzt ist, die ungleich Null sind; von einer solchen Matrix sagt man, daß sie "Bandstruktur" besitzt. Selbstverständlich hängt die Tatsache, ob die Matrizen Bandstruktur besitzen oder nicht von der Wahl der verallgemeinerten Koordinaten ab. Sind **M** und C Matrizen mit Bandstruktur, so kann diese Eigenschaft bei der numerischen Lösung des Eigenwertproblems verwendet werden. Wir gehen darauf hier nicht weiter ein, sondern verweisen wieder auf PARLETT /8/ (s. auch TONG /7/, S. 212 ff.).

Systeme der Art der Abb. 4.7, bei denen die Matrizen **M** und **C** mit den üblicherweise verwendeten Koordinaten die angegebene Struktur besitzen, werden als *Schwingerketten* bezeichnet. Auch das System der Abb. 4.7 stellt eine typische Schwingerkette dar, und auch bei der Diskretisierung von Balken und Rahmen mit Hilfe von Finite-Element-Verfahren treten Schwingerketten auf. Besonders einfach gestaltet sich das Eigenwertproblem für Schwingerketten dann, wenn die einzelnen Elemente alle identisch sind. In dem System der Abb. 4.7 bedeutet dies $I_1 = I_2 = \ldots = I_n = I$ und $k_{i,i+1} = k$ für $i = 1,2,\ldots,n-1$. Für solche und ähnliche Systeme können in einigen Fällen die Eigenwerte und Eigenvektoren explizit angegeben werden (s. z.B. KLOTTER /9/).

Eigenwertprobleme der Art (4.142) haben eine Reihe besonders einfacher Eigenschaften, falls die Matrix **L** symmetrisch ist. So ist z.B. der Einschließungssatz unmittelbar anzuwenden, und außerdem sind die Eigenvektoren im üblichen Sinne orthogonal, d.h. es gilt $\mathbf{r}_s^T \mathbf{r}_j = 0$ für $s \neq j$. Auch gibt es eine Reihe numerischer Verfahren, die besonders zur Lösung "symmetrischer Eigenwertprobleme" geeignet sind (vgl. /8/). Wir hatten schon darauf hingewiesen, daß i.a. weder $\mathbf{C}^{-1}\mathbf{M}$ noch $\mathbf{M}^{-1}\mathbf{C}$ symmetrisch ist. Es ist aber immer möglich, das Eigenwertproblem (4.141) in ein Problem der Art (1.142) mit $\mathbf{L}^T = \mathbf{L}$ zu überführen, ohne daß dazu ein großer Rechenaufwand erforderlich wäre.

Dazu bestimmt man z.B. eine Matrix $\mathbf{C}^{1/2} > 0$, die die "positive Quadratwurzel" der positiv definiten Matrix **C** ist,d.h. für die

$$(\mathbf{C}^{1/2})^T \, \mathbf{C}^{1/2} = \mathbf{C} \tag{4.170}$$

gilt. Ist **C** diagonal, so kann eine Lösung $\mathbf{C}^{1/2}$ ohne weitere Rechnung angegeben werden, aber auch im allgemeinen Fall kann eine solche Matrix leicht bestimmt werden. Die Lösung ist nicht eindeutig, und eine besonders einfache Möglichkeit ist, $\mathbf{C}^{1/2}$ als Dreiecksmatrix in der Form

$$\mathbf{C}^{1/2} = \begin{bmatrix} f_{11} & f_{12} & f_{13} & \cdots & f_{1n} \\ 0 & f_{22} & f_{23} & \cdots & f_{2n} \\ 0 & 0 & f_{33} & \cdots & f_{3n} \\ \vdots & & & & \vdots \\ 0 & 0 & 0 & \cdots & f_{nn} \end{bmatrix} \tag{4.171}$$

zu suchen. Aus (4.170) folgt dann

$$\left.\begin{aligned} & f_{11}^2 = c_{11} \\ & f_{11}f_{12} = c_{12}, \quad f_{11}f_{13} = c_{13}, \;\ldots\;, \quad f_{11}f_{1n} = c_{1n} \\ & f_{22}^2 = c_{22} - f_{12}^2 , \\ & f_{22}f_{23} = c_{23} - f_{12}f_{23} , \quad f_{22}f_{24} = c_{24} - f_{12}f_{14} , \;\ldots \\ & f_{33}^2 = c_{33} - f_{13}^2 - f_{23}^2 \\ & f_{33}f_{34} = c_{34} - f_{13}f_{14} - f_{23}f_{24} , \\ & \qquad f_{33}f_{35} = c_{35} - f_{13}f_{15} - f_{23}f_{25} , \quad \ldots \\ & \vdots \\ & f_{nn}^2 = c_{nn} - f_{1n}^2 - f_{2n}^2 - \ldots - f_{n-1,n}^2 ; \end{aligned}\right\} \tag{4.172}$$

dieses System ist sukzessive zu lösen, wobei man für f_{ii}, $i = 1,2,\ldots,n$ positive Vorzeichen wählt. Da auch die Inverse einer Dreiecksmatrix wieder eine Dreiecksmatrix ist, kann auch $\mathbf{C}^{-1/2} := (\mathbf{C}^{1/2})^{-1}$ ohne Schwierigkeiten aus

$$\mathbf{C}^{-1/2}\,\mathbf{C}^{1/2} = \mathbf{E} \tag{4.173}$$

berechnet werden, wobei die Elemente von $\mathbf{C}^{-1/2}$ auch wieder sukzessive bestimmt werden können.

Ist $\mathbf{C}^{1/2}$ berechnet, so führt man in (4.141) die Transformation

$$\mathbf{g} := \mathbf{C}^{1/2}\,\mathbf{l}\;, \qquad \text{bzw.} \qquad \mathbf{l} = \mathbf{C}^{-1/2}\,\mathbf{g} \tag{4.174}$$

aus. Damit geht (4.141) über in

$$(\mathbf{C} - \omega^2\mathbf{M})\,\mathbf{C}^{-1/2}\,\mathbf{g} = \mathbf{0}\;, \tag{4.175}$$

und Multiplikation von links mit $(\mathbf{C}^{-1/2})^T$ führt auf

$$(\mathbf{C}^{-1/2})^T\,\mathbf{M}\,\mathbf{C}^{-1/2}\,\mathbf{g} = \frac{1}{\omega^2}\,\mathbf{g}; \tag{4.176}$$

Die Matrix $(\mathbf{C}^{-1/2})^T\,\mathbf{M}\,\mathbf{C}^{-1/2}$ ist aber offensichtlich symmetrisch. Selbstverständlich kann man (1.141) auch in die symmetrische Form

$$(\mathbf{M}^{-1/2})^T\,\mathbf{C}\,\mathbf{M}^{-1/2}\,\mathbf{v} = \omega^2\,\mathbf{v} \tag{4.177}$$

bringen mit

$$\mathbf{v} := \mathbf{M}^{1/2}\,\mathbf{l}\;. \tag{4.178}$$

4.2 Freie gedämpfte Schwingungen

In Kapitel 3 hatten wir die RAYLEIGHsche Dissipationsfunktion eingeführt; wir wollen sie nun unter Verwendung der Matrizenschreibweise darstellen. Nimmt man an, daß die Dämpfungskräfte linear in den Geschwindigkeiten sind, so ist die halbe Dissipationsleistung - die ja gerade der Funktion $\mathcal{F}$ entspricht - eine quadratische Form in $\dot{\mathbf{q}}$ und schreibt sich als

$$\mathcal{F} = \frac{1}{2}\,\dot{\mathbf{q}}^T\,\mathbf{D}\,\dot{\mathbf{q}} \tag{4.179}$$

mit $\mathbf{D}^T = \mathbf{D}$. Da die Dämpfungsleistung nie negativ sein soll - es soll dem System ja nur mechanische Energie entzogen und nicht zugeführt werden -, ist die quadratische Form (4.179) zumindest positiv semidefinit: $\mathbf{D} \geq 0$. Verwenden wir die für den Fall linearer Dämpfung verallgemeinerten LAGRANGEschen Gleichungen

$$\frac{d}{dt}\frac{\partial L}{\partial \dot{q}_i} - \frac{\partial L}{\partial q_i} = - \frac{\partial \mathcal{F}}{\partial \dot{q}_i}, \quad i = 1,2,\dots,n \tag{4.180}$$

mit $L := \frac{1}{2}\,\dot{\mathbf{q}}^T\mathbf{M}\,\dot{\mathbf{q}} - \frac{1}{2}\,\mathbf{q}^T\mathbf{C}\,\mathbf{q}$, so ergeben sich die Bewegungsgleichungen als

$$\mathbf{M}\,\ddot{\mathbf{q}} + \mathbf{D}\,\dot{\mathbf{q}} + \mathbf{C}\,\mathbf{q} = \mathbf{0}\,. \tag{4.181}$$

Auch hier führt der Exponentialansatz

$$\underline{\mathbf{q}} = \underline{\mathbf{l}}\; e^{\underline{s}t} \tag{4.182}$$

zum Ziel; aus (4.181) erhält man mit (4.182) das Eigenwertproblem

$$(\underline{s}^2\mathbf{M} + \underline{s}\,\mathbf{D} + \mathbf{C})\;\underline{\mathbf{l}} = \mathbf{0}\,, \tag{4.183}$$

das auf die charakteristische Gleichung

$$N(\underline{s}) := \left|\ \underline{s}^2\mathbf{M} + \underline{s}\,\mathbf{D} + \mathbf{C}\ \right| = 0 \tag{4.184}$$

führt. Dies ist nun allerdings eine Gleichung, die sowohl gerade als auch ungerade Potenzen des Eigenwertes $\underline{s}$ enthält. Ihre Wurzeln $\underline{s}_1, \underline{s}_2, \dots, \underline{s}_{2n}$ sind i.a. komplex, d.h. sowohl Real- als auch Imaginärteil können ungleich Null sein (man bemerke, daß eine rein imaginäre Wurzel einer ungedämpften harmonischen Schwingung entspricht, eine reelle und dann notwendigerweise negative Wurzel stellt dagegen eine überkritisch gedämpfte Bewegung dar). Das bedeutet, daß auch die Eigenvektoren $\underline{\mathbf{l}}_1, \underline{\mathbf{l}}_2 \dots, \underline{\mathbf{l}}_{2n}$ jetzt im allgemeinen komplex sind. Da die Koeffizienten des charakteristischen Polynoms in (4.184) alle reell sind, treten die Wurzeln notwendigerweise in zueinander komplex konjugierten Paaren auf, d.h. es gilt $\underline{s}_1^* = \underline{s}_{n+1}$, $\underline{s}_2^* = \underline{s}_{n+2}, \dots, \underline{s}_n^* = \underline{s}_{2n}$. Aus (4.183) folgt damit aber, daß auch die Eigenvektoren in komplex konjugierten Paaren anfallen.

Man kann leicht zeigen, daß aus $\mathbf{M}^T = \mathbf{M} > 0$, $\mathbf{D}^T = \mathbf{D} \geq 0$ und $\mathbf{C}^T = \mathbf{C} \geq 0$ für die Eigenwerte folgt, daß $-\delta_i := \mathrm{Re}(\underline{s}_i) \leq 0$, $i = 1,2,\dots,n$ gilt, was natürlich auch anschaulich klar ist. Multipliziert man nämlich (4.183) von links mit dem komplexen Zeilenvektor $\underline{\mathbf{l}}^*$, so ergibt sich die quadratische Gleichung

$$\underline{s}^2\underline{\mathbf{l}}^*\mathbf{M}\,\underline{\mathbf{l}} + \underline{s}\;\underline{\mathbf{l}}^*\mathbf{D}\,\underline{\mathbf{l}} + \underline{\mathbf{l}}^*\mathbf{C}\,\underline{\mathbf{l}} = 0\,. \tag{4.185}$$

Aus $\mathbf{M}^T = \mathbf{M} > 0$ folgt, daß $\underline{l}^* \mathbf{M}\, \underline{l}$ reell und positiv ist für $\underline{l} \neq \mathbf{0}$, und ebenso gilt $\underline{l}^* \mathbf{D}\, \underline{l} \geq 0$, $\underline{l}^* \mathbf{C}\, \underline{l} \geq 0$. Somit besitzen die zu dem Eigenvektor $\underline{l}$ gehörenden Eigenwerte

$$\underline{s} = \frac{-\underline{l}^* \mathbf{D}\, \underline{l} \pm \sqrt{(\underline{l}^* \mathbf{D}\, \underline{l})^2 - 4\, (\underline{l}^* \mathbf{M}\, \underline{l})(\underline{l}^* \mathbf{C}\, \underline{l})}}{2\, \underline{l}^* \mathbf{M}\, \underline{l}} \tag{4.186}$$

einen nichtpositiven Realteil. Darüber hinaus sind die Eigenvektoren jetzt im allgemeinen nicht mehr orthogonal bezüglich $\mathbf{M}$ und $\mathbf{C}$.

Die allgemeine Lösung von (4.181) erhält man in reeller Form, wenn man die einzelnen komplexen partikulären Lösungen der Art (4.182) mit geeigneten komplexen Integrationskonstanten multipliziert und addiert. Sind die Eigenvektoren und Eigenwerte gemäß $\underline{l}_1^* = \underline{l}_{n+1}^T$, $\underline{l}_2^* = \underline{l}_{n+2}^T, \ldots, \underline{l}_n^* = \underline{l}_{2n}^T$, $\underline{s}_1^* = \underline{s}_{n+1}$, $\underline{s}_2^* = \underline{s}_{n+2}$, $\ldots, \underline{s}_n^* = s_{2n}$ geordnet, so schreiben wir die allgemeine reelle Lösung als

$$\mathbf{q}(t) = \sum_{i=1}^{n} \left\{ \frac{1}{2} a_i e^{j\alpha_i} \underline{\mathbf{l}}_i e^{\underline{s}_i t} \right\} + \sum_{i=1}^{n} \left\{ \frac{1}{2} a_i e^{-j\alpha_i} \underline{\mathbf{l}}_{n+i} e^{\underline{s}_{n+i} t} \right\}. \tag{4.187}$$

Mit

$$\left.\begin{aligned} \underline{\mathbf{l}}_i &= \mathbf{k}_i + j\mathbf{v}_i \,, \\ \underline{s}_i &= -\delta_i + j\omega_{di} \,, \quad \delta_i, \omega_{di} \geq 0 \end{aligned}\right\} \tag{4.188}$$

für $i = 1,2,\ldots,n$, folgt aus (4.187)

$$\mathbf{q}(t) = \sum_{i=1}^{n} a_i e^{-\delta_i t} [\mathbf{k}_i \cos(\omega_{di} t + \alpha_i) - \mathbf{v}_i \sin(\omega_{di} t + \alpha_i)] \tag{4.189}$$

wobei a_i, δ_i, ω_{di}, α_i, $\mathbf{k}_i$, $\mathbf{v}_i$ reell sind.

Wir haben schon gesehen, daß $\delta_i \geq 0$, $i = 1,2,\ldots,n$ ist; aus (4.186) erkennt man auch, daß bei *vollständiger Dämpfung*, d.h. bei $\mathbf{D} > 0$ sogar $\delta_i > 0$ gilt für $i = 1,2,\ldots,n$, so daß jede Bewegung gedämpft ist. Die Bedingung $\mathbf{D} > 0$ ist aber keineswegs notwendig für $\delta_i > 0$, $i = 1,2,\ldots,n$, sondern lediglich hinreichend. Man erkennt dies ganz klar an dem Beispiel der Abb. 4.8 mit

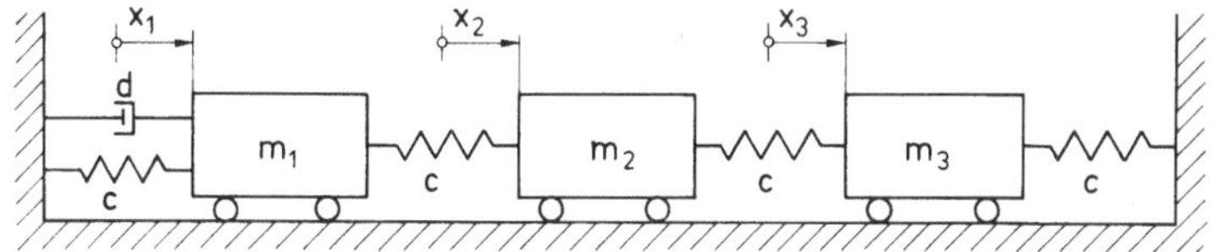

Abb. 4.8 Beispiel zum Begriff der durchdringenden Dämpfung

$$\left.\begin{aligned} \mathbf{M} &= \begin{bmatrix} m_1 & 0 & 0 \\ 0 & m_2 & 0 \\ 0 & 0 & m_3 \end{bmatrix}, \quad \mathbf{C} = \begin{bmatrix} 2c & -c & 0 \\ -c & 2c & -c \\ 0 & -c & 2c \end{bmatrix}, \\ \mathbf{D} &= \begin{bmatrix} d & 0 & 0 \\ 0 & 0 & 0 \\ 0 & 0 & 0 \end{bmatrix}. \end{aligned}\right\} \tag{4.190}$$

Obwohl hier $\mathbf{D}$ nur positiv semidefinit ist, existiert sicherlich keine ungedämpfte Bewegung, bei der ja $x_1(t) \equiv 0$ sein müßte. Aus der ersten der drei Bewegungsgleichungen

$$\left.\begin{aligned} m_1\ddot{x}_1 + d\dot{x}_1 + 2cx_1 - cx_2 &= 0 , \\ m_2\ddot{x}_2 - cx_1 + 2cx_2 - cx_3 &= 0 , \\ m_3\ddot{x}_3 - cx_2 + 2cx_3 &= 0 \end{aligned}\right\} \tag{4.191}$$

folgt nämlich mit $x_1 \equiv 0$ auch $x_2 \equiv 0$ und damit aus der zweiten auch $x_3 \equiv 0$, so daß die einzige ungedämpfte "Bewegung" der trivialen Lösung $x_1 \equiv 0$, $x_2 \equiv 0$, $x_3 \equiv 0$ entspricht. Es sind also in diesem Beispiel $\delta_1 > 0$, $\delta_2 > 0$ und $\delta_3 > 0$, obwohl die Matrix $\mathbf{D}$ nur semidefinit ist!

Ist die Dämpfung derart, daß alle $\delta_i > 0$, $i = 1,2,\dots,n$ sind, so spricht man von *durchdringender Dämpfung*; damit will man andeuten, daß die Dämpfung gewissermaßen alle Schwingungsformen "durchdringt". Ist dies nicht der Fall, so existiert eine Bewegung der Form

$$\mathbf{q} = \mathbf{l} \cos \omega t \tag{4.192}$$

mit reellem ω; $\mathbf{l}$ muß dann offensichtlich ein Eigenvektor des Problems

$$(-\omega^2\mathbf{M} + \mathbf{C})\,\mathbf{l} = \mathbf{0} \qquad (4.193)$$

sein und außerdem die Gleichung

$$\mathbf{D}\,\mathbf{l} = \mathbf{0} \qquad (4.194)$$

erfüllen, wie man unmittelbar durch Einsetzen von (4.192) in (4.183) erkennt. Bei bekanntem ω^2 bilden (4.193) und (4.194) ein homogenes System von 2n skalaren Gleichungen in den n Unbekannten $\mathbf{l}_1, \mathbf{l}_2, \ldots, \mathbf{l}_n$. Dieses besitzt nichttriviale Lösungen genau dann, wenn die Bedingung

$$\mathrm{Rang}(-\omega^2\mathbf{M} + \mathbf{C},\ \mathbf{D}) < n \qquad (4.195)$$

erfüllt ist. Gilt dagegen

$$\mathrm{Rang}(-\omega^2\mathbf{M} + \mathbf{C},\ \mathbf{D}) = n \qquad (4.196)$$

für jeden Eigenwert des ungedämpften Problems, so besitzen (4.193) und (4.194) keine nichttrivialen Lösungen, d.h. es existieren keine ungedämpften Bewegungen, und die Dämpfung ist durchdringend. Für $\mathbf{D} > 0$ ist schon Rang $\mathbf{D} = n$, so daß (4.196) automatisch erfüllt ist, unabhängig vom Aufbau der Matrizen $\mathbf{M}$ und $\mathbf{C}$. Ist dagegen $\mathbf{D}$ nur semidefinit, so hängt die Tatsache, ob die Dämpfung durchdringend ist oder nicht, auch noch von $\mathbf{M}$ und $\mathbf{C}$ ab.

Die Bedingung (4.196) für durchdringende Dämpfung kann mit Hilfe eines "Steuerbarkeitskriteriums" aus der Regelungstheorie durch eine andere ersetzt werden, in der nicht mehr die Eigenwerte des ungedämpften Systems auftreten (s. z.B. MüLLER /10/). Sowohl das sich damit ergebende Kriterium für durchdringende Dämpfung als auch die Rangbedingung (4.196) sind allerdings nicht sehr praktisch, und man kann oft sehr leicht - wie in unserem Beispiel der Abb. 4.8 - an den Differentialgleichungen direkt überprüfen, ob die Dämpfung durchdringend ist oder nicht.

In 3.3 hatten wir schon erwähnt, daß es bei linear gedämpften Systemen i.a. keine reelle lineare Koordinatentransformation gibt, die das System der Bewegungsgleichungen im Reellen in voneinander unabhängige Diferentialgleichungen zweiter Ordnung entkoppelt. Wir greifen diese Frage nochmals auf und betrachten hierzu wieder die Bewegungsgleichung

$$\mathbf{M}\,\ddot{\mathbf{q}} + \mathbf{D}\,\dot{\mathbf{q}} + \mathbf{C}\,\mathbf{q} = \mathbf{0} \tag{4.197}$$

und die lineare Koordinatentransformation

$$\mathbf{q} = \mathbf{T}\,\mathbf{z} \tag{4.198}$$

mit den neuen Koordinaten $\mathbf{z}$ und der Transfomationsmatrix $\mathbf{T}$. Einsetzen von (4.198) in (4.197) liefert

$$\mathbf{M}\,\mathbf{T}\,\ddot{\mathbf{z}} + \mathbf{D}\,\mathbf{T}\,\dot{\mathbf{z}} + \mathbf{C}\,\mathbf{T}\,\mathbf{z} = \mathbf{0} \tag{4.199}$$

und Multiplikation mit $\mathbf{T}^T$ ergibt

$$\mathbf{T}^T\mathbf{M}\,\mathbf{T}\,\ddot{\mathbf{z}} + \mathbf{T}^T\mathbf{D}\,\mathbf{T}\,\dot{\mathbf{z}} + \mathbf{T}^T\mathbf{C}\,\mathbf{T}\,\mathbf{z} = \mathbf{0}\ . \tag{4.200}$$

In (4.200) sind die neue Massenmatrix $\mathbf{T}^T\mathbf{M}\,\mathbf{T}$, die neue Dämpfungsmatrix $\mathbf{T}^T\mathbf{D}\,\mathbf{T}$ und die neue Steifigkeitsmatrix $\mathbf{T}^T\mathbf{C}\,\mathbf{T}$ auch wieder symmetrisch.

Wir fragen nun, für welche Matrizen $\mathbf{D}$ eine Transformationsmatrix $\mathbf{T}$ existiert, die bewirkt, daß in (4.200) die neue Massenmatrix, die neue Dämpfungsmatrix und die neue Steifigkeitsmatrix alle gleichzeitig auf die Diagonalform transformiert werden. Bevor wir dieses Problem in allgemeiner Form behandeln, wählen wir probeweise für $\mathbf{T}$ zunächst die in 4.1 definierte Modalmatrix $\mathbf{R}$ des ungedämpften Systems. Gemäß (4.34) reduzieren sich damit schon die neue Massenmatrix und die neue Steifigkeitsmatrix auf die Hauptdiagonale; bleibt noch zu prüfen, unter welchen Umständen auch die neue Dämpfungsmatrix diagonal ist. Dies ist sicher dann der Fall, wenn

$$\mathbf{D} = \alpha\,\mathbf{M} \tag{4.201}$$

ist, d.h. wenn die Dämpfungsmatrix $\mathbf{D}$ der Massenmatrix $\mathbf{M}$ proportional ist, mit beliebigem Proportionalitätsfaktor α, aber auch wenn

$$\mathbf{D} = \beta\,\mathbf{C} \tag{4.202}$$

gilt. Auch wenn die Dämpfungsmatrix eine Linearkombination von $\mathbf{M}$ und $\mathbf{C}$ ist, folgt aus

$$\mathbf{D} = \alpha\,\mathbf{M} + \beta\,\mathbf{C}\ , \tag{4.203}$$

daß

$$\mathbf{R}^T\mathbf{D}\,\mathbf{R} = \alpha\,\mathbf{R}^T\mathbf{M}\,\mathbf{R} + \beta\,\mathbf{R}^T\mathbf{C}\,\mathbf{R} \tag{4.204}$$

diagonal ist.

Wenn also (4.203) gilt, kann das gedämpfte System im Reellen entkoppelt werden, und die (reellen) Eigenvektoren des ungedämpften Systems sind gleichzeitig Eigenvektoren des gedämpften Systems. Allerdings gibt (4.203) keineswegs die allgemeinste Form der Matrix $\mathbf{D}$ an, die eine Entkopplung erlaubt. Wir suchen eine notwendige und hinreichende Bedingung dafür, daß das gedämpfte System entkoppelt werden kann, bzw. daß gedämpftes und ungedämpftes System die gleichen Eigenvektoren besitzen. Dazu betrachten wir das Eigenwertproblem

$$(\underline{s}^2\mathbf{M} + \underline{s}\,\mathbf{D} + \mathbf{C})\,\underline{\mathbf{l}} = \mathbf{0}\,, \tag{4.205}$$

das auch als

$$(\underline{s}^2\mathbf{E} + \underline{s}\,\mathbf{M}^{-1}\mathbf{D} + \mathbf{M}^{-1}\mathbf{C})\,\underline{\mathbf{l}} = \mathbf{0} \tag{4.206}$$

und nach Multiplikation mit $\mathbf{M}^{-1}\mathbf{C}$ als

$$[\underline{s}^2\mathbf{M}^{-1}\mathbf{C} + \underline{s}(\mathbf{M}^{-1}\mathbf{C})(\mathbf{M}^{-1}\mathbf{D}) + (\mathbf{M}^{-1}\mathbf{C})^2]\,\underline{\mathbf{l}} = \mathbf{0} \tag{4.207}$$

geschrieben werden kann. Falls $\mathbf{M}^{-1}\mathbf{C}$ und $\mathbf{M}^{-1}\mathbf{D}$ kommutativ sind, d.h. falls

$$(\mathbf{M}^{-1}\mathbf{C})(\mathbf{M}^{-1}\mathbf{D}) = (\mathbf{M}^{-1}\mathbf{D})(\mathbf{M}^{-1}\mathbf{C}) \tag{4.208}$$

gilt, folgt aus (4.207)

$$(\underline{s}^2\mathbf{E} + \underline{s}\,\mathbf{M}^{-1}\mathbf{D} + \mathbf{M}^{-1}\mathbf{C})\,\mathbf{M}^{-1}\mathbf{C}\,\underline{\mathbf{l}} = \mathbf{0}\,, \tag{4.209}$$

und damit auch

$$(\underline{s}^2\mathbf{M} + \underline{s}\,\mathbf{D} + \mathbf{C})\,\mathbf{M}^{-1}\mathbf{C}\,\underline{\mathbf{l}} = \mathbf{0}\,. \tag{4.210}$$

Ist also $(\underline{s},\underline{\mathbf{l}})$ ein Eigenpaar des Problems, so ist offensichtlich auch $(\underline{s},\mathbf{M}^{-1}\mathbf{C}\,\underline{\mathbf{l}})$ ein Eigenpaar, d.h. $\mathbf{M}^{-1}\mathbf{C}\,\underline{\mathbf{l}}$ und $\underline{\mathbf{l}}$ sind Vektoren, die sich nur um einen skalaren Faktor unterscheiden (sofern der entsprechende Eigenwert $\underline{s}$ einfach ist):

$$\mathbf{M}^{-1}\mathbf{C}\,\underline{\mathbf{l}} = \mu\,\underline{\mathbf{l}}\ . \tag{4.211}$$

Daraus folgt aber auch

$$\mathbf{C}\,\underline{\mathbf{l}} = \mu\,\mathbf{M}\,\underline{\mathbf{l}}\ , \tag{4.212}$$

bzw.

$$(\mathbf{C} - \mu\,\mathbf{M}\,)\,\underline{\mathbf{l}} = \mathbf{0}\ . \tag{4.213}$$

Ist also $\underline{\mathbf{l}}$ ein Eigenvektor des gedämpften Systems, so folgt aus der Kommutativitätsbedingung (4.208), daß $\underline{\mathbf{l}}$ auch Eigenvektor des ungedämpften Problems und somit reell ist; das gilt für alle Eigenvektoren. Multipliziert man (4.205) von links mit einem anderen Eigenvektor, so folgt aus der Orthogonalität der Eigenvektoren bezüglich $\mathbf{M}$ und $\mathbf{C}$ mit (4.208) auch die Orthogonalität bezüglich $\mathbf{D}$.

Damit haben wir bewiesen, daß die Bedingung (4.208) hinreichend für die Entkoppelbarkeit des Systems ist; daß sie auch notwendig ist, kann man ohne große Schwierigkeiten zeigen. Der bisher ausgeschlossene Fall vielfacher Eigenwerte kann ohne besondere Schwierigkeiten getrennt betrachtet werden. Man kann leicht nachprüfen, daß die Bedingung (4.208) insbesondere auch für den einfachen Fall (4.203) immer erfüllt ist.

Gilt die Bedingung (4.208), so spricht man von *modaler Dämpfung*, da hierbei die "Schwingungsmoden" des ungedämpften Systems erhalten bleiben. Die Bewegungsgleichungen (4.197) nehmen dann mit $\mathbf{q} = \mathbf{R}\,\mathbf{p}$ die Form

$$\ddot{p}_k + 2\,D_k\omega_k\dot{p}_k + \omega_k^2 p_k = 0\ ,\ k = 1,2,\ldots,n \tag{4.214}$$

an, wobei $2\,D_k\omega_k$, $k = 1,2,\ldots,n$ die Elemente der Hauptdiagonalen von $\mathbf{R}^T\mathbf{D}\,\mathbf{R}$ sind (D_k ist der in Kapitel 2 definierte Dämpfungsgrad der k-ten Eigenschwingungsform).

In 2.5.5 hatten wir schon erwähnt, daß bei technischen Anwendungen die Dämpfung oft nicht nur klein ist, sondern die Dämpfungskräfte häufig auch nicht genau bekannt und nur schwer meßbar sind. Bei Systemen mit mehreren

Freiheitsgraden müssen daher mehr oder weniger willkürliche Annahmen über die Matrix **D** gemacht werden. Da die Entkopplung im Reellen natürlich recht bequem ist, nimmt man häufig an, daß die Dämpfung modal ist und oft auch, daß (4.202) gilt, wobei man davon ausgeht, daß etwa in einem Tragwerk die Spannungen nicht nur proportional zu den Dehnungen, sondern auch zu den Dehnungsgeschwindigkeiten sind. Dem entspricht die Annahme eines *komplexen Elastizitätsmoduls* (vgl. z.B. HECKL /11/). Man bezeichnet die Beziehung (4.201), oder auch (4.202) und (4.203) gelegentlich als *Bequemlichkeitshypothese*.

Ist die Dämpfungsmatrix nicht bekannt, so wird man in der Regel zunächst das Eigenwertproblem für das ungedämpfte System lösen, wodurch die Hauptkoordinaten und die ω_k^2, $k = 1,2,\ldots,n$ bestimmt werden und dann anschließend in (4.214) direkt Annahmen über die einzelnen Dämpfungsgrade D_k, $k = 1,2,\ldots,n$ treffen. So nimmt man z.B. bei der Schwingungsberechnung von Bauwerken, insbesondere bei den erdbebenerregten Schwingungen eines Kernkraftwerkes etwa $D = 0{,}05$ an für alle k (vergl. auch DIN 4149), bei Stahlleichtbaukonstruktionen können dagegen so niedrige Werte wie etwa $D = 0{,}0017$ vorkommen (dies entspricht einer Resonanzüberhöhung von etwa 300 bei den erzwungenen Schwingungen). Es ist zu beachten, daß diese Dämpfungsgrade die gesamte (eigentlich nichtlineare) *Strukturdämpfung* beinhalten (s. 2.5.5), also auch die Reibungsverluste an Gelenken und Fügestellen, sowie die dem System über die Fundamente entzogene Energie, und nicht nur die durch nichtelastisches Materialverhalten bedingte Materialdämpfung. Diese Materialdämpfung wird oft durch den oben erwähnten komplexen Elastizitätsmodul oder auch durch den in der VDI-Richtlinie 2062 (s. /12/) definierten und schon in 2.5.5 erwähnten Verlustfaktor beschrieben. Es handelt sich hierbei um einen Materialkennwert; welcher Dämpfungsgrad sich damit ergibt, hängt noch von den anderen Systemparametern ab. Bei den meisten Strukturen ist die Wirkung der eigentlichen Materialdämpfung i.a. viel geringer als die der anderen Verlustmechanismen. Eine gute Übersicht über die üblichen Werte von Struktur- und Materialdämpfung ist bei HARRIS & CREDE /3/ zu finden.

Bei künstlich gedämpften Systemen - man denke etwa an die Aufhängung eines PKW-Chassis - ist die Dämpfungsmatrix i.a. relativ gut bekannt, und die Bequemlichkeitshypothese wird oft nicht erfüllt sein; dann kann man folgendermaßen vorgehen: Man bestimmt zuerst die Eigenvektoren $\mathbf{r}_1,\mathbf{r}_2,\ldots,\mathbf{r}_n$ des ungedämpften Systems und die Matrix **R**. Vernachlässigt man nun zunächst in der Matrix $\mathbf{R}^T\mathbf{D}\,\mathbf{R}$ alle Terme, die nicht auf der Hauptdiagonalen liegen, so erhält man wieder entkoppelte Gleichungen gemäß (4.214). Diese liefern in vielen

Fällen eine sehr gute Näherung der exakten Lösung der Bewegungsgleichungen, insbesondere dann, wenn die Terme der Hauptdiagonalen von $\mathbf{R}^T\mathbf{D}\,\mathbf{R}$ wesentlich größer als die anderen sind; zumindest hat man aber damit gute Startwerte für sich möglicherweise anschließende weitere iterative Rechnungen zur Bestimmung der (komplexen) Eigenvektoren.

4.3 Erzwungene Schwingungen

4.3.1 Harmonische Erregung

Die Bewegungsgleichungen eines zwangserregten linear gedämpften Systems ergeben sich z.B. aus den LAGRANGEschen Gleichungen in der Form

$$\frac{d}{dt}\frac{\partial L}{\partial \dot{q}_i} - \frac{\partial L}{\partial q_i} = - \frac{\partial \mathcal{F}}{\partial \dot{q}_i} + f_i(t), \qquad i = 1,2,\ldots,n, \tag{4.215}$$

wobei die $f_i(t)$ die erregenden verallgemeinerten Kräfte sind. Für die hier betrachteten linearen Systeme kann man diese Bewegungsgleichungen als

$$\mathbf{M}\,\ddot{\mathbf{q}} + \mathbf{D}\,\dot{\mathbf{q}} + \mathbf{C}\,\mathbf{q} = \mathbf{f}(t) \tag{4.216}$$

schreiben, wobei $f_1(t), f_2(t), \ldots, f_n(t)$ vorgegebene Zeitfunktionen sind. Die allgemeine Lösung von (4.216) ist natürlich wieder die Summe der allgemeinen Lösung des homogenen Systems - die in 4.2 besprochen wurde - mit einer partikulären Lösung des inhomogenen Systems. Ist $\mathbf{f}(t)$ periodisch, so wählt man als partikuläre Lösung des inhomogenen Systems i.a. die periodische - "eingeschwungene" oder "stationäre" - Lösung von (4.216).

Der einfachste Fall ist der, in dem $\mathbf{f}(t)$ von der Art

$$f_i(t) = \hat{f}_i \cos(\Omega t + \beta_i)\ , \qquad i = 1,2,\ldots,n \tag{4.217}$$

ist mit Ω als Erregerfrequenz. Auch die eingeschwungene Lösung von (4.216) ist dann i.a. vom Typ

$$q_i(t) = \hat{q}_i \cos(\Omega t + \beta_i + \psi_i)\ , \qquad i = 1,2,\ldots,n \tag{4.218}$$

wobei die Größen $\hat{q}_i$, ψ_i, i = 1,2,...,n ohne weiteres bestimmt werden können. Es ist allerdings oft zweckmäßig, auf die komplexe Erweiterung überzugehen, so daß

$$f_i(t) = \mathrm{Re}(\hat{\underline{f}}_i e^{j\Omega t}) \; , \; i = 1,2,\ldots,n \tag{4.219}$$

ist, wobei Real- und Imaginärteil von $\hat{\underline{f}}_i$ durch $\hat{f}_i$ und β_i festgelegt werden. Der Ansatz

$$\underline{\mathbf{q}}(t) = \hat{\underline{\mathbf{q}}}\, e^{j\Omega t} \tag{4.220}$$

für die partikuläre Lösung von

$$\mathbf{M}\,\ddot{\underline{\mathbf{q}}} + \mathbf{D}\,\dot{\underline{\mathbf{q}}} + \mathbf{C}\,\underline{\mathbf{q}} = \hat{\underline{\mathbf{f}}}\, e^{j\Omega t} \tag{4.221}$$

führt dann auf die Bestimmungsgleichung

$$(-\,\Omega^2\mathbf{M} + j\Omega\,\mathbf{D} + \mathbf{C})\;\hat{\underline{\mathbf{q}}} = \hat{\underline{\mathbf{f}}} \tag{4.222}$$

für den komplexen Vektor $\hat{\underline{\mathbf{q}}}$. Eine eindeutige Lösung in $\hat{\underline{\mathbf{q}}}$ existiert auf jeden Fall immer dann, wenn

$$\underline{N}(j\Omega) := \det\,(-\,\Omega^2\mathbf{M} + j\Omega\,\mathbf{D} + \mathbf{C}) \neq 0 \tag{4.223}$$

ist. Das Verschwinden der Koeffizientendeterminante bedeutet aber gerade, daß $\underline{s} = j\Omega$ eine Wurzel der charakteristischen Gleichung (4.184) ist. Wenn das System also freie (ungedämpfte) Schwingungen mit der Kreisfrequenz Ω ausführen kann, dann existiert womöglich keine Lösung der Art (4.220) (Resonanz!). Für $\mathbf{D} > 0$ ist (4.223) aber immer erfüllt, da alle Wurzeln von (4.184) einen von Null verschiedenen (negativen) Realteil besitzen; das gleiche gilt auch für $\mathbf{D} \geq 0$, sofern die Dämpfung durchdringend ist.

Man kann die Lösung dann mit Hilfe der CRAMERschen Regel in der Form

$$\hat{\underline{q}}_i = \frac{\underline{Z}_i(j\Omega)}{\underline{N}\,(j\Omega)} \; , \qquad i = 1,2,\ldots,n \tag{4.224}$$

schreiben, wobei der Zähler $\underline{Z}_i(j\Omega)$, i = 1,2,...,n, gleich der Determinante der Matrix ist, die sich ergibt, wenn man in $(-\,\Omega^2\,\mathbf{M} + j\Omega\,\mathbf{D} + \mathbf{C})$ die i-te Spalte durch $\underline{\hat{f}}$ ersetzt. Für numerische Rechnungen ist die CRAMERsche Regel allerdings i.a. besonders für große n wenig praktisch, wie wir schon früher bemerkt haben.

Falls die Dämpfung nicht durchdringend und $j\Omega$ eine Wurzel der charakteristischen Gleichung ist, werden i.a. Lösungen mit in der Zeit linear anwachsenden Amplituden existieren. Das braucht aber nicht unbedingt immer so zu sein: Wir haben schon in Kapitel 3 gesehen, daß bei Erregung mit einer Eigenfrequenz des Systems die entsprechende Eigenschwingungsform u. U. überhaupt nicht angeregt wird (Scheinresonanz). In technischen Problemen ist die Dämpfung oft sehr klein, so daß auch die Realteile der Wurzeln von (4.184) klein sind. Die Koeffizientendeterminante von (4.222) wird dann zwar für keinen reellen Wert von Ω gleich Null, nimmt aber sehr kleine Werte an, wenn Ω in der Nähe des Imaginärteils einer der Wurzeln von (4.184) liegt.

Dies bedeutet, daß die durch die Komponenten von $\underline{\hat{q}}$ gegebenen Amplituden der erzwungenen Schwingungen sehr groß werden. Die Resonanzdiagramme sind im wesentlichen vom gleichen Typ wie die für zwei Freiheitsgrade im Kapitel 3 angegebenen, mit dem Unterschied, daß es jetzt im allgemeinen nicht zwei, sondern n Resonanzstellen gibt. Die Extrema der Resonanzdiagramme oder die "Phasensprünge" werden auch hier oft dazu verwendet, die Eigenfrequenzen bzw. die Imaginärteile der Eigenwerte des Systems experimentell zu bestimmen.

Da das System (4.216) linear ist, kann man natürlich das Problem auch durch Überlagerung lösen, etwa indem man zunächst nur Erregung in der ersten der n Bewegungsgleichungen zuläßt, dann nur in der zweiten usw.. Ganz entsprechend können wir natürlich den in Kapitel 2 eingeführten Begriff des Frequenzganges verallgemeinern. Für ein lineares zeitinvariantes System mit n *Eingangsgrößen* $x_{E1}, x_{E2}, \ldots, x_{En}$, und k *Ausgangsgrößen* $x_{A1}, x_{A2}, \ldots, x_{Ak}$, das in der Abb. 4.9 symbolisch dargestellt ist, besteht unter sehr allgemeinen Bedingungen bei monofrequenter harmonischer Erregung gemäß

$$\mathbf{x}_E(t) = \text{Re}\, \underline{\mathbf{x}}_E(t) = \text{Re}\, (\underline{\hat{\mathbf{x}}}_E\, e^{j\Omega t}) \tag{4.225}$$

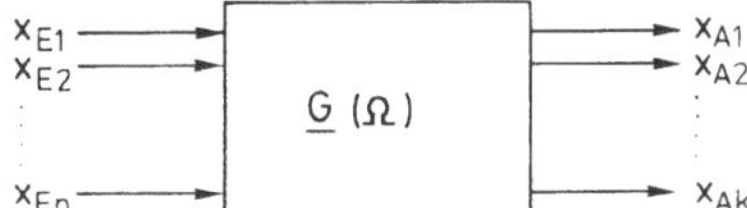

Abb. 4.9

Zum Begriff der Frequenzgangmatrix

ein linearer Zusammenhang zwischen Ein- und Ausgang, und das stationäre Ausgangssignal ist

$$\underline{\mathbf{x}}_A(t) = \hat{\underline{\mathbf{x}}}_A \, e^{j\Omega t} \, , \tag{4.226}$$

wobei zwischen den komplexen Amplituden des Ausganges und des Einganges

$$\hat{\underline{\mathbf{x}}}_A = \underline{\mathbf{G}}(\Omega) \, \hat{\underline{\mathbf{x}}}_E \tag{4.227}$$

gilt. Dabei ist $\hat{\underline{\mathbf{x}}}_A$ ein k-Vektor, $\hat{\underline{\mathbf{x}}}_E$ ein n-Vektor und $\underline{\mathbf{G}}(\Omega)$ eine komplexe k x n Matrix, die aus den Bewegungsgleichungen leicht gewonnen werden kann, oft aber auch experimentell bestimmt wird. Die Matrix $\underline{\mathbf{G}}(\Omega)$ wird als Frequenzgangsmatrix oder auch einfach wieder als Frequenzgang bezeichnet.

Betrachtet man z.B. in dem System (4.216) die $f_1(t), f_2(t), \ldots, f_n(t)$ als Eingangs- und die $q_1(t), q_2(t), \ldots, q_n(t)$ als Ausgangsgrößen, so gilt

$$\hat{\underline{\mathbf{q}}} = \underline{\mathbf{G}}(\Omega) \, \hat{\underline{\mathbf{f}}} \tag{4.228}$$

mit

$$\underline{\mathbf{G}}(\Omega) := (-\Omega^2 \mathbf{M} + j\Omega \, \mathbf{D} + \mathbf{C})^{-1} \, , \tag{4.229}$$

wobei die Anzahl der Eingangs- und Ausgangsgrößen gleich der Anzahl der Freiheitsgrade gewählt wurde. Dies braucht keineswegs immer so zu sein: Oft ist nur ein Teill der Variablen einem äußeren Eingriff zugänglich, so daß etwa nur die Kräfte $f_1(t), f_2(t), \ldots, f_m(t)$ ungleich Null sind und nur die entsprechenden Koordinaten werden gemessen. Die restlichen Koordinaten sind dabei uninteressant; sie werden als *innere Variable* bezeichnet. Sucht man den linearen Zusammenhang zwischen

$$\left[\hat{\underline{\mathbf{q}}}\right]_m := (\hat{\underline{q}}_1, \hat{\underline{q}}_2, \ldots, \hat{\underline{q}}_m)^T \tag{4.230}$$

und

$$\left[\hat{\underline{\mathbf{f}}}\right]_m := (\hat{\underline{f}}_1, \hat{\underline{f}}_2, \ldots, \hat{\underline{f}}_m)^T \, , \tag{4.231}$$

so kann man

$$\left[\hat{\underline{\mathbf{q}}}\right]_m = \left[\underline{\mathbf{G}}(\Omega)\right]_m \left[\hat{\underline{\mathbf{f}}}\right]_m \tag{4.232}$$

schreiben, wobei $[\underline{G}]_m$ die m x m Untermatrix der linken oberen Ecke von $\underline{G}$ ist:

$$\left[\underline{G}(\Omega)\right]_m := \left[(-\Omega^2\mathbf{M} + j\Omega\,\mathbf{D} + \mathbf{C})^{-1}\right]_m . \tag{4.233}$$

Man beachte, daß bei den durch (4.232) beschriebenen Bewegungen die Kräfte $\hat{\underline{f}}_{m+1}, \hat{\underline{f}}_{m+2}, \ldots, \hat{\underline{f}}_n$ alle gleich Null sind, die entsprechenden Verschiebungen aber keineswegs verschwinden müssen. Sie können allerdings nicht aus (4.232) bestimmt werden, da es sich ja um innere Variablen handelt, sondern lediglich aus (4.228). Die Umkehrung von (4.232) liefert

$$\left[\hat{\underline{f}}\right]_m = \underline{S}^{(m)}(\Omega)\,\left[\hat{\underline{q}}\right]_m \tag{4.234}$$

mit

$$\underline{S}^{(m)}(\Omega) := \left[(-\Omega^2\mathbf{M} + j\Omega\,\mathbf{D} + \mathbf{C})^{-1}\right]_m^{-1} \tag{4.235}$$

d.h. $\underline{S}^{(m)}$ ist die Inverse der Untermatrix $[\underline{G}]_m$ von $\underline{G}$; sie hängt allerdings i.a. von *allen* Systemparametern ab, d.h. von den vollständigen Matrizen **M**, **D** und C. Auch in (4.234) gilt, daß die inneren Variablen i.a. keineswegs verschwinden.

Die Matrix $\underline{S}^{(m)}$ ist die (eingeschränkte) *komplexe dynamische Steifigkeitsmatrix* ("complex stiffness matrix") des mechanischen Systems. Für m = 1 ist dies gerade die in Kapitel 2 definierte (skalare) dynamische Steifigkeit, sie ist durch den inversen Wert des Elementes (1,1) der Matrix $(-\Omega^2\mathbf{M} + j\Omega\,\mathbf{D} + \mathbf{C})^{-1}$ gegeben! Die Matrix $[\underline{G}]_m = (\underline{S}^{(m)})^{-1}$ wird *komplexe dynamische Nachgiebigkeitsmatrix* ("mobility matrix") genannt. Während $[\underline{G}]_m$ eine Untermatrix von $[\underline{G}]_{m+1}$ ist, gilt für $\underline{S}^{(m)}$ und $\underline{S}^{(m+1)}$ keine so einfache Beziehung.

Teilt man die Steifigkeitsmatrix durch $j\Omega$, so erhält man die *komplexe Impedanzmatrix*

$$\underline{Z}^{(m)}(\Omega) := \frac{1}{j\Omega}\,\underline{S}^{(m)}(\Omega) \tag{4.236}$$

des mechanischen Systems, die eine Verallgemeinerung der in Kapitel 2 beschriebenen (skalaren) Impedanz ist. Diese Matrix wird in technischen Anwendungen oft durch Messung bestimmt, und aus ihr kann man Rückschlüsse auf die Systemparameter ziehen. Andererseits kann man mit Hilfe der Impedanzmatrizen von Subsystemen auch das dynamische Verhalten zusammengesetzter Systeme beschreiben (entsprechendes gilt natürlich auch für $\underline{G}$ und $\underline{S}$).

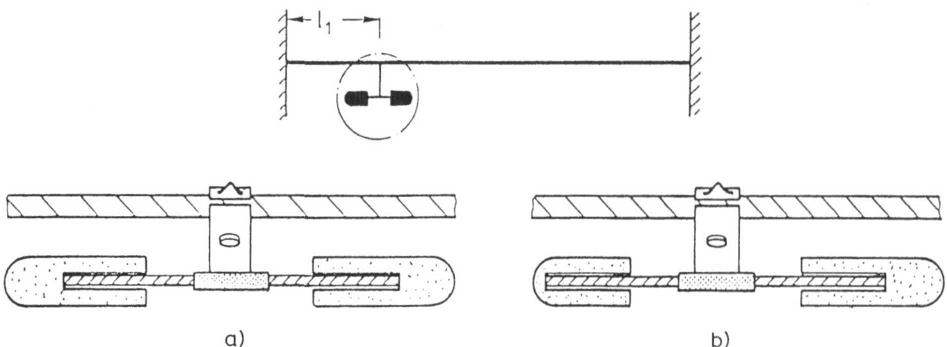

Abb. 4.10 STOCKBRIDGEdämpfer a) symmetrisch b) asymmetrisch

Als Beispiel zur Verwendung der Impedanzmatrix betrachten wir den an Hochspannungsfreileitungen verwendeten STOCKBRIDGEdämpfer[50]. Infolge KÁRMÁNscher[51] Wirbelablösung stellen sich in den Leiterseilen von Hochspannungsleitungen häufig Schwingungen mit Amplituden bis zu etwa einem Seildurchmesser und Frequenzen im Bereich von ca. 10 bis 50 Hz ein. Die dadurch verursachte Materialermüdung kann die Lebensdauer der Leiterseile wesentlich verkürzen, so daß man die erwähnten "Dämpfer" zur Schwingungsunterdrückung einsetzt. Sie bestehen aus zwei starren etwa zylindrischen oder birnenförmigen Körpern, die über sogenannte "Dämpferseile" mit einer Klemme verbunden sind, die ihrerseits am Leiterseil befestigt wird (Abb. 4.10). Das "Dämpferseil" wirkt nicht nur als Biegefeder, sondern ist auch so gestaltet, daß es eine hohe Dämpfung durch Reibung zwischen den einzelnen Drähten verursacht (die Eigendämpfung des Leiterseils, das einen anderen Aufbau besitzt und unter einer großen Zugkraft steht, ist dagegen sehr klein). Trotz des eigentlich nichtlinearen Charakters dieser Dämpfung kann der STOCKBRIDGEdämpfer innerhalb gewisser Grenzen als lineares System behandelt werden (vgl. /13/).

Es ist wichtig, daß der Dämpfer gut auf das Leiterseil abgestimmt ist, und zur rechnerischen Überprüfung dieser Abstimmung verwendet man seine Impedanzmatrix. Da sie sich - besonders wegen des komplexen Verhaltens des Dämpferseils - kaum berechnen läßt, ist sie experimentell zu bestimmen, und dazu

---

[50] Nach dem Ingenieur George STOCKBRIDGE, *1870 in (?), + 1957 in Los Angeles.

[51] Nach dem Physiker und Aerodynamiker Theodore von KARMAN, * 1881 in Budapest, + 1963 in Aachen.

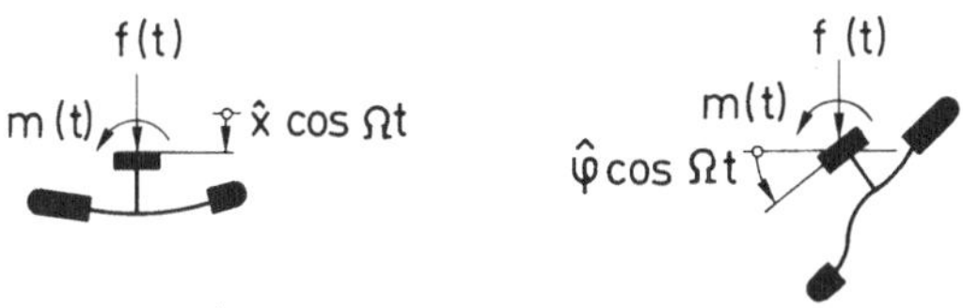

Abb. 4.11 Versuche zur Bestimmung der Impedanzmatrix eines STOCKBRIDGE-dämpfers

werden zwei Versuche ausgeführt (Abb. 4.11): im ersten Versuch wird der Klemme eine harmonische lotrechte Translationsbewegung aufgezwungen, und die hierzu aufgebrachten Kräfte und Momente an der Klemme werden gemessen. Mit $\underline{Z}_{11}$ bezeichnet man den Quotienten der komplexen Kraftamplitude und der komplexen Amplitude der Geschwindigkeit und mit $\underline{Z}_{21}$ den Quotienten der komplexen Amplituden des Moments und der Geschwindigkeit. In einem zweiten Versuch wird der Klemme eine harmonische Drehbewegung aufgezwungen und Kräfte und Momente werden wieder gemessen. Mit $\underline{Z}_{12}$ bezeichnet man den Quotienten der komplexen Amplitude der Kraft und der Geschwindigkeit und mit $\underline{Z}_{22}$ den Quotienten der komplexen Amplitude des Moments durch die Winkelgeschwindigkeit. Die mit diesen Größen gebildete komplexe 2 x 2 Matrix $\underline{Z}$ enthält die vollständige zur Beschreibung der Wirkung des Dämpfers auf das Seil nötige Information, sofern lineares dynamisches Verhalten vorausgesetzt wird und man annehmen kann, daß die Klemme nur eine lotrechte und eine Drehbewegung ausführt. Häufig begnügt man sich auch mit dem ersten Versuch und bestimmt lediglich $\underline{Z}_{11}$ unter der stillschweigenden Annahme, daß die anderen Terme vernachlässigbar sind. Es zeigt sich, daß die im Dämpfer vernichtete mechanische Energie mit dieser Annahme in der Tat meistens ausreichend genau berechnet werden kann. Allerdings bedeutet diese Vereinfachung auch, daß man die im Leiterseil rechts und links von der Klemme auftretenden Biegespannungen nicht mehr bestimmen kann.

Da der Dämpfer ein passives System ist und nur mechanische Energie vernichten, nicht aber erzeugen kann, muß in den Versuchen jeweils die Leistung der Kraft bzw. die Leistung des Moments positiv sein. Dies bedeutet, daß die Bedingungen

$$\left.\begin{aligned}&\mathrm{Re}\,(\underline{Z}_{11}) > 0\\[2ex]&4\,\mathrm{Re}\,(\underline{Z}_{11})\,\mathrm{Re}\,(\underline{Z}_{22}) > [\mathrm{Re}\,(\underline{Z}_{12}) + \mathrm{Re}\,(\underline{Z}_{21})]^2\\&\qquad\qquad + [\mathrm{Im}\,(\underline{Z}_{12}) + \mathrm{Im}\,(\underline{Z}_{21})]^2\end{aligned}\right\}\qquad(4.237)$$

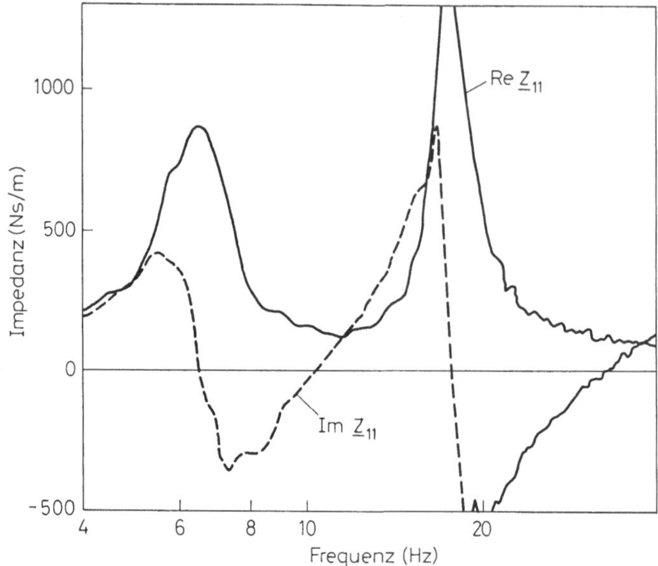

Abb. 4.12 Gemessene Impedanz $\underline{Z}_{11}$ eines STOCKBRIDGEdämpfers

erfüllt sein müssen. Die Matrix $\underline{\mathbf{Z}}$ hängt natürlich von der Frequenz Ω ab, und die Ungleichungen müssen für alle Werte von Ω gelten.

In Abb. 4.12 sind Real- und Imaginärteil der gemessenen Impedanz eines symmetrischen STOCKBRIDGEdämpfers dargestellt. Ganz deutlich sind in den Kurven für Re $\underline{Z}_{11}$ die beiden Maxima zu erkennen, die den zwei offensichtlich vorhandenen Resonanzstellen entsprechen (in der ersten Resonanz führen die "Hanteln" im wesentlichen lotrechte Translationsbewegungen, in der zweiten Rotationsschwingungen aus). Außerdem wechselt der Imaginärteil an den Resonanzstellen das Vorzeichen (Phasensprung!). Die Anteile $\underline{Z}_{12}$ und $\underline{Z}_{21}$ sind bei einem vollkommen symmetrischen Dämpfer gleich Null.

Um die günstige Abstimmung des Dämpfers auf das Leiterseil zu untersuchen, ist die Beschreibung der Schwingungen des Leiterseils notwendig. Dieses stellt allerdings ein System mit unendlich vielen Freiheitsgraden dar und wird als solches in diesem Buch nicht behandelt.

Es sei noch darauf hingewiesen, daß entsprechende Laborversuche zur Impedanzmessung neuerdings oft auch anders als oben geschildert durchgeführt werden, indem man nämlich die Klemme nicht harmonisch bewegt, sondern mit Erregersignalen arbeitet, die einem Rauschprozeß entsprechen, in dem sehr viele Frequenzen gleichzeitig vertreten sind. Mit Hilfe des in Kapitel 5 geschilderten Vorgehens kann man dann die Impedanzmatrix $\underline{\mathbf{Z}}(\Omega)$ sehr viel schneller in einem ganzen Frequenzband bestimmen, als wenn man nacheinander viele eingeschwungene Bewegungen mit verschiedenen Werten von Ω produziert.

4.3.2 Allgemeine periodische Erregung

Ist in den Bewegungsgleichungen

$$\mathbf{M}\,\ddot{\mathbf{q}} + \mathbf{D}\,\dot{\mathbf{q}} + \mathbf{C}\,\mathbf{q} = \mathbf{f}(t) \tag{4.238}$$

der Vektor $\mathbf{f}(t)$ periodisch, so kann man die stationäre Lösung (eingeschwungene Bewegung) ohne weiteres durch Überlagerung berechnen. Man stellt $\mathbf{f}(t)$ bzw. jede der Komponenten dieses Vektors in einer FOURIERreihe dar und kann dann zu jeder einzelnen FOURIERkomponente auf dem in 4.3.1 beschriebenen Wege die stationäre Lösung berechnen. Die Überlagerung all dieser Funktionen ergibt dann schließlich die stationäre Lösung von (4.238).

Dieser Weg ist z.B. auch dann noch gangbar, wenn zwar jede der Komponenten des Vektors $\mathbf{f}(t)$ periodisch ist, jedoch mit einer unterschiedlichen Schwingungsdauer, so daß der Vektor $\mathbf{f}(t)$ selbst nicht mehr periodisch ist. Das Ergebnis der Überlagerung - die stationäre Lösung von (4.238) - ist dann i.a. nicht periodisch. Zur Behandlung der erzwungenen Schwingungen eines linearen Systems für den Fall nichtperiodischer, insbesondere auch stoßartiger und zufälliger Kräfte werden wir in Kapitel 5 noch einen anderen Zugang besprechen.

4.4 Systeme mit gyroskopischen Termen

In Kapitel 3 (Abschnitt 3.6) hatten wir schon mechanische Systeme kennengelernt, bei denen in den Bewegungsgleichungen geschwindigkeitsproportionale Terme auftraten, die keinen Beitrag zur Energiebilanz leisteten und bei denen es sich demnach auch nicht um Dämpfungsterme handelte: Wir hatten sie als *gyroskopische Terme* bezeichnet. Sie ergeben sich z.B. dann, wenn man die Bewegungsgleichungen eines konservativen Systems in einem rotierenden Bezugssystem schreibt, wenn man in einem System mit *zyklischen Koordinaten* diese eliminiert oder wenn man die Bewegung geladener Teilchen in einem elektromagnetischen Feld behandelt. Die um die (stabile) stationäre Lösung linearisierten Bewegungsgleichungen beschreiben dann in den ersten beiden Fällen die kleinen Schwingungen um eine stationäre Bewegung. Wir hatten in 3.6 auch schon erwähnt, daß gyroskopische Terme in der Rotordynamik gelegentlich eine wichtige Rolle spielen.

Die Bewegungsgleichungen für die freien ungedämpften Schwingungen eines Systems von n Freiheitsgraden mit gyroskopischen Kräften besitzen die Form

$$\mathbf{M}\,\ddot{\mathbf{q}} + \mathbf{G}\,\dot{\mathbf{q}} + \mathbf{C}\,\mathbf{q} = \mathbf{0} \tag{4.239}$$

mit $\mathbf{G}^T = -\mathbf{G}$, d.h. die Matrix $\mathbf{G}$ ist schiefsymmetrisch, woraus insbesondere auch folgt, daß alle Elemente ihrer Hauptdiagonalen gleich Null sind. (Die Matrix $\mathbf{G}$ der gyroskopischen Kräfte ist nicht zu verwechseln mit der Frequenzgangmatrix $\underline{\mathbf{G}}(\Omega)$!) Auch hier führt natürlich der Exponentialansatz

$$\mathbf{q} = \underline{\mathbf{l}}\, e^{\underline{s}t} \tag{4.240}$$

wieder zum Ziel: Er liefert zunächst das Eigenwertproblem

$$(\underline{s}^2\mathbf{M} + \underline{s}\,\mathbf{G} + \mathbf{C})\,\underline{\mathbf{l}} = \mathbf{0} \tag{4.241}$$

mit der charakteristischen Gleichung

$$|\underline{s}^2\mathbf{M} + \underline{s}\,\mathbf{G} + \mathbf{C}| = 0\,. \tag{4.242}$$

Da die Determinante (4.241) wieder ein Polynom in $\underline{s}$ mit reellen Koeffizienten ist, treten die Wurzeln in zueinander komplex konjugierten Paaren auf, d.h. ist $\underline{s}$ eine Wurzel, so ist auch $\underline{s}^*$ eine Wurzel !

Andererseits ist die Determinante einer Matrix auch gleich der ihrer Transponierten, so daß

$$|\underline{s}^2\mathbf{M} + \underline{s}\,\mathbf{G} + \mathbf{C}| = |\underline{s}^2\mathbf{M} - \underline{s}\,\mathbf{G} + \mathbf{C}| \tag{4.243}$$

ist, und dies gilt für alle Werte von $\underline{s}$. Das heißt aber, es gilt

$$|\underline{s}^2\mathbf{M} + \underline{s}\,\mathbf{G} + \mathbf{C}| = |(-\underline{s})^2\mathbf{M} + (-\underline{s})\,\mathbf{G} + \mathbf{C}| \;, \tag{4.244}$$

und dies ist nur möglich, wenn in dem charakteristischen Polynom ausschließlich *gerade Potenzen* von $\underline{s}$ auftreten, so daß mit $\underline{s}$ auch $-\underline{s}$ eine Wurzel ist.

Im Gegensatz zu den im Abschnitt 4.2 betrachteten gedämpften Systemen, bei denen die symmetrische Matrix **D** anstelle von **G** stand, sind also hier mit $\underline{s}$ nicht nur $\underline{s}^*$, sondern auch noch $-\underline{s}$ und daher auch $-\underline{s}^*$ Wurzeln der charakteristischen Gleichung! Falls eine Wurzel $\underline{s}$ imaginär ist, sind natürlich $-\underline{s}$ und $\underline{s}^*$ identisch.

Üblicherweise ist bei den uns interessierenden Problemen i.a. $\mathbf{C} > 0$, und dann sind im vorliegenden Fall die Realteile aller Wurzeln $\underline{s}$ gleich Null. Man erkennt dies leicht, wenn man $\underline{s} = j\omega$ schreibt und

$$(-\,\omega^2\mathbf{M} + j\omega\,\mathbf{G} + \mathbf{C})\;\underline{\mathbf{l}} = \mathbf{0} \tag{4.245}$$

von links mit $\underline{\mathbf{l}}^*$ multipliziert. Dann folgt nämlich

$$-\,\omega^2\underline{\mathbf{l}}^*\mathbf{M}\,\underline{\mathbf{l}} + j\omega\,\underline{\mathbf{l}}^*\mathbf{G}\,\underline{\mathbf{l}} + \underline{\mathbf{l}}^*\mathbf{C}\,\underline{\mathbf{l}} = 0 \tag{4.246}$$

mit $(j\underline{\mathbf{l}}^*\mathbf{G}\,\underline{\mathbf{l}})$ reell, und es gilt

$$\omega = \frac{-\,j\underline{\mathbf{l}}^*\mathbf{G}\,\underline{\mathbf{l}} \pm \sqrt{(j\underline{\mathbf{l}}^*\mathbf{G}\,\underline{\mathbf{l}})^2 + 4(\underline{\mathbf{l}}^*\mathbf{M}\,\underline{\mathbf{l}})(\underline{\mathbf{l}}^*\mathbf{C}\,\underline{\mathbf{l}})}}{-\,2\,\underline{\mathbf{l}}^*\mathbf{M}\,\underline{\mathbf{l}}} \;, \tag{4.247}$$

so daß die beiden Wurzeln von (4.246) reell sind. Es treten also hier bei $\mathbf{C} \geq 0$ ausschließlich reelle Eigenfrequenzen auf, d.h. rein imaginäre Eigenwerte $\underline{s}$, im Gegensatz zu den gedämpften Systemen, wo die Eigenwerte einen negativen Realteil besaßen.

Bei den in 4.3 behandelten freien Schwingungen gedämpfter Systeme führte eine nicht positiv definite Steifigkeitsmatrix **C** mit mindestens einem negativen Eigenwert (kein Minimum der potentiellen Energie in der Gleichgewichtslage!) immer auf mindestens zwei Wurzeln $\underline{s}$ mit nicht verschwindendem Realteil (z.B. eine Wurzel mit positivem, eine mit negativem Realteil). Bei ungedämpften gyroskopischen Systemen braucht dies nicht so zu sein, wie man z.B. anhand von (4.247) erkennen kann. In gyroskopischen Systemen können auch bei negativ definiter Steifigkeitsmatrix (Maximum der potentiellen Energie!) die Wurzeln $\underline{s}$ unter Umständen alle noch rein imaginär sein. Man spricht dann von gyroskopischer Stabilisierung; eine notwendige Voraussetzung dazu ist allerdings, daß $\mathbf{C}$ eine *gerade* Anzahl von negativen Eigenwerten besitzt. Diese Erkenntnis geht auf ROUTH zurück (s. z.B. auch /10/). Allerdings kann der Effekt der gyroskopischen Stabilisierung schon durch sehr kleine Dämpfung, wie sie in fast allen technischen Systemen vorhanden ist, wieder zerstört werden. Dies hat z.B. bei den ersten künstlichen Satelliten, deren Lage z.T. gyroskopisch stabilisiert war, zu Schwierigkeiten geführt (die Satelliten wurden lage-instabil und führten Taumelbewegungen aus), da man beim Entwurf die Dämpfung vernachlässigt hatte. Die gyroskopische Stabilisierung wird z.B. auch in /14/ besprochen, und dort wird weitere Literatur angegeben. Auch in dem in 3.6 behandelten Beispiel kommt es zu dieser Art von Stabilisierung, wenn man in (3.166) die Steifigkeiten c_1, c_2 negativ wählt.

Es ist leicht zu erkennen, daß gyroskopische Systeme der Art (4.239) wie die auch schon in 4.1 behandelten Systeme das Energieintegral

$$\frac{1}{2}\,\dot{\mathbf{q}}^T\mathbf{M}\,\dot{\mathbf{q}} + \frac{1}{2}\,\mathbf{q}^T\mathbf{C}\,\mathbf{q} = h \qquad (4.248)$$

besitzen, da die gyroskopischen Kräfte keine Arbeit leisten. Um das zu überprüfen, genügt es, (4.239) von links mit $\dot{\mathbf{q}}^T$ zu multiplizieren und bezüglich der Zeit integrieren. Infolge der Energieerhaltung besitzen auch die Eigenwerte von (4.239) gewisse Extremaleigenschaften, die allerdings komplizierter als die in 4.1.2 behandelten sind (s. /15 bis 17/); wir verzichten daher hier auf ihre Wiedergabe. Auch die in 4.1 angegebenen Orthogonalitätsbeziehungen für die Eigenvektoren gelten in gyroskopischen Systemen nicht mehr in dieser einfachen Form.

Damit schließen wir hier diese einfachen Überlegungen zu den gyroskopischen Systemen ab. Wir benutzen jedoch die Gelegenheit, um noch ein anderes häufig verwendetes Verfahren einzuführen. Die gyroskopischen Terme sind nämlich häufig relativ klein, so daß sie nur geringen Einfluß auf die Lösung des Eigenwertproblems haben. Dann liegt es nahe, das Problem (4.245) mit Hilfe der *Störungsrechnung* zu lösen: Für das ungestörte Problem gilt dabei $\mathbf{G} = \mathbf{0}$. Ähnlich verhält es sich mit Dämpfungskräften: Sie sind oft nicht nur relativ klein, sondern darüberhinaus häufig auch nicht genau bekannt, so daß eine numerisch "exakte" Lösung der Bewegungsgleichungen sowieso nur von relativem Wert ist.

Wir betrachten daher jetzt die Bewegungsgleichungen der Art

$$\mathbf{M}\,\ddot{\mathbf{q}} + \epsilon\,\mathbf{L}\,\dot{\mathbf{q}} + \mathbf{C}\,\mathbf{q} = \mathbf{0}\ ; \tag{4.249}$$

dabei ist $\epsilon \ll 1$ ein dimensionsloser Störparameter, und die Matrix $\mathbf{L}$ kann entweder eine (symmetrische) Dämpfungsmatrix oder eine (schiefsymmetrische) "gyroskopische Matrix" oder aber gleich der Summe zweier solcher Matrizen sein.

Lösungen von (2.249) finden wir mit dem Ansatz

$$\mathbf{q}(t) = \underline{\mathbf{l}}\, e^{\underline{s}t}\ , \tag{4.250}$$

der auf das Eigenwertproblem

$$(\underline{s}^2\mathbf{M} + \epsilon\underline{s}\mathbf{L} + \mathbf{C})\ \underline{\mathbf{l}} = \mathbf{0} \tag{4.251}$$

führt, dessen Eigenwerte $\underline{s}(\epsilon)$ und Eigenvektoren $\underline{\mathbf{l}}(\epsilon)$ von ϵ abhängen. Wir suchen nun Eigenwerte und Eigenvektoren in der Form

$$\underline{s} = \underline{s}_0 + \epsilon\ \underline{s}_1 + \epsilon^2\underline{s}_2 + \dots\ , \tag{4.252}$$

$$\underline{\mathbf{l}} = \underline{\mathbf{l}}_0 + \epsilon\ \underline{\mathbf{l}}_1 + \epsilon^2\underline{\mathbf{l}}_2 + \dots\ , \tag{4.253}$$

wobei $\underline{s}_0$, $\underline{\mathbf{l}}_0$ eine beliebige Lösung des ungestörten Eigenwertproblems

$$(\underline{s}_0^2\ \mathbf{M} + \mathbf{C})\ \underline{\mathbf{l}}_0 = \mathbf{0} \tag{4.254}$$

bildet. Da wir $\mathbf{M}^T = \mathbf{M} > 0$ und $\mathbf{C}^T = \mathbf{C} > 0$ annehmen, ist $\underline{s}_0$ sicherlich rein imaginär und $\underline{\mathbf{l}}_0$ reell. Es gilt also

$$\underline{s}_0 = j\omega_k\ , \tag{4.255}$$

wobei ω_k irgendeine der (reellen) Eigenfrequenzen des ungestörten Problems ist. Der Einfachheit halber betrachten wir im folgenden zunächst den Fall $k = 1$ und der zu $\underline{s}_0 = j\omega_1$ gehörende Eigenvektor ist

$$\mathbf{l}_0 = \mathbf{r}_1\ . \tag{4.256}$$

Die restlichen Eigenfrequenzen und Eigenvektoren von (4.254) bezeichnen wir wieder einfach mit $\omega_2,\omega_3,\ldots,\omega_n$, $\mathbf{r}_2,\mathbf{r}_3,\ldots,\mathbf{r}_n$. Die Größen $\underline{s}_1,\underline{s}_2,\ldots$, $\underline{\mathbf{l}}_1,\underline{\mathbf{l}}_2,\ldots$ in (4.252), (4.253) werden im allgemeinen komplex sein, während $\underline{s}_0 = j\omega_1$ imaginär und $\mathbf{l}_0 = \mathbf{l}_1$ reell ist. Man beachte, daß jetzt $\underline{s}_i$, $\underline{\mathbf{l}}_i$, $i = 1,2,\ldots,n$ für die i-te Korrektur des Eigenpaares $(\underline{s}_0,\underline{\mathbf{l}}_0)$ des ungestörten Problems steht, und nicht - wie vorher - für das i-te Eigenpaar: Wir verwenden diese Schreibweise ausschließlich in dieser Anwendung der Störungsrechnung, wo wir Doppelindizierung vermeiden wollen.

Den zu bestimmenden Eigenvektor $\underline{\mathbf{l}}$ suchen wir in einer gemäß

$$\underline{\mathbf{l}}^T\mathbf{M}\,\mathbf{r}_1 = 1 \tag{4.257}$$

normierten Form, was für hinreichend kleine ϵ sicherlich immer möglich ist. Aus (4.257) folgt, da diese Bedingung ja für beliebige (hinreichend kleine) ϵ gelten soll, wegen $\mathbf{r}_1^T\mathbf{M}\,\mathbf{r}_1 = 1$ auch

$$\underline{\mathbf{l}}_1^T\mathbf{M}\,\mathbf{r}_1 = 0\ ,\quad \underline{\mathbf{l}}_2^T\mathbf{M}\,\mathbf{r}_1 = 0\ ,\quad \underline{\mathbf{l}}_3^T\mathbf{M}\,\mathbf{r}_1 = 0\ ,\ \ldots\ . \tag{4.258}$$

Einsetzen von (4.252), (4.253), in (4.251) mit den so festgelegten $\underline{s}_0$ und $\underline{\mathbf{l}}_0$ führt auf

$$\left[(j\omega_1+\epsilon\underline{s}_1+\epsilon^2\underline{s}_2+\ldots)^2\mathbf{M} + \epsilon(j\omega_1+\epsilon\underline{s}_1+\epsilon^2\underline{s}_2+\ldots)\mathbf{L} + \mathbf{C}\right]\cdot$$
$$\cdot(\mathbf{r}_1+\epsilon\underline{\mathbf{l}}_1+\epsilon^2\underline{\mathbf{l}}_2+\ldots) = 0\ ; \tag{4.259}$$

setzt man darin alle Terme gleicher Größenordnung gleich Null, so folgt

$$\epsilon^0:\quad (-\,\omega_1^2\mathbf{M} + \mathbf{C})\,\mathbf{r}_1 = \mathbf{0}\ , \tag{4.260}$$

$$\epsilon^1:\quad (-\,\omega_1^2\mathbf{M} + \mathbf{C})\,\underline{\mathbf{l}}_1 + (2j\omega_1\underline{s}_1\mathbf{M} + j\omega_1\mathbf{L})\,\mathbf{r}_1 = \mathbf{0}\ , \tag{4.261}$$

$$\epsilon^2:\quad (-\,\omega_1^2\mathbf{M} + \mathbf{C})\,\underline{\mathbf{l}}_2 + (2j\omega_1\underline{s}_1\mathbf{M} + j\omega_1\mathbf{L})\,\underline{\mathbf{l}}_1$$
$$+\left[(\underline{s}_1^2 + 2j\omega_1\underline{s}_2)\mathbf{M} + \underline{s}_1\mathbf{L}\right]\mathbf{r}_1 = \mathbf{0}\ , \tag{4.262}$$

usw. Die erste Gleichung (4.260) ist schon erfüllt und mit Hilfe von (4.261) können wir nun $\underline{\mathbf{l}}_1$ uns $\underline{s}_1$ bestimmen. Beachten wir nämlich die Normierung (4.258), so erkennen wir, daß $\underline{\mathbf{l}}_1$ in der Form

$$\underline{l}_1 = \underline{\beta}_{1,2}\mathbf{r}_2 + \underline{\beta}_{1,3}\mathbf{r}_3 + \dots \underline{\beta}_{1,n}\mathbf{r}_n \tag{4.263}$$

geschrieben werden kann, mit noch zu bestimmenden Koeffizienten $\underline{\beta}_{1,u}$, $u = 2,3,\dots,n$.

Multiplizieren wir (4.261) von links mit $\mathbf{r}_1^T$, so ergibt sich zunächst

$$2\underline{s}_1\mathbf{r}_1^T\mathbf{M}\,\mathbf{r}_1 + \mathbf{r}_1^T\mathbf{L}\,\mathbf{r}_1 = 0\ , \tag{4.264}$$

und es folgt

$$\underline{s}_1 = -\frac{1}{2}\,\mathbf{r}_1^T\mathbf{L}\,\mathbf{r}_1\ ; \tag{4.265}$$

s_1 ist also immer eine reelle Größe. Multipliziert man dagegen (4.261) mit $\mathbf{r}_u^T$, $u = 2,3,\dots,n$ so ergibt sich mit (4.263)

$$\underline{\beta}_{1,u}(-\,\omega_1^2\mathbf{r}_u^T\mathbf{M}\,\mathbf{r}_u + \mathbf{r}_u^T\mathbf{C}\,\mathbf{r}_u) + j\omega_1\mathbf{r}_u^T\mathbf{L}\,\mathbf{r}_1 = 0\ , \tag{4.266}$$

woraus man

$$\underline{\beta}_{1,u} = \frac{j\omega_1}{\omega_1^2 - \omega_u^2}\,\mathbf{r}_u^T\mathbf{L}\,\mathbf{r}_1 \tag{4.267}$$

bestimmt, sofern $\omega_1^2 \neq \omega_u^2$, $u = 2,3,\dots,n$ (der Fall vielfacher Eigenfrequenzen ist getrennt zu betrachten). Aus (4.267) erhält man daher im Fall einfacher Frequenzen

$$\underline{l}_1 = j\omega_1 \sum_{u=2}^{n} \frac{1}{\omega_1^2 - \omega_u^2}\,(\mathbf{r}_u^T\mathbf{L}\,\mathbf{r}_1)\,\mathbf{r}_u\ , \tag{4.268}$$

so daß der Vektor $\underline{l}_1$ bei der hier gewählten Normierung immer imaginär ist.

Aus der Gleichung der zweiten Näherung (4.262) bestimmt man nun $\underline{l}_2$ und $\underline{s}_2$. Dabei folgt auch hier aus der Normierung zunächst wieder, daß $\underline{l}_2$ als

$$\underline{l}_2 = \underline{\beta}_{2,2}\mathbf{r}_2 + \underline{\beta}_{2,3}\mathbf{r}_3 + \dots \underline{\beta}_{2,n}\mathbf{r}_n \tag{4.269}$$

geschrieben werden kann. Multiplikation von (4.262) mit $\mathbf{r}_1^T$ liefert dann

$$j\omega_1 \mathbf{r}_1^T \mathbf{L}\, \underline{\mathbf{l}}_1 + s_1^2 + 2j\omega_1 \underline{s}_2 + s_1 \mathbf{r}_1^T \mathbf{L}\, \mathbf{r}_1 = 0\ , \tag{4.270}$$

was unter Berücksichtigung von (4.265) auf

$$j\omega_1 \mathbf{r}_1^T \mathbf{L}\, \underline{\mathbf{l}}_1 - \frac{1}{4}(\mathbf{r}_1^T \mathbf{L}\, \mathbf{r}_1)^2 + 2j\omega_1 \underline{s}_2 = 0\ , \tag{4.271}$$

bzw.

$$\underline{s}_2 = -\frac{1}{2}\mathbf{r}_1^T \mathbf{L}\, \underline{\mathbf{l}}_1 + \frac{1}{8j\omega_1}(\mathbf{r}_1^T \mathbf{L}\, \mathbf{r}_1)^2 \tag{4.272}$$

führt. Setzt man noch $\underline{\mathbf{l}}_1$ aus (4.268) ein, so folgt

$$\underline{s}_2 = -\frac{j\omega_1}{2}\sum_{u=2}^{n} \frac{\mathbf{r}_1^T \mathbf{L}\, \mathbf{r}_u\, \mathbf{r}_u^T \mathbf{L}\, \mathbf{r}_1}{\omega_1^2 - \omega_u^2} - \frac{j}{8\omega_1}(\mathbf{r}_1^T \mathbf{L}\, \mathbf{r}_1)^2\ . \tag{4.273}$$

Wir erkennen, daß $\underline{s}_2$ immer imaginär ist.

Multipliziert man (4.262) mit $\mathbf{r}_u^T$, so erhält man

$$-\underline{\beta}_{2,u}(\omega_1^2-\omega_u^2) + 2j\omega_1 s_1 \mathbf{r}_u^T \mathbf{M}\, \underline{\mathbf{l}}_1 + j\omega_1 \mathbf{r}_u^T \mathbf{L}\, \underline{\mathbf{l}}_1 + s_1 \mathbf{r}_u^T \mathbf{L}\, \mathbf{r}_1 = 0, \tag{4.274}$$

woraus sich nach Einsetzen von s_1 und $\underline{\mathbf{l}}_1$ nach einer kurzen Zwischenrechnung

$$\underline{\beta}_{2,u} = \frac{1}{2}\frac{\omega_u^2 + \omega_1^2}{(\omega_u^2 - \omega_1^2)^2}\, \mathbf{r}_1^T \mathbf{L}\, \mathbf{r}_u \mathbf{r}_u^T \mathbf{L}\, \mathbf{r}_1 +$$

$$+ \frac{\omega_1^2}{\omega_u^2 - \omega_1^2}\sum_{p=2}^{n} \frac{1}{\omega_u^2 - \omega_1^2}\, \mathbf{r}_p^T \mathbf{L}\, \mathbf{r}_1 \mathbf{r}_1^T \mathbf{L}\, \mathbf{r}_p \tag{4.275}$$

ergibt, so daß nunmehr auch $\underline{\mathbf{l}}_2$ bestimmt ist. Es ist nicht schwierig, auf ganz entsprechende Art und Weise auch höhere Näherungen von $\underline{\mathbf{l}}$ und $\underline{s}$ zu bestimmen, was aber im allgemeinen wohl nicht von Interesse sein wird.

Wir überlegen uns im folgenden, welche Wirkung gyroskopische und Dämpfungsterme auf die Eigenwerte und Eigenvektoren haben. Dazu schreiben wir

$$\mathbf{L} = \mathbf{G} + \mathbf{D} \tag{4.276}$$

mit $\mathbf{G}^T = -\mathbf{G}$, $\mathbf{D}^T = \mathbf{D}$. Anhand von (4.265) erkennen wir sofort, daß lediglich die Dämpfungsmatrix zu $\underline{s}_1$ beiträgt, d.h. es ist

$$s_1 = -\frac{1}{2}\mathbf{r}_1^T\mathbf{D}\,\mathbf{r}_1 , \tag{4.277}$$

und daß die gyroskopischen Terme keinen Einfluß auf diese erste Korrektur haben. Aus $\mathbf{D} > 0$ folgt natürlich auch $s_1 < 0$, wie zu erwarten.

Aus (4.268) ergibt sich dagegen, daß i.a. sowohl die Dämpfungs- als auch die gyroskopischen Terme die Eigenwerte in der ersten Näherung beeinflussen; keine Wirkung auf die Eigenvektoren in dieser Näherung besitzen allerdings Dämpfungsmatrizen, die die Bequemlichkeitshypothese erfüllen, und auch das war zu erwarten. Sowohl die Dämpfungs- als auch die gyroskopischen Terme beeinflussen in der zweiten Näherung die Eigenwerte und Eigenvektoren, allerdings tragen die gyroskopischen Terme nicht zu dem zweiten Summanden in (4.273) und zu dem ersten Summanden in (4.274) bei. Besteht L dagegen lediglich aus einer Dämpfungsmatrix, die die Bequemlichkeitshypothese erfüllt, so vereinfacht sich die Formel für $\underline{s}_2$ zu

$$\underline{s}_2 = -\frac{j}{8\omega_1}(\mathbf{r}_1^T\mathrm{L}\,\mathbf{r}_1)^2 = \frac{j}{2\omega_1}s_1^2 . \tag{4.278}$$

Die Störungsrechnung, die hier für die erste Eigenfrequenz durchgeführt wurde, kann genauso für alle anderen Eigenwerte verwendet werden, es sind lediglich in den entsprechenden Formeln die jeweiligen Indizes zu ändern. Auf ganz ähnlichem Wege kann man natürlich auch die Wirkung kleiner Änderungen in der Massen- und Steifigkeitsmatrix sowie auch den Einfluß der im nächsten Abschnitt behandelten zirkulatorischen Kräfte behandeln. Wir geben hier die entsprechenden Rechnungen nicht an, sie bereiten aber keinerlei Schwierigkeiten. Lediglich der Fall vielfacher Eigenwerte erfordert zusätzliche Überlegungen, wie man z.B. daran erkennt, daß dann in einigen der weiter oben angegebenen Formeln Nenner verschwinden. Dieser Fall ist in /18/ behandelt, und dort sind auch noch andere mit der hier verwendeten Störungsrechnung verwandte Fragestellungen besprochen worden.

Es sei noch erwähnt, daß es i.a. keineswegs feststeht, daß eine Potenzreihendarstellung, wie in (4.252), (4.253) angenommen, existiert. Das Vorgehen ist hier rein heuristisch; es zeigt sich allerdings, daß dieser Ansatz bei vielen Problemen auf bequeme Art und Weise brauchbare Ergebnisse liefert.

4.5 Systeme mit zirkulatorischen Kräften

Bei den im vorigen Abschnitt behandelten Systemen hatten wir geschwindigkeitsproportionale Terme zugelassen, die keine Arbeit leisteten. Die entsprechenden Gleichungen ergaben sich mit dem LAGRANGEschen Formalismus, und es galt die Energieerhaltung. In den Bewegungsgleichungen in Matrizenschreibweise entsprachen diese Terme einer schiefsymmetrischen Matrix $\mathbf{G}$, die mit $\dot{\mathbf{q}}$ multipliziert wurde. Wir betrachten nun noch Kräfte, die dem Produkt einer schiefsymmetrischen Matrix $\mathbf{N} = -\mathbf{N}^T$ mit dem Vektor der Koordinaten $\mathbf{q}$ entsprechen, so daß die Bewegungsgleichungen von der Art

$$\mathbf{M}\ddot{\mathbf{q}} + \mathbf{C}\mathbf{q} + \mathbf{N}\mathbf{q} = 0 \qquad (4.279)$$

sind. Diese Terme lassen sich nicht aus einer LAGRANGE-Funktion gewinnen, d.h. ihnen kommt kein Potential zu. Will man trotzdem den entsprechenden Formalismus verwenden, so muß man die LAGRANGE-Gleichungen als

$$\frac{d}{dt}\frac{\partial L}{\partial \dot{q}_k} - \frac{\partial L}{\partial q_k} = Q_k \ , \ k = 1,2,\dots,n \qquad (4.280)$$

schreiben mit Q_k als der k-ten Komponente des Vektors $-\mathbf{N}\mathbf{q}$. Kräfte dieser Art, sogenannte *zirkulatorische Kräfte*, sind nicht konservativ, d.h. die von ihnen geleistete Arbeit hängt vom Integrationsweg ab und nicht nur von den Endpunkten. Wir betrachten dazu ein einfaches Beispiel: Es besteht aus dem auf dem Kopf stehenden Doppelpendel der Abb. 4.13; die beiden Stäbe werden dabei als masselos angenommen, die Stäbe sind reibungsfrei durch ein Gelenk verbunden, und an ihren Enden ist jeweils eine Punktmasse m bzw. 2m angebracht. Zwischen den Stäben und zwischen dem unteren Stab und der waagerechten Ebene wirkt jeweils eine Drehfeder mit der Steifigkeit c_T derart, daß die Federn entspannt sind, wenn beide Stäbe lotrecht aufeinander stehen. Belastet wird das System durch eine gegebene Kraft P mit konstantem Betrag. Diese Kraft habe eine ungewohnte Eigenschaft: Ihre Wirkunglinie ist nicht immer lotrecht - wie es etwa bei einer Gewichtskraft der Fall wäre -, sondern sei stets längs der Achse des oberen Stabes gerichtet. Die Kraft folgt also gewissermaßen dem Stab: Man bezeichnet deswegen solche Kräfte auch als *Folgelasten*. Eine solche Folgelast zu erzeugen ist allerdings umständlich: Man könnte z.B. am oberen Stab ein Raketentriebwerk anbringen, das zumindest in erster Näherung eine Folgelast realisiert. Später werden wir realistischere zirkulatorische Kräfte beschreiben.

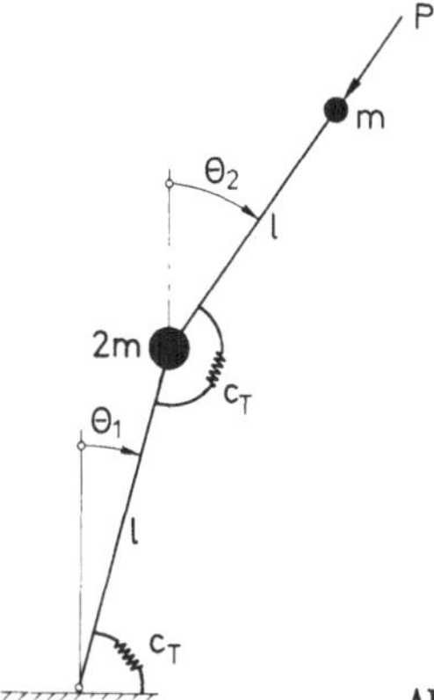

Abb. 4.13 Doppelpendel mit Folgelast

Das Doppelpendel der Abb. 4.13 kann für $P = 0$ Schwingungen um die Gleichgewichtslage ausführen, die für das linearisierte Problem leicht zu berechnen sind. Es scheint sich bei diesem Beispiel um ein einfaches Modell für ein Knickproblem zu handeln: Mit zunehmendem P wird man eine Änderung der Eigenfrequenzen erwarten, und für einen bestimmten "kritischen" Wert wird die gestreckte Lage wohl instabil. Wir wollen dies näher untersuchen und behandeln die linearen Schwingungen um die Gleichgewichtslage in Abhängikeit des Parameters P. Mit

$$T = \frac{ml^2}{2}\,[3\dot{\theta}_1^2 + \dot{\theta}_2^2 + 2\,\dot{\theta}_1\dot{\theta}_2\cos(\theta_1-\theta_2)]\;, \tag{4.281}$$

$$U = \frac{c_T}{2}\,(2\theta_1^2 - 2\theta_1\theta_2 + \theta_2^2) \tag{4.282}$$

ergeben sich nach Linearisierung die Bewegungsgleichungen

$$\left.\begin{aligned} 3ml^2\ddot{\theta}_1 + ml^2\ddot{\theta}_2 + 2c_T\theta_1 - c_T\theta_2 + Pl\theta_2 &= 0\;,\\ ml^2\ddot{\theta}_1 + ml^2\ddot{\theta}_2 - c_T\theta_1 + c_T\theta_2 - Pl\theta_1 &= 0\;. \end{aligned}\right\} \tag{4.283}$$

Die Terme dieser Gleichung, die den Parameter P enthalten, entsprechen dabei den verallgemeinerten Kräften Q_1, Q_2, die über die virtuellen Arbeiten berechnet werden. Man erhält die Gleichungen (4.283) natürlich auch direkt mit dem d'ALEMBERTschen Prinzip oder dem Drallsatz und dem NEWTONschen Grundgesetz der Dynamik. Wir erkennen, daß ein schiefsymmetrischer Anteil in den "Rückstellkräften" enthalten ist.

Es empfiehlt sich, (4.283) mit

$$f := \frac{Pl}{c_T}, \quad \tau := t\sqrt{\frac{c_T}{ml^2}} \tag{4.284}$$

dimensionslos zu machen, so daß die Bewegungsgleichungen die Form

$$\left.\begin{aligned} 3\,\theta_1'' + \theta_2'' + 2\,\theta_1 - \theta_2 + f\,\theta_2 &= 0\,, \\ \theta_1'' + \theta_2'' - \theta_1 + \theta_2 - f\,\theta_1 &= 0 \end{aligned}\right\} \tag{4.285}$$

annehmen, wobei Striche die Ableitung nach der neuen, dimensionslosen "Zeit" bedeuten. Der Exponentialansatz

$$\underline{\theta}_1 = \underline{1}_1\, e^{\underline{s}\tau}, \quad \underline{\theta}_2 = \underline{1}_2\, e^{\underline{s}\tau} \tag{4.286}$$

führt auf die charakteristische Gleichung

$$\begin{vmatrix} 3\underline{s}^2 + 2 - f & \underline{s}^2 + f - 1 \\ \underline{s}^2 - 1 & \underline{s}^2 + 1 \end{vmatrix} = 2\underline{s}^4 + (7-2f)\underline{s}^2 + 1 = 0 \tag{4.287}$$

bzw.

$$\underline{s}^4 + \frac{7-2f}{2}\,\underline{s}^2 + \frac{1}{2} = 0\,. \tag{4.288}$$

Die Eigenwertquadrate sind durch

$$\underline{s}^2 = \frac{-7 + 2f \pm \sqrt{(7-2f)^2 - 8}}{4} \tag{4.289}$$

gegeben. In Abb. 4.14a sind in den Wurzelortskurven die Eigenwerte in Abhängigkeit des Parameters f dargestellt: Die Wurzeln sind imaginär für $0 < f < 7/2 - \sqrt{2}$, wie man auch mit Hilfe einer kurzen Rechnung aus (4.289) erkennen kann, sie wandern außerdem mit wachsendem f paarweise aufeinander zu. Für $f = f_{FC} := \frac{7}{2} - \sqrt{2} \approx 2{,}1$ verschwindet der Ausdruck unter der Wurzel in (4.289), und es ergeben sich doppelte Eigenwerte. (Der Index F soll auf die Folgelast hinweisen, C kennzeichnet den kritischen Wert). Wächst f weiter an, d.h. ist $f > f_{FC}$, so ist der Ausdruck unter der Wurzel in (4.289) negativ, $\underline{s}^2$ wird komplex und die Wurzeln $\underline{s}_1$, $\underline{s}_2$, $\underline{s}_3$, $\underline{s}_4$ besitzen alle nichtverschwindenden Real-

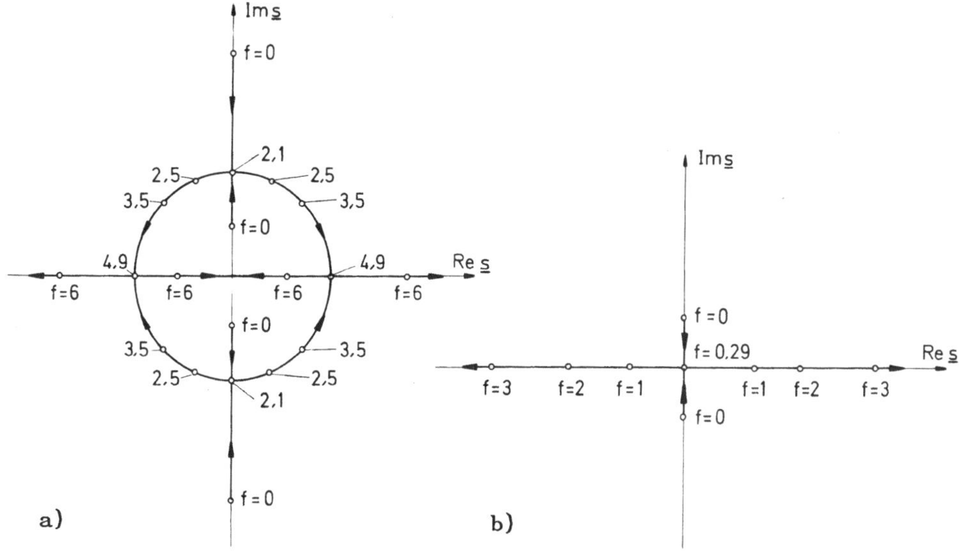

Abb. 4.14 a) Wurzelortskurve des Doppelpendels mit Folgelast gemäß (4.289)
b) Wurzelortskurve des Doppelpendels mit konservativer Belastung gemäß (4.296) (oberes Vorzeichen)

teil, wovon jeweils zwei positiv und zwei negativ sind. Das bedeutet, daß für $f > f_{FC}$ die triviale Lösung von (4.285) instabil ist: Es gibt exponentiell aufklingende Schwingungen. Dabei schwingt das System mit langsam aufklingender Amplitude und mit einer "Kreisfrequenz", die in erster Näherung

$$\underline{s} = \sqrt{\frac{1}{2}\left(-\frac{7}{2} + f_{FC}\right)} = j\, 2^{1/3} \tag{4.290}$$

entspricht, sofern f hinreichend nahe an f_{FC} liegt. Das System beginnt also für $f=f_{FC}$ zu "flattern", man sagt auch, daß es durch Flattern instabil wird[52].

Wir vergleichen nun diese Ergebnisse mit denjenigen, die sich einstellen, wenn anstelle der Folgelast eine ständig lotrecht wirkende Last - ebenfalls vom Betrage P - an den oberen Massenpunkt wirkt, wie sie etwa einer

[52] Die Stabilität für $f < f_{FC}$ müßte eigentlich mit einer nichtlinearen Theorie untersucht werden, da es sich um sogenannte "schwache Stabilität", d.h. nicht um exponentiell "asymptotische Stabilität" handelt und ein "kritischer Fall" im Sinne der LJAPUNOWschen Stabilitätstheorie vorliegt (s. z.B. /14/).

Gewichtskraft entspricht. Eine solche Kraft besitzt ein Potential und kann in der potentiellen Energie mit berücksichtigt werden, die sich dann als

$$U = \frac{c_T}{2}(2\theta_1^2 - 2\theta_1\theta_2 + \theta_2^2) + Pl(-3 + 2\cos\theta_1 + \cos\theta_2) \tag{4.291}$$

schreibt. Alle auf das System wirkenden Kräfte sind demnach jetzt konservativ, d.h. energieerhaltend. Berücksichtigt man nur die Terme bis zur zweiten Ordnung, die für die linearisierten Bewegungsgleichungen ja allein maßgeblich sind, so kann man (4.291) durch

$$U = \frac{c_T}{2}\left[2(1 - f)\theta_1^2 - 2\theta_1\theta_2 + (1 - f)\theta_2^2\right] \tag{4.292}$$

ersetzen. Man erkennt, daß für $f > 1$ die quadratische Form auf jeden Fall nicht mehr positiv defint ist. Allerdings ist auch für kleinere Werte von f die potentielle Energie U schon indefinit. Benutzt man das Kriterium von SYLVESTER[53] für die positive Definitheit einer quadratischen Form (s. z.B. /14/), so erhält man als notwendige Bedingung für die positive Definitheit die Ungleichungen

$$\left.\begin{aligned} &2(1 - f) > 0\,, \\ &\begin{vmatrix} 2(1 - f) & -1 \\ -1 & (1 - f) \end{vmatrix} > 0\,. \end{aligned}\right\} \tag{4.293}$$

Die zweite Bedingung ist für $f < 1 - 1/\sqrt{2}$ und für $f > 1 + 1/\sqrt{2}$ erfüllt, so daß hier $f < f_{KC} := 1 - 1/\sqrt{2} \approx 0{,}29$ die hinreichende und notwendige Bedingung für die Definitheit von U ist. (Der Index K kennzeichnet den Fall einer konservativen Belastung.) Für $f > f_{KC}$ besitzt die potentielle Energie nicht mehr ein Minimum in der Gleichgewichtslage und diese ist instabil; man erkennt, daß $f_{KC} < f_{FC}$ ist.

Wir untersuchen nun noch das Schwingungsverhalten des Systems der Abb. 4.13 bei konservativer Belastung. Dazu ist jetzt (4.285) durch die neuen Bewegungsgleichungen

---

[53] Nach dem britischen Mathematiker James Joseph SYLVESTER, * 1814 in London, + 1897 ebenda.

$$\left.\begin{aligned} 3\,\theta_1'' + \theta_2'' + 2(1-f)\,\theta_1 - \theta_2 &= 0\,, \\ \theta_1'' + \theta_2'' - \theta_1 + (1-f)\,\theta_2 &= 0 \end{aligned}\right\} \tag{4.294}$$

zu ersetzen, die auf die charakteristische Gleichung

$$\begin{vmatrix} 3\underline{s}^2 + 2 - 2f & \underline{s}^2 - 1 \\ \underline{s}^2 - 1 & \underline{s}^2 + 1 - f \end{vmatrix} =$$

$$= 2\underline{s}^4 + (7 - 5f)\,\underline{s}^2 + (2f^2 - 4f + 1) = 0 \tag{4.295}$$

führen. Die Quadrate der Eigenwerte sind daher durch

$$\underline{s}^2 = \frac{-7 + 5f \pm \sqrt{9f^2 - 38f + 41}}{4} \tag{4.296}$$

gegeben, und die Eigenwerte, die dem Ausdruck (4.296) mit dem positiven Vorzeichen vor der Wurzel entsprechen, sind in Abb. 4.14b durch ihre Wurzelortskurven dargestellt. Aus (4.296) ersieht man wieder, daß für $f = 0$ die Eigenwerte imaginär sind. Es zeigt sich, daß für $f = f_{KC}$ der Ausdruck (4.296) mit dem oberen Vorzeichen vor der Wurzel verschwindet, d.h. bei der kritischen Belastung wird hier eine der Frequenzen zu Null, und das deutet darauf hin, daß für $f > f_{KC}$ in der Nachbarschaft der trivialen Lösung weitere Gleichgewichtslagen existieren, wie dies ja in der Tat der Fall ist. Die betragsmäßig kleineren Eigenwerte erreichen also für $f = f_{KC}$ die reelle Achse und weisen dann für $f > f_{KC}$ einen von Null verschiedenen Realteil auf. Die Stabilitätsgrenze unterscheidet sich daher hier grundsätzlich von der bei Folgelasten: Das Flattern, das dort auftrat, ist hier nicht vorhanden, man spricht hier auch von Instabilität durch *Divergenz*. Für einen größeren Wert von f, den man leicht berechnen kann, erreicht auch das zweite Paar von Eigenwerten die reelle Achse, und die zweite Eigenschwingungsform wird anschließend instabil.

Damit ist dieses Beispiel abgeschlossen; folgendes gilt jedoch allgemein: Während bei konservativer Belastung einer Struktur Instabiltät immer durch Divergenz auftritt und die Stabilitätsgrenze einfach anhand der potentiellen Energie bestimmt werden kann, ohne daß man dazu die Bewegungsgleichung überhaupt anschreiben muß, ist bei zirkulatorischen Kräften Flattern möglich, und Stabilitätsuntersuchungen müssen i.a. an den Bewegungsgleichungen durchgeführt werden.

Die in dem behandelten Beispiel angenommene Folgelast tritt allerdings in technischen Problemen kaum auf und sollte hier lediglich zur Verdeutlichung der grundsätzlichen Problematik bei zirkulatorischen Kräften dienen. Diese sind in der Tat bei einer Vielzahl wichtiger technischer Problem vorhanden und können z.B. für das Flattern eines Flügels oder für die Schwingungen eines in hydrodynamischen Gleitlagern laufenden Rotors verantwortlich sein. Eine Vielzahl von entsprechenden Problemen ist z.B. bei BOLOTIN /19/ beschrieben. Allerdings können durch Strömungen hervorgerufene, auf feste Körper wirkende Kräfte nicht nur die beschriebenen zirkulatorischen Terme, sondern auch negative "Dämpfungskräfte" und negative "Rückstellkräfte" hervorrufen. Die erzwungenen Schwingungen eines entsprechenden Systems sind dann von der Art

$$\mathbf{M}\,\ddot{\mathbf{q}} + \mathbf{D}\,\dot{\mathbf{q}} + \mathbf{G}\,\dot{\mathbf{q}} + \mathbf{C}\,\mathbf{q} + \mathbf{N}\,\mathbf{q} = \mathbf{f}(t) \tag{4.297}$$

mit $\mathbf{M}^T = \mathbf{M}$, $\mathbf{D}^T = \mathbf{D}$, $\mathbf{C}^T = \mathbf{C}$, $\mathbf{G}^T = -\mathbf{G}$, $\mathbf{N}^T = -\mathbf{N}$, wo $\mathbf{D}$ und $\mathbf{C}$ auch nicht mehr positiv (semi-)definit zu sein brauchen. Der Regelfall für die Schwingungen mechanischer Systeme in der Technik ist allerdings, daß sie zumindest näherungsweise gut durch die weiter oben behandelten einfacheren Gleichungen beschrieben werden können.

In dem sich mit $\mathbf{f}(t) = \mathbf{0}$ aus (4.297) ergebenden Eigenwertproblem gehen dann natürlich die einfachen Eigenschaften der bisher behandelten konservativen oder gedämpften Systeme verloren und es können sich z.T. unerwartete Effekte ergeben: So kann etwa in einem System mit zirkulatorischen Kräften die (positive) Dämpfung durchaus auch eine destabilisierende Wirkung haben (s.z.B. HUSEYIN /20/). Bei den durch (4.297) beschriebenen Problemen kann es u.U. günstig sein, die Gleichungen als Systeme erster Ordnung zu schreiben; bei den konservativen oder nichtzirkulatorischen gedämpften Systemen ist dies i.a. nicht zweckmäßig, da die Gleichungen zweiter Ordnung oft übersichtlicher sind. Für die Lösung des Eigenwertproblems zu (4.297) verwendet man auch hier Verfahren, die häufig von der in 4.1.4 angegebenen Matrizeniteration ausgehen.

4.6 Experimentelle Modalanalyse

Die Kenntnis der Eigenfrequenzen linearer Systeme ist aus vielerlei Gründen wichtig: zur Vermeidung von Resonanzen, dadurch, daß man die entsprechende Frequenz im Spektrum der Erregerkräfte unterdrückt, oder um äußere Einwirkungen - etwa zur Regelung - entsprechend auf das System abzustimmen. Dies gilt allerdings nicht nur für die Eigenfrequenz (bzw. Eigenwerte), sondern auch für die Eigenschwingungsformen oder "Moden".

Bisher haben wir uns damit beschäftigt, diese Größen zu berechnen. Sind aber die Systeme physikalisch realisiert und können die notwendigen Eingriffe vorgenommen werden, so wird man oft auch Eigenwerte und Moden experimentell durch Messung des Systemverhaltens bestimmen: Man spricht dann von *experimenteller Modalanalyse*. Hat man Eigenwerte und Eigenvektoren experimentell gewonnen, so kann man im Nachhinein die bei der Modellbildung gemachten Annahmen kontrollieren und auch u.U. Parameter bestimmen, die einer direkten Erfassung nicht zugänglich sind. Gelegentlich wird man z.B. auch die Eigenfrequenzen und/oder Moden von Maschinenteilen oder Strukturen regelmäßig überwachen, um daraus Rückschlüsse auf mögliche Systemveränderungen, z.B. infolge Rißbildung oder anderer Schäden zu ziehen.

Die experimentelle Modalanalyse hat sich in den letzten Jahren immer weiter verbreitet, insbesondere wegen der besseren Instrumentation und der Entwicklung der sogenannten "schnellen FOURIERtransformation" (FFT = Fast Fourier Transform). Auf diese gehen wir hier nicht ein: Sie ist eine digitalisierte Form der (im nächsten Kapitel behandelten) FOURIERtransformation.

Der sich zunächst anbietende Weg zur experimentellen Bestimmung der Eigenvektoren und Eigenwerte eines durch

$$\mathbf{M}\,\ddot{\mathbf{q}} + \mathbf{D}\,\dot{\mathbf{q}} + \mathbf{C}\,\mathbf{q} = \mathbf{0} \tag{4.298}$$

beschriebenen Systems mit $\mathbf{M}^T = \mathbf{M} > 0$, $\mathbf{D}^T = \mathbf{D} \geq 0$, $\mathbf{C}^T = \mathbf{C} > 0$ ist wohl die direkte Messung der freien Schwingungen. Dazu erteilt man dem System von Null verschiedene Anfangsbedingungen und mißt dann die entsprechende Lösung $\mathbf{q}(t)$ über einen gewissen Zeitraum. Aus den gemessenen Funktionsverläufen $q_1(t), q_2(t), \ldots, q_n(t)$ kann man dann i.a. die in (4.195) angegebenen Parameter $\omega_{di}, \delta_i, \mathbf{k}_i$ und $\mathbf{v}_i$, für $i = 1,2,\ldots,n$ durch Parameteranpassung (z.B. unter Verwendung von Fehlerquadratminimierung) bestimmen.

Bei solchem Vorgehen liegt es zunächst nahe, gleichzeitig n Meßaufnehmer zu verwenden, was aber eigentlich unnötig ist: Es genügen nämlich zwei Meßaufnehmer, wobei dann allerdings der Versuch n-1 Male zu wiederholen wäre. Bei der ersten Realisierung des Versuches würde man z.B. $q_1(t)$, $q_2(t)$ messen, bei der zweiten $q_1(t)$, $q_3(t)$, bei der dritten $q_1(t)$, $q_4(t)$, usw.; dabei können die Anfangsbedingungen jedesmal verschieden sein, und es wird angenommen, daß immer alle Eigenformen in den Schwingungen vertreten sind. Die Größen ω_{di}, δ_i, k_{ji}, v_{ji}, $j = 1,2$, $i = 1,2,\ldots,n$, könnten aus der ersten Realisierung bestimmt werden, die restlichen Komponenten von $\mathbf{k}_i$ und $\mathbf{v}_i$ folgen dann aus den anschließenden Messungen. Dabei ist es notwendig, mit dem "Referenzmeßaufnehmer" die i.a. n-1 verschiedenen Zeitverläufe von $q_1(t)$ zu messen, damit die jeweils verschiedenen Integrationskonstanten eliminiert werden können. Die numerische Auswertung könnte allerdings noch wesentlich verbessert werden, indem man die Größen ω_{di}, δ_i nicht nur aus dem ersten Versuch bestimmt und dann festlegt, sondern zu ihrer Bestimmung auf alle Messungen zurückgreift. Dabei ist es vollkommen gleichgültig, ob "Wege" ($\mathbf{q}$), "Geschwindigkeiten" ($\dot{\mathbf{q}}$) oder "Beschleunigungen" ($\ddot{\mathbf{q}}$) gemessen werden; dies richtet sich nur nach den jeweiligen Gegebenheiten, das prinzipielle Vorgehen ist in allen Fällen gleich.

Das auf der Messung freier Schwingungen beruhende beschriebene Verfahren wird allerdings nur selten verwendet, üblicher ist es, die Systemantwort auf eine bekannte Erregerkraft $\mathbf{f}(t)$ zu bestimmen und daraus die Moden zu ermitteln; d.h. man mißt erzwungene Schwingungen an dem System

$$\mathbf{M}\,\ddot{\mathbf{q}} + \mathbf{D}\,\dot{\mathbf{q}} + \mathbf{C}\,\mathbf{q} = \mathbf{f}(t) \ . \tag{4.299}$$

Betrachtet man insbesondere den Fall

$$\mathbf{M}\,\ddot{\underline{\mathbf{q}}} + \mathbf{D}\,\dot{\underline{\mathbf{q}}} + \mathbf{C}\,\underline{\mathbf{q}} = \hat{\underline{\mathbf{f}}}\,e^{j\Omega t} \ , \tag{4.300}$$

so kann man zumindest für geringe aber durchdringende Dämpfung die Eigenvektoren und Eigenwerte aus der eingeschwungenen Lösung

$$\underline{\mathbf{q}}(t) = \hat{\underline{\mathbf{q}}}\,e^{j\Omega t} \tag{4.301}$$

leicht bestimmen. Ist nämlich Ω gleich einer der Eigenfrequenzen (des ungedämpften Systems), so entspricht $\hat{\underline{\mathbf{q}}}$ in sehr guter Näherung dem zugehörigen Eigenvektor. Man kann also die Erregerfrequenz Ω sehr langsam variieren: Immer dann, wenn sich Maxima in der Vergrößerungsfunktion einstellen, ist $\Omega = \omega_k$ und $\hat{\underline{\mathbf{q}}}$ etwa gleich dem entsprechenden reellen Eigenvektor. Für große Dämpfung allerdings sind die Resonanzspitzen nicht mehr erkennbar, und das Verfahren ist abzuändern; die Eigenvektoren sind dann ja i.a. auch komplex.

Häufig mißt man die in (4.229) definierte Frequenzgangsmatrix

$$\underline{G}(\Omega) = (-\Omega^2\mathbf{M} + j\Omega\mathbf{D} + \mathbf{C})^{-1} , \qquad (4.302)$$

und dies kann elementweise geschehen. Wählt man nämlich

$$\hat{\underline{\mathbf{f}}} = (0,\ldots,0,\hat{\underline{f}}_i,0,\ldots,0)^T, \qquad (4.303)$$

so gilt mit $\underline{G} = (\underline{g}_{ki})$

$$\underline{g}_{ki} = \hat{\underline{q}}_k/\hat{\underline{f}}_i , \qquad (4.304)$$

und zur Bestimmung von $\underline{g}_{ki}$ brauchen lediglich $\hat{\underline{q}}_k$ und $\hat{\underline{f}}_i$ bekannt zu sein (sofern $\hat{\underline{f}}$ von der Art (4.303) ist). Allerdings muß man jetzt sowohl eine Kraft als auch einen Weg messen.

Es zeigt sich nun, daß die Kenntnis irgendeiner Spalte oder irgendeiner Zeile von $\underline{G}(\Omega)$ genügt, um die Eigenwerte $\underline{s}_1,\underline{s}_2,\ldots,\underline{s}_n$, $\underline{s}_1^*,\underline{s}_2^*,\ldots,\underline{s}_n^*$ und die Eigenvektoren $\underline{\mathbf{l}}_1,\underline{\mathbf{l}}_2,\ldots,\underline{\mathbf{l}}_n$, $\underline{\mathbf{l}}_1^*,\underline{\mathbf{l}}_2^*,\ldots,\underline{\mathbf{l}}_n^*$ des Eigenwertproblems

$$(\underline{s}^2\mathbf{M} + \underline{s}\,\mathbf{D} + \mathbf{C})\,\underline{\mathbf{l}} = \mathbf{0} \qquad (4.305)$$

zu bestimmen. Das bedeutet, daß gemäß (4.303) Krafterregung lediglich an einer Stelle des Systems vorzuliegen braucht und alle Wegamplituden zu messen sind, oder alternativ, Wege an einer festen Stelle zu messen sind und Kräfte nacheinander an verschiedenen Punkten wirksam werden. Bei der Durchführung eines entsprechenden Versuches wird man allerdings i.a. nicht mit harmonischen Kräften arbeiten, sondern Zeitfunktionen f(t) aufbringen, die einem Frequenzgemisch, etwa einem Impuls oder einem "Rauschen" entsprechen, und die im nächsten Kapitel beschriebene Vorgehensweise anwenden. Bei Verwendung eines "Impulshammers", der eine integrierte Kraftmeßdose besitzt, erregt man etwa das System durch Hammerschläge nacheinander an verschiedenen Stellen und mißt an einem festen Ort die Wege, so daß eine Spalte von $\underline{G}(\Omega)$ bestimmt wird. Auf die meßtechnischen Aspekte wollen wir jedoch nicht weiter eingehen, sondern vielmehr zeigen, daß aus einer Spalte von $\underline{G}(\Omega)$ die Eigenwerte und Eigenvektoren ermittelt werden können.

Die Matrix $(\underline{s}^2\mathbf{M} + \underline{s}\,\mathbf{D} + \mathbf{C})^{-1}$ kann geschrieben werden als

$$\underline{\mathbf{U}}(\underline{s}) := (\underline{s}^2\mathbf{M} + \underline{s}\,\mathbf{D} + \mathbf{C})^{-1} = \frac{\underline{\mathbf{B}}(s)}{|\underline{s}^2\mathbf{M} + \underline{s}\,\mathbf{D} + \mathbf{C}|} ; \qquad (4.306)$$

das Element $\underline{b}_{ki}$ der Matrix $\underline{\mathbf{B}}$ ist dabei gegeben durch

$$\underline{b}_{ki} := (-1)^{k+i} \underline{v}_{ki} \ . \tag{4.307}$$

wobei $\underline{v}_{ki}$ der *Kofaktor* des Elementes (k,i) der Matrix $\underline{s}^2\mathbf{M} + \underline{s}\ \mathbf{D} + \mathbf{C}$ ist (d.h. gleich der Determinante derjenigen Matrix, die entsteht, wenn man in $\underline{s}^2\mathbf{M} + \underline{s}\ \mathbf{D} + \mathbf{C}$ die k-te Zeile und die i-te Spalte wegläßt). Formel (4.307) folgt unmittelbar aus der CRAMERschen Regel. Damit stehen aber im Zähler in (4.306) Polynome, deren Ordnung niedriger als die des Nenners ist, so daß man mittels Partialbruchzerlegung das Element k,i der Matrix $(\underline{s}^2\mathbf{M} + \underline{s}\ \mathbf{D} + \mathbf{C})^{-1}$ als

$$\underline{u}_{ki}(\underline{s}) = \sum_{p=1}^{n} \left\{ \frac{\underline{e}_{ki,p}}{\underline{s} - \underline{s}_p} + \frac{\underline{e}^*_{ki,p}}{\underline{s} - \underline{s}^*_p} \right\} \tag{4.308}$$

schreiben kann[54], da ja die Eigenwerte $\underline{s}_1, \underline{s}_2, \ldots, \underline{s}^*_{n-1}, \underline{s}^*_n$ Wurzeln des Nenners sind (wir nehmen an, daß alle Eigenwerte komplex sind).

Wir müssen uns jetzt nur noch überlegen, wie die Konstanten $\underline{e}_{ki,p}$ mit $k,i,p = 1,2,\ldots,n$ von den Eigenvektoren abhängen. Dazu multiplizieren wir (4.306) mit $|\underline{s}^2\mathbf{M} + \underline{s}\ \mathbf{D} + \mathbf{C}| \cdot (\underline{s}^2\mathbf{M} + \underline{s}\ \mathbf{D} + \mathbf{C})$ und erhalten

$$|\underline{s}^2\mathbf{M} + \underline{s}\ \mathbf{D} + \mathbf{C}|\ \mathbf{E} = (\underline{s}^2\mathbf{M} + \underline{s}\ \mathbf{D} + \mathbf{C})\ \underline{\mathbf{B}}(\underline{s}) \ . \tag{4.309}$$

Lassen wir in (4.309) $\underline{s}$ gegen einen Eigenwert $\underline{s}_p$ gehen, so verschwindet die linke Seite und demnach müssen alle Spalten von $\underline{\mathbf{B}}(\underline{s}_p)$ Eigenvektoren zu $\underline{s}_p$ sein. Die Matrix $\underline{\mathbf{U}}(\underline{s})$ unterscheidet sich aber von $\underline{\mathbf{B}}(\underline{s})$ nur durch eine skalare Funktion von $\underline{s}$, und damit folgt aus (4.308), daß dann auch jede Spalte von $(\underline{e}_{ki,p})$ gegen den Eigenvektor $\underline{\mathbf{1}}_p$ geht. Aus Symmetrie folgt aber, daß dies auch für jede Zeile gilt und somit $\underline{\mathbf{U}}(\underline{s})$ von der Form

$$\underline{\mathbf{U}}(\underline{s}) = \sum_{p=1}^{n} \left\{ \frac{\underline{a}_p \underline{\mathbf{1}}_p \underline{\mathbf{1}}_p^T}{\underline{s} - \underline{s}_p} + \frac{\underline{a}^*_p (\underline{\mathbf{1}}^*_p)^T \underline{\mathbf{1}}^*_p}{\underline{s} - \underline{s}^*_p} \right\} \tag{4.310}$$

---

[54] Die beiden Koeffizienten im Zähler in (4.308) sind zueinander komplex konjugiert, weil $\mathbf{M}$, $\mathbf{D}$, $\mathbf{C}$ reell symmetrisch sind.

ist, wobei die Konstanten $\underline{a}_p$ i.a. noch von p = 1,2,...,n abhängen. Der Frequenzgang ist hier $\underline{G}(\Omega) = \underline{U}(j\Omega)$, so daß gilt

$$\underline{G}(\Omega) = \sum_{p=1}^{n} \left\{ \frac{\underline{a}_p \underline{l}_p \underline{l}_p^T}{j\Omega - \underline{s}_p} + \frac{\underline{a}_p^*(\underline{l}_p^*)^T \underline{l}_p^*}{j\Omega - \underline{s}_p^*} \right\} . \tag{4.311}$$

An diesem Ausdruck erkennen wir ohne Schwierigkeiten, daß in der Tat alle Eigenvektoren und Eigenwerte aus einer einzigen Spalte (oder Zeile) von $\underline{G}(\Omega)$ folgen, denn es ist

$$\underline{L}_p := \underline{l}_p \underline{l}_p^T = \begin{bmatrix} \underline{l}_{1p} \\ \underline{l}_{2p} \\ \vdots \\ \underline{l}_{np} \end{bmatrix} (\underline{l}_{1p}, \underline{l}_{2p}, \ldots, l_{np}) =$$

$$= \begin{bmatrix} \underline{l}_{1p}^2 & \underline{l}_{1p}\underline{l}_{2p} & \cdots & \underline{l}_{1p}\underline{l}_{np} \\ \underline{l}_{2p}\underline{l}_{1p} & \underline{l}_{2p}^2 & \cdots & \underline{l}_{2p}\underline{l}_{np} \\ \vdots & \vdots & & \vdots \\ \underline{l}_{np}\underline{l}_{1p} & \underline{l}_{np}\underline{l}_{2p} & \cdots & \underline{l}_{np}^2 \end{bmatrix} . \tag{4.312}$$

Ist z.B. die erste Spalte von $\underline{G}$ als Funktion von Ω bekannt, so bestimmt man zunächst durch Parameteridentifikation (z.B. mit Fehlerquadratminimierung) die Eigenwerte $\underline{s}_1$, $\underline{s}_2$, ... sowie die ersten Spalten der Matrizen $\underline{a}_1\underline{L}_1, \underline{a}_2\underline{L}_2, \ldots, \underline{a}_n\underline{L}_n$, diese entsprechen dann offensichtlich den Eigenvektoren $\underline{l}_1, \underline{l}_2, \ldots, \underline{l}_n$, bis auf Konstanten, die noch jeweils von den "Verstärkungsfaktoren" $\underline{a}_1, \underline{a}_2, \ldots$ $\underline{a}_2$, abhängen.

In der Praxis wird die experimentelle Modalanalyse heute mit Hilfe spezieller Geräte, sogenannter Signalanalysatoren durchgeführt, in denen die erforderlichen Rechenoperationen fest vorprogrammiert sind. Häufig wird dann das in einer der Eigenmoden schwingende System perspektivisch auf dem Bildschirm dargestellt, und dies kann dem Ingenieur eine erhebliche Hilfe bei der Behebung von Schwingungsproblemen sein. Diese Geräte sind oft auch noch an Rechner gekoppelt, die es ermöglichen, die Ergebnisse der Modalanalyse zur Abschätzung der Wirkung konstruktiver Änderungen direkt zu verwenden. So kann man z.B. den Einfluß von nachträglich anzubringenden Zusatzmassen oder von

Tilgern direkt erkennen. Diese Kombination von Experiment und zusätzlichen Berechnungen stellt ein nützliches Werkzeug für den Ingenieur dar, das sich sicher in Zukunft weiter durchsetzen wird.

4.7 Aufgaben zu Kapitel 4

A 4.1 (Abb. 4.15)

Das skizzierte System stellt ein diskretes Modell einer gespannten Saite dar (Vorspannung T in der Gleichgewichtslage). Man ermittle die Bewegungsgleichungen für kleine Querauslenkungen unter Vernachlässigung der Änderung der Längskraft und berechne mit Hilfe des RAYLEIGHschen Quotienten eine Näherung für die kleinste Eigenfrequenz. Man bestimme außerdem unter Verwendung der Symmetrie die (exakten) Eigenfrequenzen und Eigenvektoren und überprüfe die Orthogonalitätsbeziehungen.

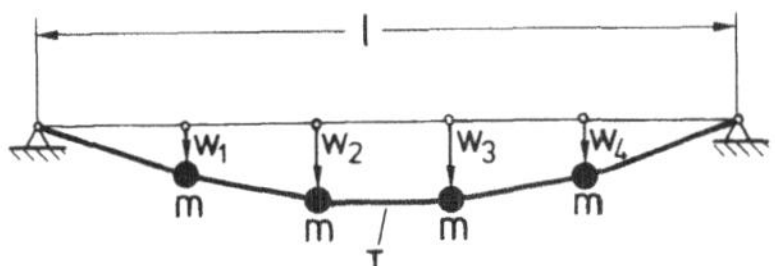

Abb. 4.15 zu Aufg. A 4.1

A 4.2

Für das System der Aufg. A 4.1 bestimme man Näherungen für die Eigenwerte mittels der Verfahren von SOUTHWELL, DUNKERLEY und RITZ.

A 4.3

Für das System der Aufg. A 4.1 führe man die Vektoriteration zur Bestimmung der ersten beiden Eigenwerte durch.

A 4.4 (Abb. 4.16)

Für das Dreifachpendel der Abb. 4.16 stelle man die Bewegungsgleichung auf. Man bestimme für $d = 0$, $l_1 = l_2 = l_3 = l$, $m_1 = m_2 = m_3 = m$ Eigenwerte und Eigenvektoren.

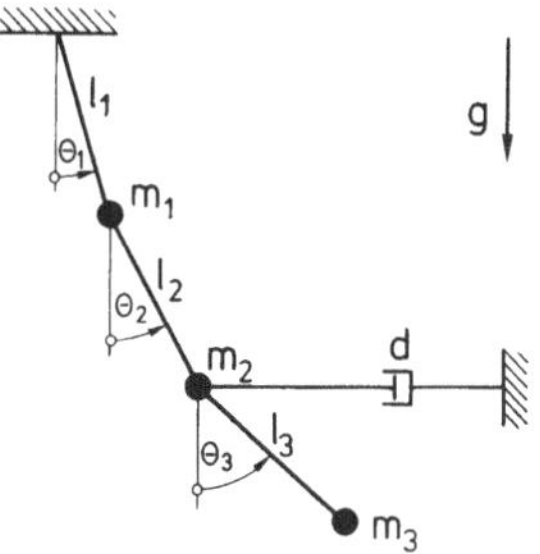

Abb. 4.16 zu Aufg. A 4.4

A 4.5

Für das System der Aufg. A 4.4 mit $d = 0$ bestimme man Näherungen für Eigenwerte und Eigenvektoren mittels der Verfahren von RITZ, DUNKERLEY und SOUTHWELL.

A 4.6

Für welche Kombinationen der Systemparameter ist das System aus Aufg. A 4.4 durchdringend gedämpft?

A 4.7

Die Schwingungsgleichung $\mathbf{M}\ddot{\mathbf{x}} + \mathbf{C}\mathbf{x} = \mathbf{0}$ mit $\mathbf{M} = m\,\mathbf{E}$,

$$\mathbf{C} = \frac{c}{6}\begin{bmatrix} 25 & -16 & 13 \\ -16 & 22 & -16 \\ 13 & -16 & 25 \end{bmatrix}$$

besitzt die Eigenschwingungsform $\mathbf{r}_3 = \frac{1}{\sqrt{3}}(1, -1, 1)^T$ mit zugehöriger Eigenfrequenz $\omega_3 = 3\sqrt{c/m}$.

a) Für den Ansatzvektor

$$\mathbf{e}(h) = \frac{1}{\sqrt{1 + h^2}} \left\{ \frac{1}{\sqrt{3}} \begin{bmatrix} 1 \\ -1 \\ 1 \end{bmatrix} + \frac{h}{\sqrt{6}} \begin{bmatrix} 1 \\ 2 \\ 1 \end{bmatrix} \right\}$$

bestimme man die zugehörige Eigenwertnäherung mit dem RAYLEIGHschen Quotienten. Was erkennt man bzgl. der Güte der Eigenwertnäherung im Vergleich zur Güte der Eigenvektorennäherung für kleine h?

b) Mit dem gleichen Ansatzvektor führe man s Schritte der Vektoriteration gemäß (4.143) durch und vergleiche mit (4.147).

A 4.8 (Abb. 4.17)

Das skizzierte System besteht aus einem elastisch gelagerten Fundamentkasten (Masse M, Schwerpunkt S) und einem darauf montierten Unwuchterreger (Masse m, Exzentrizität e), der mit der Winkelgeschwindigkeit Ω umläuft. Man leite die Bewegungsgleichungen für kleine Schwingungen um die Gleichgewichtslage her und bestimme eine partikuläre Lösung, dabei sei $m \ll M$.

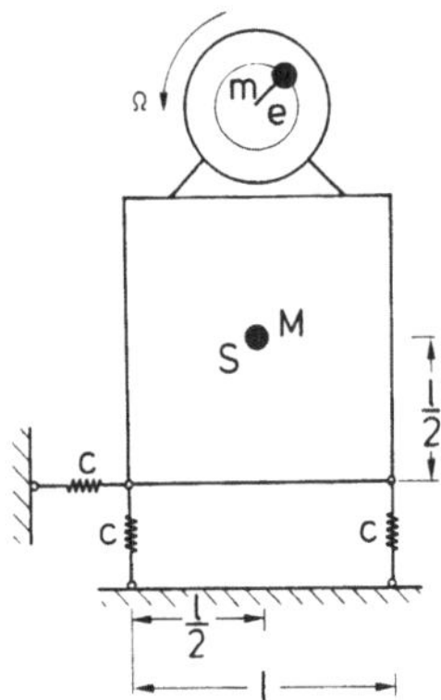

Abb. 4.17 zu Aufg. A 4.8

A 4.9 (Abb. 4.18)

Für das skizzierte System leite man die Bewegungsgleichung in den eingezeichneten Koordinaten her.

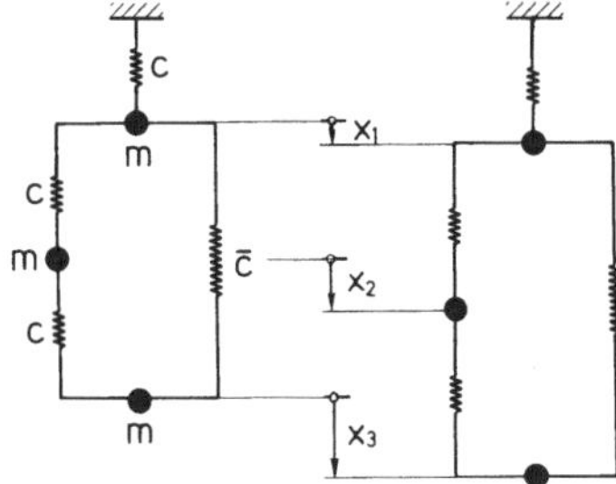

Abb. 4.18 zu Aufg. A 4.9

a) Man transformiere die Bewegungsgleichungen mit

$$\mathbf{y} = \begin{bmatrix} y_1 \\ y_2 \\ y_3 \end{bmatrix} = \begin{bmatrix} 1 & 0 & 0 \\ -1 & 1 & 0 \\ 0 & -1 & 1 \end{bmatrix} \begin{bmatrix} x_1 \\ x_2 \\ x_3 \end{bmatrix} = \mathbf{T}^{-1}\mathbf{x}$$

auf die Form

$$\bar{\mathbf{M}}\,\ddot{\mathbf{y}} + \bar{\mathbf{C}}\,\mathbf{y} = \mathbf{0},$$

wobei

$$\bar{\mathbf{M}} = \mathbf{T}^T\mathbf{M}\,\mathbf{T}\,,$$

$$\bar{\mathbf{C}} = \mathbf{T}^T\mathbf{C}\,\mathbf{T}\,.$$

Welche physikalische Bedeutung haben die Koordinaten y_i?

b) Sodann transformiere man die Gleichungen entsprechend den Formeln (4.170) bis (4.176) so, daß die Massenmatrix diagonal wird (CHOLESKY-Verfahren).

c) Man nähere die niedrigste Eigenfrequenz mit dem RAYLEIGHschen Quotienten an.

<u>A 4.10</u>

Für das Eigenwertproblem

$$\mathbf{L}\,\mathbf{l} = \lambda\,\mathbf{l}$$

aus Absatz 4.1.4 gebe man eine Iteration zur Bestimmung des kleinsten Eigenwertes und des dazugehörigen Eigenvektors an.

Hinweis: Man untersuche $\mathbf{L}^{-1}$.

A 4.11

Man zeige, daß für eine Schwingungsgleichung der Form

$$\mathbf{M}\,\ddot{\mathbf{x}} + \mathbf{C}\,\mathbf{x} = \mathbf{0}$$

das Produkt der Quadrate der Eigenfrequenzen die Beziehung

$$\prod_{i=1}^{n} \omega_i^2 = \frac{\det \mathbf{C}}{\det \mathbf{M}}$$

erfüllt. Hinweis: Man beachte die charakteristische Gleichung.

A 4.12 (Abb. 4.19)

Für das skizzierte System stelle man die Bewegungsgleichungen mit Hilfe der Wegeinflußgrößen auf.

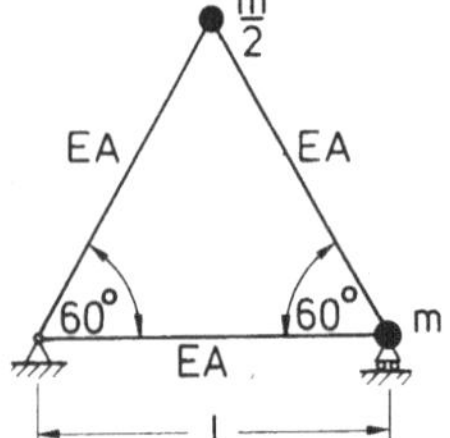

Abb. 4.19 zu Aufg. A 4.12

a) Mit Hilfe von geeigneten Vektoriterationsverfahren bestimme man Näherungen für die kleinste und größte Eigenfrequenz.

b) Man gebe eine Näherung für die mittlere Eigenfrequenz an.
Hinweis: Aufg. A 4.11

c) Wie lauten die Bewegungsgleichungen, wenn die Dehnstäbe einem viskoelastischen Stoffgesetz

$$\sigma = E(\epsilon + T_r\dot{\epsilon})$$

genügen? Dabei ist der Systemparameter T_r die sogenannte "Retardationszeit".

d) Man bestimme für die Eigenschwingungsformen des Systems aus c) die Dämpfungsgrade (vgl. (4.214)).

A 4.13

Für die Systeme der Abb. 3.39 und Abb. 4.17 entwerfe man geeignete Tilger.

Literatur zu Kapitel 4

/1/ GOULD, S.H.: Variational Methods for Eigenvalue Problems. London: Oxford University Press 1955

/2/ RAYLEIGH, J.W.S: The Theory of Sound. 2 Vols. New York: Dover 1945

/3/ HARRIS, C.M.; CREDE, C.E.: Shock and Vibration Handbook. New York: McGraw-Hill 1976

/4/ COLLATZ, L.: Eigenwertaufgaben mit Technischen Anwendungen. Leipzig: Akademische Verlagsgesellschaft 1963

/5/ MEIROVITCH, L.: Analytic Methods in Vibration. London: McMillan 1967

/6/ MEIROVITCH, L.: Elements of Vibration Analysis. McGraw-Hill, Kogakusha Ltd., Tokyo 1975.

/7/ TONG, KIN T.: Theory of Mechanical Vibration. New York: John Wiley 1960

/8/ PARLETT, B.N.: The Symmetric Eigenvalue Problem. Englewood Cliffs: Prentice Hall 1980

/9/ KLOTTER, K.: Technische Schwingungslehre. Bd. 2: Schwinger von mehreren Freiheitsgraden. Berlin: Springer 1981

/10/ MüLLER, P.C.: Stabilität und Matrizen. Berlin: Springer 1977

/11/ CREMER, L.; HECKL,M.: Körperschall. Berlin:Springer 1967

/12/ VDI-Handbuch Schwingungstechnik. Düsseldorf: VDI-Verlag 1982

/13/ HAGEDORN, P.: On the Computation of Damped Wind-Excited Vibrations of Overhead Transmission Lines. Sound Vibration 83 (1982), 253 - 271

/14/ HAGEDORN, P.: Nichtlineare Schwingungen. Wiesbaden: Akademische Verlagsgesellschaft 1978

/15/ ZHURAVLEV, V.F.: Generalization of the Rayleigh Theorem to Gyroscopic Systems. PPM, J. Appl. Math. & Mech. 40 (1976) , 606 - 610

/16/ MEIROVITCH, L.: A Modal Analysis for the Response of Linear Gyroscopic Systems. J. Appl. Mech. 42 (1975), 446 - 450

/17/ MEIROVITCH, L.: A Stationarity Principle for the Eigenvalue Problem for Rotating Structures. AIAA 14 (1976), 1387 - 1394

/18/ HAGEDORN, P.: The Eigenvalue Problem for a Certain Class of Discrete Linear Systems: A Pertubation Approach. Rev. Bras. Cienc. Mecanicas 2 (1983), 3 - 20; s. auch 4th VPI & SU/AIAA Symp. on Dynamics and Control of Large Structures. Proc. Blacksburg, Va. June 1983

/19/ BOLOTIN, V.V.: Nonconservative Problems of the Theory of Elastic Stability. Oxford: Pergamon Press 1963

/20/ HUSEYIN, K.: Vibration and stability of multiple parameter systems. Leyden: Noordhoff 1978

5 Die Fouriertransformation und ihre Anwendungen in der Schwingungslehre

5.1 DAS FOURIERintegral als Verallgemeinerung der FOURIERreihen

In Kapitel 1 hatten wir uns mit den FOURIERreihen periodischer Funktionen befaßt und gesehen, daß jede periodische Funktion als (unendliche) Summe harmonischer Schwingungen dargestellt werden kann. Die Zeitfunktion wird dabei charakterisiert durch ihre Spektraldarstellung im Frequenzbereich. Eine solche Darstellung von Zeitfunktionen erweist sich als außerordentlich nützlich, etwa bei der Berechnung der Systemantwort linearer Systeme auf ein periodisches Erregersignal: Mit Hilfe des Frequenzganges kann man die Antwort für jede einzelne Komponente berechnen, und durch Überlagerung dieser Anteile erhält man die Systemantwort auf das ursprüngliche periodische Zeitsignal. Es ist wünschenswert, eine ähnliche Vorgehensweise auch für nichtperiodische Erregerfunktionen zur Verfügung zu haben.

Prinzipiell kann man sich jede nichtperiodische Funktion als periodisch mit unendlich großer Schwingungsdauer vorstellen; da bei technischen Anwendungen im allgemeinen sowieso nur endliche, wenn auch vielleicht sehr große Zeitintervalle interessieren, wird es letztlich auch egal sein, ob man eine Funktion als nichtperiodisch oder periodisch mit sehr großer Schwingungsdauer betrachtet.

Für komplexwertige T-periodische Funktionen $\underline{f}(t)$ hatten wir in 1.4.2 die komplexe FOURIERreihe (1.90) angegeben:

$$\underline{f}(t) = \sum_{k=-\infty}^{\infty} \underline{F}_k e^{jk\Omega t} , \quad \Omega := 2\pi/T ; \tag{5.1}$$

dabei sind die FOURIERkoeffizienten $\underline{F}_k$ entsprechend (1.91) durch

$$\underline{F}_k = \frac{1}{T} \int_{-T/2}^{T/2} \underline{f}(t)\, e^{-jk\Omega t}\, dt , \quad k = 0, \pm 1, \pm 2, \ldots \tag{5.2}$$

gegeben. Für große T bzw. für kleine Ω, liegen die einzelnen Spektralanteile in (5.1) sehr dicht beieinander, und es ist plausibel, daß für $T \to \infty$ die Frequenzen beliebig nahe aneinanderrücken. Die Folge $\underline{F}_k$ der FOURIERkoeffizienten aus (5.2) wird dann in eine Funktion $\underline{F}(\Omega)$ und die Reihe (5.1) in ein Integral übergehen.

In der Tat existiert für eine große Klasse nichtperiodischer Zeitfunktionen $\underline{f}(t)$ eine Darstellung durch das *FOURIERintegral*

$$\underline{f}(t) = \frac{1}{2\pi} \int_{-\infty}^{\infty} \underline{F}(\Omega)\, e^{j\Omega t}\, d\Omega \tag{5.3}$$

mit der *FOURIERtransformierten* $\underline{F}(\Omega)$, die sich - bei bekannter Zeitfunktion $\underline{f}(t)$ - aus der Beziehung

$$\underline{F}(\Omega) = \int_{-\infty}^{\infty} \underline{f}(t)\, e^{-j\Omega t}\, dt \tag{5.4}$$

berechnen läßt. Das FOURIERintegral (5.3) können wir ebensogut in der Gestalt

$$\underline{f}(t) = \frac{1}{2\pi} \int_{0}^{\infty} \left[\underline{F}(\Omega)\, e^{j\Omega t} + \underline{F}(-\Omega)\, e^{-j\Omega t} \right] d\Omega \tag{5.5}$$

schreiben, die analog zu (1.92) ist und als Überlagerung kontinuierlich vieler (komplexer) harmonischer Schwingungen gedeutet werden kann. Daher nennt man - wie bei den FOURIERreihen - die rechte Seite von (5.3) auch die *Spektraldarstellung* der nichtperiodischen Zeitfunktion $\underline{f}(t)$.

Entsprechend (5.4) läßt sich also der Zeitfunktion $\underline{f}(t)$ die Funktion $\underline{F}(\Omega)$ des Frequenzparameters Ω zuordnen, sofern das uneigentliche Integral existiert. Gleichung (5.4) beschreibt demnach eine Abbildung (Transformation), die als *FOURIERtransformation* bezeichnet wird, und die wir im folgenden mit dem Symbol

$$\underline{f}(t) \quad \circ\!\!-\!\!\!- \quad \underline{F}(\Omega) \tag{5.6}$$

charakterisieren. Gleichung (5.3) dagegen liefert die Rücktransformation vom Frequenz- in den Zeitbereich und wird daher auch *Inversionsformel* genannt. Der

Faktor $1/2\pi$ in dieser Formel hängt damit zusammen, daß wir als Parameter nicht die Frequenz, sondern die Kreisfrequenz Ω gewählt haben. Der Vorfaktor wäre durch Eins zu ersetzen, wenn man in (5.3) und (5.4) überall $2\pi\nu$ anstelle von Ω schriebe und in (5.3) auch über die Frequenz ν integrierte; dann ergäben sich die Inversions- und die Transformationsformel in der - bis auf das Vorzeichen - symmetrischen Form

$$\underline{f}(t) = \int_{-\infty}^{\infty} \underline{F}(\nu)\, e^{j2\pi\nu t}\, d\nu \tag{5.7}$$

und

$$\underline{F}(\nu) = \int_{-\infty}^{\infty} \underline{f}(t)\, e^{-j2\pi\nu t}\, dt \quad . \tag{5.8}$$

Andere Autoren führen den Faktor $1/2\pi$ nicht in (5.3), sondern in (5.4) ein, oder den Faktor $1/\sqrt{2\pi}$ in beiden Gleichungen; ebenso ist ein Vertauschen des Vorzeichens im Exponenten der Exponentialfunktion möglich. Obwohl alle diese Definitionen im wesentlichen gleichwertig sind, muß man beim Benutzen von Transformationstabellen die Unterschiede natürlich beachten. Wir verwenden in diesem Kapitel ausschließlich die Transformation in der Form (5.4) mit der zugehörigen Inversionsformel (5.3).

Einen Beweis der Beziehungen (5.3) und (5.4) können wir hier nicht führen; wir verweisen dazu auf die Literatur /1/. Formal ergeben sie sich jedoch mit Hilfe der *verallgemeinerten Orthogonalitätsrelation* der komplexen Exponentialfunktion

$$\int_{-\infty}^{\infty} e^{j(\Omega - \Omega')t}\, dt = 2\pi\, \delta(\Omega - \Omega') \ , \tag{5.9}$$

die im distributionellen Sinn gilt und etwa in /1/ zu finden ist. Dazu multiplizieren wir (5.3) mit $e^{-j\Omega' t}$

$$\underline{f}(t)\, e^{-j\Omega' t} = \frac{1}{2\pi} \int_{-\infty}^{\infty} \underline{F}(\Omega)\, e^{j(\Omega - \Omega')t}\, d\Omega \ , \tag{5.10}$$

integrieren über die gesamte Zeitachse und vertauschen die Integrationsreihenfolge

$$\int_{-\infty}^{\infty} \underline{f}(t)\, e^{-j\Omega' t}\, dt = \frac{1}{2\pi} \int_{-\infty}^{\infty} \underline{F}(\Omega) \int_{-\infty}^{\infty} e^{j(\Omega - \Omega')t}\, dt\, d\Omega\ , \tag{5.11}$$

woraus mit (5.9) und mit der Ausblendeigenschaft der Delta-Funktion

$$\int_{-\infty}^{\infty} \underline{f}(t)\, e^{-j\Omega' t}\, dt = \underline{F}(\Omega')\ , \tag{5.12}$$

also die Transformations-Gleichung (5.4), folgt.

Häufig findet man die Orthogonalitätsrelation (5.9) auch in der Form

$$\frac{1}{2\pi} \int_{-\infty}^{\infty} e^{j\Omega(t - t')} d\Omega = \delta(t - t')\ , \tag{5.13}$$

mit der wir auch die Inversionsformel (5.3) plausibel machen können. Setzt man nämlich auf der rechten Seite von (5.3) $\underline{F}(\Omega)$ gemäß (5.4) ein, so ergibt sich

$$\frac{1}{2\pi} \int_{-\infty}^{\infty} \underline{F}(\Omega)\, e^{j\Omega t} d\Omega = \frac{1}{2\pi} \int_{-\infty}^{\infty} \int_{-\infty}^{\infty} \underline{f}(t') e^{-j\Omega t'} dt'\ e^{j\Omega t} d\Omega\ , \tag{5.14}$$

und das Vertauschen der Integrationsreihenfolge führt auf

$$\frac{1}{2\pi} \int_{-\infty}^{\infty} \underline{F}(\Omega)\, e^{j\Omega t} d\Omega = \int_{-\infty}^{\infty} \underline{f}(t')\ \frac{1}{2\pi} \int_{-\infty}^{\infty} e^{j\Omega(t - t')} d\Omega\ dt'\ , \tag{5.15}$$

und mit (5.13) folgt schließlich

$$\frac{1}{2\pi} \int_{-\infty}^{\infty} \underline{F}(\Omega)\, e^{j\Omega t} d\Omega = \underline{f}(t)\ . \tag{5.16}$$

Man erkennt an dieser formalen Rechnung schon, daß die Anwendung von Transformation und Rücktransformation auf die Zeitfunktion $\underline{f}(t)$ nur an ihren Stetigkeitsstellen wieder den Funktionswert $\underline{f}(t)$ liefert, da nur dort die Ausblendeigenschaft von $\delta(t)$ gilt. An den Sprungstellen von $\underline{f}(t)$ ergeben die beiden Transformationsprozesse gerade den Mittelwert $f(t^+)/2 + f(t^-)/2$ aus rechts- und linksseitigem Grenzwert, ein Verhalten, das uns von den FOURIERreihen her bekannt ist. Dasselbe gilt selbstverständlich auch, wenn man $\underline{F}(\Omega)$ zunächst in den Zeitbereich abbildet und anschließend wieder zurücktransformiert.

Aus den beiden Darstellungen (5.9) und (5.13) der Orthogonalitätsrelationen können wir auch die ersten Transformationspaare gewinnen: Lassen wir in (5.9) Ω gegen Null gehen, ergibt sich

$$\int_{-\infty}^{\infty} e^{-j\Omega' t} dt = 2\pi\ \delta(-\Omega') = 2\pi\ \delta(\Omega') \ , \tag{5.17}$$

und ein Vergleich mit (5.4) zeigt, daß $2\pi\delta(\Omega)$ die FOURIERtransformierte der Funktion $f(t) \equiv 1$

$$1 \ \circ\!\!-\!\!- \ 2\pi\ \delta(\Omega) \ . \tag{5.18}$$

Läßt man andererseits in (5.13) t' gegen Null streben, so folgt

$$\frac{1}{2\pi}\int_{-\infty}^{\infty} e^{j\Omega t} d\Omega = \delta(t) \ , \tag{5.19}$$

und demnach ist die Funktion $f(\Omega) \equiv 1$ die FOURIERtransformierte der Delta-Funktion:

$$\delta(t) \ \circ\!\!-\!\!- \ 1 \ . \tag{5.20}$$

Die Transformationspaare (5.18) und 5.20) sind in gewisser Hinsicht zueinander symmetrisch, ein Verhalten, das der FOURIERtransformation eigen ist und das wir später allgemeiner formulieren.

Wir haben bisher noch nicht besprochen, wie die uneigentlichen Integrale in (5.3) und (5.4) zu interpretieren sind, und in welchem Sinne oder für welche Klasse von Funktionen $\underline{f}(t)$ die FOURIERtransformierten überhaupt existieren. Diese Fragen hängen natürlich eng miteinander zusammen. Zunächst einmal kann man das uneigentliche Integral einer Funktion $g(t)$ auf verschiedene Arten definieren, etwa durch

$$\int_{-\infty}^{\infty} g(t)\, dt := \lim_{T_1, T_2 \to \infty} \int_{-T_1}^{T_2} g(t)\, dt \,, \tag{5.21}$$

wobei T_1 und T_2 unabhängig voneinander gegen Unendlich gehen, oder durch den CAUCHYschen Hauptwert:[55]

$$\int_{-\infty}^{\infty} g(t)\, dt := \lim_{T \to \infty} \int_{-T}^{T} g(t)\, dt \,. \tag{5.22}$$

Diese Interpretationen können zu unterschiedlichen Ergebnissen führen; so existiert etwa für $g(t) = t$ der CAUCHYsche Hauptwert des Integrals und ist gleich Null, während das uneigenliche Integral in dem ersten Sinne nicht konvergiert. (Der Grenzwert hängt, falls er existiert, von der Art und Weise ab, in der T_1 und T_2 gegen Unendlich gehen!)

Da das Integrationsintervall in (5.4) unendlich lang ist, muß der Integrand für $t \to \pm\infty$ hinreichend schnell abklingen, will man Konvergenz im klassischen Sinne gewährleisten. Der Betrag von $e^{-j\Omega t}$ ist aber Eins, man wird also fordern, daß $|\underline{f}(t)|$ genügend schnell abklingt. Tatsächlich ist

$$\int_{-\infty}^{\infty} |\underline{f}(t)|\, dt < \infty \,, \tag{5.23}$$

d.h. die absolute Integrierbarkeit von $\underline{f}(t)$ eine hinreichende Bedingung für die Existenz von $\underline{F}(\Omega)$ im klassischen Sinne: Die FOURIERtransformierte absolut integrierbarer Funktionen existiert und ist eine wohldefinierte Funktion; diese Bedingung ist allerdings nur hinreichend, keineswegs notwendig. Nicht erfüllt ist (5.23) zum Beispiel für periodische Funktionen, für die das Integral (5.4) aber durchaus noch im distributionellen Sinne konvergieren kann. Wir werden später sehen, daß die FOURIERtransformierte einer periodischen Funktion Delta-Funktionen enthält, was sehr gut zu unseren Kenntnissen über das diskrete Spektrum periodischer Funktionen paßt! Für das folgende vereinbaren wir, daß die auftretenden Integrale jeweils in dem für sie geeigneten Sinn zu interpretieren sind.

---

[55] Nach dem Mathematiker und Physiker Baron Augustin Louis CAUCHY, * 1789 in Paris, + 1857 in Sceaux.

Die FOURIERtransformierten $\underline{F}(\Omega)$ werden häufig durch Real- und Imaginärteil oder durch Betrag und Argument dargestellt:

$$\underline{F}(\Omega) = F_1(\Omega) + jF_2(\Omega) = F(\Omega)\, e^{j\Gamma(\Omega)} \tag{5.24}$$

mit

$$F_1(\Omega) := \mathrm{Re}\, \underline{F}(\Omega)\,, \quad F_2(\Omega) := \mathrm{Im}\, \underline{F}(\Omega)\,, \tag{5.25a}$$

$$F(\Omega) := |\underline{F}(\Omega)|\,, \quad \Gamma(\Omega) := \arg \underline{F}(\Omega)\,. \tag{5.25b}$$

Bei graphischen Darstellungen trägt man diese Größen in linearen oder (doppelt-) logarithmischen Skalen auf. Häufig findet man auch die Funktion $|\underline{F}(\Omega)|^2$ dargestellt, die wir als *Energiespektrum* oder als *spektrale Energiedichte* von $\underline{f}(t)$ bezeichnen.

Wir untersuchen im Rest dieses Abschnitts den wichtigen Sonderfall, in dem die Zeitfunktion reellwertig ist. Ihre Transformierte ist dann

$$\mathrm{Re}\, \underline{F}(\Omega) + j\mathrm{Im}\, \underline{F}(\Omega) = \int_{-\infty}^{\infty} f(t)[\cos \Omega t - j\sin \Omega t]\, dt, \tag{5.26}$$

d.h. der Realteil

$$\mathrm{Re}\, \underline{F}(\Omega) = \int_{-\infty}^{\infty} f(t) \cos \Omega t\, dt \tag{5.27a}$$

ist eine gerade und der Imaginärteil

$$\mathrm{Im}\, \underline{F}(\Omega) = -\int_{-\infty}^{\infty} f(t) \sin \Omega t\, dt \tag{5.27b}$$

eine ungerade Funktion in Ω. Die FOURIERtransformierte $\underline{F}(\Omega)$ einer reellen Zeitfunktion $f(t)$ ist also hermitesch

$$\underline{F}(-\Omega) = \underline{F}^*(\Omega)\,, \tag{5.28}$$

wie nicht anders zu erwarten war, wenn wir uns an das entsprechende Ergebnis (1.99) für die FOURIERreihen erinnern. Diese Bedingung ist notwendig und hinreichend dafür, daß $\underline{F}(\Omega)$ Transformierte einer reellen Zeitfunktion f(t) ist. Im Falle reeller Zeitfunktionen nennen wir den Betrag $|\underline{F}(\Omega)|$ das *zweiseitige Amplitudenspektrum* und das Argument arg $\underline{F}(\Omega)$ das *zweiseitige Phasenspektrum* von f(t), wobei wir für das Argument die Hauptwerte wählen, d.h. arg $\underline{F}(\Omega) \in (-\pi,\pi]$[56]. Diese Spektren besitzen ebenfalls - wie die Funktionen Re $\underline{F}(\Omega)$ und Im $\underline{F}(\Omega)$ - gewisse Symmetrieeigenschaften: $|\underline{F}(\Omega)|$ ist gerade und arg $\underline{F}(\Omega)$ ungerade.

Auch die Inversionsformel (5.3) vereinfacht sich für reelle Zeitfunktionen: Mit (5.28) folgt aus (5.5)

$$f(t) = \frac{1}{2\pi}\int_0^{\infty}\left[\,\underline{F}(\Omega)\,e^{j\Omega t} + \underline{F}^{*}(\Omega)\,e^{-j\Omega t}\right]d\Omega\,, \tag{5.29}$$

und diese Formel ist analog zu (1.101).

Die Interpretation des FOURIERintegrals als Verallgemeinerung der FOURIERreihen legt für reelle Zeitfunktionen auch eine Darstellung der Form

$$f(t) = \frac{1}{2\pi}\int_0^{\infty}[C(\Omega)\cos\Omega t + S(\Omega)\sin\Omega t]\,d\Omega \tag{5.30}$$

nahe, die (1.77) entspricht und als Überlagerung kontinuierlich vieler reeller harmonischer Schwingungen interpretiert werden kann. Dabei ergeben sich die Funktionen C(Ω) und S(Ω) - bei bekanntem f(t) - aus den Beziehungen

$$C(\Omega) = 2\int_{-\infty}^{\infty} f(t)\cos\Omega t\,dt\,, \quad \Omega \geq 0\,, \tag{5.31a}$$

$$S(\Omega) = 2\int_{-\infty}^{\infty} f(t)\sin\Omega t\,dt\,, \quad \Omega \geq 0\,, \tag{5.31b}$$

---

[56] Für komplexe harmonische Zeitfunktionen haben wir weder Amplitude noch Nullphasenwinkel definiert, daher definieren wir hier auch nur die entsprechenden Spektren für reelle, nichtperiodische Funktionen.

die als Verallgemeinerung der FOURIERkoeffizienten-Formel (1.78b,c) angesehen werden können. Auch hier ergeben sich (5.31a,b) formal durch Multiplikation von (5.30) mit $\cos \Omega' t$ bzw. $\sin \Omega' t$ und anschließender Integration bezüglich der Zeit, mit Vertauschung der Integrationsreihenfolge und unter Verwendung der *verallgemeinerten Orthogonalitätsrelationen* der trigonometrischen Funktionen:

$$\int_{-\infty}^{\infty} \cos \Omega t \cos \Omega' t \, dt = \pi[\delta(\Omega + \Omega') + \delta(\Omega - \Omega')] , \tag{5.32a}$$

$$\int_{-\infty}^{\infty} \cos \Omega t \sin \Omega' t \, dt = 0 , \tag{5.32b}$$

$$\int_{-\infty}^{\infty} \sin \Omega t \sin \Omega' t \, dt = \pi[- \delta(\Omega + \Omega') + \delta(\Omega - \Omega')] \tag{5.32c}$$

(s. Aufg. 5.1). Selbstverständlich läßt sich das FOURIERintegral (5.30) auch als

$$f(t) = \frac{1}{2\pi} \int_{0}^{\infty} \hat{f}(\Omega) \cos[\Omega t + \alpha(\Omega)] \, d\Omega \tag{5.33}$$

schreiben, wobei die einzelnen harmonischen Anteile in Standard-Form angegeben sind; der Zusammenhang zwischen $C(\Omega)$, $S(\Omega)$ und $\hat{f}(\Omega)$, $\alpha(\Omega)$ bedarf keiner Erläuterung. Dabei ist jedoch darauf zu achten, daß das (einseitige) *Amplitudenspektrum* $\hat{f}(\Omega)$ nicht die Dimension der Zeitfunktion $f(t)$ besitzt, sondern die Dimension von $f(t)/\Omega$. Man kann also nicht davon sprechen, daß ein einzelner harmonischer Anteil in der Spektraldarstellung der Zeitfunktion $f(t)$ mit einer bestimmten Amplitude vertreten ist, sondern mit einer gewissen "Amplitudendichte". Das (einseitige) *Phasenspektrum* $\alpha(\Omega)$ dagegen hat keine Dimension, und seine Funktionswerte können unmittelbar als Nullphasenwinkel der einzelnen Harmonischen gedeutet werden. Selbstverständlich läßt sich auch die komplexe Erweiterung (1.95) auf kontinuierlich viele Summanden verallgemeinern. Wir gehen jedoch hier nicht ins Einzelne, sondern verweisen auf Aufg. 5.2.

Den Zusammenhang zwischen den verschiedenen Formen (5.29) und (5.30) bzw. (5.33) des FOURIERintegrals erhält man, wenn man in (5.29) $\underline{F}(\Omega)$ und $\underline{F}^*(\Omega)$ durch Real- und Imaginärteil ausdrückt:

$$f(t) = \frac{1}{2\pi} \int_0^{\infty} 2[\text{Re}\, \underline{F}(\Omega) \cos \Omega t - \text{Im}\, \underline{F}(\Omega) \sin \Omega t]\, d\Omega , \tag{5.34}$$

oder durch Betrag und Argument

$$f(t) = \frac{1}{2\pi} \int_0^{\infty} 2|\underline{F}(\Omega)| \cos[\Omega t + \arg \underline{F}(\Omega)]\, d\Omega . \tag{5.35}$$

Ein Vergleich von (5.34) mit (5.30) sowie von (5.35) mit (5.33) liefert

$$C(\Omega) = 2\, \text{Re}\, \underline{F}(\Omega) = 2\, \text{Re}\, \underline{F}^*(\Omega) , \quad \Omega \geq 0 , \tag{5.36a}$$

$$S(\Omega) = -\, 2\, \text{Im}\, \underline{F}(\Omega) = 2\, \text{Im}\, \underline{F}^*(\Omega) , \quad \Omega \geq 0 \tag{5.36b}$$

sowie

$$\hat{f}(\Omega) = 2\, |\underline{F}(\Omega)| = 2\, |\underline{F}^*(\Omega)| , \quad \Omega \geq 0 , \tag{5.37a}$$

$$\alpha(\Omega) = \arg \underline{F}(\Omega) = -\arg \underline{F}^*(\Omega) , \quad \alpha(\Omega) \in (-\pi, \pi], \; \Omega \geq 0 . \tag{5.37b}$$

Als Beispiel hierzu betrachten wir die *abgeschnittene Rechteckschwingung* $r_T(t)$, $T > 0$, gemäß Abb. 5.1a, die analog zu der im ersten Kapitel behandelten Rechteckschwingung $r(t)$ ist. Die FOURIERtransformierte $\underline{R}_T(\Omega)$ der reellen Zeitfunktion $r_T(t)$ ist

$$\underline{R}_T(\Omega) = \int_{-\infty}^{\infty} r_T(t)\, e^{-j\Omega t}\, dt$$

$$= \int_{-T}^{0} (-1)\, e^{-j\Omega t} dt + \int_0^{T} e^{-j\Omega t} dt$$

$$= \frac{1}{j\Omega} (1 - e^{jT\Omega} - e^{-jT\Omega} + 1)$$

$$= -\, j2T\, \frac{1 - \cos T\Omega}{T\Omega} , \tag{5.38}$$

sie ist also rein imaginär und schiefhermitesch, d.h. sie besitzt ungeraden Imaginärteil. Das zweiseitige Amplitudenspektrum hat die Gestalt

a)

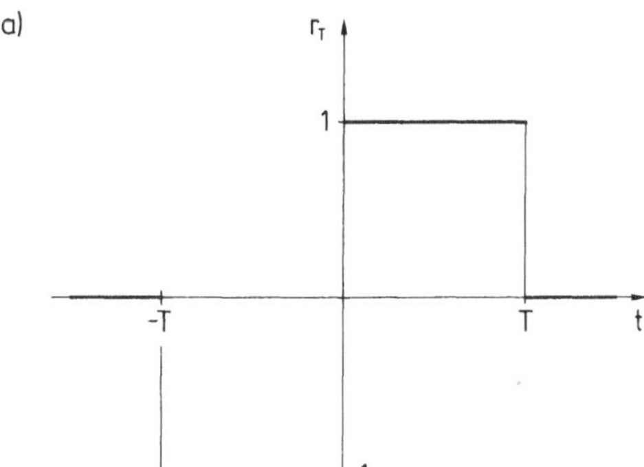

b)

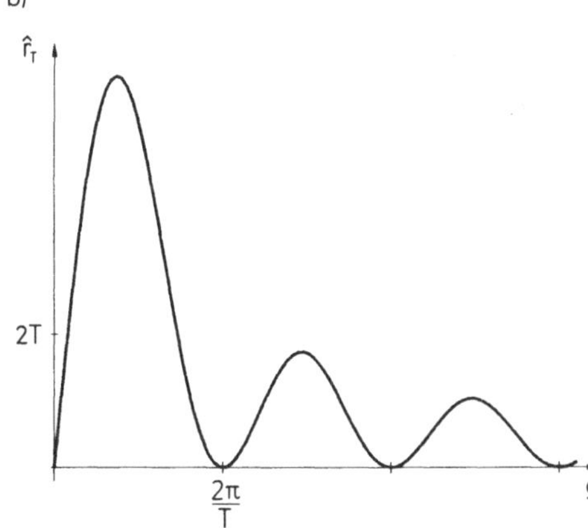

Abb. 5.1 Abgeschnittene Rechteckschwingung und ihr Amplitudenspektrum

$$|\underline{R}_T(\Omega)| = 2T \frac{1 - \cos T\Omega}{T|\Omega|} \tag{5.39a}$$

und ist eine gerade Funktion, und das zweiseitige Phasenspektrum besitzt die Form

$$\arg \underline{R}_T(\Omega) = \begin{cases} -\pi/2 & \text{für } \Omega > 0 , \\ \pi/2 & \text{für } \Omega < 0 \end{cases} \tag{5.39b}$$

und ist ungerade. Die Beziehungen (5.37) liefern dann unmittelbar das Amplitudenspektrum

$$\hat{r}_T(\Omega) = 4T \frac{1 - \cos T\Omega}{T\Omega} , \quad \Omega \geq 0 \tag{5.40a}$$

und das Phasenspektrum

$$\alpha(\Omega) = -\pi/2 = \text{const} , \quad \Omega > 0 . \tag{5.40b}$$

Das FOURIERintegral von $r_T(t)$ können wir dann - entsprechend (5.33) - durch

$$r_T(t) = \frac{2}{\pi} T \int_0^{\infty} \frac{1 - \cos T\Omega}{T\Omega} \sin \Omega t \, d\Omega \tag{5.41}$$

beschreiben, also durch ein reines Sinusintegral, oder - gemäß (5.3) - durch

$$r_T(t) = - \frac{j}{\pi} T \int_{-\infty}^{\infty} \frac{1 - \cos T\Omega}{T\Omega} e^{j\Omega t} \, d\Omega \; ; \tag{5.42}$$

diese beiden Darstellungen sind vollkommen analog zu den Spektraldarstellungen (1.84) und (1.103) der periodischen Rechteckschwingung.

Das Amplitudenspektrum $\hat{r}_T(\Omega)$ ist in Abb. 5.1b dargestellt. Abb. 5.2 stellt die verschiedenen Spektren der Zeitfunktion $r_T(t)$ einander gegenüber und entspricht genau der Abb. 1.17; beim Lesen des zweiseitigen Amplitudenspektrums ist auch hier darauf zu achten, daß man die Amplitudendichte des harmonischen Anteils mit der Frequenz Ω durch Addition der Funktionswerte an den Stellen Ω und $-\Omega$ bestimmt, der Nullphasenwinkel der betreffenden Harmonischen dagegen kann entweder auf der rechten Seite als Funktionswert von arg $\underline{R}_T(\Omega)$ oder auf der linken Seite als negativer Funktionswert abgelesen werden. Abb. 5.3 schließlich zeigt die "rechte Hälfte" des zweiseitigen Energiespektrums, sowohl in linearen als auch logarithmischen Skalen; insbesondere ist in Abb. 5.3b das Spektrum in Dezibel [dB] wiedergegeben[57], wie man es häufig in der Literatur findet.

Diese Art der Darstellung ist insbesondere beim Amplituden- und beim Energiespektrum weit verbreitet[58]; beim Amplitudenspektrum wird dabei auf der Ordinate die Größe

---

[57] Nach dem Physiologen und Erfinder Alexander Graham BELL, * 1847 in Edinburgh, + 1922 in Baddeck (Nova Scotia, Kanada).

[58] Wir verzichten hier und im folgenden auf das Adjektiv "zweiseitig" und vereinbaren, daß wir - bei reellen Zeitfunktionen - unter einem Spektrum stets das zweiseitige meinen, falls nicht ausdrücklich anders vermerkt.

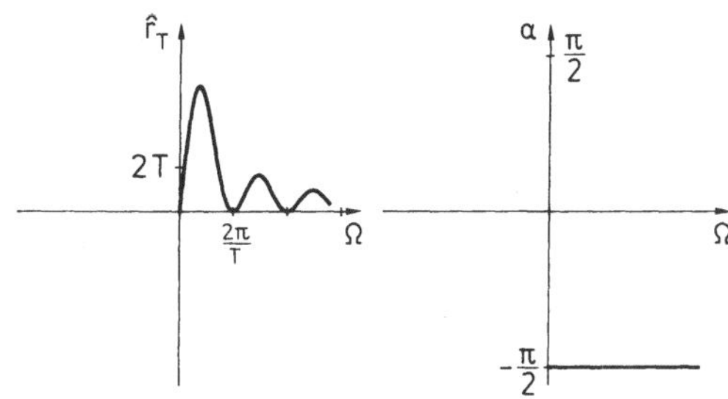

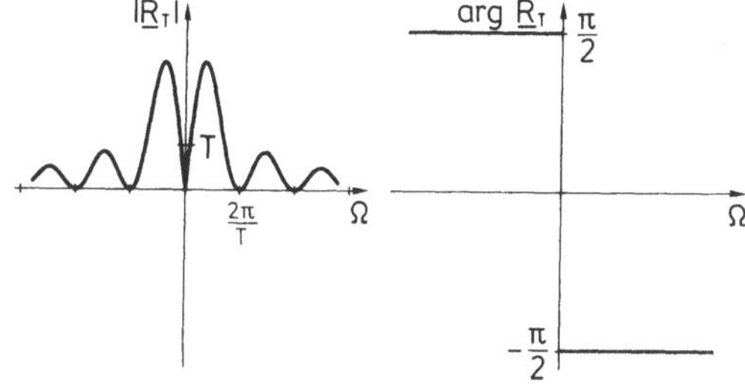

Abb. 5.2 Spektren der abgeschnittenen Rechteckschwingung

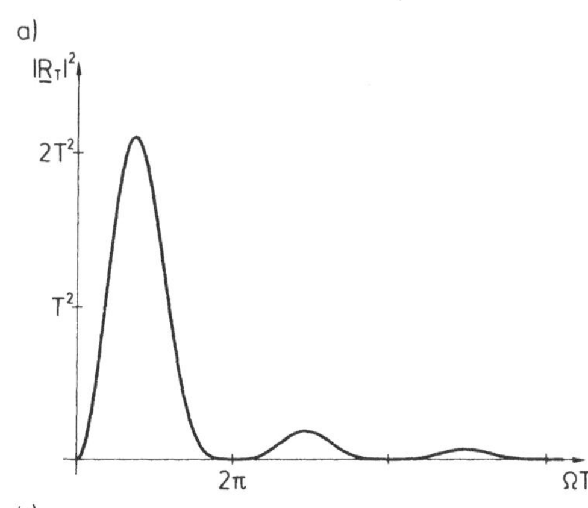

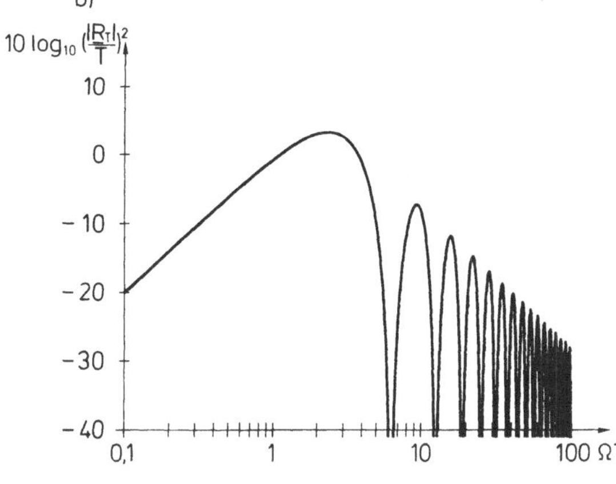

Abb. 5.3 Energiespektren der abgeschnittenen Rechteckschwingung

$$\left[\frac{|\underline{F}(\Omega)|}{\check{F}}\right]_{dB} := 20 \log_{10} \frac{|\underline{F}(\Omega)|}{\check{F}} \qquad (5.43)$$

aufgetragen, mit $\check{F}$ als einer geeigneten (positiven) Bezugsgröße, beim Energiespektrum dagegen die Größe

$$\frac{1}{2}\left[\frac{|\underline{F}(\Omega)|^2}{\check{F}}\right]_{dB} = 10 \log_{10} \frac{|\underline{F}(\Omega)|^2}{\check{F}^2} . \qquad (5.44)$$

Dies hat seine Ursache darin, daß man dann - weil (5.43) und (5.44) übereinstimmen - aus einem Graphen sowohl das Amplituden- als auch das Energiespektrum entnehmen kann, wenn man die Funktionswerte geeignet interpretiert. So können wir die Kurve in Abb. 5.3b auch als Amplitudenspektrum der abgeschnittenen Rechteckschwingung $r_T(t)$ deuten, wenn wir uns auf der Ordinate die Werte von $20 \log_{10}|\underline{R}_T(\Omega)/T|$ aufgetragen denken. Einer Erhöhung von 6 dB bzw 3 dB entspricht übrigens beim Amplituden- bzw. Energiespektrum ungefähr einer Verdoppelung des Wertes $|\underline{F}(\Omega)|/\check{F}$ bzw. $|\underline{F}(\Omega)|^2/\check{F}^2$. Damit beenden wir dieses Beispiel.

In 1.4.1 hatten wir gesehen, daß sich die (diskrete) Spektraldarstellung vereinfacht, wenn die zugrunde liegende (periodische) Zeitfunktion bestimmte Symmetrieeigenschaften aufweist. Ganz ähnliche Verhältnisse gelten auch für nichtperiodische Zeitfunktionen. In Verallgemeinerung der Ergebnisse aus Kapitel 1 gilt für reelle Zeitfunktionen:

a) Eine Funktion f(t) ist genau dann gerade, wenn die Funktion $S(\Omega)$ aus (5.30) verschwindet:

$$S(\Omega) = 0 , \quad \Omega \geq 0 ; \qquad (5.45)$$

das FOURIERintegral ist dann ein reines Cosinusintegral

$$f(t) = \frac{1}{2\pi}\int_0^\infty C(\Omega) \cos \Omega t \, d\Omega \qquad (5.46a)$$

mit

$$C(\Omega) = 4 \int_0^\infty f(t) \cos \Omega t \, dt , \quad \Omega \geq 0 . \qquad (5.46b)$$

b) Eine Funktion $f(t)$ ist genau dann ungerade, wenn die Funktion $C(\Omega)$ aus (5.30) verschwindet:

$$C(\Omega) = 0 \ , \quad \Omega \geq 0 \ ; \tag{5.47}$$

das FOURIERintegral ist dann ein reines Sinusintegral

$$f(t) = \frac{1}{2\pi} \int_0^\infty S(\Omega) \sin \Omega t \, d\Omega \tag{5.48a}$$

mit

$$S(\Omega) = 4 \int_0^\infty f(t) \sin \Omega t \, dt \ , \quad \Omega \geq 0 \ . \tag{5.48b}$$

Anhand von (5.27) erkennt man leicht, daß für die Transformierte einer geraden Zeitfunktion $f(t)$ auch die Beziehungen

$$\mathrm{Re}\ \underline{F}(\Omega) = 2 \int_0^\infty f(t) \cos \Omega t \, dt \ , \quad \mathrm{Im}\ \underline{F}(\Omega) \equiv 0 \tag{5.49a}$$

gelten, und daß das FOURIERintegral die Gestalt

$$f(t) = \frac{1}{\pi} \int_0^\infty \mathrm{Re}\ \underline{F}(\Omega) \cos \Omega t \, d\Omega \tag{5.49b}$$

annimmt. Insbesondere ist also die Transformierte einer reellen geraden Zeitfunktion wieder reell und gerade; ebenso folgt aus $F(\Omega)$ reell gerade: $f(t)$ reell gerade. In derselben Weise folgt für eine ungerade Zeitfunktion

$$\mathrm{Im}\ \underline{F}(\Omega) = -\,2 \int_0^\infty f(t) \sin \Omega t \, dt \ , \quad \mathrm{Re}\ \underline{F}(\Omega) \equiv 0 \tag{5.50a}$$

und

$$f(t) = -\,\frac{1}{\pi} \int_0^\infty \mathrm{Im}\ \underline{F}(\Omega) \sin \Omega t \, d\Omega \ . \tag{5.50b}$$

Die Transformierte einer reell ungeraden Zeitfunktion ist demnach rein imaginär und schiefhermitesch, d.h. sie besitzt ungeraden Imaginärteil, und analog folgt aus $\underline{F}(\Omega)$ rein imaginär schiefhermitesch: $f(t)$ reell ungerade.

Selbstverständlich vereinfachen sich auch das FOURIERintegral (5.3) und die Transformationsformel (5.4) für komplexe Zeitfunktionen $\underline{f}(t)$, die hermitesch oder schiefhermitesch sind; dabei ergeben sich dann die Beziehungen, die analog zu (1.105) und (1.106) sind (Aufg. 5.3).

Eng verwandt mit der FOURIERtransformation ist die *LAPLACEtransformation*, die häufig - insbesondere in der Elektro- und Regelungstechnik - benutzt wird. Die LAPLACEtransformation $\underline{G}(\underline{p})$ einer Zeitfunktion $\underline{g}(t)$ wird definiert durch

$$\underline{G}(\underline{p}) := \int_0^\infty \underline{g}(t)\, e^{-\underline{p}t} dt \tag{5.51}$$

und besitzt, im Gegensatz zur FOURIERtransformierten $\underline{F}(\Omega)$, ein komplexes Argument. Schreibt man $\underline{p}$ in der Form

$$\underline{p} = \delta + j\Omega \, , \tag{5.52}$$

so läßt sich die LAPLACEtransformierte auch durch

$$\underline{G}(\underline{p}) = \int_0^\infty e^{-\delta t}\, \underline{g}(t)\, e^{-j\Omega t}\, dt \tag{5.53}$$

beschreiben. Man führt also - im Vergleich zur FOURIERtransformation - gewissermaßen den "konvergenzerzeugenden Faktor" $e^{-\delta t}$, $\delta > 0$ ein, um die Transformierte auch für nicht absolut integrierbare Zeitfunktionen $\underline{g}(t)$ erklären zu können. Allerdings sind dabei nur solche Zeitfunktionen $\underline{g}(t)$ zugelassen, die im Intervall $t < 0$ verschwinden, da ja der Faktor $e^{-\delta t}$ mit $t \to -\infty$ aufklingt; dementsprechend wird in (5.53) auch nur über das Zeitintervall $(0,\infty)$ integriert. Das bedeutet auch, daß die LAPLACEtransformierte harmonischer und periodischer Schwingungen nicht existiert. Ein weiterer Unterschied zur FOURIERtransformation ist darin zu sehen, daß das Argument $\underline{p}$ der LAPLACEtransformation physikalisch nicht so einfach gedeutet werden kann wie der Parameter Ω der FOURIERtransformation.

5.2 Die wichtigsten Eigenschaften der FOURIERtransformation

In diesem Abschnitt besprechen wir einige der wichtigsten Eigenschaften der FOURIERtransformation und erläutern sie anhand von Anwendungen und Beispielen.

a) Linearität

Offensichtlich ist die - durch die FOURIERtransformation (5.4) definierte - Abbildung linear: Aus

$$\underline{f}_1(t) \circ\!\!-\!\!\bullet \underline{F}_1(\Omega) \, , \quad \underline{f}_2(t) \circ\!\!-\!\!\bullet \underline{F}_2(\Omega) \tag{5.54}$$

folgt für beliebige Konstanten $\underline{a}_1, \underline{a}_2$

$$\underline{a}_1\underline{f}_1(t) + \underline{a}_2\underline{f}_2(t) \circ\!\!-\!\!\bullet \underline{a}_1\underline{F}_1(\Omega) + \underline{a}_2\underline{F}_2(\Omega) \, . \tag{5.55}$$

Entsprechendes gilt natürlich auch für Linearkombinationen von endlich vielen Summanden. Beim Übergang zu abzählbar unendlich vielen Summanden (Reihen) oder überabzählbar vielen Summanden (Integralen) ist jedoch Vorsicht geboten, da nicht immer die Reihenfolge von Summation und Integration oder die Integrationsreihenfolge vertauscht werden dürfen. Selbstverständlich ist auch die Rücktransformation (5.3) in den Zeitbereich eine lineare Operation.

Als Anwendung des Superpositionsprinzips betrachten wir nochmals die Transformation reeller Zeitfunktionen f(t). Jede dieser Funktionen kann als Summe

$$f(t) = f_g(t) + f_u(t) \tag{5.56}$$

einer geraden Funktion $f_g(t)$ und einer ungeraden Funktion $f_u(t)$ aufgefaßt werden, wenn wir $f_g(t)$ und $f_u(t)$ durch

$$f_g(t) := \frac{1}{2}\,[f(t) + f(-t)] \, , \tag{5.57a}$$

$$f_u(t) := \frac{1}{2}\,[f(t) - f(-t)] \tag{5.57b}$$

definieren. Die Paare $f_g(t) \circ\!\!-\!\!\bullet \underline{F}_g(\Omega)$ und $f_u(t) \circ\!\!-\!\!\bullet \underline{F}_u(\Omega)$ genügen dann den vereinfachten Transformations-Beziehungen (5.49) bzw. (5.50):

$$\operatorname{Re} \underline{F}_g(\Omega) = 2 \int_0^\infty f_g(t) \cos \Omega t \, dt , \quad \operatorname{Im} \underline{F}_g(\Omega) \equiv 0 , \tag{5.58a}$$

$$f_g(t) = \frac{1}{\pi} \int_0^\infty \operatorname{Re} \underline{F}_g(\Omega) \cos \Omega t \, d\Omega \tag{5.58b}$$

sowie

$$\operatorname{Im} \underline{F}_u(\Omega) = - 2 \int_0^\infty f_u(t) \sin \Omega t \, dt , \quad \operatorname{Re} \underline{F}_u(\Omega) \equiv 0 , \tag{5.59a}$$

$$f_u(t) = - \frac{1}{\pi} \int_0^\infty \operatorname{Im} \underline{F}_u(\Omega) \sin \Omega t \, d\Omega . \tag{5.59b}$$

Infolge der Linearität ergibt sich dann aus (5.56) für die Transformierte $\underline{F}(\Omega)$ der ursprünglichen Zeitfunktion $f(t)$

$$\operatorname{Re} \underline{F}(\Omega) + j\operatorname{Im} \underline{F}(\Omega) = F_g(\Omega) + \underline{F}_u(\Omega) \tag{5.60}$$

mit reellem $F_g(\Omega)$ und rein imaginärem $\underline{F}_u(\Omega)$. Der Realteil von $\underline{F}(\Omega)$ ist damit allein durch den geraden Anteil $f_g(t)$ von $f(t)$ bestimmt

$$\operatorname{Re} \underline{F}(\Omega) = F_g(\Omega) \quad \Longleftrightarrow \quad f_g(t) \;\circ\!\!-\; \operatorname{Re} \underline{F}(\Omega) \tag{5.61a}$$

und der Imaginärteil von $\underline{F}(\Omega)$ nur durch den ungeraden Anteil

$$\operatorname{Im} \underline{F}(\Omega) = \underline{F}_u(\Omega) \quad \Longleftrightarrow \quad f_u(t) \;\circ\!\!-\; j\operatorname{Im} \underline{F}(\Omega) . \tag{5.61b}$$

Wegen (5.58a) und (5.59a) können wir auch einfach

$$\operatorname{Re} \underline{F}(\Omega) = 2 \int_0^\infty f_g(t) \cos \Omega t \, dt , \tag{5.62a}$$

$$\operatorname{Im} \underline{F}(\Omega) = - 2 \int_0^\infty f_u(t) \sin \Omega t \, dt \tag{5.62b}$$

schreiben. (Eine Verallgemeinerung auf komplexe Zeitfunktionen wird in Aufg. 5.4 behandelt.) Schließlich gilt auch

$$f_g(t) = \frac{1}{\pi} \int_0^\infty \text{Re}\, \underline{F}(\Omega) \cos \Omega t \, d\Omega \,, \tag{5.63a}$$

$$f_u(t) = -\frac{1}{\pi} \int_0^\infty \text{Im}\, \underline{F}(\Omega) \sin \Omega t \, d\Omega \,. \tag{5.63b}$$

Diese Zerlegung einer reellen Zeitfunktion sowie die daraus resultierenden Darstellungen wenden wir nun auf die Klasse der kausalen Zeitfunktionen an, die wir bereits in 2.7.2 (durch die Bedingung $f(t) = 0$ für $t < 0$) definiert hatten. Dort hatten wir auch in der Sprung- und der Stoßantwort des Feder-Masse-Dämpfer-Systems zwei Beispiele kausaler Funktionen kennengelernt. Die Zerlegung (5.57) führt für solche Funktionen - wegen $f(t) = 0$ für $t < 0$ - auf

$$f_g(t) = \frac{1}{2} f(t) \,, \quad t > 0 \,, \tag{5.64a}$$

$$f_u(t) = \frac{1}{2} f(t) \,, \quad t > 0 \,; \tag{5.64b}$$

schreiben wir dies in der Form

$$f(t) = 2\, f_g(t) = 2\, f_u(t) \,, \; t > 0 \,, \tag{5.65}$$

so folgt mit (5.63) auch

$$f(t) = \frac{2}{\pi} \int_0^\infty \text{Re}\, \underline{F}(\Omega) \cos \Omega t \, d\Omega \tag{5.66a}$$

$$= -\frac{2}{\pi} \int_0^\infty \text{Im}\, \underline{F}(\Omega) \sin \Omega t \, d\Omega \,, \; t > 0 \,. \tag{5.66b}$$

Aus diesen beiden unterschiedlichen FOURIERintegralen von $f(t)$ können wir einen wichtigen Schluß ziehen: Bei der FOURIERtransformation einer reellen, kausalen Zeitfunktion sind Real- und Imaginärteil nicht voneinander unabhängig! Mit (5.66a) und $f(t) = 0$ für $t < 0$ folgt nämlich aus (5.27b)

$$\text{Im}\, \underline{F}(\Omega) = -\frac{2}{\pi} \int_0^\infty \int_0^\infty \text{Re}\, \underline{F}(\Omega') \cos \Omega' t \sin \Omega t \, d\Omega' dt \tag{5.67a}$$

und analog mit (5.66b) und (5.27a)

$$\operatorname{Re} \underline{F}(\Omega) = -\frac{2}{\pi} \int_0^\infty \int_0^\infty \operatorname{Im} \underline{F}(\Omega') \sin \Omega' t \cos \Omega t \, d\Omega' dt \ . \tag{5.67b}$$

(Der Zusammenhang zwischen Real- und Imaginärteil kann mit Hilfe der HILBERT-Transformation[59] noch einfacher dargestellt werden /1/.) Für reelle, kausale Funktionen genügt daher die Angabe von Re $\underline{F}(\Omega)$ oder Im $\underline{F}(\Omega)$ oder auch $\underline{F}(\Omega)$ im Intervall $0 \leq \Omega < \infty$ zum Bestimmen von f(t). Wir merken noch an, daß die Inversionsformeln (5.66) nur im Bereich $t > 0$ gelten, für $t = 0$ dagegen ergibt sich

$$f(0) = \frac{1}{2} f(0^+) = \frac{1}{\pi} \int_0^\infty \operatorname{Re} \underline{F}(\Omega) \, d\Omega \ . \tag{5.68}$$

b) Symmetrieeigenschaft

Aus

$$\underline{f}(t) \quad \circ\!\!-\!\!- \quad \underline{F}(\Omega) \tag{5.69}$$

folgt

$$\underline{F}(t) \quad \circ\!\!-\!\!- \quad 2\pi \, \underline{f}(-\Omega) \ , \tag{5.70}$$

und dies wird als Symmetrieeigenschaft bezeichnet.

Sie ergibt sich leicht aus der Inversionsformel (5.3), die wir mit $-s := t$ auch als

$$2\pi \, \underline{f}(-s) = \int_{-\infty}^{\infty} \underline{F}(\Omega) \, e^{-j\Omega s} \, d\Omega \tag{5.71}$$

schreiben können; vertauschen wir nun Ω und s, so folgt

$$2\pi \, \underline{f}(-\Omega) = \int_{-\infty}^{\infty} \underline{F}(s) \, e^{-j\Omega s} \, ds \ , \tag{5.72}$$

---

[59] Nach dem Mathematiker David HILBERT, * 1862 in Königsberg, + 1943 in Göttingen.

so daß gemäß (5.4) $2\pi \cdot \underline{f}(-\Omega)$ die FOURIERtransformierte von $\underline{F}(t)$ ist.

Die Symmetrieeigenschaft läßt sich auch folgendermaßen beschreiben: Transformiert man eine FOURIERtransformierte noch einmal, so erhält man "im wesentlichen", d.h. bis auf den Faktor 2π und den Vorzeichenwechsel im Argument, wieder die ursprüngliche Funktion. Das bedeutet auch, daß man aus der Kenntnis eines Transformationspaares, nämlich $\underline{f}(t)$ o— $\underline{F}(\Omega)$, sofort ein zweites Paar, nämlich $\underline{F}(t)$ o— $2\pi\, \underline{f}(-\Omega)$, angeben kann.

In 5.1 hatten wir bereits die Transformierte der Funktion $f(t) \equiv 1$ und der Delta-Funktion $\delta(t)$ bestimmt; man erkennt jetzt in den zugehörigen Transformationsgleichungen (5.18) und (5.20) unmittelbar die Symmetrieeigenschaft wieder. Dabei tritt selbstverständlich kein Vorzeichenwechsel im Argument auf, sondern nur der Faktor 2π, da beide Funktionen reell und gerade sind und damit auch ihre Transformierten. Insbesondere läßt sich der Zusammenhang 1 o— $2\pi \cdot \delta(\Omega)$ gut deuten: Er besagt, daß in der Spektraldarstellung der Funktion $f(t) \equiv 1$ die Amplitudendichte überall gleich Null ist, mit Ausnahme der Stelle $\Omega = 0$, an der die Amplitudendichte über alle Grenzen wächst. Anschaulich würde man dieses Verhalten auch erwarten: In der Spektraldarstellung einer konstanten Funktion kann lediglich der Anteil mit der Frequenz Null enthalten sein!

c) Lineare Verzerrung der Zeit- oder Frequenzskala

Aus

$$\underline{f}(t) \quad \text{o—} \quad \underline{F}(\Omega) \tag{5.73}$$

folgt für jede reelle Konstante $\rho \neq 0$

$$\underline{f}(\rho t) \quad \text{o—} \quad \frac{1}{|\rho|}\, \underline{F}(\Omega/\rho)\ , \tag{5.74}$$

und für jede reelle Konstante $\sigma \neq 0$

$$\frac{1}{|\sigma|}\, \underline{f}(t/\sigma) \quad \text{o—} \quad \underline{F}(\sigma\Omega)\ . \tag{5.75}$$

Die Formel (5.74) ergibt sich leicht aus (5.4): Mit $s := \rho t$ gilt nämlich, zunächst für $\rho > 0$

$$\int_{-\infty}^{\infty} \underline{f}(\rho t)\, e^{-j\Omega t}\, dt = \frac{1}{\rho} \int_{-\infty}^{\infty} \underline{f}(s)\, e^{-j(\Omega/\rho)s}\, ds = \frac{1}{\rho}\, \underline{F}(\Omega/\rho)\ . \tag{5.76}$$

Für $\rho < 0$ sind aber im zweiten Integral die Integrationsgrenzen zu vertauschen, so daß für beliebige $\rho \neq 0$ tatsächlich (5.74) richtig ist. Wegen der Linearität der FOURIERtransformation folgt mit $\sigma := 1/\rho$ dann (5.75) sofort aus (5.74).

Als Beispiel betrachten wir die Transformation der Funktion $f(t) \equiv 1$ und der Delta-Funktion $\delta(t)$ in dimensionslosen Variablen. Wegen $f(t) \equiv 1$ o— $2\pi\ \delta(\Omega)$ liefert dann (5.74) für $\omega_0 > 0$ die Beziehung

$$f(\omega_0 t) \equiv 1 \quad \text{o—} \quad \frac{2\pi}{\omega_0}\,\delta(\Omega/\omega_0)\ , \tag{5.77}$$

die wir mit $\tau := \omega_0 t$ und $\eta := \Omega/\omega_0$ auch als

$$f(\tau) \equiv 1 \quad \text{o—} \quad \frac{2\pi}{\omega_0}\,\delta(\eta) \tag{5.78}$$

schreiben können. Die FOURIERtransformierte der Funktion, die überall den Funktionswert Eins besitzt, ist aber eindeutig bestimmt, so daß in (5.77) und (5.18) auch die rechten Seiten gleich sein müssen:

$$\delta(\Omega) = \frac{1}{\omega_0}\,\delta(\Omega/\omega_0)\ ; \tag{5.79}$$

zusammen mit der Linearität der FOURIERtransformierten bedeutet dies, daß sich beim Übergang von der dimensionsbehafteten Ω-Skala zur dimensionslosen Ω/ω_0-Skala die Intensität $\check{f}$ einer Delta-Funktion durch die Intensität $\check{f}/\omega_0$ zu ersetzen ist. In derselben Weise ergibt sich wegen $\delta(t)$ o— $1 \equiv f(\Omega)$ aus (5.75) die Transformationsgleichung

$$\omega_0\delta(\omega_0 t) \quad \text{o—} \quad 1 \equiv f(\Omega/\omega_0)\ , \tag{5.80}$$

die auch durch

$$\omega_0\delta(\tau) \quad \text{o—} \quad 1 \equiv f(\eta) \tag{5.81}$$

beschrieben werden kann. Und mit der Eindeutigkeit der Rücktransformierten können wir aus (5.80) und (5.20) auf die Beziehung

$$\delta(t) = \omega_0\ \delta(\omega_0 t) \tag{5.82}$$

schließen, die die Intensitätsänderung der Delta-Funktion beim Übergang von der t-Skala zur $\omega_0 t$-Skala kennzeichnet.

d) Verschiebung des Zeit- und Frequenznullpunktes

Aus

$$\underline{f}(t) \circ\!\!- \underline{F}(\Omega) \tag{5.83}$$

folgt für einen beliebigen Zeitpunkt t_0

$$\underline{f}(t + t_0) \circ\!\!- \underline{F}(\Omega)\ e^{j\Omega t_0} \tag{5.84}$$

und für eine beliebige Frequenz Ω_0

$$e^{-j\Omega_0 t}\underline{f}(t) \circ\!\!- \underline{F}(\Omega + \Omega_0)\ . \tag{5.85}$$

Die Beziehung (5.84) ergibt sich wieder direkt aus (5.4), denn mit $s := t + t_0$ folgt sofort

$$\int_{-\infty}^{\infty} \underline{f}(t+t_0)e^{-j\Omega t}dt = \int_{-\infty}^{\infty} \underline{f}(s)e^{-j\Omega s}ds\ e^{j\Omega t_0} = \underline{F}(\Omega)\ e^{j\Omega t_0}. \tag{5.86}$$

Ebenso leicht erhält man (5.85):

$$\int_{-\infty}^{\infty} e^{-j\Omega_0 t}\underline{f}(t)e^{-j\Omega t}\ dt = \int_{-\infty}^{\infty} \underline{f}(t)e^{-j(\Omega+\Omega_0)t}dt = \underline{F}(\Omega + \Omega_0)\ . \tag{5.87}$$

Die Transformierte der "verschobenen" Zeitfunktion $\underline{f}_{t_0}(t)$ aus (5.84) können wir auch in der Gestalt

$$\underline{F}(\Omega)\ e^{j\Omega t_0} = |\underline{F}(\Omega)|\ e^{j[\Gamma(\Omega) + \Omega t_0]} \tag{5.88}$$

schreiben, an der man sofort abliest, daß der Betrag erhalten bleibt und daß sich das Argument nach einem einfachen Gesetz ändert. Dies haben wir für die - um T nach rechts verschobene - abgeschnittene Rechteckschwingung

$$r_{T,-T}(t) := r_T(t - T) \tag{5.89}$$

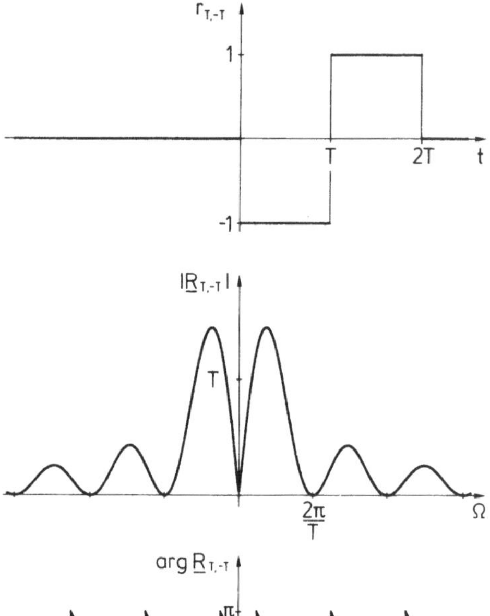

Abb. 5.4 Verhalten von Amplituden- und Phasenspektrum bei einer Verschiebung des Zeitnullpunkts

in Abb. 5.4 illustriert. Das allgemeine Ergebnis (5.88) entspricht übrigens genau dem Zusammenhang (1.113), den wir für periodische Zeitfunktionen erhalten hatten. Die Beziehung (5.85) bedeutet anschaulich nichts anderes, als daß alle Spektren von $e^{-j\Omega_0 t}\underline{f}(t)$ einfach durch Verschieben, und zwar um eine Strecke mit der Länge $|\Omega_0|$, aus den Spektren von $\underline{f}(t)$ entstehen.

Die Formeln (5.84) und (5.85) können dazu verwendet werden, weitere Transformationspaare zu gewinnen: Setzt man beispielsweise in (5.85) $\underline{f}(t) \equiv 1$, ergibt sich mit (5.18)

$$e^{-j\Omega_0 t} \;\circ\!\!-\; 2\pi\,\delta(\Omega + \Omega_0)\ , \tag{5.90}$$

wählt man dagegen in (5.84) $\underline{f}(t) = \delta(t)$, so folgt aus (5.20)

$$\delta(t + t_0) \;\circ\!\!-\; e^{jt_0\Omega}\ ; \tag{5.91}$$

dies sind gerade wieder die verallgemeinerten Orthogonalitätsrelationen (5.9) bzw. (5.13) in anderer Schreibweise. Mit Hilfe von (5.90) kann man nun auch die Transformierten der trigonometrischen Funktionen bestimmen: Denn mit

$$\cos \Omega_0 t = \frac{1}{2} (e^{-j\Omega_0 t} + e^{j\Omega_0 t}) \tag{5.92}$$

und der Linearität ergibt sich aus (5.90)

$$\cos \Omega_0 t \quad \circ\!\!-\!\!- \quad \pi[\delta(\Omega + \Omega_0) + \delta(\Omega - \Omega_0)] \ . \tag{5.93}$$

Die Transformierte besteht also aus zwei verschobenen Delta-Funktionen mit Intensität π. Mit der komplexen Darstellung

$$\sin \omega_0 t = \frac{j}{2} (e^{-j\Omega_0 t} - e^{j\Omega_0 t}) \tag{5.94}$$

der Sinusfunktion können wir in analoger Weise ihre FOURIERtransformierte bestimmen:

$$\sin \Omega_0 t \quad \circ\!\!-\!\!- \quad j\pi[\delta(\Omega + \Omega_0) - \delta(\Omega - \Omega_0)] \ ; \tag{5.95}$$

als ungerade Funktion besitzt $\sin \Omega_0 t$ eine rein imaginäre Transformierte mit ungeradem Imaginärteil. Sie ist ähnlich aufgebaut wie die von $\cos \Omega_0 t$: Die Beträge der Intensitäten sind identisch, ihre Argumente dagegen voneinander verschieden. - Wegen der Linearität kann damit auch die Transformierte einer beliebigen harmonischen Schwingung angegeben werden:

$$C_0 + C \cos \Omega_0 t + S \sin \Omega_0 t \quad \circ\!\!-\!\!-$$

$$2\pi\, C_0 \delta(\Omega) + \pi[(C + jS)\, \delta(\Omega + \Omega_0) + (C - jS)\, \delta(\Omega - \Omega_0)] \ ; \tag{5.96}$$

verwenden wir die Standard-Form, so folgt leicht, insbesondere mit (5.84)

$$\bar{f} + \hat{f} \cos(\Omega_0 t + \alpha) \quad \circ\!\!-\!\!-$$

$$2\pi\, \bar{f}\delta(\Omega) + \pi\, \hat{f}[\delta(\Omega + \Omega_0) + \delta(\Omega - \Omega_0)]\, e^{j(\alpha/\Omega_0)\Omega} \ . \tag{5.97}$$

Nun sind wir auch in der Lage, die Transformierte einer reellen, periodischen Funktion zu berechnen. Dazu entwickeln wir die Zeitfunktion in eine FOURIERreihe, etwa in der Form (1.80) und benutzen das Superpositionsprinzip für abzählbar unendlich viele Summanden. Man erkennt dann insbesondere, daß das Amplitudenspektrum $\hat{f}_1, \hat{f}_2, \ldots$ einer $2\pi/\Omega_0$-periodischen Funktion im Rahmen der FOURIERtransformation durch verschobene Delta-Funktionen dargestellt wird, die sich gerade an den Stellen $\pm\,\Omega_0, \pm\,2\Omega_0, \ldots$ auswirken und die Intensitäten $\pi\hat{f}_1$, $\pi\hat{f}_2, \ldots$ besitzen. In diesem Sinn kann man also eine FOURIERreihe als Spezialfall der FOURIERtransformation behandeln. Dies gilt auch für komplexe periodische Funktionen, wie Aufg. 5.6 zeigt.

Ganz allgemein gilt übrigens analog zu (5.97), daß ein Delta-Impuls $\check{f}\cdot\delta(\Omega)$ in der FOURIERtransformierten einer Funktion $f(t)$ bedeutet, daß der zeitliche Mittelwert (gemittelt über die gesamte Zeitachse) dieser Funktion $\check{f}/2\pi$ ist. Entsprechend gilt, daß lediglich für Zeitfunktionen mit Mittelwert gleich Null die FOURIERtransformierte an der Stelle $\Omega = 0$ regulär ist.

Die komplexen Darstellungen (5.92) und (5.94) der beiden trigonometrischen Funktionen können auch dazu verwendet werden, die Transformierte (reeller) *harmonisch modulierter Zeitfunktionen* der Form $f(t)[C_0 + C\cos\Omega_0 t + S\sin\Omega_0 t]$ zu berechnen. Benutzen wir nämlich (5.85) sowie die Linearität, ergibt sich unmittelbar

$$f(t)\cos\Omega_0 t = \frac{1}{2}\left(e^{-j\Omega_0 t} + e^{j\Omega_0 t}\right) f(t) \quad \circ\!\!-\!\!- \quad \frac{1}{2}\left[\underline{F}(\Omega + \Omega_0) + \underline{F}(\Omega - \Omega_0)\right] \tag{5.98}$$

und ebenso

$$f(t)\sin\Omega_0 t \quad \circ\!\!-\!\!- \quad \frac{j}{2}\left[\underline{F}(\Omega + \Omega_0) - \underline{F}(\Omega - \Omega_0)\right] . \tag{5.99}$$

Ist $f(t)$ eine - im Vergleich zu einer harmonischen Funktion mit der Frequenz Ω_0 - langsam veränderliche Zeitfunktion in dem Sinne, daß die Transformierte $\underline{F}(\Omega)$ die Eigenschaft

$$\underline{F}(\Omega) = 0 \quad \text{für} \quad |\Omega| \geq \Omega_0 \tag{5.100}$$

besitzt, so stimmen die Amplitudenspektren $|\underline{F}_c(\Omega)|$ und $|\underline{F}_s(\Omega)|$ der harmonisch modulierten Signale aus (5.98) und (5.99) überein und ergeben sich aus dem Amplitudenspektrum $|\underline{F}(\Omega)|$ in einfacher Weise durch Halbieren des Funktionswertes und Verschiebung nach links und rechts, wie in Abb. 5.5a,b gezeigt. Ähnliche Beziehungen bestehen zwischen den Phasenspektren arg $\underline{F}_c(\Omega)$ bzw. arg $\underline{F}_s(\Omega)$ (Abb. 5.5c).

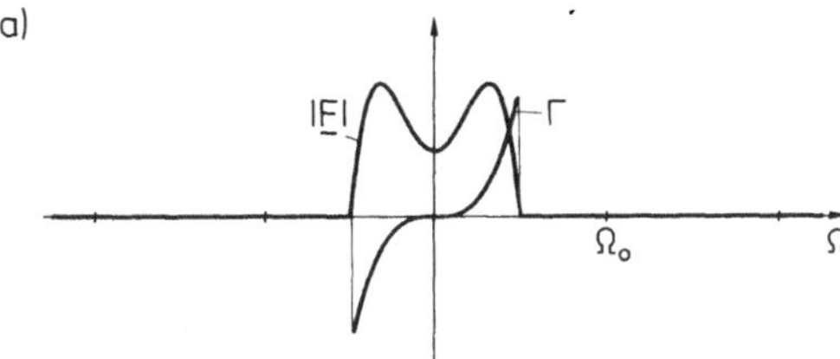

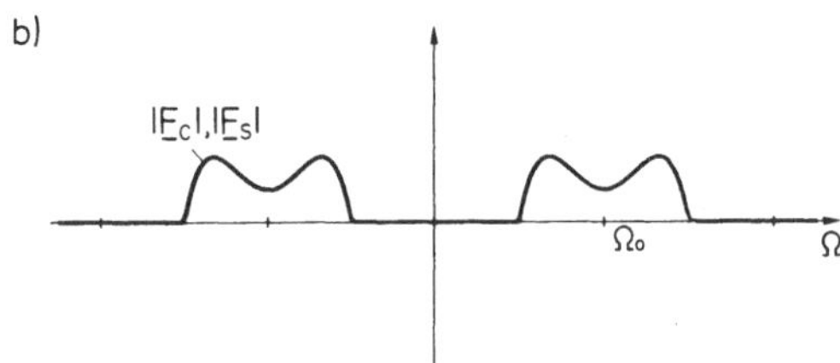

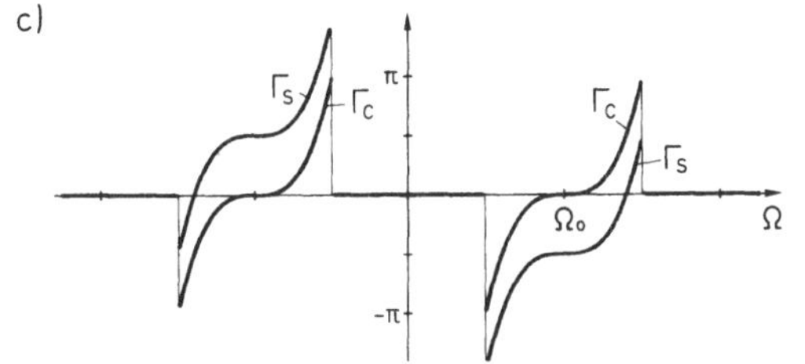

Abb. 5.5 Verhalten von Amplituden- und Phasenspektren langsam veränderlicher, modulierter Signale

e) Differentiation nach der Zeit oder der Frequenz

Aus

$$\underline{f}(t) \quad \circ\!\!- \quad \underline{F}(\Omega) \tag{5.101}$$

folgt

$$\frac{d\underline{f}}{dt}(t) \quad \circ\!\!- \quad j\Omega\, \underline{F}(\Omega) \tag{5.102}$$

und

$$-jt\, \underline{f}(t) \quad \circ\!\!- \quad \frac{d\underline{F}}{d\Omega}(\Omega) \; . \tag{5.103}$$

Allerdings garantiert (5.101) weder die Existenz der FOURIERtransformierten von $d\underline{f}(t)/dt$ noch die der Rücktransformierten von $d\underline{F}(\Omega)/d\Omega$; die Formeln (5.102) und (5.103) sind vielmehr so zu interpretieren, daß sie gültig sind, falls die darin vorkommenden uneigentlichen Integrale konvergieren. Dann folgen die Transformations-Beziehungen (5.102) und (5.103) sofort durch Differenzieren der grundlegenden Gleichungen (5.3) und (5.4), wenn man dort die Reihenfolge von Differentiation und Integration vertauscht. Für die höheren Ableitungen ergeben sich durch wiederholtes Anwenden von (5.102) bzw. (5.103) die Beziehungen

$$\frac{d^n \underline{f}}{dt^n}(t) \quad \circ\!\!- \quad (j\Omega)^n \, \underline{F}(\Omega) \tag{5.104}$$

und

$$(-jt)^n \, \underline{f}(t) \quad \circ\!\!- \quad \frac{d^n \underline{F}}{d\Omega^n}(\Omega) \, , \tag{5.105}$$

die ebenfalls in dem angesprochenen Sinn zu verstehen sind.

f) Integration nach der Zeit oder der Frequenz

Aus

$$\underline{f}(t) \quad \circ\!\!- \quad \underline{F}(\Omega) \tag{5.106}$$

folgt

$$\int_{-\infty}^{t} \underline{f}(t') \, dt' \quad \circ\!\!- \quad \frac{\underline{F}(\Omega)}{j\Omega} \tag{5.107}$$

und

$$\frac{\underline{f}(t)}{-jt} \quad \circ\!\!- \quad \int_{-\infty}^{\Omega} F(\Omega') \, d\Omega' \, . \tag{5.108}$$

Auch hier bedingt die Existenz von $\underline{F}(\Omega)$ keineswegs, daß die Stammfunktion

$$\underline{a}(t) := \int_{-\infty}^{t} f(t') \, dt' \tag{5.109}$$

von $\underline{f}(t)$ eine FOURIERtransformierte besitzt, noch daß die Stammfunktion

$$\underline{B}(\Omega) := \int_{-\infty}^{\Omega} \underline{F}(\Omega') \, d\Omega' \tag{5.110}$$

von $\underline{F}(\Omega)$ eine Rücktransfomierte hat; vielmehr sind die Beziehungen (5.107) und (5.108) ebenso zu deuten, wie wir es unter Punkt e) beschrieben haben. Zum Beweis von (5.107) bezeichnen wir die Transformierte der Stammfunktion $\underline{a}(t)$ zunächst mit $\underline{A}(\Omega)$

$$\int_{-\infty}^{t} \underline{f}(t')\, dt' = \underline{a}(t) \quad \circ\!\!-\!\!- \quad \underline{A}(\Omega) \tag{5.111}$$

und verwenden die Differentiationsregel (5.102):

$$\underline{f}(t) = \frac{d\underline{a}}{dt}(t) \quad \circ\!\!-\!\!- \quad j\Omega\, \underline{A}(\Omega) \; ; \tag{5.112}$$

ein Vergleich mit (5.106) liefert dann

$$\underline{F}(\Omega) = j\Omega\, \underline{A}(\Omega) \; , \tag{5.113}$$

so daß die "rechte Seite" $\underline{A}(\Omega)$ von (5.111) auch durch

$$\underline{A}(\Omega) = \frac{\underline{F}(\Omega)}{j\Omega} \tag{5.114}$$

beschrieben werden kann, wie in (5.107) behauptet. - Analog beweist man (5.108) mit Hilfe von (5.103) (Aufg. 5.7).

Die FOURIERtransformierte der Stammfunktion (5.109) von $\underline{f}(t)$ existiert - im klassischen Sinn - sicher dann (und wird durch (5.107) beschrieben), wenn $\underline{a}(t)$ absolut integrierbar ist, wie wir schon im Zusammenhang mit (5.23) festgestellt hatten. Setzt man diese Eigenschaft voraus, folgt

$$\lim_{t\to\infty} \underline{a}(t) = \int_{-\infty}^{\infty} \underline{f}(t)\, dt = 0 \; ; \tag{5.115}$$

andererseits gilt wegen (5.4) aber auch

$$\int_{-\infty}^{\infty} \underline{f}(t)\, dt = \underline{F}(0) \; , \tag{5.116}$$

so daß die absolute Integrierbarkeit der Stammfunktion $\underline{a}(t)$ die Gleichung

$$\underline{F}(0) = 0 \tag{5.117}$$

nach sich zieht. Falls $\underline{F}(\Omega)$ diese Eigenschaft nicht besitzt, kann $\underline{A}(\Omega)$ immer noch im distributionellen Sinn existieren, und (5.107) ist durch

$$\int_{-\infty}^{t} \underline{f}(t')\,dt' \quad \circ\!\!- \quad \pi\,\underline{F}(0)\,\delta(\Omega) + \frac{\underline{F}(\Omega)}{j\Omega} \tag{5.118}$$

zu ersetzen /1/; ganz ähnliche Überlegungen führen auf

$$\pi\,\underline{f}(0)\,\delta(t) + \frac{\underline{f}(t)}{-jt} \quad \circ\!\!- \quad \int_{-\infty}^{\Omega} \underline{F}(\Omega')\,d\Omega' , \tag{5.119}$$

die "distributionelle Form" von (5.108), die dann anzuwenden ist, wenn die Rücktransformierte der Stammfunktion $\underline{B}(\Omega)$ aus (5.110) im klassischen Sinn nicht existiert (Aufg. 5.7).

Als Anwendung der Integrationsregeln bestimmen wir die Transformierte der Sprungfunktion $s(t)$, die bereits in 2.7.1 definiert wurde, und die nochmals in Abb. 5.6a dargestellt ist. Gemäß (2.364) kann ja $s(t)$ als Stammfunktion von $\delta(t)$ aufgefaßt werden:

$$s(t) = \int_{-\infty}^{t} \delta(\bar{t})\,d\bar{t} \; ; \tag{5.120}$$

die Transformierte der Delta-Funktion ist aber Eins, besitzt also nicht die Eigenschaft (5.117), so daß wir die verallgemeinerte Integrationsregel (5.118) anzuwenden haben, die

$$s(t) \quad \circ\!\!- \quad \pi\,\delta(\Omega) + \frac{1}{j\Omega} \tag{5.121}$$

liefert. Das Amplitudenspektrum der Sprungfunktion enthält also an der Stelle $\Omega = 0$ eine Delta-Funktion mit der Intensität π, und das Phasenspektrum ist bereichsweise konstant, wie auch Abb. 5.6b,c zeigt.

Mit (5.121) haben wir selbstverständlich auch das FOURIERintegral

$$s(t) = \frac{1}{2\pi} \int_{-\infty}^{\infty} [\pi\,\delta(\Omega) + \frac{1}{j\Omega}]\, e^{j\Omega t}\,d\Omega \tag{5.122}$$

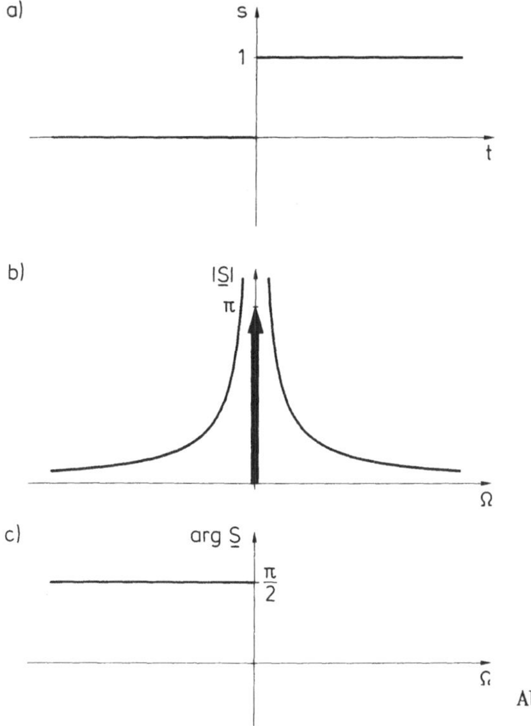

Abb. 5.6 Sprungfunktion mit Amplituden- und Phasenspektrum

von s(t) gewonnen, das wir noch umformen können: Verwenden wir die Ausblendeigenschaft und anschließend die Darstellung (5.5), entsteht

$$s(t) = \frac{1}{2} + \frac{1}{2\pi} \int_0^\infty \left(\frac{1}{j\Omega} e^{j\Omega t} - \frac{1}{j\Omega} e^{-j\Omega t}\right) d\Omega$$

$$= \frac{1}{2} + \frac{1}{\pi} \int_0^\infty \frac{1}{\Omega} \frac{j}{2} \left(e^{-j\Omega t} - e^{j\Omega t}\right) d\Omega \; ; \tag{5.123}$$

im Integranden tritt jetzt aber gerade die komplexe Darstellung (5.94) der Sinusfunktion auf, so daß das FOURIERintegral von s(t) die Form

$$s(t) = \frac{1}{2} + \frac{1}{\pi} \int_0^\infty \frac{\sin \Omega t}{\Omega} d\Omega \tag{5.124}$$

annimmt. Die Transformation in den Frequenzbereich und die anschließende Rücktransformation liefern also an der Sprungstelle von s(t) den Mittelwert 1/2, und das uneigentliche Integral in (5.124) muß die Werte

$$\int_0^\infty \frac{\sin \Omega t}{\Omega}\, d\Omega = \begin{cases} \pi/2\,, & t > 0\,, \\ -\pi/2\,, & t < 0 \end{cases} \tag{5.125}$$

annehmen.

Mit diesen Ergebnissen können wir auch die *Signumfunktion* sgn(t) gemäß Abb. 5.7a behandeln, die sich als

$$\mathrm{sgn}(t) = 2\, s(t) - 1 \tag{5.126}$$

schreiben läßt. Mit Hilfe der Linearität (5.55) ergibt sich dann

$$\mathrm{sgn}(t) \quad \circ\!\!-\!\!\!- \quad 2\pi\, \delta(\Omega) + \frac{2}{j\Omega} - 2\pi\, \delta(\Omega) = \frac{2}{j\Omega}\,. \tag{5.127}$$

Das Amplitudenspektrum von sgn(t) ist also - bis auf die Stelle $\Omega = 0$ - gerade doppelt so groß wie das von s(t), während die Phasenspektren übereinstimmen (Abb. 5.7b,c). Der Zusammenhang (5.126) ergibt mit (5.124) auch sofort die Spektraldarstellung der Signumfunktion:

$$\mathrm{sgn}(t) = \frac{2}{\pi} \int_0^\infty \frac{\sin \Omega t}{\Omega}\, d\Omega\,. \tag{5.128}$$

Als nächstes Beispiel untersuchen wir das *Dreieckfenster* $q_T(t)$ gemäß Abb. 5.8a mit der Fensterbreite 2T, T > 0, und der -höhe Eins. Man überlegt sich leicht, daß die Zeitableitung von $q_T(t)$ im wesentlichen mit der abgeschnittenen Rechteckschwingung $r_T(t)$ übereinstimmt; genauer gilt

$$\dot{q}_T(t) = -\frac{1}{T}\, r_T(t)\,. \tag{5.129}$$

Die Transformierte von $r_T(t)$ hatten wir aber schon in 5.1 bestimmt, und aus Abb. 5.2b entnehmen wir, daß sie die Eigenschaft (5.117) besitzt. Die Integrationsregel (5.107) ergibt dann mit (5.38) die FOURIERtransformierte von $q_T(t)$:

$$q_T(t) = \int_{-\infty}^{t} \dot{q}_T(t')\, dt' \quad \circ\!\!-\!\!\!- \quad -\frac{1}{T}\,\frac{R_T(\Omega)}{j\Omega} = \frac{2T}{\Omega}\,\frac{1 - \cos T\Omega}{T\Omega}\,. \tag{5.130}$$

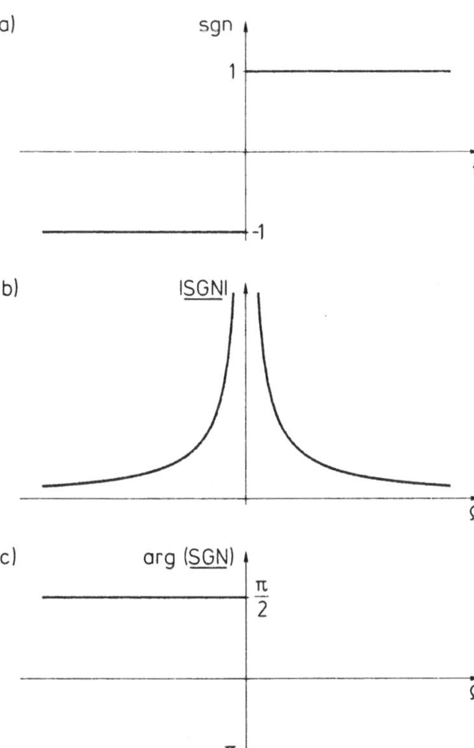

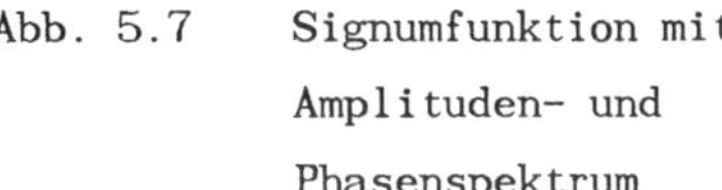

Abb. 5.7 Signumfunktion mit Amplituden- und Phasenspektrum

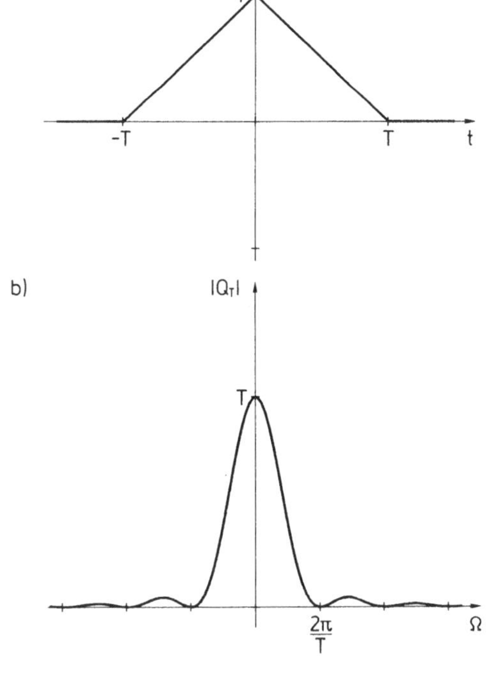

Abb. 5.8 Dreieckfenster mit Amplitudenspektrum

Als reell gerade Funktion besitzt das Dreieckfenster eine reell gerade Transformierte. Im Hinblick auf den Funktionswert an der Stelle $\Omega = 0$ formen wir die "rechte Seite" von (5.130) noch um und erhalten

$$q_T(t) \quad \circ\!\!- \quad T \frac{\sin^2 \frac{T\Omega}{2}}{(\frac{T\Omega}{2})^2}\,, \tag{5.131}$$

wie man leicht nachrechnen kann. Die Symmetrieeigenschaft (5.70) liefert dann auch das Paar

$$\frac{\Omega_0}{2\pi} \frac{\sin^2 \frac{\Omega_0 t}{2}}{(\frac{\Omega_0 t}{2})^2} \quad \circ\!\!- \quad q_{\Omega_0}(\Omega) \tag{5.132}$$

wenn man dem Parameter T in (5.131) durch Ω_0 ersetzt. Die Zeitfunktion auf der "linken Seite" wird als FEJÉRkern[60] bezeichnet, er ist also die Rücktransformierte des Dreieckfensters.

Als letztes Beispiel behandeln wir das Rechteckfenster $p_T(t)$, das wir schon in 2.7.1 definiert hatten, und das nochmals - zusammen mit seinem Amplitudenspektrum - in Abb. 5.9 dargestellt ist. Die Ableitung von $p_T(t)$ besteht offenbar aus zwei verschobenen Delta-Funktionen mit den Intensitäten Eins und minus Eins:

$$\dot{p}_T(t) = \delta(t + T) - \delta(t - T)\ , \tag{5.133}$$

und die Linearität sowie die Regel (5.84) für die Zeitverschiebung liefert

$$\dot{p}_T(t) \quad \circ\!\!- \quad e^{jT\Omega} - e^{-jT\Omega}\ , \tag{5.134}$$

bzw.

$$\dot{p}_T(t) \quad \circ\!\!- \quad -\frac{2}{j} \sin T\Omega\ . \tag{5.135}$$

Die Transformierte der Ableitung $\dot{p}_T(t)$ besitzt demnach die Eigenschaft (5.117), so daß die Integrationsregel (5.107) angewendet werden kann:

---

[60] Nach dem Mathematiker Leopold FEJÉR, * 1880 in Pécs, + 1959 in Budapest.

a)

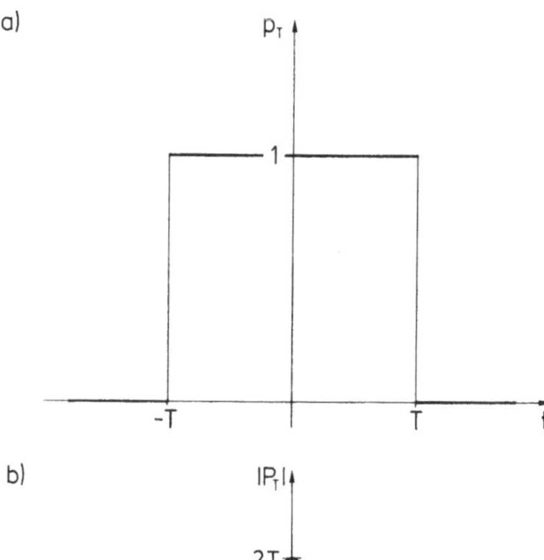

b)

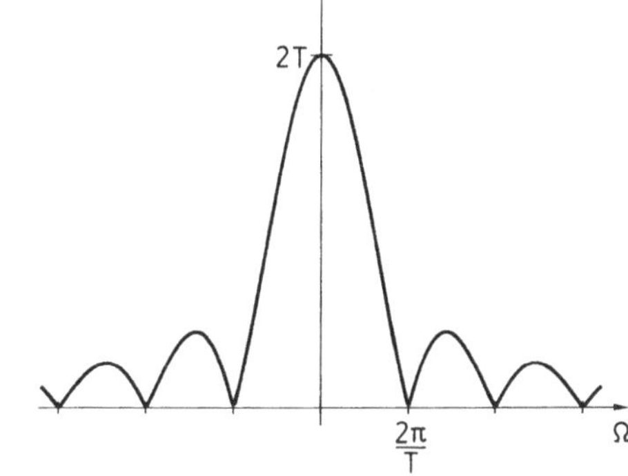

Abb. 5.9 Rechteckfenster mit Amplitudenspektrum

$$p_T(t) = \int_{-\infty}^{t} \dot{p}_T(t')\, dt' \quad \circ\!\!-\!\!\!- \quad -\frac{2}{j^2\Omega} \sin T\Omega = 2T \frac{\sin T\Omega}{T\Omega} . \tag{5.136}$$

Die Transformierte des Rechteckfensters ist also im wesentlichen identisch mit der Funktion, die wir ebenfalls schon in 2.7.2, und zwar als Erregung, kennengelernt und in Abb. 2.57 gezeigt hatten. Die Symmetrieeigenschaft (5.70) ergibt dann auch

$$\frac{\Omega_0}{\pi} \frac{\sin \Omega_0 t}{\Omega_0 t} \quad \circ\!\!-\!\!\!- \quad p_{\Omega_0}(\Omega) , \tag{5.137}$$

deren "linke Seite" FOURIERkern heißt; dieser ist die Rücktransformierte des Rechteckfensters, so wie der FEJÉRkern die Rücktransformierte des Dreieckfensters ist. Zu diesem Beispiel sei angemerkt, daß auch der Zusammenhang

$$p_T(t) = s(t + T) - s(t - T) \tag{5.138}$$

zwischen Rechteckfenster und Sprungfunktion zur Berechnung der Transformierten von $p_T(t)$ verwendet werden kann. Die Kenntnis des Paars $s(t)$ o— $\pi\,\delta(\Omega) + 1/j\Omega$ und die Regel (5.84) führt dann ebenfalls auf (5.136); allerdings benötigt man dazu die Eigenschaft

$$\underline{f}(t)\;\delta(t-t_0) = \underline{f}(t_0)\;\delta(t-t_0)\;,\quad t_0 \in \mathbb{R} \tag{5.139}$$

der Delta-Funktion (Aufg. 5.8), die für stetige Funktionen $\underline{f}(t)$ gilt.

g) Momentensatz

Aus

$$\underline{f}(t) \quad \text{o—} \quad \underline{F}(\Omega) \tag{5.140}$$

folgt

$$(-j)^k\;\underline{m}_k = \left.\frac{d^k\underline{F}(\Omega)}{d\Omega^k}\right|_{\Omega=0}\;,\quad k = 0,1,2,\ldots \tag{5.141}$$

mit

$$\underline{m}_k := \int_{-\infty}^{\infty} t^k\underline{f}(t)\;dt\;,\quad k = 0,1,2,\ldots\;. \tag{5.142}$$

Dieser Satz stellt also einen Zusammenhang zwischen den - durch (5.142) definierten - *Momenten* $\underline{m}_k$ (der Ordnung k) der Zeitfunktion $\underline{f}(t)$ und den Ableitungen ihrer Transformierten $\underline{F}(\Omega)$ an der Stelle $\Omega = 0$ her. Formal ergibt er sich, wenn man in (5.4) die Exponentialfunktion in eine Potenzreihe entwickelt

$$\begin{aligned}\underline{F}(\Omega) &= \int_{-\infty}^{\infty} \underline{f}(t) \sum_{k=0}^{\infty} \frac{1}{k!}\,(-j\Omega t)^k\;dt \\ &= \sum_{k=0}^{\infty} \frac{(-j)^k}{k!}\;\underline{m}_k\;\Omega^k\end{aligned} \tag{5.143}$$

und daneben die TAYLORreihe von $\underline{F}(\Omega)$ betrachtet:

$$\underline{F}(\Omega) = \sum_{k=1}^{\infty} \frac{1}{k!}\left.\frac{d^k\underline{F}(\Omega)}{d\Omega^k}\right|_{\Omega=0}\Omega^k\;. \tag{5.144}$$

Der Koeffizientenvergleich liefert dann unmittelbar (5.141); allerdings haben wir bei dieser Vorgehensweise die Reihenfolge von Integration und Summation vertauscht. Man kann daher aus der Existenz von $d^k\underline{F}(\Omega)/d\Omega^k$ an der Stelle $\Omega = 0$ nicht ohne weiteres auf die Existenz der Momente $\underline{m}_k$ schließen; die Formel (5.141) ist wieder so zu verstehen, daß das Gleicheitszeichen gilt, sofern die uneigentlichen Integrale in (5.142) konvergieren. Beim Transformationspaar (5.137) beispielsweise besitzen alle Ableitungen der Transformierten $p_{\Omega_0}(\Omega)$ an der Stelle $\Omega = 0$ den Wert Null, die Momente des FOURIERkerns divergieren aber für alle $k \geq 1$.

Als Beispiel für die Anwendung des Momentensatzes behandeln wir die Transformation der (speziellen) *GAUSS-Dichte*

$$f(t) = \frac{\Omega_0}{\sqrt{2\pi}} e^{-\frac{1}{2}(\Omega_0 t)^2} , \quad \Omega_0 > 0 \tag{5.145}$$

gemäß Abb. 5.10a. Diese (reell gerade) Funktion beschreibt eine Wahrscheinlichkeits-Dichte und spielt in der Wahrscheinlichkeits-Theorie eine grundlegende Rolle. Wegen der Symmmetrieeigenschaft der GAUSS-Dichte verschwinden zunächst alle Momente ungerader Ordnung, und die gerader Ordnung sind durch

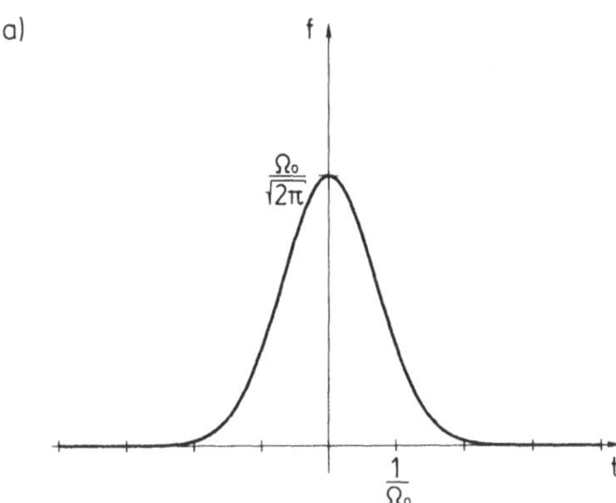

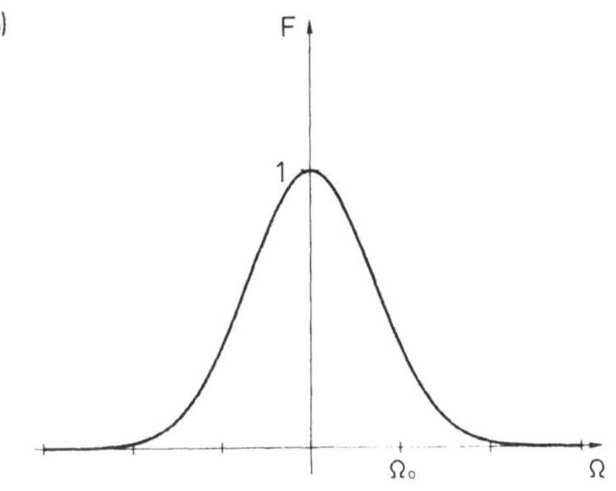

Abb. 5.10 GAUSS-Dichte und ihre FOURIER-Transformierte

$$m_0 = 1 \,, \tag{5.146a}$$

$$m_{2n} = \frac{1\cdot 3\cdot \ldots \cdot(2n-1)}{\Omega_0^{2n}} \,, \quad n = 1,2,\ldots \tag{5.146b}$$

gegeben (siehe /2/, S. 65). Daher nimmt die TAYLORreihe (5.143) der Transformierten von f(t) hier die spezielle Form

$$F(\Omega) = 1 + \sum_{n=1}^{\infty} \frac{(-1)^n}{(2n)!} m_{2n} \, \Omega^{2n} \tag{5.147}$$

an, die wir mit (5.146) auch durch

$$F(\Omega) = 1 + \sum_{n=1}^{\infty} (-1)^n \frac{1\cdot 3\cdot \ldots \cdot(2n-1)}{(2n)!} \left(\frac{\Omega}{\Omega_0}\right)^{2n} \tag{5.148}$$

beschreiben können. Mit der Identität

$$\frac{1\cdot 3\cdot \ldots \cdot(2n-1)}{(2n)!} = \frac{1}{2^n n!} \,, \quad n = 1,2,\ldots \,, \tag{5.149}$$

die sich durch Erweitern der linken Seite mit dem Faktor $2\cdot 4\cdot \ldots \cdot(2n-2) = 2^{n-1}(n-1)!$ ergibt, erhalten wir

$$F(\Omega) = 1 + \sum_{n=1}^{\infty} \frac{1}{n!} \left[-\frac{1}{2} (\Omega/\Omega_0)^2\right]^n \,; \tag{5.150}$$

dies ist aber auch die TAYLORreihe der Funktion $\exp[-\frac{1}{2}(\Omega/\Omega_0)^2]$, so daß die FOURIERtransformierte der GAUSS-Dichte durch

$$\frac{\Omega_0}{\sqrt{2\pi}} e^{-\frac{1}{2}(\Omega_0 t)^2} \circ\!\!-\!\!- e^{-\frac{1}{2}(\Omega/\Omega_0)^2} \tag{5.151}$$

beschrieben wird. Die Transformierte stellt also im wesentlichen, d.h. bis auf den Faktor $1/\sqrt{2\pi}\,\Omega_0$, wieder eine GAUSS-Dichte dar, wie es auch in Abb. 5.10b zum Ausdruck kommt. Wir werden auf dieses Beispiel noch mehrfach zurückkommen.

Aus dem Momentensatz folgen für den Sonderfall reeller Zeitfunktionen bemerkenswerte Beziehungen zwischen den Momenten und gewissen geometrischen

Größen des Amplituden- bzw. Phasenspektrums. Zunächst ergibt sich aus (5.4) sofort

$$F(0) = \int_{-\infty}^{\infty} f(t)\, dt = m_0 ; \tag{5.152}$$

der (reelle) Funktionswert von $\underline{F}(\Omega)$ an der Stelle $\Omega = 0$ stimmt also mit dem Moment nullter Ordnung, bzw. dem (vorzeichenbehafteten) Flächeninhalt der Zeitfunktion f(t) überein. Genauso interessant sind die Beziehungen zwischen den Momenten m_1, m_2 und der Steigung des Phasenspektrums $\Gamma(\Omega)$ bzw. der Krümmung des Amplitudenspektrums $|\underline{F}(\Omega)|$ an der Stelle $\Omega = 0$. Wir hatten schon in 5.1 gesehen, daß $|\underline{F}(\Omega)|$ eine gerade und $\Gamma(\Omega)$ eine ungerade Funktion ist; daher besitzen die zugehörigen TAYLORreihen die Form

$$|\underline{F}(\Omega)| = F_0 + \frac{1}{2!}\, |\underline{F}|_0''\, \Omega^2 + \ldots ,^{61} \tag{5.153a}$$

$$\Gamma(\Omega) = \Gamma_0'\, \Omega + \frac{1}{3!}\, \Gamma_0'''\, \Omega^3 + \ldots . \tag{5.153b}$$

In diesen Reihen beschreibt die (reelle) Konstante

$$|\underline{F}|_0'' := \left. \frac{d^2 |\underline{F}(\Omega)|}{d\Omega^2} \right|_{\Omega=0} \tag{5.154a}$$

gerade die (vorzeichenbehaftete) Krümmung des Amplitudenspektrums an der Stelle $\Omega = 0$, und der (reelle) Parameter

$$\Gamma_0' := \left. \frac{d\Gamma(\Omega)}{d\Omega} \right|_{\Omega=0} \tag{5.154b}$$

die Steigung des Phasenspektrums, ebenfalls bei $\Omega = 0$. Wir entwickeln nun $\underline{F}(\Omega) = |\underline{F}(\Omega)|e^{j\Gamma(\Omega)}$ bis zu den Gliedern zweiter Ordnung in Ω: Für den Anteil $e^{j\Gamma(\Omega)}$ ergibt sich dabei zunächst

$$e^{j\Gamma(\Omega)} = 1 + j\Gamma(\Omega) + \frac{1}{2!}\, [j\Gamma(\Omega)]^2 + \ldots ; \tag{5.155}$$

---

[61] Wir behandeln hier ohne wesentliche Einschränkung den Fall F(0) > 0, weswegen wir im ersten Term von (5.153a) die Betragszeichen weggelassen haben.

mit (5.153b) folgt dann auch

$$e^{j\Gamma(\Omega)} = 1 + j\Gamma_0'(\Omega) - \frac{1}{2}\Gamma_0'^2\Omega^2 + \dots , \tag{5.156}$$

so daß wir schließlich für $\underline{F}(\Omega)$ die Darstellung

$$|\underline{F}(\Omega)|e^{j\Gamma(\Omega)} = (F_0 + \frac{1}{2!}|\underline{F}|_0''\,\Omega^2 + \dots)(1 + \Gamma_0'(\Omega) - \frac{1}{2}\Gamma_0'^2\Omega^2 + \dots)$$

$$= F_0 + jF_0\Gamma_0'\,\Omega + \frac{1}{2}(|\underline{F}|_0'' - F_0\Gamma_0'^2)\,\Omega^2 + \dots \tag{5.157}$$

erhalten. Der Momentensatz (5.141) liefert jetzt - zusammen mit den Abkürzungen (5.154) - die Beziehungen

$$m_1 = -F_0\Gamma_0' , \tag{5.158a}$$

$$m_2 = -(|\underline{F}|_0'' - F_0\Gamma_0'^2) , \tag{5.158b}$$

die Momente erster und zweiter Ordnung einer reellen Zeitfunktion $f(t)$ (und wegen (5.152) auch m_0) könnwn damit aus der Krümmung $|\underline{F}|_0''$ des Amplitudenspektrums, der Steigung Γ_0' des Phasenspektrums sowie dem Funktionswert F_0 der FOURIERtransformierten an der Stelle $\Omega = 0$ bestimmt werden! Diese Momente enthalten wichtige Informationen über die Zeitfunktion $f(t)$, wie wir in 5.4 noch deutlicher sehen werden. - Häufig findet man die Beziehungen (5.158) auch in der Form

$$\Gamma_0' = -m_1/m_0 , \tag{5.159a}$$

$$|\underline{F}|_0'' = -(m_2 - m_1^2/m_0) , \tag{5.159b}$$

die die Steigung von $\Gamma(\Omega)$ und die Krümmung von $|\underline{F}(\Omega)|$ bei $\Omega = 0$ in Abhängigkeit der Momente darstellen. Darin lassen sich die rechten Seiten noch auf andere Weise interpretieren: Wir definieren die *Schwerpunktkoordinate* t_s der (reellen) Zeitfunktion $f(t)$ durch

$$t_s := \frac{\int_{-\infty}^{\infty} t\, f(t)\, dt}{\int_{-\infty}^{\infty} f(t)\, dt} \tag{5.160}$$

und den (auf den Schwerpunkt bezogenen) *Trägheitsradius* i von f(t) durch

$$i^2 := \frac{\int_{-\infty}^{\infty} (t - t_s)^2 f(t)\, dt}{\int_{-\infty}^{\infty} f(t)\, dt} ; \qquad (5.161)$$

mittels (5.141) können wir diese Größen durch die Momente beschreiben:

$$t_s = m_1/m_0 ; \qquad (5.162a)$$

$$i^2 = \frac{1}{m_0} (m_2 - 2\, m_1 t_s + t_s^2\, m_0) = \frac{1}{m_0} (m_2 - m_1^2/m_0) . \qquad (5.162b)$$

Ein Vergleich mit (5.159) liefert dann

$$\Gamma_0' = - t_s , \qquad (5.163a)$$

$$|\underline{F}|_0'' = - m_0\, i^2 , \qquad (5.163b)$$

d.h. einen Zusammenhang zwischen den geometrischen Größen Γ_0', $|\underline{F}|_0''$ und den "Trägheitsgrößen" t_s, $m_0 i^2$. Die Bezeichnungen sind hier analog zu denen der Mechanik gewählt: Interpretieren wir f(t) als Massendichte eines (unendlich langen) eindimensionalen Körpers, etwa einer Saite oder eines Stabes und t als Längskoordinate, so kennzeichnet m_0 die Masse des Körpers; die Größe t_s beschreibt seinen Massenmittelpunkt (Schwerpunkt), und der Parameter $m_0 i^2$ ist das Massenträgheitsmoment des Körpers bezüglich seines Schwerpunktes. Da hier allerdings f(t) nicht notwendigerweise nur positive Werte annimmt, kann i^2 in (5.161) negativ sein.

h) Faltungssatz

Aus

$$\underline{f}_1(t) \circ\!\!-\; \underline{F}_1(\Omega), \quad \underline{f}_2(t) \circ\!\!-\; \underline{F}_2(\Omega) \qquad (5.164)$$

folgt

$$(\underline{f}_1 * \underline{f}_2)(t) \circ\!\!-\; \underline{F}_1(\Omega)\, \underline{F}_2(\Omega) \qquad (5.165)$$

und

$$\underline{f}_1(t)\ \underline{f}_2(t) \quad \circ\!\!-\!\!- \quad \frac{1}{2\pi}\,(\underline{F}_1 * \underline{F}_2)(\Omega) \ ; \tag{5.166}$$

dabei steht auf der "linken Seite" von (5.165) die Faltung (das Faltungsintegral, Faltungsprodukt)

$$(\underline{f}_1 * \underline{f}_2)(t) = \int_{-\infty}^{\infty} \underline{f}_1(t - t')\ \underline{f}_2(t')\ dt' \tag{5.167}$$

der beiden Zeitfunktionen $\underline{f}_1(t)$ und $\underline{f}_2(t)$ und in (5.166) die Faltung der zugehörigen FOURIERtransformierten:

$$(\underline{F}_1 * \underline{F}_2)(\Omega) = \int_{-\infty}^{\infty} \underline{F}_1(\Omega - \Omega')\ \underline{F}_2(\Omega')\ d\Omega' \ . \tag{5.168}$$

Der Faltungssatz besagt demnach, daß einer Faltung im Zeitbereich eine Multiplikation im Frequenzbereich entspricht und umgekehrt. Zum Beweis von (5.165) bezeichnen wir die Transformierte von $(\underline{f}_1 * \underline{f}_2)(t)$ zunächst mit $\underline{F}(\Omega)$ und verwenden (5.4) sowie die Definition (5.167):

$$\underline{F}(\Omega) = \int_{-\infty}^{\infty} \int_{-\infty}^{\infty} \underline{f}_1(t - t')\ \underline{f}_2(t')\ dt'\ e^{-j\Omega t}\ dt \ , \tag{5.169}$$

vertauschen wir nun die Integrationsreihenfolge, entsteht

$$\underline{F}(\Omega) = \int_{-\infty}^{\infty} \underline{f}_2(t') \int_{-\infty}^{\infty} \underline{f}_1(t - t')\ e^{-j\Omega t}\ dt\ dt' \ ; \tag{5.170}$$

das "Innere" des Integrals stimmt aber gerade mit der Funktion $\underline{F}_1(\Omega)\ e^{-jt'\Omega}$ überein, wie man leicht anhand der Regel (5.84) für die Verschiebung des Zeitnullpunktes erkennt. Damit geht (5.170) über in

$$\underline{F}(\Omega) = \underline{F}_1(\Omega) \int_{-\infty}^{\infty} \underline{f}_2(t')\ e^{-j\Omega t'}\ dt' \ , \tag{5.171}$$

und dies ist identisch mit

$$\underline{F}(\Omega) = \underline{F}_1(\Omega)\ \underline{F}_2(\Omega) , \tag{5.172}$$

wie wir in (5.165) behauptet haben. Allerdings haben wir bei diesem "Beweis" - wie schon öfters - die Integrationsreihenfolge vertauscht; eine hinreichende Bedingung für die Zulässigkeit dieser Operation ist die quadratische Integrierbarkeit

$$\int_{-\infty}^{\infty} |\underline{f}_i(t)|^2\, dt < \infty , \qquad i = 1,2 \tag{5.173}$$

der Zeitfunktionen $\underline{f}_1(t)$ und $\underline{f}_2(t)$. Auf vollkommen analoge Weise erhält man (5.166); diese Beziehung folgt aber auch aus der Symmetrieeigenschaft (5.70) (Aufg. 5.14).

Faltungsintegrale der Form (5.167) treten in der mathematischen Physik und der Mechanik häufig auf, beispielsweise bei der Berechnung der Antwort linearer Systeme auf eine Erregung beliebiger Form. In 2.7.2 hatten wir bereits ein Beispiel kennengelernt: Dort ergab sich für das Feder-Masse-Dämpfer-System eine partikuläre Lösung der inhomogenen Bewegungsgleichung durch die Faltung (2.398) von Stoßantwort und Erregerkraft. Der Faltungssatz in der Form (5.165) ist bei der Lösung von Aufgaben ähnlicher Art ein wichtiges Hilfsmittel: Er ermöglicht nämlich, wie wir in 5.3 noch ausführlich besprechen werden, die Behandlung solcher Probleme im Frequenzbereich.

Zunächst besprechen wir aber einige der wichtigsten Eigenschaften des Faltungsintegrals. Wie schon in 2.7.2 für reelle Zeitfunktionen gezeigt, ist das Faltungsintegral kommutativ, eine Eigenschaft, die auch für komplexe Funktionen $\underline{f}_1(t)$ und $\underline{f}_2(t)$ erhalten bleibt. Außerdem ist das Faltungsprodukt eine stetige Funktion, sofern die "Faktoren" $\underline{f}_1(t)$ und $\underline{f}_2(t)$ beschränkt sind. Das bedeutet auch, daß $(\underline{f}_1 * \underline{f}_2)(t)$ glatter ist als $\underline{f}_1(t)$ und $\underline{f}_2(t)$: Besitzen beispielsweise zwei Zeitfunktionen nur endlich viele Sprungstellen, so ist ihre Faltung stetig auf der gesamten Zeitachse. ("Integrieren glättet"!) Falls jeder der beiden Faktoren oberhalb eines bestimmten Zeitpunktes verschwindet, so gilt dies auch für ihr Faltungsintegral:

$$(\underline{f}_1 * \underline{f}_2)(t) = 0 \quad \text{für} \quad t > t_1 + t_2 , \tag{5.174}$$

$$\text{sofern} \quad \underline{f}_1(t) = 0 \quad \text{für} \quad t > t_1 , \tag{5.174a}$$

$$\text{und} \quad \underline{f}_2(t) = 0 \quad \text{für} \quad t > t_2 ; \tag{5.174b}$$

entsprechendes gilt für den Fall, in dem jede der beiden Zeitfunktionen unterhalb eines gewissen Zeitpunktes die Werte Null annimmt. Und durch Kombination dieser Ergebnisse erhalten wir

$$(\underline{f}_1*\underline{f}_2)(t) = 0 \quad \text{für} \quad t \notin [t_1' + t_2', t_1 + t_2] \,, \tag{5.175}$$

$$\text{sofern} \quad \underline{f}_1(t) = 0 \quad \text{für} \quad t \notin [t_1', t_1] \,, \tag{5.175a}$$

$$\text{und} \quad \underline{f}_2(t) = 0 \quad \text{für} \quad t \notin [t_2', t_2] \,; \tag{5.175b}$$

das Faltungsprodukt besitzt also nur in einem Intervall endlicher Länge von Null verschiedene Funktionswerte, sofern seine Faktoren ebenfalls diese Eigenschaft haben.

Die Faltung einer beliebigen Zeitfunktion $\underline{f}(t)$ mit der Sprungfunktion s(t) ergibt gerade die Stammfunktion

$$(s*\underline{f})(t) = \int_{-\infty}^{t} \underline{f}(t')\, dt' \tag{5.176}$$

von $\underline{f}(t)$, wie man leicht anhand der Definition (5.167) erkennt. Als *Glättung* von $\underline{f}(t)$ bezeichnet man die Faltung von $\underline{f}(t)$ mit dem Rechteckfenster $p_T(t)$:

$$(p_T*\underline{f})(t) = \int_{-T}^{T} p_T(t - t')\, \underline{f}(t')\, dt' \,; \tag{5.177}$$

mit der Substitution $\bar{t} := t - t'$ ergibt sich für die Glättung

$$(p_T*\underline{f})(t) = \int_{t-T}^{t+T} \underline{f}(\bar{t})\, d\bar{t} \,. \tag{5.178}$$

Für das Beispiel der abgeschnittenen Rechteckschwingung $r_T(t)$ ist die Glättung in Abb. 5.11 illustriert (Aufg. 5.15). Dort erkennt man auch das allgemeine Ergebnis (5.175) wieder. Offensichtlich ist die Glättung $(p_T*\underline{f})(t)$ auch gerade das Produkt aus dem Mittelwert von $\underline{f}(t)$ im Intervall $(t-T, t+T)$ und der Intervall-Länge 2T.

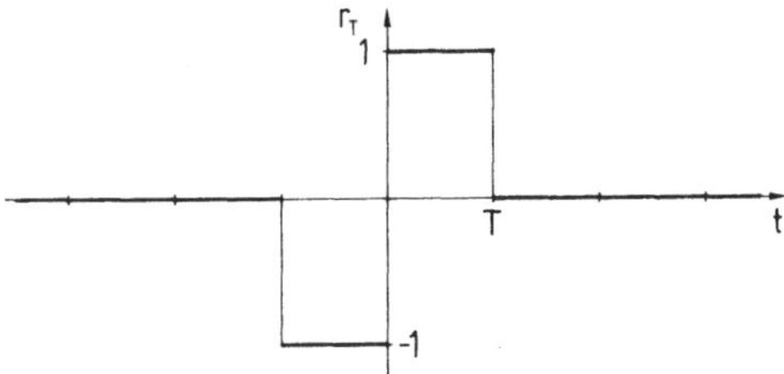

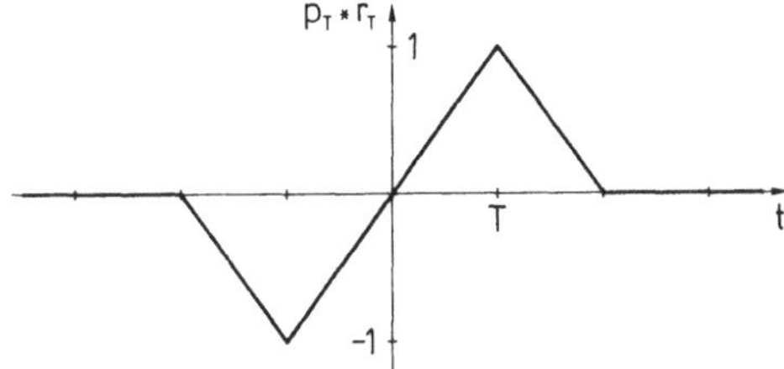

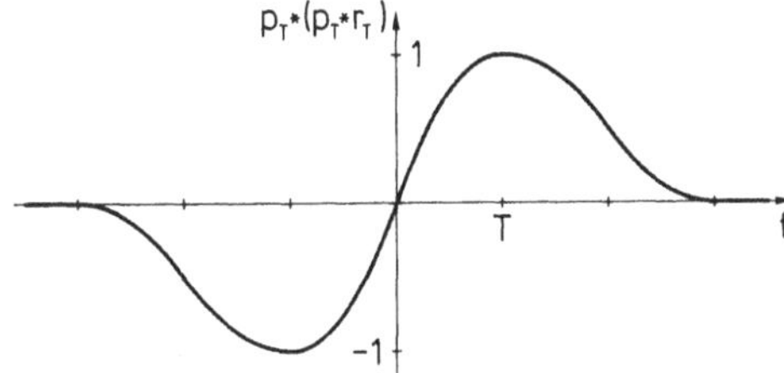

Abb. 5.11 Abgeschnittene Rechteckschwingung und ihre ersten beiden Glättungen

Als Anwendung des Faltungssatzes behandeln wir die Operation des "Abschneidens" des Spektrums, d.h. im Frequenzbereich den Übergang von $\underline{F}(\Omega)$ zur "abgeschnittenen" Transformierten

$$p_{\Omega_0}(\Omega)\ \underline{F}(\Omega) = \begin{cases} \underline{F}(\Omega) , & |\Omega| < \Omega_0 , \\ 0 , & |\Omega| > \Omega_0 . \end{cases} \tag{5.179}$$

Bezeichnen wir die zugehörige Rücktransfomierte mit $\underline{f}_{\Omega_0}(t)$

$$\underline{f}_{\Omega_0}(t) \quad \circ\!\!-\!\!- \quad p_{\Omega_0}(\Omega)\ \underline{F}(\Omega) , \tag{5.180}$$

so liefert die Inversionsformel (5.3) zunächst

$$\underline{f}_{\Omega_0}(t) = \frac{1}{2\pi} \int\limits_{-\Omega_0}^{\Omega_0} \underline{F}(\Omega)\ e^{j\Omega t}\ d\Omega ; \tag{5.181}$$

und man erkennt, daß das Abschneiden im Frequenzbereich vollkommen analog dem Abbrechen der FOURIERreihe ist. Mit Hilfe des Faltungssatzes (5.165) läßt sich noch eine Darstellung von $\underline{f}_{\Omega_0}(t)$ in Abhängigkeit von $\underline{f}(t)$ geben: Wenden wir diesen Satz nämlich auf (5.180) an, so ergibt sich

$$\underline{f}_{\Omega_0}(t) = \int_{-\infty}^{\infty} \frac{\Omega_0}{\pi} \frac{\sin \Omega_0(t - t')}{\Omega_0(t - t')} \underline{f}(t')\, dt' , \tag{5.182}$$

da ja die Rücktransformierte von $p_{\Omega_0}(\Omega)$ gemäß (5.137) der FOURIERkern ist; die - zur abgeschnittenen Transformierten $p_{\Omega_0}(\Omega)\, \underline{F}(\Omega)$ gehörige - Rücktransformierte $\underline{f}_{\Omega_0}(t)$ stimmt also mit der Faltung von $\underline{f}(t)$ und dem FOURIERkern überein!

Wir betrachten dazu das Beispiel der Funktion $r_T(t)$ gemäß Abb. 5.1a, deren FOURIERtransformierte $\underline{R}_T(\Omega)$ wir schon in 5.1 berechnet hatten und bestimmen $r_{T,\Omega_0}(t)$ entsprechend (5.182)

$$r_{T,\Omega_0}(t) = \int_{-\infty}^{\infty} \frac{\Omega_0}{\pi} \frac{\sin \Omega_0(t - t')}{\Omega_0(t - t')} r_T(t')\, dt' . \tag{5.183}$$

Eine kurze Zwischenrechnung ergibt

$$r_{T,\Omega_0}(t) = \frac{1}{\pi} \left\{ - \operatorname{Si}[\Omega_0(t + T)] + 2 \operatorname{Si}(\Omega_0 t) - \operatorname{Si}[\Omega_0(t - T)] \right\} \tag{5.184}$$

mit dem schon in 2.7.2 eingeführten Integralsinus (s. Abb. 2.58a). Das Ergebnis (5.184) zeigt die Abb. 5.12, die man als Analogon zur Abb. 1.15 auffassen kann. Dort hatten wir die Zeitfunktionen dargestellt, die durch Abbrechen der FOURIERreihe der (periodischen) Rechteckschwingung entstehen. Dementsprechend zeigt Abb. 5.12 Zeitfunktionen, die aus dem Abschneiden der FOURIERtransformierten von $r_T(t)$ resultieren. Die Zahl N, die in Abb. 1.15 die Anzahl der "mitgenommenen" Reihenglieder beschreibt, entspricht dem Parameter $T\Omega_0/2\pi$ in Abb. 5.12, der im wesentlichen die Breite des Frequenzbandes kennzeichnet, das zur Berechnung von $r_{T,\Omega_0}(t)$ herangezogen wurde. Wie Abb. 1.15 illustriert auch 5.12 das GIBBSsche Phänomen: An den Unstetigkeitsstellen - T,0 und T von $r_T(t)$ zeigen die "Näherungsintegrale" das charakteristische Überschwingen, das sich auch dann nicht vermeiden läßt, wenn man die Breite des Frequenzbandes vergrößert. Damit ist dieses Beispiel beendet.

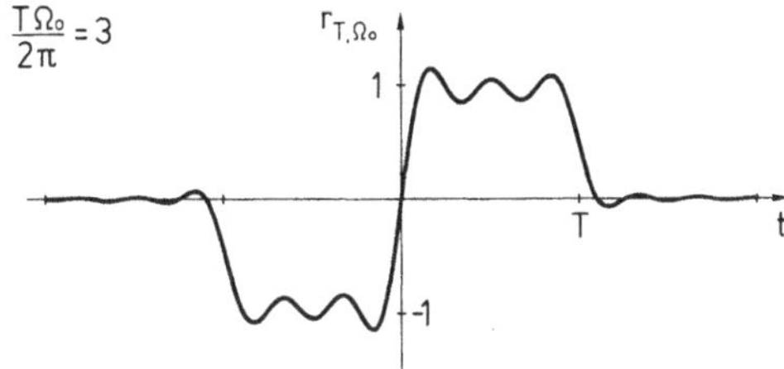

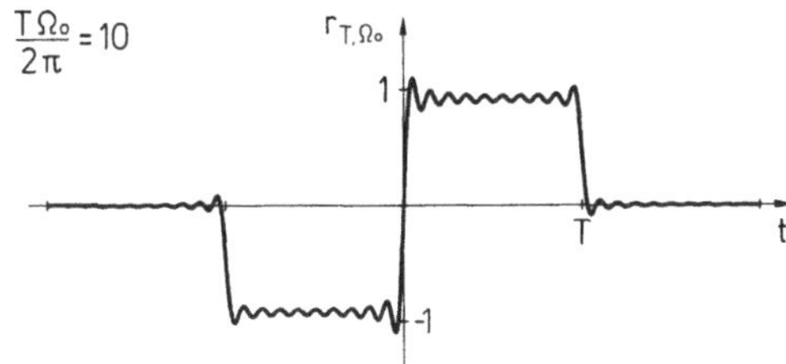

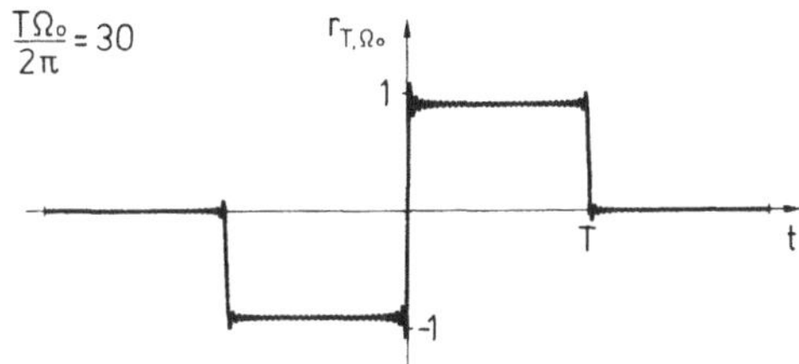

Abb. 5.12 Näherungsintegral der abgeschnittenen Rechteckschwingung

Analoge Beziehungen gelten für das Abschneiden im Zeitbereich, also dem Übergang von einer Zeitfunktion $\underline{f}(t)$ zur abgeschnittenen Funktion $p_T(t)\cdot\underline{f}(t)$. Insbesondere ergibt sich aus dem Faltungssatz in der Form (5.166) der Zusammenhang

$$\underline{F}_T(\Omega) = \int_{-\infty}^{\infty} \frac{T}{\pi} \frac{\sin T(\Omega - \Omega')}{T(\Omega - \Omega')} \underline{F}(\Omega')\, d\Omega' \; ; \qquad (5.185)$$

die Transformierte $\underline{F}_T(\Omega)$ der abgeschnittenen Zeitfunktion $p_T(t)\ \underline{f}(t)$ ist also auch hier durch die Faltung der Transformierten $\underline{F}(\Omega)$ der "ursprünglichen" Zeitfunktion $\underline{f}(t)$ und des FOURIERkerns gegeben.

i) PARSEVALsche Formel[62]

Aus

$$\underline{f}_1(t) \circ\!\!-\!\!- \underline{F}_1(\Omega), \quad \underline{f}_2(t) \circ\!\!-\!\!- \underline{F}_2(\Omega) \tag{5.186}$$

folgt

$$\int_{-\infty}^{\infty} \underline{f}_1^*(t)\, \underline{f}_2(t)\, dt = \frac{1}{2\pi} \int_{-\infty}^{\infty} \underline{F}_1^*(\Omega)\, \underline{F}_2(-\Omega)\, d\Omega\ ; \tag{5.187}$$

(5.187) bezeichnet man als PARSEVALsche Formel.

Sie folgt mit Hilfe von Aufg. 5.5 unmittelbar aus dem Faltungssatz in der Form (5.166), den man als

$$\int_{-\infty}^{\infty} \underline{f}_1^*(t)\, \underline{f}_2(t)\, e^{-j\Omega t}\, dt = \frac{1}{2\pi} \int_{-\infty}^{\infty} \underline{F}_1^*(-\Omega + \Omega')\, \underline{F}_2(\Omega')\, d\Omega' \tag{5.188}$$

schreiben kann. Mit $\Omega = 0$ folgt daraus (5.187). Für reelle Zeitfunktionen spezialisiert sich (5.187) zu

$$\int_{-\infty}^{\infty} f_1(t)\, f_2(t)\, dt = \frac{1}{2\pi} \int_{-\infty}^{\infty} \underline{F}_1^*(\Omega)\, \underline{F}_2(\Omega)\, d\Omega\ . \tag{5.189}$$

Ein weiterer wichtiger Sonderfall ist der, in dem $\underline{f}_1(t) = \underline{f}_2(t) = \underline{f}(t)$ ist; dann folgt

$$\int_{-\infty}^{\infty} |\underline{f}(t)|^2\, dt = \frac{1}{2\pi} \int_{-\infty}^{\infty} |\underline{F}(\Omega)|^2\, d\Omega\ . \tag{5.190}$$

In der Literatur wird gelegentlich nur diese spezielle Gestalt der PARSEVALschen Formel angegeben und nicht die allgemeine Form (5.187).

Für reelle Zeitfunktionen bezeichnet man die Größe

---

[62] Nach dem Mathematiker PARSEVAL des Chênes, * 1755 in Rosières-aux-Salines, + 1836 in Paris.

$$E_{ff} := \int_{-\infty}^{\infty} f^2(t)\, dt \tag{5.191}$$

besonders in der Nachrichtentechnik bzw. in der Signaltheorie als *Energie* des Signals f(t), und Zeitfunktionen mit der Eigenschaft

$$0 < E_{ff} < \infty \tag{5.192}$$

heißen *Signale endlicher Energie*. Dazu gehören etwa das Dreieckfenster oder die abgeschnittene Rechteckschwingung, die ja nur in einem Intervall endlicher Länge von Null verschiedene Werte annehmen, oder auch die Stoßantwort g(t) des Feder-Masse-Dämpfer-Systems. Nicht in diese Klasse fallen beispielsweise periodische Schwingungen oder die Stoßantwort des ungedämpften Systems; diese gehören vielmehr zur Menge der Funktionen mit endlicher mittlerer Leistung, mit denen wir uns in 5.4 beschäftigen. Aus der PARSEVALschen Formel (5.190) folgt nun

$$E_{ff} = \frac{1}{2\pi} \int_{-\infty}^{\infty} |\underline{F}(\Omega)|^2\, d\Omega \; ; \tag{5.193}$$

man kann also die Energie des Signals f(t) auch durch Integration von $|\underline{F}(\Omega)|^2$ bestimmen, so daß die Bezeichnung Energiespektrum für $|\underline{F}(\Omega)|^2$ berechtigt ist. Für zwei reelle Zeitfunktionen endlicher Energie definiert man weiter die *Kreuzenergie*

$$E_{f_1f_2} = \int_{-\infty}^{\infty} f_1(t)\, f_2(t)\, dt \; , \tag{5.194}$$

der Signale $f_1(t)$ und $f_2(t)$, und auch diese Größe läßt sich mit Hilfe der PARSEVALschen Formel (5.189) durch Integration im Frequenzbereich berechnen:

$$E_{f_1f_2} = \frac{1}{2\pi} \int_{-\infty}^{\infty} \underline{F}_1^*(\Omega)\, \underline{F}_2(\Omega)\, d\Omega \; . \tag{5.195}$$

Aus diesem Grunde bezeichnet man $\underline{F}_1^*(\Omega)\ \underline{F}_2(\Omega)$ auch als *Kreuzenergiespektrum* oder *spektrale Kreuzenergiedichte* der Signale $f_1(t)$ und $f_2(t)$, das im allgemeinen eine komplexe, hermitesche Funktion darstellt. Die Kreuzenergie $E_{f_1f_2}$

ist selbstverständlich eine reelle Größe, jedoch - im Gegensatz zur Energie E_{ff} - nicht notwendigerweise positiv. Beispielsweise verschwindet $E_{f_1 f_2}$ in dem Sonderfall, in dem das eine Signal mit der Ableitung des anderen übereinstimmt:

$$E_{f\dot{f}} = 0 \; ; \tag{5.196}$$

dies erkennt man leicht anhand der Identität

$$\int_{-\infty}^{\infty} f(t)\, \dot{f}(t)\, dt = \frac{1}{2} \int_{-\infty}^{\infty} \frac{d}{dt}\, f^2(t)\, dt \tag{5.197}$$

sowie der - für die Existenz des Integrals (5.194) notwendigen - Bedingung

$$\lim_{t \to \pm\infty} f_i(t) = 0 \,, \qquad i = 1{,}2 \;. \tag{5.198}$$

Auch die PARSEVALsche Formel führt auf (5.196).

Diese Begriffe erläutern wir noch am Beispiel des Feder-Masse-Dämpfer-Systems mit einer beliebigen Erregung f(t):

$$m\ddot{x} + d\dot{x} + cx = f(t) \;. \tag{5.199}$$

Multipliziert man (5.199) mit $v := \dot{x}$ und integriert über die gesamte Zeitachse, so verschwinden wegen (5.196) zwei der drei Integrale auf der linken Seite und es folgt

$$d \int_{-\infty}^{\infty} v^2(t)\, dt = \int_{-\infty}^{\infty} f(t)\, v(t)\, dt \;. \tag{5.200}$$

Dies ist die schon aus 2.5.2 bekannte Energiebilanz: Die linke Seite beschreibt die mechanische Energie, die infolge viskoser Dämpfung dem System entzogen wird, während die rechte Seite der Energie entspricht, mit der die Erregerkraft das System versorgt. Die - in der Signaltheorie verwendeten - Bezeichnungen Energie und Kreuzenergie führen in diesem Beispiel also auf bekannte mechanische Größen (eventuell bis auf einen Proportionalitätsfaktor). Die PARSEVALsche Formel liefert dann die Energiebilanz (5.200) im Frequenzbereich

$$d \int_{-\infty}^{\infty} |\underline{Y}(\Omega)|^2 \, d\Omega = \int_{-\infty}^{\infty} \underline{F}^*(\Omega) \, \underline{Y}(\Omega) \, d\Omega \; . \tag{5.201}$$

Damit ist dieses Beispiel abgeschlossen.

Die eingeführten Bezeichnungen werden auch für komplexe Zeitfunktionen verwendet; allerdings definiert man dann - in Verallgemeinerung von (5.194) - die Kreuzenergie von $\underline{f}_1(t)$ und $\underline{f}_2(t)$ durch

$$E_{\underline{f}_1\underline{f}_2} := \int_{-\infty}^{\infty} \underline{f}_1^*(t) \, \underline{f}_2(t) \, dt \; , \tag{5.202}$$

und die PARSEVALsche Formel führt auf

$$E_{\underline{f}_1\underline{f}_2} = \frac{1}{2\pi} \int_{-\infty}^{\infty} \underline{F}_1^*(\Omega) \, \underline{F}_2(\Omega) \, d\Omega \; . \tag{5.203}$$

Auch hier läßt sich also die Kreuzenergie durch Integration des Kreuzenergiespektrums $\underline{F}_1^*(\Omega) \, \underline{F}_2(\Omega)$ über die gesamte Frequenzachse bestimmen. Die Energie

$$E_{\underline{f}\underline{f}} := \int_{-\infty}^{\infty} |\underline{f}(t)|^2 \, dt \tag{5.204}$$

des Signals $\underline{f}(t)$ ist dann ein Spezialfall der Kreuzenergie und kann auch - gemäß (5.190) - durch Integration im Frequenzbereich berechnet werden:

$$E_{\underline{f}\underline{f}} = \frac{1}{2\pi} \int_{-\infty}^{\infty} |\underline{F}(\Omega)|^2 \, d\Omega \; . \tag{5.205}$$

5.3 Behandlung erzwungener Schwingungen im Frequenzbereich

In 2.5.1 hatten wir die stationäre Antwort des Feder-Masse-Dämpfer-Systems auf eine harmonische Kraftanregung bestimmt: Ist das "Eingangssignal" - in komplexer Notation - von der Form

$$\underline{f}(t) = \hat{\underline{f}}\, e^{j\Omega t} , \tag{5.206}$$

so ist es auch das "Ausgangssignal"

$$\underline{x}(t) = \hat{\underline{x}}\, e^{j\Omega t} ,\ ^{63} \tag{5.207}$$

und es gilt

$$\hat{\underline{x}} = \underline{G}(\Omega)\, \hat{\underline{f}} \tag{5.208}$$

mit dem Proportionalitätsfaktor

$$\underline{G}(\Omega) = \frac{1}{c} \frac{1}{1 - \eta^2 + j2D\eta} , \quad \eta = \frac{\Omega}{\omega_0} , \quad \omega_0 = \sqrt{\frac{c}{m}} , \quad D = \frac{d}{2\sqrt{mc}} , \tag{5.209}$$

den wir als Frequenzgang bezeichnet hatten. In 2.6.2 hatten wir dann diese Überlegungen auf eine periodische Kraftanregung mit der FOURIERreihe

$$\underline{f}(t) = \sum_{k=-\infty}^{\infty} \underline{F}_k e^{jk\Omega t} \tag{5.210}$$

verallgemeinert: Mit Hilfe des Superpositionsprinzips ergibt sich eine partikuläre Lösung, die ebenfalls periodisch (mit derselben Schwingungsdauer) ist und die FOURIERreihe

$$\underline{x}(t) = \sum_{k=-\infty}^{\infty} \underline{X}_k\, e^{jk\Omega t} \tag{5.211}$$

besitzt, wobei

$$\underline{X}_k = \underline{G}(k\Omega)\, \underline{F}_k , \qquad k = 0, \pm 1, \pm 2, \ldots \tag{5.212}$$

gilt.

Hier erweitern wir dieses Verfahren auf nichtperiodische Erregersignale, und dazu stellen wir eine solche Erregung durch ihr FOURIERintegral

---

[63] Wir verzichten hier wieder auf den "Index" P zur Kennzeichnung einer partikulären Lösung.

$$\underline{f}(t) = \frac{1}{2\pi} \int_{-\infty}^{\infty} \underline{F}(\Omega)\ e^{j\Omega t}\ d\Omega \tag{5.213}$$

dar. Die zugehörige Systemantwort ist dann im allgemeinen ebenfalls nichtperiodisch und besitzt die Spektraldarstellung

$$\underline{x}(t) = \frac{1}{2\pi} \int_{-\infty}^{\infty} \underline{X}(\Omega)\ e^{j\Omega t}\ d\Omega\ . \tag{5.214}$$

Interpretieren wir die beiden letzten Integrale als Linearkombinationen von kontinuierlich vielen (komplexen) harmonischen Schwingungen, so ist wegen der Linearität des Feder-Masse-Dämpfer-Systems und in Analogie zu (5.208) bzw. (5.212) die Beziehung

$$\underline{X}(\Omega) = \underline{G}(\Omega)\ \underline{F}(\Omega) \tag{5.215}$$

zu erwarten: Die Transformierte des Ausgangssignals ergibt sich also aus der Transformierten des Eingangssignals durch Multiplikation mit dem Frequenzgang!

Die Gleichung (5.215), die wir weiter unten beweisen, wird nicht nur zur Berechnung der Systemantwort $\underline{X}(\Omega)$ (im Frequenzbereich) verwendet, sondern auch zur experimentellen Bestimmung des Frequenzgangs $\underline{G}(\Omega)$, ebenso wie (5.208). Danach kann der Frequenzgang im Experiment ermittelt werden, indem man das System harmonisch erregt, die komplexen Amplituden von Eingang und Ausgang mißt und ihren Quotienten bildet. Dabei ist selbstverständlich darauf zu achten, daß sich die eingeschwungene oder stationäre Bewegung einstellt, daß also der Einschwingvorgang vor der Messung abgeschlossen ist. Da in der Regel der Frequenzgang in einem breiten Frequenzband von Interesse ist, sind im Prinzip viele solche Versuche notwendig, je einer für jeden Wert der Frequenz. In der Praxis behilft man sich oft damit, ein Erregersignal von der Form eines "gleitenden Sinus" zu verwenden; darunter versteht man ein "harmonisches" Signal, dessen Frequenz sich "langsam" mit der Zeit verändert, und zwar so langsam, daß man mit ausreichend hoher Genauigkeit immer eingeschwungene Bewegungen vorliegen hat. Da die Frequenzänderung nicht zu schnell erfolgen darf, sind auch bei dieser Methode die Versuche häufig sehr zeitaufwendig.

Eine andere Möglichkeit, den Frequenzgang experimentell zu ermitteln, bietet (5.215): Das System wird mit einem (nichtperiodischen) Signal erregt, Eingangssignal und Ausgangssignal werden gemessen, und der Frequenzgang ergibt sich dann als Quotient der beiden Signale im Frequenzbereich. (Die FOURIERtransformation der Zeitfunktionen erfolgt in der Praxis selbstverständlich numerisch.) Hierbei ist darauf zu achten, daß die Transformierte der Erregung im interessierenden Frequenzbereich nicht verschwindet, daß also das Erregersignal alle Frequenzen aus diesem Bereich enthält. Dies ist beispielsweise für "stoßartige" Zeitfunktionen der Fall, die lediglich in einem "kleinen" Zeitintervall von Null verschiedene Werte annehmen (Hammerschlag!): Wir wissen, daß die Transformierte der (idealen) Stoßfunktion konstant ist, daß also die Transformierte der entsprechenden Stoßantwort direkt proportional zum Frequenzgang ist. Der hier durchscheinende Zusammenhang zwischen der "Dauer" eines Zeitsignals und der "Bandbreite" der zugehörigen Transformierten wird übrigens in der sogenannten *Unschärferelation* der FOURIERtransformation präzisiert /1/.

Zum Beweis von (5.215) erinnern wir an die Ergebnisse aus 2.7.2, insbesondere an das Faltungsintegral: Dabei hatten wir gesehen, daß eine (spezielle) partikuläre Lösung $\underline{x}(t)$ des Feder-Masse-Dämpfer-Systems durch

$$\underline{x}(t) = \int_{-\infty}^{\infty} g(t - \bar{t})\ \underline{f}(\bar{t})\ d\bar{t} \tag{5.216}$$

gegeben ist, also durch die Faltung der Erregung $\underline{f}(t)$ mit der Stoßantwort $g(t)$. Die Gleichung (5.215) folgt unmittelbar aus dem Faltungssatz (5.165), wenn wir den Frequenzgang $\underline{G}(\Omega)$ an dieser Stelle neu definieren als FOURIERtransformierte der Stoßantwort $g(t)$. Die - in 2.5.1 formulierte - "elementare" Definition und die hier neu gegebene Definition des Frequenzgangs stimmen jedoch überein, falls nicht ein ungedämpftes System vorliegt. Wenden wir nämlich (5.216) auf die spezielle Erregung (5.206) an, so erhalten wir

$$\underline{x}(t) = \int_{-\infty}^{\infty} g(\bar{t})\ \hat{\underline{f}}\ e^{j\Omega(t - \bar{t})}\ d\bar{t}\ , \tag{5.217}$$

oder auch

$$\underline{x}(t) = \int_{-\infty}^{\infty} g(\bar{t})\ e^{-j\Omega\bar{t}}\ d\bar{t}\ \hat{\underline{f}}\ e^{j\Omega t}\ ; \tag{5.218}$$

der Vergleich mit (5.207) liefert dann

$$\hat{\underline{x}} = \int_{-\infty}^{\infty} g(t)\, e^{-j\Omega t}\, dt\, \hat{\underline{f}} \tag{5.219}$$

und mit (5.208)

$$\int_{-\infty}^{\infty} g(t)\, e^{-j\Omega t}\, dt = \underline{G}(\Omega)\ . \tag{5.220}$$

Auf der linken Seite steht aber die FOURIERtransformierte der Stoßantwort g(t), so daß diese tatsächlich identisch ist mit dem "elementar" definierten Frequenzgang (5.209)! Der Frequenzgang $\underline{G}(\Omega)$ gemäß (5.209) ist in Abb. 5.13 dargestellt, zerlegt nach Betrag und Argument, mit dem Dämpfungsgrad D als Scharparameter. Man erkennt deutlich, daß das Amplitudenspektrum eine gerade Funktion ist und im Bereich $\Omega \geq 0$ im wesentlichen mit dem Vergrößerungsfaktor V_A gemäß Abb. 2.26 übereinstimmt, wie wir es analytisch auch schon in der Beziehung (2.182) formuliert hatten; das Phasenspektrum dagegen ist ungerade und im Intervall $\Omega \geq 0$ identisch - bis auf die unterschiedliche Skalierung der Frequenzachse - mit der Phasenfunktion entsprechend Abb. 2.27.

Die Stoßantwort g(t) des Feder-Masse-Dämpfer-Systems ist selbstverständlich eine reelle Zeitfunktion, so daß der Frequenzgang hermitesch ist. Ist weiter die Erregung $\underline{f}(t)$ insbesondere reell, und damit $\underline{F}(\Omega)$ hermitesch, so gilt dies auch für $\underline{X}(\Omega)$. Mit anderen Worten: Bei der FOURIERtransformierten des Ausgangssignals $\underline{x}(t)$ handelt es sich um die "komplexe Darstellung" einer reellen Zeitfunktion. Darüberhinaus ist die Stoßantwort auch eine kausale Funktion, wie wir bereits in 2.7 festgestellt hatten. Für kausale Funktionen sind aber - gemäß (5.67) - Real- und Imaginärteil der Transformierten nicht unabhängig voneinander (Stichwort: HILBERTtransformation), und dasselbe gilt für Betrag und Argument. Man kann demnach zum Beispiel aus der Kenntnis von $|\underline{G}(\Omega)|$ im Intervall $\Omega \geq 0$ den gesamten Frequenzgang rekonstruieren, was auch für die - vorhin beschriebene - experimentelle Ermittlung des Frequenzgangs von Bedeutung ist.

Formulieren wir (5.215) in Betrag und Argument, ergibt sich

$$|\underline{X}(\Omega)| = |\underline{G}(\Omega)|\ |\underline{F}(\Omega)| \tag{5.221a}$$

sowie

$$\arg \underline{X}(\Omega) = \arg \underline{G}(\Omega) + \arg \underline{F}(\Omega)\ ; \tag{5.221b}$$

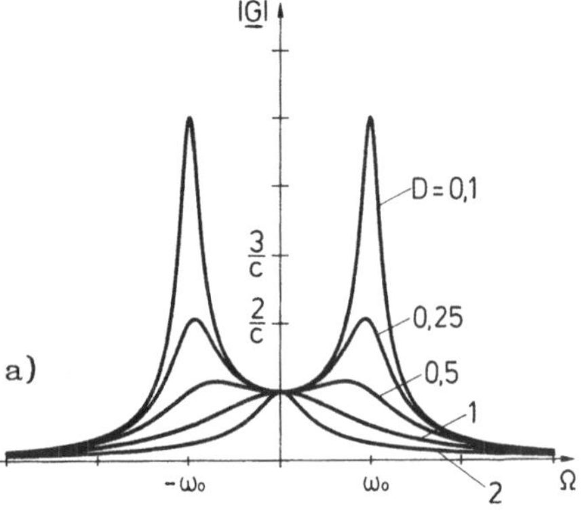

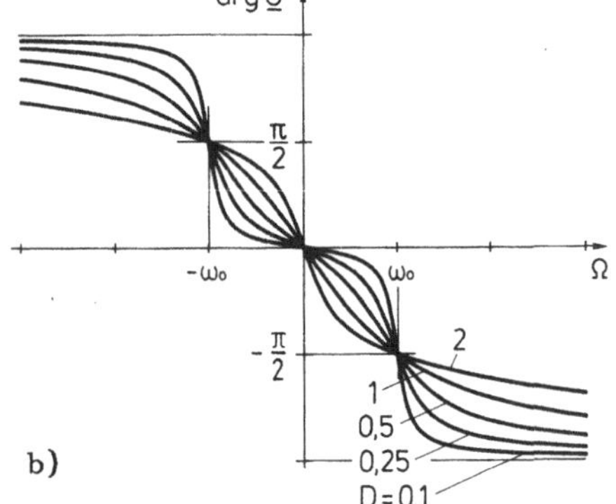

Abb. 5.13 Frequenzgang des Feder-Masse-Dämpfer-Systems

dies können wir mit (2.182) und (2.184) auch als

$$|\underline{X}(\Omega)| = \frac{1}{c} V_A(\Omega/\omega_0) \; |\underline{F}(\Omega)| \tag{5.222a}$$

und

$$\arg \underline{X}(\Omega) = \Psi(\Omega/\omega_0) + \arg \underline{F}(\Omega) \tag{5.222b}$$

schreiben (wenn wir den Definitonsbereich der Vergrößerungsfunktion $V_A(\eta)$ und der Phasenfunktion $\Psi(\eta)$ aus 2.5.1 auf die gesamte Zahlengerade erweitern[64]. Insbesondere für reelle Erregersignale gilt: Das Amplitudenspektrum $|\underline{X}(\Omega)|$ des Ausgangs entsteht aus dem Amplitudenspektrum $|\underline{F}(\Omega)|$ des Eingangs im wesentlichen durch Multiplikation mit der Vergrößerungsfunktion, und das Ausgangs-Phasenspektrum aus dem des Eingangs durch Addition der Phasenfunktion (und anschließendem Bilden des Hauptwertes von arg $\underline{X}(\Omega)$). Auch für komplexe Zeitfunktionen gelten natürlich die Zusammenhänge (5.221), die Bezeichnungen Amplituden- und Phasenspektrum werden in diesem Fall i.a. aber nicht verwendet.

Als erstes Beispiel betrachten wir das gedämpfte System mit einer Erregung in Form des Rechteckfensters

$$m\ddot{x} + d\dot{x} + cx = f_0 p_T(t) \ , \ f_0 > 0 \ , \tag{5.223}$$

das wir in 2.7.1 bereits im Zeitbereich gelöst hatten, wobei sich

$$x(t) = f_0 \ [h(t + T) - h(t - T)] \tag{5.224}$$

ergeben hatte. Zur Behandlung im Frequenzbereich benötigen wir die Transformierte des Rechteckfensters

$$p_T(t) \quad \circ\!\!-\!\!- \quad 2T \frac{\sin T\Omega}{T\Omega} \tag{5.225}$$

und erhalten mit Hilfe von (5.215)

$$\underline{X}(\Omega) = 2 \frac{f_0}{c} T \frac{1}{1 - (\frac{\Omega}{\omega_0})^2 + j2D \frac{\Omega}{\omega_0}} \frac{\sin T\Omega}{T\Omega} \ . \tag{5.226}$$

Die Systemantwort besitzt das Amplitudenspektrum

$$|X(\Omega)| = 2 \frac{f_0}{c} T \ V_A(\Omega/\omega_0) \frac{|\sin T\Omega|}{T|\Omega|} \tag{5.227}$$

und das Phasenspektrum

$$\arg \underline{X}(\Omega) = \Psi(\Omega/\omega_0) \tag{5.228}$$

(das Phasenspektrum der Erregung verschwindet hier identisch). Das Amplitudenspektrum (5.227) ist für ein unterkritsch gedämpftes System mit Dämpfungsgrad $D = 0{,}1$ in Abb. 5.14 b,c,d dargestellt, und zwar für verschiedene Werte des Parameters T_0/T ($T_0 := 2\pi/\omega_0$); dabei haben wir dieselben Parameterwerte wie in Abb. 2.51 gewählt, wo die zugehörigen Zeitfunktionen dargestellt sind. Man

---

[64] Man beachte, daß bei dieser Erweiterung die Formel (2.160) für $V_A(\eta)$ auf der gesamten reellen Achse, daß aber die Formel für die Phasenfunktion $\Psi(\eta)$ keine ungerade Funktion liefert.

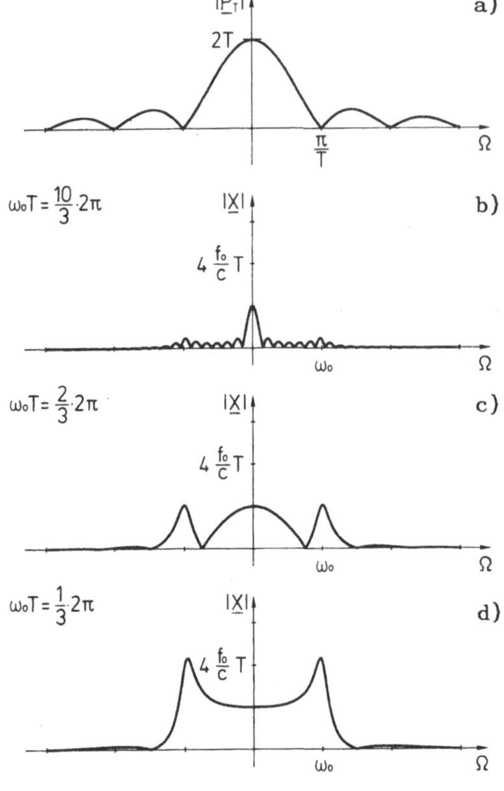

Abb. 5.14 Amplitudenspektrum der Erregung $f_0 p_T(t)$ und der zugehörigen Systemantwort im unterkritisch gedämpften Fall

erkennt hier deutlich, wie das Erreger-Amplitudenspektrum $|P_T(\Omega)|$ (Abb. 5.14a) an jeder Stelle mit V_A multipliziert wird; insbesondere die starke Vergrößerung im Resonanzbereich $\Omega \approx \pm \omega_0$ fällt ins Auge.

Wir führen jetzt noch die Rücktransformation in den Zeitbereich durch; dazu schreiben wir (5.226) als

$$\underline{X}(\Omega) = 2 \frac{f_0}{c} \underline{Y}(\Omega) \sin T\Omega \tag{5.229}$$

mit

$$\underline{Y}(\Omega) = \frac{\omega_0^2}{(\omega_0^2 - \Omega^2 + j2\delta\Omega)\,\Omega}, \quad \delta = \frac{d}{2m} = D\omega_0 . \tag{5.230}$$

und überlegen, daß – analog zu (5.99) – auch

$$\frac{j}{2} [y(t - T) - y(t + T)] \;\circ\!\!-\; \underline{Y}(\Omega) \sin T\Omega \tag{5.231}$$

gilt. Die Rücktransformation von $\underline{Y}(\Omega)$ gelingt leicht mit Hilfe der Partialbruchzerlegung

$$Y(\Omega) = \frac{a_0}{\Omega} + \frac{\underline{a}_1}{\Omega - \underline{\Omega}_1} + \frac{\underline{a}_2}{\Omega - \underline{\Omega}_2} , \tag{5.232}$$

deren Parameter im unterkritisch gedämpften Fall durch

$$\underline{\Omega}_{1,2} = \pm\, \omega_d + j\delta , \quad \omega_d = \sqrt{\omega_0^2 - \delta^2} , \tag{5.233}$$

und

$$a_0 = 1 , \quad \underline{a}_{1,2} = - \frac{1}{2} (1 \mp j\delta/\omega_d) \tag{5.234}$$

gegeben sind. Damit ergibt sich (Aufg. 5.20)

$$\frac{j}{2} [\mathrm{sgn}(t) - s(t)(1 - j\delta/\omega_d)\, e^{j(\omega_d + j\delta)t} - \\ - s(t)(1 + j\delta/\omega_d)\, e^{j(-\omega_d + j\delta)t}] \;\circ\!\!-\; \underline{Y}(\Omega); \tag{5.235}$$

der erste Summand in der eckigen Klammer ist aber identisch mit $2s(t) - 1$, und für die beiden anderen erhält man $- 2s(t)\, e^{-\delta t}[\cos \omega_d t + (\delta/\omega_d)\sin \omega_d t]$, so daß wir

$$j\, [c\, h(t) - \tfrac{1}{2}] \;\circ\!\!-\; \underline{Y}(\Omega) \tag{5.236}$$

schreiben können mit der in (2.351) angegebenen Sprungantwort $h(t)$ im unterkritisch gedämpften Fall. Die harmonische Modulation der "rechten Seite" in (5.231) führt dann auf

$$- \frac{1}{2}\, c[h(t - T) - h(t + T)] \;\circ\!\!-\; \underline{Y}(\Omega) \sin T\Omega , \tag{5.237}$$

und Multiplikation mit $2f_0/c$ schließlich auf das gesuchte Ergebnis

$$f_0\, [h(t + T) - h(t - T)] \;\circ\!\!-\; \underline{X}(\Omega) . \tag{5.238}$$

In diesem Beispiel ist es also gelungen, die Rücktransformation in den Zeitbereich analytisch durchzuführen. In der Praxis geschieht dies meistens auf numerischem Weg, wenn die Lösung im Zeitbereich überhaupt erforderlich ist.

Da wir die Lösung (5.224) im Zeitbereich bereits in 2.7.1 bestimmt hatten, hätten wir beim Nachweis dafür, daß (5.224) und (5.226) ein Transformationspaar bilden, auch einen anderen Weg einschlagen können: Gemäß (5.231) gilt nämlich auch

$$f_0\,[h(t+T) - h(t-T)] \;\circ\!\!-\; f_0(-\frac{2}{j})\,\underline{H}(\Omega)\,\sin T\Omega\;, \tag{5.239}$$

in der die Transformierte $\underline{H}(\Omega)$ der Sprungantwort h(t) auftritt; diese ist im gedämpften Fall

$$\underline{H}(\Omega) = \frac{1}{c\omega_0}\left\{\pi\,\delta(\frac{\Omega}{\omega_0}) - j\,\frac{1}{(\frac{\Omega}{\omega_0})}\,\frac{1}{1 - (\frac{\Omega}{\omega_0})^2 + j2D\,\frac{\Omega}{\omega_0}}\right\} \tag{5.240}$$

(Aufg. 5.22). Daraus folgt auch

$$-\frac{2}{j}\,f_0\,\underline{H}(\Omega)\,\sin T\Omega = 2\,\frac{f_0}{c}\,\frac{1}{1 - (\frac{\Omega}{\omega_0})^2 + j2D\,\frac{\Omega}{\omega_0}}\,\frac{\sin T\Omega}{\Omega}\;, \tag{5.241}$$

und die rechte Seite stimmt in der Tat mit der Transformierten (5.226) überein.

Wir beschäftigen uns jetzt mit dem Fall D = 0, der eine gewisse Sonderstellung einnimmt. Weiter vorne hatten wir ja den Frequenzgang neu definiert als FOURIERtransformierte der Stoßantwort und gezeigt, daß für ein gedämpftes System "alte" und "neue" Definition zusammenfallen. Dies gilt aber nicht mehr im ungedämpften Fall, da dann für $\Omega = \omega_0$ der Frequenzgang nach der alten Definition überhaupt nicht bestimmt ist. Für verschwindende Dämpfung müssen wir den Frequenzgang daher neu berechnen. Dazu gehen wir aus von der Stoßantwort

$$g(t) = s(t)\,\frac{1}{m\omega_0}\,\sin\omega_0 t\;, \tag{5.242}$$

im ungedämpften Fall, die sich z.B. mit $\delta \to 0$ ($\Rightarrow \omega_d \to \omega_0$) aus (2.370) ergibt, und bestimmen ihre Transformierte. Deuten wir (5.242) als harmonisch modulierte Sprungfunktion (mit der Sprunghöhe $1/(m\omega_0)$), so liefert (5.121) zusammen mit (5.99)

$$\underline{G}(\Omega) = \frac{j}{2m\omega_0}\left\{ \pi\,\delta(\Omega + \omega_0) + \frac{1}{j(\Omega + \omega_0)} - \right.$$

$$\left. - \pi\,\delta(\Omega - \omega_0) - \frac{1}{j(\Omega - \omega_0)} \right\}, \tag{5.243}$$

oder auch

$$\underline{G}(\Omega) = \frac{1}{c}\left\{\frac{\omega_0^2}{\omega_0^2 - \Omega^2} + j\,\frac{\pi}{2}\,\omega_0[\delta(\Omega + \omega_0) - \delta(\Omega - \omega_0)]\right\}. \tag{5.244a}$$

Verwenden wir jetzt noch die Skalierungsregel (5.79), erhalten wir eine weitere Darstellung:

$$\underline{G}(\Omega) = \frac{1}{c}\left\{\frac{1}{1 - (\frac{\Omega}{\omega_0})^2} + j\,\frac{\pi}{2}\,[\delta(\frac{\Omega}{\omega_0} + 1) - \delta(\frac{\Omega}{\omega_0} - 1)]\right\}. \tag{5.244b}$$

Demnach besteht der Frequenzgang (als FOURIERtransformierte der Stoßantwort) des ungedämpften Systems aus zwei Anteilen, von denen der erste, der *klassische Anteil*

$$G_{kl}(\Omega) := \frac{1}{c}\,\frac{\omega_0^2}{\omega_0^2 - \Omega^2} \tag{5.245a}$$

durch Grenzübergang $D \to 0$ aus dem "elementar" definierten Frequenzgang (5.209) des gedämpften Systems entsteht; dazu kommt der *distributionelle Anteil*

$$\underline{G}_{di}(\Omega) := \frac{1}{c}\,j\,\frac{\pi}{2}\,\omega_0[\delta(\Omega + \omega_0) - \delta(\Omega - \omega_0)], \tag{5.245b}$$

der aus zwei an die Resonanzstellen "verschobenen" Delta-Funktionen besteht.

Den Frequenzgang des ungedämpften Systems zeigt Abb. 5.15, wie in Abb. 5.13 zerlegt nach Betrag und Argument. Beide Spektren bestehen aus einem kontinuierlichen und einem diskreten Anteil, von denen der erste den klassischen Anteil (5.245a) und der zweite den distributionellen Anteil (2.245b) des Frequenzgangs wiedergibt. Dabei tragen wir im Amplitudenspektrum die Intensitäten $\pm\,\frac{1}{c}\,j\,\frac{\pi}{2}\,\omega_0$ der Delta-Funktion dem Betrage nach auf (Pfeil entsprechender Länge); im Phasenspektrum kennzeichnen wir die Argumente der Delta-Funktionen durch vertikale "Balken" mit zugehöriger (vorzeichenbehafteter) Höhe, wie wir es von den diskreten Spektren periodischer Schwingungen gewohnt sind. Das

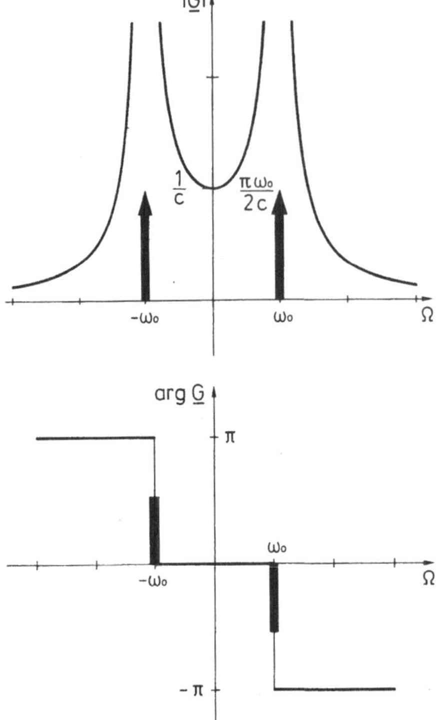

Abb. 5.15 Frequenzgang des Feder-Masse-Systems

Amplitudenspektrum ist wieder gerade, und der kontinuierliche Anteil stimmt für $\Omega \geq 0$ im wesentlichen mit dem Vergrößerungsfaktor V_0 gemäß Abb. 2.23 überein, das Phasenspektrum ist ungerade und für $\Omega \geq 0$ identisch mit der Phasenfunktion Ψ_0[65] des ungedämpften Systems (Abb. 2.27). Die Transformierte der Systemantwort hat die Gestalt

$$\underline{X}(\Omega) = \frac{1}{c}\left\{\frac{\omega_0^2}{\omega_0^2 - \Omega^2}\,\underline{F}(\Omega) + j\,\frac{\pi}{2}\,\omega_0\left[\underline{F}(-\,\omega_0)\delta(\Omega + \omega_0) - \underline{F}(\omega_0)\delta(\Omega - \omega_0)\right]\right\}, \quad (5.246)$$

die ebenfalls den klassischen und den distributionellen Anteil erkennen läßt.

Als Beispiel behandeln wir das Problem

---

[65] Etwas abweichend von den Symbolen aus Kapitel 2 bezeichnen wir hier die Vergrößerungs- bzw. Phasenfunktion des ungedämpften Systems mit $V_0(\eta)$ bzw. $\Psi_0(\eta)$.

$$m\ddot{x} + cx = f_0\, e^{-|t|/T}\,, \quad f_0 > 0\,, \quad T > 0\,, \tag{5.247}$$

dessen Lösung

$$x(t) = \frac{f_0}{c}\,\frac{(\omega_0 T)^2}{1 + (\omega_0 T)^2}\left\{e^{-|t|/T} + s(t)\,\frac{2}{\omega_0 T}\sin\omega_0 t\right\} \tag{5.248}$$

wir schon in 2.7.2 im Zeitbereich mit Hilfe des DUHAMEL-Integrals gefunden hatten. Es gilt (Aufg. 5.19)

$$f_0\, e^{-|t|/T} \;\circ\!\!-\; 2f_0\,\frac{1/T}{(1/T)^2 + \Omega^2}\,, \tag{5.249}$$

und die Transformierte bzw. das Amplitudenspektrum ist in Abb. 5.16a dargestellt. (Das Phasenspektrum verschwindet identisch.) Die Transformierte der Systemantwort ist dann

$$\underline{X}(\Omega) = 2\,\frac{f_0}{c}\,\frac{1/T}{(1/T)^2 + \Omega^2}\left\{\frac{\omega_0^2}{\omega_0^2 - \Omega^2} + j\,\frac{\pi}{2}\,\omega_0\left[\delta(\Omega + \omega_0) - \delta(\Omega - \omega_0)\right]\right\}$$

$$= 2\,\frac{f_0}{c}\left\{\frac{1/T}{(1/T)^2 + \Omega^2}\,\frac{\omega_0^2}{\omega_0^2 - \Omega^2} + \right.$$

$$\left. + j\,\frac{\pi}{2}\,\omega_0\,\frac{1/T}{(1/T)^2 + \omega_0^2}\left[\delta(\Omega + \omega_0) - \delta(\Omega - \omega_0)\right]\right\}\,. \tag{5.250}$$

Das Amplitudenspektrum ist in Abb. 5.16 b,c dargestellt für zwei Werte des Parameters T_0/T ($T_0 = 2\pi/\omega_0$), die auch in der zugehörigen Abb. 2.55 auftreten. Man erkennt, wie der kontinuierliche Anteil des Amplitudenspektrums durch Multiplikation des Erregerspektrums (Abb. 5.16a) mit dem kontinuierlichen Anteil des Frequenzgangs entsteht; insbesondere die Singularität an den Resonanzstellen $\pm\,\omega_0$ fällt ins Auge. Dazu kommt der - für ungedämpfte Systeme typische - diskrete Anteil.

Die Rücktransformation in den Zeitbereich gelingt mit Hilfe der Partialbruchzerlegung

$$\frac{1/T}{(1/T)^2 + \Omega^2}\,\frac{\omega_0^2}{\omega_0^2 - \Omega^2} = \frac{\omega_0^2/T}{(1/T)^2 + \omega_0^2}\left[\frac{1/T}{(1/T)^2 + \Omega^2} + \frac{1}{\omega_0^2 - \Omega^2}\right] \tag{5.251}$$

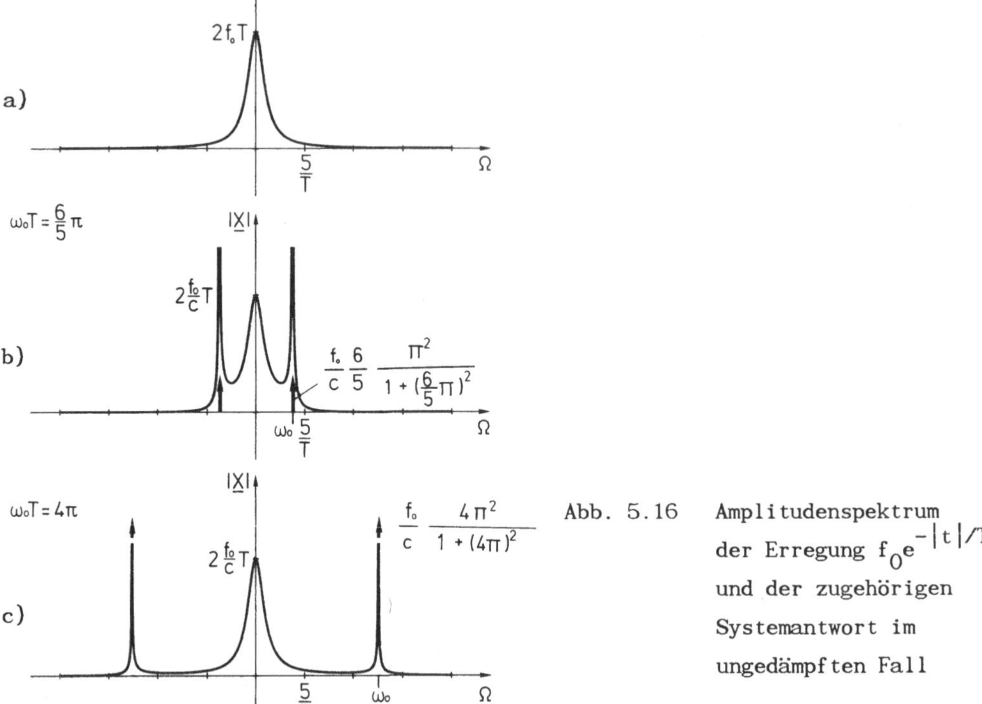

Abb. 5.16 Amplitudenspektrum der Erregung $f_0e^{-|t|/T}$ und der zugehörigen Systemantwort im ungedämpften Fall

und führt nach kurzer Zwischenrechnung auf (5.248).

Die Systemantwort ist in diesem Beispiel übrigens beschränkt, obwohl das Amplitudenspektrum der Erregung an den Resonanzstellen $\pm\ \omega_0$ von Null verschiedene Funktionswerte enthält. Im allgemeinen wird also die Antwort auch dann keinen linear mit der Zeit anwachsenden Term besitzen, wenn die FOURIERtransformierte der Erregung einen Anteil enthält, dessen Frequenz mit der Eigenfrequenz des (ungedämpften) Systems übereinstimmt, wie es bei periodischer Erregung der Fall war. Damit ist dieses Beispiel beendet.

Um den Einfluß des distributionellen Anteils des Frequenzgangs im allgemeinen Fall genauer zu verstehen, betrachten wir nochmals (5.246). Dies ergibt im Zeitbereich

$$\underline{x}(t) = \frac{1}{2\pi}\int_{-\infty}^{\infty} \frac{1}{c}\left\{\frac{\omega_0^2}{\omega_0^2 - \Omega^2} + j\,\frac{\pi}{2}\,\omega_0\Big[\delta(\Omega + \omega_0) - \delta(\Omega - \omega_0)\Big]\right\} \underline{F}(\Omega)e^{j\Omega t}d\Omega$$

$$= \frac{1}{2\pi} \int_{-\infty}^{\infty} \frac{1}{c} \frac{\omega_0^2}{\omega_0^2 - \Omega^2} \underline{F}(\Omega)\ e^{j\Omega t}\ d\Omega\ +$$

$$+ j\,\frac{1}{4}\,\frac{\omega_0}{c} \left[\underline{F}(-\,\omega_0) e^{-j\omega_0 t} - \underline{F}(\omega_0) e^{j\omega_0 t}\right], \qquad (5.252)$$

und die Systemantwort setzt sich zusammen aus der Integraldarstellung

$$\underline{x}_{kl}(t) := \frac{1}{2\pi} \int_{-\infty}^{\infty} \frac{1}{c} \frac{\omega_0^2}{\omega_0^2 - \Omega^2} \underline{F}(\Omega)\ e^{j\Omega t}\ d\Omega\ , \qquad (5.253a)$$

die aus dem klassischen Anteil des Frequenzgangs herrührt sowie dem Summanden

$$\underline{x}_{di}(t) := j\,\frac{1}{4}\,\frac{\omega_0}{c} \left\{F(-\,\omega_0)\ e^{-j\omega_0 t} - \underline{F}(\omega_0)\ e^{j\omega_0 t}\right\}\ , \qquad (5.253b)$$

der aus dem distributionellen Anteil herstammt. Dieser zweite Term beschreibt eine (komplexe) harmonische Schwingung mit verschwindendem Mittelwert, der Frequenz ω_0 und den FOURIERkoeffizienten $\pm\ j\omega_0/(4c)\cdot\underline{F}(\pm\ \omega_0)$. Von Null verschiedene Funktionswerte der Erreger-Transformierten an den Resonanzstellen $\pm\ \omega_0$ liefern im Zeitbereich also eine harmonische Schwingung (und keine linear mit der Zeit anwachsende Bewegung). Damit wird das Auftreten von Resonanz (d.h. unbeschränktes Wachstum von $\underline{x}(t)$ in einem Zeitintervall unendlicher Dauer) im allgemeinen von dem Summanden (5.253a) bestimmt.

Die (komplexe) harmonische Schwingung $\underline{x}_{di}(t)$ ist, da sie mit der Frequenz ω_0 erfolgt, eine Lösung der homogenen Bewegungsgleichung! Wegen der Zerlegung von $\underline{x}(t)$ in die beiden Summanden $\underline{x}_{kl}(t)$ und $\underline{x}_{di}(t)$ hat dies zur Folge, daß der Anteil $\underline{x}_{kl}(t)$ ebenfalls eine partikuläre Lösung der inhomogenen Gleichung ist; er unterscheidet sich ja von der partikulären Lösung $\underline{x}(t)$ lediglich um eine Lösung der homogenen Gleichung. Aus dieser Tatsache folgt weiter, daß man auch mit dem klassischen Anteil $\underline{G}_{kl}(\Omega)$ des Frequenzganges arbeiten kann, wenn man - und dies ist ja oft so - nur an irgendeiner partikulären Lösung der inhomogenen Bewegungsgleichung interessiert ist: Man multipliziert dann die Erreger-Transformierte $\underline{F}(\Omega)$ mit $\underline{G}_{kl}(\Omega)$ allein und erhält durch Rücktransformation in den Zeitbereich die partikuläre Lösung $\underline{x}_{kl}(t)$. Hierin ist auch die Ursache dafür zu sehen, daß in Lehrbüchern der Schwingungslehre (bei ungedämpften Systemen) bisweilen der klassische Antil $\underline{G}_{kl}(\Omega)$

als Frequenzgang bezeichnet wird. Unter dem Gesichtspunkt, irgendeine partikuläre Lösung zu ermitteln, ist diese Bezeichnung auch gerechtfertigt; dagegen spricht jedoch die Tatsache, daß dann die FOURIERtransformierte der Stoßantwort g(t) nicht mehr identisch wäre mit dem Frequenzgang; damit würde auch das fundamentale Gleichungspaar (5.215), (5.216), das durch den Faltungssatz verknüpft ist, ungültig. Außerdem ergäbe sich dann bei einer kausalen Erregerfunktion im allgemeinen eine nichtkausale Systemantwort, wie man sich leicht überlegen kann.

Selbstverständlich kann man bei der Behandlung von Systemen mit reellen Erregersignalen auch ganz im Reellen bleiben (obwohl die komplexe Schreibweise häufig rechentechnische Vorteile bietet) und mit den einseitigen Spektren arbeiten. Wir besprechen dies anhand der dimensionslosen Bewegungsgleichung

$$x'' + 2Dx' + x = e(\tau) \ , \tag{5.254}$$

deren Erregung $e(\tau)$ die Spektraldarstellung

$$e(\tau) = \frac{1}{2\pi} \int_0^\infty \hat{e}(\eta) \cos[\eta\tau + \alpha_e(\eta)] \, d\eta \tag{5.255}$$

besitzt (siehe (5.33) - (5.37)). Die zugehörige Systemantwort hat die Form

$$x(\tau) = \frac{1}{2\pi} \int_0^\infty V_A(\eta) \, \hat{e}(\eta) \cos[\eta\tau + \alpha_e(\eta) + \psi(\eta)] \, d\eta \tag{5.256}$$

mit dem einseitigen Amplitudenspektrum

$$\hat{x}(\eta) = V_A(\eta) \, \hat{e}(\eta) = \frac{1}{\sqrt{(1 - \eta^2)^2 + (2D\eta)^2}} \, \hat{e}(\eta) \tag{5.257}$$

und dem einseitigen Phasenspektrum

$$\alpha_x(\eta) = \mathrm{Hw}[\alpha_e(\eta) + \psi(\eta)] \ . \tag{5.258}$$

Im ungedämpften Fall ist wieder Vorsicht geboten, er läßt sich auch in dieser Notation nicht durch den Grenzübergang $D \to 0$ in (5.256) gewinnen. Vielmehr müssen wir anknüpfen an die grundlegende Beziehung (5.215), die in dimensionslosen Variablen die Gestalt

$$\underline{X}(\eta) = c\ \underline{G}(\omega_0\eta)\ \underline{E}(\eta) \tag{5.259}$$

annimmt, also mit (5.244b) in ausführlicher Form

$$\underline{X}(\eta) = \frac{1}{1-\eta^2}\ \underline{E}(\eta) + j\ \frac{\pi}{2}\ [\underline{E}(-1)\ \delta(\eta+1) - \underline{E}(1)\ \delta(\eta-1)]\ . \tag{5.260}$$

Nach kurzer Zwischenrechnung ergibt sich die Systemantwort hier als Summe von

$$x_{kl}(\tau) = \frac{1}{2\pi}\int_0^\infty \frac{1}{1-\eta^2}\ \hat{e}(\eta)\ \cos[\eta\tau + \alpha_e(\eta)]\ d\eta \tag{5.261a}$$

und

$$x_{di}(\tau) = \frac{1}{4}\ \hat{e}(1)\ \sin[\tau + \alpha_e(1)]\ . \tag{5.261b}$$

Diese Anteile können auch als

$$x_{kl}(\tau) = \frac{1}{2\pi}\int_0^\infty V_0(\eta)\ \hat{e}(\eta)\ \cos[\eta\tau + \alpha_e(\eta) + \psi_0(\eta)]\ d\eta \tag{5.262a}$$

und

$$x_{di}(\tau) = \frac{1}{4}\ \hat{e}(1)\ \cos[\tau + \alpha_e(1) + \psi_0(1)] \tag{5.262b}$$

geschrieben werden.

Als Beispiel für die einseitigen Antwortspektren betrachten wir das Problem

$$x'' + x = \frac{f_0}{c}\ p_{\omega_0 T}(\tau)\ ,\quad f_0 > 0\ ,\quad \omega_0 T > 0\ , \tag{5.263}$$

das wir - für ein gedämpftes System und in dimensionsbehafteter Notation - in diesem Abschnitt bereits behandelt haben. Die Bewegungsgleichung (5.263) besitzt selbstverständlich die (partikuläre) Lösung

$$x(\tau) = \frac{f_0}{c}\left\{ s(\tau + \omega_0 T)[1 - \cos(\tau + \omega_0 T)] - \right.$$
$$\left. - s(\tau - \omega_0 T)[1 - \cos(\tau - \omega_0 T)] \right\}, \tag{5.264}$$

da die Erregung im wesentlichen aus zwei verschobenen Sprungfunktionen besteht:

$$p_{\omega_0 T}(\tau) = s(\tau + \omega_0 T) - s(\tau - \omega_0 T) \ . \tag{5.265}$$

Als reell gerade Funktion hat die Erregung $e(\tau)$ eine reell gerade Transformierte $E(\eta)$, nämlich (im wesentlichen) den FOURIERkern

$$E(\eta) = 2\,\frac{f_0}{c}\,\omega_0 T\,\frac{\sin \omega_0 T\eta}{\omega_0 T\eta}\ , \tag{5.266}$$

mit dem einseitige Amplitudenspektrum

$$\hat{e}(\eta) = 4\,\frac{f_0}{c}\,\omega_0 T\,\frac{|\sin \omega_0 T\eta|}{\omega_0 T\eta}\ , \qquad \eta \geq 0\ . \tag{5.267}$$

Eine kurze Zwischenrechnung liefert die Anteile

$$\begin{aligned} x_{kl}(\tau) = \frac{f_0}{c}\Big\{&s(\tau + \omega_0 T)[1 - \cos(\tau + \omega_0 T)] - \\ &- s(\tau - \omega_0 T)[1 - \cos(\tau - \omega_0 T)]\Big\} + \\ &\frac{f_0}{2c}\,[\cos(\tau + \omega_0 T) - \cos(\tau - \omega_0 T)] \end{aligned} \tag{5.268}$$

und

$$x_{di}(\tau) = \frac{f_0}{c}\,\sin \omega_0 T\,\sin \tau \tag{5.269}$$

der Systemantwort, deren Summe wieder (5.264) ergibt. Damit beenden wir dieses Beispiel.

Zur Behandlung erzwungener Schwingungen bei beliebiger Erregung hatten wir schon im Abschnitt 1.2.7 die "Lösung im Zeitbereich" kennengelernt, dort zunächst für Systeme mit einem Freiheitsgrad. Im vorliegenden Abschnitt haben wir die "Lösung im Frequenzbereich" besprochen. Beide Verfahren lassen sich ohne Schwierigkeiten auf Systeme mit endlich vielen Freiheitsgraden ausdehnen: Bei einem linearen, zeitinvarianten System mit n Eingangsgrößen $\mathbf{x}_E$ und k Ausgangsgrößen $\mathbf{x}_A$, das in Abb. 4.9 symbolisch dargestellt ist, tritt - bei der Lösung im Zeitbereich - an die Stelle der Stoßantwort $g(t)$ die *Stoßantwortmatrix* $\mathbf{g}(t)$ und - bei der Lösung im Frequenzbereich - an die Stelle des Frequenzgangs $\underline{G}(\Omega)$ die *Frequenzgangsmatrix* $\underline{\mathbf{G}}(\Omega)$; dabei ist das Element $[\mathbf{g}(t)]_{\alpha i}$

der Stoßantwortmatrix definiert durch die Antwort der Ausgangsgröße mit dem Index α ($\alpha = 1,\ldots,k$) auf eine Erregung, bei der nur die Eingangsgröße mit dem Index i ($i = 1,\ldots,n$) von Null verschieden und durch die Stoßfunktion $\delta(t)$ gegeben ist, und das Element $[\underline{\mathbf{G}}(\Omega)]_{\alpha i}$ der Frequenzgangsmatrix ist erklärt als FOURIERtransformierte von $[\mathbf{g}(t)]_{\alpha i}$. Im Zeitbereich ergibt sich dann das Ausgangssignal $\mathbf{x}_A$ durch das Faltungs-(Matrizen-)Produkt $\int_{\mathbb{R}} [\mathbf{g}(t-s)\, \mathbf{x}_E(s)]\, ds$ des Eingangssignals $\mathbf{x}_E(t)$ mit der Stoßantwortmatrix $\mathbf{g}(t)$, und im Frequenzbereich erhält man - wie der Faltungssatz zeigt - die FOURIERtransformierte $\underline{\mathbf{X}}_A(\Omega)$ des Ausgangssignals durch das (Matrizen-)Produkt $\underline{\mathbf{G}}(\Omega)\cdot\underline{\mathbf{X}}_E(\Omega)$ der Eingangs-Transformierten $\underline{\mathbf{X}}_E(\Omega)$ mit der Frequenzgangsmatrix $\underline{\mathbf{G}}(\Omega)$.

Bei asymptotisch stabilen Systemen, also beispielsweise bei vollständig oder durchdringend gedämpften mechanischen Systemen, läßt sich die Frequenzgangsmatrix $\underline{\mathbf{G}}(\Omega)$ auch durch die "elementare" Methode bestimmen: Man wählt für die Eingangsgröße eine harmonische Erregung der Form $\hat{\underline{\mathbf{x}}}_E e^{j\Omega t}$, sucht eine partikuläre Lösung in derselben Gestalt, also $\hat{\underline{\mathbf{x}}}_A e^{j\Omega t}$, und erhält die Frequenzgangsmatrix als "Proportionalitätsfaktor" zwischen $\hat{\underline{\mathbf{x}}}_A$ und $\hat{\underline{\mathbf{x}}}_E$. (Man vergleiche dazu noch einmal den Abschnitt 4.3.1!) Bei stabilen, aber nicht asymptotisch stabilen Systemen, also etwa bei ungedämpften oder nicht durchdringend gedämpften mechanischen Systemen, erhält man mit diesem Verfahren - wie bei einem System mit einem Freiheitsgrad - allerdings nur den klassischen Anteil der Frequenzgangsmatrix.

5.4 Kreuzkorrelationsfunktion und Autokorrelationsfunktion von Zeitfunktionen

Bei der Verarbeitung von Meßsignalen - etwa von gemessenen Geschwindigkeiten oder Beschleunigungen - treten häufig Signale auf, die nicht absolut integrierbar sind und für die die numerische Berechnung der FOURIERtransformierten aus diesem oder aus anderen Gründen problematisch ist. Dies ist einer der Gründe zur Einführung der Kreuzkorrelations- und der Autokorrelationsfunktion, die auch bei der Behandlung von Zufallsschwingungen eine wichtige Rolle spielen. Wir beschränken uns dabei hier zunächst auf Signale $\underline{f}(t)$ *endlicher mittlerer Leistung*; diese sind dadurch gekennzeichnet, daß

$$0 < \overline{\underline{f}^2} := \lim_{T\to\infty} \frac{1}{2T} \int_{-T}^{T} |\underline{f}(t)|^2 dt < \infty \tag{5.270}$$

ist, wobei $\overline{\underline{f}^2}$ als *mittlere Leistung* von $\underline{f}(t)$ bezeichnet wird. Offensichtlich fallen stoßartige Vorgänge, für die $\underline{f}(t)$ nur in einem endlichen Zeitintervall Werte ungleich Null annimmt, nicht in diese Kategorie, denn ihre mittlere Leistung ist Null, während zum Beispiel harmonische Schwingungen in der Klasse dieser Funktionen enthalten sind.

Seien $\underline{x}(t)$ und $\underline{y}(t)$ zwei Funktionen endlicher mittlerer Leistung, so definieren wir die *Kreuzkorrelationsfunktion* $\underline{r}_{xy}(t)$ als

$$\underline{r}_{xy}(t) := \lim_{T\to\infty} \frac{1}{2T} \int_{-T}^{T} \underline{x}^*(t')\, \underline{y}(t + t')\, dt' \; ; \tag{5.271}$$

es ist nicht schwer zu zeigen, daß $\underline{r}_{xy}(t)$ immer existiert. Man beachte, daß $\underline{r}_{xy}(t)$ nicht symmetrisch bezüglich der beiden Funktionen $\underline{x}(t)$ und $\underline{y}(t)$ ist, vielmehr gilt

$$\underline{r}_{xy}(-\,t) = \underline{r}^*_{yx}(t) \; . \tag{5.272}$$

Mit $\underline{y}(t) = \underline{x}(t)$ in (5.271) ergibt sich die *Autokorrelationsfunktion*

$$r_{xx}(t) := \lim_{T\to\infty} \frac{1}{2T} \int_{-T}^{T} \underline{x}^*(t')\, \underline{x}(t + t')\, dt' \; . \tag{5.273}$$

Häufig werden allerdings die Funktionen $\underline{x}(t)$ und $\underline{y}(t)$ reell sein, so daß auch $\underline{r}_{xx}(t)$ und $\underline{r}_{xy}(t)$ reell werden. Wir setzen im folgenden voraus, daß dies der Fall ist, sofern nichts Gegenteiliges gesagt ist.

Wir betrachten zunächst die wichtigsten Eigenschaften der Autokorrelationsfunktion. Aus der SCHWARZschen Ungleichung[66]

$$\frac{1}{2T} \int_{-T}^{T} x^2(t')\, dt' \; \frac{1}{2T} \int_{-T}^{T} x^2(t + t')\, dt' \geq$$

$$\geq \frac{1}{2T} \Big[\int_{-T}^{T} x(t')\, x(t + t')\, dt' \Big]^2 \tag{5.274}$$

---

[66] Nach dem Mathematiker Hermann SCHWARZ, * 1843 in Hermsdorf (Schlesien), + 1921 in Berlin.

folgt zunächst, daß $r_{xx}(t)$ für alle t beschränkt ist. Die beiden Integrale auf der linken Seite besitzen nämlich infolge der endlichen mittleren Leistung einen endlichen Grenzwert für $T \to \infty$, so daß dies auch für die rechte Seite gilt. Außerdem folgt aus (5.274) auch, daß

$$|r_{xx}(0)| \geq |r_{xx}(t)| \quad \text{für alle } t \tag{5.275}$$

ist (vgl. /1/). Die Größe $r_{xx}(0)$ ist aber positiv und entspricht gerade dem quadratischen Mittelwert von x(t), so daß man (5.275) auch als

$$r_{xx}(0) \geq |r_{xx}(t)| \tag{5.276}$$

schreiben kann.

Aus (5.272) folgt, daß für reelle Funktionen x(t) die Autokorrelationsfunktion gerade ist:

$$r_{xx}(t) = r_{xx}(-t) \ . \tag{5.277}$$

Für

$$y(t) = a\, x(t) \tag{5.278}$$

gilt

$$r_{yy}(t) = a^2\, r_{xx}(t) \ . \tag{5.279}$$

Um uns mit den wichtigsten Eigenschaften der Funktion $\underline{r}_{xy}(t)$ und $\underline{r}_{xx}(t)$ vertraut zu machen, betrachten wir noch einige Beispiele.

1. Die Autokorrelationsfunktion der konstanten Funktion

$$x(t) = a \tag{5.280}$$

ist

$$r_{xx}(t) = a^2 \ . \tag{5.281}$$

2. Die Autokorrelationsfunktion von

$$x(t) = \hat{x} \cos(\omega_0 t + \alpha) \tag{5.282}$$

ist

$$r_{xx}(t) = \lim_{T\to\infty} \frac{1}{2T} \int_{-T}^{T} \hat{x}^2 \cos(\omega_0 t + \alpha)\cos[\omega_0(t + t') + \alpha]\, dt'$$

$$= \frac{\hat{x}^2}{2} \lim_{T\to\infty} \frac{1}{2T} \left[2T \cos \omega_0 t + \int_{-T}^{T} [\cos(2\omega_0 t' + 2\alpha + \omega_0 t)\right] dt'$$

$$= \frac{\hat{x}^2}{2} \cos \omega_0 t \, , \qquad (5.283)$$

d.h. die Phaseninformation geht verloren!

3. Wir berechnen nun die Autokorrelationsfunktion der Funktion

$$x(t) = S_1 \sin \omega_1 t + S_2 \sin \omega_2 t \qquad (5.284)$$

mit $\omega_1 \neq \omega_2$. Man erkennt, daß infolge der Orthogonalität von $\sin \omega_1 t$ und $\sin \omega_2 t$ die Autokorrelationsfunktion durch

$$r_{xx}(t) = \frac{1}{2} S_1^2 \cos \omega_1 t + \frac{1}{2} S_2^2 \cos \omega_2 t \qquad (5.285)$$

gegeben ist.

4. Die Autokorrelationsfunktion einer periodischen Funktion x(t), die durch ihre komplexe FOURIERreihe

$$x(t) = \sum_{n=-\infty}^{\infty} \underline{X}_n e^{jn\omega_0 t} \, , \quad \underline{X}_n = \underline{X}_{-n}^* \, , \quad n = 1,2,\ldots \qquad (5.286)$$

dargestellt ist, wird als nächstes berechnet. Es ergibt sich

$$r_{xx}(t) = \lim_{T\to\infty} \frac{1}{2T} \sum_{k,n} \int_{-T}^{T} \underline{X}_n \underline{X}_k \, e^{j\omega_0[(k+n)t' + kt]} dt' \, , \qquad (5.287)$$

wobei lediglich die Summanden mit k = - n einen Beitrag leisten, so daß

$$r_{xx}(t) = |\underline{X}_0|^2 + 2 \sum_{n=1}^{\infty} |\underline{X}_n|^2 \cos n\omega_0 t \qquad (5.288)$$

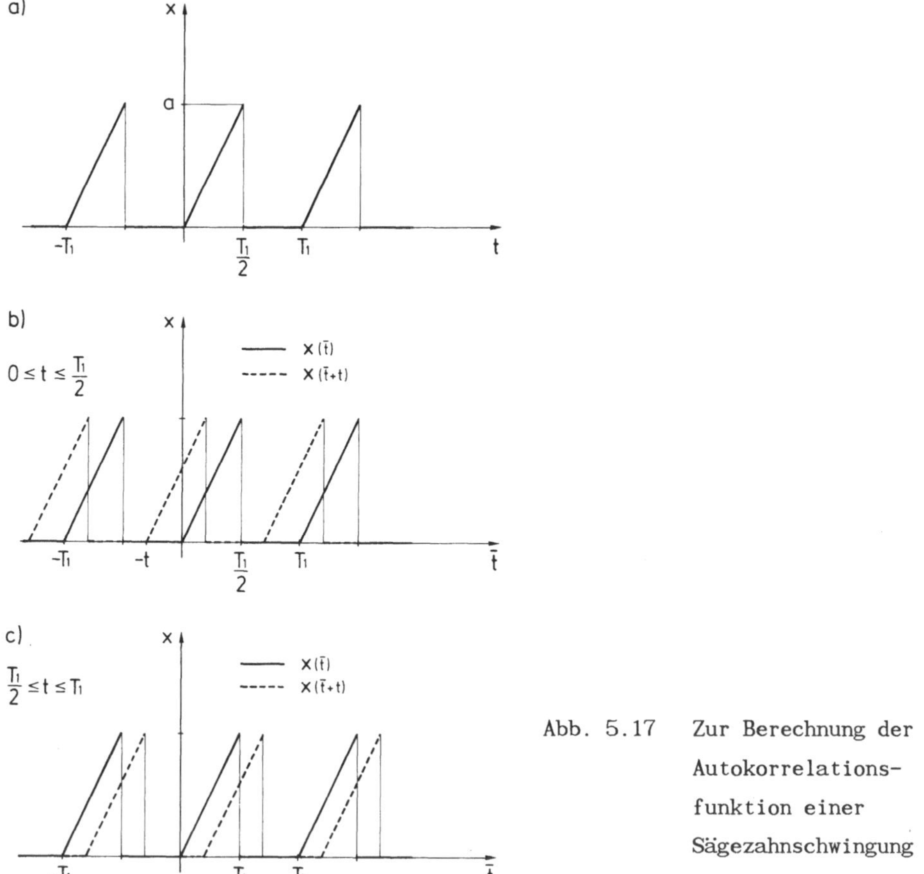

Abb. 5.17 Zur Berechnung der Autokorrelationsfunktion einer Sägezahnschwingung

folgt. Die Autokorrelationsfunktion einer beliebigen periodischen Funktion besitzt also lediglich Cosinus-Terme. Das Quadrat des linearen zeitlichen Mittelwertes einer periodischen Funktion ist gemäß (5.288) gleich dem zeitlichen Mittelwert der entsprechenden Autokorrelationsfunktion; dieser Sachverhalt gilt übrigens nicht nur für periodische, sondern für ganz beliebige Funktionen.

5. Es ist jetzt die Autokorrelationsfunktion der periodischen Funktion der Abb. 5.17a zu berechnen. Um Verwechslungen mit dem Parameter T aus der Definition von $r_{xx}(t)$ auszuschließen, wurde hier die Schwingungsdauer von $x(t)$ ausnahmsweise mit T_1 bezeichnet. Wir wissen schon, daß $r_{xx}(t)$ eine gerade Funktion mit Schwingungsdauer T_1 ist, es genügt daher, $r_{xx}(t)$ in dem Intervall $[0,T_1]$ anzugeben. Für die Berechnung unterscheiden wir zwei Fälle

gemäß Abb. 5.17b und 5.17c, dabei wird es wegen der Periodizität genügen, die Integration über das Intervall $[0,T_1]$ auszuführen.

Mit

$$x(t) = \frac{2a}{T_1}\, t \qquad \text{für } 0 \leq t < T_1/2 \tag{5.289}$$

und

$$x(t) = 0 \qquad \text{für } T_1/2 \leq t < T_1 \tag{5.290}$$

erhält man für $0 \leq t < T_1/2$ gemäß Abb. 5.17b

$$r_{xx}(t) = \frac{1}{T_1} \int_{-T_1/2}^{T_1/2} x(t')\, x(t + t')\, dt'$$

$$= \frac{1}{T_1} \int_{0}^{(T_1/2)-t} \frac{2a}{T_1} t' \frac{2a}{T_1} (t + t')\, dt'$$

$$= \frac{a^2}{6} \left[1 - 3\,\frac{t}{T_1} + 4\,(\frac{t}{T_1})^3\right] , \tag{5.291}$$

und gemäß Abb. 5.17c

$$r_{xx}(t) = \frac{1}{T_1} \int_{T_1-t}^{T_1/2} \frac{2a}{T_1} t' \frac{2a}{T_1} [t' - (T_1 - t)]\, dt'$$

$$= \frac{a^2}{6} \left[1 - 3(1 - \frac{t}{T_1}) + 4(T_1 - \frac{t}{T_1})^3\right] \tag{5.292}$$

für $T_1/2 < t < T_1$. Das Ergebnis ist in Abb. 5.18 dargestellt.

6. Wir bestimmen jetzt die Autokorrelationsfunktion zu

$$x(t) = a \sin \omega_1 t \cos \omega_2 t \ . \tag{5.293}$$

Es ergibt sich leicht

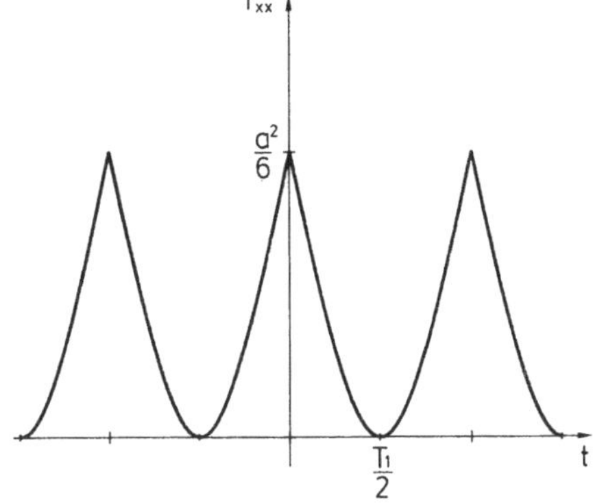

Abb. 5.18 Die Autokorrelationsfunktion zu der Sägezahnschwingung aus Abb. 5.17a

$$r_{xx}(t) = \lim_{T\to\infty} \frac{a^2}{2T} \int_{-T}^{T} \frac{1}{2}\,[\cos\omega_1 t - \cos\omega_1(t+2t')] \cdot$$

$$\cdot\ \frac{1}{2}\,[\cos\omega_2 t + \cos\omega_2(t+2t')]\ dt'$$

$$= \frac{a^2}{4}\cos\omega_1 t\,\cos\omega_2 t\ , \qquad (5.294)$$

für $\omega_1 \neq \omega_2$. Das gleiche Ergebnis erhält man auch für $x(t) = a\cos\omega_1 t\cos\omega_2 t$; man erkennt daran und auch aus den vorhergehenden Beispielen, daß bei der Bildung der Autokorrelationsfunktion gewissermaßen die "Phaseninformation" verlorengeht.

Nach diesen Beispielen untersuchen wir nun die FOURIERtransformierte einer Autokorrelationsfunktion $r_{xx}(t)$[67]:

$$r_{xx}(t) \circ\!\!-\!\!\bullet\ R_{xx}(\Omega)\ . \qquad (5.295)$$

Da $r_{xx}(t)$ gerade ist (für reelle $x(t)$), wird auch $R_{xx}(\Omega)$ eine reell gerade Funktion von Ω sein, und die Transformationsformeln können gemäß (5.49) als

---

[67] Oft wird in der Literatur das Formelzeichen $R_{xx}(t)$ für die Autokorrelationsfunktion von $x(t)$ uns $S_{xx}(t)$ für deren FOURIERtransformierte verwendet. Aus didaktischen Gründen verwenden wir aber stets den gleichen Buchstaben zur Kennzeichnung einer Funktion (klein) und ihrer Transformierten (groß)!

$$R_{xx}(\Omega) = 2 \int_0^\infty r_{xx}(t) \cos \Omega t \, dt \,, \tag{5.296}$$

$$r_{xx}(t) = \frac{1}{\pi} \int_0^\infty R_{xx}(\Omega) \cos \Omega t \, d\Omega \tag{5.297}$$

geschrieben werden. Die Größe $R_{xx}(\Omega)$ wird als *Leistungsspektrum* oder *spektrale Leistungsdichte* von $x(t)$ bezeichnet, sie spielt z.B. bei der Behandlung von Zufallsschwingungen eine wichtige Rolle. Da $r_{xx}(t)$ eine "glattere" Funktion als $x(t)$ ist, wird auch die numerische Berechnung von $R_{xx}(\Omega)$ günstiger sein als die der FOURIERtransformierten von $x(t)$.

Wir zeigen im folgenden, daß $R_{xx}(\Omega)$ auch direkt aus $x(t)$ berechnet werden kann, und zwar gemäß

$$R_{xx}(\Omega) = \lim_{T\to\infty} \frac{1}{2T} \left| \int_{-T}^{T} x(t) \, e^{-j\Omega t} \, dt \right|^2 \geq 0 \,. \tag{5.298}$$

Dazu führen wir zunächst die Funktion $x_T(t)$ ein, die aus $x(t)$ dadurch entsteht, daß das Signal $x(t)$ für $|t| > T$ "abgeschnitten" wird:

$$x_T(t) := p_T(t) \, x(t) \,. \tag{5.299}$$

Diese Funktion besitzt die Transformierte

$$\underline{X}_T(\Omega) := \int_{-T}^{T} x(t) \, e^{-j\Omega t} \, dt \tag{5.300}$$

mit der - über das Intervall $[-T,T]$ - gemittelten Leistung

$$R_{Txx}(\Omega) := \frac{1}{2T} \, |\underline{X}_T(\Omega)|^2 \,; \tag{5.301}$$

bezeichnen wir das Urbild von $R_{Txx}(\Omega)$ mit $r_{Txx}(t)$:

$$r_{Txx}(t) \;\circ\!\!-\!\!\!- \; R_{Txx}(\Omega) \,, \tag{5.302}$$

so folgt aus dem Faltungssatz

$$r_{Txx}(t) = \frac{1}{2T} (x_T * x_T^-)(t) \tag{5.303}$$

mit

$$x_T^-(t) := x_T(-t) , \tag{5.304}$$

und für $t > 0$ kann man dies als

$$r_{Txx}(t) = \frac{1}{2T} \int_{-T}^{T-t} x(t') \, x(t + t') \, dt' \tag{5.305}$$

schreiben. Läßt man nun in (5.305) T gegen Unendlich gehen, so folgt

$$r_{xx}(t) = \lim_{T\to\infty} r_{Txx}(t) , \tag{5.306}$$

und damit auch

$$R_{xx}(\Omega) = \lim_{T\to\infty} R_{Txx}(\Omega) , \tag{5.307}$$

so daß (5.298) bewiesen ist. Damit ist auch die Bezeichnung "spektrale Leistungsdichte" für $R_{xx}(\Omega)$ gerechtfertigt.

Aus der Tatsache, daß gemäß (5.298) das Leistungsspektrum nicht negativ wird, folgt, daß keineswegs jede beliebige reelle, gerade Funktion von Ω ein Leistungsspektrum darstellen kann und daraus, daß auch nicht jede beliebige (reelle, gerade) Funktion von t als Autokorrelationsfunktion betrachtet werden kann; wir geben allerdings die Bedingung dafür, daß eine Zeitfunktion Korrelationsfunktion einer anderen Zeitfunktion ist, hier nicht an und verweisen auf die Literatur (s. PAPOULIS /3/).

Enthält $R_{xx}(\Omega)$ eine Delta-Funktion der Art $b^2\delta(\Omega)$, so ist übrigens $b^2/2\pi$ auch der zeitliche Mittelwert von $r_{xx}(t)$, und damit ist auch $|b|/\sqrt{2\pi}$ gleich dem Betrag des linearen zeitlichen Mittelwertes von $x(t)$ (vergleiche die Bemerkung zu (5.288)).

Eine weitere wichtige Eigenschaft der Autokorrelationsfunktion besteht darin, daß man die mittlere Leistung von

$$y(t) := x(t) \pm x(t + t_1) \tag{5.308}$$

durch die Autokorrelationsfunktion $r_{xx}(t)$ ausdrücken kann. Gemäß (5.270) ist die mittlere Leistung von y(t) definiert als

$$\overline{y^2} = \lim_{T\to\infty} \frac{1}{2T} \int_{-T}^{T} |x(t) \pm x(t + t_1)|^2 \, dt$$

$$= \lim_{T\to\infty} \frac{1}{2T} \int_{-T}^{T} x^2(t) \, dt + \lim_{T\to\infty} \frac{1}{2T} \int_{-T}^{T} x^2(t + t_1) \, dt \pm$$

$$\pm 2 \lim_{T\to\infty} \frac{1}{2T} \int_{-T}^{T} x(t)\, x(t + t_1) \, dt \ , \tag{5.309}$$

und dies kann man auch als

$$\overline{[x(t) \pm x(t + t_1)]^2} = 2\, [r_{xx}(0) \pm r_{xx}(t_1)] \tag{5.310}$$

schreiben. Hier erkennt man wieder (5.276).

Einen sehr einfachen Zusammenhang zwischen den Autokorrelationsfunktionen und spektralen Leistungsdichten einer Funktion x(t) und ihrer Zeitableitung $\dot{x}(t)$ geben wir ohne Beweis an: Es gilt

$$r_{\dot{x}\dot{x}}(t) = - \ddot{r}_{xx}(t) \tag{5.311}$$

und

$$R_{\dot{x}\dot{x}}(\Omega) = \Omega^2 \, R''_{xx}(\Omega) \ . \tag{5.312}$$

Für den Zusammenhang zwischen der Korrelationsfunktion des Ausgangssignals und der Korrelationsfunktion des Eingangssignals linearer Systeme gilt folgender wichtiger

Satz: Sei f(t) das Eingangssignal und x(t) das Ausgangssignal eines linearen Systems, dessen Übertragungsverhalten durch die Stoßantwort g(t), bzw. durch den Frequenzgang $\underline{G}(\Omega)$ gegeben ist, dann gilt

$$r_{xx}(t) = [g^- * (g * r_{ff})](t) \tag{5.313}$$

mit

$$g^-(t) := g(-t) \tag{5.314}$$

und entsprechend im Frequenzbereich

$$R_{xx}(\Omega) = |\underline{G}(\Omega)|^2 R_{ff}(\Omega) . \tag{5.315}$$

Zum Beweis berechnen wir $r_{xx}(t)$:

$$r_{xx}(t) = \lim_{T\to\infty} \frac{1}{2T} \int_{-T}^{T} x(\bar{t})\, x(t+\bar{t})\, d\bar{t}$$

$$= \lim_{T\to\infty} \frac{1}{2T} \int_{-T}^{T} \left[\int_{-\infty}^{\infty} f(\bar{t}-s)\, g(s)\, ds\right]\left[\int_{-\infty}^{\infty} f(t+\bar{t}-t')\, g(t')\, dt'\right] d\bar{t}$$

$$= \int_{-\infty}^{\infty} \left\{\int_{-\infty}^{\infty} \left[\lim_{T\to\infty} \frac{1}{2T} \int_{-T}^{T} f(\bar{t}-s)\, f(t+\bar{t}-t')\, d\bar{t}\right] g(s)\, ds\right\} g(t')\, dt', \tag{5.316}$$

aber

$$\lim_{T\to\infty} \frac{1}{2T} \int_{-T}^{T} f(\bar{t}-s)\, f(t+\bar{t}-t')\, d\bar{t} =$$

$$= \lim_{T\to\infty} \frac{1}{2T} \int_{-T-s}^{T-s} f(\bar{s})\, f(t+s-t'+\bar{s})\, d\bar{s}$$

$$= \lim_{T\to\infty} \frac{1}{2T} \int_{-T}^{T} f(\bar{s})\, f(t+s-t'+\bar{s})\, d\bar{s}$$

$$= r_{ff}(t+s-t') , \tag{5.317}$$

so daß man aus (5.316) mit der Kommutativität und Assoziativität der Faltung (5.313) erhält (sofern man die Reihenfolge der Integrationen vertauschen darf). Durch zweimalige Anwendung des Faltungssatzes folgt aber aus (5.313) auch

$$R_{xx}(\Omega) = \underline{G}(-\Omega)\,\underline{G}(\Omega)\,R_{ff}(\Omega) \tag{5.318}$$

und damit (5.315). Man beachte, daß es für die Anwendbarkeit der Formeln (5.313) und (5.315) keineswegs notwendig ist, daß f(t) und x(t) eine FOURIER-transformierte besitzen, lediglich die viel glatteren Funktionen $r_{ff}(t)$ und $r_{xx}(t)$ werden transformiert. Dies ist einer der Gründe dafür, daß bei Frequenzgangmessungen mit (5.315) gearbeitet wird, anstelle von (5.215): Man berechnet für gemessene Eingangs- und Ausgangssignale $R_{xx}(\Omega)$ und $R_{ff}(\Omega)$, $\underline{G}(\Omega)$ folgt dann aus (5.315). Allerdings läßt sich auf diesem Wege nur der Betrag, nicht aber das Argument von $\underline{G}(\Omega)$ ermitteln. Später werden wir noch sehen, wie man mit Hilfe der Kreuzkorrelationsfunktion sowohl Betrag als auch Argument von $\underline{G}(\Omega)$ bestimmen kann.

Wir hatten schon erwähnt, daß man zur Frequenzgangmessung breitbandige (im Frequenzbereich) Eingangssignale, also z.B. stoßartige Funktionen verwendet. Falls in (5.313)

$$r_{ff}(t) = \check{f}^2\,\delta(t) \tag{5.319}$$

ist, so gilt

$$R_{ff}(\Omega) = \check{f}^2 \tag{5.320}$$

und es folgt die einfache Beziehung

$$R_{xx}(\Omega) = |\underline{G}(\Omega)|^2\,\check{f}^2\,. \tag{5.321}$$

Es ist allerdings nicht ganz einfach, eine Funktion f(t) mit endlicher mittlerer Leistung anzugeben, deren Autokorrelationsfunktion einer DIRACschen Stoßfunktion entspricht. Eine mögliche Lösung besteht in der Konstruktion einer geeigneten Impulsfolge mit Hilfe der WIENERschen[68] Zahlen (s. /1/).

Als Beispiel betrachten wir ein System, das als Stoßantwort die Funktion

$$g(t) = s(t)\,e^{-\alpha t}\,, \quad \alpha > 0 \tag{5.322}$$

---

[68] Nach dem Mathematiker Norbert WIENER, *1894 in Columbia (USA), + 1964 in Stockholm.

besitzt. Es werde durch ein Eingangssignal $f(t)$ mit Autokorrelation $r_{ff}(t) = \delta(t)$ beaufschlagt, die Autokorrelationsfunktion $r_{xx}(t)$ und das Leistungsspektrum $R_{xx}(\Omega)$ des Ausgangssignals sind zu bestimmen. Aus (5.322) folgt zunächst

$$\underline{G}(\Omega) = \frac{1}{\alpha + j\Omega} \tag{5.323}$$

und mit

$$R_{ff}(\Omega) = 1 \tag{5.324}$$

erhält man

$$R_{xx}(\Omega) = \frac{1}{\alpha^2 + \Omega^2} \tag{5.325}$$

und damit

$$r_{xx}(t) = \frac{1}{2\alpha} e^{-\alpha|t|} \; ; \tag{5.326}$$

die Funktionen $r_{xx}(t)$ und $R_{xx}(\Omega)$ sind in Abb. 5.19 dargestellt. Damit verlassen wir dieses Beispiel.

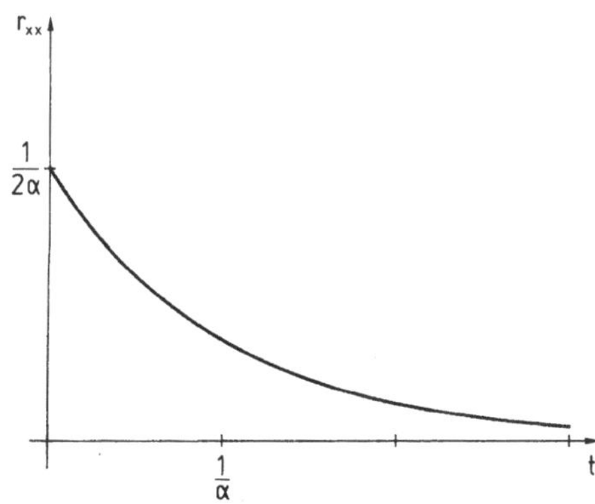

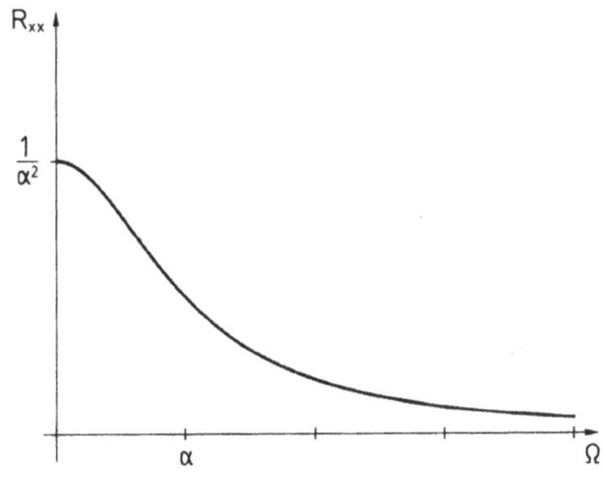

Abb. 5.19 Autokorrelationsfunktion und Leistungsspektrum gemäß (5.326) und (5.325)

Wir betrachten nun die Kreuzkorrelationsfunktion

$$r_{xy}(t) = \lim_{T\to\infty} \frac{1}{2T} \int_{-T}^{T} x(t')\, y(t + t')\, dt' \tag{5.327}$$

zweier reeller Funktionen x(t),y(t) mit endlicher mittlerer Leistung. Zunächst bestimmen wir die mittlere Leistung von $x(t) \pm y(t + t_1)$: Analog zu (5.310) ergibt sich

$$\overline{[x(t) \pm y(t + t_1)]^2} = r_{xx}(0) + r_{yy}(0) \pm 2r_{xy}(t_1) \ . \tag{5.328}$$

Die Ungleichung

$$\frac{r_{xx}(0) + r_{yy}(0)}{2} \geq \sqrt{r_{xx}(0)\ r_{yy}(0)} \geq r_{xy}(t) \tag{5.329}$$

tritt jetzt an die Stelle von (5.276), wie man mit Hilfe der SCHWARZschen Ungleichung zeigen kann.

Da $r_{xy}(t)$ für reelle x(t) und y(t) zwar selbst reell, nicht jedoch gerade ist, wird die FOURIERtransformierte $\underline{R}_{xy}(\Omega)$ i.a. nicht reell sein, mit

$$r_{xy}(t) \quad \circ\!\!-\!\!- \quad \underline{R}_{xy}(\Omega) \tag{5.330}$$

gilt aber natürlich

$$\underline{R}_{xy}(-\Omega) = \underline{R}^{*}_{xy}(\Omega) \ . \tag{5.331}$$

Man bezeichnet $\underline{R}_{xy}(\Omega)$ als *Kreuzleistungsspektrum* oder *spektrale Kreuzleistungsdichte* von x(t) und y(t). Aus der Definition (5.327) folgt auch

$$r_{xy}(0) = \frac{1}{2\pi} \int_{-\infty}^{\infty} \underline{R}_{xy}(\Omega)\, d\Omega = \overline{x(t)\ y(t)} \ . \tag{5.332}$$

Man kann das Kreuzleistungsspektrum auch direkt aus den Funktionen x(t), y(t) berechnen, ohne vorher die Kreuzkorrelationsfunktion zu bestimmen, denn es gilt

$$\underline{R}_{xy}(\Omega) = \lim_{T\to\infty} \frac{1}{2T} \int_{-T}^{T} x(t)\, e^{j\Omega t}\, dt \int_{-T}^{T} y(t)\, e^{-j\Omega t}\, dt \; ; \tag{5.333}$$

der Beweis ist analog zu dem Beweis von (5.298). Schließlich geben wir noch einen wichtigen Zusammenhang für lineare Systeme an, der dem vorher für die Autokorrelation angegebenen Satz analog ist.

Satz: Sei $f(t)$ das Eingangssignal und $x(t)$ das Ausgangssignal eines linearen Systems mit Stoßantwort $g(t)$, dann gilt

$$r_{fx}(t) = (g * r_{ff})(t) \tag{5.334}$$

und

$$\underline{R}_{fx}(\Omega) = G(\Omega)\, \underline{R}_{ff}(\Omega) \; . \tag{5.335}$$

Zum Beweis berechnen wir $r_{fx}(t)$:

$$r_{fx}(t) = \lim_{T\to\infty} \frac{1}{2T} \int_{-T}^{T} f(t')\, x(t + t')\, dt'$$

$$= \lim_{T\to\infty} \frac{1}{2T} \int_{-T}^{T} f(t') \left[\int_{-\infty}^{\infty} f(t + t' - s)\, g(s)\, ds \right] dt'$$

$$= \int_{-\infty}^{\infty} \left\{ \lim_{T\to\infty} \frac{1}{2T} \int_{-T}^{T} f(t')\, f(t + t' - s)\, dt' \right\} g(s)\, ds$$

$$= \int_{-\infty}^{\infty} g(s)\, r_{ff}(t - s)\, ds$$

$$= (g * r_{ff})(t) \; , \tag{5.336}$$

womit (5.334) bewiesen ist, während (5.335) nun ohne weiteres aus dem Faltungssatz folgt. Die Formel (5.335) wird bei der Messung von Frequenzgängen häufig verwendet, um aus gemessenen $\underline{R}_{fx}(\Omega)$ und $\underline{R}_{ff}(\Omega)$ den Frequenzgang $\underline{G}(\Omega)$ zu berechnen.

Bisher haben wir in diesem Kapitel lediglich Funktionen endlicher Leistung gemäß der Definition (5.270) behandelt und diese sind es auch, die uns im nächsten Abschnitt bei den Untersuchungen über Zufallsschwingungen besonders beschäftigen werden. Eine andere wichtige Klasse von Funktionen f(t) ist aber die der Funktionen endlicher Energie:

$$\int_{-\infty}^{\infty} |\underline{f}(t)|^2 < \infty \,, \tag{5.337}$$

mit denen wir uns schon im Anschluß an die PARSEVALsche Gleichung (5.187) beschäftigt hatten; die Stoßantwort g(t) eines gedämpften Systems ist ein Beispiel einer Funktion dieser Art. Für solche Funktionen werden Kreuzkorrelationsfunktionen und Autokorrelationsfunktionen anders als bisher definiert, nämlich als

$$r_{\underline{x}\underline{y}}(t) := \int_{-\infty}^{\infty} x^*(t') \; y(t + t') \; dt' \tag{5.338}$$

und

$$r_{\underline{x}\underline{x}}(t) := \int_{-\infty}^{\infty} x^*(t') \; x(t + t') \; dt' \,, \tag{5.339}$$

wobei wir wieder das gleiche Formelzeichen verwenden, obwohl jetzt die Bedeutung (und auch die Dimension) eine andere ist. Es zeigt sich allerdings, daß die Formeln (5.313), (5.315) und (5.334), (5.335) auch für die in (5.338) und (5.339) definierten Größen gelten, wenn man sie auf reelle Funktionen spezialisiert. Ein Zusammenhang mit unseren früheren Überlegungen wird dadurch hergestellt, daß die FOURIERtransformierten der Funktionen (5.338) bzw. (5.339) identisch sind mit dem Kreuzenergiespektrum $\underline{X}^*(\Omega)\ \underline{Y}(\Omega)$ bzw. dem Energiespektrum $|\underline{X}(\Omega)|^2$ (s. PAPOULIS /1/).

Die hier definierten Autokorrelations- und Kreuzkorrelationsfunktionen von Zeitfunktionen sind auch nicht zu verwechseln mit den Funktionen gleichen Namens, die wir in 5.5 für stochastische Prozesse einführen. Um die Ausdrucksweise nicht zu sehr zu komplizieren, verwenden wir zwar die gleichen Namen, jedoch unterschiedliche Formelzeichen. Lediglich im Sonderfall ergodischer stochastischer Prozesse sind die Funktionen identisch.

5.5 Anwendung auf Zufallsschwingungen

5.5.1 Grundbegriffe der Wahrscheinlichkeitsrechnung

Betrachten wir ein Experiment, dessen Ausgang vom "Zufall" abhängt. Das Experiment soll eine Anzahl verschiedener möglicher Ausgänge zulassen, die auch unendlich groß sein können. Die verschiedenen Versuchsausgänge oder -ergebnisse bezeichnen wir mit e_i; dabei kann es sich z.B. um eine gewürfelte Augenzahl handeln, wobei die Menge aller mögliche Versuchsergebnisse durch $\{e_1,e_2,e_3,e_4,e_5,e_6\}$ bezeichnet wird, um das Ergebnis des Werfens einer Münze, wobei die Menge der möglichen Versuchsergebnisse $\{W,Z\}$ ist ("Wappen" oder "Zahl"), um die Lebensdauer t_L einer willkürlich aus einer Produktionsserie ausgewählten Glühbirne, wobei die Menge der möglichen Versuchsergebnisse gerade die Menge der reellen Zahlen auf der positiven Halbgeraden ist, oder um das Ergebnis eines Wurfes beim Dartspiel (Wurfpfeil auf Zielscheibe); jeder Punkt der Zielscheibe entspricht dabei einem möglichen Ergebnis.

Beschränken wir uns zunächst auf den Fall, in dem das Experiment nur endlich viele Versuchsergebnisse $e_1,e_2,\dots,e_s$ zuläßt. Wir wiederholen das Experiment N mal und bezeichnen mit $n(e_i)$ die Zahl der Versuche, bei denen das Versuchsergebnis e_i aufgetreten ist. Die Größe

$$h(e_i) := \frac{n(e_i)}{N} \tag{5.340}$$

nennt man *relative Häufigkeit* des Versuchsergebnisses e_i, und definitionsgmäß gilt

$$0 \leq h(e_i) \leq 1 \ , \tag{5.341}$$

für jedes der möglichen Versuchsergebnisse e_i und

$$\sum_{i=1}^{s} h(e_i) = 1 \ , \tag{5.342}$$

unabhängig von N. In der Tabelle 5.1 ist für verschiedene Anzahlen N von Würfelvorgängen die Anzahl $n(e_2)$ der Versuche angegeben, bei denen das Versuchsergebnis "eine Zwei gewürfelt" eingetreten ist, sowie die relative Häufigkeit $h(e_2)$.

Tabelle 5.1: Würfelversuch

N	$n(e_2)$	$h(e_2)$
1	1	1
2	0	0
3	1	0,33
5	0	0
10	2	0,20
100	17	0,17
1000	163	0,163

Wir nehmen an, daß für $N \to \infty$ die relative Häufigkeit $h(e_2)$ gegen einen Grenzwert geht. Dieser Grenzwert

$$P(e_i) = \lim_{N \to \infty} \frac{n(e_i)}{N} \tag{5.343}$$

wird als *Wahrscheinlichkeit* des Versuchsergebnisses e_i bezeichnet. Aus (5.341) und (5.342) folgt dann direkt

$$0 \leq P(e_i) \leq 1 \, , \qquad i = 1,2,\ldots,s \, , \tag{5.344}$$

$$\sum_{i=1}^{s} P(e_i) = 1 \, . \tag{5.345}$$

Bei einem Würfel wird man erwarten, daß die Wahrscheinlichkeit des Würfelns einer jeden Zahl aus $\{e_1,e_2,e_3,e_4,e_5,e_6\}$ gleich 1/6 = 0,1666... ist, sofern der Würfel ganz regelmäßig ist. Allgemein gilt: Gibt es bei einem Experiment s "gleichwahrscheinliche" Ergebnisse, so ist

$$P(e_i) = \frac{1}{s} \, , \qquad i = 1,2,\ldots,s \, . \tag{5.346}$$

Die Wahrscheinlichkeit des Versuchsausganges "eine Zwei oder eine Drei gewürfelt" ist 2/6 und allgemein ist im Falle von s "gleichwahrscheinlichen" möglichen Ergebnissen die Wahrscheinlichkeit von "e_1 oder e_2 oder ... oder e_k" gerade

$$P(e_1,e_2,\dots,e_k) = \frac{k}{s} \, . \qquad (5.347)$$

Dazu betrachten wir das folgende Beispiel: In einem Kasten befinden sich 4 schwarze, 10 weiße und 3 rote Kugeln. Wie groß ist die Wahrscheinlichkeit, daß beim Herausnehmen von 4 Kugeln (ohne daß Kugeln zurückgelegt werden) alle 4 Kugeln weiß sind?

Zunächst berechnen wir die Anzahl a der möglichen Versuchsausgänge zu

$$a = \binom{17}{4} = \frac{17!}{4!\ 13!} = 2380 \ ; \qquad (5.348)$$

(die Reihenfolge des Auftretens der einzelnen Kugeln wird nicht als Unterscheidungsmerkmal verwendet). Die Anzahl b der Versuchsergebnisse mit weißen Kugeln ist

$$b = \binom{10}{4} = \frac{10!}{4!\ 6!} = 210 \ ; \qquad (5.349)$$

sind alle Versuchsausgänge "gleichwahrscheinlich", so ist die gesuchte Wahrscheinlichkeit

$$P = \frac{210}{2380} = \frac{3}{34} \, . \qquad (5.350)$$

Wir erkennen aus diesem Beispiel, daß man aus der Kenntnis von $P(e_i)$, $i = 1,2,\dots,s$ auch die Wahrscheinlichkeit anderer, "zusammengesetzter" Versuchsergebnisse bestimmen kann (aus der Wahrscheinlichkeit der *Elementarereignisse* kann die Wahrscheinlichkeit anderer *Ereignisse* berechnet werden, wie wir gleich deutlicher sehen werden).

Allerdings hat sich gezeigt, daß die Einführung des Wahrscheinlichkeitsbegriffes anhand (5.343) mathematisch nicht sehr weittragend ist. Wir betrachten deswegen noch kurz die *axiomatische Einführung* der Wahrscheinlichkeit, die heute allgemein üblich ist; sie ist eng mit der *Maßtheorie* verwandt. Sei $\mathbb{E}$ die Menge aller möglichen Ergebnisse eines Versuches und $\mathbb{B}$ ein System von Untermengen von $\mathbb{E}$, die noch gewisse Eigenschaften erfüllen muß[69]; jedes Element $A \in \mathbb{B}$ ist demnach eine Teilmenge von $\mathbb{E}$, wir nennen die Elemente von $\mathbb{B}$ *Ereignisse*. Insbesondere heißt E *sicheres Ereignis*, ϕ (leere Menge) *unmögliches Ereignis* und jedes Element von $\mathbb{B}$, das nur ein Element (nämlich ein Versuchsergebnis) enthält, *Elementarereignis*. Ist das Versuchsergebnis e und gilt $e \in A$, so sagen wir, das Ereignis A habe stattgefunden. Die Wahrscheinlichkeit wird nun definiert als Funktion über den Elementen von $\mathbb{B}$ (also über Untermengen von $\mathbb{E}$), die jedem Element A eine reelle Zahl P(A) zuweist, und folgenden Bedingungen genügt:

$$1)\ P(A) \geq 0 \quad \text{für alle } A \in \mathbb{B}\ , \tag{5.351}$$

$$2)\ P(E) = 1\ , \tag{5.352}$$

$$3)\ P(A_1 \cup A_2) = P(A_1) + P(A_2)\ , \quad \text{sofern } A_1 \cap A_2 = \phi,\ A_1,\ A_2 \in \mathbb{B}\ . \tag{5.353}$$

Die in (5.353) postulierte Eigenschaft läßt sich ohne weiteres auf die Vereinigung von endlich vielen, paarweise disjunkten Elementen von $\mathbb{B}$ erweitern. Aus den Axiomen folgt insbesondere, daß $P(\phi) = 0$ ist.

Ein weiterer wichtiger Begriff ist der der *bedingten Wahrscheinlichkeit*: Man bezeichnet als bedingte Wahrscheinlichkeit $P(A_1/A_2)$ die Wahrscheinlichkeit des Ereignisses A_1 unter der Annahme, daß das Ereignis A_2 eingetreten ist und erkennt, daß zweckmäßigerweise für $P(A_2) \neq 0$

---

[69] Die Menge $\mathbb{B}$ muß ein BORELkörper (nach dem Mathematiker, Politiker und Philosophen, Emile BOREL, * 1871 in Saint Afrique, + 1956 in Paris) von Untermengen der Menge $\mathbb{E}$ sein (d.h. eine σ-Algebra). Dies bedeutet, daß gelten muß

1. $\mathbb{E} \in \mathbb{B}$ und $\phi \in \mathbb{B}$,
2. jede Vereinigung (und dann auch jede Schnittmenge) von endlich oder abzählbar unendlich vielen Elementen von $\mathbb{B}$ ist selbst ein Element von $\mathbb{B}$,
3. gehören A_1 und A_2 zu $\mathbb{B}$, so ist die Differenz $A_1 \setminus A_2$ ebenfalls Element von $\mathbb{B}$.

$$P(A_1/A_2) := \frac{P(A_1 \cap A_2)}{P(A_2)} \qquad (5.354)$$

zu definieren ist.

Als *unabhängig* bezeichnet man zwei Ereignisse A_1 und A_2, wenn

$$P(A_1 \cap A_2) = P(A_1)P(A_2) \ . \qquad (5.355)$$

Für unabhängige Ereignisse gilt demnach $P(A_1/A_2) = P(A_1)$.

In dem Würfelexperiment können wir jedem der sechs verschiedenen Elementarereignisse $\{e_i\}$:= "eine Zahl i gewürfelt" die Wahrscheinlichkeit

$$P(\{e_i\}) = \frac{1}{6} \quad i = 1,2,\ldots,6 \qquad (5.356)$$

zuweisen. Die Wahrscheinlichkeit des Ereignisses A_1 := "eine gerade Zahl gewürfelt", d.h.

$$A_1 = \{e_2, e_4, e_6\} \qquad (5.357)$$

wäre dann wegen (5.353)

$$P(A_1) = \frac{3}{6} = \frac{1}{2} \ . \qquad (5.358)$$

Die Wahrscheinlichkeit des Ereignisses A_2 := "eine 3 oder eine 4 gewürfelt", d.h.

$$A_2 = \{e_3, e_4\} \qquad (5.359)$$

wäre

$$P(A_2) = \frac{1}{3} \ . \qquad (5.360)$$

Wegen

$$P(A_1 \cap A_2) = P(\{e_4\}) = \frac{1}{6} \qquad (5.361)$$

gilt auch (5.355), und die beiden Ereignisse sind unabhängig; in der Tat ist auch

$$P(A_1/A_2) = P(A_1) = \frac{1}{2} . \tag{5.362}$$

Interessanter ist das Beispiel des Wurfpfeilspieles. Nehmen wir an, daß die Zielscheibe kreisförmig mit Radius a ist und betrachten die Punkte des Kreises als Versuchsergebnisse, so sind die Ereignisse als Punktmengen definiert. Man beachte, daß dabei Würfe, bei denen die Scheibe nicht getroffen wird, nicht gewertet werden, man kann daher die im folgenden für das Spiel definierten Wahrscheinlichkeiten auch als bedingte Wahrscheinlichkeiten interpretieren. Auf diesem Raum der Ereignisse können nun auf viele verschiedene Arten Wahrscheinlichkeitsfunktionen, d.h. Funktionen P(A), die den Axiomen (5.351) bis (5.353) genügen, definiert werden. Man kann z.B. P(A) durch

$$P(A) := \frac{\mathcal{F}(A)}{\mathcal{F}(E)} \tag{5.363}$$

definieren, wobei $\mathcal{F}(A)$ für den Flächeninhalt der Punktmenge A steht. Man erkennt, daß eine solche Definition den Axiomen genügt, aber wohl kaum einer in der Praxis zu beobachtenden relativen Häufigkeit entspricht, da sie bedingt, daß alle Punkte der Scheibe "gleich wahrscheinlich" sind.

Eine andere mögliche Definition von P(A) wäre die folgende: sei e_0 das Versuchsergebnis "Mittelpunkt der Scheibe getroffen", dann gelte

$$P(A) = 1 \quad \text{für} \quad e_0 \in A \tag{5.364}$$

und

$$P(A) = 0 \quad \text{für} \quad e_0 \notin A . \tag{5.365}$$

Die durch (5.364) und (5.365) definierte Funktion genügt zwar auch wieder den Axiomen, wird aber ebenfalls nicht einer in der Praxis beobachteten relativen Häufigkeit entsprechen, denn für sie würde ja der Mittelpunkt der Zielscheibe mit Wahrscheinlichkeit "Eins" getroffen: Es ist also die Wahrscheinlichkeitsfunktion des idealen Spielers (Weltmeister!).

Eine weitere und wohl sinnvollere Definition für die Wahrscheinlichkeit im Dartspiel ist in Abb. 5.20 angedeutet. Wir definieren eine Fläche z=f(x,y) über der x-y-Ebene und bezeichnen mit V(A) das Volumen des zylindrischen Körpers der Abb. 5.20 mit Basis A und vereinbaren

$$P(A) := \frac{V(A)}{V(E)} ; \tag{5.366}$$

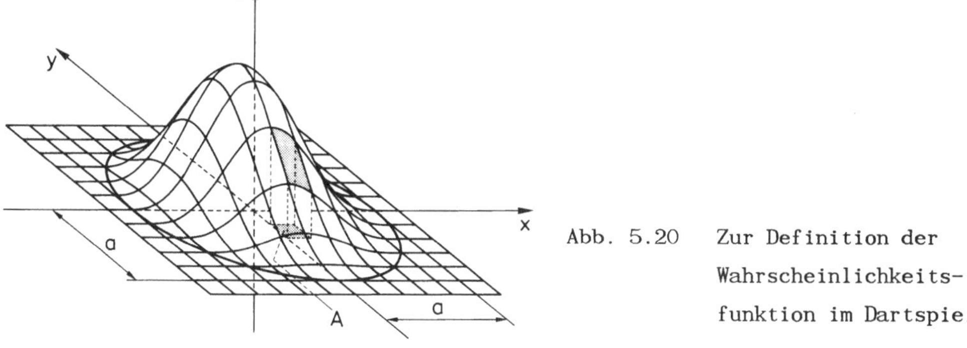

Abb. 5.20 Zur Definition der Wahrscheinlichkeitsfunktion im Dartspiel

diese Funktion genügt nicht nur den Axiomen, es ist auch anschaulich klar, daß man durch geeignete Wahl von f(x,y) jede experimentell gefundene relative Häufigkeit gut darstellen kann. Führt man alle Versuche immer mit der gleichen Versuchsperson (kein Weltmeister!) unter den gleichen Bedingungen durch, so wird man wohl eine Fläche etwa gemäß Abb. 5.20 erwarten, die keine axiale Symmetrie aufweist (sofern die Versuchsperson einen systematischen Fehler macht).

Die Versuchsergebnisse (Elementarereignisse) $e \in \mathbb{E}$, sowie auch die Ereignisse $A \in \mathbb{B}$ können i.a. ganz beliebiger Art sein, wie etwa die Farbe einer Kugel, die Augenzahl eines Würfels, die Lebensdauer einer Glühbirne oder ein Punkt einer Zielscheibe. Ordnet man jedem Versuchsergebnis e eine Zahl x(e) zu, so nennt man die Abbildung x eine *Zufallsvariable*. Der Definitionsbereich von x ist $\mathbb{E}$; wir betrachten hier nur reelle Zufallsvariablen, die kontinuierlich oder diskret sein können[70]. (Eigentlich muß man noch verlangen, daß die Funktion x bzgl. $\mathbb{B}$ meßbar ist.) So liegt es nahe, beim Würfelexperiment jedem Versuchsausgang die zugehörige Anzahl gewürfelter Augen zuzuordnen, wobei die diskrete Zufallsvariable x die Werte 1,2,3,4,5,6 annehmen kann. Beim Werfen einer Münze kann man z.B. dem Elementarereignis "Wappen" die Eins, dem Elementarereignis "Zahl" die Zwei zuordnen und würde auf diese Weise eine Zufallsvariable erhalten, die nur die Werte 1 und 2 annehmen kann. Bei dem Glühbirnenversuch wird man die Lebensdauer, in geeigneten Zeiteinheiten bemessen, als Zufallsvariable ansehen, oder auch eine Güteklasse, die man in geeigneter Weise definiert. Beim Wurfspiel kann man als Zufallsvariable z.B. den

---

[70] Abweichend von unseren Gewohnheiten bei Funktionen über $\mathbb{R}$ unterscheiden wir hier zwischen der Funktion x und dem Funktionswert x(e).

Abstand r des Auftreffpunktes vom Mittelpunkt der Zielscheibe wählen, oder aber die x- oder y-Koordinate dieses Punktes bzgl. eines kartesischen Koordinatensystems mit Ursprung im Mittelpunkt der Scheibe.

Sei x eine beliebige Zufallsvariable. Wir betrachten nun die Ereignisse, d.h. die Untermengen von E, die durch $\{e|\ x(e) \leq \bar{x}\}$ gegeben sind. Zu einer gegebenen Zufallsvariablen x und einer bestimmten Wahrscheinlichkeitsfunktion $P(\cdot)$ können wir die *Wahrscheinlichkeitsverteilungsfunktion* (oder auch einfach *Verteilung*)

$$F(\bar{x}) := P(\{e|\ x(e) \leq \bar{x}\}) \tag{5.367}$$

definieren. Man erkennt aus (5.351) bis (5.353), daß

$$0 \leq F(\bar{x}) \leq 1 \ , \tag{5.368}$$

$$\lim_{x\to\infty} F(\bar{x}) = 1 \ , \tag{5.369}$$

$$\lim_{x\to-\infty} F(\bar{x}) = 0 \tag{5.370}$$

ist und daß auch

$$F(x_2) - F(x_1) = P(\{e|\ x_1 < x(e) \leq x_2\}) \tag{5.371}$$

gilt. Die Verteilung F(x) ist daher monoton wachsend; für das Würfelexperiment, das Werfen einer Münze und für die Glühbirnenlebensdauer ist sie in Abb. 5.21 angegeben.

Für das Wurfpfeilspiel betrachten wir drei verschiedene Zufallsvariablen r,x und y und erhalten mit der Wahrscheinlichkeitsdefinition gemäß (5.366) und Abb. 5.20 dementsprechend drei verschiedene Verteilungsfunktionen, die wir mit $F_r(\bar{r})$, $F_x(\bar{x})$ und $F_y(\bar{y})$ kennzeichnen. Sie sind in Abb. 5.22 dargestellt.

Aus (5.371) folgt auch, daß die Wahrscheinlichkeit dafür, daß die Zufallsvariable x einen bestimmten Wert, z. B. x_0 annimmt, an allen Stetigkeitsstellen von $F(\bar{x})$ gleich Null ist; allgemein gilt

$$P(\{e|\ x(e) = x_0\}) = F(x_0^+) - F(x_0^-) \ , \tag{5.372}$$

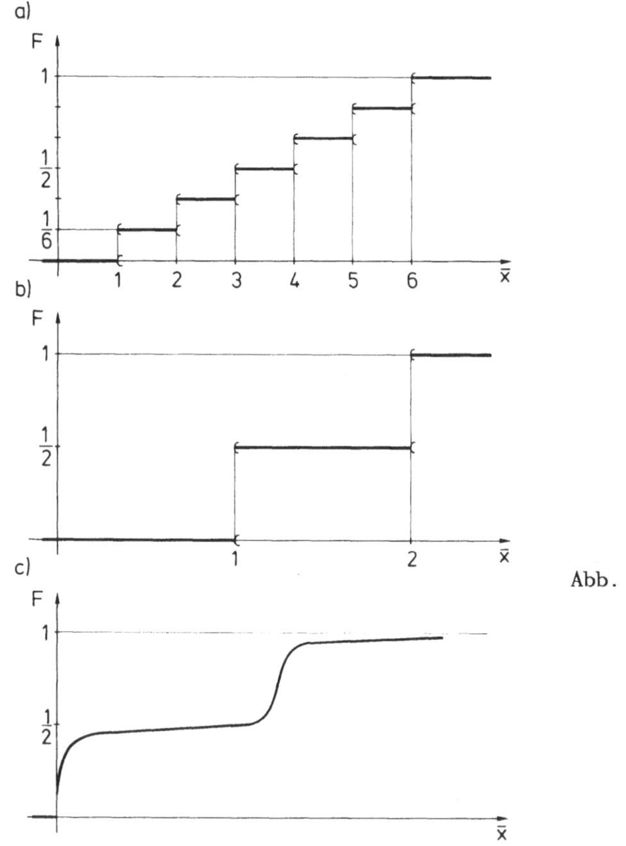

Abb. 5.21 Wahrscheinlichkeitsverteilungsfunktion
a) Würfelversuch
b) Versuch "Münze werfen"
c) Lebensdauer einer Glühbirne

und dieser Ausdruck ist lediglich an den Sprungstellen von F(x) ungleich Null. Für das Glühbirnenbeispiel ist dies auch anschaulich ganz klar, denn die Wahrscheinlichkeit dafür, daß eine Glühbirne exakt nach 60 s durchbrennt, ist sicherlich gleich Null, während natürlich die Wahrscheinlichkeit dafür, daß die Lebensdauer zwischen 60 s und 61 s liegt, zwar klein, aber bestimmt ungleich Null ist.

Aus der Wahrscheinlichkeitsverteilungsfunktion $F(\bar{x})$ ergibt sich die *Wahrscheinlichkeitsdichtefunktion* (oft auch einfach als *Dichte* bezeichnet) der Zufallsvariablen gemäß

$$p(\bar{x}) := \frac{dF(\bar{x})}{d\bar{x}} ; \qquad (5.373)$$

da $f(\bar{x})$ monoton wachsend ist, gilt $p(\bar{x}) \geq 0$, und es ist außerdem

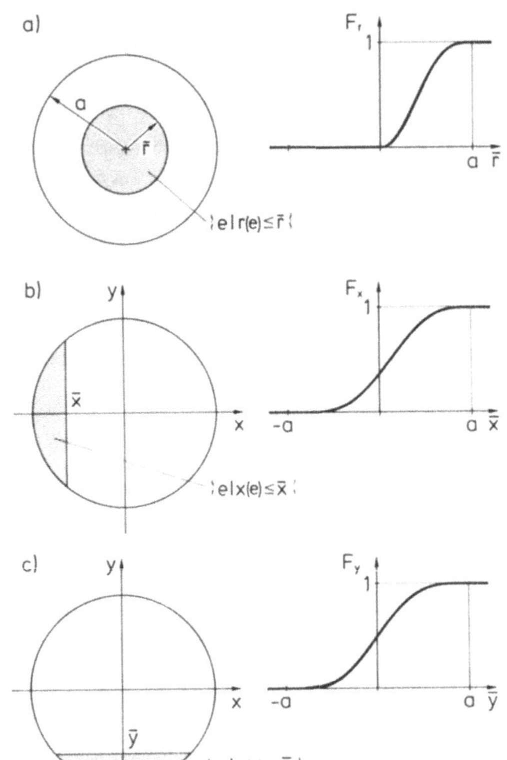

Abb. 5.22 Verteilungsfunktion für das Dartspiel und die Zufallsvariablen x,y und r

$$\int_{-\infty}^{\bar{x}} p(x')\, dx' = F(\bar{x}) \tag{5.374}$$

und

$$\int_{-\infty}^{\infty} p(\bar{x})\, d\bar{x} = 1 \ . \tag{5.375}$$

Die Wahrscheinlichkeit, mit der die Zufallsvariable x Werte zwischen x_1 und x_2 annimmt, ist demnach

$$\int_{x_1}^{x_2} p(\bar{x})\, d\bar{x} = P(\{e|\ x_1 < x(e) \leq x_2\}) \ . \tag{5.376}$$

Die Wahrscheinlichkeitsdichtefunktionen zu Abb. 5.21 sind in Abb. 5.23 dargestellt. Während sich in Abb. 5.23a und 5.23b die Dichten lediglich aus

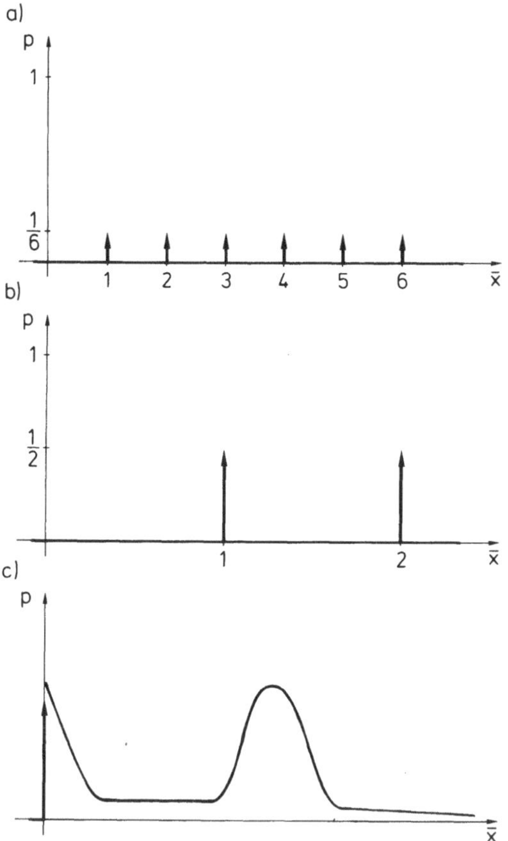

Abb. 5.23 Wahrscheinlichkeitsdichtefunktionen zu Abb. 5.21

DIRACschen Delta-Funktionen zusammensetzen, besteht die Dichtefunktion der Abb. 5.23c aus einer Delta-Funktion an der Stelle $\bar{x} = 0$ und der wohlbekannten "Badewannenkurve": Darin spiegelt sich zunächst die Unstetigkeit der Verteilung an der Stelle $x = 0$ wieder (einige Glühbirnen besitzen Lebensdauer Null, keine jedoch eine negative Lebensdauer), als auch die Erfahrungstatsache, daß ein relativ großer Anteil von Birnen sehr bald ausfällt, daß es dann einen Zeitraum gibt, in dem nur sehr wenige Birnen durchbrennen, und daß später irgendwann die Durchbrennquote wieder groß wird. In Abb. 5.24a bis 5.24c sind die drei Dichten $p_r(\bar{r})$, $p_x(\bar{x})$ und $p_y(\bar{y})$ für das Wurfpfeilspiel gegeben, deren Verteilungen in Abb. 5.22 dargestellt waren.

Von den vielen möglichen Verteilungsfunktionen ist besonders die *Normalverteilung* oder GAUSSsche Verteilung wichtig, die durch die Dichte

$$p(\bar{x}) = \frac{1}{\sqrt{2\pi}\,\sigma} \exp\left[- \frac{(\bar{x} - m)^2}{2\sigma^2}\right] \tag{5.377}$$

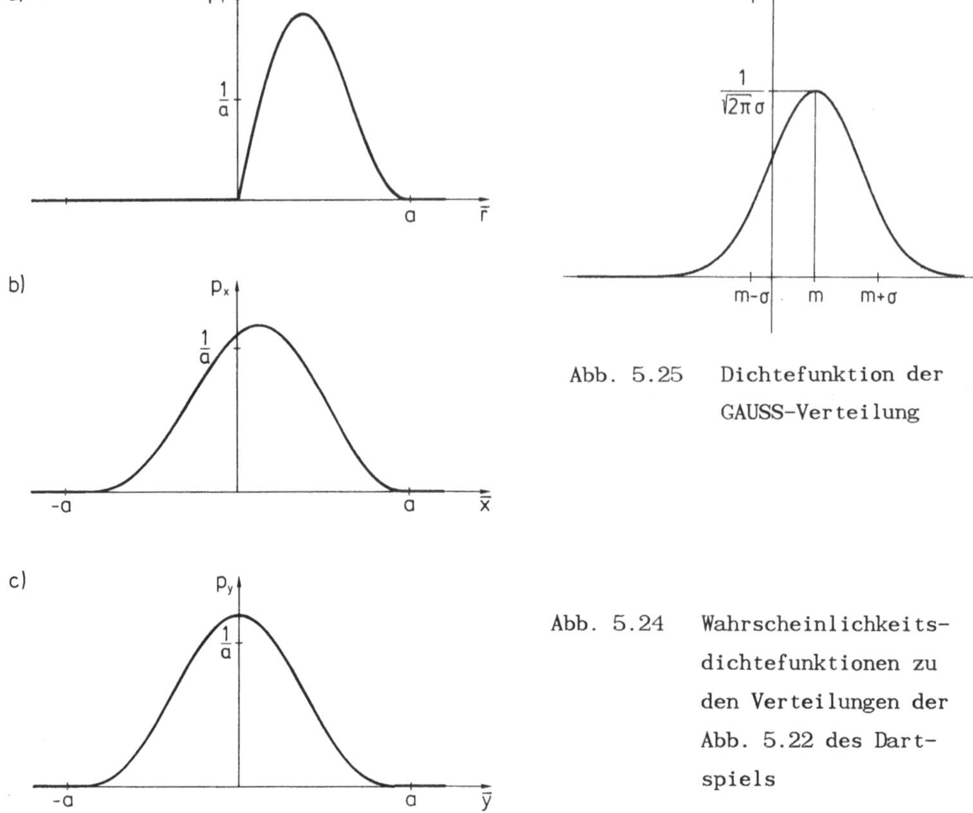

Abb. 5.25 Dichtefunktion der GAUSS-Verteilung

Abb. 5.24 Wahrscheinlichkeitsdichtefunktionen zu den Verteilungen der Abb. 5.22 des Dartspiels

gegeben und in Abb. 5.25 dargestellt ist (in Abb. 5.10 hatten wir diese Dichte, allerdings mit m = 0, ebenfalls schon behandelt).[71]

Weist man in ein und demselben Experiment jedem möglichen Ausgang nicht nur eine, sondern zwei oder mehrere Zufallsvariablen x,y,... zu, wie wir es beim Wurfpfeilspiel getan haben, so gibt es mehrere Verteilungen $F_x(\bar{x})$, $F_y(\bar{y})$, ... und Dichten $p_x(\bar{x})$, $p_y(\bar{y})$, ... Auch beim Würfelspiel z.B. hätten wir mit einer Zufallsvariablen den Wert "Eins" für jede gerade Augenzahl und den Wert "Zehn" für jede ungerade Augenzahl zuweisen können. Hat man zwei Zufallsvariablen x und y definiert, so werden durch

---

[71] Die Wichtigkeit dieser Verteilungsfunktion beruht auf dem *zentralen Grenzwertsatz*, der besagt, daß jede lineare Kombination von n unabhängigen Zufallsvariablen mit $n \to \infty$ eine GAUSSverteilte Zufallsvariable ergibt (dies gilt unter sehr allgemeinen Voraussetzungen, s. /3/).

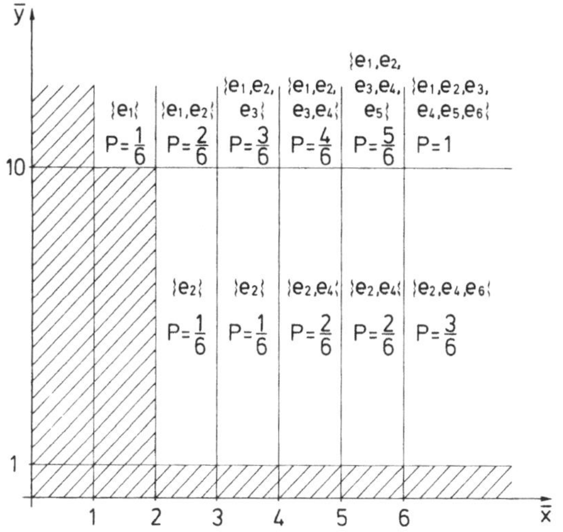

Abb. 5.26 Durch (5.378) festgelegte Untermengen für das Würfelspiel und zugehörige Werte der Verbundverteilung F_{xy}

$$\{e|\ x(e) \le \bar{x},\ y(e) \le \bar{y}\} = \{e|\ x(e) \le \bar{x}\} \cap \{e|\ y(e) \le \bar{y}\} \qquad (5.378)$$

gewisse Untermengen von E festgelegt. Für das Würfelspiel mit den beiden genannten Zufallsvariablen sind diese Mengen in der Abb. 5.26 dargestellt; dem schraffierten Bereichen entspricht die leere Menge. Dieses Diagramm ist folgendermaßen zu lesen: Zu jedem Punkt $(\bar{x},\bar{y})$ ist in dem entsprechenden Rechteck die durch (5.378) definierte Menge angegeben, wobei in den geschweiften Klammern jeweils die entsprechenden Versuchsergebnisse e_i ("Eine i gewürfelt, i=1,2,3,4,5,6") aufgezählt sind.

Für die mittels (5.378) beschriebenen Mengen definiert man die *Verbundverteilungsfunktion*

$$F_{xy}(\bar{x},\bar{y}) := P(\{e|\ x(e) \le \bar{x},\ y(e) \le \bar{y}\}) \qquad (5.379)$$

der beiden Zufallsvariablen. Für das Würfelbeispiel wurden die Werte dieser Funktion ebenfalls unter den geschweiften Klammern in Abb. 5.26 eingetragen, wobei dem gesamten schraffierten Bereich der Wert Null entspricht.

Für das Wurfpfeilspiel mit den Zufallsvariablen x und y sind in Abb. 5.27 drei Bereiche gekennzeichnet, in denen die Verbundverteilungsfunktion jeweils den Wert Null, Eins und Werte zwischen Null und Eins annimmt. An dem gekennzeichneten Punkt $(\bar{x}_0,\bar{y}_0)$ berechnet sich der Wert der Verbundverteilungsfunktion aus dem Volumen des zylindrischen Körpers mit $z = f(\bar{x},\bar{y})$, dessen

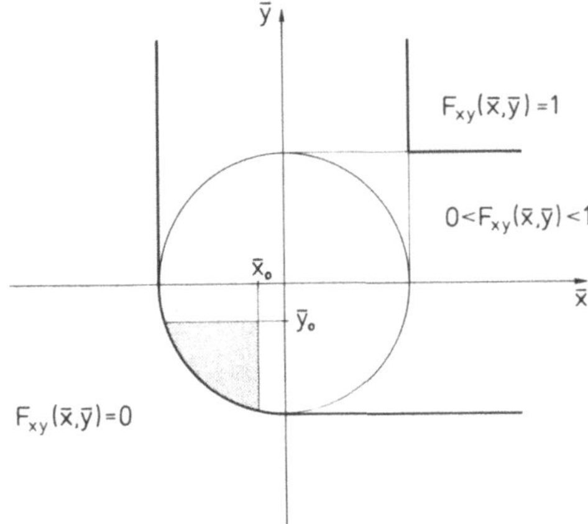

Abb. 5.27 Zur Verbundverteilungsfunktion des Dartspiels mit den Zufallsvariablen x und y

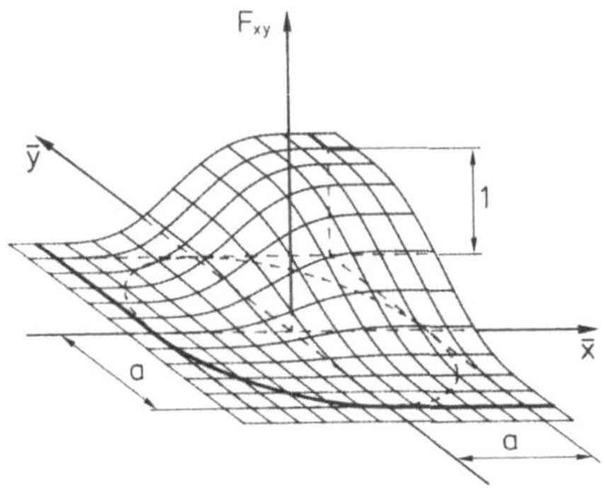

Abb. 5.28 Perspektivische Darstellung der Verbundverteilungsfunktion $F_{xy}(\bar{x},\bar{y})$ des Dartspiels

Grundfläche in der $\bar{x}$-$\bar{y}$-Ebene dem gepunkteten Bereich der Abb. 5.27 entspricht, geteilt durch das Gesamtvolumen des Körpers der Abb. 5.20. In Abb. 5.28 ist diese Verbundverteilungsfunktion $F_{xy}(\bar{x},\bar{y})$ perspektivisch über der $\bar{x}$-$\bar{y}$-Ebene aufgetragen.

Aus (5.379) berechnet man die *Verbunddichtefunktion* der beiden Zufallsvariablen durch Differentiation:

$$p_{xy}(\bar{x},\bar{y}) := \frac{\partial^2 F_{xy}(\bar{x},\bar{y})}{\partial\bar{x}\,\partial\bar{y}} . \tag{5.380}$$

Man erkennt, daß für das Wurfpfeilspiel die Funktion $p_{xy}(\bar{x},\bar{y})$ proportional zu $z = f(\bar{x},\bar{y})$ ist; an den Punkten $(\bar{x},\bar{y})$ mit $\bar{x}^2 + \bar{y}^2 > a^2$ ist $p_{xy}(\bar{x},\bar{y}) = 0$. Die Verallgemeinerung der Begriffe Verbundverteilungsfunktion und Verbunddichte auf mehr als zwei Zufallsvariablen ist trivial. Aus den Definitionen (5.379) und (5.380) folgt der Zusammenhang

$$F_x(\bar{x}) = \int_{-\infty}^{\infty} F_{xy}(\bar{x},\bar{y})\, d\bar{y} \tag{5.381}$$

und

$$p_x(\bar{x}) = \int_{-\infty}^{\infty} p_{xy}(\bar{x},\bar{y})\, d\bar{y} \ , \tag{5.382}$$

so daß man $F_x(\bar{x})$ und $p_x(\bar{x})$ leicht berechnen kann, wenn die Verbundverteilung und die Verbunddichte bekannt sind.

Zwei Zufallsvariablen x und y werden als *statistisch unabhängig* bezeichnet, wenn die Ereignisse $\{e|\ x(e) \leq \bar{x}\}$ und $\{e|\ y(e) \leq \bar{y}\}$ für alle $\bar{x}$, $\bar{y}$ unabhängig voneinander sind, so daß gemäß (5.355)

$$P(\{e|\ x(e) \leq \bar{x},\ y(e) \leq \bar{y}\}) = P(\{e|\ x(e) \leq \bar{x}\}) \cdot P(\{e|\ y(e) \leq \bar{y}\}) \tag{5.383}$$

gilt und auch

$$F_{xy}(\bar{x},\bar{y}) = F_x(\bar{x})\ F_y(\bar{y}) \ , \tag{5.384}$$

sowie

$$p_{xy}(\bar{x},\bar{y}) = p_x(\bar{x})\ p_y(\bar{y}) \ . \tag{5.385}$$

Man kann sich leicht überlegen, unter welchen Bedingungen die Zufallsvariablen x und y in dem vorher behandelten Beispiel unabhängig sind.

Ist x eine Zufallsvariable, so ist g(x) (mit einer beliebigen Funktion g(•) unter sehr schwachen Zusatzbedingungen) ebenfalls eine Zufallsvariable, deren Werte durch $[g(x)](e) := g[x(e)]$, $e \in E$, definiert sind. Ist $p(\bar{x})$ die Dichte von x, so erklären wir den *Erwartungswert* oder *Mittelwert* von g(x) durch

$$m_{g(x)} := E[g(x)] := \int_{-\infty}^{\infty} g(\bar{x})\ p(\bar{x})\ d\bar{x} \ , \tag{5.386}$$

d.h. durch Multiplikation mit $p(\bar{x})$ und Integration über $\bar{x}$ von $-\infty$ bis $+\infty$. Insbesondere ist der Mittelwert oder Erwartungswert von x

$$m_x = E[x] = \int_{-\infty}^{\infty} \bar{x}\; p(\bar{x})\; d\bar{x}\;, \tag{5.387}$$

er kann geometrisch interpretiert werden als Abszisse des Flächenschwerpunktes der unter der Kurve $p(\bar{x})$ eingeschlossenen Fläche. Außer dem Mittelwert m_x ist auch noch der Erwartungswert von $g(x) = (x-m_x)^2$ eine wichtige Kenngröße einer Zufallsvariablen:

$$\sigma_x^2 := E[(x-m_x)^2] = \int_{-\infty}^{\infty} (\bar{x}-m_x)^2\; p(\bar{x})\; d\bar{x}\;; \tag{5.388}$$

man bezeichnet σ_x^2 als *Varianz* und die positive Größe σ_x als *Streuung* von x. Geometrisch kann (5.388) gedeutet werden als auf den Schwerpunkt bezogenes axiales Flächenträgheitsmoment der durch $p(\bar{x})$ eingeschlossenen Fläche und σ_x als ihr Trägheitsradius. Die Varianz ist ein Maß für die Konzentration der Wahrscheinlichkeitsdichte $p(\bar{x})$ um den Erwartungswert.

Berechnet man den Mittelwert und die Varianz von x für die durch (5.377) gegebene Normalverteilung, so stellt man fest, daß die in dem Ausdruck für $p(\bar{x})$ enthaltenen Parameter m und σ gerade die Bedeutung von m_x und σ_x haben. Alle *zentralen Momente* höherer Ordnung

$$E[(x-m_x)^n] := \int_{-\infty}^{\infty} (\bar{x}-m_x)^n\; p(\bar{x})\; d\bar{x}, \qquad n = 3,4,\dots \tag{5.389}$$

können daher für eine Normalverteilung durch m_x und σ_x ausgedrückt werden (vergleiche auch mit dem Beispiel (5.145)). Im allgemeinen Fall ist dies natürlich nicht so, da eine allgemeine Verteilung nicht nur von zwei Parametern abhängen wird. Die Dichte $p(\bar{x})$ wird aber andererseits durch m_x, σ_x und durch sämtliche zentralen Momente auch im allgemeinen Fall eindeutig festgelegt.

Sind x,y zwei Zufallsvariablen und $g(\cdot,\cdot)$ eine beliebige Funktion, so ist $g(x,y)$ eine neue Zufallsvariable, deren Werte durch $[g(x,y)](e) := g[x(e),x(e)]$, $e \in \mathbb{E}$, erkärt sind. Ihren Erwartungswert definiert man gemäß

$$E[g(x,y)] := \int_{-\infty}^{\infty} \int_{-\infty}^{\infty} g(\bar{x},\bar{y})\; p_{xy}(\bar{x},\bar{y})\; d\bar{x}\; d\bar{y} \;; \qquad (5.390)$$

insbesondere die *Kovarianz* von x und y als

$$c_{xy} := E[(x-m_x)(y-m_y)]$$

$$= \int_{-\infty}^{\infty} \int_{-\infty}^{\infty} (\bar{x}-m_x)(\bar{y}-m_y)\; p_{xy}(\bar{x},\bar{y})\; d\bar{x}\; d\bar{y} \;;\ ^{72} \qquad (5.391)$$

sie kennzeichnet einen statistischen Zusammenhang der Zufallsvariablen x und y: Sind x und y statistisch unabhängig, so gilt offensichtlich

$$c_{xy} = 0 \quad ; \qquad (5.392)$$

allerdings ist $c_{xy} = 0$ keine hinreichende, sondern nur eine notwendige Bedingung für statistische Unabhängikeit. Mit c_{xy} definiert man auch den *Korrelationskoeffizienten*

$$\rho_{xy} := \frac{c_{xy}}{\sigma_x\, \sigma_y} \qquad (5.393)$$

und falls $\rho_{xy} = 0$ (bzw. $c_{xy} = 0$) ist, nennt man die Variablen x und y *unkorreliert*.

Es ist nicht schwer zu zeigen, daß immer

$$c_{xy} = E[xy] - E[x]\, E[y] \qquad (5.394)$$

gilt und daß der Korrelationskoeffizient stets die Ungleichung

$$|\rho_{xy}| \leq 1 \qquad (5.395)$$

erfüllt.

---

72 Man beachte, daß c_{xx} identisch mit der Varianz σ_x^2 ist!

Mit Hilfe der Formel (5.386) kann man für das Wurfpfeilspiel z.B. den Erwartungswert von $r = [x^2 + y^2]^{1/2}$ bei bekannter Dichte $p(\bar{x},\bar{y})$ berechnen. Auch die anderen hier definierten Größen lassen sich in diesem Beispiel ohne weiteres anschaulich deuten.

Von besonderer Bedeutung ist im Fall von zwei Zufallsvariablen die *GAUSSsche Verbundverteilung*, deren Verbunddichte durch

$$p(\bar{x},\bar{y}) = \frac{1}{2\pi\,\sigma_x\,\sigma_y\sqrt{1-\rho_{xy}^2}}\cdot$$

$$\cdot\exp\left\{-\frac{1}{2}\,\frac{1}{1-\rho_{xy}^2}\left[\left(\frac{\bar{x}-m_x}{\sigma_x}\right)^2 - 2\,\rho_{xy}\,\frac{\bar{x}-m_x}{\sigma_x}\,\frac{\bar{y}-m_y}{\sigma_y} + \left(\frac{\bar{y}-m_y}{\sigma_y}\right)^2\right]\right\} \quad (5.396)$$

definiert ist; dabei sind die Parameter m_x und m_y die Mittelwerte der Zufallsvariablen x und y, σ_x und σ_y ihre Streuungen und ρ_{xy} ihr Korrelationskoeffizient. Wir setzen hier voraus, daß in der Ungleichung (5.395) das Gleichheitszeichen ausgeschlossen ist (die Grenzfälle $\rho_{xy} \to \pm 1$ müßten gesondert untersucht werden); damit ist gewährleistet, daß das Argument der Exponentialfunktion in (5.396) stets negativ ist. Anders als bei allgemeinen Verbunddichten ist bei *gemeinsam normalverteilten* Zufallsvariablen mit einer Verbunddichte gemäß (5.396) das Verschwinden von ρ_{xy} eine notwendige und hinreichende Bedingung für die statistische Unabhängigkeit der Zufallsvariablen x und y.

Die Definition der Verteilungs- und der Dichtefunktion lassen sich zwanglos auf den Fall endlich vieler Zufallsvariablen $x_1,\dots,x_n$ erweitern. Sind bei einem Zufallsexperiment jedem möglichen Ausgang nicht nur zwei, sondern n Zufallsvariablen zugeordnet, so wird durch

$$\{e|\ x_i(e) \le \bar{x}_i,\ i = 1,\dots,n\} := \bigcap_{i=1}^{n} \{e|\ x_i(e) \le \bar{x}_i\} \quad (5.397)$$

eine Untermenge von E, also ein Ereignis festgelegt und die Verbundverteilung des *Zufallsvektors* $\mathbf{x} := (x_1,\dots,x_n)^T$ ist definiert durch

$$F_{\mathbf{x}}(\bar{\mathbf{x}}) := P(\{e|\ x_i(e) \le \bar{x}_i\ ,\ i = 1,\dots,n\})\ ; \quad (5.398)$$

diese Funktion hängt selbstverständlich von den n Werten $\bar{x}_1,\dots,\bar{x}_n$ ab, die wir wieder zu einem Vektor $\bar{\mathbf{x}}$ zusammengefaßt haben. Die Verbunddichte ergibt sich dann auch wieder durch Differentiation

$$p_{\mathbf{x}}(\bar{\mathbf{x}}) := \frac{\partial^n F_{\mathbf{x}}(\mathbf{x})}{\partial\bar{x}_1 \partial\bar{x}_2 \ldots \partial\bar{x}_n} . \tag{5.399}$$

Ist $g(\cdot)$ eine reellwertige Funktion von n Veränderlichen $x_1,\ldots,x_n$, so ist $g(\mathbf{x})$ eine Zufallsvariable, definiert durch $[g(\mathbf{x})](e) := g[\mathbf{x}(e)]$, $e \in E$, deren Erwartungswert jetzt durch

$$E[g(\mathbf{x})] := \int_{\mathbb{R}^n} g(\bar{\mathbf{x}})\, p_{\mathbf{x}}(\bar{\mathbf{x}})\, d\bar{\mathbf{x}} \tag{5.400}$$

gegeben ist.

Neben den Mittelwerten $m_1,\ldots,m_n$, die wir im *Mittelwertvektor* $\mathbf{m}$ zusammenfassen, sind wieder die zentralen Momente zweiter Ordnung von besonderem Interesse, so die *Kovarianz* der Zufallsvariablen x_i und x_j

$$\begin{aligned} c_{ij} &:= E[(x_i - m_i)(x_j - m_j)] \\ &= \int_{\mathbb{R}^n} (\bar{x}_i - m_i)(\bar{x}_j - m_j)\, p_{\mathbf{x}}(\bar{\mathbf{x}})\, d\bar{\mathbf{x}} , \end{aligned} \tag{5.401}$$

die wir zur *Kovarianzmatrix* $\mathbf{C} = (c_{ij})$ zusammenfassen. Insbesondere sind also die Hauptdiagonalelemente c_{ii} gerade die Varianzen von x_i. Man kann sich übrigens schnell davon überzeugen, daß die Kovarianzmatrix $\mathbf{C}$ zumindest positiv semidefinit ist.

Auch bei endlich vielen Zufallsvariablen spielt die *GAUSSsche Verbundverteilung* eine wichtige Rolle; ihre Verbunddichte besitzt jetzt die Form

$$p_{\mathbf{x}}(\bar{\mathbf{x}}) = \frac{1}{\sqrt{(2\pi)^n \det \mathbf{C}}} \exp\left\{-\frac{1}{2}(\bar{\mathbf{x}} - \mathbf{m})^T \mathbf{C}^{-1} (\bar{\mathbf{x}} - \mathbf{m})\right\} ; \tag{5.402}$$

dabei müssen wir voraussetzen, daß die Kovarianzmatrix $\mathbf{C}$ nichtsingulär und damit positiv definit ist. Dies entspricht der Bedingung $|\rho_{xy}| \neq 1$ bei zwei Zufallsvariablen, und ebenso wie dort sind n gemeinsam normalverteilte Zufallsvariablen mit einer Verbunddichte gemäß (5.402) genau dann statistisch unabhängig, wenn alle Korrelationskoeffizienten ρ_{ij} $(i \neq j)$ verschwinden, wenn also die Kovarianzmatrix **C** Diagonalgestalt besitzt.

Diese knappen Bemerkungen zu den Grundbegriffen der Wahrscheinlichkeitsrechnung reichen für die in den folgenden Abschnitten besprochene spektrale Behandlung von Zufallsschwingungen aus. Eine ausgezeichnete ausführliche Darstellung ist in /3/ zu finden.

5.5.2 Stochastische Prozesse und Schwingungen

Bei den Schwingungen mechanischer Systeme haben wir bisher lediglich deterministische Vorgänge betrachtet; sie wurden durch Zeitfunktionen beschrieben, wobei zu jedem Zeitpunkt den Zustandsgrößen ein ganz bestimmter Wert zugewiesen war. Es gibt aber Schwingungsprobleme, bei denen eine derartige eindeutige Zeitabhängigkeit nicht mehr ohne weiteres einer Berechnung zugänglich ist, wobei sich die Schwingungen aber unter Umständen durch gewisse statistische Eigenschaften zumindest teilweise beschreiben lassen. Man denke etwa an die winderregten Schwingungen eines Bauwerkes, an die Belastung einer Brücke durch den Straßenverkehr oder an die durch Wellenbewegungen des Meeres hervorgerufenen Schwingungen einer Bohrinsel. Hierunter fallen auch die in Kapitel 1 erwähnten, in Abb. 1.2 dargestellten Schwingungsvorgänge. Bei diesen Vorgängen wird in jedem Versuch unter scheinbar (makroskopisch) gleichen Umweltbedingungen ein anderer Zeitverlauf für jede Zustandsgröße gemessen. In Abb. 5.29 sind mehrere Meßschriebe angegeben, die z.B. die an einem durch den Wind belasteten

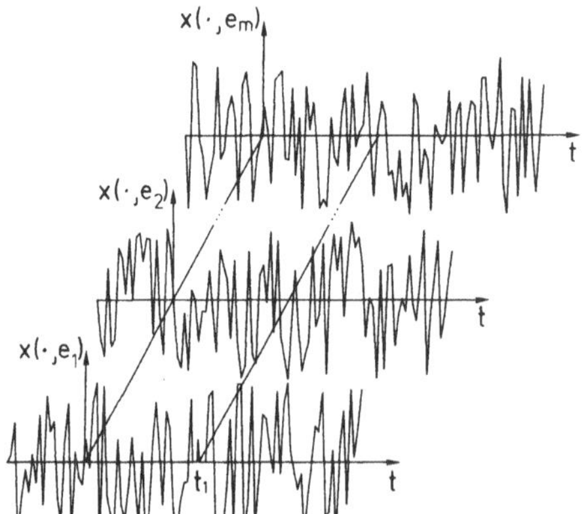

Abb. 5.29 Beispiel von Zufallsschwingungen

Bauwerk gemessene Beschleunigung darstellen können. Jede einzelne dieser Messungen kennzeichnen wir durch einen Parameter e, den wir als Versuchsergebnis von E betrachten können. Wir haben also Funktionen

$$x\colon \mathbb{R} \times E \longrightarrow \mathbb{R} \tag{5.403}$$

derart, daß für jedes $e \in E$ eine gewöhnliche (deterministische) Zeitfunktion vorliegt, die in $-\infty < t < +\infty$ definiert sein soll. Die Gesamtheit (das "*Ensemble*") all dieser Zeitfunktionen bezeichnen wir als *stochastischen Prozeß* und kennzeichnen ihn durch $\dot{x}$. Wir geben hier keine umfassende Darstellung stochastischer Prozesse, sondern stellen nur knapp diejenigen Aspekte dar, die für die Behandlung von Zufallsschwingungen im Spektralbereich relevant sind (s. /3/ bis /6/).

Die Gesamtheit der Meßschriebe der Abb. 5.29 bildet also einen stochastischen Prozeß. Ein weiteres Beispiel eines stochastischen Prozesses ist das Ausgangssignal eines Sinusgenerators mit fest eingestellter Frequenz und Amplitude, dessen Nullphasenwinkel α eine Zufallsvariable ist:

$$x(t,e) = \hat{x} \cos[\Omega t + \alpha(e)] \ , \ (t,e) \in \mathbb{R} \times E \ . \tag{5.404}$$

Dieser Prozeß ist allerdings anders geartet als der der Abb. 5.29, da für jedes Versuchsergebnis e die Zeitfunktion vollständig bekannt ist, wenn z.B. x und $\dot{x}$ für $t = 0$ gegeben sind.

Aus der Definition stochastischer Prozesse ergibt sich, daß ein Prozeß für jeden festen Zeitpunkt t eine Zufallsvariable festlegt, die wir mit $x(t,\cdot)$ bezeichnen, während man für jeden festen Versuchsausgang e eine gewöhnliche Zeitfunktion hat, die wir durch $x(\cdot,e)$ kennzeichnen und *Musterfunktion* oder *Realisierung* nennen. Dementsprechend können jetzt gemäß Abb. 5.29 Mittelungen sowohl bezüglich des Scharparameters e (bei fester Zeit, *Ensemblemittelungen*), als auch Mittelungen bezüglich der Zeit bei festem e durchgeführt werden. Betrachten wir zunächst einen festen Zeitpunkt t, so daß eine Zufallsvariable vorliegt. Ihre Verteilung

$$F(\bar{x};t) := P(\{e \mid x(t,e) \leq \bar{x}\}) \tag{5.405}$$

hängt dann von dem Parameter t ab, und das gleiche gilt für die entsprechende Dichte

$$p(\bar{x};t) = \frac{\partial F(\bar{x};t)}{\partial \bar{x}} . \tag{5.406}$$

Da der stochastische Prozeß aber für verschiedene Zeitpunkte unterschiedliche Zufallsvariablen liefert, setzt die Kenntnis aller statistischen Eigenschaften des Prozesses die Kenntnis aller Verbundverteilungen, bzw. aller Verbunddichten

$$F(\bar{x}_1,\bar{x}_2,\ldots,\bar{x}_m;t_1,t_2,\ldots,t_m) := P(\bigcap_{i=1}^{n} \{e|\ x(t_i;e) \le \bar{x}_i\}) \tag{5.407}$$

bzw.

$$p(\bar{x}_1,\bar{x}_2,\ldots,\bar{x}_m;t_1,t_2,\ldots,t_m) :=$$

$$\frac{\partial^m F(\bar{x}_1,\bar{x}_2,\ldots,\bar{x}_m;t_1,t_2,\ldots,t_m)}{\partial\bar{x}_1\ \partial\bar{x}_2\ \ldots\ \partial\bar{x}_m} \tag{5.408}$$

voraus. Allerdings ist eine solche Beschreibung für die meisten Probleme viel zu kompliziert, so daß man sich häufig auf die schon definierten Erwartungswerte

$$m_x(t) := E[x(t;\cdot)] = \int_{-\infty}^{\infty} \bar{x}\ p(\bar{x};t)\ d\bar{x} \tag{5.409}$$

und

$$c_{xx}(t_1,t_2) := E[(x(t_1;\cdot) - m_x(t_1))\cdot(x(t_2;\cdot) - m_x(t_2))] =$$

$$= \int_{-\infty}^{\infty}\int_{-\infty}^{\infty}\left[\bar{x}_1 - m_x(t_1)\right]\left[\bar{x}_2 - m_x(t_2)\right]\ p(\bar{x}_1,\bar{x}_2;t_1,t_2)\ d\bar{x}_1 d\bar{x}_2 \tag{5.410}$$

beschränkt. Dabei ist natürlich i.a. der Mittelwert $m_x(t)$ eine Funktion der Zeit, während die *Autokovarianzfunktion* $c_{xx}(t_1,t_2)$ von den zwei Zeitpunkten t_1 und t_2 abhängt, wobei die Streuung $\sigma_x(t)$ des Prozesses durch

$$\sigma_x^2(t) = c_{xx}(t,t) \tag{5.411}$$

gegeben ist. Zur Kennzeichnung des statistischen Zusammenhangs zweier stochastischer Prozesse x und y werden u. a. die Funktionen

$$c_{xy}(t_1,t_2) := E[(x(t_1;\cdot) - m_x(t_1))\cdot(y(t_2;\cdot) - m_y(t_2))] \qquad (5.412)$$

verwendet, zu deren Berechnung natürlich die Verbundverteilung von $x(t_1;\cdot)$ und $y(t_2;\cdot)$ bekannt sein muß. Außerdem definiert man auch die *Kreuzkorrelationsfunktion* $s_{xy}(t_1,t_2)$ zweier stochastischer Prozesse x,y gemäß

$$s_{xy}(t_1,t_2) := E[x(t_1;\cdot)\ y(t_2;\cdot)] \ ; \qquad (5.413)$$

für *zentrierte Prozesse* (d.h. für Prozesse mit Mittelwerten identisch gleich Null) ist diese Funktion mit (5.412) identisch. Verwendet man in (5.415) den gleichen Prozeß zu verschiedenen Zeitpunkten, so erhält man die *Autokorrelationsfunktion*

$$s_{xx}(t_1,t_2) := E[x(t_1;\cdot)\ x(t_2;\cdot)] \ . \qquad (5.414)$$

Wie schon am Ende des Abschnitts 5.4 erwähnt, verwenden wir die gleichen Namen für die Kreuz- und Autokorrelationsfunktionen, die in 5.4 für Zeitfunktionen und hier für stochastische Prozesse definiert wurden, jedoch verschiedene Formelzeichen. Die in (5.413) und (5.414) definierten Größen sind i. a. Funktionen der beiden Argumente t_1 und t_2, während die Kreuzkorrelationsfunktion (5.271) lediglich eine Funktion von t ist.

Zwischen den nicht zentrierten und den zentrierten Größen gilt offensichtlich der Zusammenhang

$$s_{xx}(t_1,t_2) = c_{xx}(t_1,t_2) + m_x(t_1)\ m_x(t_2) \ , \qquad (5.415)$$

$$s_{xy}(t_1,t_2) = c_{xy}(t_1,t_2) + m_x(t_1)\ m_y(t_2) \ . \qquad (5.416)$$

Bei Zufallsschwingungen führt man oft eine zusätzliche Einschränkung ein: man behandelt besonders stochastische Prozesse, die *stationär* und *ergodisch* sind. Einen stochastischen Prozeß nennt man (im strengen Sinn) stationär, wenn alle Verbundverteilungen (5.407) für beliebige m und für alle Zeitpunkte $t_1,t_2,\ldots,t_m$ gegenüber Verschiebungen des Zeitursprungs invariant sind; dann werden die Zufallsvariablen $x(t';\cdot)$ und $x(t'+t;\cdot)$ für beliebiges t durch dieselben Verteilungsfunktionen und damit auch durch dieselben Dichtefunktionen beschrieben.

Aus

$$p(\bar{x};t') = p(\bar{x};t'+ t) \qquad (5.417)$$

folgt dann, daß die einfache Dichte $p(\bar{x};t)$ nicht von der Zeit abhängt, so daß auch der Mittelwert

$$m_x(t) = E[\bar{x}(t;\cdot)] = m_x \quad \text{für alle } t \qquad (5.418)$$

zeitunabhängig ist. Entsprechend gilt, daß die Verbunddichte $p(\bar{x}_1,\bar{x}_2;t_1,t_2)$ höchstens von der Zeitdifferenz $t = t_2 - t_1$, nicht aber von den Zeitpunkten t_1 und t_2 selbst abhängt:

$$p(\bar{x}_1,\bar{x}_2;t_1,t_2) = p(\bar{x}_1,\bar{x}_2;t) \qquad (5.419)$$

mit

$$t := t_2 - t_1 \,, \qquad (5.420)$$

woraus auch folgt, daß die Autokorrelationsfunktion

$$s_{xx}(t) := s_{xx}(t_1,t_1+ t) \qquad (5.421)$$

nur eine Funktion von t ist. Auf entsprechende Weise sind auch alle Momente höherer Ordnung von $x(t_1;\cdot)$ und $x(t_2;\cdot)$ höchstens Funktionen von $t = t_2 - t_1$.

Einen Prozeß nennt man *schwach stationär* oder *stationär im weiteren Sinne*, wenn die Eigenschaften (5.418) und (5.419) gelten, d.h. wenn die Stationärität bzgl. der Momente erster und zweiter Ordnung gilt. Damit ist noch nichts über die Momente höherer Ordnung von $x(t_1;\cdot)$ und $x(t_2;\cdot)$, geschweige denn über die Verbundverteilungen (5.407) mit $m > 2$ gesagt.

Da die Bedingungen (5.418) und (5.419) für $-\infty < t < +\infty$ gelten sollen, ist streng genommen kein realer Schwingungsvorgang stationär. Trotzdem können viele in der Technik vorkommende Schwingungsphänomene recht gut durch stationäre stochastische Prozesse zumindest näherungsweise beschrieben werden, dies kann z.B. für die schon erwähnten winderregten Schwingungen oder für die Schwingungen einer Bohrinsel unter gewissen Umständen der Fall sein. Durch Erdbeben verusachte Schwingungen, die auch durch stochastische Prozesse dargestellt werden können, sind von recht kurzer Dauer und können daher nicht immer ohne weiteres als stationäre Prozesse abgebildet werden.

Zwei Prozesse x und y nennt man *gemeinsam stationär* (im strengen Sinn), wenn alle gemeinsamen Verbundverteilungen für alle beliebigen Zeitpunkte gegenüber Verschiebungen des Zeitursprungs invariant sind. In diesem Fall ist natürlich auch die Kreuzkorrelationsfunktion

$$s_{xy}(t) := s_{xy}(t_1, t_1 + t) \tag{5.422}$$

nur eine Funktion von t.

Die für stationäre Prozesse hier definierten Funktionen $s_{xx}(t)$ und $s_{xy}(t)$ sind den in 5.4 definierten

$$r_{xx}(t) = \lim_{T\to\infty} \frac{1}{2T} \int_{-T}^{T} x(t')\, x(t'+t)\, dt' , \tag{5.423}$$

$$r_{xy}(t) = \lim_{T\to\infty} \frac{1}{2T} \int_{-T}^{T} x(t')\, y(t'+t)\, dt' \tag{5.424}$$

weitgehend analog: Während bei der Definition von $r_{xx}(t)$, $r_{xy}(t)$ über die Zeit gemittelt wird, erfolgt bei der Festlegung von $s_{xx}(t)$, $s_{xy}(t)$ eine Mittelung über das Ensemble der einzelnen Realisierungen des stochastischen Prozesses bei festgehaltenen Zeiten. Es ist üblich, die FOURIERtransformierten von $s_{xx}(t)$, $s_{xy}(t)$ gemäß

$$s_{xx}(t) \quad \circ\!\!-\!\!- \quad \underline{S}_{xx}(\Omega) ,$$

$$s_{xy}(t) \quad \circ\!\!-\!\!- \quad \underline{S}_{xy}(\Omega)$$

einzuführen. Sie werden ebenfalls - in Analogie zu (5.295), (5.330) - als *spektrale Leistungsdichte* bzw. *Kreuzleistungsdichte* der stochastischen Prozesse bezeichnet.

Eine wichtige Unterklasse der stätionären Prozesse ist die der ergodischen Prozesse: Einen stationären stochastischen Prozeß nennt man *ergodisch*, wenn die Ensemblemittelwerte (mit Wahrscheinlichkeit Eins) gleich den zeitlichen Mittelwerten längs einer beliebigen Musterfunktion $x(\cdot,e)$ sind (s. Abb. 5.29). Daraus folgt dann, daß fast jede beliebige Musterfunktion, d.h. jede Realisierung des Prozesses schon *alle* statistischen Eigenschaften des gesamten Prozesses enthält! Für den Erwartungswert bedeutet das

$$m_x = E[x(t;\cdot)] = \int_{-\infty}^{\infty} \bar{x}\, p(\bar{x})\, dx = \overline{x(t,e)}$$

$$= \lim_{T\to\infty} \frac{1}{2T} \int_{-T}^{T} x(t,e)\, dt \qquad \text{für alle } e \in E\ . \tag{5.425}$$

Außerdem gilt dann auch

$$s_{xx}(t) = E[x(t';\cdot)\, x(t'+t;\cdot)] = \overline{x(t',e)\, x(t'+t,e)}$$

$$= \lim_{T\to\infty} \frac{1}{2T} \int_{-T}^{T} x(t',e)\, x(t'+t,e)\, dt' = r_{xx}(t) \tag{5.426}$$

$$\text{für alle } e \in E\ ,$$

d.h. die Autokorrelationsfunktion $s_{xx}(t)$ des stochastischen Prozesses ist für ergodische Prozesse (mit Wahrscheinlichkeit Eins) gleich der Autokorrelationsfunktion $r_{xx}(t)$ einer beliebigen Musterfunktion $x(\cdot;e)$ und entsprechendes gilt für die spektralen Leistungdichten $R_{xx}(\Omega)$ und $S_{xx}(\Omega)$.

Ist es möglich, bei der Berechnung aller Momente erster und zweiter Ordnung von $x(t_1;\cdot)$ und $x(t_2;\cdot)$ gemäß (5.425) und (5.426) die Ensemblemittelung durch die Zeitmittelung zu ersetzen, spricht man von einem *schwach ergodischen* Prozeß. Gilt darüber hinaus auch noch entsprechendes für alle Momente höherer Ordnung von $x(t_1;\cdot), x(t_2;\cdot), \ldots, x(t_m;\cdot)$ für alle $m \in \mathbb{N}$, so nennt man den Prozeß *stark ergodisch* oder *ergodisch im strengen Sinn*.

Für einen ergodischen Prozeß x kann man sich die Wahrscheinlichkeitsdichte $p(\bar{x})$ aus einer einzigen Musterfunktion $x(\cdot;e)$ des Prozesses auf folgende Art beschaffen: Man betrachte in dem Zeitintervall $[T_1,T_2]$ alle diejenigen Zeitpunkte t, zu denen die Funktion $x(\cdot;e)$ einen bestimmten Wert $\bar{x}$ unterschreitet, d.h. in der Abb. 5.30 die Vereinigung der Intervalle mit der Länge $\Delta t_k(\bar{x})$, $k = 1,2,\ldots,n$. Für die Wahrscheinlichkeitsverteilung von $x(t;\cdot)$ gilt dann

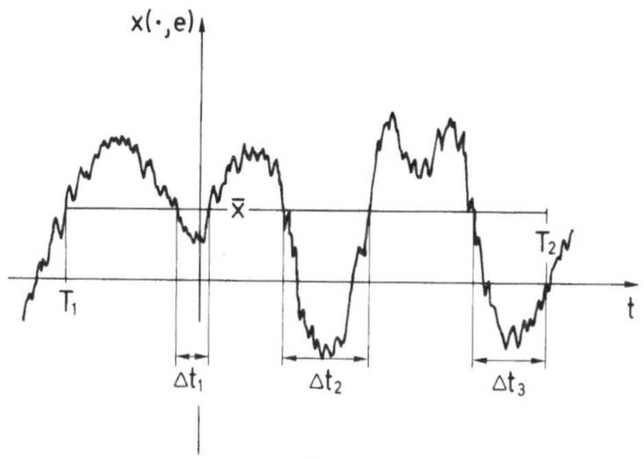

Abb. 5.30 Zur Bestimmung der Wahrscheinlichkeitsdichte aus einer Musterfunktion eines ergodischen Prozesses

$$F(\bar{x}) = \lim_{\substack{T_1 \to -\infty \\ T_2 \to +\infty}} \frac{\sum \Delta t_k(\bar{x})}{T_2 - T_1} \tag{5.427}$$

und die Wahrscheinlichkeitsdichte $p(\bar{x})$ erhält man durch Differentiation von $F(\bar{x})$. Auf ähnliche Art kann man sich dann auch die Verbundverteilungen und -dichten beliebiger Ordnung aus einer einzigen Realisierung des Prozesses beschaffen, sofern der Prozeß streng ergodisch ist.

Die Hypothese der Ergodizität wird bei der Behandlung von Zufallsschwingungen häufig gemacht und führt oft zu sehr guten Ergebnissen. Nur mit dieser Hypothese sind viele technische Probleme einer mathematischen Behandlung überhaupt zugänglich, denn sie ermöglicht die Reduktion des ganzen stochastischen Prozesses (mit Wahrscheinlichkeit Eins) auf eine einzige Realisierung. Die Bedingung "mit Wahrscheinlichkeit Eins" besagt, daß sich unter den Musterfunktionen $x(\cdot;e)$ des Prozesses auch "Ausreißer" befinden dürfen, deren zeitliche Mittelwerte nicht mit den Ensemblemittelwerten übereinstimmen, sofern nur die Wahrscheinlichkeit für das Auftreten dieser Ausreißer Null ist.

Zwei gemeinsam stationäre Prozesse x und y nennt man *gemeinsam ergodisch*, wenn alle gemeinsamen Ensemblemittelwerte (Momente höherer Ordnung) mit Wahrscheinlichkeit Eins gleich den entsprechenden zeitlichen Mittelwerten für beliebige Musterfunktionen sind. In diesem Fall gilt analog zu (5.426) auch

$$s_{xy}(t) = r_{xy}(t) \tag{5.428}$$

und

$$\underline{S}_{xy}(\Omega) = \underline{R}_{xy}(\Omega) \; . \tag{5.429}$$

Man beachte jedoch, daß (5.426), (5.428) lediglich für ergodische Prozesse gilt, im allgemeinen sind die Funktionen $s_{xx}(t)$, $s_{xy}(t)$ stationärer stochastischer Prozesse verschieden von den für unterschiedliche Realisierungen des Prozesses berechneten $r_{xx}(t)$, $r_{xy}(t)$!

Einen wichtigen Sonderfall stochastischer Prozesse bilden die (stationären oder instationären) GAUSSprozesse. Ein stochastischer Prozeß heißt *Normaler Prozeß* oder *GAUSSprozeß*, wenn alle Verbunddichten beliebiger Ordnung vom GAUSSschen Typ sind. Zunächst einmal ist also bei einem solchen Prozeß die Dichte $p(\bar{x};t)$ eine Funktion der Art (5.377), wobei jetzt m und σ von t abhängen können. Darüber hinaus muß aber auch die Verbunddichte zweiter Ordnung $p(\bar{x}_1,\bar{x}_2;t_1,t_2)$ von der Art (5.396) sein, wobei jetzt die dort auftretenden Größen m_x, m_y, σ_x, σ_y durch $m(t_1)$, $m(t_2)$, $\sigma(t_1)$, $\sigma(t_2)$ zu ersetzen sind. Der ebenfalls dort auftretende Korrelationskoeffizient hängt von t_1 und t_2 ab und hat gemäß (5.393) die Bauart

$$\rho(t_1,t_2) = \frac{c_{xx}(t_1,t_2)}{\sigma(t_1)\sigma(t_2)} ; \tag{5.430}$$

es existiert also eine (skalare) Funktion $c_{xx}(t_1,t_2)$, die gemäß

$$c_{xx}(t,t) = \sigma^2(t) \tag{5.431}$$

auch die Varianz beschreibt. Schließlich muß aber in einem GAUSSprozeß auch die Verbunddichte $p(\bar{x}_1,\bar{x}_2,\ldots,\bar{x}_n;t_1,t_2,\ldots,t_n)$ n-ter Ordnung für beliebiges n von der Art (5.402) sein. Das k-te Element des Vektors $\mathbf{m}(t)$ ist dabei durch $m(t_k)$ und das Element k,s der Matrix $\mathbf{C}$ durch $c_{xx}(t_k,t_s)$ gegeben, für $1 \leq k$, $s \leq n$.

Zur Charakterisierung aller Verbunddichten eines GAUSSprozesses ist also die Angabe einer skalaren Funktion $m(t)$ von einer Variablen t und noch einer zweiten skalaren Funktion $c_{xx}(t_1,t_2)$ von zwei Variablen t_1 und t_2 notwendig und hinreichend. Ist der GAUSSprozeß schwach stationär, so ist $m(t)$ konstant und die Funktion $c_{xx}(t_1,t_2)$ hängt nur von der Differenz $t := t_2 - t_1$ ab, wir schreiben auch einfach $c_{xx}(t)$. Im Sonderfall des GAUSSprozesses folgt aus der schwachen Stationärität auch, daß der Prozeß stark stationär ist, bei anderen Prozessen gilt dies im allgemeinen nicht.

5.5.3 Behandlung von Zufallsschwingungen mechanischer Systeme im Spektralbereich

In diesem Abschnitt geben wir einen kurzen Einblick in das Gebiet der Zufallsschwingungen mechanischer (oder anderer) Systeme bei stationären ergodischen Erregerprozessen. Dabei beschränken wir uns auf Systeme mit einem skalaren Eingang und einem skalaren Ausgang. Die Anzahl der Freiheitsgrade ist dabei unwesentlich - solange man sich auf je eine Eingangs- und Ausgangsgröße beschränkt -, sie spiegelt sich lediglich in der Abhängigkeit des Frequenzganges $\underline{G}(\Omega)$ von der Frequenz wieder. Eine Erweiterung auf Systeme mit mehreren Ein- und Ausgängen bereitet jedoch keine Schwierigkeiten.

Wir behandeln dabei ausschließlich das klassische Verfahren der Untersuchung von Zufallsschwingungen im Frequenzbereich, da dies eine einfache Anwendung der FOURIERtransformation darstellt, die häufig verwendet wird. Einführende Arbeiten hierzu sind bei CRANDALL /7/ und /8/ sowie bei NEWLAND/9/ zu finden. Weiterführende Untersuchungen, etwa im Zeitbereich oder unter Verwendung des ITÔ-Kalküls[73], sind z.B. in /10/, /11/ und /12/ gegeben.

Da im Falle ergodischer Prozesse alle statistischen Eigenschaften des Prozesses durch eine einzige Musterfunktion dargestellt werden, kann man zur Berechnung der Leistungsdichte $S_{xx}(\Omega) = R_{xx}(\Omega)$ des Antwortprozesses x bei gegebener Leistungsdichte $S_{ff}(\Omega) = R_{ff}(\Omega)$ des Eingangsprozesses f, die schon in (5.315) angegebene Formel

$$R_{xx}(\Omega) = |\underline{G}(\Omega)|^2 \, R_{ff}(\Omega) \tag{5.432}$$

verwenden. Diese Formel wurde zwar für deterministische Zeitsignale hergeleitet, gilt aber offensichtlich auch für ergodische Prozesse.[74] Nicht so offensichtlich ist, daß die zu (5.432) analoge Beziehung

---

[73] Nach dem Mathematiker Kiyoshi ITÔ.

[74] Die Antwort eines zeitinvarianten Systems, das durch gewöhnliche Differentialgleichungen beschrieben wird, auf einen ergodischen Eingangsprozeß ist ebenfalls ein ergodischer Prozeß.

$$S_{xx}(\Omega) = |\underline{G}(\Omega)|^2 \, S_{ff}(\Omega) \tag{5.433}$$

und auch die zu (5.335) analoge Formel

$$\underline{S}_{fx}(\Omega) = \underline{G}(\Omega) \, \underline{S}_{ff}(\Omega) \tag{5.434}$$

sogar für stationäre stochastische Prozesse gilt, die *nicht ergodisch* sind; der Beweis bereitet jedoch keinerlei Schwierigkeiten.

Für die ergodischen Prozesse, auf die wir uns ja hier beschränken, kann man mit dem aus (5.432) bestimmten Leistungsspektrum $R_{xx}(\Omega)$ durch Rücktransformation die Autokorrelationsfunktion $r_{xx}(t)$ des Antwortprozesses gewinnen, die hier identisch mit $s_{xx}(t)$ ist. Damit ist dann auch die Varianz

$$\sigma_x^2 = r_{xx}(0) - m_x^2 = \frac{1}{2\pi} \int_{-\infty}^{\infty} R_{xx}(\Omega) \, d\Omega - m_x^2$$

$$= \frac{1}{2\pi} \int_{-\infty}^{\infty} |\underline{G}(\Omega)|^2 \, R_{ff}(\Omega) \, d\Omega - m_x^2 \tag{5.435}$$

des Antwortprozesses gegeben. Der Mittelwert m_x kann offensichtlich leicht mittels

$$m_x = \underline{G}(0) \, m_f = \int_0^{\infty} g(t) \, dt \, m_f \tag{5.436}$$

aus dem Mittelwert m_f des Eingangsprozesses bestimmt werden (für nichtkausale Systeme ist die untere Grenze des Integrationsintervalls in (5.436) durch $-\infty$ zu ersetzen). Meist wird man allerdings die Signale so normieren, daß $m_f = 0$ und $m_x = 0$ ist; ist der Mittelwert eines Signales $x(t)$ ungleich Null, so bedeutet dies ja, daß die spektrale Leistungsdichte $R_{xx}(\Omega)$ an der Stelle $\Omega = 0$ eine DIRACsche Delta-Funktion enthält.

Die Wahrscheinlichkeitsdichtefunktion $p(\bar{x})$ des Ausgangsprozesses ist damit noch nicht bestimmt. Oft nimmt man aber bei der rechnerischen Behandlung von Zufallsschwingungen an, daß der Eingangsprozeß GAUSSverteilt ist; für die hier betrachtete Problemklasse kann man zeigen, daß dann auch der Ausgangsprozeß GAUSSverteilt ist (s. PAPOULIS /3/), und somit sind die Dichten beider Prozesse durch m_f, σ_f^2 bzw. m_x, σ_x^2 eindeutig bestimmt.

Liegt ein GAUSSprozeß vor, dessen Varianz und Mittelwert bekannt sind, so kann man natürlich auch ohne Schwierigkeiten abschätzen, während welcher Zeitdauer Δt eine Musterfunktion $x(\cdot;e)$ in einem gegebenen Zeitintervall $[T_1, T_2]$ Werte kleiner als $\bar{x}$ annehmen wird. Gemäß (5.427) wird man für "große" Zeitintervalle erwarten

$$\Delta t(\bar{x}) \approx (T_2 - T_1)\, F(x) \; . \tag{5.437}$$

Ganz entsprechend kann man bestimmen, während welcher Zeitanteile $x(\cdot;e)$ gewisse gegebene Werte überschreitet, und dies bildet die Grundlage der Zuverlässigkeitsberechnung von Strukturen sowie der Abschätzung der Lebensdauer von Bauteilen (s. SCHUËLLER /13/).

Zu beachten ist, daß es zur Berechnung von m_x und σ_x^2 keineswegs genügt, m_f und σ_f^2 sowie das Übertragungsverhalten $\underline{G}(\Omega)$ zu kennen: σ_x^2 hängt ja gemäß (5.435) nicht nur von

$$\sigma_f^2 = r_{ff}(0) - m_f^2 = \frac{1}{\pi} \int_0^\infty R_{ff}(\Omega)\, d\Omega - m_f^2 \tag{5.438}$$

- also von dem Flächeninhalt unter der Kurve $R_{ff}(\Omega)$ - ab, sondern von dem ganzen Funktionsverlauf $R_{ff}(\Omega)$, d.h. von der Art und Weise, wie die Leistung auf die verschiedenen Frequenzen verteilt ist! Es gibt ja stochastische Prozesse und natürlich auch deterministische Zeitfunktionen mit gleichen $r_{ff}(0)$, aber ganz unterschiedlichen Leistungsspektren, wie wir schon anhand der Beispiele aus dem vorigen Abschnitt sehen konnten.

Besonders einfach ist die Berechnung der Antwort auf einen Eingangsprozeß, der ein *GAUSSsches weißes Rauschen* $w(t)$ darstellt, das durch

$$R_{ww}(\Omega) \equiv a^2 \tag{5.439}$$

definiert wird, wobei man a^2 als die Intensität des Rauschprozesses bezeichnet. Aus (5.20) folgt allerdings, daß für die Autokorrelationsfunktion des weißen Rauschens

$$r_{ww}(t) = a^2\, \delta(t) \tag{5.440}$$

gilt, so daß die Varianz $\sigma_w^2 = r_{ww}(0)$ nicht definiert bzw. keine endliche Größe ist; physikalisch ist daher ein solcher Prozeß wenig sinnvoll. Aus der Tatsache, daß für $t \neq 0$ $r_{ww}(t) = 0$ ist, folgt, daß bei weißem Rauschen die Zufallsvariablen $w(t_1;\cdot)$ und $w(t_2;\cdot)$ bei einer jeden Realisierung des Prozesses vollkommen unkorreliert sind, sofern $t_1 \neq t_2$ ist. Der Mittelwert von $w(t;\cdot)$ ist gleich Null, da $R_{ww}(\Omega)$ an der Stelle $\Omega = 0$ regulär ist.

Mit (5.432) ergibt sich für den Antwortprozeß auf ein weißes Rauschen

$$R_{xx}(\Omega) = |\underline{G}(\Omega)|^2 a^2 \tag{5.441}$$

und daraus mit (5.435)

$$\sigma_x^2 = \frac{1}{2\pi} \int_{-\infty}^{\infty} |\underline{G}(\Omega)|^2 \, d\Omega \, a^2, \tag{5.442}$$

so daß die Varianz des Antwortprozesses sehr wohl endlich ist.

Für das Feder-Masse-Dämpfer-System mit Krafterregung und mit der Verschiebung des Körpers als Systemantwort gilt

$$\underline{G}(\Omega) = \frac{1}{(c - m\Omega^2) + jd\Omega}, \tag{5.443}$$

und die Funktion

$$|\underline{G}(\Omega)|^2 = \frac{1}{(c - m\Omega^2)^2 + d^2\Omega^2} \tag{5.444}$$

ist in Abb. 5.31a dargestellt. Das Integral (5.442) ist in der Literatur für eine Reihe von Frequenzgängen in Tabellen angegeben (s. z.B. NEWLAND /9/). Im vorliegenden Fall ergibt sich für $d > 0$, $c > 0$

$$\sigma_x^2 = \frac{1}{2cd} a^2, \tag{5.445}$$

eine Größe, die unabhängig von der Masse m ist! Dieses zunächst erstaunliche Ergebnis wird verständlich, wenn man bedenkt, daß für wachsende Werte der Masse m die Maxima von $|\underline{G}(\Omega)|^2$ immer niedriger werden, daß aber gleichzeitig die Breite der Resonanzspitze zunimmt; dies geschieht derart, daß der Flächeninhalt unter der Kurve $|\underline{G}(\Omega)|^2$ konstant bleibt.

Obwohl - wie schon festgestellt - das weiße Rauschen keinen physikalisch sinnvollen Prozeß darstellt, kann der Antwortprozeß auf einen dem weißen

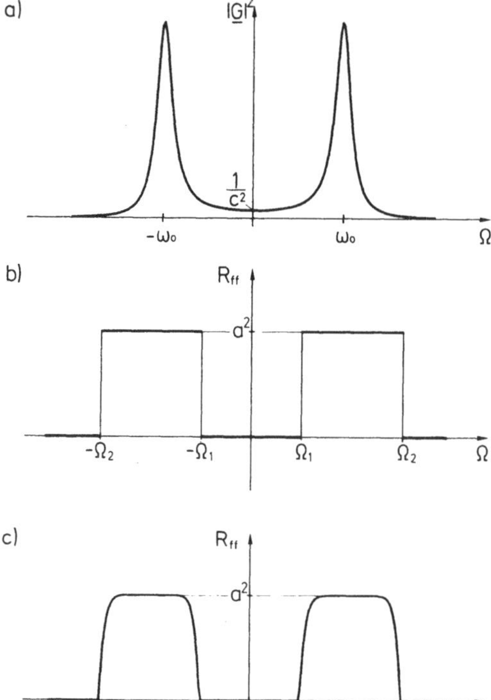

Abb. 5.31 Zur Berechnung der Antwort eines Feder-Masse-Dämpfer-Systems auf eine schmalbandige Erregung

a) die Funktion $|\underline{G}(\Omega)|^2$ für $D = 0{,}1$

b) spektrale Leistungsdichte eines bandbegrenzten weißen Rauschens

c) spektrale Leistungsdichte eines bandbegrenzen rosa Rauschens

Rauschen entsprechenden Eingangsprozeß durchaus ein sehr realistischer Prozeß sein. Ersetzt man nämlich das weiße Rauschen mit der spektralen Leistungsdichte (5.439) durch ein *bandbegrenztes weißes Rauschen* gemäß Abb. 5.31b mit

$$R_{ff}(\Omega) = a^2 \quad \text{für } \Omega_1 \leq |\Omega| \leq \Omega_2 , \tag{5.446}$$

$$R_{ff}(\Omega) = 0 \quad \text{für } |\Omega| < \Omega_1 \text{ und } |\Omega| > \Omega_2 , \tag{5.447}$$

so erkennt man, daß das Leistungsspektrum des Antwortprozesses jetzt durch

$$R_{xx}(\Omega) = |\underline{G}(\Omega)|^2 a^2 \quad \text{für } \Omega_1 \leq |\Omega| \leq \Omega_2 , \tag{5.448}$$

$$R_{xx}(\Omega) = 0 \qquad \text{für } |\Omega| < \Omega_1 \text{ und } |\Omega| > \Omega_2 \, , \tag{5.449}$$

anstelle von (5.441) gegeben ist. Die "abgeschnittenen" Frequenzanteile leisten keinen nennenswerten Beitrag zur Varianz

$$\sigma_x^2 = \frac{1}{\pi} \int_{\Omega_1}^{\Omega_2} |\underline{G}(\Omega)|^2 \, d\Omega \, a^2 \approx \frac{1}{\pi} \int_0^{\infty} |\underline{G}(\Omega)|^2 \, d\Omega \, a^2 \, , \tag{5.450}$$

sofern das Intervall $[\Omega_1, \Omega_2]$ die Resonanzstelle enthält und Ω_1, Ω_2 hinreichend weit von dieser Stelle entfernt sind.

Die Varianz σ_x^2 ist für ein schwach gedämpftes System in den Fällen des weißen Rauschens, des bandbegrenzten weißen Rauschens der Abb. 5.31b und des *rosa Rauschens* der Abb. 5.31c praktisch identisch, sie ist in allen drei Fällen in guter Näherung durch (5.445) gegeben.

Das Antwortsignal eines schwach gedämpften mechanischen Systems auf ein breitbandiges Eingangssignal ist demnach ein Schmalbandsignal, in dem die Frequenzanteile aus der Nachbarschaft der Resonanzfrequenz überwiegen. Für solche schmalbandigen Prozesse lassen sich eine Reihe zusätzlicher Aussagen machen, auf die wir hier nicht näher eingehen können. So läßt sich z.B. die Anzahl der Extrema einer Musterfunktion und die Anzahl der Nulldurchgänge leicht abschätzen (s. NEWLAND /9/, FABIAN /10/, HEINRICH & HENNIG /11/).

Für Systeme mit mehreren Freiheitsgraden, die mehrere Resonanzstellen besitzen, wird die Antwort auf ein weißes Rauschen ein Prozeß sein, dessen spektrale Leistungsdichte aus mehreren schmalen Bändern besteht, die weit auseinander liegen, sofern die Resonanzstellen nicht zu dicht sind.

Man kann zeigen, daß sich jeder beliebige ergodische GAUSSsche Prozeß mittels eines geeignet zu wählenden "Formfilters" aus dem weißen Rauschen erzeugen läßt (s. MÜLLER et. al /14/). Die Bestimmung der geeigneten Filter ist zur Berechnung der Systemantworten oft zweckmäßig, insbesondere wenn man im Zeitbereich arbeitet.

Die in diesem Abschnitt beschriebene Behandlung von Zufallsschwingungen im Frequenzbereich wird einerseits verwendet, um die Antwort gegebener mechanischer Systeme auf zufällige Erregungen zu bestimmen. Das Hauptproblem liegt hierbei meistens in dem Auffinden einer geeigneten Beschreibung der Erregung, da z.B. für Windkräfte (Bauwerksschwingungen!) oder für Straßenwelligkeiten

(Fahrzeugschwingungen!) die entsprechenden Leistungsspektren nicht immer passend vorliegen (s. SCHUËLLER /13/). Andererseits benutzt man die Theorie der Zufallsschwingungen auch in zunehmenden Maße zur Bestimmung von Frequenzgängen und - im weitesten Sinne - auch zur Systemidentifikation. Hierbei verwendet man ein von einem Rauschgenerator erzeugtes Erregersignal, mit dem das System beaufschlagt wird. In diesem Fall ist also der Erregerprozeß bekannt, und aus der gemessenen Systemantwort können Rückschlüsse auf das System gezogen werden; so kann man z.B. mittels (5.335) den Frequenzgang $\underline{G}(\Omega)$ bestimmen, sofern die Prozesse ergodisch sind. Die dabei auftretenden spektralen Leistungsdichten werden i.a. von geeigneten Meßgeräten automatisch bestimmt, wobei der entsprechende Geräteteil oft mit einem Rauschgenerator in einem sogenannten Signalanalysator integriert ist. Natürlich ist das im Signalgenerator erzeugte Rauschen nicht eigentlich ein ergodischer Prozeß, kommt diesem aber für die Anwendungen hinreichend nahe: man spricht hier oft auch von einem pseudo-ergodischen Prozeß oder Rauschen.

5.6 Aufgaben zu Kapitel 5

Aufgaben zu 5.1

A 5.1

Man zeige mit Hilfe der verallgemeinerten Orthogonalitätsrelation (5.32) die Gültigkeit der Beziehung (5.31) durch eine formale Vorgehensweise.

A 5.2

Man definiere die beiden "komplexen Erweiterungen" einer reellen, nichtperiodischen Zeitfunktion mit der Spektraldarstellung

$$f(t) = \frac{1}{2\pi} \int_0^\infty \hat{f}(\Omega) \cos[\Omega t + \alpha(\Omega)] \, d\Omega$$

als Verallgemeinerung von (1.132) und (1.134) und zeige, daß ihr arithmetisches Mittel mit der "komplexen Darstellung" (5.29) übereinstimmt.

A 5.3

In welcher Form vereinfachen sich das FOURIERintegral (5.3) und die Darstellung (5.4) der FOURIERtransformierten für hermitesche bzw. schiefhermitesche Funktionen?

Aufgaben zu 5.2

A 5.4

Man definiere den hermiteschen und schiefhermiteschen Anteil (Indizes h und s) einer komplexen Funktion und zeige, daß das Paar $\underline{f}(t)$ o— $\underline{F}(\Omega)$ die folgenden Paare impliziert:

$$\underline{f}_h(t) \;\circ\!\!-\; \mathrm{Re}\,\underline{F}(\Omega)\,, \qquad \underline{f}_s(t) \;\circ\!\!-\; j\,\mathrm{Im}\,\underline{F}(\Omega)\,,$$

$$\mathrm{Re}\,\underline{f}(t) \;\circ\!\!-\; \underline{F}_h(\Omega)\,, \qquad j\,\mathrm{Im}\,\underline{f}(t) \;\circ\!\!-\; \underline{F}_s(\Omega)\,.$$

A 5.5

Ist die FOURIERtransformierte der konjugiert komplexen Funktion $\underline{f}^*(t)$ die konjugiert Komplexe der Transformierten?

Antwort: Bis auf einen Vorzeichenwechsel im Argument, d.h.

$$\underline{f}(t) \;\circ\!\!-\; \underline{F}(\Omega) \;\Leftrightarrow\; \underline{f}^*(t) \;\circ\!\!-\; \underline{F}^*(-\,\Omega)$$

A 5.6

a) Man bestimme die FOURIERtransformierte einer T-periodischen, komplexen Zeitfunktion $\underline{f}(t)$ mit der FOURIERreihe

$$\underline{f}(t) = \sum_{k=-\infty}^{\infty} \underline{F}_k\, e^{jk\Omega_0 t}\,, \quad \Omega_0 := 2\pi/T.$$

b) Man bestimme die FOURIERtransformierte der (reellen) Zeitfunktion

$$f(t) = \sum_{k=-\infty}^{\infty} \check{f}_k \delta(t - k2\pi T)\,, \qquad T > 0$$

die eine Folge von äquidistanten Stößen unterschiedlicher Intensität beschreibt; insbesondere behandle man den Fall

$$\check{f}_k = \frac{1}{k^2}\check{f}\,, \qquad k = \pm 1, \pm 2, \ldots$$

und zeige, daß $F(\Omega)$ reell, gerade und 1/T-periodisch (in Ω) ist und durch

$$F(\Omega) = \check{f}_0 + \check{f}[\pi^2/3 + 2T\Omega(T\Omega - 1)] , \quad 0 < \Omega < 1/T$$

beschrieben werden kann.

A 5.7

Man beweise die Integrationsregel (5.108)

$$\underline{f}(t) \quad \circ\!\!- \quad \underline{F}(\Omega) \quad ==> \quad \frac{\underline{f}(t)}{-jt} \quad \circ\!\!- \quad \int_{-\infty}^{\Omega} \underline{F}(\Omega')\, d\Omega'$$

unter der Voraussetzung, daß alle auftretenden Integrale existieren; weiter zeige man, daß die absolute Integrierbarkeit der Stammfunktion

$$\underline{B}(\Omega) := \int_{-\infty}^{\Omega} \underline{F}(\Omega')\, d\Omega'$$

von $\underline{F}(\Omega)$ die Eigenschaft

$$\underline{f}(0) = 0$$

zur Folge hat. Hinweis: Man orientiere sich am Beweis von (5.107).

A 5.8

a) Man berechne die FOURIERtransformierte des Rechteckfensters $p_T(t)$ und des Dreieckfensters $q_T(t)$ durch Integration gemäß (5.4).

b) Man bestimme die Transformierte von $p_T(t)$ mit Hilfe der Darstellung

$$p_T(t) = s(t + T) - s(t - T).$$

Hinweis: Man verwende die Eigenschaft (5.139) der Delta-Funktion.

c) Man beschreibe die abgeschnittene Rechteckschwingung $r_T(t)$ durch zwei "verschobene" Rechteckfenster und ermittle die Transformierte von $r_T(t)$ aus der Kenntnis des Paars

$$p_T(t) \quad \circ\!\!-\!\!- \quad 2T\,\frac{\sin T\Omega}{T\Omega}\ .$$

A 5.9

Die Funktion $\underline{f}(t)$ sei eine Lösung der Differentialgleichung

$$\ddot{y} - t^2 y = \underline{\lambda} y\ , \qquad \underline{\lambda} \in \mathbb{C}\ ;$$

man zeige, daß die FOURIERtransformierte von $\underline{f}(t)$ ebenfalls eine Lösung der Differentialgleichung ist.

A 5.10

Man bestimme die FOURIERtransformierte der (allgemeinen) GAUSS-Dichte

$$f(t) = \frac{1}{i\sqrt{2\pi}}\exp\left\{-\frac{1}{2}\left[\frac{t-t_s}{i}\right]^2\right\}, \qquad i > 0, \qquad t_s \in \mathbb{R}$$

aus der Kenntnis des Paars (5.151) und skizziere das Amplituden- und Phasenspektrum.

A 5.11

Man bestimme das Moment m_2 der GAUSS-Dichte

$$f(t) = \frac{\Omega_0}{\sqrt{2\pi}}\,e^{-\frac{1}{2}(\Omega_0 t)^2}$$

aus der Krümmung des Amplitudenspektrums und vergleiche das Ergebnis mit (5.146b).

A 5.12

Man bestimme die Momente m_0, m_1 und m_2 der Stoßantwort

$$g(t) = s(t) \frac{1}{m\omega_d} e^{-\delta t} \sin \omega_d t$$

auf zwei Wegen:

a) durch Integration gemäß der Definition (5.142). Hinweis: Die Integrale findet man etwa in /2/, S. 138.

b) aus dem Funktionswert der FOURIERtransformierten von g(t), der Steigung des Phasenspektrums und der Krümmung des Amplitudenspektrums an der Stelle Ω=0.

Anschließend berechne man die Schwerpunktskoordinate t_s und den Trägheitsradius i der Stoßantwort. Was läßt sich über das ungedämpfte System aussagen?

A 5.13

Welche Beziehung besteht zwischen den Ableitungen $d^k \underline{f}(t)/dt^k|_{t=0}$ einer Zeitfunktion $\underline{f}(t)$ und den Momenten

$$\underline{M}_k := \int_{-\infty}^{\infty} \Omega^k \, \underline{F}(\Omega) \, d\Omega \, , \qquad k = 1,2,\ldots$$

ihrer FOURIERtransformierten? Hinweis: Man nehme an, daß alle Größen existieren und orientiere sich am "Beweis" des Momentensatzes.

A 5.14

Man beweise den Faltungssatz in der Form

$$\underline{f}_1(t) \, \underline{f}_2(t) \quad \circ\!\!- \quad \frac{1}{2\pi} (\underline{F}_1 * \underline{F}_2)(\Omega)$$

mit Hilfe der Symmetrieeigenschaft

$$\underline{f}(t) \circ\!\!- \underline{F}(\Omega) \implies \underline{F}(t) \circ\!\!- 2\pi\, \underline{f}(-\Omega)$$

und der Kenntnis des Paares

$$(\underline{f}_1 * \underline{f}_2)(t) \circ\!\!- \underline{F}_1(\Omega)\, \underline{F}_2(\Omega).$$

A 5.15 (vgl. Abb. 5.11 aus Abschnitt 5.2)

Man bestimme die ersten beiden Glättungen $(p_T * r_T)(t)$ und $[p_T * (p_T * r_T)](t)$ der abgeschnittenen Rechteckschwingung $r_T(t)$. Insbesondere zeige man, daß die Darstellung

$$[p_T * (p_T * r_T)](t) = \frac{1}{T}\,[- u_T(t + 2T) + 2\, u_T(t) - u_T(t - 2T)]$$

richtig ist mit

$$u_T(t) := (s * q_T)(t) = \int_{-\infty}^{t} q_T(t')\, dt'$$

als Stammfunktion des Dreieckfensters.

A 5.16

Man bestimme die Glättung $(p_T * q_{T'})(t)$ des Dreieckfensters $q_{T'}(t)$ und skizziere sie für einige Werte des Parameters T'/T.

A 5.17

Man zeige, daß die Lösung $x(t)$ der Anfangswertaufgabe

$$m\ddot{x} + d\dot{x} + cx = \check{f}\, \delta(t)\ , \qquad d < 2\sqrt{mc}$$

$$x(0^-) = 0\ , \qquad \dot{x}(0^-) = 0$$

die Energie

$$E_{xx} = \frac{1}{d}\, \frac{1}{2c}\, \check{f}^2$$

besitzt, und daß die Kreuzenergie zwischen Geschwindigkeit und Erregung durch

$$E_{\dot{x}f} = \frac{1}{2m} \check{f}^2$$

gegeben ist. Weiter berechne man das Energiespektrum $|\underline{V}(\Omega)|^2$ der Geschwindigkeit sowie das Kreuzenergiespektrum $\underline{F}^*(\Omega)\ \underline{V}(\Omega)$ von $f(t)$ und $\dot{x}(t)$.

Aufgaben zu 5.3

A 5.19

Man zeige durch elementare Integration

a) $$s(t)\, e^{-\delta t} \quad o\!\!- \quad \frac{1}{\delta + j\Omega}\,, \qquad \delta > 0\,,$$

b) $$e^{-\delta|t|} \quad o\!\!- \quad 2\, \frac{\delta}{\delta^2 + \Omega^2}\,, \qquad \delta > 0$$

und folgere aus a) die harmonisch Modulierten

$$s(t)\, e^{-\delta t} \cos \omega_0 t \quad o\!\!- \quad \frac{\delta + j\Omega}{\omega_0^2 + (\delta + j\Omega)^2}\,,$$

$$s(t)\, e^{-\delta t} \sin \omega_0 t \quad o\!\!- \quad \frac{\omega_0}{\omega_0^2 + (\delta + j\Omega)^2}\,,$$

für $\delta > 0$ und $\omega_0 \in \mathbb{R}$. Anm.: Die unter a) und b) auftretenden reellen Funktionen stimmen - jeweils bis auf eine Konstante - mit den folgenden Wahrscheinlichkeitsdichten überein:

(spezielle) *Gamma-Dichte*: $s(t)\, \delta\, e^{-\delta t}\,, \qquad \delta > 0\,,$

LAPLACE-Dichte: $\frac{\delta}{2}\, e^{-\delta|t|}\,, \qquad \delta > 0\,,$

CAUCHY-Dichte: $\frac{1}{\pi}\, \frac{T}{T^2 + t^2}\,, \qquad T > 0\,.$

A 5.20

Bei der Partialbruchzerlegung rationaler Funktionen mit einfachen Nenner-Nullstellen treten Terme der Form $1/(\Omega - \underline{\Omega}_0)$ auf. Man zeige

a) $(\underline{\Omega}_0 = 0)$: $\qquad \frac{j}{2}\,\mathrm{sgn}(t) \;\circ\!\!-\; \frac{1}{\Omega}\,,$

b) $(\underline{\Omega}_0 = \Omega_0 \in \mathbb{R})$: $\qquad \frac{j}{2}\, e^{j\Omega_0 t}\,\mathrm{sgn}(t) \;\circ\!\!-\; \frac{1}{\Omega - \Omega_0}$

c) $(\underline{\Omega}_0 = \omega_0 + j\delta,\ \omega_0 \in \mathbb{R},\ \delta > 0)$: $\qquad js(t)\, e^{j(\omega_0 + j\delta)t} \;\circ\!\!-\; \frac{1}{\Omega - (\omega_0 + j\delta)}\,,$

d) $(\underline{\Omega}_0 = \omega_0 - j\delta,\ \omega_0 \in \mathbb{R},\ \delta > 0)$: $\qquad -js(t)\, e^{j(\omega_0 - j\delta)t} \;\circ\!\!-\; \frac{1}{\Omega - (\omega_0 - j\delta)}\,.$

Hinweis: Für c) und d) verwende man das Ergebnis von Aufg. A 5.19a).

A 5.21

Man zeige, daß die Stoßantwort

$$g(t) = s(t)\,\frac{1}{\sqrt{mc}}\,\omega_0 t\, e^{-\omega_0 t}$$

im kritisch gedämpften Fall (D = 1) und die Stoßantwort

$$g(t) = s(t)\,\frac{1}{m\omega_d'}\, e^{-\delta t}\,\sinh \omega_d' t \quad , \quad \omega_d' = \omega_0\sqrt{D^2 - 1}$$

im überkritisch gedämpften Fall (D > 1) die FOURIERtransformierte

$$\underline{G}(\Omega) = \frac{1}{c}\,\frac{1}{1 - (\frac{\Omega}{\omega_0})^2 + j2D\,\frac{\Omega}{\omega_0}}\,,$$

besitzen. Umgekehrt zeige man, daß die Rücktransformierte des Frequenzgangs $\underline{G}(\Omega)$ auf die angegebenen Zeitfunktionen führt. Hinweis: Man verwende eine Partialbruchzerlegung und die Ergebnisse von Aufg. 5.20.

A 5.22

Man zeige, daß die Sprungantwort h(t) die FOURIERtransformierte

$$\underline{H}(\Omega) = \frac{1}{c\omega_0}\left[\pi\, \delta\!\left(\frac{\Omega}{\omega_0}\right) - j\, \frac{1}{\left(\frac{\Omega}{\omega_0}\right)}\, \frac{1}{1 - \left(\frac{\Omega}{\omega_0}\right)^2 + j2D\left(\frac{\Omega}{\omega_0}\right)}\right], \quad D > 0$$

besitzt und im ungedämpften System die Form

$$\underline{H}(\Omega) = \frac{1}{c\omega_0}\left\{\frac{\pi}{2}\left[-\,\delta\!\left(\frac{\Omega}{\omega_0}+1\right) + 2\delta\!\left(\frac{\Omega}{\omega_0}\right) - \delta\!\left(\frac{\Omega}{\omega_0}-1\right)\right] - j\, \frac{1}{\left(\frac{\Omega}{\omega_0}\right)}\, \frac{1}{1-\left(\frac{\Omega}{\omega_0}\right)^2}\right\}$$

annimmt.

A 5.23

a) Der Frequenzgang des ungedämpten Systems ist von der Form

$$\underline{G}(\Omega) = G_{kl}(\Omega) + \underline{G}_{di}(\Omega)$$

mit

$$G_{kl}(\Omega) = \frac{1}{c}\, \frac{\omega_0^2}{\omega_0^2 - \Omega^2}$$

$$\underline{G}_{di}(\Omega) = j\, \frac{1}{c}\, \frac{\pi}{2}\, \omega_0\, [\delta(\Omega + \omega_0) - \delta(\Omega - \omega_0)].$$

Man zeige, daß die Rücktransformierten der beiden Anteile gegeben sind durch

$$g_{kl}(t) = \mathrm{sgn}(t)\, \frac{1}{2}\, \frac{1}{m\omega_0} \sin \omega_0 t\ ,$$

$$g_{di}(t) = \frac{1}{2}\, \frac{1}{m\omega_0} \sin \omega_0 t\ .$$

Anmerkung: Selbstverständlich gilt $g_{kl}(t) + g_{di}(t) = g(t)$ und [sgn(t) + 1 = 2 s(t) !].

b) Die Systemantwort des Beispiels

$$m\ddot{x} + cx = f_0 e^{-|t|/T}$$

besitzt die Transformierte $X_{kl}(\Omega) + \underline{X}_{di}(\Omega)$ mit

$$X_{kl}(\Omega) = 2\,\frac{f_0}{c}\,\frac{1/T}{(1/T)^2 + \Omega^2}\,\frac{\omega_0^2}{\omega_0^2 - \Omega^2}\,,$$

$$\underline{X}_{di}(\Omega) = j\,\frac{f_0}{c}\,\frac{1/T}{(1/T)^2 + \omega_0^2}\,\omega_0\,[\delta(\Omega + \omega_0) - \delta(\Omega - \omega_0)]\,.$$

Man zeige, daß die Rücktransformierten der beiden Anteile gegeben sind durch

$$x_{kl}(t) = \frac{f_0}{c}\,\frac{(\omega_0 T)^2}{1 + (\omega_0 T)^2}\left[e^{-|t|/T} - \operatorname{sgn}(t)\,\frac{1}{\omega_0 T}\sin\omega_0 t\right],$$

$$x_{di}(t) = \frac{f_0}{c}\,\frac{(\omega_0 T)^2}{1 + (\omega_0 T)^2}\,\frac{1}{\omega_0 T}\sin\omega_0 t$$

(insbesondere ist also $x_{di}(t)$ eine harmonische Schwingung), und daß ihre Summe mit dem Ergebnis (2.248) übereinstimmt. Hinweis: Bei der Rücktransformation von $\underline{X}_{kl}(\Omega)$ verwende man die Partialbruchzerlegung

$$2\,\frac{1/T}{(1/T)^2 + \Omega^2}\,\frac{\omega_0^2}{\omega_0^2 - \Omega^2} =$$

$$= \frac{(\omega_0 T)^2}{1 + (\omega_0 T)^2}\left[\frac{1}{\omega_0 T}\left(\frac{1}{\Omega + \omega_0} - \frac{1}{\Omega - \omega_0}\right) + j\left(\frac{1}{\Omega + j/T} - \frac{1}{\Omega - j/T}\right)\right]$$

sowie die Ergebnisse aus Aufg. A 5.20.

A 5.24 ("FOURIERtransformation in dimensionslosen Variablen")

Gegeben sind die Paare $\underline{f}(t)$ o— $\underline{F}(\Omega)$ und $\underline{\varphi}(t)$ o— $\underline{\Phi}(\eta)$. Beschreibt $\underline{\varphi}(t)$

die Zeitfunktion $\underline{f}(t)$ in dimensionsloser "Zeit", gilt also

$$\underline{\varphi}(\tau) = \underline{f}(\tau/\omega_0) \iff \underline{f}(t) = \underline{\varphi}(\omega_0 t) \ , \quad \omega_0 > 0 \ ,$$

so besteht zwischen den Transformierten der Zusammenhang

$$\underline{\Phi}(\eta) = \omega_0 \ \underline{F}(\omega_0 \eta) \iff \underline{F}(\Omega) = \frac{1}{\omega_0} \underline{\Phi}(\Omega/\omega_0) \ ;$$

beschreibt $\underline{\Phi}(\eta)$ dagegen die Transformierte $\underline{F}(\Omega)$ in dimensionsloser "Frequenz", gilt also

$$\underline{\Phi}(\eta) = \underline{F}(\omega_0 \eta) \iff \underline{F}(\Omega) = \underline{\Phi}(\Omega/\omega_0) \ , \quad \omega_0 > 0 \ ,$$

so besteht zwischen den Rücktransformierten der Zusammenhang

$$\underline{\varphi}(t) = \frac{1}{\omega_0} \underline{f}(t/\omega_0) \iff \underline{f}(t) = \omega_0 \ \underline{\varphi}(\omega_0 t).$$

Man behandle dazu die Beispiele Sprung- und Signumfunktion, Rechteck- und Dreieckfenster sowie abgeschnittene Rechteckschwingung.

A 5.25

Man behandle das Beispiel

$$m\ddot{x} + d\dot{x} + cx = f_0 \ r_{T,-T}(t)$$

im Zeit- und Frequenzbereich. Hinweis: Zur Lösung im Zeitbereich verwende man den Zusammenhang

$$r_{T,-T}(t) = - s(t) + 2s(t - T) - s(t - 2T)$$

zwischen der "verschobenen" abgeschnittenen Rechteckschwingung $r_{T,-T}(t)$ und der Sprungfunktion $s(t)$.

A 5.26

Man behandle das Beispiel

$$x'' + x = \frac{f_0}{c}\, q_{\omega_0 T}(t)$$

im Zeit- und Frequenzbereich.

Aufgaben zu 5.4

A 5.27

Falls die Autokorrelationsfunktion $r_{ff}(t)$ einer gegebenen Zeitfunktion $f(t)$ an der Stelle $t = 0$ stetig ist, dann ist $r_{ff}(t)$ zu *jedem* Zeitpunkt stetig. Man beweise diesen Zusammenhang!

A 5.28

Man bestimme die Autokorrelationsfunktion zu $\underline{f}(t) = e^{jt^2}$.

Antwort: $r_{ff}(0) = 1$, $r_{ff}(t) = 0$ für $t \neq 0$.

A 5.29

Man bestimme die Autokorrelationsfunktion und die spektrale Leistungsdichte zu der Zeitfunktion $\underline{f}(t) = e^{j|t|^{1/2}}$. Antwort: $r_{\underline{ff}}(t) = 1$, $R_{\underline{ff}}(\Omega) = 2\pi\, \delta(\Omega)$

A 5.30

Sei $r_{ff}(t)$ die Autokorrelationsfunktion und $R_{ff}(\Omega)$ das Leistungsspektrum einer Zeitfunktion $f(t)$. Man bestimme Autokorrelationsfunktion und Leistungsdichte

$$g(t) := f(t + t_1) + f(t - t_1).$$

Antwort: $r_{gg}(t) = r_{ff}(t + 2t_1) + 2r_{ff}(t) + r_{ff}(t - 2t_1)$,

$$R_{gg}(\Omega) = 4\, R_{ff}(\Omega)\, \cos^2 t_1\Omega \ .$$

A 5.31

Für das Dartspiel sei die Wahrscheinlichkeitsfunktion gemäß (5.366) und Abb. 5.20 mit

$$f(x,y) = k\left\{1 - \frac{1}{2}\left[\left(\frac{x-b}{a}\right)^2 + \gamma\left(\frac{y}{a}\right)^2\right]\right\}$$

in $x^2 + y^2 \leq a^2$ definiert. Man bestimme die Verbundverteilung $F(\bar{x},\bar{y})$ und die Verbunddichte $p(\bar{x},\bar{y})$. Sind die Zufallsvariablen x und y statistisch unabhängig?

A 5.32

Für die Wahrscheinlichkeitsfunktion gemäß (5.366) und Abb. 5.20 mit $f(x,y) = 1+\cos(\frac{\pi}{a}/[x^2 + y^2]^{1/2})$ bestimme man die Erwartungswerte der Zufallsvariablen x,y und $r = [x^2 + y^2]^{1/2}$. Man bestimme weiterhin die Varianz dieser drei Zufallsvariablen sowie den Korrelationskoeffizienten ρ_{xy}. Wie muß die Funktion f(x,y) geartet sein, damit die Variablen x und r unkorreliert sind?

A 5.33

Ein stationärer GAUSSscher Prozeß mit Mittelwert Null und Varianz σ_x besitzt die spektrale Leistungsdichte $R_{xx}(\Omega) = R_0 e^{-c|\Omega|}$. Man zeige, daß für jeden stationären Prozeß x gilt $E[x\dot{x}] = 0$ (sofern der Prozeß $\dot{x}$ existiert) und daß die Steigung von $r_{xx}(t)$ an der Stelle t = 0 Null ist. Man bestimme die Verbunddichte von x und $\dot{x}$.

A 5.34 (Abb. 5.32)

Für das System der Abb. 5.32 bestimme man den Frequenzgang $\underline{G}(\Omega)$ für die Ausgangsgröße $x_2(t)$ und die Eingangsgröße f(t). Man gebe die mittlere kinetische Energie des Körpers mit der Masse m_2 an, wenn $R_{ff}(\Omega) \equiv R_0$ konstant ist.

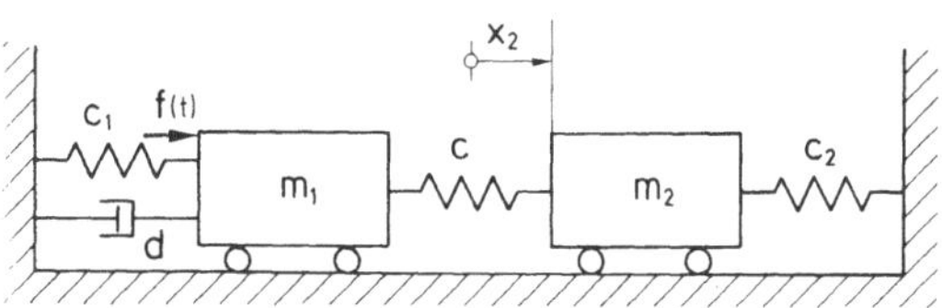

Abb. 5.32 zu Aufg. A 5.34

Literatur zu Kapitel 5

/1/ PAPOULIS, A.: The FOURIER Integral and its Applications. New York: McGraw-Hill 1962

/2/ GRÖBNER, W.; HOFREITER,N.: Integraltafel. 2. Teil: Bestimmte Integrale. Wien: Springer 1958

/3/ PAPOULIS, A.: Probability, Random Variables and Stochastic Processes. New York: McGraw-Hill 1965

/4/ PAPOULIS, A.: Signal Analysis. New York: McGraw-Hill 1977

/5/ HÄNSLER, E.: Grundlagen der Theorie statistischer Signale. Berlin: Springer 1983

/6/ UNBEHAUEN, R.: Systemtheorie. München: Oldenburg 1969

/7/ CRANDALL, S.H.: (Ed.) Random Vibration. New York: Wiley 1958

/8/ CRANDALL, S.H.: Random Vibration. Vol. 2., Cambridge, Mass.: MIT Press 1963

/9/ NEWLAND, D.E.: Random Vibrations and Spectral Analysis. New York: Longman 1975

/10/ FABIAN, L.: Zufallsschwingungen und ihre Behandlung. Berlin: Springer 1973.

/11/ HEINRICH, W.; HENNING, K.: Zufallsschwingungen mechanischer Systeme. Braunschweig: Vieweg 1978

/12/ ARNOLD, L.: Stochastische Differentialgleichungen. München: Oldenbourg 1973

/13/ SCHUËLLER, G.I.: Einführung in die Sicherheit und Zuverlässigkeit von Tragwerken. Berlin: Ernst & Sohn 1982

/14/ MÜLLER, P.C.; POPP, K.; SCHIEHLEN, W.: Berechnungsverfahren. Ing.-Arch. 49 (1980) 235 - 254

/15/ LIN, Y.K.: Probabilistic Theory of Structural Dynamics. New York: McGraw-Hill 1967

Anhang: Korrespondenzen der FOURIERtransformation

$f(t)$	$\underline{F}(\Omega)$
$\delta(t)$	1
1	$2\pi\delta(\Omega)$
$\operatorname{sgn} t$	$2/j\Omega$
$s(t)$	$\pi\delta(\Omega) + 1/j\Omega$
$p_T(t)\,, \quad T \in \mathbb{R}$	$\frac{2}{\Omega} \sin T\Omega$
$\frac{1}{\pi t} \sin \omega_0 t\,, \quad \omega_0 \in \mathbb{R}$	$p_{\omega_0}(\Omega)$
$\frac{2}{\pi\omega_0 t^2} \sin^2 \frac{\omega_0 t}{2}\,, \quad \omega_0 \neq 0$	$(1 - \frac{\lvert\Omega\rvert}{\omega_0})\, p_{\omega_0}(\Omega) = q_{\omega_0}(\Omega)$
$q_T(t)\,, \quad T > 0$	$\frac{4}{T\Omega^2} \sin^2 \frac{T\Omega}{2}$
$\cos \omega_0 t\,, \quad \omega_0 \in \mathbb{R}$	$\pi[\delta(\Omega - \omega_0) + \delta(\Omega + \omega_0)]$
$\sin \omega_0 t\,, \quad \omega_0 \in \mathbb{R}$	$\frac{\pi}{j}[\delta(\Omega - \omega_0) - \delta(\Omega + \omega_0)]$
$s(t) \cos \omega_0 t\,, \quad \omega_0 \in \mathbb{R}$	$\frac{\pi}{2}[\delta(\Omega - \omega_0) + \delta(\Omega + \omega_0)] + j\Omega/(\omega_0^2 - \Omega^2)$
$s(t) \sin \omega_0 t\,, \quad \omega_0 \in \mathbb{R}$	$\frac{\pi}{2j}[\delta(\Omega - \omega_0) - \delta(\Omega + \omega_0)] + \omega_0/(\omega_0^2 - \Omega^2)$
$p_T(t) \cos \omega_0 t\,, \quad T, \omega_0 \in \mathbb{R}$	$\frac{\sin T(\Omega + \omega_0)}{\Omega + \omega_0} + \frac{\sin T(\Omega - \omega_0)}{\Omega - \omega_0}$

$p_T(t)\cos^2\frac{\pi t}{2T}$, $T \in \mathbb{R}$	$(\sin \Omega T)/\{\Omega[1-(\Omega T/\pi)^2]\}$
$\sum_{n=-\infty}^{\infty}\delta(t-nT)$, $T \neq 0$	$\frac{2\pi}{T}\sum_{n=-\infty}^{\infty}\delta(\Omega - n\frac{2\pi}{T})$
$s(t)\,e^{-at}$, $a > 0$	$1/(a+j\Omega)$
$e^{-a\|t\|}$, $a > 0$	$2a/(a^2+\Omega^2)$
$\frac{a}{a^2+t^2}$, $a > 0$	$\pi\,e^{-a\|\Omega\|}$
$e^{-a\|t\|}(C\cos\omega_0\|t\| + S\sin\omega_0\|t\|)$, $a > 0,\ \omega_0, C, S \in \mathbb{R}$	$2\frac{(aC-\omega_0 S)\Omega^2 + (aC+\omega_0 S)(a^2+\omega_0^2)}{\Omega^4 + 2(a^2-\omega_0^2)\Omega^2 + (a^2+\omega_0^2)^2}$
$e^{-a\|t\|}\operatorname{sgn} t$, $a > 0$	$\frac{-2j\Omega}{a^2+\Omega^2}$
e^{-at^2}, $a > 0$	$\sqrt{\pi/a}\,e^{-\Omega^2/4a}$
$t\,s(t)$	$-1/\Omega^2 + j\pi\delta'(\Omega)$

Namen- und Sachverzeichnis